Farbenchemisches Praktikum

zugleich

Einführung in die Farbenchemie und Färbereitechnik

von

Dr. Richard Möhlau und **Dr. Hans Th. Bucherer**
vorm. ord. Professoren
an der Technischen Hochschule zu Dresden

Dritte, neubearbeitete Auflage

nebst sieben Tafeln mit Ausfärbungsmustern

Berlin und Leipzig 1926
Walter de Gruyter & Co.
vormals G. J. Göschen'sche Verlagshandlung - J. Guttentag, Verlagsbuchhandlung - Georg Reimer - Karl J. Trübner - Veit & Comp.

Vorwort zur ersten Auflage.

Die Erkenntnis, daß die Lehren der organischen Chemie einen Besitz von nur zweifelhafter Festigkeit und Sicherheit für alle diejenigen darstellen, die nicht durch synthetische Arbeiten einen etwas tieferen Einblick in den Mechanismus organischer Reaktionen erlangt haben, hat sehr bald dazu geführt, die Darstellung organischer Übungspräparate, als einen nützlichen und notwendigen Bestandteil praktischer Arbeit, der Laboratoriumstätigkeit anzugliedern.

Die große technische Bedeutung, die im Laufe der Jahrzehnte die Teerfarbenindustrie insbesondere in Deutschland erlangt hat, eine Bedeutung, die sie in die vorderste Reihe aller Industriezweige überhaupt rückt, und die in ihrer ganzen Größe am deutlichsten hervortritt in den Zahlen, die die inländische Erzeugung und die Ausfuhr nach dem Auslande zum Ausdruck bringen, hat diesem Spezialgebiet chemischen Schaffens im allgemeinen nicht die Berücksichtigung von seiten der deutschen Hochschulen verschaffen können, auf die es wohl mit Recht Anspruch machen darf. Das Gleiche gilt auch für das nicht minder wichtige Gebiet der Färbereitechnik, das gleichzeitig und in unmittelbarem Zusammenhang mit dem Wachsen der Teerfarbenindustrie immer mehr zu einem Zweig gewerblicher Tätigkeit geworden ist, auf dem die chemische Wissenschaft die führende Rolle übernommen hat. Es bedarf nur eines flüchtigen Blickes auf die große Zahl der von den Farbenfabriken herausgegebenen, in durchaus wissenschaftlichem Geiste verfaßten Broschüren über die Anwendung ihrer Farbstoffe in der Färberei, um alsbald zu erkennen, daß mit den alten Farbstoffen aus früheren Zeiten auch die empirischen Methoden verschwunden sind, um den auf wissenschaftlicher Grundlage beruhenden Färbemethoden Platz zu machen. Aber trotz der glänzenden Entwicklung dieser für die Volkswirtschaft so wichtigen Industrie, und obwohl diese Industrie schon seit Jahrzehnten, wie kaum eine zweite, sich der intensivsten wissenschaftlichen Durcharbeitung zu erfreuen hat, erlangt doch nur ein verhältnismäßig kleiner Teil der an deutschen und außerdeutschen Hochschulen studierenden Jünger unserer Wissenschaft eine angemessene Vorstellung von dem Umfang und der Bedeutung dieses Wissensgebietes. So ist das im Jahre 1893 an der Technischen Hochschule Dresden begründete Laboratorium für Farbenchemie und Färbereitechnik, das in erster Linie die Vorbildung zu Farben- und Textiltechnologen, zu Chemikern für Farbenfabriken, Färbereien und Bleichereien sowie zu Koloristen für Zeugdruckereien bezweckt, das einzige in seiner Art in Deutschland geblieben, und doch dürfte das von Dresden gegebene Beispiel auch für andere Hochschulen — wenn auch zunächst nur in verkleinertem Maßstabe und im Rahmen der bisherigen Einrichtungen — nachahmenswert erscheinen. Durch das erwähnte Laboratorium wird an der Dresdner Hochschule allen Studierenden der chemischen Abteilung, auch wenn sie sich den genannten Sondergebieten nicht ausschließlich zu widmen beabsichtigen, Gelegenheit geboten, im Anschluß an die Vorträge über Farbenchemie und Färbereitechnik, sich mit den grundlegenden Methoden, die in jenen beiden Industriezweigen Anwendung finden, vertraut zu machen und dadurch ihre theoretischen Kenntnisse zu erweitern und zu vertiefen. Und zwar dient dazu ein besonderes, zurzeit von den Verfassern geleitetes Praktikum, das im Wintersemester 8 und im Sommersemester 12 Wochenstunden umfaßt.

Unsere Erfahrungen haben uns im Laufe der Zeit zu der Erkenntnis geführt, daß auf die Dauer ein die Praktikanten nach jeder Richtung im gewünschten Maße fördernder und dabei die Leiter des Praktikums nicht über Gebühr anstrengender Unterrichtsbetrieb nur möglich ist, wenn den Studierenden schriftliche Unterlagen zu Gebote stehen, die ihnen gestatten, sich auf ihre Aufgaben in ausreichender Weise vorzubereiten, damit die Erläuterungen, die vor und während der Arbeit zu erteilen sind, auf fruchtbaren Boden fallen und insbesondere auch das richtige Verständnis finden, das in allen Fällen die erste Voraussetzung für eine ersprießliche praktische Laboratoriums-Tätigkeit bildet. Es hieße auch, in Anbetracht der nicht unbeträchtlichen Schwierigkeiten, die die meisten Farbstoffsynthesen sowohl einem gründlichen theoretischen Erfassen als auch der praktischen Durchführung bieten, die Leistungsfähigkeit ungeübter Kräfte überschätzen und ihnen mehr zumuten als billigerweise zu verlangen ist, wenn man erwarten wollte, daß derjenige, der längere Ausführungen über einen ihm in den Einzelheiten meist ziemlich fremden und dazu noch einigermaßen schwierigen Stoff einmal angehört hat, alles im Gedächtnis behalte, so daß er auch nach 14 Tagen, oder gar nach noch längerer Zeit, imstande wäre, das Gehörte in richtiger Weise wiederzugeben. Und gerade auf diese Einzelheiten, auf die scheinbar geringfügigen, in Wirklichkeit aber sehr oft ausschlaggebenden Umstände, die bei der Farbstoffsynthese eine so große Rolle spielen, auf sie kommt es uns an; denn sie sind es, die der farbenchemischen und färberischen Tätigkeit ihr eigenartiges Gepräge verleihen; und diese Einzelheiten bei der Farbstoffdarstellung sind es auch, die der Studierende aus den Lehrbüchern sich nur schwierig heraussuchen kann, in den meisten Fällen aber gar nicht findet, weil sie überhaupt nicht in ihnen enthalten sind.

Alle diese Erwägungen, die uns längere Erfahrungen beim Unterricht an die Hand gaben, haben die Entstehung des vorliegenden Buches veranlaßt, das wir der Öffentlichkeit übergeben in der Hoffnung, allen denjenigen einen Dienst zu erweisen, bei denen die Überzeugung von der Wichtigkeit der Farbenchemie und Färbereitechnik sich in den Wunsch umgesetzt hat, die Methoden kennen zu lernen, nach denen auf diesem wissenschaftlich und technisch gleich bedeutsamen Gebiete gearbeitet wird.

Obwohl dadurch in großen Umrissen das Ziel angedeutet ist, das wir uns bei der Abfassung des vorliegenden Werkchens steckten, nämlich eine Einführung in die Farbenchemie und Färbereitechnik zu schreiben, die hinsichtlich ihrer Form von einem Lehrbuch in wesentlichen Punkten stark abweicht, so glauben wir doch, in Anbetracht der Eigenart unseres Leitfadens und um jedem Mißverständnis unserer Absichten vorzubeugen, einige Erläuterungen hinzufügen zu sollen.

An einem Beispiel wollen wir versuchen zu zeigen, auf welche Punkte wir bei unserer Darstellung Gewicht gelegt haben, und welche Punkte andererseits uns im vorliegenden Falle mehr nebensächlicher Natur zu sein scheinen: Will man sich an der Hand eines Lehrbuches über die Synthese etwa der Safranine unterrichten, so findet man: „Safranine werden erhalten durch gemeinsame Oxydation von einem Molekül eines p-Diamins mit einem Molekül eines primären, sekundären oder tertiären Monamins (dessen p-Stellung unbesetzt ist) und einem Molekül eines primären Amins.“ Man wird gleichzeitig auch dieser Erklärung ein Schema beigegeben finden, das dem Leser den Zusammenschluß der drei Farbstoffkomponenten zu einem Safraninmolekül vor Augen führt, indem die überzähligen Wasserstoffatome, mit der entsprechenden Zahl von Sauerstoffatomen verbunden, in Form von Wasser austreten. Außerdem wird man erfahren, daß diese Methode die Darstellung einer großen Zahl von Safraninen ermöglicht, von denen diese oder jene zu technischer Bedeutung gelangt sind. Alle diese Tatsachen, die das Lehrbuch verrät, sind sicherlich höchst wichtig und bemerkenswert, ja für den, der sie zum ersten Male liest, geradezu erstaunlich: Sie erschließen ihm eine ganze Fülle interessanter

Synthesen, die ihm eine Vorstellung geben von der außerordentlichen Mannigfaltigkeit, über die die Farbenchemie verfügt. Trägt also der Aufschluß, den ihm das Lehrbuch auf seine Frage erteilte, auch wesentlich dazu bei, seine Kenntnisse und seinen Gesichtskreis erheblich zu erweitern, so hat er doch nur die äußeren Formen kennen gelernt, in denen sich die Safraninsynthesen vollziehen. Der innere Mechanismus, den zu erklären das Lehrbuch als außerhalb seines Rahmens liegend erachtet, ist ihm verborgen geblieben und damit ein großer Teil derjenigen Kenntnisse, die erst das innerste Wesen der Safraninsynthese seinem Auge enthüllen. Diese Lücke auszufüllen sind wir vor allem bestrebt gewesen. Es lag uns keineswegs daran, den Fachgenossen, die sich unseres Leitfadens bedienen wollen, eine nach allen Richtungen erschöpfende Übersicht über die von der Farbentechnik dargestellten Farbstoffe nebst Vor- und Zwischenprodukten zu geben, sondern wir haben uns bei unseren Betrachtungen mit Bewußtsein auf verhältnismäßig wenige Einzelindividuen beschränkt, um dafür den Leser um so intensiver mit den Einzelheiten der Farbstoffsynthesen und der Färbemethoden bekannt zu machen. Daß wir der Verarbeitung des Steinkohlenteeres und der Gewinnung der Vor- und Zwischenprodukte besondere Abschnitte gewidmet haben, bedarf wohl kaum der Rechtfertigung, und auch die Schlußabschnitte, die sich mit den Echtheitsproben und mit der Untersuchung der Farbstoffe in Substanz und auf der Faser beschäftigen, sowie die im Anhang befindliche Wiedergabe der Ausfärbungen, für deren Herstellung wir der Firma Kalle & Co. in Biebrich a. Rh. zu Dank verpflichtet sind, werden allen willkommen sein, die eine abgerundete Darstellung des gesamten Stoffes in einem einzigen Buche von verhältnismäßig geringem Umfange vereinigt sehen möchten.

Betreffs der letztgenannten Punkte haben wir uns selbstverständlich mit Andeutungen begnügen müssen und verweisen bezüglich ausführlicherer Angaben auf die betreffenden Spezialwerke. Das Gleiche gilt auch von dem Abschnitt über die Hilfsstoffe; besonders die Studierenden und alle diejenigen, denen eine größere Bibliothek nicht zur Verfügung steht, werden es angenehm empfinden, wenn sie einige der wichtigsten für das farbenchemische Arbeiten in Betracht kommenden analytischen Methoden verzeichnet finden, die ihnen das Nachschlagen in anderen Spezialwerken ersparen. Wir sind auch bestrebt gewesen, durch Berücksichtigung der neueren Literatur uns in solchen Fällen mit den Forschungsergebnissen Anderer vertraut zu machen, wenn eigene Erfahrungen uns nicht zu Gebote standen; und wenn wir auch glauben, mit dem vorliegenden Werkchen manche brauchbare Einzelheiten theoretischer oder experimenteller Natur der Öffentlichkeit zu übergeben, die in der bisherigen Literatur überhaupt noch nicht zu finden waren, so sind wir uns doch bewußt, wieviel wir, ohne es im einzelnen nachweisen zu können, den Leistungen Anderer verdanken, die mit uns der gleichen Wissenschaft dienen oder gedient haben. Und in der frohen Zuversicht, auch in der Kritik der Fachgenossen eine wirksame Beihilfe und Förderung unserer auf das Fortschreiten der Wissenschaft gerichteten Bestrebungen zu finden, unterbreiten wir unseren Leitfaden ihrer Beurteilung.

Dresden, Sommer 1908.

R. Möhlau und **H. Th. Bucherer**

Vorwort zur zweiten Auflage.

Im Hinblick auf die zustimmende Beurteilung, die die erste Auflage unseres Werkchens seitens der Fachgenossen gefunden hat, glaubten wir bei der zweiten Auflage von grundlegenden Änderungen der Gesamtanlage absehen zu dürfen. Trotzdem haben wir die uns sich bietende Gelegenheit benutzt, um, abgesehen von geringfügigen Berichtigungen und den durch die Fortschritte von Wissenschaft und Technik bedingten Änderungen, nach Kräften durch Verständlichkeit des Ausdrucks und durch möglichste Klarheit bei der Formulierung der chemischen Vorgänge dem Leser, insbesondere dem studierenden Anfänger, das erfahrungsgemäß bisweilen schwierige Eindringen in das Wesen der Farbstoffbildungen und der Färbevorgänge zu erleichtern.

In der Hoffnung, daß es uns im vollen Umfange gelungen ist, unsere Bestrebungeu zu verwirklichen, und mit der Bitte an die Fachgenossen, uns auf etwaige noch vorhandene Mängel aufmerksam zu machen, übergeben wir die durch die kriegerischen Ereignisse leider stark verzögerte zweite Auflage der Öffentlichkeit.

Dresden und Charlottenburg, Sommer 1919.

R. Möhlau und **H. Th. Bucherer**

Vorwort zur dritten Auflage.

Auch in der dritten Auflage ist die bisherige Anordnung des Stoffes im wesentlichen beibehalten worden; jedoch haben wir an zahlreichen Stellen Abänderungen vorgenommen, die um der weiteren Vervollkommnung unseres Werkchens willen geboten erschienen. Dies gilt vor allem von dem Kapitel über die Küpenfarbstoffe, die im Hinblick auf die fortschreitende Entwicklung dieses wichtigen Gebietes der Echtfärberei eine Zusammenfassung in einem eigenen Abschnitt erfahren haben. Als besonders erfreulich dürfen wir es bezeichnen, daß es dem Verlag, durch die freundliche Unterstützung der Firma Kalle & Co., Biebrich a. Rh., der wir auch an dieser Stelle unseren verbindlichsten Dank zum Ausdruck bringen möchten, wieder ermöglicht wurde, ebenso wie die erste so auch die dritte Auflage, auf 7 Tafeln, mit den Ausfärbungen der sämtlichen von uns behandelten Farbstoffe zu versehen, so daß der Praktikant ohne weiteres in der Lage ist, durch einen Vergleich seiner eigenen Ausfärbungen mit den Mustern, sich von dem Gelingen seiner Versuche ein richtiges Bild zu machen.

Beim Abschluß unserer Arbeit ist es unser Wunsch, daß auch die neue Auflage an ihrem bescheidenen Teile dazu beitragen möge, das Interesse und Verständnis für die Teerfarbstoffe und ihre technische Verwendung anzuregen und zu fördern.

Dresden und Charlottenburg, im Herbst 1925.

R. Möhlau und **H. Th. Bucherer**

Inhalt.

	Seite
Einleitung	1
Erstes Kapitel.	
Steinkohlenteer	7
Zweites Kapitel.	
Vor- und Zwischenprodukte	13
1. Kohlenwasserstoffe	13
2. Halogenverbindungen	16
3. Nitroverbindungen	17
4. Sulfonsäuren	27
A. Sulfonsäuren der Benzolreihe	29
B. Sulfonsäuren der Naphtalinreihe	31
5. Phenole	43
A. Hydroxylverbindungen der Benzolreihe	44
B. Hydroxylverbindungen der Naphtalinreihe	48
6. Aminoverbindungen	53
A. Primäre Amine	53
B. Sekundäre Amine	65
C. Tertiäre Amine	68
7. Diazoniumverbindungen	71
8. Hydrazine	74
9. Alkohole	75
10. Aldehyde	77
11. Ketone	77
12. Carbonsäuren	81
13. Titration von Zwischenprodukten der Benzol- und Naphtalinreihe	85
Drittes Kapitel.	
Die bei der Darstellung organischer Farbstoffe und ihrer Zwischenprodukte benutzten Hilfsstoffe und deren quantitative Bestimmung	104
Viertes Kapitel.	
Farbstoffe	110
1. Nitrosophenol- und Nitrofarbstoffe	110
2. Azofarbstoffe	120
3. Pyrazolonfarbstoffe	168
4. Diphenylmethan- und Triphenylmethanfarbstoffe	171

Seite

5. Xanthenfarbstoffe 194
6. Anthracenfarbstoffe (Beizen- und Säurefarbstoffe) 213
7. Oxychinonfarbstoffe der Benzol- und Naphtalinreihe 232
8. Parachinoniminfarbstoffe 236
9. Azinfarbstoffe 242
10. Oxazinfarbstoffe 251
11. Thiazinfarbstoffe 258
12. Thiazolfarbstoffe 267
13. Schwefelfarbstoffe 270
14. Pyridin-, Chinolin- und Acridinfarbstoffe 276
15. Küpenfarbstoffe 284

Fünftes Kapitel.

Anwendung der Farbstoffe in der Färberei der Spinnfasern 309

Sechstes Kapitel.

Untersuchung und Bestimmung der Farbstoffe in Substanz und auf der Faser 361

Siebentes Kapitel.

Prüfung der Färbungen auf Echtheit 366
Sachregister 373

Tabellarische Zusammenstellung der nach den Übungsbeispielen darzustellenden Farbstoffe nebst Wiedergabe ihrer Ausfärbungen. Taf. I—VII.

Einleitung.

Ehe mit der Erörterung der einzelnen Abschnitte begonnen wird, mögen hier einige allgemeine Bemerkungen Platz finden über die Art und Weise, wie sich das farbenchemische und färbereitechnische Arbeiten gestalten soll. Obwohl die Farbstoffsynthese einen Teil der organischen Synthese überhaupt bildet und daher in beiden Fällen ähnliche Methoden zur Anwendung gelangen, so hat doch der in der vorliegenden Einführung behandelte experimentelle Stoff seine Besonderheiten, denen von seiten des Praktikanten Rechnung getragen werden muß, wenn er den vollen Nutzen von seiner Arbeit haben will. Daß ein Versuch, sei es, daß es sich um eine Farbstoffsynthese handelt, sei es, daß es gilt, eine Ausfärbung herzustellen, nur dann zur Ausführung gebracht werden darf, wenn der Praktikant über alle theoretischen Einzelheiten, die dabei in Betracht kommen, vollkommene Klarheit besitzt, versteht sich zwar eigentlich von selbst, wird aber nicht immer hinreichend beachtet und führt dann leicht, da bei der Farbstoffsynthese bisweilen sehr verwickelte Reaktionen zur Anwendung gelangen, zu überraschenden — Mißerfolgen, die sich aber vermeiden lassen, wenn alle, auch die geringfügig erscheinenden Umstände, die aber gerade hier eine große Rolle spielen können, in ihrer ganzen Tragweite erkannt sind. Daß eine Azofarbstoffsynthese, selbst wenn die richtigen Komponenten im richtigen Verhältnis zur Anwendung gelangten, zu gänzlich abweichenden Produkten führen kann, falls der Reaktion des Mediums (ob sauer, neutral oder alkalisch) nicht die erforderliche Aufmerksamkeit zugewendet wurde, davon wird jeder sich am Beispiel des Diamin-Schwarz und -Violetts oder des Chrysoidins leicht überzeugen können. Selbst eine so einfache Operation wie die Diazotierung z. B. des α-Naphtylamins kann völlig fehlschlagen, wenn gewisse Vorsichtsmaßregeln nicht gebührend beachtet werden, ja sogar der bei der organischen Synthese im allgemeinen gar keine Rolle spielende Umstand, ob man die Lösung *a* in die Lösung *b* oder umgekehrt die Lösung *b* in die Lösung *a* eingießt, vermag schon einen entscheidenden Einfluß auf den Reaktionsverlauf auszuüben. Die sehr einfache Erklärung für diese Tatsache liegt in den großen Reaktionsgeschwindigkeiten, mit denen viele Farbstoffsynthesen sich abspielen, Reaktionsgeschwindigkeiten, wie sie uns auf dem Gebiet der anorganischen Chemie geläufig sind — mit dem großen Unterschied freilich, daß es sich bei der Synthese organischer Farbstoffe fast durchgehends um nicht umkehrbare (irreversible) Vorgänge handelt, die das schließliche Ergebnis nicht, wie bei umkehrbaren Vorgängen, lediglich von dem Endzustand der Reaktionsmischung abhängig erscheinen lassen. Ferner wird der sorgfältig Arbeitende bei zahlreichen Gelegenheiten bemerken, daß etwas Soda mehr oder weniger, oder ein Überschuß bzw. ein Mangel an Salzsäure von der weittragendsten Bedeutung für den ganzen Verlauf der Synthese werden kann, sie in ganz andere Bahnen zu lenken imstande ist. Es ist deshalb wohl kaum ein Gebiet der organischen Chemie in dem Maße dazu geeignet, dem, der etwas chemisches Gefühl besitzt oder dasselbe an Hand experimenteller Erfahrungen zu entwickeln trachtet, in so sinnenfälliger Weise die ausschlaggebende Bedeutung der Reaktionsbedingungen vor Augen zu führen, wie die Farbstoffsynthese.

Es sei an dieser Stelle auf die dringende, aber gleichfalls so häufig außer acht gelassene Notwendigkeit hingewiesen, durch Anwendung von Reagenzpapieren sich unter allen Umständen über die Reaktionsverhältnisse genauen Aufschluß zu verschaffen. Allerdings kommt es hierbei darauf an, sich auch stets der richtigen Reagenzpapiere zu bedienen, also z. B. des Kongorots behufs Feststellung der mineralsauren Reaktion, des Lackmus aber nur dann, wenn es gleichgültig ist, ob die Acidität durch eine Mineralsäure oder etwa durch Essigsäure herbeigeführt ist. Ebenso darf Lackmus bei der Prüfung auf Alkalinität auch nur dann benutzt werden, wenn zwischen ätzalkalischer und ammoniakalischer Reaktion nicht unterschieden zu werden braucht; andernfalls ist Phenolphtaleïn angezeigt, welches durch Ätzalkalien, alkalische Erden und Soda dauernd gerötet wird, während Ammoniak nur eine vorübergehende Rotfärbung zu erzeugen imstande ist.

Ein Fehler, den man häufig zu beobachten Gelegenheit hat, besteht darin, daß von seiten der Praktikanten zu wenig Wert darauf gelegt wird, den Gang der Synthese an der Hand von Proben zu verfolgen. Vor allem aber wird sehr häufig unterlassen, am

Schlusse der vorhergehenden Operation, ehe die folgende in Angriff genommen wird, sich durch Probeentnahme von dem Stand der Dinge zu unterrichten. Und doch ist die häufige Probeentnahme nicht nur höchst belehrend, weil man in vielen Fällen einen weitergehenden Einblick in den Verlauf der Reaktion gewinnt und unter Umständen sogar bemerkenswerte neue Beobachtungen zu machen Gelegenheit hat, sondern man kann sich auch die Feststellung des Endpunktes der Reaktion des öfteren wesentlich erleichtern, wenn man durch eine Reihe von nebeneinander stehenden Proben sich davon zu überzeugen vermag, daß eine weitere Änderung des Reaktionsproduktes bei längerer Dauer der Reaktion nicht zu erwarten ist. Freilich ist es mit einer solchen einfachen Betrachtung allein in vielen Fällen nicht getan, sondern es bedarf der Anwendung weiterer chemischer Mittel, um einen verläßlichen Aufschluß über den vollkommenen Ablauf der Reaktion zu gewinnen. In den meisten Fällen genügt als Probe das Auftüpfeln der Reaktionsmischung auf Fließpapier, die sogenannte „Tüpfelprobe", die viel rascher und einfacher als eine Filtrationsprobe die Trennung zwischen Farbstoff und farbloser Lösung gestattet und dadurch die gesonderte Untersuchung beider, insbesondere des farblosen Auslaufs, ermöglicht. Die Tüpfelprobe ist daher für die Farbstoffsynthese von geradezu fundamentaler Bedeutung.

Glasstab und Fließpapier dürften deshalb bei keiner Farbstoffdarstellung fehlen, ebensowenig wie das Reagenzglas, in welchem nach Bedarf Proben gelöst werden, um sie durch Aufgießen auf Fließpapier auf ihre Zusammensetzung zu untersuchen. Hierbei machen sich in sehr förderlicher Weise die eigenartigen kapillaren Wirkungen des ungeleimten Papiers geltend, die eine Trennung etwa vorhandener Farbstoffgemische zur Folge haben, so daß die einzelnen Bestandteile der Erkennung zugänglich werden (s. S. 136f. u. 152). Die Benutzung des Reagenzglases ist auch in solchen Fällen geboten — eine Forderung, gegen die leider aber sehr oft verstoßen wird —, wenn die Wirkung irgendeiner Operation, z. B. des Lösens oder des Fällens, des Umkristallisierens oder des Aussalzens, zunächst im kleinen erprobt werden muß, um die richtigen Mengenverhältnisse und Reaktionsbedingungen festzulegen. Statt den Versuch, wie dies so häufig geschieht, gleich mit der Gesamtmenge auszuführen, um erst hinterher zu merken, daß die gewählten Bedingungen nicht zum Erfolg führen konnten, soll man sämtliche derartige Operationen unter genauer Beachtung aller Verhältnisse, die später im größeren Maßstabe nachgeahmt werden sollen, vorher im kleinen ausführen und erst, wenn man seiner Sache sicher ist, mit der gesamten Menge wiederholen.

Es kommt bei der Herstellung der organischen Farbstoffe zwar in den meisten Fällen gar nicht darauf an, sie in chemisch reinem Zustande zu gewinnen, d. h. — um hier jedes Mißverständnis auszuschließen — in einer von anorganischen Salzen freien Form. Denn derartige von der Darstellung herrührende Salze wie Kochsalz, Glaubersalz usw. üben bei der späteren Verwendung nicht nur keinerlei störenden Einfluß aus, sondern sie werden sogar, wie aus dem Abschnitt über die Färberei hervorgeht, in zahlreichen Fällen absichtlich beim Färben den Farbbädern zugesetzt. Ausgeschlossen sind selbstverständlich solche anorganische Beimischungen, die an sich in Wasser unlöslich oder schwer löslich sind, wie etwa Gips, oder solche, die mit den beim Färben benutzten Zusätzen (Soda oder Glaubersalz) Niederschläge geben, wie etwa Schwermetall-Salze. Es sollen also die normalerweise in Wasser löslichen Farbstoffe auch tatsächlich keine unlöslichen Verunreinigungen enthalten. Es wäre demnach ohne Zweifel eine durchaus unnütze Forderung, wenn man verlangen wollte, daß die Herstellung eines Farbstoffes wie Naphtolblauschwarz oder Diaminviolett erst dann als vollendet angesehen werden dürfe, wenn er in völlig salzfreiem Zustande vorliegt, eine Forderung, die zu erfüllen bei Farbstoffen wie Alizarin oder Indigo, die in kaltem Wasser völlig unlöslich sind, keine Mühe macht. Worauf es aber beim Abschluß der Farbstoffsynthese jedesmal sehr wesentlich ankommt, das ist die sorgfältige Prüfung des dargestellten Produktes auf etwa vorhandene gefärbte Verunreinigungen, seien es unverändert gebliebene Anteile des Ausgangsmaterials, oder seien es, etwa infolge einer Nebenreaktion entstandene Nebenprodukte.

Man lasse sich auch dann, wenn der Farbstoff noch so schöne Kristallbildungen zeigt, nicht zu der Ansicht verleiten, der Farbstoff sei rein, und eine weitere Prüfung auf Reinheit sei demnach überflüssig; denn auch in solchen Fällen wird man häufig beobachten können, daß Farbstoffmischungen vorliegen, die sehr dringend der weiteren Reinigung bedürfen.

Zur Erkennung etwaiger Nebenprodukte wird der Farbstoff, wenn nötig unter Zusatz von Natronlauge, wie z. B. bei Alizarin, in Wasser gelöst und alsdann auf Fließpapier ausgegossen. Man erkennt aus der Beschaffenheit des Auslaufs in der Regel sofort (s. Näheres Kap. VI), wenn nötig durch Vergleich mit einer reinen Farbstofflösung, ob das erzeugte Produkt den Anforderungen genügt, oder ob eine weitere Reinigung erforderlich ist. Betreffs dieser Reinigung ist folgendes zu bemerken: Handelt es sich um wasserunlösliche Farbstoffe, die aus organischen Lösungsmitteln umkristallisiert werden müssen, so verfährt man in analoger Weise wie bei der Reinigung farbloser organischer Substanzen bekannt und üblich. Handelt es sich jedoch, wie dies meist der Fall ist, um solche Farbstoffe, die in Wasser löslich sind und durch Zusatz von Kochsalz — gelöst oder in fester Form — „ausgesalzen" werden müssen, so bedarf es einer sehr vorsichtigen Arbeitsweise, wenn der Zweck der Reinigung auch wirklich vollkommen erfüllt werden soll. Es kommt sehr darauf an, sowohl auf der einen Seite, durch einen Mangel an Kochsalz, zu große Verluste an Farbstoff zu vermeiden; auf der andern Seite aber wird häufig der noch viel größere Fehler begangen, daß durch eine zu weitgehende Aussalzung auch die Verunreinigungen wieder mit ausgefällt werden. Dadurch, daß man das Aussalzen zunächst sehr sorgfältig an einer kleinen Probe studiert, um die Eigenschaften sowohl des Farbstoffes als auch der Verunreinigungen kennen zu lernen, und erst dann vorsichtig unter stetem Tüpfeln im großen ausführt, lassen sich beide Fehler leicht vermeiden.

Die physikalische Beschaffenheit, die die Farbstoffe bei ihrer Entstehung oder beim Umkristallisieren oder beim Aussalzen annehmen, ist vielfach derart, daß sie sich nur schwer absaugen und auf dem Saugfilter auswaschen lassen. Entweder verstopfen sich die Poren des Filters und lassen infolgedessen nur eine sehr langsame Filtration zu, oder die Farbstoffniederschläge sind so fein, daß sie bei starkem Saugen durch das Filter gehen, also trüb durchlaufen. In solchen Fällen empfiehlt es sich, die Farbstoffe, unter Benutzung von hölzernen Filterrahmen, durch engmaschiges Baumwollzeug und in besonders schwierigen Fällen durch Wolle zu filtrieren und nach beendigtem Auswaschen, um die anhängende Mutterlauge oder Waschflüssigkeit zu entfernen, samt dem Filtertuch auf mehrere Lagen (graues) Fließpapier zu legen, sie dort bis zur geeigneten Konsistenz eintrocknen zu lassen, dann zusammenzukratzen, in das Filtertuch (eventuell noch in ein zweites starkes Tuch oder in mehrere Lagen Fließpapier) sorgfältig einzuschlagen und dann äußerst langsam und vorsichtig unter einer geeigneten Presse oder durch Auflegen von Gewichten auszupressen. Darauf werden die Farbstoffe bei nicht zu hohen Temperaturen getrocknet und fein gepulvert. Sind die Farbstoffmengen gering, so leisten die Faltenfilter aus gehärtetem Filtrierpapier in Verbindung mit den bekannten porösen Tontellern sehr gute Dienste; nach beendigter Filtration breitet man die Faltenfilter auf einer Glasplatte oder auf einigen Bogen Fließpapier sorgfältig aus und überträgt dann die Substanz auf Tonteller; jedoch lasse man die Farbstoffe nicht, wie dies häufig geschieht, auf diesen Tontellern völlig eintrocknen, da sonst gleichzeitig mit den anorganischen Salzen auch die in der Mutterlauge oder im Waschwasser enthaltenen Verunreinigungen wieder auswittern.

Zum Schluß sei darauf hingewiesen, daß die peinlichste Sauberkeit, wie bei allen chemischen Arbeiten, so insbesondere bei der Farbstoffdarstellung als unerläßliche Bedingung gelten muß.

Erstes Kapitel.

Steinkohlenteer.

Als Steinkohlenteer bezeichnet man das schwerflüssige, ölige, nach Benzol, Ammoniak und Schwefelverbindungen riechende Produkt der trocknen Destillation von Steinkohle, das früher ausschließlich bei der Gasbereitung als Nebenprodukt gewonnen wurde, heute aber in großen Mengen von den sogenannten Destillationskokereien geliefert wird, die die Steinkohle in geschlossenen, mit Kondensationseinrichtungen versehenen Ofen bei hohen Temperaturen (bis zu etwa 1200° C) verkoken.

Das spezifische Gewicht des Steinkohlenteers schwankt zwischen 1,1 und 1,2, weil das Verhältnis der in ihm vorkommenden Substanzen nicht konstant, sondern vom Ausgangsmaterial und der Fabrikationsmethode abhängig ist.

Die Bestandteile des Teers sind teils gasförmig, teils flüssig, teils fest. Neben Neutralkörpern, insbesondere Kohlenwasserstoffen, finden sich in ihm Phenole, Säuren und Basen.

Der Steinkohlenteer liefert u. a. folgende Verbindungen als Ausgangsmaterialien und Hilfsprodukte für die Farbenindustrie:

1. Kohlenwasserstoffe.

Name	Formel	Fp.	Kp.
Benzol	C_6H_6	5°	81°
Toluol	C_7H_8	fl.	111°
o-Xylol	C_8H_{10}	fl.	142°
m-Xylol	C_8H_{10}	fl.	139°
p-Xylol	C_8H_{10}	15°	138°
Mesitylen	C_9H_{12}	fl.	164°
Pseudocumol . . .	C_9H_{12}	fl.	170°
Naphtalin	$C_{10}H_8$	79°	218°
Phenanthren . . .	$C_{14}H_{10}$	100°	340°
Anthracen	$C_{14}H_{10}$	216,5°	über 360°

2. Andere Neutralkörper.

Benzonitril	C_7H_5N	fl.	191°
Karbazol	$C_{12}H_9N$	238°	355°

3. Phenole.

Phenol	C_6H_6O	42°	184°
o-Kresol	C_7H_8O	31°	191°
m-Kresol	C_7H_8O	4°	203°
p-Kresol	C_7H_8O	36°	202°

4. Basen.

Pyridin (u. Homologe)	C_5H_5N	fl.	117°
Chinolin	C_9H_7N	fl.	239°
Isochinolin	C_9H_7N	23°	240°
Chinaldin	$C_{10}H_9N$	fl.	243°

Der Teer enthält etwa 2% Benzol, 0,5% Toluol, 0,5% Phenol, 6% Naphtalin und 0,6% Anthracen. Zur Isolierung der wertvollen Produkte wird der Teer nach möglichst vollständiger Entwässerung einer ersten Destillation in großen schmiedeeisernen Teerblasen bis zu 25 *t* Inhalt unterworfen und dadurch wesentlich in vier Fraktionen geteilt:

Name	spez. Gew.	Kp.	Menge	Bestandteile
1. Leichtöl . .	0,91	80—170°	2—3%	Phenole 5—10%, Basen 1 bis 3%, schwefelhaltige Körper 0,1%, Nitrile 0,3%, neutrale sauerstoffhaltige Körper 1,5%, Kohlenwasserstoffe (Benzol u. Homologe) Rest bis zu 100%.
2. Mittelöl . .	1,01	180—240°	10—12%	Naphtalin 40%, Phenol und Homologe 25—35%, Pyridin- und Chinolinbasen.
3. Schweröl .	1,01	200—300°	8—10%	Naphtalin, Kresole und Chinolinbasen.
4. Anthracenöl	1,1	280—400°	16—18%	Anthracen 2,5—3,5%, Carbazol, Fluoren, Phenanthren, Pyren, Chrysen, Phenole.

Das **Leichtöl** wird in der Weise weiter verarbeitet, daß es einer fraktionierten Destillation unterworfen wird, wobei drei Fraktionen voneinander getrennt werden.

Die niedrig siedende wird entfernt, die höchst siedende auf Karbol- oder Kreosotöl verarbeitet, die mittlere wird einer chemischen Reinigung unterworfen, indem sie nacheinander mit Natronlauge, verdünnter und konzentrierter Schwefelsäure gewaschen wird. Die Natronlauge entfernt Phenole, die verdünnte Schwefelsäure Pyridinbasen, die konzentrierte Schwefelsäure beseitigt ungesättigte Verbindungen, indem sie dieselben teils in harzartige Polymere, teils durch Anlagerung an aromatische Kohlenwasserstoffe in gesättigte Verbindungen überführt.

Durch erneute und wiederholte fraktionierte Destillation unter Verwendung von Kolonnenapparaten wird das Rohbenzol in Reinbenzol, Reintoluol und Reinxylol verwandelt.

Einer ähnlichen Verarbeitung unterliegt das Mittelöl, nachdem das aus ihm auskristallisierende Naphtalin von ihm getrennt worden ist. Durch fraktionierte Destillation wird aus ihm als erste Fraktion ein rohes Karbolöl gewonnen, welches auf Phenol und Kresol verarbeitet wird, während alle weiteren Fraktionen als Naphtalinöl oder Kreosotöl erneut der Kristallisation zugeführt werden, da in ihnen das Naphtalin sich derart angereichert hat, daß sich in der Kälte noch erhebliche Mengen desselben ausscheiden. Das Rohnaphtalin wird zur Entfernung der Phenole mit heißer Natronlauge, zur Entfernung von Basen und anderen Verunreinigungen mit konzentrierter Schwefelsäure gewaschen, worauf es mit verdünntem Alkali neutralisiert und nach kaltem und warmem Pressen destilliert oder sublimiert wird. Im ersten Falle bildet es nach dem Zerkleinern der festen Kuchen ein weißes körniges Pulver, im letzteren blättrige Kristalle.

Die alkalischen Auszüge der Öle werden auf Phenol und Kresol verarbeitet. Zu diesem Zweck wird in sie zunächst Wasserdampf eingeblasen, welcher kleine Mengen Naphtalin und andere Kohlenwasserstoffe mit sich fortreißt. Die Phenole werden hierauf durch Neutralisation mit Kohlensäure oder Schwefelsäure ausgefällt, von der wäßrigen Lösung getrennt und einer Reihe von fraktionierten Destillationen und Kristallisationen unterworfen. Dadurch wird das Phenol (Karbolsäure) als schneeweiße Kristallmasse, das Kresol als Flüssigkeit gewonnen.

Die beim Waschen der Leichtöl- und Mittelölfraktionen mit verdünnter Schwefelsäure erhaltenen sauren Auszüge (Pyridinschwefelsäure) sind das Ausgangsmaterial für die Pyridindarstellung, für welche die sauren Laugen, zur Entfernung verharzter Körper, mit Ammoniakwasser zunächst vorgefällt werden, worauf die vollständige Ausfällung in Satureuren mit gasförmigem Ammoniak geschieht.

Das ausgeschiedene Rohpyridin wird, nach dem Trocknen mit Ätznatron, durch Destillation gereinigt. Das technische Pyridin enthält Picolin und Lutidin, es siedet bis ungefähr 140° und stellt eine farblose, leicht bewegliche Flüssigkeit dar.

Das Schweröl wird zunächst gleichfalls einer fraktionierten Destillation unterworfen. Das hierbei gewonnene Naphtalinöl, welches beim Erkalten fast reines Naphtalin ausscheidet, wird auf diesen Kohlenwasserstoff verarbeitet, während die flüssigen Bestandteile als Kreosotöl hauptsächlich zur Holzkonservierung dienen, andererseits aber auch durch Mischen mit Natronlauge usw. auf Phenole, durch Mischen mit verdünnter Schwefelsäure auf Chinolinbasen verarbeitet werden.

Der Zweck der Aufarbeitung des rohen Anthracenöls ist die Gewinnung von Anthracen in möglichst angereicherter Form. Zu diesem Zweck wird das beim längeren Stehen, zusammen mit anderen Kohlenwasserstoffen, auskristallisierende Anthracen durch Pressen oder Zentrifugieren von den öligen Bestandteilen befreit. Hierauf wird es in hydraulischen Pressen mit durch Dampf geheizten Preßplatten einem Druck von 250 Atmosphären unterworfen und das nunmehr 30—40% Anthracen enthaltende Produkt durch Waschen mit Solventnaphta (Rohcumol) oder durch Umkristallisieren aus Pyridinbasen gereinigt und so als 80%ige Ware von grüner Farbe gewonnen. Das abgetrennte Anthracenöl dient unter dem Namen Carbolineum als Anstrichfarbe und Konservierungsmittel für Holz.

Der bei der ersten Destillation des Teers in der Retorte bleibende, beim Erkalten fest werdende Rückstand ist das Pech (Erweichungspunkt über 100°), eine Mischung von Kohlenstoff und sehr hoch siedenden Teerbestandteilen oder Zersetzungsprodukten derselben, auch Retorten- oder Hartpech genannt. Dasselbe dient zur Herstellung von Brikettpech (Erweichungspunkt 55—70°) und nach Zusatz einer gewissen Menge Schweröl für die Fabrikation von Kohlensteinen (Steinkohlenkriketts); ferner wird es nach Auflösen in schwerem Steinkohlenteeröl als Dachlack für Dachpappe und Dachkitt verwendet und gibt, in leichten Teerölen gelöst, einen als Eisenanstrich beliebten Lack, den Eisenlack.

In der neueren Zeit sind Bestrebungen im Gange, die Steinkohle und die Braunkohle in höherwertige Produkte überzuführen und zwar durch die Destillation bei erheblich niedrigeren Temperaturen. Hierbei erfährt die Zusammensetzung der Destillate insofern eine wesentliche Änderung, als bei der Steinkohle neben den Verbindungen der aromatischen Reihe auch solche der aliphatischen, wie bei der Braunkohlen-„Schwelerei", in die Erscheinung treten.

Durch die Verarbeitung der in dieser Weise erhaltenen sog. „Urteere“ durch Destillation, Trennung der Kohlenwasserstoffe von den Phenolen und Umwandlung der letzteren in Benzol und Toluol wird es in Zukunft möglich sein, nicht nur, wie bisher, Benzol aus Steinkohle zu gewinnen, sondern auch außerdem Benzin und höher siedende Kohlenwasserstoffe der aliphatischen Reihe. Inwieweit diese Bestrebungen geeignet sind, die bisherigen Grundlagen der Teerfarbenindustrie zu erschüttern, läßt sich zur Zeit noch nicht übersehen. Bei dem engen Zusammenhang zwischen der Roheisenerzeugung, die dauernd großer Mengen des in den Destillationskokereien hergestellten Hochofenkokses bedarf, und der Teerfarbenindustrie, die auf die bei der Verkokung abfallenden Nebenprodukte angewiesen ist, dürften irgendwelche Schwierigkeiten in der Rohstoffbeschaffung kaum zu befürchten sein.

Übersicht der Aufarbeitung des Steinkohlenteers.

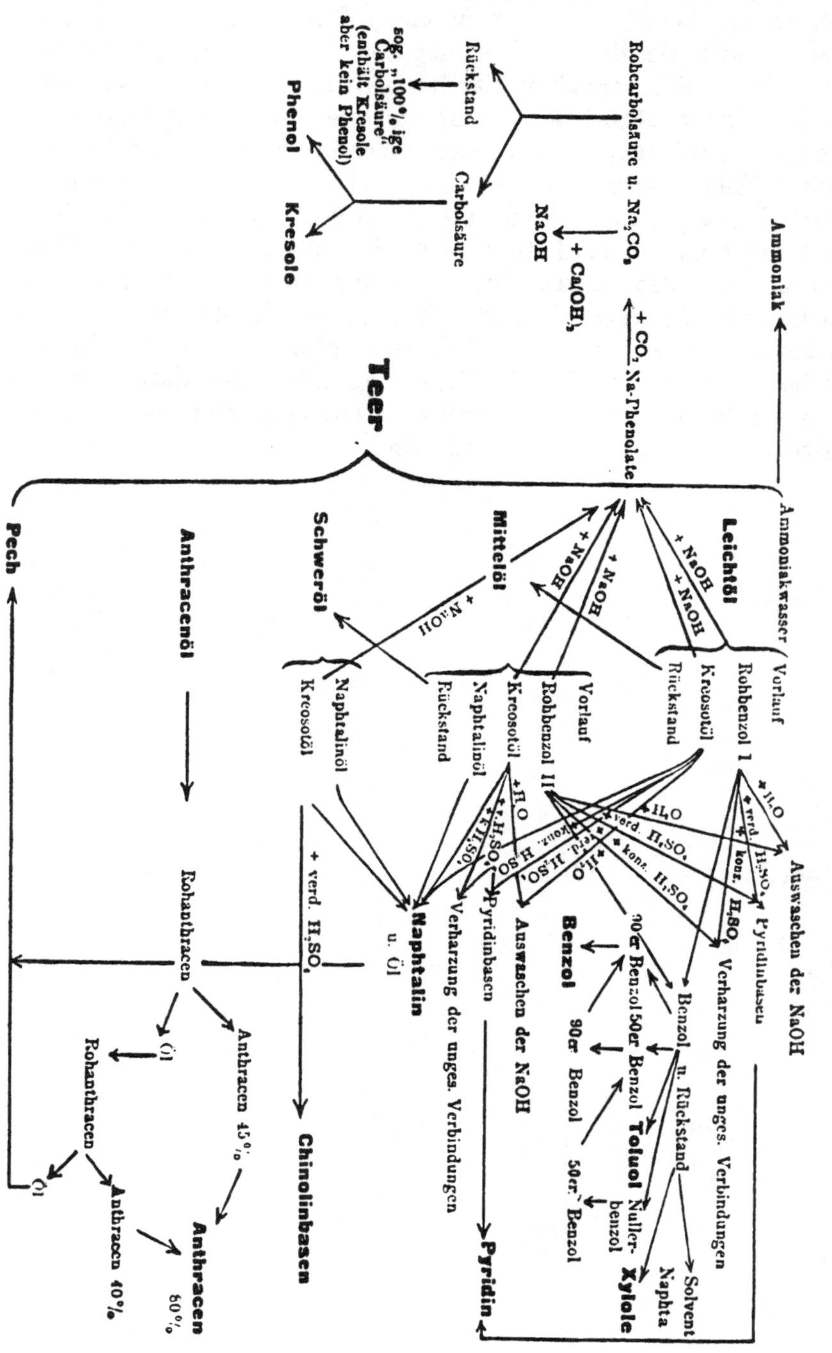

Zweites Kapitel.

Vor- und Zwischenprodukte.

I. Kohlenwasserstoffe.

Benzol (Mol.-Gew. 78)

C_6H_6 oder .

Darstellung s. Steinkohlenteer.

Eigenschaften. Farblose, leicht bewegliche, stark lichtbrechende Flüssigkeit. Kp. 80,5°. Erstarrt bei 0°, Fp. 4°, D_{15} 0,885; mit Wasserdämpfen flüchtig. Wird durch Salpetersäure in Mononitrobenzol, durch ein Gemisch von konzentrierter Salpetersäure und Schwefelsäure in Mono- und Dinitrobenzol verwandelt; konzentrierte Schwefelsäure führt es in Benzolmono- bzw. -disulfonsäure über.

Wertbestimmung. Von dem sogenannten 30er, 50er und 90er Handelsbenzol (Mischungen von Benzol, Toluol usw.) wird verlangt, daß 30, 50, 90 Vol.-Proz. bei der Destillation bis 100° überdestillieren. Reinbenzol soll innerhalb eines halben Grades übergehen. Auf Zusatz einiger Tropfen Phenylhydrazin soll keine kristallinische Ausscheidung erfolgen (Schwefelkohlenstoff). Beim Schütteln mit konzentrierter Schwefelsäure darf letztere nur schwach gefärbt werden (Thiophen oder ungesättigte aliphatische Kohlenwasserstoffe.) Die Lösung von Isatin in konzentrierter Schwefelsäure soll beim Mischen mit einem Tropfen Benzol nicht gebläut werden (Thiophen).

Benzol dient zur Darstellung von Nitrobenzol, Dinitrobenzol, Benzolmonosulfonsäure und Benzoldisulfonsäure.

Toluol (Mol.-Gew. 92)

C_7H_8 oder $C_6H_5 \cdot CH_3$ oder 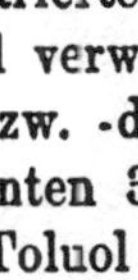

.

Darstellung s. Steinkohlenteer.

Eigenschaften. Farblose Flüssigkeit. Kp. 111°. Erstarrt nicht bei −20°; D_{15} 0,872. Chlor erzeugt im hellen Sonnenlicht und in der Wärme Benzylchlorid, Benzalchlorid und Benzotrichlorid.

Konzentrierte Salpetersäure, eventuell im Gemenge mit konzentrierter Schwefelsäure, bildet o-, m- und p-Nitrotoluol.

Toluol dient zur Darstellung von Benzylchlorid, Benzalchlorid, Benzotrichlorid, o- und p-Nitrotoluol.

Xylol (Mol.-Gew. 106)

C_8H_{10} oder $C_6H_4(CH_3)_2$.

Darstellung s. Steinkohlenteer.

Eigenschaften. Der Teer erhält die drei Isomeren:

o-Xylol
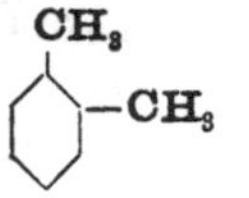

flüssig, Kp. 142°,

m-Xylol
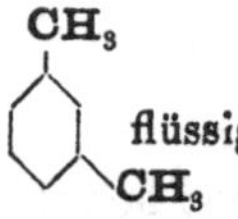

flüssig, Kp. 139°, D_{19} 0,8668,

p-Xylol
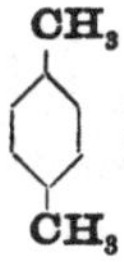

Fp. 15°, Kp. 138°, D_{19} 0,8621.

Teerxylol enthält vorwiegend (ca. 60%) m-Xylol; o- und p-Xylol in wechselnder Menge (10—25%). Bei der Nitrierung entstehen drei technisch wichtige Nitroxylole.

Xylol dient im wesentlichen zur Darstellung von Nitro-m-xylol [NO_2(4)·$(CH_3)_2$(1,3)], Nitro-o-xylol [NO_2(4)·$(CH_3)_2$(1,2)] und Nitro-p-xylol [NO_2(2)·$(CH_3)_2$(1,4)].

Naphtalin (Mol-Gew. 128)

$C_{10}H_8$ oder
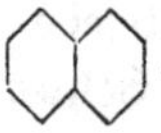
.

Darstellung s. Steinkohlenteer.

Eigenschaften. Farblose Kristalle. Fp. 79°. Kp. 218°. D_{15} 1,1517; sublimierbar. Mit Wasser- und Alkoholdämpfen flüchtig. Wird zu Phtalsäure oxydiert. Konzentrierte Salpetersäure bildet α-Nitronaphtalin, 1,5- und 1,8-Dinitronaphtalin. Konzentrierte Schwefelsäure erzeugt Naphtalinmono-, -di- und -polysulfonsäuren.

Das Handelsprodukt ist fast chemisch rein. Es soll bei 80° schmelzen und innerhalb eines Grades destillieren. Am Lichte soll es weiß bleiben und nach der Verflüchtigung keinen Rückstand hinterlassen. In konzentrierter Schwefelsäure soll es sich in der Wärme farblos und nicht mit roter Farbe lösen. Die mit Wasser verdünnte und mit Natronlauge übersättigte Lösung in Schwefelsäure soll beim Erwärmen keinen Geruch nach Pyridinbasen erkennen lassen; auch soll diese alkalische Lösung auf Zusatz von Bromwasser und Salzsäure nicht eine Trübung oder einen Niederschlag von Bromphenolen geben.

Naphtalin dient zur Herstellung von Phtalsäure, α-Nitronaphtalin, 1,5- und 1,8-Dinitronaphtalin, α- und β-Naphtalinsulfonsäure, 1,5-, 1,6-, 2,6-, 2,7-Naphtalindisulfonsäure, 1,3,5-, 1,3,6-, 1,3,7-Naphtalintrisulfonsäure usw.

Anthracen (Mol.-Gew. 178)

$C_{14}H_{10}$ oder 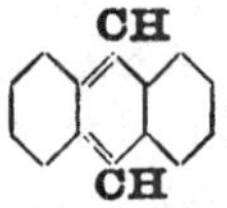.

Darstellung s. Steinkohlenteer.

Eigenschaften. Farblose Blättchen mit violetter Fluoreszenz, Fp. 216,5°, Kp. 351°. Wird durch Oxydationsmittel in Anthrachinon verwandelt. Vereinigt sich mit Pikrinsäure zu dem Pikrat $C_{14}H_{10} \cdot C_6H_2(NO_2)_3 \cdot OH$, glänzende rote Nadeln, Fp. 138°.

Wertbestimmung. Das Anthracen des Handels enthält 30 bis 80% Reinanthracen und 70—20% andere Bestandteile (wesentlich Karbazol, Phenanthren, Acenaphten usw.). Da die technische Bedeutung des Anthracens auf seiner Umwandlung in Anthrachinon beruht und letztere quantitativ durchführbar ist, die Begleiter des Anthracens aber bei einem richtig geleiteten Oxydationsprozeß entweder völlig verbrannt oder in Carbonsäuren umgewandelt werden, welche dem Reaktionsprodukte durch Alkalien entziehbar sind, oder in chinonartige Körper übergehen, welche mit Schwefelsäure bei 100° in wasser- oder alkalilösliche Sulfonsäuren verwandelt werden, so ist die Wertbestimmung des technischen Anthracens nach folgendem Verfahren durchführbar:

1 g Rohanthracen wird in einem $^1/_8$ l-Kolben mit aufgeschliffenem Luftkühler auf dem Sandbade in 45 ccm siedendem Eisessig gelöst. Innerhalb 2 Stunden läßt man mittels einer zweimal rechtwinklig gebogenen Glaskapillare, deren längeres Ende in die Öffnung des Luftkühlers und deren kürzeres Ende in ein Glasfläschchen taucht, Chromsäurelösung zutropfen, die man bereitet hat durch Auflösen von 15 g Chromsäure in 10 ccm Wasser und Mischen dieser Lösung mit 10 ccm Eisessig. Hierauf kocht man noch 2 Stunden, dann läßt man die Reaktionsflüssigkeit erkalten und verdünnt sie nach 12-stündigem Stehen mit 400 ccm Wasser. Nach 3 Stunden filtriert man den Niederschlag auf einem einfachen Filter aus „Schleicher

und SCHÜLLschem Anthracenpapier“ ab und wäscht ihn so lange mit Wasser, bis das Filtrat farblos ist. Hierauf wäscht man ihn mit 200 ccm kochender 2 %iger Kalilauge und schließlich so lange mit heißem Wasser aus, bis das Filtrat Phenolphtaleïnpapier nicht mehr rötet. Den Filterrückstand spritzt man in eine Porzellanschale und trocknet ihn erst auf dem Wasserbade, dann im Trockenschrank bei 100°. Nun versetzt man ihn mit 100 ccm Oleum von 15 % und erhitzt die Schale im Dampfschrank während 10 Minuten. Der Niederschlag hat sich dann vollständig gelöst; man stellt die Schale nunmehr unter eine Glocke, deren Boden mit einem Stück Filz bedeckt ist, welches mit heißem Wasser getränkt wurde, und beläßt sie so über Nacht. Den durch Wasseranziehung verdünnten Schaleninhalt gießt man zweckmäßig in eine mit Handgriff versehene Porzellankasserolle, spült mit Wasser nach und filtriert durch ein Filter aus Anthracenpapier. Der Anthrachinonniederschlag wird wie vorher mit Wasser, verdünnter Kalilauge und Wasser ausgewaschen. Endlich wird das Anthrachinon in eine gewogene Platinschale gespritzt, das Wasser auf dem Wasserbade verdampft, der Rückstand bei 100° getrocknet und gewogen. Zur Aschenbestimmung wird das Anthrachinon durch Erhitzen verflüchtigt, die Schale geglüht und nach dem Erkalten gewogen. Die Differenz zwischen den beiden Wägungen ergibt die erhaltene Menge Anthrachinon. Letztere wird, um sie auf Anthracen zu berechnen, mit 0,8557 multipliziert.

Anthracen dient zur Darstellung von Anthrachinon.

2. Halogenverbindungen.

Als Halogenderivate kommen unter anderen die in der Seitenkette chlorierten Abkömmlinge des Toluols zu technischer Verwendung, die sich bei der Einwirkung von Chlor auf Toluol in direktem Sonnenlicht oder in der Wärme bilden, während in Gegenwart von Katalysatoren bei niedrigen Temperaturen und bei Ausschluß direkten Sonnenlichts Halogen in den aromatischen Kern eintritt.

Benzylchlorid (Mol.-Gew. 126,5)

$C_6H_5 \cdot CH_2Cl$ oder 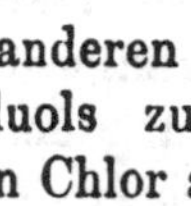

Darstellung. Man läßt Chlorgas mit den Dämpfen siedenden Toluols im Sonnenlicht zusammentreten, bis die Gewichtszunahme der Flüssigkeit einem Atom Chlor entspricht.

Eigenschaften. Farblose, in Wasser unlösliche Flüssigkeit von stechendem Geruch, Kp. 176°, D_{15} 1,11. Wird durch Kochen mit Wasser in Benzylalkohol verwandelt. Oxydationsmittel führen es zunächst in Benzaldehyd, dann in Benzoësäure über. Konzentrierte Salpetersäure erzeugt die drei isomeren Nitrobenzylchloride.

Benzylchlorid dient zur Benzylierung aromatischer Basen.

Benzalchlorid (Mol.-Gew. 161)

$C_6H_5 \cdot CHCl_2$ oder 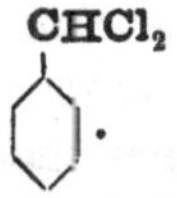.

Darstellung. Man läßt Chlorgas auf siedendes Toluol bzw. Benzylchlorid einwirken, bis die Gewichtszunahme 2 Atomen Chlor im Molekül entspricht.

Eigenschaften. Farbloses, lichtbrechendes Öl. Kp. 206—207°. D_{16} 1,295. Wird durch Wasser und Alkalien in Benzaldehyd verwandelt und dient zur Darstellung von Benzaldehyd und Benzoësäure.

Benzotrichlorid (Mol.-Gew. 195,5)

$C_6H_5 \cdot CCl_3$ oder 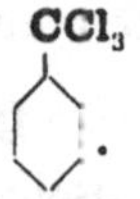.

Darstellung. Man leitetet Chlor in siedendes Toluol, bis die Gewichtszunahme 3 Atomen Chlor im Molekül entspricht.

Eigenschaften. Wasserhelle Flüssigkeit. Kp. 210°. D_{14} 1,38. Geht beim Erhitzen mit Wasser auf 150° in Benzoësäure über; dient zur Darstellung von Benzoësäure und Chinolinrot.

3. Nitroverbindungen.

Die aromatischen Substanzen werden durch Einwirkung von Salpetersäure in Nitrokörper verwandelt. Die Nitrierung erfolgt nach der allgemeinen Gleichung:

$$R \cdot H + HO \cdot NO_2 \longrightarrow R \cdot NO_2 + H_2O.$$

Diese Methode ist der weitestgehenden Anwendung fähig und natürlich nicht auf die Kohlenwasserstoffe beschränkt, sondern auf die verschiedenartigsten Klassen von Körpern, unter anderem auch auf die Farbstoffe selbst, anwendbar. Die Art der Ausführung ist sehr mannigfaltig, je nachdem das Ausgangsmaterial sich leicht nitrieren läßt, wie z. B. die Phenole, oder schwieriger, wie z. B. Chlorbenzol. Als Nitrierungsmittel dient entweder Salpetersäure in verschiedenen

Graden der Konzentration oder eine Mischung aus Salpeter- und Schwefelsäure (Nitriersäure), bei der letztere als wasserentziehendes Mittel dient. Zuweilen löst man die zu nitrierende Substanz in konzentrierter Schwefelsäure und läßt die Salpetersäure langsam zufließen, oder man verwendet auch eine Mischung von Schwefelsäure und Natron- oder Kalisalpeter. Von großer Bedeutung ist die Temperatur, die in vielen Fällen nahe bei 0° liegen muß, während in anderen Fällen eine Steigerung über die gewöhnliche Temperatur hinaus erwünscht ist. Von großem Einfluß ist auch die Stellung der im aromatischen Kern bereits vorhandenen Substituenten, und ferner bei Aminen und Phenolen der Umstand, ob die Amino- bzw. Hydroxylgruppe „offen" oder durch einen anderen Rest, z. B. einen Säure- oder Alkylrest, verschlossen ist, wie etwa beim Acetanilid oder Anisol.

Nitrobenzol (Mol.-Gew. 123)

$C_6H_5 \cdot NO_2$ oder 

.

Darstellung. Man läßt Nitriersäure (s. Übungsbeispiel) in überschüssiges Benzol laufen und hält die Reaktionstemperatur bei 50°.

Übungsbeispiel.

Angewandt: 50 g Benzol,
150 g konzentrierte Schwefelsäure,
100 g Salpetersäure (D 1,4).

In einen Wittschen $^1/_2$ l-Kolben gibt man 50 g Benzol und verschließt ihn mit einem dreifach durchbohrten Stopfen, durch dessen eine Bohrung ein Rührer, durch dessen andere ein Thermometer und durch dessen dritte ein Tropftrichter gesteckt ist. Der Kolben wird in einen niedrigen Glasstutzen gestellt, an welchem ein Wasserzu- und -abfluß angebracht ist. Aus dem Tropftrichter läßt man bei möglichst schneller Drehung des Rührers im Laufe einer Stunde die Mischung von 150 g konzentrierter Schwefelsäure und 100 g konzentrierter Salpetersäure (D 1,4) in dem Maße zutreten, daß die Reaktionstemperatur zwischen 45° und 50° liegt. Anfangs muß man kühlen, gegen Ende verläuft die Reaktion ohne Kühlung. Das Produkt wird im Scheidetrichter mit Wasser gewaschen und die (untere) Nitrobenzolschicht, nach dem Ablassen in einen trockenen Kolben, auf dem Wasserbade so lange mit entwässertem Chlorcalcium erwärmt, bis die Flüssigkeit klar geworden ist. Man reinigt das Nitrobenzol durch Destillation aus einem Fraktionierkolben mit vorgelegtem Luftkühler.

Eigenschaften. Schwachgelbe, stark lichtbrechende Flüssigkeit vom Geruch des Benzaldehyds. Kp. 209°. Erstarrt in der Kälte. Fp. 4°; D_{15} 1,208. Wird durch Salpetersäure in Dinitrobenzol verwandelt und durch alkalische reduzierende Substanzen in Azoxybenzol, $C_6H_5\cdot \underbrace{N—N}_{O}\cdot C_6H_5$, Azobenzol, $C_6H_5\cdot N{=}N\cdot C_6H_5$, und Hydrazobenzol, $C_6H_5\cdot NH\cdot NH\cdot C_6H_5$, übergeführt. Mit sauren Reduktionsmitteln wird Anilin, mit neutralen Reduktionsmitteln β-Phenylhydroxylamin, $C_6H_5\cdot NH\cdot OH$, erzeugt.

Nitrobenzol dient zur Darstellung von Anilin, Azobenzol, Hydrazobenzol, m-Dinitrobenzol, m-Nitrobenzolsulfonsäure.

m-Dinitrobenzol (Mol.-Gew. 168)

$C_6H_4<^{NO_2}_{NO_2}$ oder 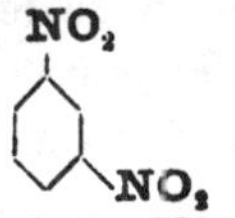 .

Darstellung. Man läßt Nitrobenzol in Nitriersäure laufen und die Reaktion sich bei 70—100° vollziehen.

Übungsbeispiel.

Angewandt: 10 g Nitrobenzol,
15 g Salpetersäure (D 1,47),
20 g Schwefelsäuremonohydrat.

Zu einem Gemisch von 20 g Schwefelsäuremonohydrat und 15 g Salpetersäure (D 1,47) in einem 100 ccm fassenden Kolben gibt man allmählich 10 g Nitrobenzol und erhitzt die Mischung am Luftkühler während einer Stunde unter häufigem Umschütteln im siedenden Wasserbade. Die erkaltete Mischung gießt man in dünnem Strahl unter Rühren in kaltes Wasser, wobei das Dinitrobenzol als dicke, schwachgelbfarbige Kristallmasse ausfällt. Sie wird nach einigem Stehen abgesaugt und auf Ton getrocknet.

Eigenschaften. Farblose Nadeln aus kochendem Wasser oder verdünntem Alkohol. Fp. 89,8°, Kp. 297°. Dient zur Darstellung von m-Nitroanilin und m-Phenylendiamin.

o- und p-Nitrotoluol (Mol.-Gew. 137)

$C_6H_4<^{CH_3}_{NO_2}$ oder 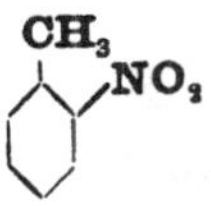 und .

Darstellung. Beim Nitrieren von Toluol mit „Salpeterschwefelsäure“ bildet sich im ungefähren Verhältnis von 1:2 ein öliges

Gemisch von o- und p-Nitrotoluol, aus welchem letzteres durch starkes Abkühlen zum größten Teil auskristallisiert.

Übungsbeispiel.

Angewandt: 100 g Toluol,
113 g Salpetersäure (D 1,45),
175 g konzentrierte Schwefelsäure.

In dem bei der Nitrobenzoldarstellung verwendeten Apparat läßt man die Mischung von 175 g konzentrierter Schwefelsäure und 113 g Salpetersäure (D 1,45) mit der Maßgabe unter Rühren zu 100 g Toluol tropfen, daß die Reaktionstemperatur 60° erreicht wird. Bei dieser Temperatur läßt man noch $^1/_2$ Stunde weiter rühren, nachdem alle Nitriersäure zugeflossen ist. Der Kolbeninhalt wird sodann in einen Scheidetrichter gegossen und die die untere Schicht bildende „Abfallsäure" von dem Öl getrennt. Letzteres wird durch Verrühren mit Wasser gründlich gewaschen, von diesem im Scheidetrichter getrennt und im Rundkolben in einer Mischung von Eis und Viehsalz gekühlt. Nach 8 Stunden wird der teilweise feste Kolbeninhalt auf einem Büchner-Trichter abgesaugt, und das zurückbleibende feste p-Nitrotoluol durch Destillation gereinigt; Kp. 230°. Das ölige Filtrat wird der fraktionierten Destillation unterworfen. Der zwischen 216° und 220° übergehende Anteil besteht im wesentlichen aus o-Nitrotoluol, welches durch nochmalige Destillation rein erhalten wird; Kp. 218°. Aus dem Rückstand kann durch nochmalige starke Kühlung und Destillation des dabei Erstarrten eine weitere Menge p-Nitrotoluol gewonnen werden.

Eigenschaften. o-Nitrotoluol ist bei gewöhnlicher Temperatur ein gelbes Öl; Kp. 218°. p-Nitrotoluol bildet Kristalle; Fp. 54°, Kp. 230°.

Die Nitrotoluole dienen zur Darstellung der entsprechenden Aminotoluole oder Toluidine, ferner als Oxydationsmittel bei der Darstellung des Fuchsins nach dem sog. Nitrobenzolverfahren; das o-Nitrotoluol speziell zur Darstellung von o-Nitrobenzylchlorid, o-Nitrobenzaldehyd und o-Hydrazotoluol bzw. o-Tolidin; das p-Nitrotoluol speziell zur Darstellung von p-Nitrotoluol-o-sulfonsäure und von p-Aminobenzaldehyd.

m-Dinitrotoluol (Mol.-Gew. 182)

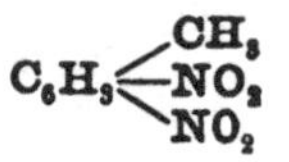

oder

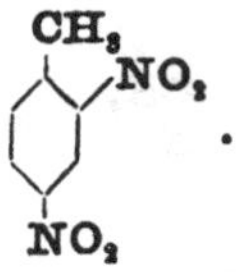

Darstellung. Durch weitere Nitrierung von o- und p-Nitrotoluol mit Salpeterschwefelsäure.

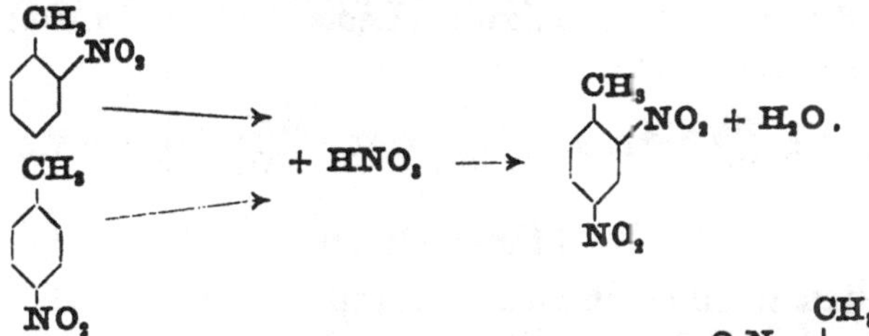

Daneben entsteht etwas 1,2,6-Dinitrotoluol: 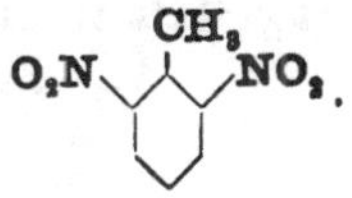.

Übungsbeispiel.

Angewandt: 100 g Toluol,

I. Nitriersäure { 113 g Salpetersäure (D 1,45), 175 g konzentrierte Schwefelsäure,

II. Nitriersäure { 113 g Salpetersäure (D 1,5), 338 g konzentrierte Schwefelsäure.

In einen wie bei der Nitrobenzoldarstellung mit Rührvorrichtung, Thermometer, Tropftrichter und Kühleinrichtung versehenen WITTschen 1 l-Kolben bringt man 100 g Toluol, und läßt die I. Nitriersäure unter Rühren in dem Maße zutropfen, daß die Temperatur des Gemisches auf 60° einsteht. Auf dieser Temperatur erhält man es noch 1/2 Stunde lang, nachdem die Nitriersäure eingerührt worden ist. In einem Scheidetrichter wird nunmehr die die untere Schicht bildende Abfallsäure von dem Nitrotoluolgemisch abgetrennt, das Öl in den Nitrierkolben zurückgegossen und darin allmählich mit der II. Nitriersäure vereinigt, deren Zufluß derart reguliert wird, daß die Temperatur 115° beträgt. Falls die Reaktionswärme nicht so hoch steigt, ist durch äußere Erwärmung nachzuhelfen. 1/4 Stunde nach dem Zulaufen der Nitriersäure gießt man den Kolbeninhalt in einen im Trockenschrank vorgewärmten Scheidetrichter und trennt die Säure vom Öl. Letzteres rührt man in 1 l kochend heißes Wasser, gießt die über dem Öl stehende Flüssigkeit ab und läßt ersteres durch Abkühlen kristallinisch erstarren. Man zerdrückt den festen Kuchen, wäscht die Kristalle auf der Nutsche mit Wasser aus und trocknet sie auf Ton. Die Abfallsäure scheidet beim Erkalten noch einige Gramm Dinitrotoluol in Kristallen ab. Es bildet gelbliche Nadeln; Fp. 70°.

m-Dinitrotoluol dient zur Darstellung von m-Toluylendiamin.

m-Nitroanilin (Mol.-Gew. 138)

$C_6H_4<^{NO_2}_{NH_2}$ oder 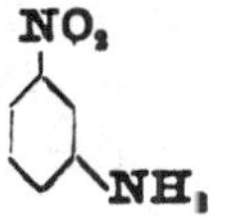 .

Darstellung. Durch teilweise Reduktion von m-Dinitrobenzol mit Schwefelammonium:

$$C_6H_4<^{NO_2}_{NO_2} + 3H_2S \longrightarrow C_6H_4<^{NO_2}_{NH_2} + S_3 + 2H_2O.$$

Übungsbeispiel.

Angewandt: 100 g m-Dinitrobenzol,
300 ccm Alkohol von 90 %,
65 g konzentriertes Ammoniak,
Schwefelwasserstoff.

In einem $^1/_2$ l-Kolben, welcher mit einem doppelt durchbohrten Kork verschlossen werden kann, durch dessen Bohrungen zwei rechtwinklig gebogene Glasröhren geführt sind, von welchen die eine kurz unter dem Kork abschneidet, während die andere bis nahe zum Boden des Kolbens reicht, werden 100 g Dinitrobenzol in 300 ccm Alkohol von 90% gelöst. In die mit 65 g konzentriertem Ammoniak versetzte kalte Lösung wird, nachdem der Kolben mit Inhalt gewogen worden ist, Schwefelwasserstoff in langsamem Strom geleitet. Die Temperatur der sich hierbei erwärmenden Lösung soll 50° nicht übersteigen. Ist die durch neuerliche Wägung festgestellte Gewichtszunahme von 60 g erreicht, so läßt man den Kolben noch 14 Stunden lang bei 50° stehen. Inzwischen haben sich schon Kristalle von m-Nitroanilin ausgeschieden. Die Umwandlung ist beendet, wenn eine mit Eisenchloridlösung versetzte Probe nicht mehr einen schwarzen Niederschlag von Schwefeleisen, sondern eine braunrote Fällung von Eisenhydroxyd gibt. Man gießt nun den Kolbeninhalt in einen Glasstutzen und verdünnt ihn allmählich mit dem gleichen Volumen Wasser. Der Niederschlag wird abgenutscht, ausgewaschen und mit Wasser mehrfach ausgekocht. Aus den Filtraten scheidet sich das m-Nitroanilin in gelben Nadeln vom Fp. 114° aus.

Es dient zur Darstellung von Alizaringelb G G.

p-Nitroanilin (Mol.-Gew. 138)

$C_6H_4<^{NH_2}_{NO_2}$ oder  .

Darstellung. Entsteht aus Anilin, indem man dasselbe in Acetanilid überführt, letzteres zu p-Nitroacetanilid nitriert und die Nitroacetverbindung mit verdünnter Schwefelsäure verseift.

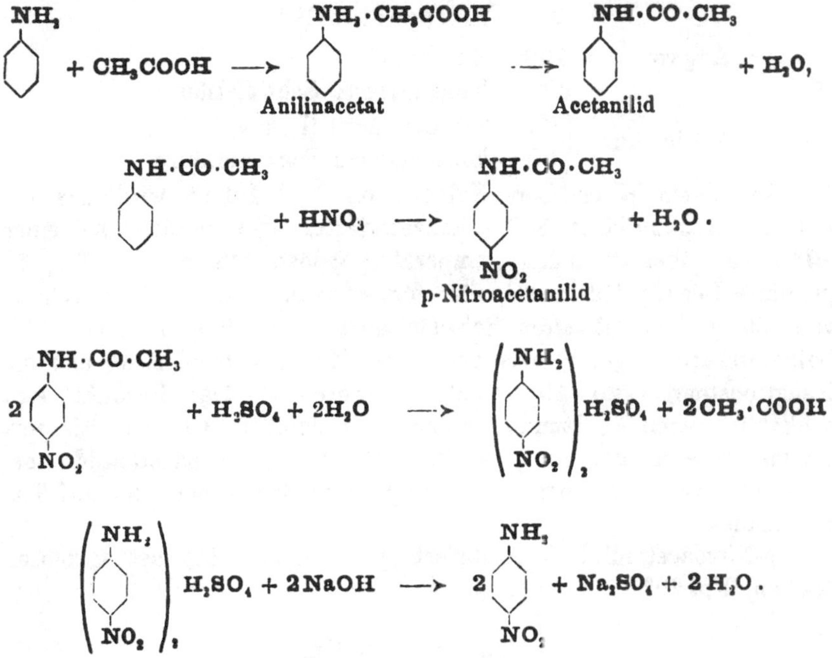

Übungsbeispiel.

1. Acetanilid.

Angewandt: 200 g Anilin,
150 g Eisessig.

In einem 1 l-Rundkolben mit aufsteigendem Luftkühler wird die Mischung von Anilin und Eisessig (durch Ausfrieren käuflichen Eisessigs und Ablaufenlassen des nicht Erstarrten erhalten) auf dem Sandbade 12 Stunden lang im Sieden erhalten. Der Luftkühler ist zweckmäßig so bemessen, daß Anilin- und Eisessigdämpfe kondensiert werden, der Wasserdampf aber entweichen kann. Die heiße Reaktionsflüssigkeit wird sodann in heißes Wasser gegossen, welches vorher mit 30 g konzentrierter Salzsäure versetzt worden war, und das Ganze tüchtig durchgerührt. Beim Abkühlen scheidet sich das Acetanilid kristallinisch aus. Es wird abgesaugt, mit Wasser ausgewaschen und in einer Porzellanschale bei 120° getrocknet. Das beim Abkühlen fest werdende Öl wird in einer Reibschale fein pulverisiert.

Acetanilid kristallisiert aus kochendem Wasser in Nadeln; Fp. 112°, Kp. 304°.

2. p-Nitroacetanilid.

Angewandt: 100 g Acetanilid,
300 g konzentrierte Schwefelsäure,
Nitriersäure { 63 g Salpetersäure (D 1,4),
50 g konzentrierte Schwefelsäure.

In einem WITTschen Kolben von $^1/_2$ l Inhalt wird das gepulverte Acetanilid in 300 g konzentrierter Schwefelsäure bei einer 40° nicht übersteigenden Temperatur gelöst. In diese auf + 5° gekühlte Lösung läßt man unter fortgesetztem Rühren die Mischung von 50 g konzentrierter Schwefelsäure und 63 g konzentrierter Salpetersäure langsam, eventuell unter Kühlung tropfen, so daß die Reaktionstemperatur 15° nicht überschreitet. Das Produkt wird schließlich noch $^1/_4$ Stunde gerührt und dann in 10 l mit Eis versetztes Wasser gegossen, wobei sich das p-Nitroacetanilid ausscheidet. Es wird abgesaugt, mit Wasser gewaschen und auf Ton getrocknet.

p-Nitroacetanilid kristallisiert aus Alkohol in fast farblosen Nadeln, Fp. 207°.

3. p-Nitroanilin.

In einem mit Rückflußkühler versehenen Rundkolben werden 100 g p-Nitroacetanilid mit 250 ccm 25%iger Schwefelsäure auf dem Sandbade bis zur vollständigen Lösung gekocht. Die filtrierte Lösung wird mit Natronlauge übersättigt und das nach dem Erkalten abgeschiedene p-Nitroanilin abgesaugt und ausgewaschen. Durch Umkristallisieren aus heißem Wasser wird es ganz rein erhalten.

Eigenschaften. Gelbe Prismen, Fp. 147°, nicht flüchtig mit Wasserdampf. Aus Alkohol umkristallisiert bildet es fast farblose, lange Nadeln, Fp. 90°.

p-Nitroanilin dient als Diazokomponente zur Darstellung von Azofarbstoffen, insbesondere des Paranitranilinrot.

o- und p-Nitrophenol (Mol.-Gew. 139)

$C_6H_4<^{OH}_{NO_2}$ oder 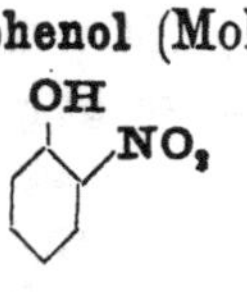 und 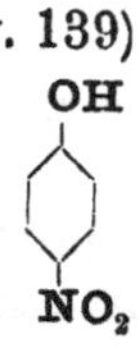 .

Darstellung. In Mischung miteinander entstehen diese beiden Nitrophenole beim vorsichtigen Nitrieren von Phenol. Ihre Trennung geschieht durch Wasserdampf, mit welchem nur die Orthoverbindung flüchtig ist. Aus o- bzw. p-Chlornitrobenzol erhält man die entsprechenden Nitrophenole durch Erhitzen mit Natronlauge oder Kalkmilch.

Eigenschaften. o-Nitrophenol bildet gelbe, süßlich riechende, mit Wasserdampf flüchtige Kristalle; Fp. 45°. Das p-Nitrophenol bildet farblose Nadeln; Fp. 114°.

o-Nitrophenol dient zur Darstellung von o-Nitroanisol für Anisidin und Dianisidin, p-Nitrophenol zur Darstellung von p-Aminophenol.

m-Dinitrophenol (Mol.-Gew. 184)

$C_6H_3{<}\begin{matrix}OH\\NO_2\\NO_2\end{matrix}$ oder 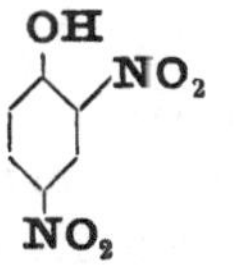 .

Darstellung. 1-Chlor-2,4-dinitrobenzol setzt sich mit Natriumcarbonat beim Erhitzen in Kohlendioxyd und Dinitrophenolnatrium um, aus dessen Lösung Säuren das Dinitrophenol in Freiheit setzen:

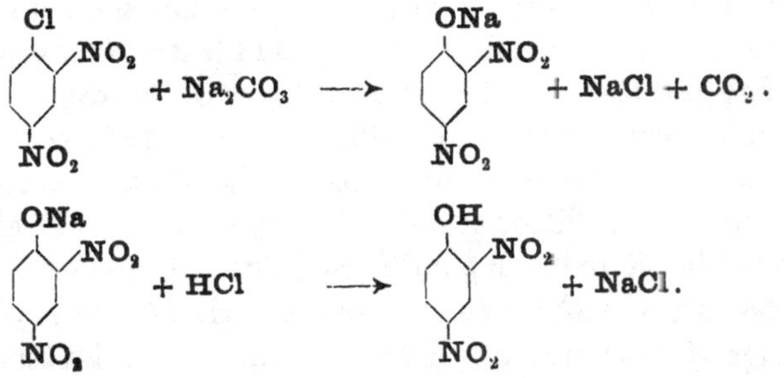

Übungsbeispiel.

Angewandt: 100 g 1-Chlor-2,4-dinitrobenzol,
125 g calcinierte Soda.

In einem 2 l-Rundkolben wird die Mischung von 100 g Dinitrochlorbenzol mit der Lösung von 125 g calcinierter Soda in 1 l Wasser 24 Stunden auf dem Sandbade am Rückflußkühler gekocht. Nach dieser Zeit ist das Öl verschwunden und eine gelbe Lösung entstanden. Beim Ansäuern scheidet sich das Dinitrophenol aus; es wird abfiltriert, mit Wasser ausgewaschen und auf Ton getrocknet.

Eigenschaften. Es kristallisiert aus Alkohol in hellgelben Tafeln; Fp. 114°.

m-Dinitrophenol dient zur Darstellung von Schwefelschwarz T.

α-**Nitronaphtalin** (Mol.-Gew. 173)

$C_{10}H_7 \cdot NO_2$ oder 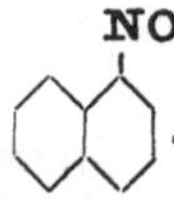.

Darstellung. Man rührt feinpulveriges Naphtalin bei einer 60° nicht übersteigenden Temperatur in Nitriersäure ein.

Übungsbeispiel.

Angewandt: 100 g Naphtalin,
80 g Salpetersäure (D 1,4),
100 g konzentrierte Schwefelsäure.

In einen WITTschen ½ l-Kolben füllt man die Mischung von 100 g konzentrierter Schwefelsäure und 80 g Salpetersäure (D 1,4) und verschließt ihn mit einem dreifach durchbohrten Stopfen, durch dessen eine Bohrung ein Rührer, durch dessen zweite ein Thermometer und durch dessen dritte ein weithalsiger, mit einem Stopfen verschließbarer Trichter gesteckt ist. Der Kolben wird in einen niedrigen Glasstutzen gestellt, an welchem ein Wasserzu- und -abfluß angebracht ist. Durch den Trichter gibt man bei möglichst schneller Drehung des Rührers möglichst fein gemahlenes Naphtalin in dem Maße zu, daß die Reaktionstemperatur 40—50° beträgt. Erst wenn alles Naphtalin eingetragen ist, läßt man die Temperatur bis auf 60° steigen. Nunmehr wird die Lösung in Wasser gegossen, die über dem erstarrten Nitronaphtalin stehende saure Flüssigkeit abgetrennt und das Rohnitronaphtalin so lange mit Wasser ausgekocht, bis dasselbe nicht mehr sauer reagiert. Hierauf gießt man das noch flüssige Nitronaphtalin in eine Schale mit kaltem Wasser, worin es zu einer rötlichgelben Masse erstarrt, trennt es von Wasser und trocknet es durch Zerkleinern und Pressen auf Ton. Durch Umkristallisieren aus Alkohol erhält man lange feine Nadeln, Fp. 61°.

α-Nitronaphtalin dient zur Darstellung von *α*-Naphtylamin und von Nitronaphtalinsulfonsäuren.

1,5- und 1,8-Dinitronaphtalin (Mol.-Gew. 218)

$C_{10}H_6<^{NO_2}_{NO_2}$ oder 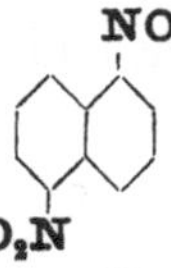 und 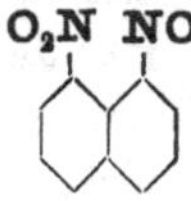.

Darstellung. Durch weitere Nitrierung von *α*-Nitronaphtalin mit Nitriersäure entsteht ein Gemenge von 1,5- und 1,8-Dinitronaphtalin im ungefähren Verhältnis von 1:2, aus welchem sich ersteres wegen seiner geringeren Löslichkeit (1:125) in kaltem Pyridin von letzterem (Löslichkeit 1 : 10) leicht trennen läßt.

Übungsbeispiel.

Angewandt: 50 g α-Nitronaphtalin,
250 g konzentrierte Schwefelsäure,
119 g Nitriersäure aus 1 Teil Salpetersäure (D 1,4) und 2 Teilen konzentrierter Schwefelsäure.

In die in einem WITTschen $^1/_2$ l-Kolben befindliche Lösung von 50 g α-Nitronaphtalin in 250 g konzentrierter Schwefelsäure läßt man unter fortgesetztem Rühren und Kühlen auf 0° 119 g Nitriersäure aus 1 Teil Salpetersäure (D 1,4) und 2 Teilen konzentrierter Schwefelsäure zutropfen. Die anfangs rote Lösung wird durch ausgeschiedenes Dinitronaphtalin dickbreiig und weiß. Das Reaktionsprodukt wird in Wasser gerührt, erst durch Dekantieren, dann auf dem Nutschfilter mit Wasser bis zum vollständigen Verschwinden der Säure ausgewaschen und auf Ton getrocknet.

Das trockne Nitrierungsprodukt wird in 6 Teilen technischem Pyridin in der Hitze gelöst und die Lösung durch ein in einem Heißwassertrichter befindliches Faltenfilter filtriert. Das sich ausscheidende 1,5-Dinitronaphtalin wird abgenutscht und das Filtrat, durch Einengen auf $^1/_3$ des Volumens, auf das sich dann ausscheidende 1,8-Dinitronaphtalin verarbeitet. Beide Dinitronaphtaline werden mit Alkohol ausgewaschen und dann auf Ton getrocknet.

Eigenschaften. 1,5-Dinitronaphtalin bildet Nadeln, Fp. 216°. 1,8-Dinitronaphtalin kristallisiert in dicken Tafeln, Fp. 170°.

Sie dienen zur Darstellung von Naphtazarin.

4. Sulfonsäuren.

Es ist eine allgemeine Eigenschaft der aromatischen Verbindungen, durch konzentrierte Schwefelsäure in Sulfonsäuren überzugehen. Dieser Vorgang — die Sulfonierung — erfolgt nach der Gleichung:

$$R \cdot H + HO \cdot SO_3H \longrightarrow R \cdot SO_3H + H_2O\,.$$

Als Sulfonierungsmittel dient vielfach die gewöhnliche 94%ige Schwefelsäure; ferner finden Verwendung das Schwefelsäure-Monohydrat und die verschiedenen Arten der rauchenden, als „Oleum“ bezeichneten Schwefelsäure sowie die Chlorsulfonsäure, wobei die Reaktion entweder nach dem Schema

$$R \cdot H + HO \cdot SO_2 \cdot Cl \longrightarrow R \cdot SO_2 \cdot Cl + H_2O$$

oder

$$R \cdot H + Cl \cdot SO_3H \longrightarrow R \cdot SO_3H + HCl$$

verläuft.

Wie bei der Nitrierung, so spielt auch bei der Sulfonierung die Temperatur eine sehr wesentliche Rolle, nicht nur insofern, als eine Steigerung derselben ganz allgemein die Sulfonierung befördert, sondern auch weil sie die Stellung der eintretenden Sulfogruppen beeinflußt. Hierbei ist zu bemerken, daß die bereits im Kern vorhandenen Gruppen in weitgehendem Maße die Stellung der weiter eintretenden Substituenten bestimmen.

Phenole pflegen leichter in Sulfonsäuren überzugehen als Amine und Kohlenwasserstoffe.

Anilin und α-Naphtylamin verwandeln sich beim Erhitzen mit konzentrierter Schwefelsäure auf 180° vorwiegend in Sulfanilsäure bzw. Naphthionsäure:

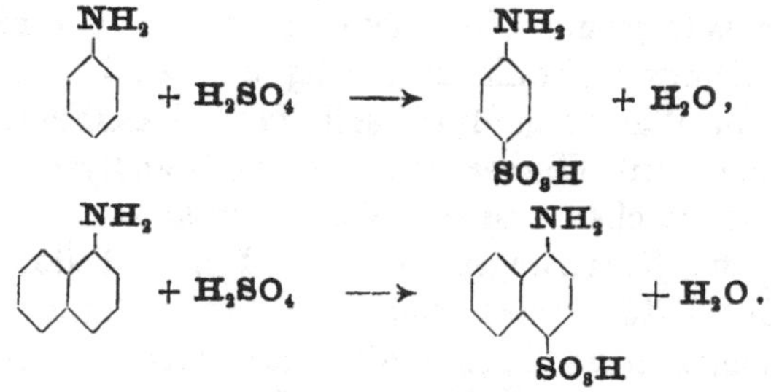

Der sogenannte „Backprozeß“ liefert einheitlichere Produkte; er besteht im Erhitzen des sauren schwefelsauren Amins (I) auf 180° und führt zur Bildung der Aminosulfonsäure (III) aus der vermutlich intermediär entstehenden Sulfaminsäure (II) infolge intramolekularer Wanderung:

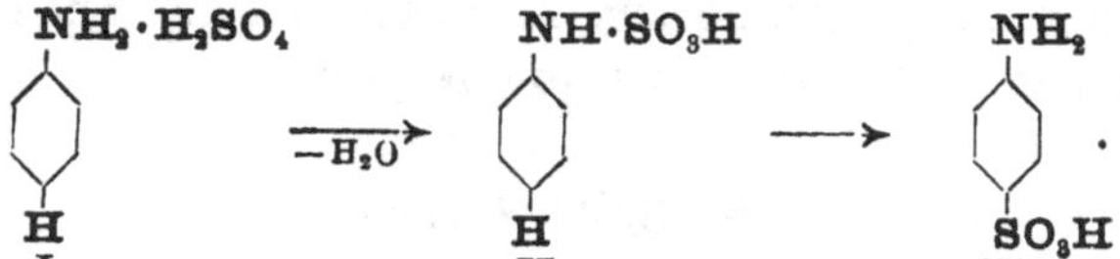

I II III

Zuweilen wird die Sulfonierung durch die Gegenwart eines Katalysators wesentlich beeinflußt.

So übt beim Sulfonieren von Anthrachinon die Gegenwart von etwas Quecksilbersulfat eine orientierende Wirkung auf die Stellung der eingeführten Sulfogruppe aus.

Während z. B. aus Anthrachinon unter gewöhnlichen Umständen die β- oder 2-Anthrachinonsulfonsäure entsteht:

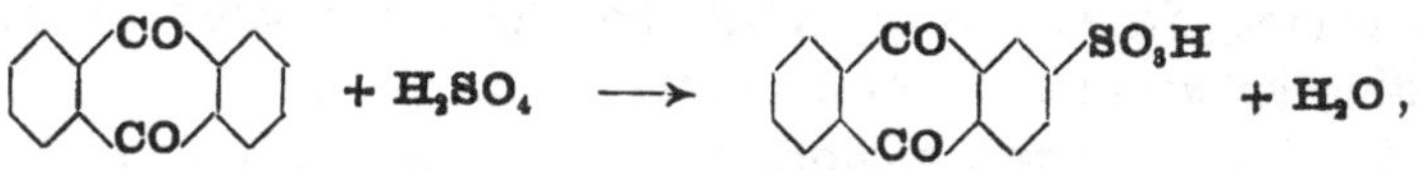

wird in Anwesenheit von etwas Quecksilbersulfat nur α- oder 1-Anthrachinonsulfonsäure gebildet:

Da die Sulfonsäuren in der Regel in Wasser leicht löslich sind — die aus einigen Aminen wie Anilin und α-Naphtylamin entstehenden sind schwer löslich und daher, durch Verdünnen der „Schmelze“ mit Wasser, von der überschüssigen Schwefelsäure leicht zu trennen —, so ist es nötig, andere Trennungsmethoden anzuwenden.

Gewöhnlich wird das Reaktionsprodukt, die „Schmelze“, in Wasser gelöst bzw. auf Eis gegossen, von Unlöslichem erforderlichenfalls abfiltriert und das Filtrat in der Hitze mit Kalkmilch, Calcium- oder Bariumcarbonat neutralisiert. Hierauf wird von dem Sulfat des Calciums (oder Bariums) heiß abfiltriert, wobei die meist löslichen Salze der Sulfonsäuren sich in der Lösung des Filtrats befinden. Da es sich in der Regel um die Darstellung von Natronsalzen handelt, so wird das Filtrat, eventuell nach dem Einengen, mit der berechneten Menge Soda versetzt, von dem ausgeschiedenen Calciumcarbonat getrennt und bis zur Trockne eingedampft.

Zuweilen sind die Natrium- bzw. Kaliumsalze der Sulfonsäuren in Alkalibisulfatlösung schwer löslich. In diesem günstigen Falle rührt man in die mit Wasser verdünnte und auf 80—90° erhitzte Schwefelsäureschmelze gesättigte Kochsalz-, Glaubersalz- oder Chlorkaliumlösung ein, wobei sich das betreffende Alkalisalz der Sulfonsäure in der Regel in kristallisiertem und gut filtrierbarem Zustande ausscheidet.

Durch schmelzendes Kali oder Natron werden die Salze der aromatischen Sulfonsäuren in Phenolate und Alkalisulfite verwandelt:

$$R \cdot SO_3Na + 2\,NaOH \longrightarrow R \cdot ONa + Na_2SO_3 + H_2O\,.$$

Werden sie mit Cyankalium oder entwässertem Ferrocyankalium destilliert, so entstehen Nitrile und Alkalisulfite:

$$R \cdot SO_3K + KCN \longrightarrow R \cdot CN + K_2SO_3\,.$$

A. Sulfonsäuren der Benzolreihe.

Benzoldisulfonsaures Kalium (Mol.-Gew. 332)

$C_6H_4(SO_3K)_2 + H_2O$ oder 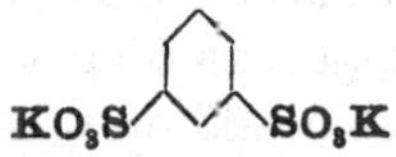 $+ H_2O$.

Darstellung. Die beim Sulfonieren von Benzol zunächst gebildete Benzolmonosulfonsäure geht beim Behandeln mit einem Überschuß von Schwefelsäure bei kurzer Einwirkungsdauer vorwiegend in m-Benzoldisulfonsäure, zum kleineren Teil in p-Benzoldisulfonsäure über.

Übungsbeispiel.

Angewandt: 50 g Benzol,
200 g Schwefelsäure („Oleum") mit 20 % SO_3.

In einen mit Rührwerk versehenen WITTschen $^1/_2$ l-Kolben bringt man 200 g Oleum von 20 % SO_3-Gehalt, kühlt durch umgebendes Eis auf 0° und läßt aus einem Tropftrichter unter fortgesetztem Rühren 50 g Benzol so zufließen, daß die Temperatur nicht über 40° steigt. Dann ersetzt man das Kühlgefäß durch ein Ölbad und erhitzt bis auf 100° so lange, bis das Benzol verschwunden ist. Nunmehr steigert man die Temperatur bis auf 275° und erhitzt noch 2 Stunden hindurch. Das Reaktionsprodukt wird nach dem Erkalten in 1 l Wasser gerührt und die Lösung mit Kalkmilch neutralisiert. Die heiße Lösung wird filtriert und mit der berechneten Menge Pottaschelösung versetzt. Nach dem Abfiltrieren vom kohlensauren Kalk wird die Lösung des Kaliumsalzes auf ein spez. Gewicht von 1,275 eingedampft und erkalten gelassen. Dabei kristallisiert das Kaliumsalz der m-Benzoldisulfonsäure aus, das abgenutscht und auf Ton getrocknet wird, während das Kaliumsalz der p-Benzoldisulfonsäure in Lösung bleibt.

Eigenschaften. In kochendem Wasser leicht löslich. Liefert beim Verschmelzen mit Ätznatron Resorcin.

Sulfanilsäure (Mol.-Gew. 173)
(p-Aminobenzolsulfonsäure)

$C_6H_4<^{NH_2}_{SO_3H}$ oder 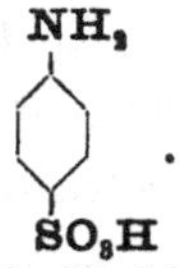 .

Darstellung. Durch Erhitzen von Anilinbisulfat auf 210°.

Übungsbeispiel.

Angewandt: 50 g Anilin,
55 g konzentrierte Schwefelsäure,
20 g Ätznatron.

In eine kleine flache Porzellanschale (zum Entwickeln photographischer Platten) bringt man 55 g konzentrierte Schwefelsäure und rührt langsam 50 g frisch destilliertes Anilin dazu. Das so gebildete Anilinbisulfat, $C_6H_5 \cdot NH_2 \cdot H_2SO_4$, wird nun, nach Möglichkeit unter Luftabschluß, um Oxydationen zu vermeiden, während 4 Stunden allmählich bis auf 210° erhitzt und weitere 6 Stunden auf dieser Temperatur erhalten. Das Produkt wird unter Hinzufügung von 20 g Ätznatron in

2 l Wasser gelöst (Brillantgelbpapier muß gerötet werden), die Lösung wird filtriert, mit Salzsäure neutralisiert und nach Zugabe von etwas Tierkohle 15 Minuten gekocht. Die heiß filtrierte Lösung wird mit konzentrierter Salzsäure angesäuert (Kongopapier soll gebläut werden) und bis zum Erkalten stehen gelassen. Die in farblosen Tafeln ausgeschiedene Sulfanilsäure wird abgesaugt, ausgewaschen und auf Ton getrocknet.

Eigenschaften. Rhombische Tafeln, 1 Mol. Kristallwasser enthaltend, an trockner Luft opak werdend, da sie es leicht verlieren. Schwer löslich in Wasser. Das Natronsalz, $H_2N \cdot C_6H_4 \cdot SO_3Na + 2H_2O$, (Mol.-Gew. 231) bildet leicht lösliche Tafeln.

Dimethylanilin-m-sulfonsaures Kalium (Mol.-Gew. 240)

$C_6H_4<^{N(CH_3)_2}_{SO_3K}$ oder 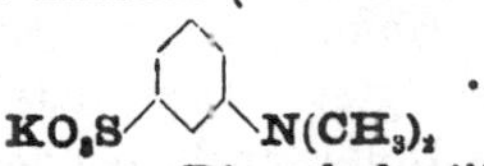

.

Darstellung. Durch Sulfonierung von Dimethylanilin.

Übungsbeispiel.

Angewandt: 100 g Dimethylanilin,
650 g Schwefelsäure von 30 % SO_3-Gehalt,
Kalk,
Pottasche.

In einen kleinen mit Steigrohr, Tropftrichter und Rührer versehenen gußeisernen emaillierten Schmelzkessel, der mit einem eisernen Deckel dicht verschließbar ist und in einer Kältemischung steht, bringt man 650 g rauchende Schwefelsäure von 30 % SO_3-Gehalt und läßt unter lebhaftem Rühren 100 g Dimethylanilin in dem Maße zutropfen, daß die Reaktionstemperatur nicht über $+5^0$ steigt. Darauf ersetzt man die Kältemischung durch ein anwärmbares Wasserbad und erwärmt die Schwefelsäureschmelze so lange auf 60°, bis sich eine Probe beim Übersättigen mit Natronlauge klar löst. Ist dies der Fall, so rührt man sie in 3 l Wasser, neutralisiert die Lösung mit Kalkmilch, filtriert vom Gips ab, gibt zum Filtrat die berechnete Menge Pottasche, filtriert heiß vom gebildeten kohlensauren Kalk ab und dampft zur Trockne ein. Das Produkt enthält etwas Kaliumsulfat.

Eigenschaften. Weißes Pulver, in Wasser leicht löslich. Liefert beim Verschmelzen mit Ätzkali Dimethyl-m-aminophenol.

B. Sulfonsäuren der Naphtalinreihe.

Die Methode des Sulfonierens ist besonders für das Naphtalin und seine Derivate von großer technischer Bedeutung. Bemerkenswert ist auch die Tatsache, daß Naphtalin und seine Derivate wesentlich leichter sulfonierbar sind als die entsprechenden Verbindungen der Benzolreihe. Eine Folge des Vorhandenseins von 8, auf 2 Kerne verteilten Wasserstoffatomen ist ferner die größere Mannigfaltigkeit der Reaktionsprodukte bei der Sulfonierung. So entstehen aus Naphtalin zwei Monosulfonsäuren (α und β) und 4 Disulfonsäuren (1,5; 1,6; 2,6; 2,7); aus α-Naphtylamin 3 (1,4; 1,5; 1,6) und aus β-Naphtylamin 4 (2,5; 2,6; 2,7; 2,8) Naphtylaminmonosulfonsäuren. Ähnlich verhält es sich mit den aus α- und β-Naphtol entstehenden Naphtolsulfonsäuren, ein Umstand, der es leicht begreiflich macht, daß die Erzielung einheitlicher Produkte in der Naphtalinreihe in der Regel wesentlich größere Schwierigkeiten bereitet als in der Benzolreihe, und der, entsprechend den heutigen weitgehenden Anforderungen der Technik, vielfach eine sorgfältige Trennung der gleichzeitig entstandenen Produkte bedingt. Eine sehr wichtige Rolle spielt bei den Sulfonierungen außer der Konzentration der Schwefelsäure (dieselbe variiert vom 90%igen Produkt bis zum hochprozentigen Oleum) die Temperatur, insofern als bei niedriger Temperatur ($< 100^0$) die Sulfogruppe vorwiegend in die α-Stellung tritt, während bei höheren Temperaturen ($> 100^0$) die β-Stellung bevorzugt ist. Dies tritt sehr deutlich bei der Sulfonierung des Naphtalins selbst hervor, das man durch Regelung der Temperatur nach Belieben in die α- oder β-Monosulfonsäure (Ausgangsstoffe für α- und β-Naphtol) überführen kann.

Bei Derivaten des Naphtalins wird der Verlauf der Sulfonierung sehr wesentlich durch die im Naphtalinkern schon vorhandenen Elemente oder Gruppen beeinflußt, so z. B. durch Cl, NO_2-, SO_3H-, NH_2- und OH-Gruppen, derart, daß nur ganz bestimmte Stellen des Naphtalinmoleküls als Ort für neu eintretende Sulfogruppen in Betracht kommen. Bei weiterer Sulfonierung der Naphtalinmonosulfonsäuren z. B. tritt die zweite Sulfogruppe bei niedriger Temperatur in die entfernteste α-Stellung, bei höherer Temperatur in die entfernteste β-Stellung. So liefert α-Naphtalinsulfonsäure bei niedriger Temperatur als Hauptprodukt die 1,5-, bei höherer die 1,6-Disulfonsäure:

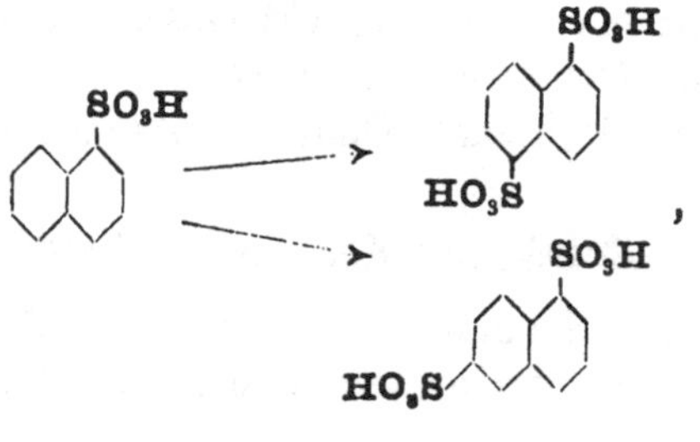

während man aus der β-Naphtalinsulfonsäure bei 150—180° die 2,6- und die 2,7-Disulfonsäure erhält:

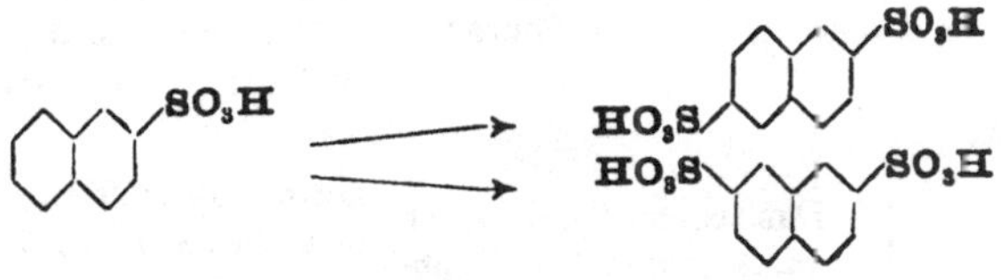

Bei noch weiter gehender Sulfonierung ergibt sich folgendes Bild (S = SO_3H):

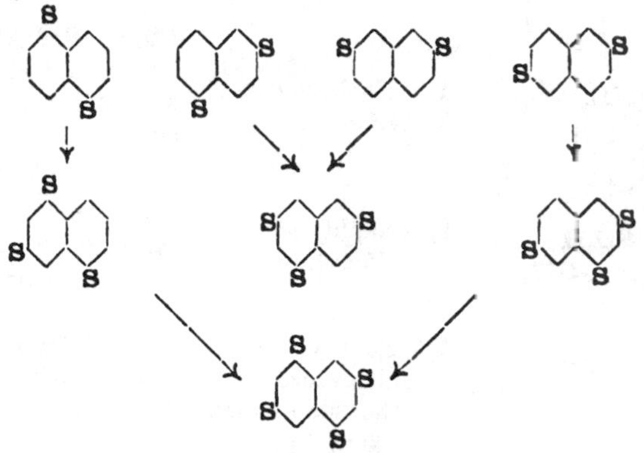

Durch Verschmelzen dieser Naphtalinsulfonsäuren mit Ätzalkalien entstehen Naphtol- und Dioxynaphtalin-mono-, -di- und -polysulfonsäuren.

Naphtylamin- und Naphtolsulfonsäuren.

Von besonderer Wichtigkeit sind die verschiedenen, von den Naphtylaminen und Naphtolen sich ableitenden Sulfonsäuren.

a) Die Naphtylaminsulfonsäuren werden erhalten entweder durch Sulfonierung der Naphtylamine bzw. durch Weitersulfonieren von Naphtylaminsulfonsäuren, oder aus den entsprechenden Naphtol- bzw. Chlornaphtalin-Sulfonsäuren durch Amidierung, oder durch Reduktion der entsprechenden Nitronaphtalinsulfonsäuren. Letztere erhält man entweder durch Nitrieren von Naphtalinsulfonsäuren oder durch Sulfonieren von Nitronaphtalin.

Die wichtigsten **Naphtylaminsulfonsäuren** sind:

I. Monosulfonsäuren (Mol.-Gew. 223)

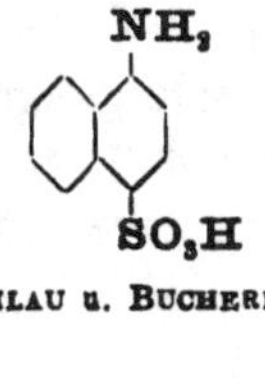

1,4-Naphtylaminsulfonsäure (Naphthionsäure).

Durch Sulfonieren v. α-Naphtylamin, d. h. durch Erhitzen von α-Naphtylaminbisulfat auf höhere Temperatur (sog. „Backverfahren").

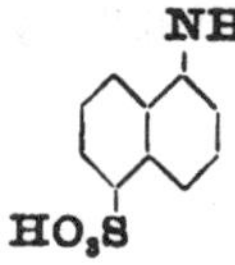

1,5-Naphtylaminsulfonsäure. (LAURENTs Säure.)

Durch Reduktion der 1,5-Nitronaphtalinsulfonsäure (aus α-Nitronaphtalin durch Sulfonieren mittels Chlorsulfonsäure, vgl. auch S. 61 ff.).

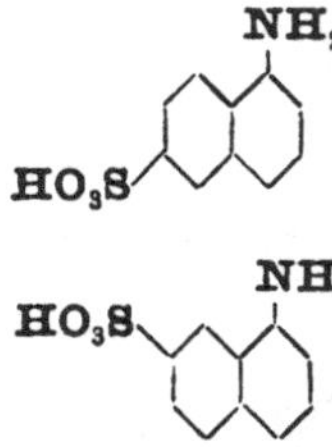

Das technische Gemisch von 1,6- und 1,7-Naphtylaminsulfonsäure. (CLÈVEsche Säuren.)

Durch Reduktion des Gemisches der 1,6- u. 1,7-Nitronaphtalinsulfonsäure (aus Naphtalin-β-sulfonsäure durch Nitrieren).

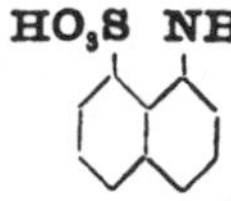

1,8-Naphtylaminsulfonsäure.

Durch Reduktion der 1,8-Nitronaphtalinsulfonsäure und Abtrennung von der isomeren 1,5-Naphtylaminsulfonsäure.

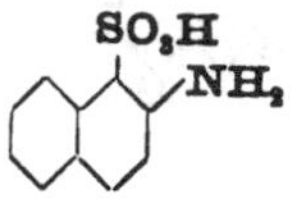

2,1-Naphtylaminsulfonsäure.

Aus der 2,1-Naphtolsulfonsäure durch Anlagerung von NH_3 (Amidierung).

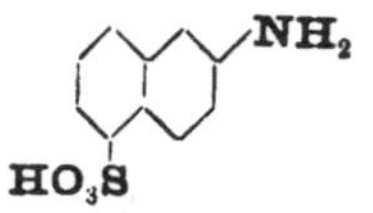

2,5-Naphtylaminsulfonsäure. (DAHLsche Monosulfonsäure I.)

Durch Sulfonieren von β-Naphtylamin bei niedriger Temperatur und Trennung von der 2,8-Säure.

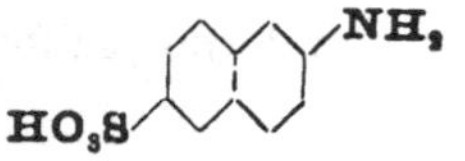

2,6-Naphtylaminsulfonsäure. (BRÖNNER-Säure.)

Durch Sulfonieren von β-Naphtylamin bei höherer Temperatur und Trennung von der 2,7-Säure.

II. Disulfonsäuren (Mol.-Gew. 303)

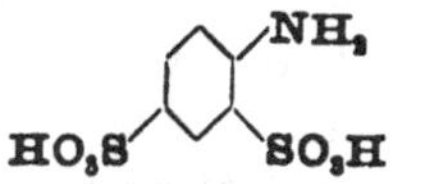

2,3,6-Naphtylamindisulfonsäure (Amino-R-Säure).

Durch Amidierung der entsprechenden Naphtoldisulfonsäure.

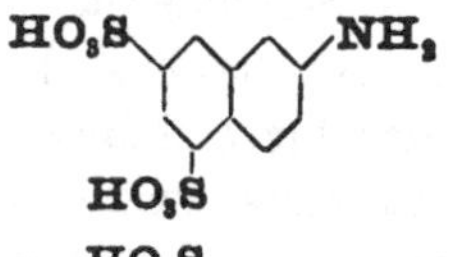

2,5,7-Naphtylamindisulfonsäure. (für J-Säure).

Durch Weitersulfonieren der 2, 5-Naphtylaminsulfonsäure.

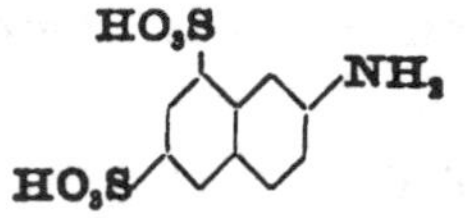

2,6,8-Naphtylamindisulfonsäure. (Amino-G-Säure).

Durch Amidierung der entsprechenden Naphtoldisulfonsäure.

b) Naphtolsulfonsäuren. Geht man, wie unten näher beschrieben, behufs Darstellung von Monosulfonsäuren von β-Naphtol aus, so treten die Sulfogruppen, je nach den Reaktionsbedingungen, zunächst ausschließlich in die Stellungen 1, 6, 7 und 8 ein. Bei niedrigen Temperaturen und mit wenig Schwefelsäure entsteht, wahrscheinlich über die 2,1-Säure hinweg, vorwiegend die 2,8-Naphtolsulfonsäure (Croceïnsäure, BAYERsche Säure), bei etwas höherer Temperatur hingegen vorwiegend die 2,6-Naphtolsulfonsäure (SCHÄFFER-Säure) daneben die 2,7-Säure. Im übrigen ist die Zahl der eintretenden Sulfogruppen wiederum von der Temperatur und von der Menge sowie Konzentration der Schwefelsäure abhängig. Die Anwendung reichlicher Mengen Schwefelsäure und niedrige Temperaturen führen in der Hauptsache zur 2,6,8-Naphtoldisulfonsäure (G-Säure), höhere Temperaturen hingegen zur 2,3,6-Naphtoldisulfonsäure (R-Säure). Wendet man schließlich rauchende Schwefelsäure an und erhitzt auf Temperaturen über 100°, so erhält man die β-Naphtol-3,6,8-trisulfonsäure. Handelt es sich also um die Darstellung von Monosulfonsäuren (vgl. auch die Darstellung von 1,8- und 1,5-Naphtylaminmonosulfonsäure, S. 61 ff.), so muß man dem Umstande Rechnung tragen, daß die ersten Anteile des zu sulfonierenden Naphtols o. dgl. beim Eintragen in das Sulfonierungsmittel sich einem sehr großen Überschuß desselben gegenüber befinden. Um die Bedingungen für die unerwünschte Entstehung von Di- und Trisulfonsäuren nach Möglichkeit auszuschließen, empfiehlt sich daher in allen diesen Fällen die Anwendung äußerer Kühlmittel; denn infolge der durch die Sulfonierung bedingten Entstehung von Wasser (s. S. 27), das von der überschüssig vorhandenen Schwefelsäure gebunden wird, beginnt die Temperatur sofort mit dem Eintragen zu steigen. Erst wenn das Eintragen beendigt, also das normale Verhältnis zwischen Naphtol usw. und Schwefelsäure o. dgl. hergestellt ist, läßt man die Temperatur allmählich bis zur vorgeschriebenen Höhe steigen. Bei der Monosulfonierung des β-Naphtols läßt sich, abgesehen von der als Zwischenprodukt auftretenden 2,1-Säure, die gleichzeitige Entstehung der beiden stabileren isomeren Säuren von der Konstitution 2,6 und 2,8

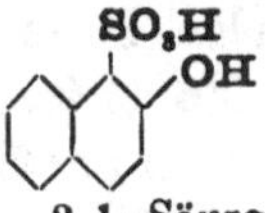

2,1-Säure

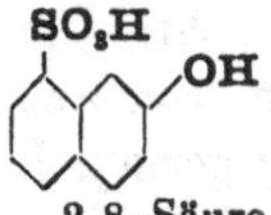

2,8-Säure

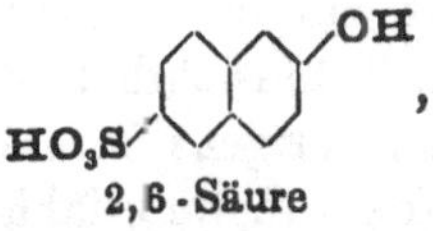

2,6-Säure

wie oben angedeutet, kaum vermeiden. Nur bei besonders niedrigen Temperaturen entsteht fast ausschließlich die 2,8-Säure, während schon bei Temperaturen weit unter 100°, also etwa bei 50°, falls die Einwirkung länger dauert, die isomere 2,6-Säure in reichlichen Mengen auftritt. Die unten empfohlene Trennungsmethode des aus der 2,6- und der 2,8-Naphtolsulfonsäure bestehenden Sulfonierungsgemisches mittels NaCl beruht auf der Schwerlöslichkeit des Na-Salzes der 2,6-Naphtolsulfonsäure in NaCl-haltigem Wasser. Die Trennung

3*

ist übrigens unvollkommen, vor allem insofern, als die 2,8- mit der isomeren 2,6-Naphtolsulfonsäure verunreinigt ist, während das schwerlösliche Na-Salz der 2,6-Naphtolsulfonsäure sich naturgemäß durch Umkristallisieren leichter von fremden Beimengungen befreien läßt. Die beiden Sulfonsäuren unterscheiden sich ferner auch hinsichtlich ihres Kombinationsvermögens gegenüber Diazoniumverbindungen nicht unwesentlich, so daß sich eine Verunreinigung der (infolge der Sulfogruppe in 8-Stellung, s. unten S. 124) schwerer kuppelnden 2,8-Säure durch die leicht kuppelnde 2,6-Säure sicher nachweisen und durch passende Bedingungen auch beseitigen läßt. Als geeignete Diazoniumverbindung ist hier, wie in vielen anderen Fällen, das p-Nitrobenzoldiazoniumchlorid zu empfehlen. Der Farbstoff p-Nitroanilin-diazo-2,6-Säure ist in neutraler Lösung rotstichiger als der entsprechende Farbstoff der 2,8-Säure und zudem schwerer löslich. Beim Übersättigen mit Ätzalkali schlagen beide in ein blaustichiges Rot um. Beim Aufgießen der alkalischen Lösung auf Fließpapier offenbart sich beim Farbstoff der 2,8-Säure die Neigung hydrolytisch zu dissoziieren durch das Auftreten einer gelbroten Zone um den blauroten Kern, während die aufgegossene Lösung des Farbstoffes der 2,6-Säure ein einheitliches Aussehen aufweist und auch, solange die CO_2 der Atmosphäre die Wirkung des Ätzalkalis nicht aufhebt, unverändert bleibt.

Will man die verschiedene Kupplungsenergie der beiden Sulfonsäuren deutlich zum Ausdruck bringen, so ist es hier wie in allen ähnlichen Fällen erforderlich, die Kupplungsbedingungen derart zu gestalten, daß zwar der leichter kombinierende Bestandteil noch ziemlich schnell mit der Diazoniumverbindung zum Farbstoff zusammentreten kann, während der übrigbleibende, schwerer kuppelnde Bestandteil der Mischung die zur Farbstoffbildung erforderlichen Bedingungen nicht findet. Diese Bedingungen sind von Fall zu Fall zu ermitteln und ergeben sich leicht, wenn man die einzelnen Bestandteile getrennt auf ihr Verhalten untersucht. Im vorliegenden Falle zeigt sich z. B. hinsichtlich der beiden isomeren Säuren, 2,6 u. 2,8, daß gewisse, übrigens verhältnismäßig geringe Konzentrationen der Essigsäure die Kupplungsfähigkeit gegenüber einem p-Nitrobenzoldiazoniumchlorid von bestimmter Beschaffenheit (wie es z. B. erhalten wird, wenn man die nach der Vorschrift von S. 94 hergestellte salzsaure Diazo-Lösung, bis zum Verschwinden der sauren Reaktion auf Kongopapier, mit Na-Acetat versetzt) nahezu aufheben. Aber diese Konzentrationen sind, wie aus der Vorschrift, S. 37f., hervorgeht, für beide Säuren so erheblich verschieden, daß, nach Vollendung der Farbstoffbildung aus überschüssigem Diazoniumchlorid und 2,6-Säure, leicht und für längere Zeit dieser Überschuß an Diazoniumverbindung nachweisbar ist, da ganz allmählich erst die 2,8-Säure merklich in Reaktion zu treten beginnt. In der Farbentechnik wird die Trennung isomerer, aber verschieden leicht kuppelnder Naphtolsulfonsäuren bisweilen in der Weise bewirkt, daß man die Kupplung in alkalischer (meist Soda) Lösung ausführt, z. B. mittels Xyloldiazoniumchlorids. Jedoch hat dieses „Vorfällen", wenn es im Betrieb genaue Ergebnisse liefern soll, eine auf andere Weise, z. B. durch Titration mittels Diazo- oder Jodlösung, erlangte Kenntnis der Zusammensetzung des Gemisches zur Voraussetzung.

Die wichtigsten **Naphtolsulfonsäuren** sind:

I. **Monosulfonsäuren** (Mol.-Gew. 224)

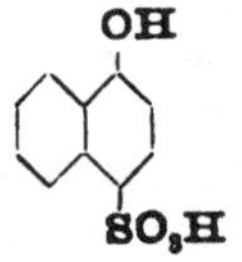	1,4-Naphtolsulfonsäure. (Nevile-Winthersche Säure.)	Aus 1,4-Naphtylaminsulfonsäure durch „Umkochen" der Aminogruppe.
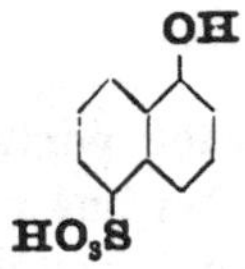	1,5-Naphtolsulfonsäure.	Aus 1,5-Naphtalindisulfonsäure durch Verschmelzen mit Alkali.
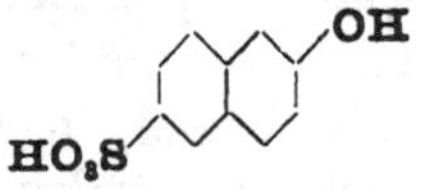	2,6-Naphtolsulfonsäure. (Schäffer-Säure.)	Aus β-Naphtol durch Sulfonieren bei höherer Temperatur.
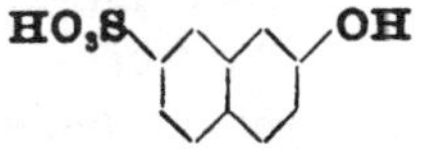	2,7-Naphtolsulfonsäure. (F[δ]-Säure).	Aus 2,7-Naphtalindisulfonsäure durch Verschmelzen einer Sulfogruppe.
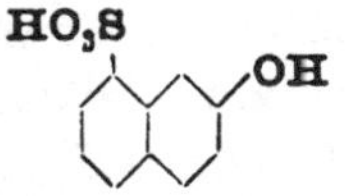	2,8-Naphtolsulfonsäure. (Croceïnsäure, Säure B.)	Aus β-Naphtol durch Sulfonieren bei niedriger Temperatur.

II. **Disulfonsäuren** (Mol.-Gew. 304)

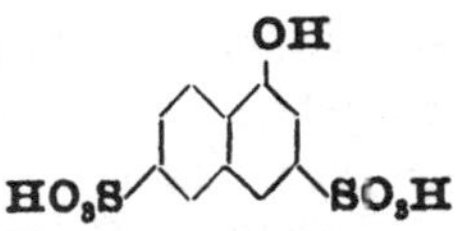	1,3,6-Naphtoldisulfonsäure. (Rudolph-Gürckesche Säure.)	Aus der 1,3,6-Naphtalintrisulfonsäure durch Verschmelzen mit Alkali.
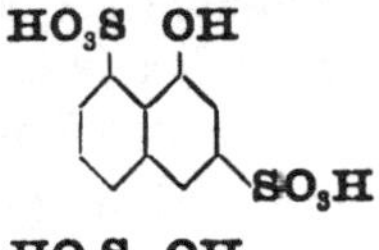	1,3,8-Naphtoldisulfonsäure ε.	Aus der 1,3,8-Naphtylamindisulfonsäure durch Diazotieren und Umkochen.
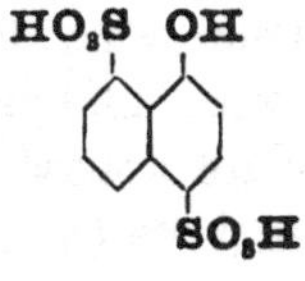	1,4,8-Naphtoldisulfonsäure S. (Schöllkopf-Säure.)	Aus der 1,4,8-Naphtylamindisulfonsäure durch Diazotieren und Umkochen oder durch Erhitzen mit Bisulfit.

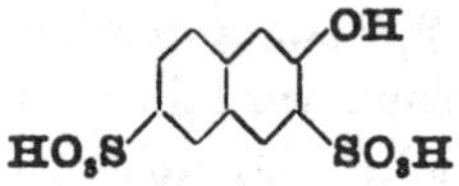	2,3,6-Naphtoldisulfonsäure. (R-Säure.)	Durch Sulfonieren von β-Naphtol bei höherer Temperatur.
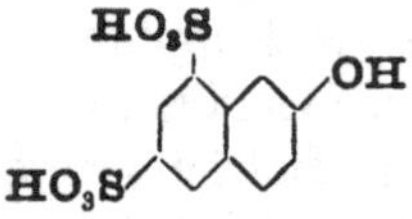	2,6,8-Naphtoldisulfonsäure. (G-Säure.)	Durch Sulfonieren von β-Naphtol bei niedriger Temperatur.

III. Trisulfonsäuren (Mol.-Gew. 384)

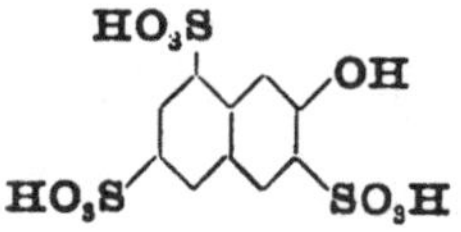	2,3,6,8-Naphtoltrisulfonsäure.	Durch Sulfonieren von R- und G-Säure bei höherer Temperatur.

Übungsbeispiel: 2,6- und 2,8-Naphtolsulfonsäure.

Ausgangsmaterialien: β-Naphtol; konzentrierte Schwefelsäure von 66° Bé.

Hilfsstoffe: Kalkmilch; Sodalösung; NaCl-Lösung.

Darstellung. 50 g fein gepulvertes β-Naphtol werden portionsweise eingetragen in 100 g konzentrierte H_2SO_4, wobei man die Temperatur des Sulfonierungsgemisches 25° nicht übersteigen läßt. Nach vollendetem Eintragen erhält man die Schmelze bei 25° so lange, bis eine Probe derselben, beim Verdünnen mit Wasser, kein freies β-Naphtol mehr ausscheidet oder, was eine schärfere Erkennung gestattet, beim Ausschütteln mit Äther sich als frei von β-Naphtol erweist. Man gießt nunmehr das Reaktionsprodukt unter Umrühren in 300—400 ccm kaltes Wasser, neutralisiert die schwefelsaure Naphtolsulfonsäurelösung mit Kalkmilch bis zur bleibenden alkalischen Reaktion auf Phenolphtaleïnpapier, kocht kurz auf, saugt vom Gips ab, den man noch einmal mit Wasser auskocht, dampft die Kalksalze bis auf etwa $^1/_4$—$^1/_2$ l ein und versetzt die Lösung, nach dem Abfiltrieren des durch das Eindampfen ausgeschiedenen Gipses, so lange mit Soda, bis sämtlicher Kalk ausgefällt ist (Prüfung mittels einer filtrierten Probe). Man filtriert vom $CaCO_3$ ab und erhält auf solche Weise eine Lösung der sulfonsauren Na-Salze. Um das Mengenverhältnis der beiden Isomeren festzustellen, verfährt man auf folgende Weise: Von der etwa 250 ccm betragenden Lösung werden 10 ccm (entsprechend etwa 2 g β-Naphtol) mit Salzsäure genau neutralisiert und auf 100 ccm eingestellt. 10 ccm davon, = ca. 0,2 g β-Naphtol, werden unter Hinzufügung von 25 ccm einer halbgesättigten NaCl-Lösung mit 3 ccm einer 6%igen Essigsäure angesäuert. Zur Titration verwendet man eine aus p-Nitranilin bereitete (s. S. 92) und, bis zum Verschwinden der mineralsauren Reaktion (Kongopapier!), mit Na-Acetat versetzte Diazolösung von bekanntem Gehalt, etwa $^1/_{20}$-normal. Man läßt vorsichtig unter Umrühren so lange Diazolösung zulaufen, als noch der in salzhaltigem Wasser schwer lösliche SCHÄFFER-Salz-Farbstoff ausfällt und Diazolösung im Auslauf einer auf Fließpapier gebrachten Tüpfelprobe nicht nachweisbar ist. Sobald die gesamte SCHÄFFER-Säure des Reaktionsproduktes in Azofarbstoff übergeführt ist, bemerkt man bei weiterer Zugabe von Diazolösung das Auftreten des wesentlich gelbstichigeren, in salzhaltigem Wasser merklich löslicheren Farbstoffes der 2,8-Säure, dessen Bildung jedoch wie erwähnt so langsam fortschreitet, daß sich das Vorhandensein von Diazolösung im farblosen Auslauf einer Tüpfelprobe leicht feststellen läßt. Die Titrationen sind nach Möglichkeit bei Tageslicht auszuführen, um die Farbentöne der Farbstoffniederschläge besser unterscheiden zu können. Bei ein- oder zweimaliger Wiederholung dieser Kupplungsprobe mit je 10 ccm läßt sich der Punkt, bei dem die 2,6-Säure verbraucht ist, ziemlich sicher feststellen. Man kuppelt alsdann die 2,8-Säure, nach Neutralisation der Essigsäure mittels Bicarbonats, gleichfalls aus und kann nunmehr aus der Anzahl der für die beiden isomeren Säuren jeweils verbrauchten Kubikzentimeter Diazolösung nicht nur auf das Mengenverhältnis der beiden isomeren Sulfonsäuren, sondern auch auf die absoluten Beträge, in denen sie bei der Sulfonierung entstanden sind, zurückschließen. Man versetzt, um die Sulfonsäuren zu trennen, die obige Lösung ihrer Na-Salze mit dem gleichen Volumen einer gesättigten reinen NaCl-Lösung. Nach dem völligen Erkalten der Mischung hat sich das 2,6-naphtolsulfonsaure Na fast vollkommen ausgeschieden, während das Na-Salz der isomeren 2,8-Säure in Lösung bleibt. Die Ausscheidung wird abgesaugt und mit etwa 100 ccm halbgesättigter NaCl-Lösung ausgewaschen.

Ein anderes Verfahren zur Aufarbeitung der Sulfonierungsschmelze wird in der Weise ausgeführt, daß man das Reaktionsprodukt, statt in Wasser, in konzentrierte NaCl-Lösung einlaufen läßt; hierdurch wird gleichfalls die 2,6-Naphtolsulfonsäure, und zwar vermöge ihrer Acidität in Form ihres Na-Salzes, zur Abscheidung gebracht, während das Salz der 2,8-Säure zum allergrößten Teil in Lösung bleibt, bzw. sich durch Auswaschen aus dem 2,6-Salz entfernen läßt. Dieses Verfahren empfiehlt sich jedoch mehr in solchen Fällen, in denen es sich ausschließlich um die Gewinnung der 2,6-Naphtolsulfonsäure handelt, während man die 2,8-Säure, die bei Auswahl der richtigen Reaktionsbedingungen (s. oben) nur in geringer Menge entstanden ist, preisgibt.

Dioxynaphtalinsulfonsäuren.

Diese werden erhalten entweder durch Sulfonieren von Dioxynaphtalinen, oder aus Aminonaphtol- bzw. Naphtylendiaminsulfonsäuren durch Umkochung einer bzw. beider Aminogruppen, oder aus Naphtoldi- und -Trisulfonsäuren bzw. Naphtalintri- und -Tetrasulfonsäuren durch Verschmelzung einer bzw. zweier Sulfogruppen.

Die wichtigsten sind:

I. Monosulfonsäuren (Mol.-Gew. 240)

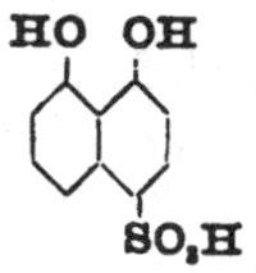

1,8,4-Dioxynaphtalinsulfonsäure. (S-Säure.)

Aus 1,8,4-Aminonaphtolsulfonsäure durch „Umkochung" oder aus 1,4,8-Naphtoldisulfonsäure durch Verschmelzen der Sulfogruppe in 8-Stellung.

II. Disulfonsäuren (Mol.-Gew. 320)

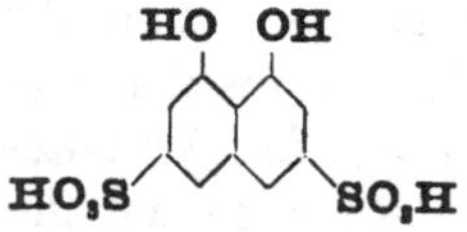

1,8,3,6-Dioxynaphtalindisulfonsäure. (Chromotropsäure.)

Aus 1,3,6,8-Naphtoltrisulfonsäure durch Verschmelzen.

Aminonaphtolsulfonsäuren.

Man gewinnt sie entweder durch Sulfonieren der Aminonaphtole, oder aus Naphtylendiaminsulfonsäuren durch Umkochung einer Aminogruppe, oder aus Dioxynaphtalinsulfonsäuren durch Amidierung einer Hydroxylgruppe, oder aus Naphtylamindi- und -trisulfonsäuren durch Verschmelzung, oder aus den Nitroso- und Azoderivaten der Naphtolsulfonsäuren durch Reduktion.

Die wichtigsten sind:

I. Monosulfonsäuren (Mol.-Gew. 239)

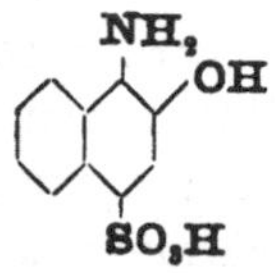

1,2,4-Aminonaphtolsulfonsäure.

Aus Nitroso-β-Naphtol durch Reduktion mittels Bisulfits.

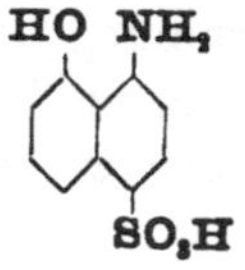

1,8,4-Aminonaphtolsulfonsäure. (S-Säure.)

Aus 1,4,8-Naphtylamindisulfonsäure durch Verschmelzung der Sulfogruppe in 8-Stellung.

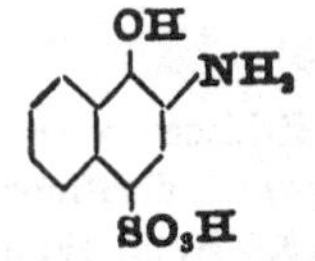	2, 1, 4-Aminonaphtol-sulfonsäure.	Durch Reduktion von 2-Nitroso-1, 4-Naphtolsulfonsäure.
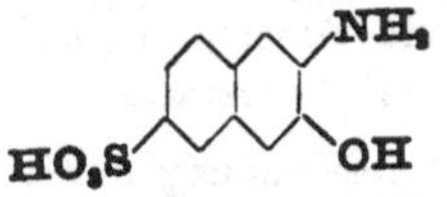	2, 3, 6-Aminonaphtol-sulfonsäure R.	Aus 2, 3, 6-Naphtylamindisulfonsäure R durch Verschmelzen der Sulfogruppe in 3-Stellung.
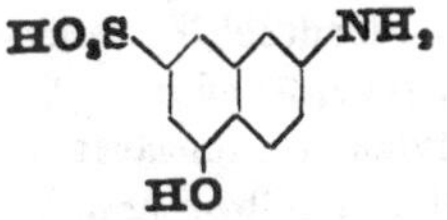	2, 5, 7-Aminonaphtol-sulfonsäure. (I-Säure.)	Aus 2, 5, 7-Naphtylamindisulfonsäure durch Verschmelzen der Sulfogruppe in 5-Stellung.
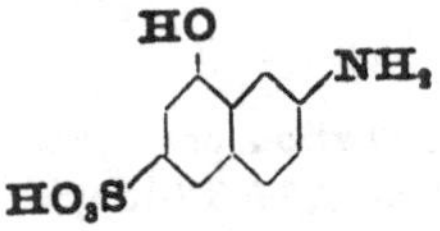	2, 8, 6-Aminonaphtol-sulfonsäure. (γ-Säure.)	Aus 2, 6, 8-Naphtylamindisulfonsäure (G) durch Verschmelzen der Sulfogruppe in 8-Stellung.

II. Disulfonsäuren (Mol.-Gew. 319)

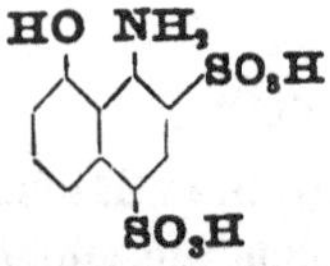	1, 8, 2, 4-Amino-naphtoldisulfonsäure. (SS-Säure.)	Durch Verschmelzen der 1, 2, 4, 8-Naphtylamintrisulfonsäure bzw. des Naphtsultams.
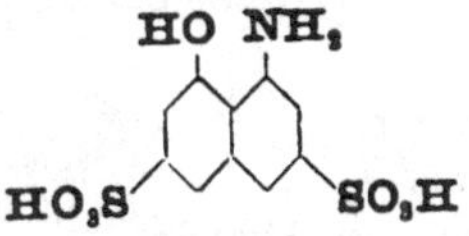	1, 8, 3, 6-Amino-naphtoldisulfonsäure. (H-Säure.)	Aus 1, 3, 6, 8-Naphtylamintrisulfonsäure durch Verschmelzen der Sulfogruppe in 8-Stellung.
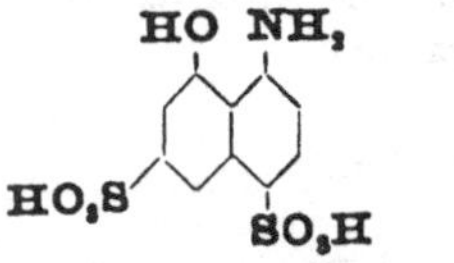	1, 8, 4, 6-Amino-naphtoldisulfonsäure. (K-Säure.)	Aus 1, 4, 6, 8-Naphtylamintrisulfonsäure durch Verschmelzen der Sulfogruppe in 8-Stellung.
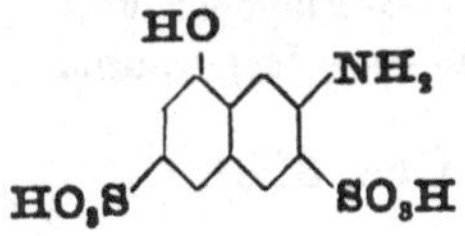	2, 8, 3, 6-Amino-naphtoldisulfonsäure. (RR-Säure.)	Aus 2, 3, 6, 8-Naphtylamintrisulfonsäure durch Verschmelzen der Sulfogruppe in 8-Stellung.

Naphtylendiaminsulfonsäuren.

Diese entstehen entweder durch Sulfonieren der Naphtylendiamine, oder durch Reduktion der Dinitronaphtalin- bzw. Nitronaphtylaminsulfonsäuren, oder aus den entsprechenden Aminonaphtol- bzw. Dioxynaphtalinsulfonsäuren (in besonderen Fällen 1, 3-Naphtylendiaminderivate auch aus 1, 3-Naphtol- bzw. -Naphtylaminsulfonsäuren) durch Amidierung.

Die wichtigsten sind:

I. Monosulfonsäuren (Mol.-Gew. 238)

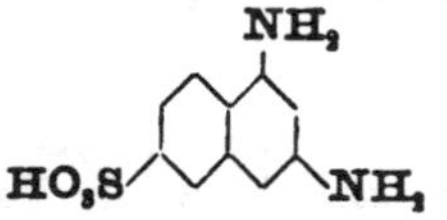

1,3,6-Naphtylendiaminsulfonsäure.

Durch Erhitzen von 1,3,6-Naphtylamindisulfonsäure oder 1,3,6-Naphtoldisulfonsäure mit Ammoniak auf höhere Temperatur.

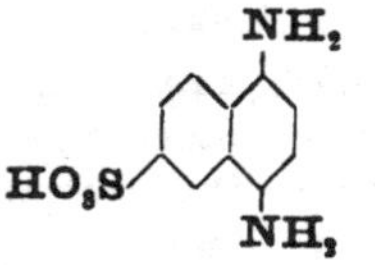

1,4,6- = 1,4,7-Naphtylendiaminsulfonsäure.

Als Acetylverbindung durch Reduktion der durch Nitrieren von Acetyl-1,6- oder -1,7-Naphtylaminsulfonsäure erhaltenen Nitrosäure.

II. Disulfonsäuren (Mol.-Gew. 318)

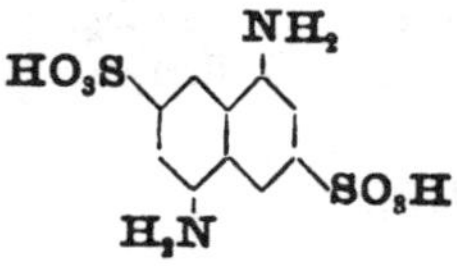

1,5,3,7-Naphtylendiamindisulfonsäure.

Durch Reduktion der durch Nitrieren von 2,6-(=3,7-)Naphtalindisulfonsäure gewonnenen Dinitronaphtalindisulfonsäure.

C. Sulfonsäuren der Anthrachinonreihe.

Die Anthrachinonsulfonsäuren sind von der größten Bedeutung für die Industrie der Anthracenfarbstoffe, wie sich aus folgender Übersicht ergibt:

Anthrachinon-
- 1-Monosulfonsäure → { 1-Aminoanthrachinon. / 1-Oxyanthrachinon.
- 2-Monosulfonsäure → 2-Oxyanthrachinon → Alizarin.
- 1,5-Disulfonsäure → { 1,5-Diaminoanthrachinon. / Anthrarufin.
- 1,8-Disulfonsäure → { 1,8-Diaminoanthrachinon. / Chrysazin.
- 2,6-Disulfonsäure → Anthraflavinsäure → Flavopurpurin.
- 2,7-Disulfonsäure → Isoanthraflavinsäure → Isopurpurin.

2-Anthrachinonsulfonsaures Natrium (Mol.-Gew. 328) („Silbersalz")

$C_{14}H_7(SO_3Na)O_2 + H_2O$ oder

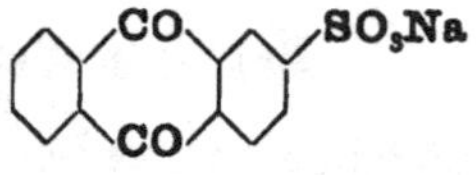

$+ H_2O$.

Darstellung. Durch Sulfonieren von Anthrachinon mit rauchender Schwefelsäure von 50% SO_3-Gehalt bei 160°.

Übungsbeispiel.

Angewandt: 100 g Anthrachinon,
100 g Schwefelsäure von 50% SO_3-Gehalt.

Unter Verwendung des auf S. 31 erwähnten gußeisernen Schmelzkessels, welcher sich in einem Ölbade befindet, werden 100 g Oleum von 50 % SO_3-Gehalt bis zum Schmelzen erwärmt und 100 g trocknes gepulvertes Anthrachinon allmählich dahineingerührt. Hierauf wird die Mischung so erwärmt, daß ihre Temperatur im Laufe einer Stunde 160° erreicht hat. Nach dem Erkalten wird die Schmelze in die mehrfache Menge gehacktes Eis gerührt, die Flüssigkeit zum Kochen erhitzt und vom unveränderten Anthrachinon abfiltriert. Das heiße Filtrat wird mit Ätznatron neutralisiert und erkalten gelassen. Dabei fällt der größte Teil des anthrachinonsulfonsauren Natriums in silberglänzenden Blättchen aus, welche abgesaugt werden. Durch Konzentrieren des Filtrats wird eine weitere Menge gewonnen. Die letzten Anteile erhalten neben Glaubersalz etwas anthrachinondisulfonsaures Natrium.

Eigenschaften. Silberglänzende Blättchen. Liefern beim Verschmelzen mit Ätznatron und Kaliumchlorat Alizarin.

5. Phenole.

Die wichtigsten Methoden, um die Hydroxylgruppe in aromatische Verbindungen einzuführen (s. auch S. 48 ff.), sind:

1. Das Verschmelzen der Alkalisalze von Sulfonsäuren mit Ätzalkalien (nach Kekulé, Wurtz, Dusart), wobei das Alkalisalz eines Phenols neben Alkalisulfit und Wasser entsteht:

$$R\cdot SO_3Na + 2NaOH \longrightarrow R\cdot ONa + Na_2SO_3 + H_2O\ .$$

2. Das Kochen der Diazoniumsalze in wäßrig-schwefelsaurer Lösung:

$$R\cdot N_2\cdot SO_4H + H_2O \longrightarrow R\cdot OH + N_2 + H_2SO_4\ .$$

Technische Beispiele für diese Methoden liefern die Umwandlung von Benzoldisulfonsäure in Resorcin:

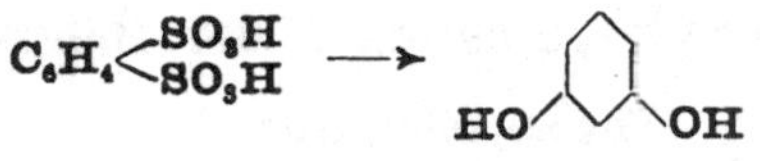

und von Naphthionsäure in Nevile-Winthersche Säure (altes Verfahren):

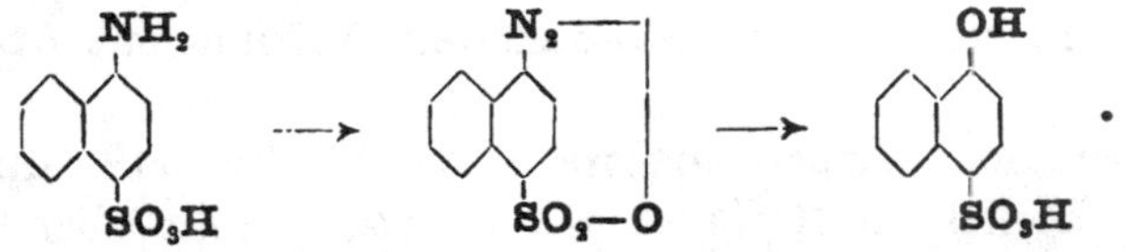

Wasserstoffatome aromatischer Verbindungen lassen sich nur schwer durch Hydroxylgruppen unmittelbar ersetzen. Dies gelingt zuweilen durch Oxydationsmittel. So liefert anthrachinonmonosulfonsaures Natrium beim Schmelzen mit Ätznatron in Gegenwart von Kaliumchlorat (über den Mechanismus dieser Reaktion s. Anthracenfarbstoffe) das Natriumsalz des 1,2-Dioxyanthrachinons (Alizarin):

$$C_{14}H_7O_2 \cdot SO_3Na + 3\,NaOH + O \longrightarrow C_{14}H_6O_2(ONa)_2 + Na_2SO_3 + 2\,H_2O.$$

Alizarin wird beim Erhitzen mit Arsensäure oder Mangansuperoxyd in schwefelsaurer Lösung in Purpurin (1,2,4-Trioxyanthrachinon) verwandelt:

$$C_{14}H_6O_2(OH)_2 + O \longrightarrow C_{14}H_5O_2(OH)_3.$$

Durch Nitrierung gehen die Phenole in Nitrophenole über, die bei der Reduktion die entsprechenden Aminophenole liefern. Von letzteren sind p-Aminophenol und die Dialkyl-m-aminophenole (s. S. 46) die wichtigsten.

Durch Sulfonierung werden Phenolsulfonsäuren erzeugt. Unter diesen spielen die Naphtolsulfonsäuren (s. S. 37f.) eine außerordentlich wichtige Rolle in der Technik der Azofarbstoffe.

Durch die Einführung der Hydroxylgruppe erlangen die aromatischen Kohlenwasserstoffe einen ausgeprägten sauren Charakter, so daß sich die Phenole in verdünnten Ätzalkalien unter Bildung von Alkalisalzen lösen. Nicht aber vermögen sie Alkalicarbonate zu zerlegen. Dies ist erst dann der Fall, wenn die Phenyl- oder Naphtylgruppe durch Einführung einer Nitrogruppe oder eines Halogenatoms genügend sauer geworden ist.

Die Hydroxylgruppe, als „auxochrome" Gruppe, bildet einen wichtigen Bestandteil vieler organischer Farbstoffe. Es kommt jedoch vor, daß sie wegen ihrer sauren Natur die Eigenschaften derselben ungünstig beeinflußt. In diesem Falle alkyliert man den fertigen Farbstoff, indem man das Alkalisalz mit Halogenalkyl zur Umsetzung bringt (Brillantgelb ⟶ Chrysophenin).

A. Hydroxylverbindungen der Benzolreihe.

Phenol (Mol.-Gew. 94)

$C_6H_5 \cdot OH$ oder —OH.

Darstellung, s. S. 9 u. 12, aus Steinkohlenteer. Wird synthetisch durch Verschmelzen von benzolsulfonsaurem Natrium mit Ätznatron gewonnen.

Eigenschaften. Lange farblose Prismen. Fp. 43°, Kp. 183°, D_{15} 1,066. Löslich in 15 Teilen Wasser von gewöhnlicher Temperatur. Bei 84° in allen Verhältnissen in Wasser löslich. Konzentrierte Salpetersäure verwandelt es, je nach den Versuchsbedingungen, in o- und p-Nitrophenol, in Dinitrophenol und in Trinitrophenol (Pikrinsäure). Kohlendioxyd führt Phenolnatrium in Natriumsalicylat über (Näheres s. S. 83f.).

Das Handelsprodukt soll nicht unter 30° schmelzen und bei 183—186° sieden. Sein Gehalt kann nach zwei Methoden bestimmt werden. Entweder nach DEGENER durch Titrieren mit Bromwasser (dessen Gehalt mit Jodkalium ermittelt ist), indem man der wäßrigen Lösung so lange Bromwasser hinzufügt, bis die Flüssigkeit gelb gefärbt ist, und den Überschuß des zugesetzten Broms mit Jodkalium bestimmt. Oder nach MESSINGER und VORTMANN, indem man die erwärmte alkalische Phenollösung so lange mit einer Jodlösung versetzt, bis die Flüssigkeit durch überschüssiges Jod stark gelb gefärbt ist, worauf beim Umschütteln ein hochroter Niederschlag von Dijodphenoljodid

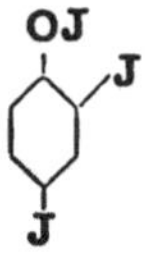

entsteht. Das überschüssige Jod wird nach dem Ansäuern mit Natriumthiosulfat zurücktitriert.

Phenol dient zur Darstellung von Trinitrophenol (Pikrinsäure) und Salicylsäure und findet ferner als Antisepticum ausgedehnte Anwendung.

Para-Aminophenol (Mol.-Gew. 109)

$C_6H_4{<}^{OH}_{NH_2}$ oder

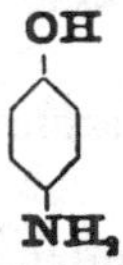

Darstellung. Durch Reduktion von p-Nitrophenol mit Zinn und Salzsäure nach der Gleichung:

$$\underbrace{2\,C_6H_4{<}^{OH}_{NO_2}}_{278} + \underbrace{3\,Sn}_{354} + \underbrace{14\,HCl}_{511} \longrightarrow 2\,C_6H_4{<}^{OH}_{NH_2}\cdot HCl + 3\,SnCl_4 + 4\,H_2O.$$

Übungsbeispiel.

Angewandt: 100 g p-Nitrophenol,
135 g granuliertes Zinn,
500 g Salzsäure (D 1,16).

In einem 5 l-Rundkolben werden 135 g Zinn mit 500 g Salzsäure (D 1,16) übergossen und bis zur beginnenden Wasserstoffentwicklung erwärmt. Hierzu fügt man portionsweise 100 g p-Nitrophenol. Die Reduktion geht unter Aufwallen der Flüssigkeit bei jedesmaligem Eintragen schnell vor sich. Man gießt den Kolbeninhalt in eine Porzellanschale und dampft, erst über freiem Feuer, dann auf dem Wasserbade, bis zur Trockne ein. Der Rückstand, aus dem Zinndoppelsalz des p-Aminophenols bestehend, wird in 3 l heißem Wasser gelöst und durch Einleiten von Schwefelwasserstoff entzinnt. Nach dem Filtrieren vom Schwefelzinn wird letzteres mit heißem Wasser ausgekocht und das Filtrat davon, mit dem ersten vereinigt, in einem Rundkolben über freier Flamme so weit eingedampft, daß sich beim Erkalten Kristalle ausscheiden. Das auskristallisierte salzsaure p-Aminophenol wird abgesaugt. Das Filtrat liefert beim Sättigen mit Chlorwasserstoffgas eine weitere Kristallmenge.

Eigenschaften. Schwach gefärbte prismatische Kristalle. Das mit Natriumkarbonat frei gemachte p-Aminophenol bildet Blättchen, Fp. 184°. Die mit Salzsäure angesäuerte Lösung liefert mit Chlorkalklösung gelbes Chinonchlorimid.

Para-Aminophenol dient zur Darstellung von Dinitrooxydiphenylamin.

Resorcin (Mol.-Gew. 110)

$C_6H_4<^{OH}_{OH}$ oder 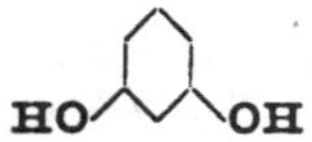

.

Darstellung. Durch Verschmelzen von benzoldisulfonsaurem Natrium mit der doppelten Menge Ätznatron bei 270°. Die in Wasser gelöste und mit Schwefelsäure übersättigte Schmelze wird mit Benzol extrahiert und der Benzolrückstand bei vermindertem Druck destilliert.

Eigenschaften. Farblose rhombische Kristalle aus Benzol, Fp. 118°, Kp. 276°. Leicht löslich in Wasser, Alkohol, Äther, nicht in Chloroform und Schwefelkohlenstoff. Die wäßrige Lösung wird durch Eisenchlorid violett gefärbt. Liefert beim Erhitzen mit Phtalsäureanhydrid Fluorescein.

Dimethyl-m-aminophenol (Mol.-Gew. 137)

$C_6H_4<^{OH}_{N(CH_3)_2}$ oder 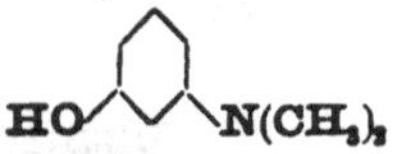

.

Darstellung. Durch Verschmelzen von dimethylanilin-m-sulfonsaurem Alkali mit Ätzalkali bei 270—280°.

Übungsbeispiel.

Angew.: 150 g Dimethylanilin-m-sulfonsaures Kalium (s. S. 30), 200 g Ätzkali.

Die Schmelze wird am besten im LIEBERMANNschen Apparat in

einer ca. 500 ccm fassenden Nickelschale vorgenommen, welche in ein Anthracen enthaltendes kupfernes Bad eingehängt ist. Ein gleichmäßiger Schmelzfluß läßt sich dann leicht erzielen, wenn man die Schale mit einem Kupferdeckel schließt, welcher zur Aufnahme von Anthracen doppelwandig gestaltet ist und einen (seitlicher Erhitzung durch einen Bunsenbrenner dienenden) zungenförmigen Ansatz hat. Dadurch ist der Luftzutritt zur Schmelze verhindert, und letztere hat durch die Einwirkung der Oberhitze in allen Teilen eine gleichmäßige Temperatur. Durch einen am Deckel befindlichen isolierten Griff läßt sich dieser leicht abnehmen und der Gang der Schmelze kontrollieren.

Man bringt in die Nickelschale 200 g Ätzkali und 25 ccm Wasser und reguliert die Temperatur des geschmolzenen Kalis auf 250° (Thermometer in Kupferhülse). Dann werden 150 g fein gepulvertes, trocknes dimethylanilin-m-sulfonsaures Kalium in die Schmelze auf einmal eingetragen und mit einem kräftigen Nickelspatel darin sorgfältig verrührt; der Deckel wird aufgesetzt und die Schmelze während ca. 2 Stunden auf 270—280° Innentemperatur erhitzt. Das gebildete Dimethyl-m-aminophenolkalium scheidet sich als ölige Schicht oben ab. Nach dieser Zeit läßt man die Schmelze erkalten, löst sie in 3 l Wasser, säuert sie mit Salzsäure an, filtriert von einer geringen Menge brauner Flocken ab und neutralisiert das Filtrat mit Kaliumbicarbonat. Dabei scheidet sich das Dimethyl-m-aminophenol in alsbald erstarrenden öligen Tröpfchen ab. Durch Sättigen der Lösung mit Kochsalz läßt sich die Abscheidung vervollständigen. Man schüttelt nun die Flüssigkeit mit Benzol aus, trocknet die benzolische Lösung mit frischgeglühter Pottasche und destilliert das Benzol ab. Der Rückstand wird unter vermindertem Druck destilliert. Das sich leicht rötlich färbende Destillat erstarrt bald. Durch Umkristallisieren aus Benzol erhält man das Dimethyl-m-aminophenol rein.

Eigenschaften. Kristallbüschel, Fp. 87°; fast unlöslich in Wasser, leicht löslich in Alkohol, Äther, Benzol, in Ätzalkalien und verdünnten Säuren.

Dient zur Darstellung von Rhodamin und Pyronin.

Diäthyl-m-aminophenol (Mol.-Gew. 165)

$C_6H_4<^{OH}_{N(C_2H_5)_2}$ oder 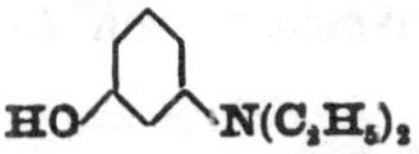 .

Darstellung. Durch Verschmelzen von diäthylanilin-m-sulfonsaurem Alkali mit Ätzalkali.

Eigenschaften. Gleicht sehr dem Dimethyl-m-aminophenol.

o-Nitrosodimethyl-m-aminophenolchlorhydrat (Mol.-Gew. 202,5)

$$HCl \cdot (CH_3)_2N \cdot C_6H_3 \begin{matrix} < NO \\ < OH \end{matrix}$$ oder

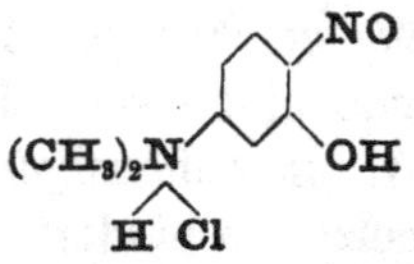

bzw.

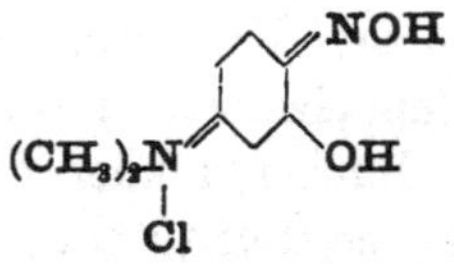

Darstellung. Durch Einwirkung von salpetriger Säure auf salzsaures Dimethyl-m-aminophenol.

Übungsbeispiel.

Angewandt: 20 g Dimethyl-m-aminophenol,
60 g Salzsäure (D 1,19),
10,6 g Natriumnitrit von 94%.

In die mit umgebendem Eis auf 0° gekühlte Lösung von 20 g Dimethyl-m-aminophenol in der Mischung von 60 g Salzsäure (D 1,19) und 10 g Wasser läßt man unter Rühren die Lösung von 10,6 g Natriumnitrit von 94% in 100 g Wasser langsam einfließen. Aus der gelbroten Lösung scheiden sich alsbald gelbe Prismen in zunehmender Menge ab. Sie werden abgesaugt, mit Alkohol gewaschen und auf Ton getrocknet.

Eigenschaften. Gelbe Prismen, in Wasser mit gelbroter Farbe löslich; zersetzen sich bei 184°. Die mit Natriumcarbonat als brauner Niederschlag abgeschiedene Base erhält man aus Alkohol in bräunlichgelben, federartigen, filzigen Kristallen; Fp. 169°; liefert mit α-Naphtylamin den Oxazinfarbstoff Nilblau.

B. Hydroxylverbindungen der Naphtalinreihe.

Für die Darstellung von Hydroxylverbindungen der Naphtalinreihe kommen technisch vor allem 3 Methoden in Betracht (vgl. auch S. 43):

1. Die Verschmelzung von Sulfonsäuren bzw. deren Salzen:

$$R \cdot SO_3Na + 2NaOH \longrightarrow R \cdot ONa + Na_2SO_3 + H_2O.$$

2. Die Verschmelzung von Halogenverbindungen:

$$R \cdot Cl + 2NaOH \longrightarrow R \cdot ONa + NaCl + H_2O.$$

3. Die Umkochung von Aminoverbindungen:

$$R \cdot NH_2 (+ H_2O) \longrightarrow R \cdot OH (+ NH_3).$$

Die letztere Methode kann auf verschiedene Weise zur Ausführung gebracht werden:

a) Abspaltung von NH_3 durch einfache Hydrolyse (s. o.).

b) Überführung der Amino- in die Diazoniumverbindungen und Abspaltung von N_2 durch Verkochen:

$$R\cdot NH_2 + NaNO_2 + H_2SO_4 \longrightarrow R\cdot N_2\cdot SO_4Na + 2H_2O\,,$$
$$R\cdot N_2\cdot SO_4Na + H_2O \longrightarrow R\cdot OH + N_2 + NaHSO_4\,.$$

Hierbei geht das Ammoniak gleichzeitig mit der Salpetrigen Säure in Form von Stickstoff verloren.

c) Umkochen der Aminoverbindungen mit Bisulfit.

Ausgedehnte Anwendung in der Technik finden die Methoden 1, 3b und neuerdings 3c, welch letztere Methode in zahlreichen Fällen die Methode 3b verdrängt hat, da sie reinere Produkte und bessere Ausbeuten liefert.

Die Methode 3c beruht auf dem Umstande, daß die sauren Schwefligsäuresalze, die Bisulfite, auf gewisse Aminoverbindungen insbesondere der Naphtalinreihe unter Bildung von SO_2-Estern einwirken nach der Gleichung:

$$R\cdot NH_2 + 2\,NaHSO_3 \longrightarrow R\cdot O\cdot SO_2Na + NaNH_4SO_3\,.$$

Zur völligen Abspaltung des NH_3 und gleichzeitigen, mehr oder minder weitgehenden Veresterung durch Bisulfit bedarf man eines ziemlich bedeutenden Überschusses an Bisulfit, da andernfalls die Reaktion schon vor der quantitativen Umwandlung der Aminoverbindungen zum Stillstand gelangt. Etwa 6 Mol. $NaHSO_3$ (in Form einer wäßrigen Lösung von etwa 35—40° Bé) auf 1 Mol. $R\cdot NH_2$ ist die in der Regel erforderliche Mindestmenge von Bisulfit. Das Ende der Umkochung, d. h. der Umwandlung des Amins $R\cdot NH_2$ in den Ester $R\cdot O\cdot SO_2Na$, z. B. der unten genannten 1,4-Naphtylaminsulfonsäure in den Ester der 1,4-Naphtolsulfonsäure:

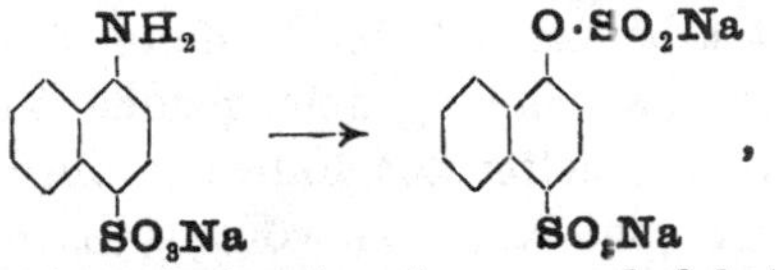

läßt sich äußerlich schon dadurch erkennen, daß beim Ansäuern einer Probe des Reaktionsproduktes mit Salz- oder Schwefelsäure eine Ausscheidung der in Wasser äußerst schwer löslichen 1,4-Naphtylaminsulfonsäure (Naphthionsäure) nicht mehr stattfindet. Eine genauere Probe, die selbst die geringen, der Löslichkeit der Naphthionsäure im angesäuerten Reaktionsprodukt entsprechenden Mengen derselben noch festzustellen gestattet und die auch in solchen Fällen Anwendung finden muß, in denen das Amin in verdünnten Säuren leicht löslich ist, wie dies z. B. für die Naphtylamintrisulfonsäuren zutrifft, wird in folgender Weise vorgenommen: Einige Kubikzentimeter der Reaktionslösung werden mit verdünnter Salz- oder Schwefelsäure angesäuert, und nachdem man sich von der mineralsauren Reaktion der Flüssigkeit durch eine Prüfung vermittelst Kongopapiers (Lackmus ist in diesen Fällen aus naheliegenden Gründen nicht anwendbar) überzeugt hat, wird die frei gewordene Schweflige Säure, deren Gegenwart bei den nachfolgenden Proben äußerst störend sein würde, durch Aufkochen völlig vertrieben. Man teilt alsdann die so gewonnene Probe in 2 Teile: Der eine Teil wird durch Eis gekühlt, mit einigen Tropfen Nitritlösung versetzt (diazotiert) und durch Eingießen in eine sodaalkalische R-Salzlösung auf das Vorhandensein von Diazoniumverbindung geprüft, deren Gegenwart sich durch die Entstehung eines blaustichig roten, leicht löslichen Farbstoffes (dessen Ton mit dem Farbstoff Naphthionsäure-diazo-R-Salz zu vergleichen ist) kundgeben und auf die Anwesenheit unveränderter Naphtylaminsulfonsäure im Reaktionsprodukt zurückschließen lassen würde. Mit dem anderen Teile der Probe wird die Prüfung ergänzt, indem man mit einer Diazoniumverbindung in schwach mineralsaurer Lösung kombiniert. Hierzu eignet sich besonders das p-Nitrobenzoldiazoniumchlorid (s. S. 92ff.). Falls noch geringe Anteile der 1,4-Naphtylaminsulfonsäure in der Probe vorhanden sind, werden diese zuerst mit der Diazoniumverbindung zu einem Farbstoff zusammentreten, der von dem betreffenden, sich (in saurem Medium!) schwieriger und daher später bildenden 1,4-Naphtolsulfonsäurefarbstoff leicht zu unterscheiden ist. Um in dieser Beziehung einen sicheren Anhalt zu haben, empfiehlt es sich, verdünnte, schwach mineralsaure Lösungen der 1,4-Naphtylamin- und -Naphtolsulfonsäure zum Vergleich heranzuziehen und dieselben in der gleichen Weise wie die dem Reaktionsprodukt entnommene Probe, d. h. tropfenweise, mit der Diazolösung zu versetzen. Bei dieser äußerst scharfen Art der Prüfung muß allerdings beachtet werden, daß die zur Verwendung gelangenden technischen Ausgangsmaterialien nur in den seltensten Fällen so durchaus frei von Nebenprodukten sind, daß man auf eine völlige Umwandlung der Aminoverbindungen rechnen kann. Infolgedessen muß, wie oben angegeben, vor allem sorgfältig und zwar durch unmittelbaren Vergleich geprüft werden, ob die erhaltenen Farbstoffreaktionen tatsächlich dem angewandten Ausgangsmaterial oder nicht vielmehr einer Verunreinigung desselben zuzuschreiben sind.

Die Schwefligsäureester sind zwar in Wasser, selbst bei höheren Temperaturen, ziemlich beständig und werden auch beim Erhitzen mit verdünnter Säure nur wenig verändert; dennoch erleiden sie, vermutlich unmittelbar nach ihrer Entstehung aus der Aminoverbindung, eine teilweise Dissoziation oder Hydrolyse:

$$R \cdot O \cdot SO_2Na + H_2O \longrightarrow R \cdot OH + NaHSO_3 ,$$

deren Betrag je nach dem Ester sehr verschieden ist, so daß die Reaktionsprodukte von Fall zu Fall wechselnde Mengen Ester, $R \cdot O \cdot SO_2Na$, neben freier Hydroxylverbindung, $R \cdot OH$, enthalten.

Gegen ätzende und selbst gegen kohlensaure Alkalien sind die Ester außerordentlich empfindlich, so daß sie bereits bei gewöhnlichen Temperaturen einer weitgehenden Verseifung unterliegen:

$$R \cdot O \cdot SO_2Na + 2NaOH \longrightarrow R \cdot ONa + Na_2SO_3 + H_2O$$

und daher, zu ihrer Aufarbeitung, bei Temperaturen von 60—90° leicht in die gewünschten Hydroxylverbindungen übergeführt werden können. Aber auch bei dieser einfachen Operation ist der sorgfältigen Prüfung der Reaktionsflüssigkeit durch einen geeigneten Indikator (Phenolphtaleïnpapier) großer Wert beizulegen, da bei ungenügendem Zusatz von Alkali nur eine teilweise Spaltung des Esters eintritt. Es ist also Alkali erforderlich, nicht nur um das noch vorhandene Bisulfit zu neutralisieren und das entstandene NH_4NaSO_3 zu zersetzen, wobei, was zu Irrtümern Anlaß geben kann, zunächst nur eine ammoniakalische Reaktion auftritt, sondern darüber hinaus ist ein weiterer Betrag von Alkali aufzuwenden zur vollkommenen Zerlegung des Esters. Ob dieser Forderung Genüge geleistet worden ist, läßt sich nach dem Zusatz des Alkalis in einfachster Weise an einer Probe erkennen, die so lange zu kochen ist, bis alles NH_3 ausgetrieben ist. Auf Phenolphtaleïnpapier muß dieselbe alsdann eine bleibende Rötung erzeugen, im Gegensatz zu der durch Ammoniak erzeugten Rötung des Phenolphtaleïnpapiers, die nach sehr kurzer Zeit beim Liegen an der Luft wieder verschwindet. Da die Sulfite, selbst wenn sie in geringen Mengen vorhanden sind, bei der Azofarbstoffbildung äußerst störend wirken, aus dem Grunde, weil die Diazoniumverbindungen durch sie eine Reduktion oder sonstige weitgehende Umwandlung erleiden, so muß das Reaktionsprodukt, nach der Verseifung der Schwefligsäureester, mit überschüssiger Mineralsäure (s. oben die Bemerkung bei der Beschreibung der Probe) angesäuert und bis zum völligen Verschwinden der Schwefligen Säure aufgekocht werden.

Eine andere Art der Aufarbeitung des Reaktionsproduktes nach beendigter Umkochung mit Bisulfit besteht darin, daß man dieselbe in 3, statt wie oben beschrieben in 2 Phasen (alkalisch und sauer) vor sich gehen läßt. Dadurch wird an Alkali gespart; aber die Aufarbeitung dauert ein wenig länger, wie aus folgendem hervorgeht:

1. Phase. Es wird mit überschüssiger Mineralsäure sauer gekocht. Dadurch werden die Sulfite zerlegt und SO_2 entfernt; es bleibt zurück der Schwefligsäureester neben der freien Hydroxylverbindung.

2. Phase. Es wird mit überschüssigem Alkali erhitzt. Dadurch wird der Ester verseift unter Bildung von $R \cdot O \cdot Na + Na_2SO_3$ und Entweichen von NH_3 (s. oben).

3. Phase. Es wird zum zweiten Male sauer gekocht, um die aus dem Ester abgespaltene und in Form von Na_2SO_3 vorhandene SO_2 zu vertreiben.

Übungsbeispiel.

Darstellung der 1,4-Naphtolsulfonsäure aus 1,4-Naphtylaminsulfonsäure mittels Bisulfits.

Ausgangsmaterial: 100 g Naphthionat.

Hilfsstoffe: Bisulfitlösung von 36—40° Bé, Natronlauge, Salzsäure.

Darstellung. 100 g Naphthionat, entsprechend etwa der Zusammensetzung

$$C_{10}H_6<{NH_2 \atop SO_3Na} + 4H_2O,$$

werden mit 800 g Bisulfitlösung von 36—40° Bé und 200 g Wasser auf dem Wasserbade oder am Rückflußkühler so lange erhitzt. bis die rasch in Lösung gegangene Naphthylaminsulfonsäure sich höchstens nur noch in Spuren nachweisen läßt, was nach einigen Stunden der Fall ist, ohne daß äußerlich eine wesentliche Veränderung der Reaktionsflüssigkeit zu bemerken wäre. Hat die Untersuchung ergeben, daß 1,4-Naphtylaminsulfonsäure nicht mehr oder nur noch spurenweise vorhanden ist, so wird das Ganze aufgearbeitet, und zwar „sauer", falls es sich um die Gewinnung des 1,4-Naphtolsulfonsäure-Schwefligsäureesters handelt, dagegen „alkalisch", falls die unmittelbare Darstellung der 1,4-Naphtolsulfonsäure selbst beabsichtigt ist. Im ersteren Falle wird das Reaktionsprodukt mit einem geringen Überschuß von Salzsäure oder verdünnter Schwefelsäure versetzt und die Schweflige Säure weggekocht. Die so erzielte Lösung enthält alsdann neben dem Hauptprodukt, dem Schwefligsäureester, noch freie Naphtolsulfonsäure. Handelt es sich um die Darstellung nicht des Schwefligsäureesters, sondern der 1,4-Naphtolsulfonsäure, so tritt an Stelle der „sauren" Aufarbeitung die „alkalische", d. h. das Reaktionsprodukt wird mit so viel Natronlauge versetzt, daß die Reaktion auf Phenolphtaleïnpapier (Lackmus ist auch in diesem Falle nicht anwendbar) deutlich alkalisch ist und auch nach dem Aufkochen, wobei reichlich Ammoniak entweicht, bleibt. Die Spaltung des Schwefligsäureesters erfolgt außerordentlich rasch. Nach ihrer Vollendung wird die alkalische, noch das gesamte Sulfit enthaltende Lösung in einen geringen Überschuß von Salzsäure eingegossen

(Prüfung mit Kongopapier) und die Schweflige Säure durch Erhitzen völlig vertrieben. Bei einiger Konzentration der sauren, kochsalzhaltigen Lösung scheidet sich in schönen weißen Kristallen die 1,4-Naphtolsulfonsäure ab, die mittels ihrer Farbstoffe leicht als solche zu identifizieren ist.

Sie dient zur Darstellung von 2,1,4-Aminonaphtolsulfonsäure, von Naphtolgelb und von Azofarbstoffen.

α-Naphtol (Mol.-Gew. 144)

$C_{10}H_7.OH$ oder 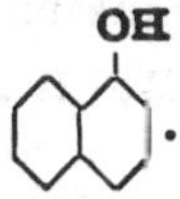 .

Darstellung. Durch Verschmelzen von α-naphtalinsulfonsaurem Natrium mit 2—3 Teilen Ätznatron und etwas Wasser bei 270° bis 320°. Das die obere Schicht bildende Na-Naphtolat wird in Wasser gelöst und mit Salzsäure zersetzt. Nach dem Erkalten wird das Naphtol abgesaugt, mit Wasser gewaschen, getrocknet und destilliert.

Eigenschaften. Farblose Nadeln aus heißem Wasser; Fp. 94°; Kp. 278—280°; mit Wasserdampf flüchtig. Die wäßrige Lösung wird durch Chlorkalklösung violett gefärbt.

Dient zur Darstellung von α-Naphtolsulfonsäuren, Naphtolgelb S, Azofarbstoffen und von α-Naphtolblau.

β-Naphtol (Mol.-Gew. 144)

$C_{10}H_7.OH$ oder 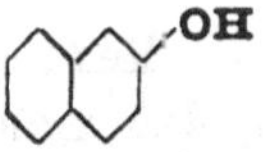 .

Darstellung. Durch Verschmelzen von β-naphtalinsulfonsaurem Natrium mit Ätznatron, wie bei α-Naphtol.

Eigenschaften. Farblose Blättchen aus heißem Wasser; Fp. 122°; Kp. 286°; mit Wasserdampf flüchtig. Die wäßrige Lösung wird durch Eisenchlorid schwach grün gefärbt.

Dient zur Darstellung von β-Naphtolsulfonsäuren, Nitroso-β-naphtol, β-Naphtylamin, Azofarbstoffen (Pararot) und Meldolablau.

6. Aminoverbindungen.

A. Primäre Amine.

Die aromatischen Amine der allgemeinen Formel $R \cdot NH_2$ lassen sich auf dreierlei Weise technisch gewinnen:

1. durch Reduktion der entsprechenden Nitroverbindungen:

$$R \cdot NO_2 + 6H \longrightarrow R \cdot NH_2 + 2H_2O,$$

2. durch Amidierung der entsprechenden Hydroxylverbindungen:

$$R\cdot OH + NH_3 \longrightarrow R\cdot NH_2 + H_2O\,,$$

3. durch Amidierung der entsprechenden Halogenverbindungen:

$$R\cdot Cl + 2NH_3 \longrightarrow R\cdot NH_2 + NH_4Cl\,.$$

Letztere Methode findet nur in seltenen Fällen Anwendung, während die Methoden 1 und 2 von großer technischer Bedeutung sind.

Durch die Einwirkung von Reduktionsmitteln auf einfache Nitrokörper lassen sich außer der hierbei schwer faßbaren Nitrosoverbindung verschiedene Reduktionsstufen erzielen, wie z. B.:

$$R\cdot\underset{O}{\underbrace{N\cdot N}}\cdot R,\quad R\cdot N{:}N\cdot R,\quad R\cdot NH\cdot OH,\quad R\cdot NH\cdot NH\cdot R \text{ und } R\cdot NH_2,$$

und zwar hängt es von den Reaktionsbedingungen ab, welche Stufe das Endprodukt einnimmt. Die Verbindungen $R\cdot\underset{O}{\underbrace{N\cdot N}}\cdot R$, $R\cdot N{:}N\cdot R$ u. $R\cdot NH\cdot NH\cdot R$ entstehen in alkalischer, die Verbindungen $R\cdot NH\cdot OH$ in neutraler und endlich die Amine $R\cdot NH_2$ durch Reduktion in saurer Lösung, wobei allerdings in der Regel ein sehr geringer Grad der Acidität ausreicht, wie er z. B. den Salzen der Schwermetalle eigen ist, um die Entstehung anderer Reduktionsprodukte als der Amine auszuschließen.

Als Reduktionsmittel dienen im Laboratorium meist Zinn oder Zinnchlorür und Salzsäure, oder Schwefelammonium; im Großbetrieb der Billigkeit halber Schwefelnatrium und vor allem Eisen und Salzsäure.

Die Methode der Reduktion mit Eisen und Salzsäure bietet den weiteren Vorteil, daß man tatsächlich viel weniger Salzsäure benötigt als nach der Gleichung:

$$R\cdot NO_2 + 3Fe + 6HCl \longrightarrow 3FeCl_2 + 2H_2O + R\cdot NH_2$$

erforderlich sein würde.

Dies erklärt sich folgendermaßen:

Aus Eisen und Salzsäure bildet sich zunächst Eisenchlorür:

$$Fe + 2HCl \longrightarrow FeCl_2 + H_2\,,$$

wobei der nascierende Wasserstoff die entsprechende Menge Nitroverbindung zur Aminoverbindung reduziert:

$$R\cdot NO_2 + 3H_2 \longrightarrow R.NH_2 + 2H_2O\,.$$

Dann aber, bei Gegenwart des so entstandenen Eisenchlorürs, reagieren Eisen, Wasser und Nitroverbindung in eigenartiger Weise miteinander.

Die unmittelbare Einwirkung des metallischen Eisens auf die Nitroverbindung, die an sich nur bei andauernder Wärmezuführung und auch dann noch sehr träge verläuft, wird dadurch beschleunigt und erleichtert, daß das gelöste und daher leicht oxydierbare Eisenchlorür, entsprechend etwa der Gleichung:

$$24FeCl_2 + 4R\cdot NO_2 + 4H_2O \longrightarrow 12Fe_2Cl_4O + 4R\cdot NH_2\,,$$

unter Aufnahme von Sauerstoff ein basisches Ferri-Salz zu bilden vermag, aus dem durch das überschüssige Eisen, gemäß der Gleichung

$$12Fe_2Cl_4O + 9Fe \longrightarrow 3Fe_3O_4 + 24FeCl_2\,,$$

das Chlorür ständig regeneriert wird, unter gleichzeitiger Bildung von Eisenoxyduloxyd, das aus dem Prozeß ausscheidet, so daß die Reduktion der Nitroverbindung mittels Eisen in Gegenwart von $FeCl_2$, unter Außerachtlassung der Zwischenstufen, sich durch folgendes vereinfachtes Schema veranschaulichen läßt:

$$4R\cdot NO_2 + 9Fe + 4H_2O \longrightarrow 4R\cdot NH_2 + 3Fe_3O_4\,.$$

In vielen Fällen, z. B. bei der Reduktion in Wasser leicht löslicher Nitrosulfonsäuren, läßt sich an Stelle von HCl auch Essigsäure verwenden. Auch von dieser Säure bedarf es in solchen Fällen nur eines Bruchteiles der nach der Gleichung:

$$R\cdot NO_2 + 3Fe + 6CH_3\cdot COOH \longrightarrow R\cdot NH_2 + 3Fe(OOC\cdot CH_3)_2 + 2H_2O$$

erforderlichen Menge. Etwa 5—10% der Theorie erweisen sich in der Regel als ausreichend, wobei naturgemäß ein Zerfall des Ferroacetats in $Fe(OH)_2$ und Essigsäure stattfindet, so daß der tatsächliche Verlauf der Reduktion wohl richtiger durch die Gleichung:

$$R\cdot NO_2 + H_2O + 3Fe \longrightarrow R\cdot NH_2 + 3FeO$$

zum Ausdruck gebracht wird, wobei die Essigsäure mehr die Rolle eines Katalysators spielt. Vielfach führt man die Reduktion von Nitrosulfonsäuren in der Technik auch in der Weise aus, daß man sofort nach beendigter Nitrierung die Schwefelsäurelösung der Nitrosulfonsäure mit Eisenfeilspänen versetzt und erst nach vollendeter Reduktion das Reaktionsgemisch, zur Entfernung der überschüssigen Schwefelsäure und der Eisenverbindungen, der Behandlung mit überschüssigem Ätzkalk unterwirft.

Eine häufig angewendete Methode zur Erzeugung von Aminogruppen in aromatischen Komplexen besteht in der Reduktion von Azoverbindungen. So wird z. B. das Aminoazotoluol aus o-Toluidin, entsprechend dem Schema:

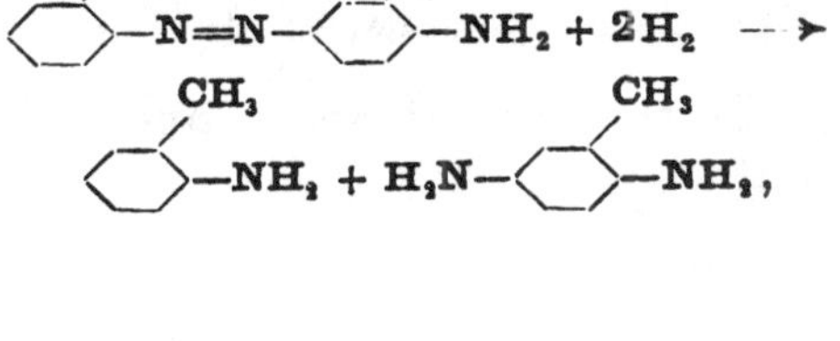

in o-Toluidin und p-Toluylendiamin gespalten. Das Gemisch dieser beiden Basen wird zur Darstellung von Safranin verwendet.

Primäre Amine können auch durch Reduktion derjenigen Nitrosoderivate erhalten werden, deren NO-Gruppe mit einem Kohlenstoffatom des Kerns unmittelbar verbunden ist:

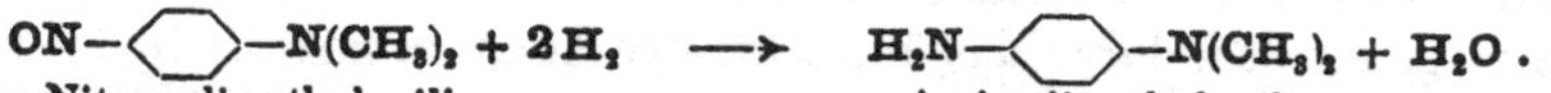

p-Nitrosodimethylanilin p-Aminodimethylanilin

Die Hydroxylverbindungen der Naphtalinreihe lassen sich in der Regel leichter als die analogen Benzol-Derivate durch die Einwirkung von Ammoniak unter Druck und bei höherer Temperatur in die entsprechenden Aminoverbindungen verwandeln:

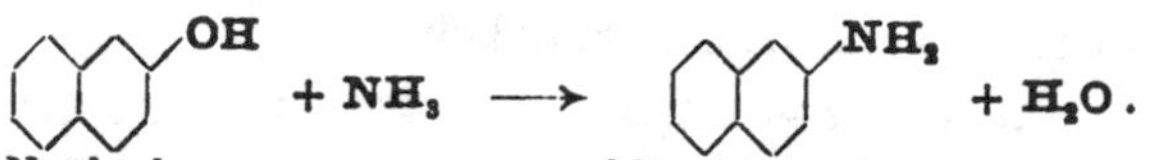

β-Naphtol β-Naphtylamin

Die Aminbildung vollzieht sich in den meisten Fällen wesentlich leichter und vollständiger in Gegenwart einer wäßrigen Lösung von Ammoniumsulfit (Näheres s. S. 63f.).

Unter den Diaminen der Benzolreihe finden für die Farbstoffherstellung namentlich m- u. p-Phenylendiamin (letzteres als Monoacetylderivat), m- und p-Toluylendiamin und die der Diphenylreihe angehörenden p-Diamine wie Benzidin, Tolidin und Dianisidin Anwendung, welch letztere durch Umlagerung der entsprechenden Hydrazoverbindungen entstehen.

Das einfachste Glied dieser Reihe, das Benzidin oder p-Diaminodiphenyl,

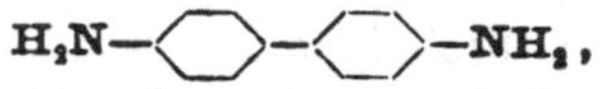

wird z. B. in der Weise bereitet, daß man Nitrobenzol durch alkalische Reduktion (Zn oder Fe und NaOH) in Hydrazobenzol verwandelt und dieses in Salzsäure löst, worauf sofort die merkwürdige Umlagerung desselben in Benzidin vor sich geht:

$$C_6H_5 \cdot NH{-}HN \cdot C_6H_5 \longrightarrow H_2N \cdot C_6H_4 \cdot C_6H_4 \cdot NH_2 .$$

a) Primäre Amine der Benzolreihe.

Anilin (Mol.-Gew. 93)

$C_6H_5 \cdot NH_2$ oder 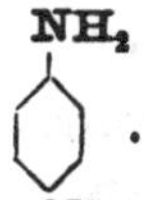 .

Darstellung. Durch Reduktion von Nitrobenzol mit Eisen und Salzsäure (s. S. 54f.).

Übungsbeispiel.

Angewandt: 100 g Nitrobenzol,
120 g Eisenpulver,
10 g konzentrierte Salzsäure.

In einen auf niedrigem Brenner mit Drahtnetz stehenden WITTschen 1 l-Kolben, welcher mit einem WALTHER-Kühler versehen ist, durch welchen hindurch ein Rührwerk bis nahe zum Boden geht, bringt man 150 ccm Wasser und 120 g Eisenpulver. Nachdem das Rührwerk in Gang gebracht worden ist, fügt man unter gelinder Erwärmung etwa 1 ccm Nitrobenzol und darauf 10 g konzentrierte Salzsäure hinzu. Die eintretende Reaktion wird durch allmähliches weiteres Zutropfenlassen des Nitrobenzols zweckmäßig so reguliert, daß sie bei etwa 90° verläuft. Sie ist beendet, wenn eine angesäuerte und erhitzte Probe keinen Geruch mehr nach Nitrobenzol zeigt. Der Kolbeninhalt wird nun ohne weiteres mit Dampf destilliert, bis das wäßrige Destillat sich nicht mehr milchig trübt. In einem Scheidetrichter wird das schwerere Anilin von der leichteren wäßrigen Anilinlösung (enthaltend 3% Anilin) getrennt.

Aus letzterer scheidet sich nach Sättigen mit Kochsalz noch etwas Anilin ab, welches mit der Hauptmenge vereinigt wird. Beim Destillieren dieses Rohanilins geht erst ein wäßriger Vorlauf über, welcher besonders aufgefangen wird; dann folgt das bei 182° siedende Anilin als farblose Flüssigkeit.

Eigenschaften. Farbloses Öl, Kp. 182°; D_{15} 1,026. 100 Teile Anilinwasser enthalten bei 15° 3 Teile Anilin. Anilin löst bei 15° 5% Wasser; es vereinigt sich mit Salzsäure zu dem für die Anilinschwarzfärberei wichtigen „Anilinsalz“, $C_6H_5 \cdot NH_2 \cdot HCl$.

o- und p-Toluidin (Mol.-Gew. 107)

$C_6H_4<^{CH_3}_{NH_2}$ oder 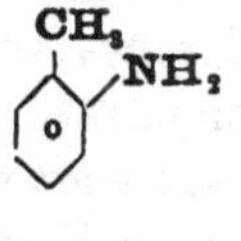 und  .

Darstellung. Durch Reduktion von o- bzw. p-Nitrotoluol. Die Methode ist die gleiche wie bei der Umwandlung von Nitrobenzol in Anilin. Bei der Reduktion von Rohnitrotoluol entsteht ein Gemisch von ungefähr 63% Orthotoluidin, 35% Paratoluidin und 2% Metatoluidin. Dies wird entweder für die Fuchsinfabrikation als „Anilin für Rot“ verwendet oder zunächst mehr oder weniger vollständig durch fraktionierte Absättigung mit Säuren (Oxalsäure, Phosphorsäure, Schwefelsäure) zerlegt.

Eigenschaften. o-Toluidin ist ein farbloses Öl; Kp. 197°; D_{15} 1,0037; mit Wasserdampf flüchtig. p-Toluidin bildet farblose Blättchen; Fp. 45°; Kp. 198°; mit Wasserdampf flüchtig. Die heiße wäßrige Lösung scheidet beim Erkalten das kristallinische Hydrat $C_7H_7 \cdot NH_2 \cdot H_2O$ ab.

m-Xylidin (Mol.-Gew. 121)

$C_6H_3\!\left\langle\begin{matrix}CH_3\\CH_3\\NH_2\end{matrix}\right.$ oder 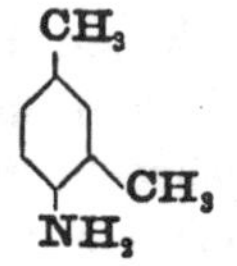 .

Darstellung. Durch Reduktion von α-Nitro-m-xylol mit Eisen und Salzsäure. Das durch Nitrieren von Rohxylol und Reduzieren des Rohnitroxylols gewonnene Xylidin des Handels enthält etwa 50% m-Xylidin (1, 3, 4), welches zum großen Teil durch Neutralisieren des Öls mit Salzsäure oder Essigsäure, Abpressen der Salze und Zerlegen derselben abgetrennt werden kann. Für die Herstellung der Azoponceaux wird es in der Regel in Mischung mit den Isomeren verwendet.

Eigenschaften. Farbloses Öl; Kp. 212°; D_{15} 0,9184.

m-Phenylendiamin (Mol.-Gew. 108)

$C_6H_4\!\left\langle\begin{matrix}NH_2\\NH_2\end{matrix}\right.$ oder 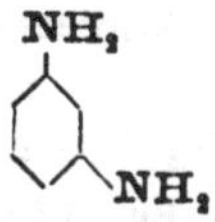 .

Darstellung. Durch Reduktion von m-Dinitrobenzol mit Eisen und Essigsäure.

Übungsbeispiel.

Angewandt: 50 g m-Dinitrobenzol,
15 g Essigsäure von 15%,
150 g Eisenpulver.

In einen mit Rührer versehenen WITTschen ½ l-Kolben trägt man in die Mischung von 15 g Essigsäure von 15% und 145 ccm Wasser 150 g Eisenpulver und unter gutem Rühren innerhalb 2½ Stunden 50 g pulverisiertes m-Dinitrobenzol ein. Die Mischung erwärmt sich. Das gebildete m-Phenylendiamin scheidet sich zunächst teilweise als Öl aus und geht dann in Lösung. Durch entsprechendes Eintragen der Nitroverbindung ist die Reaktionstemperatur auf 50° zu halten; jedenfalls darf die Reaktion nicht unterbrochen werden. Schließlich stellt man den Kolben noch einige Zeit auf das siedende Wasserbad, verdünnt den Inhalt mit 300 ccm Wasser, versetzt mit so viel Ammoniak, daß alles Eisen ausgefällt ist, filtriert die heiße, farblose Flüssigkeit und konzentriert das Filtrat in einer Porzellanschale über freiem Feuer, bis das eingetauchte Thermometer 110° bis 115° zeigt. Die flüssige schwarze Masse füllt man nunmehr in einen Destillierkolben und destilliert sie im Kohlensäurestrom mit vorgelegtem Luftkühler. Nach dem Entfernen noch vorhandenen Wassers steigt das Thermometer schnell auf 275°. Innerhalb 275° und 282° ist fast alles destilliert. Als Rückstand bleibt eine geringe Menge teerigen Produktes. Durch wiederholte Destillation gewinnt man reines, bei 275—280° siedendes Phenylendiamin, welches manchmal länger flüssig bleibt, bei der Berührung mit einem Kristall der Base aber sofort erstarrt.

Eigenschaften. Farblose, kristallinische Masse; färbt sich an der Luft braun; Fp. 83°; Kp. 287°; leicht löslich in Wasser. Die Lösung färbt sich auch in starker Verdünnung auf Zugabe von Natriumnitrit + HCl braun (empfindliche Reaktion zum Nachweis von HNO_2).

Dient u. A. zur Darstellung von Chrysoidin.

m-Toluylendiamin (Mol.-Gew. 122)

$C_6H_3{<}^{CH_3}_{NH_2}{}_{NH_2}$ oder 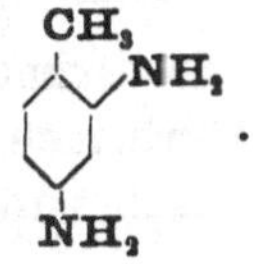 .

Darstellung. Durch Reduktion von m-Dinitrotoluol mit Eisen und Essigsäure oder Salzsäure.

Eigenschaften. Rhombische Prismen; Fp. 99°; Kp. 283—285°, schwer löslich in kaltem, leicht in kochendem Wasser.

Dient zur Darstellung von Chrysoidin, Akridingelb und Benzoflavin.

p-Toluylendiamin (Mol.-Gew. 122)

$C_6H_3{<}^{CH_3}_{NH_2}{}_{NH_2}$ oder 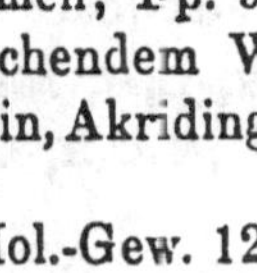 .

Darstellung. Durch Reduktion von Aminoazotoluol (aus o-Toluidin) mit Zinkstaub und Salzsäure (s. S. 55f.).

Eigenschaften. Farblose Nadeln; Fp. 64°; Kp. 273°; leicht löslich in Wasser. Oxydiert sich in Lösung in Gegenwart von Anilin oder o-Toluidin zu einem blauen Indamin, welches in ein Safranin überführbar ist.

Dient zur Darstellung von Safranin.

Benzidin (p-Diaminodiphenyl) (Mol. Gew. 184)

$$\begin{array}{l} C_6H_4\cdot NH_2 \\ | \\ C_6H_4\cdot NH_2 \end{array}$$ oder 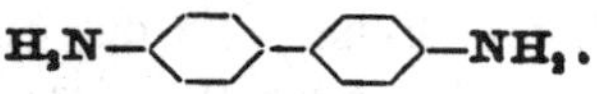

Darstellung. Durch Reduktion von Nitrobenzol in verdünnter alkoholisch-alkalischer Lösung mittels Zinkstaubs entsteht Hydrazobenzol, welches durch verdünnte Salzsäure in Benzidinchlorhydrat übergeführt wird (s. S. 56).

Eigenschaften. Seidenglänzende Blättchen, Fp. 122°. Das Chlorhydrat ist in warmem Wasser leicht löslich; das auf Zugabe von Schwefelsäure oder Glaubersalz zu dieser Lösung ausfallende Sulfat ist sehr schwer löslich.

Dient zur Darstellung von Azofarbstoffen.

p-Diaminodiphenylmethan (Mol.-Gew. 198)

$$H_2C{<}\begin{array}{l} C_6H_4\cdot NH_2 \\ C_6H_4\cdot NH_2 \end{array}$$ oder 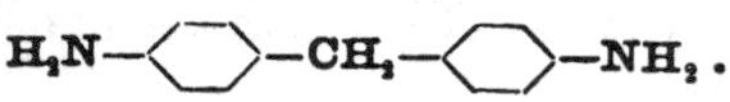

Darstellung. Das durch Vereinigung von Formaldehyd mit Anilin entstehende ölige Anhydroformaldehydanilin:

$$C_6H_5\cdot NH_2 + OCH_2 \longrightarrow C_6H_5\cdot N = CH_2 + H_2O,$$

welches alsbald in die trimolekulare feste Form übergeht, verwandelt sich beim Erwärmen mit einer Mischung von salzsaurem Anilin und Anilin zunächst in p-Aminobenzylanilin:

$$C_6H_5\cdot N{=}CH_2 + C_6H_5\cdot NH_2 \longrightarrow C_6H_5\cdot NH\cdot CH_2\cdot C_6H_4\cdot NH_2,$$

welches sich mit einem weiteren Molekül Anilin zu p-Diaminodiphenylmethan umsetzt (oder unmittelbar umlagert):

$$C_6H_5\cdot NH\cdot CH_2\cdot C_6H_4\cdot NH_2 + C_6H_5\cdot NH_2 \longrightarrow$$
$$H_2N\cdot C_6H_4\cdot CH_2\cdot C_6H_4\cdot NH_2 + C_6H_5\cdot NH_2.$$

Übungsbeispiel.

Angewandt: 150 g Anilin,
70 g salzsaures Anilin,
50 g Formaldehyd von 40%.

In einem Mörser werden 50 g Anilin mit 50 g Formaldehyd von 40% gemischt. Alsbald scheidet sich aus der klaren Lösung öliges Anhydroformaldehydanilin ab, welches nach einiger Zeit fest wird. Es wird zerkleinert, auf dem Nutschfilter mit Wasser gewaschen, auf Ton getrocknet und zu einem Pulver zerrieben. In einem 1 l-Kolben wird die Mischung von 100 g Anilin, 70 g salzsaurem Anilin und 50 g Anhydroformaldehydanilin unter Rühren auf dem

Wasserbade 12 Stunden hindurch erhitzt. Nach dieser Zeit ist eine dickflüssige Lösung entstanden. Sie wird nun mit konzentrierter Natronlauge alkalisch gemacht, und durch Einleiten von Wasserdampf wird das in Freiheit gesetzte Anilin vollständig übergetrieben. Das zurückbleibende Öl erstarrt nach dem Waschen mit Wasser zu einem halbfesten Produkt. Es wird in verdünnter Salzsäure gelöst und die Lösung durch vorsichtigen Zusatz von Natriumbicarbonatlösung fraktioniert gefällt. Zuerst fällt eine braune schmierige Substanz aus. Sobald farblose Öltröpfchen erscheinen, gießt man die Flüssigkeit durch ein genetztes Faltenfilter und übersättigt das Filtrat mit Bicarbonat. Das ausgeschiedene Öl wird nach einigem Stehen, schneller auf Zugabe eines Kristalles Diaminodiphenylmethan fest. Das Produkt wird aus verdünntem Alkohol umkristallisiert.

Eigenschaften. Blättchen; Fp. 85°; wenig löslich in Wasser, leicht in Alkohol und Benzol. Geht durch Erhitzen mit Anilin oder o-Toluidin unter Zusatz von Oxydationsmitteln in Pararosanilin oder Rosanilin über.

b) Primäre Amine der Naphtalinreihe.

1. Reduktion von Nitroverbindungen.

Überführung der beiden Nitronaphtalinsulfonsäuren 1,5 und 1,8 in die entsprechenden Naphtylaminsulfonsäuren.

Das Verhältnis, in dem die beiden Säuren 1,8 und 1,5 nach dem im Beispiel (s. unten) beschriebenen Verfahren entstehen, ist etwa 3:1. Eine ziemlich vollkommene Trennung der beiden isomeren Säuren wird ermöglicht durch die Schwerlöslichkeit des 1,8-naphtylaminsulfonsauren Na in überschüssiger verdünnter Natronlauge, in der das 1,5-naphtylaminsulfonsaure Na leicht löslich ist. Die beiden Säuren unterscheiden sich in ihrem Verhalten gegenüber der Diazolösung aus p-Nitranilin sowohl durch ihre verschiedene Kupplungsenergie als auch durch das Aussehen der entstandenen Farbstoffe. Der aus der 1,8-Säure hervorgehende schwerlösliche p-Azofarbstoff (I)

I 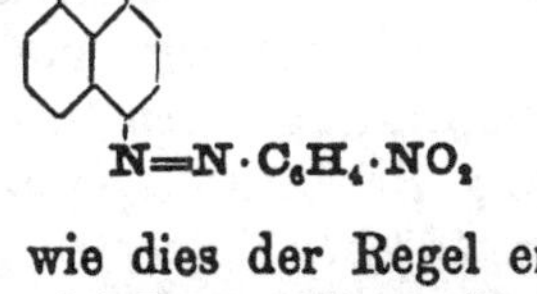

II 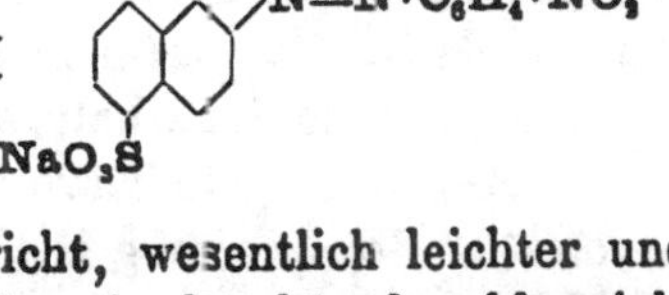

entsteht, wie dies der Regel entspricht, wesentlich leichter und ist im ausgeschiedenen Zustande durch sein leuchtendes blauviolettes Aussehen gekennzeichnet. Beim Ausgießen auf Filtrierpapier und dem Betupfen mit verdünnter Natronlauge in der Kälte hingegen schlägt er nach einem unansehnlichen Graubraun um, während die 1,5-Säure einen in saurer Lösung merklich langsamer entstehenden schwer löslichen o-Azofarbstoff (II) bildet, der dem entsprechenden Azofarbstoff aus der 1,4-Naphtylaminsulfonsäure gleicht. Sehr auffällig ist das unterschiedliche Verhalten der beiden Azofarbstoffe beim Kochen mit verdünnter Natronlauge. Zunächst bemerkt man schon beim Erwärmen des 1,8-Säure-Farbstoffes mit verdünnter Natronlauge, daß die ursprüngliche blauviolette Färbung wiederkehrt. Kocht man einige Minuten, so geht dieselbe in graublau über, ein Zeichen dafür, daß die NH_2-Gruppe in 1-Stellung abgespalten und der entsprechende Naphtolsulfonsäure-Farbstoff entstanden ist:

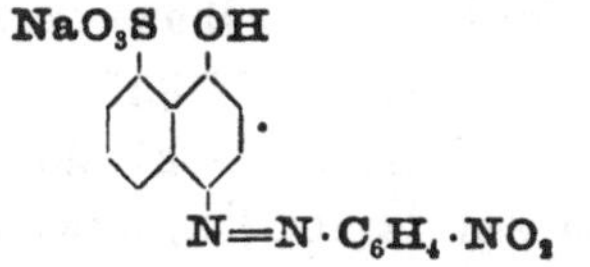

Demgegenüber erweist sich der 1,5-Naphtylaminsulfonsäure-Farbstoff (II) als wesentlich beständiger. Erst längere Zeit hindurch fortgesetztes Kochen der alkalischen Lösung läßt die durch die NH_3-Abspaltung bewirkte Veränderung erkennen.

Als Hauptprodukt und in guter Ausbeute erhält man die 1,5-Säure übrigens aus α-Nitronaphtalin durch Sulfonierung mittels $ClSO_3H$ und darauffolgende Reduktion der Nitrosäure.

Übungsbeispiel. 1,8- und 1,5-Naphtylaminsulfonsäure.

Ausgangsmaterial. Naphtalin; konzentrierte Schwefelsäure von 66° Bé; konzentrierte Salpetersäure von 40 oder 45° Bé.

Hilfsstoffe. Kalkmilch; Essigsäure 10%ig; Eisenfeilspäne; konzentrierte Salzsäure; Natronlauge 10%ig; Natronlauge 3—5%ig.

Darstellung. 100 g Naphtalin werden unter Rühren eingetragen in 300 g konzentrierte Schwefelsäure, wobei man dafür sorgt, daß die Temperatur 30° nicht wesentlich übersteigt. Nach vollendetem Eintragen hält man das Reaktionsgemisch bei 50°. Wenn alles Naphtalin in der Schwefelsäure gelöst ist und eine Probe der Sulfonierungsschmelze beim Eingießen in Wasser oder bei der Ätherprobe kein unverändertes Naphtalin mehr erkennen läßt, wird auf 10° abgekühlt und langsam innerhalb der Temperaturgrenzen 10—15° die berechnete Menge Salpetersäure (ca. 50 g HNO_3 100%ig = ca. 83 g HNO_3 von 40° Bé = ca 66 g HNO_3 von 45° Bé) eintropfen gelassen. Zum Schluß erwärmt man langsam auf 40—50°, kühlt auf 10° ab, läßt die Schmelze unter Rühren einlaufen in 1 l kaltes Wasser, neutralisiert die überschüssige Schwefelsäure mit Kalkbrei bis zur alkalischen Reaktion auf Phenolphtaleïnpapier, saugt den ausgeschiedenen Gips ab und wäscht den Saugkuchen mit heißem Wasser aus, bis die Waschwässer farblos sind, oder kocht ihn zum zweiten Male mit Wasser aus. Mutterlauge und Waschwasser werden vereinigt und bis auf das Volumen von etwa $^1/_2$ l eingedampft. Nunmehr säuert man mit 20 g Essigsäure 100%ig = 200 g Essigsäure 10%ig an, fügt etwa 150 g Eisenfeilspäne hinzu und erhitzt unter kräftigem Rühren im Rundkolben auf dem Wasserbade oder bis zum gelinden Sieden auf dem Drahtnetz so lange, bis eine Probe des allmählich sich entfärbenden Reaktionsproduktes deutlich erkennen läßt, daß keine Nitronaphtalinsulfonsäure mehr vorhanden ist, was in der Regel mehrere Stunden erfordert. Man kann die Reduktion des Nitrosulfonsäuregemisches auch in der Weise vornehmen, daß man die Lösung der Ca-Salze unter gutem Umrühren auf gemahlene, mit Schwefel- oder Essigsäure angeätzte Eisenspäne laufen läßt. Noch einfacher gestaltet sich die Reduktion, u. U. aber auf Kosten der Ausbeute, wenn man nach beendigter Nitrierung das Reaktionsgemisch mit Wasser verdünnt und unmittelbar in stark schwefelsaurer Lösung mit Eisen reduziert. Dann wird sodaalkalisch gemacht und vom Eisen und seinen Oxydulverbindungen heiß abfiltriert, mit Wasser ausgewaschen und das Filtrat mit konzentrierter Salzsäure bis zur stark sauren Reaktion auf Kongopapier angesäuert. Alsbald scheidet sich ein Gemisch von 1,5- und 1,8-Naphtylaminsulfonsäure aus; man läßt erkalten und einige Stunden stehen, saugt die ausgeschiedenen Säuren ab und wäscht sie mit etwas kaltem Wasser aus. Den Saugkuchen behandelt man in der Kälte mit 400 ccm einer 10%igen Natronlauge. Hierbei geht die 1,5-Säure in Lösung, während die 1,8-Säure in Form ihres in überschüssiger Natronlauge schwer löslichen Na-Salzes ungelöst bleibt. Nach einigem Stehen wird abgesaugt und mit verdünnter 3—5%iger Natronlauge ausgewaschen, worauf man aus dem Filtrat durch Zusatz überschüssiger konzentrierter Salzsäure die 1,5-Säure ausfällt.

2. Amidierung von Hydroxylverbindungen.

Diese Methode gelangt besonders häufig bei der Darstellung von β-Aminen der Naphtalinreihe zur Anwendung und zwar deshalb, weil durch unmittelbare Nitrierung von Naphtalinderivaten in der Regel nur α-Nitroverbindungen entstehen, so daß für die Gewinnung von β-Naphtylaminderivaten fast ausschließlich der Weg über die Hydroxylverbindungen übrig bleibt. Die Kondensation der OH-Verbindungen mit NH_3 findet durchweg erst bei höheren Temperaturen (wesentlich über 100°) statt. Durch Kondensationsmittel läßt sich die Reaktion befördern. Als solche wurden in früherer Zeit bisweilen $ZnCl_2$ und $CaCl_2$ verwendet. Als ein ganz besonders wirksames Mittel aber hat sich ein Zusatz von Ammoniumsulfit, $(NH_4)_2SO_3$, erwiesen, dessen Wirksamkeit auf der Bildung ein Zwischenkörpers, eines aromatischen Schwefligsäureesters, $R{\cdot}O{\cdot}SO_2{\cdot}NH_4$ (s. S. 49ff.), beruht. Die Reaktion vollzieht sich nach dem folgenden Schema:

$$R{\cdot}OH + (NH_4)_2SO_3 \longrightarrow R{\cdot}O{\cdot}SO_2NH_4 + NH_3 + H_2O \quad \text{und}$$
$$R{\cdot}O{\cdot}SO_2NH_4 + 2NH_3 \longrightarrow R{\cdot}NH_2 + (NH_4)_2SO_3\,.$$

Zieht man beide Gleichungen zusammen, so ergibt sich:

$$R{\cdot}OH + (NH_4)_2SO_3 + NH_3 \longrightarrow R{\cdot}NH_2 + (NH_4)_2SO_3 + H_2O\,.$$

Scheinbar wirkt also das $(NH_4)_2SO_3$ nur durch seine Gegenwart nach Art eines Katalysators; tatsächlich aber tritt es fortgesetzt bei der ersten Phase der Reaktion in das aromatische Molekül ein und wird durch die zweite Phase regeneriert. Im allgemeinen genügt die Anwendung von 1 Mol. $(NH_4)_2SO_3$ und etwa $1\,^1/_2$—2 Mol. NH_3 auf 1 Mol. R·OH, also die Anwendung eines Ammoniaküberschusses von $^1/_2$—1 Mol., damit nicht gegen Ende der Operation die Konzentration der Ammoniaklösung zu gering wird. Es würde dies eine Verzögerung der Amidierung oder gar die Verschlechterung der Ausbeute zur Folge haben. Die Reaktionstemperaturen liegen in der Regel 50—100° niedriger als ohne Anwendung von $(NH_4)_2SO_3$, und die Amidierung kann in einzelnen Fällen sogar schon auf dem Wasserbade im offenen Gefäße zu Ende geführt werden. Um Verluste an NH_3 zu vermeiden, empfiehlt es sich jedoch in einem geschlossenen Gefäße zu arbeiten. Ist die Hydroxyl-Verbindung im Wasser löslich, so bietet die Durchführung des Prozesses keine besonderen Schwierigkeiten. Ist aber die OH-Verbindung in Wasser und auch in NH_3 unlöslich, wie z. B. β-Naphtol, so kann die Reaktion nur dann einen glatten Verlauf nehmen, wenn während derselben fortwährend gerührt wird, d. h. wenn Autoklaven mit Rührwerk zur Anwendung gelangen. Für Übungszwecke kann man sich, falls Rühr- oder Schüttelautoklaven nicht vorhanden sind, auch mit einfachen Autoklaven begnügen. In diesem Falle wird die Aufarbeitung des Reaktionsproduktes zwar durch die Unvollkommenheit der Amidierung, eventuell auch durch die Entstehung von Nebenprodukten etwas verwickelter. Denn es läßt sich z. B. die Entstehung von β,β-Dinaphtylamin, $C_{10}H_7{\cdot}NH{\cdot}C_{10}H_7$, aus β-Naphtol, bei der gerade den Verbindungen der β-Reihe zukommenden Neigung in Dinaphtylaminverbindungen, R·NH·R, überzugehen, auch bei der Anwendung von Ammonsulfit nur dann vermeiden, wenn man bei niedrigen Temperaturen, etwa 120—130° oder noch tiefer, arbeitet, wobei dann aber die Reaktion meist schon merklich träger verläuft. Die Dinaphtylaminbildung ist aber selbst bei 150° geringer als bei dem früher üblichen Verfahren ohne Anwendung von Ammonsulfit, welches trotz wesentlich längerer Dauer eine Umsetzung des β-Naphtols von höchstens etwa 60% zu bewirken vermochte. Der Verlauf der Amidierung läßt sich am allmählichen Verschwinden des in Natronlauge löslichen β-Naphtols leicht verfolgen.

Übungsbeispiel: β-Naphtylamin.

Ausgangsmaterial. β-Naphtol.

Hilfsstoffe. Ammonsulfitlösung mit ca. 40% $(NH_4)_2SO_3$; Ammoniaklösung 20%ig.

Darstellung. 100 g β-Naphtol werden mit 150 ccm einer wäßrigen Ammonsulfitlösung [mit ca. 40% $(NH_4)_2SO_3$] und 100 ccm einer wäßrigen Ammoniaklösung von ca. 20% gemischt. Die Mischung wird nach gutem Durchrühren eingefüllt in einen Autoklaven von reichlich $^1/_2$ l Fassungsvermögen. Die Bildung des β-Naphtylamins beginnt bereits langsam bei Temperaturen um 100°; doch empfiehlt es sich nicht, wesentlich über 150° hinauszugehen, um die Bildung erheblicher Mengen von β,β-Dinaphtylamin, 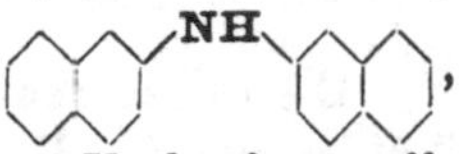

, zu vermeiden. Nach beendigter Amidierung, deren Verlauf am allmählichen Verschwinden des in Natronlauge löslichen β-Naphtols zu verfolgen ist, wird das Reaktionsprodukt durch Absaugen von der Mutterlauge getrennt. Behufs weiterer Reinigung wird das rohe β-Naphtylamin mit heißer verdünnter Natronlauge behandelt und dadurch von etwa noch vorhandenem β-Naphtol befreit, worauf man dasselbe in verdünnter Salzsäure löst, von geringen Mengen β,β-Dinaphtylamin abfiltriert (falls solches bei höheren Temperaturen entstanden sein sollte) und alsdann durch Sodalösung oder besser Natronlauge wieder ausfällt.

Eigenschaften. Fp. 112°; Kp. 294°; dient zur Darstellung von β-Naphtylaminsulfonsäuren, Aminonaphtolsulfonsäuren (vor allem γ- und J-Säure) und Azofarbstoffen.

B. Sekundäre Amine.

Symmetrisch substituierte aromatische sekundäre Basen entstehen unter Bildung von Salmiak, wenn man nach Girard, de Laire und Chapoteaut die primären Basen mit ihren salzsauren Salzen erhitzt:

$$C_6H_5 \cdot NH_2 + C_6H_5 \cdot NH_2 \cdot HCl \longrightarrow NH_4Cl + (C_6H_5)_2NH .$$

Gemischte sekundäre Basen, d. h. solche, welche ein Alkyl und ein Aryl enthalten, entstehen durch Einwirkung von Halogenalkylen auf primäre Monamine oder durch Erhitzen salzsaurer Monamine mit Alkoholen, in beiden Fällen neben (in größeren Mengen gebildeten) tertiären Basen:

$$C_6H_5\cdot NH_2 + CH_3Cl \longrightarrow C_6H_5\cdot NH\cdot CH_3\cdot HCl\,.$$

$$C_6H_5\cdot NH_2\cdot HCl + CH_3\cdot OH \longrightarrow C_6H_5\cdot NH\cdot CH_3\cdot HCl + H_2O\,.$$

Die Naphtole setzen sich beim Erhitzen mit primären aromatischen Aminen (in Gegenwart eines Kondensationsmittels wie Salzsäure oder Chlorcalcium, eventuell auch Sulfit) in sekundäre Basen um:

$$C_{10}H_7\cdot OH + C_6H_5\cdot NH_2 \longrightarrow C_{10}H_7\cdot NH\cdot C_6H_5 + H_2O\,.$$

Mit Salpetriger Säure bilden die sekundären Basen Nitrosamine, welche in alkoholisch-salzsaurer Lösung in p-Nitroso-Amine umgelagert werden:

$$\begin{matrix}C_6H_5\\C_6H_5\end{matrix}\!>NH + HO\cdot NO \longrightarrow \begin{matrix}C_6H_5\\C_6H_5\end{matrix}\!>N\cdot NO + H_2O\,.$$

Diphenylnitrosamin

$$\begin{matrix}C_6H_5\\C_6H_5\end{matrix}\!>N\cdot NO \longrightarrow C_6H_5\cdot NH\cdot C_6H_4\cdot NO\,.$$

p-Nitrosodiphenylamin

Die salzsauren Salze gemischt-sekundärer Basen gehen bei hoher Temperatur in die Salze kernsubstituierter primärer Amine über, wobei die Alkyle in o- oder p-Stellung zur Aminogruppe in den Kern treten:

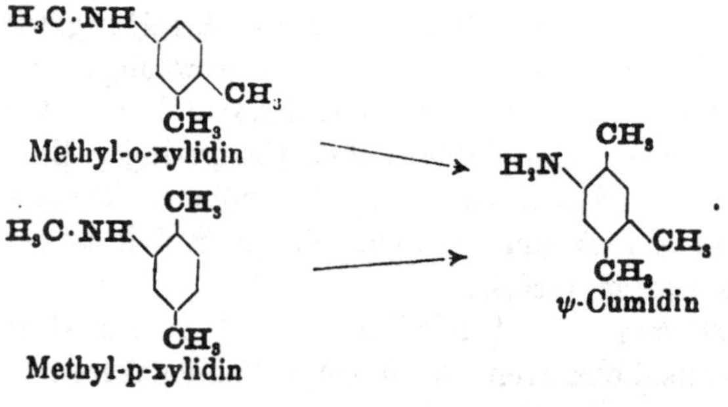

Diphenylamin (Mol.-Gew. 169)

$(C_6H_5)_2NH$ oder  .

Darstellung. Durch Erhitzen von Anilin und salzsaurem Anilin auf 220°.

Übungsbeispiel.

Angewandt: 100 g Anilin,
34 g Salzsäure (D 1,17).

In einem kleinen stählernen, innen sorgfältig emaillierten Autoklaven werden 100 g Anilin, mit 34 g konzentrierter Salzsäure gemischt, im Luftbade während 20 Stunden auf 220° erhitzt. Nach dem Abkühlen wird der Autoklav, in welchem dann kein Überdruck herrscht, geöffnet und der Inhalt in eine Porzellanschale entleert, in welcher durch Zusatz konzentrierter Salzsäure das überschüssige Anilin und das gebildete Diphenylamin in die salzsauren Salze verwandelt werden. Fügt man nun eine genügende Menge kochendes Wasser hinzu, so gehen salzsaures Anilin und Salmiak in Lösung, während das salzsaure Diphenylamin dissoziiert und die Diphenylaminbase ölig abgeschieden wird. Beim Erkalten wird das Diphenylamin fest. Es wird abgesaugt, mit Wasser zerrieben, ausgewaschen und auf Ton getrocknet. Beim Destillieren aus einer Retorte ohne Kühler geht die Hauptmenge bei 290—297° über. Das erstarrte Destillat kann nach dem Pulvern direkt verwendet werden.

Eigenschaften. Monokline Blättchen; Fp. 54°; Kp. 310°. Seine Lösung in konzentrierter Schwefelsäure wird durch eine Spur Salpetersäure blau gefärbt.

Dient zur Darstellung gelber Azofarbstoffe (Diphenylaminorange, s. S. 140f.).

o-Aminodiphenylamin (Mol.-Gew. 184)

$H_2N \cdot C_6H_4 \cdot NH \cdot C_6H_5$ oder 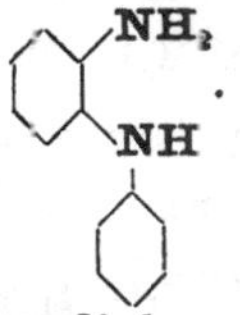 .

Darstellung. Durch Reduktion von o-Nitrodiphenylamin, Fp. 75°, welches durch Einwirkung von o-Chlornitrobenzol auf Anilin entsteht.

Eigenschaften. Nadeln aus heißem Wasser; Fp. 79—80°; kondensiert sich mit Phenanthrenchinon zu dem Azinfarbstoff Flavindulin.

2,4-Dinitro-4'-oxy-diphenylamin (Mol.-Gew. 275)

$(O_2N)_2C_6H_3 \cdot NH \cdot C_6H_4 \cdot OH$ oder 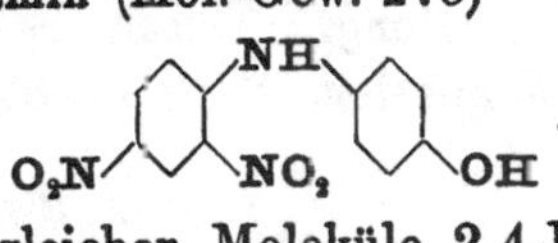 .

Darstellung. Durch Umsetzung gleicher Moleküle 2,4-Dinitrochlorbenzol mit p-Aminophenol.

Übungsbeispiel.

Angewandt: 40 g 2,4-Dinitrochlorbenzol,
29 g salzsaures p-Aminophenol,
30 g kristallisiertes Natriumacetat,
300 g Alkohol.

In einem mit Rückflußkühler verbundenen 1 l-Kolben werden 40 g 2,4-Dinitrochlorbenzol und 29 g salzsaures p-Aminophenol in 300 ccm Alkohol auf dem siedenden Wasserbade gelöst. Dann werden der Lösung 30 g kristallisiertes Natriumacetat hinzugefügt. Sie färbt sich tief orangerot und scheidet nach 1-stündigem Erhitzen beim Erkalten den größten Teil des gebildeten Dinitrooxydiphenylamins in roten Blättchen ab, welche abfiltriert und mit Alkohol ausgewaschen werden. Das Filtrat liefert beim Einengen noch eine weitere Menge Kristalle, welche zur Beseitigung des Chlornatriums mit Wasser gewaschen werden.

Eigenschaften. Rote, glänzende Blättchen; Fp. 190°; in Alkalien löslich.

Dient zur Darstellung von Immedialschwarz.

C. Tertiäre Amine.

Die tertiären gemischten aromatischen Amine entstehen beim Behandeln von primären oder sekundären Aminen mit Halogenalkylen oder beim Erhitzen der salzsauren oder schwefelsauren Salze dieser Amine mit Alkoholen unter Druck:

$$C_6H_5 \cdot NH_2 + 2\,CH_3Cl \longrightarrow C_6H_5 \cdot N(CH_3)_2 \cdot HCl + HCl\,.$$

$$C_6H_5 \cdot NH \cdot CH_3 + CH_3Cl \longrightarrow C_6H_5 \cdot N(CH_3)_2 \cdot HCl\,.$$

$$C_6H_5 \cdot NH_2 \cdot HCl + 2\,CH_3 \cdot OH \longrightarrow C_6H_5 \cdot N(CH_3)_2 \cdot HCl + 2\,H_2O\,.$$

Mit Salpetriger Säure liefern sie Nitrosoderivate, in welchen die Nitrosogruppe zum Nitrilstickstoff die Parastellung einnimmt:

Dimethylanilin (Mol.-Gew. 121)

$C_6H_5 \cdot N(CH_3)_2$ oder 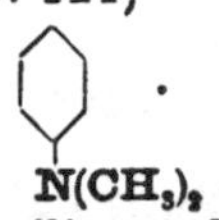 .

Darstellung. Durch Erhitzen von Anilin, salzsaurem Anilin und acetonfreiem Methylalkohol auf 250°.

Übungsbeispiel.

Angewandt: 75 g Anilin,
25 g salzsaures Anilin,
75 g Methylalkohol.

In einem kleinen emaillierten Stahlautoklaven wird die Mischung von 75 g Anilin, 25 g salzsaurem Anilin und 75 g Methylalkohol 12 Stunden lang im Luftbade auf 250° erhitzt. Nach dem Erkalten wird der Autoklaveninhalt in einem Destillierkolben mit Natronlauge übersättigt und das obenaufschwimmende Öl mit Wasserdampf übergetrieben. Das vom Wasser getrennte ölige Destillat wird über geglühter Pottasche getrocknet und fraktioniert destilliert. Das zwischen 190° und 200° Übergehende wird gesondert aufgefangen und nochmals rektifiziert.

Eigenschaften. Farblose Flüssigkeit; Kp. 192°; D_{15} 0,96; bildet schwierig kristallisierende Salze.

Dimethylanilin dient zur Darstellung von Dimethylanilin-m-sulfonsäure, m-Nitrodimethylanilin, p-Nitrosodimethylanilin, Tetramethyldiaminodiphenylmethan, Tetramethyldiaminobenzophenon, Azo- und Triphenylmethanfarbstoffen.

p-Nitrosodimethylanilinchlorhydrat (Mol.-Gew. 186,5)

$ON \cdot C_6H_4 \cdot N(CH_3)_2 \cdot HCl$ oder 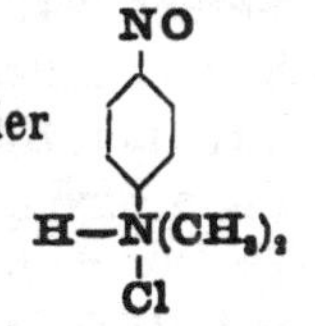 bzw. 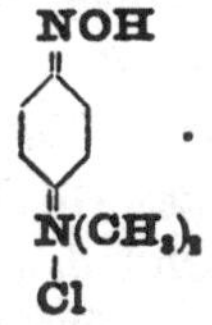 .

Darstellung. Durch Vereinigung molekularer Mengen von Natriumnitrit und Dimethylanilin in wäßriger salzsaurer Lösung.

Übungsbeispiel.

Angewandt: 100 g Dimethylanilin,
200 g Salzsäure (D 1,19),
60 g Natriumnitrit von 94%.

In die in einem Filterstutzen von 2 l Inhalt befindliche Mischung von 100 g Dimethylanilin, 200 g Salzsäure (D 1,19) und 500 g Eis läßt man unter fortgesetztem Rühren die Lösung von 60 g Natriumnitrit von 94% in 200 g Wasser aus einem Tropftrichter, dessen Mündung unter das Flüssigkeitsniveau taucht, langsam zutropfen. Die Lösung färbt sich orange und scheidet alsbald gelbe Nadeln in zunehmender Menge ab. Die Temperatur soll am Ende der Reaktion nicht mehr als +10° betragen. Die Kristalle werden auf einem Büchner-Trichter abgesaugt, mit dem Pistill festgestampft, erst mit wenig Wasser, dann mit Alkohol gewaschen und auf Ton getrocknet.

Eigenschaften. Gelbe Nadeln, in Wasser löslich. Die konzentrierte Lösung scheidet auf Zugabe konzentrierter Sodalösung die freie Base in grünen Blättern von Fp. 85° ab. Man erhält nach dem Ansäuern und Entfärben mit Zinkstaub (Reduktion) p-Aminodimethylanilin.

Nitrosodimethylanilin dient, nach Reduktion zu p-Aminodimethylanilin, zur Darstellung von α-Naphtolblau und von Methylenblau.

Tetramethyl-p-diaminodiphenylmethan (Mol.-Gew. 254)

$H_2C[C_6H_4 \cdot N(CH_3)_2]_2$ oder 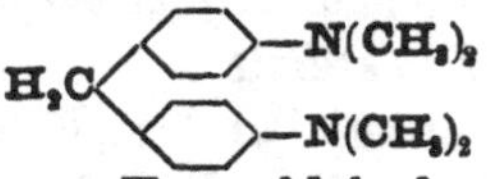 .

Darstellung. Durch Einwirkung von Formaldehyd auf die salzsaure Lösung von 2 Mol. Dimethylanilin.

Übungsbeispiel.

Angewandt: 242 g Dimethylanilin,
254 g Salzsäure (D 1,19),
75 g Formaldehyd von 40 %.

In einem 2 l-Kolben werden 242 g Dimethylanilin mit 254 g Salzsäure (D 1,19) und nach dem Abkühlen mit 75 g Formaldehyd gemischt. Die Mischung wird am Rückflußkühler 1 Tag lang auf dem Wasserbade erhitzt. Dann wird mit Natronlauge schwach übersättigt und das überschüssige Dimethylanilin mit Wasserdampf übergetrieben. Die zurückbleibende ölige Methanverbindung erstarrt bald kristallinisch. Sie wird aus Alkohol unter Zusatz von etwas Tierkohle umkristallisiert.

Eigenschaften. Farblose Blättchen, Fp. 91°.

Tetramethyldiaminodiphenylmethan dient zur Darstellung des entsprechenden Hydrols (MICHLERS Hydrol).

Chinaldin (Mol.-Gew. 143)

$C_{10}H_9N$ oder 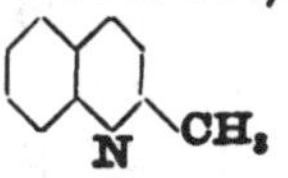 .

Darstellung. Durch Erhitzen von Anilin mit überschüssiger Salzsäure und Paraldehyd. Hierbei geht der Acetaldehyd in Crotonaldehyd über:

$$CH_3 \cdot CHO + CH_3 \cdot CHO \longrightarrow CH_3 \cdot CH{=}CH{-}CHO + H_2O,$$

welcher sich mit Anilin zu Crotonylenanilin vereinigt:

$$C_6H_5 \cdot NH_2 + OCH{-}CH = CH{-}CH_3 \longrightarrow$$
$$C_6H_5 \cdot N{=}CH{-}CH{=}CH \cdot CH_3 + H_2O.$$

Dieses Crotonylenanilin isomerisiert sich zu Methyldihydrochinolin, welches sich unter Verlust von Wasserstoff in Chinaldin (α-Methylchinolin) verwandelt:

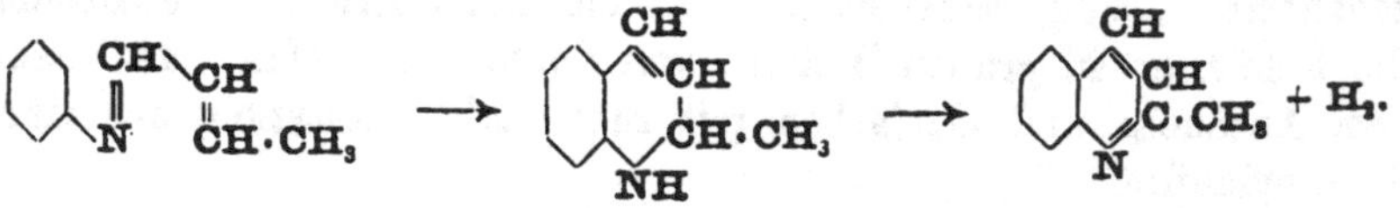

Übungsbeispiel.

Angewandt: 50 g Anilin,
75 g Paraldehyd,
100 g Salzsäure (D 1,19).

Im 2 l-Rundkolben werden 50 g Anilin, 100 g Salzsäure (D 1,19) und 75 g Paraldehyd während 5 Stunden auf dem Wasserbade am Rückflußkühler gelinde erhitzt. Nach $^3/_4$ Stunden ist Anilin nicht mehr nachweisbar. Die dunkelgelbe Flüssigkeit wird mit Natronlauge übersättigt und das gebildete Chinaldin mit Wasserdampf übergetrieben. Aus dem Destillat wird das Öl mit Äther aufgenommen, der Äther nach dem Trocknen über geglühter Pottasche abdestilliert und der Rückstand aus einem Destillierkolben fraktioniert. Die Rohbase siedet zwischen 210 und 256°. Durch fortgesetztes Fraktionieren erhält man das bei 238—245° siedende Chinaldin.

Eigenschaften. Farbloses Öl; Kp. 243°; liefert beim Erhitzen mit Phtalsäureanhydrid Chinophtalon.

Chinaldin dient zur Darstellung von Chinophtalon und von Chinolingelb S.

7. Diazoniumverbindungen.

Bei der Einwirkung von Salpetriger Säure auf die mineralsauren Salze primärer aromatischer Basen entstehen die Salze von Diazoniumverbindungen, z. B.:

$$R\cdot NH_2\cdot HCl + ONOH \longrightarrow R\cdot N_2\cdot Cl + 2H_2O\,.$$

Dieselben sind durch folgende wichtige Reaktionen gekennzeichnet:

1. $R\cdot N_2\cdot Cl + H_2O \longrightarrow R\cdot OH + HCl + N_2\,.$

2a. $R\cdot N_2\cdot Cl + C_2H_5\cdot OH \longrightarrow R\cdot OC_2H_5 + HCl + N_2\,.$

2b. $R\cdot N_2\cdot Cl + C_2H_5\cdot OH \longrightarrow R\cdot H + CH_3\cdot CHO + N_2 + HCl.$

3. $R\cdot N_2\cdot Cl \longrightarrow R\cdot Cl + N_2\,.$

4. $R\cdot N_2\cdot Br \longrightarrow R\cdot Br + N_2\,.$

5. $R\cdot N_2\cdot J \longrightarrow R\cdot J + N_2\,.$

6. $R\cdot N_2\cdot CN \longrightarrow R\cdot CN + N_2\,.$

(3.–6.: In Gegenwart des entsprechenden Cuprosalzes.)

7. $R\cdot N_2\cdot Cl + R'\cdot ONa \longrightarrow R\cdot N_2\cdot R'\cdot OH + NaCl\,.$

8. $R\cdot N_2\cdot Cl + R'\cdot NH_2\cdot HCl \longrightarrow R\cdot N_2\cdot R'\cdot NH_2\cdot HCl + HCl\,.$

9. $R\cdot N_2\cdot Cl + H_2N\cdot R' \longrightarrow R\cdot N_2\cdot NH\cdot R' + HCl\,.$

10. $R\cdot N_2\cdot Cl + 2H_2 \longrightarrow R\cdot NH\cdot NH_2\cdot HCl\,.$

In der Farbentechnik handelt es sich meist darum, Diazoniumsalze in Lösung zu bereiten. Zu diesem Zwecke bedient man sich ganz allgemein des Natriumnitrits und der Salzsäure, die man auf die mit Eis gut gekühlte wäßrige Lösung oder Suspension des salzsauren oder schwefelsauren Salzes der primären Base bei 0 bis $+5^0$ einwirken läßt.

Die Reaktion verläuft z. B. bei einem Monamin (a) bzw. einem Diamin (b) nach den Gleichungen:

$$\text{a. } R\cdot NH_2 + 2\,HCl + NaNO_2 \longrightarrow R\cdot N_2\cdot Cl + NaCl + 2\,H_2O\,.$$

$$\text{b. } \begin{array}{l} R-NH_2 \\ | \\ R-NH_2 \end{array} + 4\,HCl + 2\,NaNO_2 \longrightarrow \begin{array}{l} R-N_2\cdot Cl \\ | \\ R-N_2\cdot Cl \end{array} + 2\,NaCl + 4\,H_2O\,.$$

Tatsächlich verwendet man bei der Diazotierung, um die Bildung einer Diazoamino- oder Aminoazoverbindung (vgl. oben Reaktion 8 u. 9) zu vermeiden, einen Überschuß an Salzsäure, gewöhnlich 2,5—3 Moleküle auf eine Aminogruppe, gelegentlich auch wohl 6 oder 7 Moleküle (beim p-Nitroanilin).

Die Diazotierung vollzieht man meist sehr einfach in der Weise, daß man die berechnete Menge einer etwa $10\,^0/_0$igen Natriumnitritlösung in die saure Lösung oder Suspension des Aminsalzes vorsichtig einlaufen läßt; die Reaktion ist beendigt, wenn 5 Minuten nach der letzten Zugabe Jodkaliumstärkepapier sofort gebläut wird. Die „Diazolösung" muß klar und schaumfrei sein.

Bei der großen Löslichkeit ihrer Chlorhydrate gehen Basen wie Anilin, Toluidin, Xylidin leicht in wäßrige Lösung. Feste Basen wie die Naphtylamine, Benzidin oder Tolidin werden zweckmäßig mit 50^0 warmem Wasser verrührt und dann mit der für die Salzbildung berechneten Menge Salzsäure versetzt, worauf sie sich ebenfalls leicht lösen. Da das Einrühren weiterer Salzsäure zuweilen die Ausscheidung des Chlorhydrates zur Folge hat, so geschieht dies am besten, nachdem die Flüssigkeit durch Eis auf 0^0 abgekühlt worden ist, da dann das Salz in einer Form ausfällt, in der es von der Salpetrigen Säure leicht angegriffen wird. Bekanntlich faßt man die Diazosalze heute als Diazoniumsalze, d. h. als Verbindungen des 5-wertigen Stickstoffs auf. Dies bietet u. a. den Vorzug, daß man ihre Bildung aus den Salzen primärer aromatischer Amine durch Salpetrige Säure leicht erklären kann, ohne genötigt zu sein, eine Wanderung des Säurerestes (im vorliegenden Falle des Cl) vom Aminostickstoff an den Salpetrigsäurestickstoff anzunehmen:

$$R\cdot\underset{\substack{|\\ Cl}}{N}\equiv H_3 + ONOH \longrightarrow R\cdot\underset{\substack{|\\ Cl}}{N}\equiv N + 2\,H_2O\,.$$

Die diesen Diazoniumsalzen entsprechenden Hydrate, $R\cdot\overset{\substack{N\\ \|}}{N}\cdot OH$ oder $R\cdot\overset{\substack{OH\\ |}}{N}\equiv N$, sind sehr unbeständig, können jedoch in faßbare

Metallsalze (R·N=N·O·Me, Syndiazotate) umgewandelt werden, die sich weiterhin (teils bei gewöhnlicher Temperatur, teils beim Erhitzen) in Isodiazosalze (= Antidiazotate) umlagern und dann in alkalischer Lösung nicht oder nur schwierig mit Azokomponenten kuppeln.

Diese Isomerie wird bei Strukturidentität als durch Stereoisomerie bedingt erklärt:

Syndiazobenzolkalium	Antidiazobenzolkalium
$C_6H_5 \cdot N$ $\Vert$ $KO-N$	$C_6H_5 \cdot N$ $\Vert$ $N-OK$

Technische Wichtigkeit hat vor allem das p-Nitroisodiazobenzolnatrium („Nitrosaminrot“) erlangt.

p-Nitroantidiazobenzolnatrium (Mol.-Gew. 207)
sog. Nitrosaminrot der B.A.S.F.

$O_2N \cdot C_6H_4 \cdot N{=}N \cdot ONa + H_2O$ oder 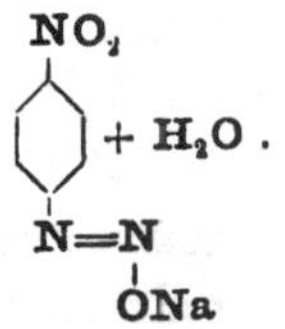

Darstellung. Läßt man eine nicht zu verdünnte Lösung von p-Nitrobenzoldiazoniumchlorid in überschüssige Natronlauge fließen, so scheidet die sich gelb färbende Lösung eine gelbe kristallisierende Substanz ab, deren Ausbeute fast quantitativ dem erwarteten p-Nitrodiazobenzolnatrium entspricht.

Übungsbeispiel.

Angewandt: 14 g p-Nitroanilin,
16 ccm Salzsäure (D 1,19),
8 g Natriumnitrit von 94 %.

Die durch vorsichtiges Erwärmen (s. Näheres S. 94) in einem $^1/_4$ l-Kolben bereitete Lösung von salzsaurem p-Nitroanilin aus 14 g p-Nitroanilin, 16 ccm konzentrierter Salzsäure und 20 ccm Wasser wird in die mit 8 ccm konzentrierter Salzsäure versetzte Mischung von 8 g Natriumnitrit von 94 % und 700 g Eis eingerührt. Die so erhaltene klare Lösung von salzsaurem p-Nitrobenzoldiazoniumchlorid filtriert man in 200 ccm einer vorher auf 50° erwärmten Natronlauge von 18 % = 25° Bé. Unmittelbar nach dem Mischen beginnt die entstandene gelbe Lösung goldgelbe Blättchen abzuscheiden, deren Menge beim Erkalten zunimmt. Sie werden abgesaugt und mit Kochsalzlösung nachgewaschen.

Eigenschaften. Goldgelbe, in Wasser leicht lösliche Blättchen; verbrennen lebhaft beim Erhitzen auf dem Platinblech. Die angesäuerte Lösung kuppelt mit Azokomponenten zu Azofarbstoffen; mit β-Naphtol z. B. entsteht Paranitranilinrot.

8. Hydrazine.

Von den Hydrazinen, die man als primäre, $R \cdot NH \cdot NH_2$, und sekundäre, $\genfrac{}{}{0pt}{}{R}{R'}\!\!>\!N \cdot NH_2$, unterscheidet, finden in der Farbentechnik nur die ersteren, und zwar vornehmlich in Gestalt von Sulfonsäuren Anwendung.

Die primären Hydrazine entstehen durch Reduktion von Diazoniumverbindungen, und zwar entweder durch Behandlung der betreffenden Diazoniumverbindung mit Zinnchlorür und Salzsäure:

$$R \cdot N_2 \cdot Cl + 2 SnCl_2 + 4 HCl \longrightarrow R \cdot NH \cdot NH_2 \cdot HCl + 2 SnCl_4 ,$$

oder es wird die Diazoniumverbindung zunächst mit neutralem schwefligsaurem Salz in das Salz einer Diazosulfonsäure umgesetzt:

$$R \cdot N_2 \cdot Cl + Na_2SO_3 \longrightarrow R \cdot N_2 \cdot SO_3Na + NaCl .$$

Dieses wird mit Zinkstaub und Essigsäure zu hydrazin-N-sulfonsaurem Salz reduziert:

$$R \cdot N_2 \cdot SO_3Na + H_2 \longrightarrow R \cdot NH \cdot NH \cdot SO_3Na ,$$

das seinerseits beim Kochen mit konzentrierter Salzsäure unter Abspaltung der Sulfogruppe in das Hydrazin übergeht:

$$R \cdot NH \cdot NH \cdot SO_3Na + HCl + H_2O \longrightarrow R \cdot NH \cdot NH_2 \cdot HCl + NaHSO_4 .$$

Die Umwandlung des Diazosulfonats in das hydrazinsulfonsaure Salz kann auch durch Alkalibisulfit geschehen:

$$R \cdot N_2 \cdot SO_3Na + NaHSO_3 + H_2O \longrightarrow R \cdot NH \cdot NH \cdot SO_3Na + NaHSO_4 .$$

Von farbentechnischer Bedeutung (s. Tartrazin, 4. Kap., III) ist die Kondensationsfähigkeit der Hydrazine mit Ketonverbindungen zu Hydrazonen bzw. Osazonen:

$$\begin{matrix} R \cdot NH \cdot NH_2 \\ R \cdot NH \cdot NH_2 \end{matrix} + \begin{matrix} OC- \\ | \\ OC- \end{matrix} \longrightarrow \begin{matrix} R \cdot NH \cdot N{=}C- \\ | \\ R \cdot NH \cdot N{=}C- \end{matrix} + 2 H_2O .$$

Phenylhydrazinsulfonsäure (Mol.-Gew. 188)

$H_2N \cdot NH \cdot C_6H_4 \cdot SO_3H$ oder 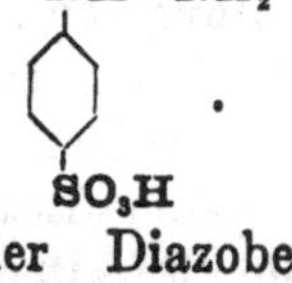 .

Darstellung. Durch Reduktion der Diazobenzolsulfonsäure $O_2S{-}C_6H_4{-}N{\equiv}N$ (O verbindet S und N) (aus Sulfanilsäure durch Diazotieren) zur Hydrazindisulfonsäure $NaO_3S \cdot C_6H_4 \cdot NH \cdot NH \cdot SO_3Na$ und Überführung derselben in die Hydrazinsulfonsäure durch Erhitzen mit überschüssiger Salzsäure.

Übungsbeispiel.

Angewandt: 23 g sulfanilsaures Natron,
7 g Natriumnitrit von 97,5 %,
17 g konzentrierte Schwefelsäure,
30 g neutrales Natriumsulfit,
50 ccm konzentrierte Salzsäure.

23 g sulfanilsaures Natrium und 7 g Natriumnitrit von 97,5 % werden in 120 ccm Wasser gelöst. Diese kalte Lösung wird in die eiskalte Mischung von 17 g konzentrierter Schwefelsäure und 100 g Wasser eingerührt. Das sich kristallinisch abscheidende Anhydrid der Diazobenzolsulfonsäure (s. o.) wird abgesaugt und mit etwas kaltem Wasser ausgewaschen. Es wird mit Wasser zu einem Teig angerieben und mit einer Lösung von Natriumbisulfit gemischt, die aus der Lösung von 30 g neutralem Natriumsulfit in 300 g Wasser durch Sättigen mit Schwefeldioxyd bereitet worden ist. Die Diazoniumverbindung löst sich zunächst mit gelber Farbe auf, jedoch bald wird die Lösung fast farblos. Sie wird nunmehr mit 50 ccm konzentrierter Salzsäure versetzt und auf dem Wasserbade bis zur Kristallisation eingedampft. Die abgeschiedene Phenylhydrazinsulfonsäure wird abfiltriert, mit wenig Wasser gewaschen und aus heißem Wasser umkristallisiert.

Eigenschaften. Glänzende Nadeln, leicht löslich in kochendem Wasser, wenig löslich in kaltem Wasser und in Alkohol. Kondensiert sich mit Dioxyweinsäure zu Tartrazin (s. 4. Kap., III).

9. Alkohole.

Für die Farbentechnik hat, abgesehen von dem p-Nitrobenzylalkohol, welcher durch Oxydation den für die Fuchsinfabrikation nach dem Fischerschen Verfahren wichtigen p-Nitrobenzaldehyd liefert, nur das Michlersche Hydrol Bedeutung.

Tetramethyl-p-diaminobenzhydrol (Mol.-Gew. 270)

$HO \cdot CH[C_6H_4 \cdot N(CH_3)_2]_2$ oder 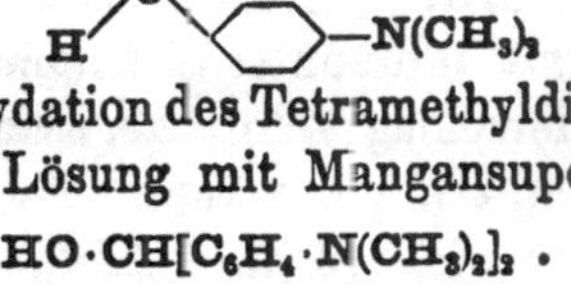 .

Darstellung. Technisch durch Oxydation des Tetramethyldiaminodiphenylmethans in schwach saurer Lösung mit Mangansuperoxyd:

$$H_2C[C_6H_4 \cdot N(CH_3)_2]_2 + O \longrightarrow HO \cdot CH[C_6H_4 \cdot N(CH_3)_2]_2 .$$

Am reinsten gewinnt man es durch Reduktion des Michlerschen Ketons mit Natriumamalgam in alkoholischer Lösung.

Übungsbeispiel. I.

Angewandt: 26,8 g MICHLERsches Keton,
160 g 3 %iges Natriumamalgam,
1,5 l Alkohol von 95 %.

In einem 3 l-Rundkolben werden 26,8 g MICHLERsches Keton in 1,5 l Alkohol von 95 % auf dem Wasserbade zum Sieden gebracht und allmählich mit 160 g 3 %igem Natriumamalgam versetzt. Die Lösung muß stets in schwachem Sieden erhalten werden, damit die nach der Gleichung

$$OC[C_6H_4 \cdot N(CH_3)_2]_2 + H_2 \longrightarrow HO \cdot CH[C_6H_4 \cdot N(CH_3)_2]_2$$

verlaufende Reduktion in möglichst kurzer Zeit, 3—4 Stunden, vor sich geht. An der Beweglichkeit des Quecksilbers in der erkalteten Flüssigkeit erkennt man, daß alles Amalgam verbraucht ist. Die filtrierte Lösung wird nun in Wasser gegossen und das in kristallinischen Flocken abgeschiedene Hydrol abfiltriert, mit Wasser gewaschen und auf Ton getrocknet.

Übungsbeispiel. II.

Angewandt: 20 g Tetramethyldiaminodiphenylmethan,
Bleisuperoxydpaste,
26 g Natriumsulfat.

20 g reines Tetramethyldiaminodiphenylmethan werden durch so viel konzentrierte Salzsäure als 5,7 g reinem Salzsäuregas (2 Mol.) entsprechen würde und 40 g Wasser in Lösung gebracht, hierauf mit 1600 g Wasser verdünnt und mit 9,4 g 100 %iger Essigsäure (2 Mol.) versetzt. Das Ganze wird in einem Filterstutzen unter 0° abgekühlt, und nun unter fortgesetztem Rühren die berechnete Menge Bleisuperoxyd, 18,8 g PbO_2 100 %ig, mit Wasser aufgeschlämmt, in dünnem Strahle auf einmal eingetragen. Das Bleisuperoxyd wird am besten in Form einer Paste verwendet, deren Wert an wirksamem PbO_2 vorher durch Titration genau bestimmt ist. Nach Verlauf von 5 Minuten wird unter weiterem Rühren die nötige Menge schwefelsaures Natrium, 26 g in 125 g Wasser gelöst, zugesetzt, worauf man absitzen läßt. Alsdann wird schnell abfiltriert, das blauviolette Filtrat mit verdünnter Natronlauge unter kräftigem Schütteln gefällt, der Niederschlag sofort abgesaugt, mit Wasser nachgewaschen und auf Tontellern getrocknet. Es hinterbleibt eine blaugraue lockere Masse von Rohhydrol, welche aus Äther umkristallisiert wird.

Eigenschaften. Farblose Prismen; Fp. 95—96°; leicht löslich in Äther; in Eisessig mit blauer Farbe löslich.

Tetramethyldiaminobenzhydrol dient zur Darstellung von Leukokristallviolett und von Leukoderivaten anderer Triphenylmethanfarbstoffe.

10. Aldehyde.

Abgesehen vom Formaldehyd, welcher für die Bereitung von Triphenylmethan- und Acridinfarbstoffen große Bedeutung erlangt hat, sind es von aromatischen Aldehyden namentlich der Benzaldehyd,

$$C_6H_5 \cdot CHO\,,$$

und seine Nitroderivate, o-, m- und p-Nitrobenzaldehyd,

$$C_6H_4<{CHO \atop NO_2}\,,$$

welche (die o-Verbindung für die Indigobereitung, die m-Verbindung für die Patentblaufarbstoffe, die p-Verbindung für die Parafuchsinfabrikation) in der Farbentechnik eine Rolle spielen.

Hier sei besonders berücksichtigt der

Benzaldehyd (Mol.-Gew. 106)

$C_6H_5 \cdot CHO$ oder 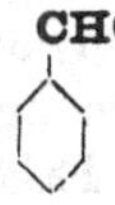 .

Darstellung. Durch Erhitzen von Benzalchlorid mit Kalkmilch im Digestor unter einem Drucke von 4—5 Atmosphären. Der gebildete Benzaldehyd wird mit Wasserdampf abgetrieben, während nebenher gebildete Benzoësäure als Kalksalz zurückbleibt.

Eigenschaften. Farblose, nach bitteren Mandeln riechende Flüssigkeit, Kp. 180°. Vereinigt sich mit Natriumbisulfit zu einem durch Säuren spaltbaren Additionsprodukt.

Benzaldehyd dient u. A. zur Darstellung von Leukomalachitgrün.

11. Ketone.

Unter den Ketonen finden nur wenige in der Farbentechnik Anwendung. Es sind dies namentlich Tetramethyldiaminobenzophenon (Michlers Keton), Phenanthrenchinon, Anthrachinon und Derivate derselben. Ihre Reaktionsfähigkeit liegt zum Teil in der Beweglichkeit des in ihnen enthaltenen Sauerstoffs begründet, welcher sie zu Kondensationen befähigt. Bei den Anthrachinonderivaten sind es vor allem die in das Anthrachinonmolekül eingeführten Gruppen, welche die Reaktionsfähigkeit derselben bedingen.

Tetramethyldiaminobenzophenon (Mol.-Gew. 268)

$OC[C_6H_4 \cdot N(CH_3)_2]_2$ oder 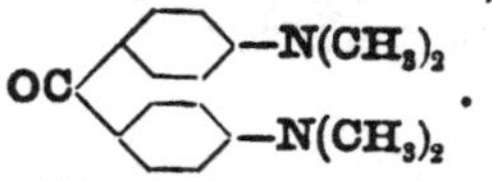

Darstellung. Durch Einleiten von Chlorkohlenoxyd in Dimethylanilin.

Dabei entsteht zunächst Dimethyl-p-aminobenzoylchlorid:

welches sich mit Dimethylanilin zu Tetramethyldiaminobenzophenon umsetzt:

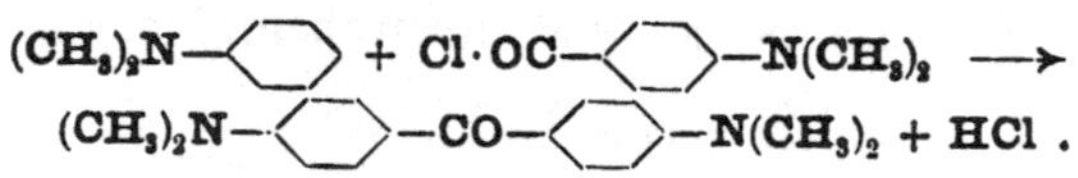

Übungsbeispiel.

Angewandt: 100 g Dimethylanilin,
50 g Chlorkohlenoxyd.

In 100 g frisch destilliertes, trocknes Dimethylanilin leitet man unter Kühlung so lange Chlorkohlenoxyd, bis die durch die Absorption desselben bedingte Gewichtszunahme 41 g beträgt. Es hat sich ein Kristallbrei aus Dimethylaminobenzoylchlorid gebildet. Der Autoklav wird nun geschlossen und im siedenden Wasserbade 5 Stunden lang erhitzt. Nach dem Erkalten leitet man durch das Reaktionsprodukt Wasserdampf so lange, bis das unveränderte Dimethylanilin übergetrieben ist, löst den Rückstand in verdünnter Salzsäure, filtriert und übersättigt das Filtrat mit Natronlauge. Das ausgeschiedene Rohketon wird nach dem Absaugen nochmals in Salzsäure gelöst und mit Natronlauge in hellen Flocken ausgefällt. Von ev. beigemengtem Kristallviolett trennt man es durch Auskochen mit verdünnter Essigsäure. Durch Umkristallisieren aus Alkohol und Auswaschen der Kristalle mit kaltem Alkohol wird es rein erhalten.

Eigenschaften. Fast farblose Blättchen mit einem Stich ins Gelbe, Fp. 174°. Das Keton wird durch Reduktion in alkalischer Lösung in Tetramethyldiaminobenzhydrol verwandelt.

Tetramethyldiaminobenzophenon dient zur Darstellung von Auramin, Kristallviolett und von anderen Triphenylmethanfarbstoffen.

Phenanthrenchinon (Mol.-Gew. 208)

$$\begin{matrix} C_6H_4-CO \\ | \quad\quad | \\ C_6H_4-CO \end{matrix}$$ oder 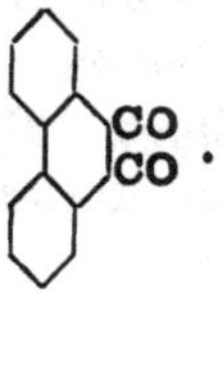

Darstellung. Durch Oxydation von Phenanthren mit Chromsäure:

$$\begin{matrix} C_6H_4-CH \\ | \qquad \| \\ C_6H_4-CH \end{matrix} + K_2Cr_2O_7 + 4H_2SO_4 \longrightarrow$$

$$\begin{matrix} C_6H_4-CO \\ | \qquad | \\ C_6H_4-CO \end{matrix} + K_2SO_4 + Cr_2(SO_4)_3 + 5H_2O.$$

Übungsbeispiel.

Angewandt: 25 g Phenanthren,
150 g Kaliumbichromat,
250 g Schwefelsäure von 66° Bé.

In einer Porzellanschale von 2 l Inhalt, welche auf einem niedrigen Rundbrenner stehend erhitzt werden kann, löst man 75 g Kaliumbichromat in 350 ccm Wasser, fügt vorsichtig 250 g konzentrierte Schwefelsäure hinzu und rührt in die heiße, nicht länger erhitzte Lösung portionsweise 25 g Rohphenanthren ein. Die heftige Reaktion bekundet sich durch das Schmelzen des Phenanthrens, Entweichen von Kohlendioxyd und Wasserdampf unter Schäumen und durch Grünfärbung der Flüssigkeit. Läßt die Reaktion an Heftigkeit nach, so erwärmt man gelinde und streut unter Rühren weitere 75 g fein gepulvertes Kaliumbichromat ein, um dann die Flüssigkeit noch längere Zeit im Kochen zu erhalten. Nach dem Erkalten versetzt man mit $^1/_2$ l Wasser, filtriert die rotgelbe krümelige Masse ab und wäscht sie mit Wasser aus. Um aus ihr das Phenanthrenchinon zu isolieren, digeriert man sie nach dem Zerreiben mit frisch bereiteter konzentrierter Natriumbisulfitlösung bei 50°. Das Phenanthrenchinon geht als Bisulfitverbindung in Lösung, während die Begleitprodukte (Anthrachinon, Carbazol) als violettschwarze, körnige Massen zurückbleiben. Aus der Bisulfitlösung fällt das Phenanthrenchinon auf Zusatz von konzentrierter Schwefelsäure und etwas Kaliumbichromat in feinen, gelben, wolligen Nadeln aus. Es wird abfiltriert, ausgewaschen und auf Ton getrocknet.

Eigenschaften. Orangegelbe Nadeln, Fp. 198°; leicht löslich in heißem Eisessig; löst sich in konzentrierter Schwefelsäure mit dunkelgrüner Farbe; kondensiert sich mit o-Aminodiphenylamin zu dem Azinfarbstoff Flavindulin.

Phenanthrenchinon dient zur Darstellung von Flavindulin.

Anthrachinon (Mol.-Gew. 208)

$C_6H_4<^{CO}_{CO}>C_6H_4$ oder 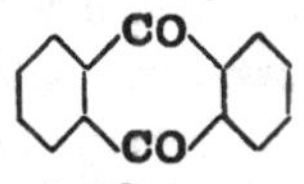.

Darstellung. Durch Oxydation von Anthracen mit Chromsäure wie bei Phenanthrenchinon. Vgl. Anthracenbestimmung, S. 15f.

Eigenschaften. Gelbe, sublimierende Nadeln; Fp. 285°. Geht bei der Sulfonierung in Mono- und Disulfonsäuren über, durch Nitrierung in Mono- und Dinitroanthrachinone.

Anthrachinon dient zur Darstellung der unabsehbaren Reihe von Anthracenfarbstoffen aus den Zwischenprodukten, wie Anthrachinonsulfonsäuren, Halogen-Anthrachinonen, 1,5- bzw. 1,8-Dinitroanthrachinon usw.

1,5-Dinitroanthrachinon (Mol.-Gew. 298)

$$O_2N \cdot C_6H_3 < \begin{matrix} CO \\ CO \end{matrix} > C_6H_3 \cdot NO_2$$ oder

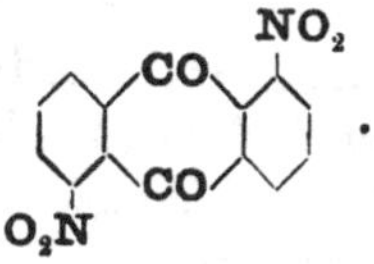

Darstellung. Durch Erhitzen von Anthrachinon in konzentriert-schwefelsaurer Lösung mit Nitriersäure bei 140—160°.

Übungsbeispiel.

Angewandt: 30 g Anthrachinon,
300 g Schwefelsäuremonohydrat,
{ 68 g Salpetersäure (1,4),
{ 68 g Schwefelsäuremonohydrat.

In einem hohen Becherglase von $^1/_2$ l Inhalt, welches in einem Sandbade steht, löst man unter Rühren 30 g Anthrachinon in 300 g Schwefelsäuremonohydrat, wobei die Temperatur bis auf 140° steigen darf. Nach dem Abkühlen bis auf 50° läßt man unter fortgesetztem Rühren aus einem Tropftrichter die Mischung von 68 g Schwefelsäuremonohydrat und 68 g Salpetersäure (D 1,4) zutropfen. Dabei steigt die Reaktionswärme bis auf 150—160°. Nachdem etwa die Hälfte der Nitriersäure zugeflossen ist, erfolgt eine gelbflockige Ausscheidung von Dinitroanthrachinon, welche im Lauf der weiteren Nitrierung zunimmt. Man läßt die Reaktionsflüssigkeit sich auf 120° abkühlen und erhält sie 1 Stunde lang auf dieser Temperatur. Dann läßt man sie bis auf 40° abkühlen, gießt sie in das mehrfache Volumen Wasser, saugt den gelben Niederschlag ab, wäscht ihn mit Wasser neutral und trocknet ihn. Zur Entfernung isomerer Dinitroanthrachinone kocht man ihn mit Alkohol mehrfach aus.

Eigenschaften. Gelbe Kristalle, unlöslich in Alkohol, sublimieren bei höherer Temperatur. Bei der Reduktion mit Zinnoxydulnatron entsteht rotes 1,5-Diaminoanthrachinon, in Zinnoxydulalkali mit blauer Farbe löslich (Hydrochinonbildung!). Dinitroanthrachinon liefert mit rauchender Schwefelsäure erhitzt Anthracenblau.

2-Amino-Anthrachinon (Mol.-Gew. 223)

$$C_6H_4<\substack{CO\\CO}>C_6H_3\cdot NH_2$$ oder 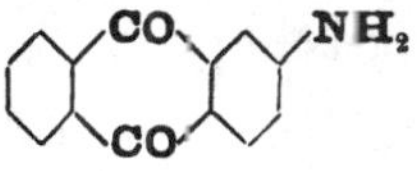 .

Darstellung. Durch Erhitzen von anthrachinon-2-sulfonsaurem Natrium mit konzentriertem Ammoniak auf 180°:

$$C_6H_4<\substack{CO\\CO}>C_6H_3-SO_3Na + 2\,NH_3 \longrightarrow$$

$$C_6H_4<\substack{CO\\CO}>C_6H_3-NH_2 + NH_4NaSO_3\,.$$

Eigenschaften. Dunkelrote Nadeln; Fp. 302°; ziemlich leicht löslich in Alkohol und Benzol; löslich in heißer Salzsäure. Das grauweiße Nadeln bildende Chlorhydrat wird durch Wasser zerlegt. 2-Aminoanthrachinon liefert beim Schmelzen mit Ätzalkali Indanthren.

12. Carbonsäuren.

Die für die Farbenchemie wichtigsten Carbonsäuren gehören der Benzol- u. Naphtalinreihe an.

Die Einführung der Carboxylgruppe in den aromatischen Kern geschieht:

1. Durch Oxydation substituierender Alkylgruppen, die, wie im Naphtalin, auch in Form einer geschlossenen Kette vorhanden sein können. So geht Toluol durch die Einwirkung von Chromsäuregemisch oder Kaliumpermanganat in Benzoësäure über:

$$C_6H_5\cdot CH_3 + 3\,O \longrightarrow C_6H_5\cdot COOH + H_2O\,.$$

Technisch leichter durchführbar ist die Verseifung des im Methylrest durch Chlor substituierten Toluols, des Benzotrichlorids, mit Kalkmilch:

$$C_6H_5\cdot CCl_3 + 2\,H_2O \longrightarrow C_6H_5\cdot COOH + 3\,HCl\,.$$

Naphtalin liefert beim Erhitzen mit Schwefelsäure und etwas Quecksilbersulfat Phtalsäure:

$$C_6H_4\left<\begin{matrix}CH{=}CH\\ |\\ CH{=}CH\end{matrix}\right. + 9\,O \longrightarrow C_6H_4\left<\begin{matrix}COOH\\ \\ COOH\end{matrix}\right. + 2\,CO_2 + H_2O\,.$$

2. Durch Verseifen der Nitrile. So gewinnt man aus dem im Steinkohlenteer enthaltenen Benzonitril durch Kochen mit Kalkmilch Benzoësäure:

$$C_6H_5\cdot CN + 2\,H_2O \longrightarrow C_6H_5\cdot COOH + NH_3\,.$$

3. Durch Einwirkung von Kohlendioxyd auf die Alkalisalze der Phenole. In diesem Falle entstehen aromatische Oxycarbonsäuren.

So liefert Kohlendioxyd mit trocknem Phenolnatrium zunächst phenylkohlensaures Natrium, das beim Erhitzen auf 130° in salicylsaures Natrium übergeht:

$$C_6H_5\cdot ONa + CO_2 \longrightarrow C_6H_5\cdot O\cdot COONa \longrightarrow C_6H_4<^{OH}_{COONa}\,.$$

Kaliumphenolat bildet mit Kohlendioxyd bei 170° p-oxybenzoësaures Kalium.

Benzoësäure (Mol.-Gew. 122)

$C_6H_5\cdot COOH$ oder 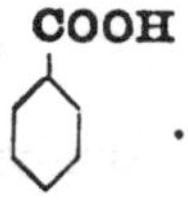 .

Darstellung. Das bei der Bereitung von Benzylchlorid beim Fraktionieren des Rohproduktes als am höchsten siedende Fraktion abfallende Gemisch von Benzalchlorid und Benzotrichlorid wird mit Kalkmilch unter 4—5 Atmosphären Druck erhitzt. Nach dem Abtreiben des Benzaldehyds mit Wasserdampf wird das Calciumbenzoat mit Salzsäure zerlegt. Die gefällte Benzoësäure wird abfiltriert, getrocknet und sublimiert.

Eigenschaften. Weiße Nadeln oder Blättchen; Fp. 120°; Kp. 250°; in kochendem Wasser löslich.

Benzoësäure dient als Hilfsstoff bei der Darstellung von Anilinblau.

Anthranilsäure.

o-Aminobenzoësäure (Mol.-Gew. 137)

$C_6H_4<^{NH_2}_{COOH}$ oder 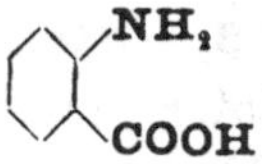 .

Darstellung, s. Indigo.

Eigenschaften. Nadeln, Fp. 145°.

o-Aminobenzoësäure dient zur Darstellung von Phenylglycin-o-carbonsäure.

Phenylglycin-o-carbonsäure (Mol.-Gew. 181)

$C_6H_4<^{NH\cdot CH_2\cdot COOH}_{COOH}$ oder 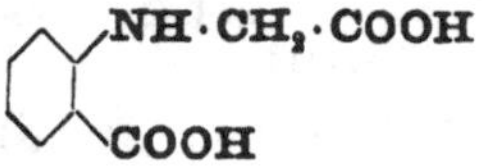 .

Darstellung, s. Indigo.

Eigenschaften. Sandiges Pulver; Fp. 207° unter Zersetzung; löslich in heißem Wasser, Alkohol, Äther, Eisessig; fast unlöslich in Benzol und Chloroform.

Phenylglycincarbonsäure dient zur Darstellung von Indigo.

Phtalsäure (Mol.-Gew. 166)

$C_6H_4<^{COOH}_{COOH}$ oder 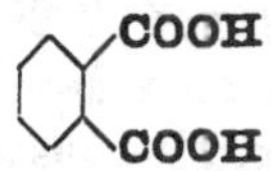 .

Darstellung, s. Indigo.

Eigenschaften. Rhombische Tafeln, Fp. 213°; zerfällt bei dieser Temperatur in Wasser und Phtalsäureanhydrid, welches lange Nadeln mit dem Fp. 128° und dem Kp. 284° bildet.

Phtalsäure dient in Form ihres Anhydrids u. A. zur Darstellung von Xanthenfarbstoffen.

Salicylsäure (Mol.-Gew. 138)

$C_6H_4<^{OH}_{COOH}$ oder 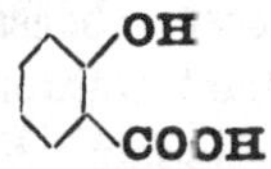 .

Darstellung. Durch Absorption von Kohlendioxyd durch trocknes Phenolnatrium und Erhitzen des gebildeten phenylkohlensauren Natriums auf 130°.

Übungsbeispiel.

Angewandt: 50 g Phenol,
21 g Ätznatron,
Kohlendioxyd.

In einer Porzellanschale, die mit einem bleiernen Reifen auf einem Wasserbade ruht und auf deren Rand eine einfach tubulierte Glasglocke mit einem durchfeuchteten Pappring dicht aufgesetzt werden kann, werden 21 g reines Ätznatron in 35 ccm Wasser gelöst. Durch den Tubus ist mittels eines kurzen Kautschukschlauchstückes ein Glasrohr mit seitlichem Ansatz befestigt, der zur Wasserstrahlpumpe führt, während die andere Öffnung einen Kautschukstopfen mit Thermometer aufnimmt. Die Ätznatronlösung wird allmählich mit 50 g kristallisiertem Phenol versetzt und die Lösung des Phenolnatriums im Vakuum eingedampft. Die trockne Masse wird in einer warmen Reibschale pulverisiert, in einen kleinen zylindrischen, stählernen Autoklaven gefüllt, der, nach Aufsetzen eines Kautschukstopfens mit rechtwinklig gebogenem Rohr, welches mit einer Wasserstrahlpumpe in Verbindung steht, im Ölbade während 2 Stunden auf 120° erhitzt wird. Dann ersetzt man den Kautschukstopfen durch den Verschlußkopf des Autoklaven, welcher mittels eines Messingrohres mit einer Kohlensäurebombe dicht verbunden wird. Durch Öffnen der Ventile des Autoklaven und der Kohlensäurebombe füllt man den Autoklaven mit Kohlendioxyd und schließt dann beide Ventile. Nun hebt man die Verbindung der beiden Apparate auf und erhitzt den Autoklaven während 2 Stunden auf 130° im Luftbade. Nach dem Erkalten öffnet man das Ventil des Autoklaven, um das überschüssige Kohlendioxyd herauszulassen, nimmt den Verschlußkopf ab, schüttet den pulvrigen Inhalt in ein Becherglas, spült mit Wasser nach und fällt die Salicylsäure mit konzentrierter Salzsäure aus. Nach dem Abkühlen in Eiswasser filtriert man die rohe Salicylsäure ab, wäscht mit etwas Wasser aus und trocknet sie auf Ton. Zur Reinigung löst man sie in der Hitze in möglichst wenig Natriumbicarbonat, stellt mit Salzsäure neutral, versetzt die Lösung behufs Entfärbung mit etwas Zinnchlorür, kocht und säuert mit konzentrierter Salzsäure an. Man erhält weiße Nadeln, welche nach dem Abkühlen in Eiswasser abgesaugt, mit etwas Wasser gewaschen und auf Ton getrocknet werden.

Eigenschaften. Nadeln, Fp. 159°; in heißem Wasser ziemlich leicht löslich, mit Wasserdämpfen flüchtig. Die wäßrige Lösung wird durch Eisenchlorid violett gefärbt.

Salicylsäure dient u. A. zur Darstellung von Azofarbstoffen.

Gallussäure (Mol.-Gew. 170)

$C_6H_2(OH)_3COOH$ oder

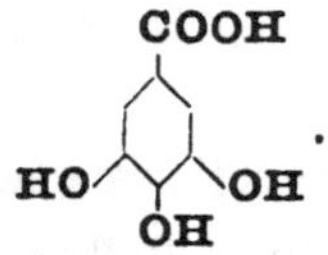

Darstellung. Durch Ausziehen gepulverter Galläpfel mit kaltem Wasser und längeres Stehen des Filtrats an einem mäßig warmen Ort. Unter einer Schimmeldecke bildet sich am Boden des Gefäßes ein kristallinischer Niederschlag von Gallussäure aus der hydrolysierten Gerbsäure. Derselbe wird aus heißem Wasser umkristallisiert.

Eigenschaften. Nadeln oder Säulen, mit 1 Mol. Kristallwasser. Wird bei 120° wasserfrei und schmilzt oberhalb 220° unter Zersetzung; leicht löslich in heißem Wasser. Die wäßrige Lösung wird durch Eisenchlorid gebläut.

Gallussäure dient zur Darstellung von Anthracenbraun (Anthragallol) und von Oxazinfarbstoffen.

Dioxyweinsaures Natrium (Mol.-Gew. 262).

$C_4H_4O_8Na_2 + 2H_2O$ oder $\begin{matrix}(HO)_2C\cdot COONa \\ | \\ (HO)_2C\cdot COONa\end{matrix} + 2H_2O$.

Darstellung. Beim Nitrieren von Weinsäure entsteht der „Nitroweinsäure" genannte Salpetersäureester, welcher durch Wasser in Dioxyweinsäure verwandelt wird:

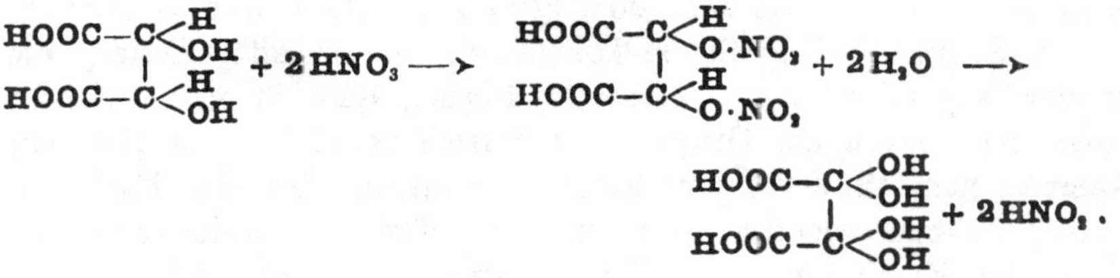

Gepulverte Weinsäure wird in $4^1/_2$ Teile rauchende Salpetersäure eingetragen und der Lösung das gleiche Volumen konzentrierter Schwefelsäure zugefügt. Der entstandene Kristallbrei wird auf einem Asbestfilter abgenutscht und auf Ton getrocknet. Die rohe Nitroweinsäure wird in wenig kaltem Wasser gelöst, die noch vorhandene Mineralsäure zum größten Teil mit fester Soda abgestumpft, so daß Methylviolettpapier nicht mehr verändert wird, und eine gesättigte Lösung von Natriumacetat im Überschuß hinzugefügt. Nach 24 Stunden hat sich dioxyweinsaures Natrium als Pulver abgeschieden.

Eigenschaften. In Wasser schwer lösliches Kristallpulver. Die durch Säuren in Freiheit gesetzte Dioxyweinsäure ist in Wasser leicht löslich. Dient zur Darstellung von Tartrazin.

13. Titrationen von Zwischenprodukten der Benzol- und Naphtalinreihe.

Unter den Zwischenprodukten für die Darstellung organischer Farbstoffe nehmen die Abkömmlinge der Benzol- und Naphtalinreihe eine sehr wichtige Stellung ein. Dies gilt insbesondere auch von solchen Verbindungen der aromatischen Reihe, die infolge des Vorhandenseins auxochromer Gruppen durch besondere Reaktionsfähigkeit ausgezeichnet sind (R·OH, R·NH_2, R·NH·Alkyl, R·NH·Aryl usw.). Die Darstellungsweise einerseits und die Eigenschaften dieser Körper andererseits bringen es mit sich, daß die Technik in sehr vielen Fällen darauf verzichten muß und auch darauf verzichten kann, sie im Zustand vollkommener Reinheit, d. h. in Form eines etwa 100%igen Produktes, weiter zu verarbeiten. In manchen Fällen sieht sie sich genötigt, mit Lösungen zu operieren, wie sie sich bei der Darstellung unmittelbar ergeben; in anderen Fällen mit wasserhaltigen Pasten oder Preßkuchen, und wiederum in anderen Fällen erweist es sich als zweckmäßig, mit Produkten sich zu begnügen, deren Gehalt an anorganischen Salzen, NaCl oder

Na_2SO_4, nach dem Trocknen sehr beträchtlich sein, ja bis zu 30 % und mehr ansteigen kann. Nur eine beschränkte Anzahl von Substanzen werden in nahezu 100 %igem Zustande weiter verarbeitet, wie z. B. Anilin, Toluidin, m-Toluylendiamin, Benzidin, Tolidin, die beiden Naphtylamine und Naphtole, Phenol, Resorcin usw. Sobald aber eine bestimmte Gruppe von Zwischenprodukten in Betracht kommt, nämlich die Sulfonsäuren, die gerade bei der Farbstofferzeugung eine wichtige Rolle spielen, würde die Reindarstellung, d. h. die Beseitigung des Wassers und der anorganischen Salze, vielfach nur mit großen Verlusten verknüpft sein, ohne daß dadurch ein wesentlicher Vorteil erreicht würde. Eine Ausnahme bildet z. B. die Alkalischmelze, deren glatter Verlauf durch die Gegenwart von größeren Mengen anorganischer Salze beeinträchtigt wird. In der Regel aber üben derartige Salze, die der Farbenchemiker kaum noch als „Verunreinigungen" seiner Zwischenprodukte empfindet, die schließlich aber allein in Betracht kommen, nachdem die organischen Nebenprodukte entfernt sind, keinerlei nachteiligen Einfluß auf die Farbstoffdarstellung aus. Übrigens gelangen auch von den Sulfonsäuren einzelne, und zwar solche, die entweder als freie Säuren oder als (eventuell kristallwasserhaltige) Salze in Wasser nicht gar zu leicht löslich (bzw. aus Wasser leicht aussalzbar) sind, in einem Zustande hoher Reinheit zur Verwendung, wie z. B. sulfanilsaures Na (I), Naphthionat (II), SCHÄFFER-Salz (III), allenfalls auch die Aminonaphtolsulfonsäuren γ (IV), M (V), J (VI) und S (VII); während z. B. R-Salz (VIII), die Aminonaphtoldisulfonsäure H (IX), ferner G-Salz (X) und die Chromotropsäure (XI) als etwa 70—80 %ige Produkte sich gewinnen lassen.

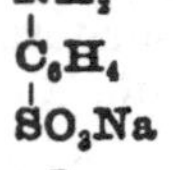
I.

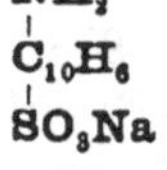
II.

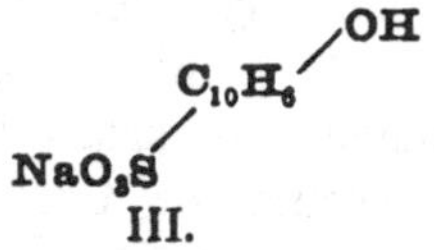
III.

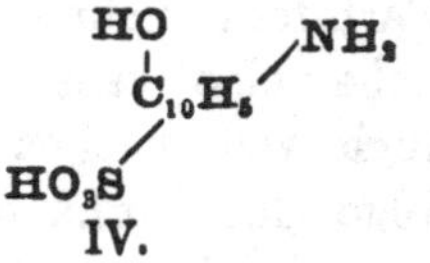
IV.

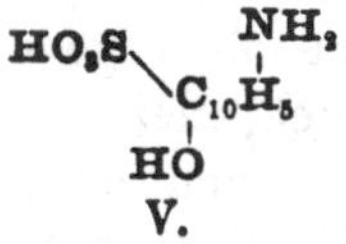
V.

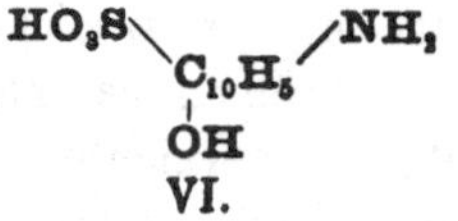
VI.

VII.

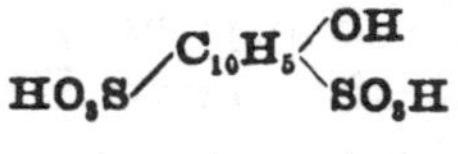
VIII.

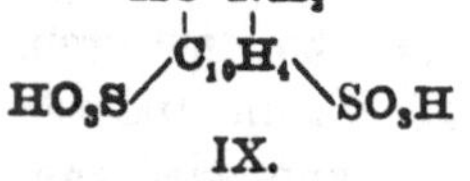
IX.

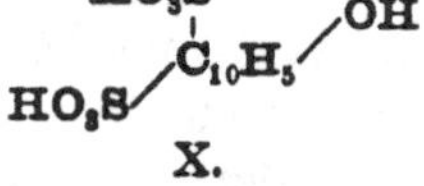
X.

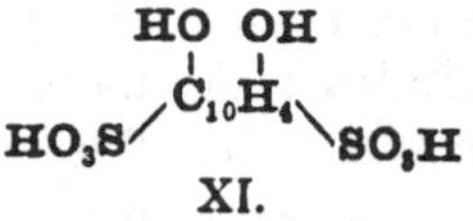
XI.

XII.

Schließlich bringt es bei der 1,4-Naphtolsulfonsäure (XII) z. B. die Art der Darstellung aus der 1-4-Naphtylaminsulfonsäure mit sich, daß man sie in Form einer etwa 10%igen Lösung unmittelbar, d. h. ohne vorherige Abscheidung (die bei reiner Säure zwar sehr wohl möglich, aber ohne Nutzen wäre) auf Farbstoff verarbeitet.

Die angeführten Tatsachen lassen die große Bedeutung erkennen, die allen Methoden der quantitativen Bestimmung jener eben erwähnten Zwischenprodukte zukommt, u. zwar nicht nur mit Rücksicht auf die zutreffende Bewertung oder behufs Vermeidung eines unnötigen Überschusses an der einen oder anderen Farbstoffkomponente; sondern in vielen Fällen handelt es sich außerdem auch um die Vermeidung direkter Fehler. Eine solche Möglichkeit kommt in Betracht z. B. bei der Darstellung solcher Monoazofarbstoffe, deren Azokomponente imstande ist, mit 2 Molekülen einer Diazoniumverbindung sich zu einem Disazofarbstoff zu vereinigen, wie etwa bei der Synthese des Chrysoïdins das m-Phenylendiamin, das bei einem Überschuß von Diazobenzol den Disazofarbstoff

$$\begin{matrix} H_2N \\ C_6H_5\cdot N_2 \end{matrix}\!\!>C_6H_2<\!\!\begin{matrix} NH_2 \\ N_2\cdot C_6H_5 \end{matrix}$$

bildet. Auch bei der Darstellung von primären Disazofarbstoffen aus zwei verschiedenen Diazokomponenten, wie z. B. bei Naphtolblauschwarz (s. S. 150ff.),

$$\begin{matrix} HO\;\;NH_2 \\ \begin{matrix} C_6H_5\cdot N_2 \\ NaO_3S \end{matrix}\!\!>C_{10}H_2<\!\!\begin{matrix} N_2\cdot C_6H_4\cdot NO_2 \\ SO_3Na \end{matrix} \end{matrix},$$

kommt es ganz besonders genau auf die Einhaltung des molekularen Verhältnisses der Komponenten an (s. Näheres in dem Kapitel über Azofarbstoffe).

Von den Methoden, die für eine maßanalytische Bestimmung von Zwischenprodukten aus der Benzol- und Naphtalinreihe in Betracht kommen, sollen hier nur zwei, die sich in besonderem Grade als brauchbar erwiesen haben, näher erläutert werden, nämlich

1. die Bestimmung von primären Aminen mittels Nitrits und
2. die Bestimmung von Amino- und Hydroxylverbindungen mittels „Diazolösungen".

Zu 1. Bestimmung der aromatischen Amine mittels Nitrits. Diese Methode beruht auf der bekannten Tatsache, daß primäre aromatische Amine sich durch HNO_2 quantitativ in Diazoniumverbindungen überführen lassen:

$$\begin{matrix} R\cdot NH_2 \\ ClH \end{matrix} + \begin{matrix} O \\ HO \end{matrix}\!\!>N \longrightarrow 2H_2O + \begin{matrix} R\cdot N\equiv N \\ | \\ Cl \end{matrix}.$$

Als Indikator für die Tüpfelprobe dient JK-Stärkepapier. Dieses wird durch Spuren von freier HNO_2 blau gefärbt, indem die HNO_2 infolge ihres Oxydationsvermögens das J aus JK frei macht, das mit Stärke die bekannte „Jodstärke" bildet. Da die Diazoniumverbindungen mit JK in der Regel keine Färbung erzeugen, so läßt sich, infolge der außerordentlichen Empfindlichkeit der Jodstärkereaktion, selbst ein sehr geringer Überschuß von HNO_2 leicht erkennen, wobei allerdings zu berücksichtigen ist, daß die Einwirkung der HNO_2 auf das Amin zu ihrer Vollendung einer gewissen Zeit bedarf, die je nach dem angewandten Amin ziemlich verschieden sein kann. So z. B. diazotieren sich α-Naphtylamin und Paranitranilin verhältnismäßig leicht; Sulfanilsäure und besonders die schwerlöslichen Naphtylaminsulfonsäuren, wie die Naphthionsäure, etwas langsamer. Die Diazotierungsmethode ist anwendbar auf primäre Monamine und auf solche primäre Diamine, die sich regelrecht diazotieren lassen, wie z. B. Benzidin und Tolidin, nicht aber auf solche Diamine, die, selbst in mineralsaurer Lösung, unter der Einwirkung von Nitrit leicht zur Farbstoffbildung neigen, wie die m-Diamine, bei denen die primär entstehenden Diazoniumverbindungen auf das noch unveränderte Diamin einwirken. Das m-Phenylendiamin beispielsweise geht bei der Diazotierung, durch Kupplung der Diazoniumverbindung

$$C_6H_4\begin{matrix}\diagup N_2\cdot Cl\\ \diagdown N_2\cdot Cl\end{matrix}$$ oder 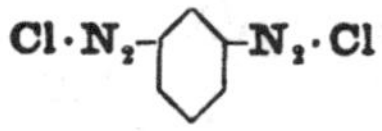

mit 2 Molekülen unveränderten m-Diamins, in den Farbstoff Bismarckbraun, das ist vorwiegend

$$C_6H_4\begin{matrix}\diagup N_2-C_6H_3(NH_2)-NH_2\\ \diagdown N_2-C_6H_3(NH_2)-NH_2\end{matrix}$$ oder 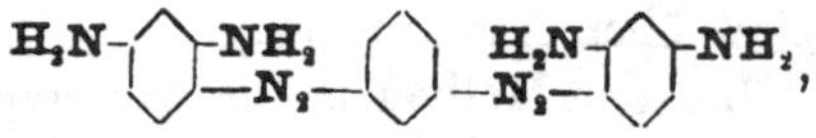

über. Auch auf o-Diamine (Azimid-Bildung!) und selbst auf gewisse p-Diamine ist die Nitritmethode nicht anwendbar, und zwar deshalb nicht, weil dieselben nicht glatt, d. h. nicht in einem konstanten molekularen Verhältnis, mit HNO_2 reagieren, sondern teilweise den Oxydationswirkungen der Salpetrigen Säure unterliegen. Den Diaminen analog verhalten sich gewisse Aminooxyverbindungen, die gleichfalls nicht in allen Fällen in einem einfachen molekularen Verhältnis mit Nitrit reagieren, sondern je nach ihrer Konstitution durch Salpetrige Säure anderweitig verändert werden, wie z. B. viele o-Aminonaphtolsulfonsäuren, die, falls man nicht ganz bestimmte Bedingungen einhält (Diazotierung in Gegenwart von Cu- oder Zn-Salzen), nicht in o-Oxydiazoniumverbindungen übergeführt werden können. In solchen Fällen verläuft also die Einwirkung der HNO_2 nicht genügend glatt, um aus dem Verbrauch an Salpetriger Säure auf die

Menge des vorhanden gewesenen Aminophenols oder Aminonaphtols zurückschließen zu können. Dagegen lassen sich eine Reihe von Aminonaphtolsulfonsäuren, wie z. B. die peri-Aminonaphtolsulfonsäuren H u. S, ferner die γ- u. J-Säure, auch mittels Nitrits quantitativ bestimmen, ohne daß, nach der Diazotierung der Aminogruppe, durch überschüssige Salpetrige Säure etwa eine Nitrosierung auf der Naphtolseite zu befürchten ist. Die Erfahrungen der Technik lehren vielmehr, daß beide Methoden, die Diazotierung und die Azofarbstoffkupplung, bei sorgfältiger Ausführung genügend gut übereinstimmende Werte liefern.

Die Hauptgesichtspunkte bei der Ausführung der Methode sind also:

α) Vermeidung einer Farbstoffbildung, die übrigens auch bei gewissen leicht kuppelnden primären Monaminen, z. B. bei α-Naphtylamin, nicht ausgeschlossen ist, falls man die Titration bei nicht ausreichender Acidität der Lösung ausführt. In diesem Falle nämlich entsteht aus α-Naphtylamin, gemäß den Gleichungen:

$$\alpha\text{-}C_{10}H_7 \cdot \overset{\displaystyle NH_2}{ClH} + \begin{matrix} O \\ HO \end{matrix}\!\!>\!N \longrightarrow 2\,H_2O + \alpha\text{-}C_{10}H_7 \cdot N_2 \cdot Cl \quad \text{und}$$

$$\alpha\text{-}C_{10}H_7 \cdot N_2 \cdot Cl + H \cdot C_{10}H_6 \cdot NH_2(\alpha) \longrightarrow HCl + \alpha\text{-}C_{10}H_7 \cdot N_2 \cdot C_{10}H_6 \cdot NH_2(\alpha),$$

schwerlösliches α-Aminoazonaphtalin.

β) Vermeidung von Verlusten an HNO_2 durch sorgfältige Kühlung der Titrationsflüssigkeit.

Im übrigen gestaltet sich die Methode höchst einfach. Zum Einstellen der Nitritlösung bedient man sich entweder des Permanganats oder der Sulfanilsäure; letztere läßt sich leicht als wasserhaltiges Na-Salz, $H_2N \cdot C_6H_4 \cdot SO_3Na + 2\,H_2O$, in reiner Form gewinnen.

Bei der Permanganatmethode ist man auf die Reinheit der als Ursubstanz dienenden kristallisierten Oxalsäure,

$$\begin{matrix} COOH \\ | \\ COOH \end{matrix} + 2\,H_2O\,,$$

angewiesen. Über die letztere Methode sei kurz folgendes bemerkt:

Die Bestimmung des $KMnO_4$ mittels Oxalsäure beruht auf der in starker Schwefelsäurelösung sich vollkommen glatt vollziehenden Reaktion:

$$2\,KMnO_4 + 5(COOH)_2 + 3\,H_2SO_4 \longrightarrow$$
$$K_2SO_4 + 2\,MnSO_4 + 10\,CO_2 + 8\,H_2O\,.$$

Es sind also zur Oxydation von 5 Molekülen $(CO_2H)_2 + 2\,H_2O$ ($= 5 \cdot 126 = 630$ g) 2 Moleküle $KMnO_4$ ($= 2 \cdot 157{,}5 = 315$ g) erforderlich. Man verwendet das $KMnO_4$ in Stärke einer etwa $^{n}/_{10}$-Lösung (enthaltend etwa 3,15 g im Liter). Von der Oxalsäure löst man 1,26 g = $^1/_{100}$ Molekül in 100 ccm (= $^1/_{10}$ Molekül im Liter), was im vorliegenden Falle eine $^{n.}/_5$-Lösung bedeutet. Dann verbrauchen 10 ccm der Oxalsäurelösung, die mit 200 ccm warmem Wasser und 100 ccm Schwefelsäure (25 %ig) versetzt werden, etwa 20 ccm der $KMnO_4$-Lösung. Angenommen, es werden tatsächlich verbraucht x ccm $KMnO_4$-Lösung, so gestaltet sich die Rechnung folgendermaßen: x ccm $KMnO_4$-Lösung entsprechen 10 ccm der $^{n.}/_5$-Oxalsäurelösung = 2 ccm n.-Oxalsäurelösung, oder $^x/_2$ ccm $KMnO_4$-Lösung verbrauchen 1 ccm n.-Oxalsäurelösung. Daraus ergibt sich unmittelbar, daß die $KMnO_4$-Lösung $^2/_x$-normal ist; wäre also $x = 21{,}5$, so wäre die $KMnO_4$-Lösung $\frac{\text{normal}}{10{,}75}$.

HNO_2 wird durch $KMnO_4$ quantitativ in HNO_3 übergeführt nach der Gleichung:

$$2\,KMnO_4 + 5\,HNO_2 + 3\,H_2SO_4 \longrightarrow 5\,HNO_3 + K_2SO_4 + 2\,MnSO_4 + 3\,H_2O\,.$$

Von dieser Tatsache läßt sich für die Bestimmung des technischen $NaNO_2$ in der Weise Gebrauch machen, daß man die Lösung desselben in stark angesäuerte, auf 45° vorgewärmte $KMnO_4$-Lösung einlaufen läßt. Die Umkehrung der Operation derart, daß man, analog wie bei der Bestimmung des $KMnO_4$ mittels Oxalsäure, die $KMnO_4$-Lösung zu der angesäuerten Nitritlösung zulaufen ließe, geht deshalb nicht an, weil die HNO_2 zu leichtflüchtig und zersetzlich ist. Sie muß also sofort im Augenblick ihres Freiwerdens oxydiert werden.

Beispiel: 25 ccm der Permanganatlösung werden mit 200 ccm Wasser und 50 ccm verd. Schwefelsäure (1 Vol. konz. H_2SO_4, 5 Vol. H_2O) gemischt und auf 45° erwärmt. Dazu läßt man aus einer Bürette unter Rühren die Nitritlösung fließen, bis ein Tropfen derselben nach einigen Minuten völlige Entfärbung bewirkt.

Es seien 11,95 ccm Nitritlösung (enthaltend $\frac{69}{40} = 1{,}725$ g käufliches Nitrit in 250 ccm Wasser) verbraucht worden. Die Permanganatlösung sei $\frac{1}{10{,}95}$-normal. Dann sind 25 ccm $\frac{\text{n.}}{10{,}95}$-$KMnO_4$-Lösung gleich $\frac{25}{10{,}95} = 2{,}283$ ccm n-$KMnO_4$-Lösung. Diese entsprechen 11,95 ccm Nitritlösung. 1 ccm n.-$KMnO_4$-Lösung entspricht somit $\frac{11{,}95}{2{,}283}$ oder 5,234 ccm Nitritlösung.

Die Nitritlösung ist also $\frac{1}{5{,}234}$-statt $\frac{1}{5}$-normal (bezogen auf Permanganat!).

Das Natriumnitrit ist hiernach nicht 100%ig, sondern, der Proportion 5,234 : 5 = 100 : x gemäß,

$$\frac{5 \times 100}{5{,}234} = 95{,}53\,\%\text{ig}.$$

Der **Bestimmung des Nitrits mittels Sulfanilsäure** (d. h. sulfanilsaures Na + reichlich HCl) liegt der folgende Vorgang zugrunde:

$$NaO_3S \cdot C_6H_4 \cdot NH_2 + NaNO_2 + 2\,HCl \longrightarrow$$
$$O_2S \cdot C_6H_4 - N{\equiv}N + 2\,NaCl + 2\,H_2O\,,$$
$$\diagdown_{O}\diagup$$

wobei, wie man sieht, die p-ständige Sulfogruppe mit der Diazoniumgruppe ein inneres Salz bildet. 1 Molekül sulfanilsaures Na = 231 g bedarf zur Diazotierung 1 Mol. = 69 g $NaNO_2$ (100%ig). Da die freie Sulfanilsäure ziemlich schwer in Wasser löslich ist, so empfiehlt es sich, mit nicht zu konzentrierten Lösungen zu arbeiten. Man löst 2,31 g = $^1/_{100}$ Molekül reines sulfanilsaures Na in 100 ccm Wasser, andererseits etwa 2,5 × 0,69 = 1,725 g = $^1/_{40}$ Molekül technisches $NaNO_2$ in $^1/_4$ l Wasser; dann ist die Sulfanilsäurelösung genau $^{n.}/_{10}$, die Nitritlösung, **auf Sulfanilsäure bezogen**, annähernd $^{n.}/_{10}$, und es verbrauchen also 20 ccm der ersteren etwa 20—25 ccm der letzteren.

Beispiel: 20 ccm $^{n.}/_{10}$-Sulfanilsäurelösung (enthaltend 2,31 g sulfanilsaures Natrium in 100 ccm Wasser) werden mit 200 ccm Wasser verdünnt, mit 50 ccm verd. Schwefelsäure (1 : 5) versetzt, auf 30° erwärmt und aus einer Bürette mit Nitritlösung, zuletzt tropfenweise, unter Rühren vereinigt, bis beim Tüpfeln auf Jodkaliumstärkepapier, **auch nach Verlauf einiger Minuten seit erfolgtem Zusatz, sofort Bläuung eintritt.**

[Das Jodkaliumstärkepapier ist nur dann brauchbar, wenn eine angesäuerte Mischung von 25 ccm Wasser und 2 Tropfen Nitritlösung auf ihm **sofort** Bläuung hervorruft.]

Hat man 20,8 ccm Nitritlösung (enthaltend 1,725 g käufl. Nitrit in 250 ccm Wasser) verbraucht, so entsprechen 20 bzw. 10 ccm $^{n.}/_{10}$-Sulfanilsäurelösung 20,8 bzw. 10,4 ccm der Nitritlösung.

Die Nitritlösung ist daher 1/10,4- statt 1/10-normal.

Das Natriumnitrit ist also nicht 100%ig, sondern, gemäß der Proportion 10,4 : 10 = 100 : x,

$$\frac{10 \times 100}{10{,}4} = 96{,}1\,\%\text{ig}.$$

Die Ermittlung des Gehalts aromatischer Aminoverbindungen mittels Nitrits gestaltet sich natürlich vollkommen analog der eben besprochenen Bestimmung des Nitrits mittels Sulfanilsäure.

Zu 2. Bestimmung der aromatischen Zwischenkörper mittels Diazolösungen. Diese Methode beruht auf der Tatsache, daß unter geeigneten Bedingungen die Diazoniumverbindungen befähigt sind, mit den sogenannten kupplungs- oder kombinationsfähigen Azokomponenten in genau molekularem Verhältnis unter Bildung von Azofarbstoffen zu reagieren, z. B.:

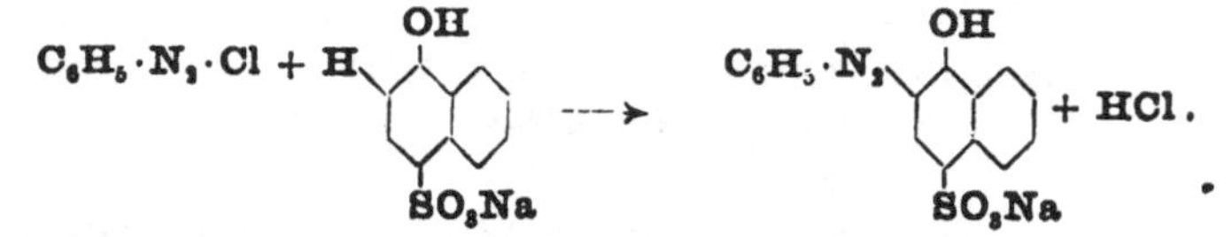

(Nähere Einzelheiten über die Azofarbstoffbildung s. im Kapitel über Azofarbstoffe.)

Was die eine Klasse der Azofarbstoffkomponenten, die Diazo- oder richtiger Diazonium-Verbindungen, anlangt, so weiß man, daß viele derselben außerordentlich unbeständig sind, indem sie unter N_2-Entwicklung sich zersetzen, etwa nach der Gleichung:

$$C_6H_5 \cdot N_2 \cdot Cl + H_2O \longrightarrow C_6H_5 \cdot OH + N_2 + HCl \quad \text{(vgl. S. 71.)}$$

Es sind daher für den vorliegenden Zweck der quantitativen Bestimmung von Azokomponenten naturgemäß nur solche Diazoniumverbindungen brauchbar, die auch bei Zimmertemperatur genügende Beständigkeit besitzen, so daß sie während der Analyse ihren Titer nicht verändern. Man hat in früheren Jahren zu Gehaltsbestimmungen vielfach die ziemlich unbeständigen Diazoniumverbindungen aus p-Toluidin oder Xylidin angewandt. Brauchbarer ist die Diazoniumverbindung aus p-Aminoacetanilid ($CH_3 \cdot CO \cdot NH \cdot C_6H_4 \cdot NH_2$). Doch verdient ihr gegenüber die Diazoniumverbindung aus p-Nitroanilin, $O_2N \cdot C_6H_4 \cdot NH_2$, den Vorzug, nicht nur wegen ihrer noch größeren Haltbarkeit, sondern auch wegen der durch die p-ständige Nitrogruppe ganz erheblich gesteigerten Reaktionsfähigkeit gegenüber Azokomponenten. Man stellt sich das Diazoniumchlorid:

$$O_2N \cdot C_6H_4 \cdot \underset{\displaystyle Cl}{\underset{|}{N}} \equiv N$$

entweder aus dem p-Nitranilin selbst dar oder noch zweckmäßiger aus dem (in der Technik mit dem wohl nicht ganz zutreffenden Namen „Nitrosaminrot" belegten) teigförmigen Isodiazotat, $O_2N \cdot C_6H_4 \cdot N : N \cdot O \cdot Na + H_2O$. Außer dem „Nitrosaminrot" (B.A.S.F.) hat die Farbentechnik noch einige andere haltbare Formen der für die Erzeugung von „Eisfarben" wichtigen Diazoniumverbindung des p-Nitroanilins ausfindig gemacht, wie z. B. das Azophorrot (Höchst), das Nitrazol (Cassella), Azogenrot (Kalle), Benzonitrol (Bayer). Das Na-Isodiazotat ist in gesättigter Kochsalzlösung fast unlöslich (vgl. S. 73) und läßt sich daher durch Auswaschen mit einer solchen Lösung völlig von etwa noch vorhandenem überschüssigen Nitrit befreien. Dieses würde nämlich in solchen Fällen störend wirken, in denen die Kombination zum Farbstoff in (mineral- oder essig-) saurer Lösung erfolgt. Unter solchen Bedingungen würde Salpetrige Säure frei werden, die auf primäre Amine unter Bildung von Diazoniumverbindungen und auf Phenole, Naphtole usw. unter Bildung von Nitrosoverbindungen einwirkt. Der Fehler, der sich notwendigerweise aus solchen Nebenreaktionen ergibt, liegt auf der Hand. Es muß also in allen Fällen, in denen bei saurer Reaktion ein glatter Verlauf der Azofarbstoffbildung stattfinden soll — und das gilt natürlich nicht nur für den besonderen Fall der Gehaltsermittlung —, ein Überschuß von HNO_2 in der „Diazolösung" sorgfältig vermieden werden, was gerade bei Verwendung des Nitrosaminteigs in der oben angegebenen nitritfreien Form leicht möglich ist. Die Umwandlung des Isodiazotats in das Diazoniumchlorid erfolgt leicht auf Zusatz von überschüssiger Salzsäure nach der Gleichung:

$$O_2N \cdot C_6H_4 \cdot N{=}N \cdot O \cdot Na + 2\,HCl \longrightarrow O_2N \cdot C_6H_4 \cdot \underset{\substack{| \\ Cl}}{N}{\equiv}N + NaCl + H_2O\,.$$

Die Nitrosaminpaste ist in der Regel 25%ig, d. h. sie enthält in 100 g etwa 25 g der Verbindung $O_2N \cdot C_6H_4 \cdot N_2 \cdot O \cdot Na + H_2O$ vom Molekulargewicht 207. Um z. B. 1 l einer ca. $^{n}/_{10}$-Diazolösung herzustellen, verfährt man folgendermaßen: $\frac{4 \times 207}{10} = 82{,}8$ g Paste werden mit ca. 200 ccm Wasser zu einem dünnen Brei angerührt, den man (in einem Guß) mit 30—40 ccm konzentrierter Salzsäure versetzt. Es findet eine geringfügige Erwärmung statt, die aber, solange die Temperatur nicht über 20° steigt, ohne Bedeutung ist. Die Umlagerung des Isodiazotats tritt sofort ein. Die angesäuerte, anfangs dickliche Paste wird bald dünner, und nach kurzer Zeit ist vollkommene Lösung der Diazoniumverbindung eingetreten, während voluminöse bräunliche Zersetzungsprodukte, deren Menge tatsächlich jedoch sehr gering ist, ungelöst bleiben. Nach etwa $^{1}/_{4}$ Stunde wird durch ein Faltenfilter in einen Meßkolben von einem Liter filtriert und dieser bis zur Marke mit Wasser aufgefüllt.

Will man sich die Diazolösung unmittelbar aus dem p-Nitroanilin selbst herstellen, so empfiehlt sich mit Rücksicht auf die schwach basischen Eigenschaften des Amins das folgende Verfahren, das von dem in der Technik üblichen ein wenig abweicht, dafür aber, selbst bei mangelnder Übung, eine etwas größere Gewähr guten Gelingens bietet:

13,8 g p-Nitranilin werden mit 16 ccm konzentrierter Salzsäure und 20 ccm Wasser unter schwachem Erwärmen (Erhitzen auf höhere Temperaturen bewirkt eine Zersetzung des Chlorhydrats) gelöst. Gleichzeitig stellt man sich eine Mischung her aus 300 g Eis, 200 ccm Wasser, 8 ccm konzentrierter Salzsäure und 50 ccm Nitritlösung, enthaltend 6,9 g $NaNO_2$ 100%ig. Nachdem diese Mischung sorgfältig durchgerührt ist, so daß eine vollständige Umsetzung zwischen Nitrit und Salzsäure stattgefunden hat, läßt man die noch warme Lösung des Chlorhydrats möglichst schnell in die kalte Mischung einlaufen, wobei fleißig umgerührt wird; Eisstücke müssen bis zum Schluß der Operation in der Reaktionsmischung vorhanden sein. Es tritt nach kurzer Zeit eine fast völlige Lösung ein; nur in geringer Menge findet eine Ausscheidung unlöslicher Flocken statt, von denen man nach Verlauf von $^1/_4$—$^1/_2$ Stunde abfiltriert, worauf die Auffüllung auf das gewünschte Volum erfolgt. Wird die Lösung auf 1 l verdünnt, so ist sie ca. $^1/_{10}$-normal. Um sie $^1/_{20}$-normal zu stellen, verdünnt man 500 ccm davon auf 1000 ccm. Die Diazolösung ist vor Licht möglichst zu schützen. Über die Einstellung s. unten.

Die andere Klasse der Azofarbstoffkomponenten, die kupplungsfähigen Azokomponenten, lassen sich, je nach den vorhandenen auxochromen Gruppen, einteilen in Aminoverbindungen, Oxyverbindungen, Aminooxyverbindungen usw. Nicht kupplungsfähig — wenigstens nicht unter den üblichen Bedingungen — sind solche Zwischenprodukte, die weder eine Amino- noch eine Hydroxylgruppe besitzen, oder solche, in denen ein Wasserstoffatom der Amino- oder Hydroxylgruppe durch einen Säurerest ersetzt ist, wie z. B. im Acetanilid, $C_6H_5 \cdot NH \cdot CO \cdot CH_3$, oder Phenylbenzoat, $C_6H_5 \cdot O \cdot OC \cdot C_6H_5$. Nicht kupplungsfähig auf gewöhnlichem Wege, d. h. in verdünnter wäßriger Lösung, sind auch die Phenoläther, z. B. $C_6H_5 \cdot O \cdot CH_3$; während im Gegensatz dazu die alkylierten, arylierten und aralkylierten Amine, z. B

$C_6H_5 \cdot N(CH_3)_2$ oder $C_{10}H_7 \cdot NH \cdot C_6H_5$ oder $C_{10}H_6{<}^{NH \cdot CH_2 \cdot C_6H_5}_{SO_3H}$

in manchen Fällen sogar noch leichter mit Diazoniumverbindungen reagieren als die ihnen entsprechenden primären Amine. Die Reaktionsbedingungen, unter denen sich bei den verschiedenen Gruppen die Farbstoffbildung vollzieht, sind außerordentlich mannigfach. Besonders auffällig ist der Umstand, daß Mineralsäuren, selbst in verhältnismäßig sehr geringen Konzentrationen, einen stark hemmenden Einfluß auf die Reaktionsgeschwindigkeit ausüben. Sogar bei Essigsäure von mäßigen Konzentrationen (1—2%) vermag man noch sehr deutlich die Säurewirkung zu erkennen, und zwar macht dieselbe sich vor allem bei Hydroxylverbindungen bemerkbar. Zwischenprodukte mit zwei auxochromen Gruppen weisen in der Regel ein erhöhtes Kupplungsvermögen auf, besitzen vielfach aber weiterhin die sehr bemerkenswerte Eigenschaft, mit 2 Molekülen Diazoniumverbindung Disazofarbstoffe zu bilden, ein Umstand, der zu besonderer Vorsicht bei der Gehaltsbestimmung zwingt. Ähnliches gilt auch von einzelnen Monooxyverbindungen, die Disazofarbstoffe zu bilden vermögen, wie Phenol (bildet sogar Trisazofarbstoffe, wobei die Azogruppen die 2-, 4- u. 6-Stellung besetzen), α-Naphtol, gewisse α-Naphtolsulfonsäuren usw. Als Beispiel sei hier die Aminonaphtoldisulfonsäure H von der Konstitution

$$\mathrm{HO_3S}\diagup\overset{\mathrm{HO\ \ NH_2}}{\mathrm{C_{10}H_4}}\diagdown\mathrm{SO_3H}$$

angeführt, die, dem Vorstehenden gemäß, mit Nitrobenzoldiazoniumchlorid nicht nur einen Monoazofarbstoff von der Konstitution

$$\mathrm{NaO_3S}\diagup\overset{\mathrm{HO\ \ NH_2}}{\mathrm{C_{10}H_3}}<\begin{matrix}\mathrm{N_2\cdot C_6H_4\cdot NO_2}\\ \mathrm{SO_3Na}\end{matrix},$$

sondern auch einen Disazofarbstoff von der Konstitution

$$\begin{matrix}\mathrm{O_2N\cdot C_6H_4\cdot N_2}\\ \mathrm{NaO_3S}\end{matrix}>\overset{\mathrm{HO\ \ NH_2}}{\mathrm{C_{10}H_2}}<\begin{matrix}\mathrm{N_2\cdot C_6H_4\cdot NO_2}\\ \mathrm{SO_3Na}\end{matrix},$$

zu liefern vermag. Es ist offenbar, daß die quantitativen Bestimmungen mit starken Fehlern behaftet sein werden, wenn man aus den durch Titration gefundenen Werten den Gehalt an H-Säure berechnet, unter der Voraussetzung, daß lediglich Monoazofarbstoff entstanden sei, während tatsächlich auch Disazofarbstoff sich gebildet hat. Im angenommenen Falle würde man einen viel zu hohen Wert für den Gehalt an H-Säure finden. Da die Disazofarbstoffbildung wohl nur ganz ausnahmsweise bis zu dem Grade quantitativ verläuft, daß sie zu analytischen Zwecken benutzt werden könnte, so empfiehlt es sich im allgemeinen, die Reaktionsbedingungen derartig zu gestalten, daß ausschließlich und allein nur der Monoazofarbstoff entstehen kann. Solche Bedingungen, die in allen bisherigen Fällen sich als wirksam erwiesen haben, sind 1. das Arbeiten in möglichst saurer Lösung und 2. das Aussalzen des Monoazofarbstoffes unmittelbar nach seiner Entstehung, um ihn der Einwirkung der Diazoniumverbindung nach Möglichkeit zu entziehen. Da bisweilen beim Aussalzen zugleich mit dem Farbstoff auch etwas von der Azokomponente mitgerissen wird, so ist vor Beendigung der Titration stets zu prüfen (z. B. durch Aufkochen einer

Probe), ob nachträglich nicht wieder Reste der Azokomponente, die sich der Kupplung entzogen haben, zum Vorschein kommen. Im übrigen lassen sich bei der Azofarbstoffbildung noch folgende Abstufungen der Reaktionsbedingungen unterscheiden: 1. schwach mineralsauer, 2. schwach essigsauer, 3. schwach essigsauer + wenig Na-Acetat (was einer annähernd neutralen Reaktion entspricht, da Na-Acetat für sich allein bekanntlich schwach alkalisch auf Lackmus reagiert), 4. die neutrale Reaktion des Na-Bicarbonats, die auch bei Zugabe von Mineralsäuren ihre Konstanz bewahrt — das Vorhandensein genügender Mengen Bicarbonat vorausgesetzt, 5. schwach essigsauer + viel Acetat (= schwach alkalisch), 6. sodaalkalisch und ammoniakalisch, 7. ätzalkalisch.

Mehr oder minder stark (mineral- oder essig-) sauer arbeitet man, wie oben erwähnt, wenn die Gefahr der Disazofarbstoffbildung vorliegt; schwach sauer soll die Reaktion bei den gewöhnlichen Aminen sein. Kuppeln dieselben etwas schwerer, oder handelt es sich um normale Monooxyverbindungen, so fügt man je nach Bedarf Na-Acetat hinzu oder kuppelt in Bicarbonatlösung. Ausgeschlossen ist, wie unten noch näher dargelegt werden soll, bei der Titration mittels p-Nitrobenzoldiazoniumchlorid die Gegenwart von Soda oder gar Ätzalkali, da diese Reagenzien, insbesondere das Ätzalkali, eine sofortige Umlagerung der Diazoniumverbindung in das isomere, nicht kombinationsfähige Isodiazotat zur Folge haben (s. S. 98):

$$O_2N \cdot C_6H_4 \cdot \overset{}{\underset{\dot{C}l}{N}} \equiv N + 2\,NaOH \longrightarrow O_2N \cdot C_6H_4 \cdot N{=}N \cdot O \cdot Na + NaCl + H_2O\,.$$

Sodalösung findet daher bei der technischen Farbstoffdarstellung nur dann Anwendung, wenn weniger reaktionsfähige und deshalb auch nicht so leicht isomerisierbare Diazoniumverbindungen mit Hydroxylverbindungen (Naphtolsulfonsäuren, Aminonaphtolsulfonsäuren usw.) gekuppelt werden sollen. Analoges gilt für die ätzalkalische Reaktion, deren man sich nur dann bedient, wenn die Alkalinität der Soda zur Farbstoffbildung nicht ausreicht, z. B. bei Kombinationen mit Salicylsäure oder bei der Darstellung von Disazofarbstoffen aus Derivaten des peri-Dioxy-Naphtalins.

Als Ursubstanz, die zur Einstellung der „Diazolösung" sehr wohl geeignet ist, benutzt man in der Technik β-Naphtol, das in vollkommen reiner Form leicht zu haben ist. Zur Kontrolle führt man eine Bestimmung des Schmelzpunktes aus, der bei 122° liegen muß. Handelt es sich um weniger genaue Bestimmungen, so kann man auch andere, bequemer zu titrierende Zwischenprodukte von bekanntem Gehalt, z. B. 2,6-Naphtolmonosulfonsäure oder R-Salz (2,3,6-Naphtoldisulfonsäure) der Titration zugrunde legen. Doch ist zu beobachten, daß derartige salzhaltige Substanzen nicht die nämliche Gewähr der gleichmäßigen und (mit Rücksicht auf den veränderlichen Wassergehalt der umgebenden Atmosphäre) konstanten Beschaffenheit bieten wie schmelzpunktreines β-Naphtol, und daß sie außerdem auch im Laufe der Zeit mehr oder minder weitgehenden bleibenden Veränderungen unterliegen können.

Da β-Naphtol in Wasser sehr schwer löslich ist, so muß bei der Ausführung dieser Titration ausnahmsweise in starker Verdünnung gearbeitet werden, was im allgemeinen zu vermeiden ist; denn je verdünnter die Lösung ist, um so schwieriger läßt sich ein Überschuß der einen (Diazo-) oder anderen (Azo-) Komponente erkennen. Man kann sich aber in Anbetracht der Unlöslichkeit des aus p-Nitrobenzoldiazoniumchlorid und β-Naphtol entstehenden Farbstoffes:

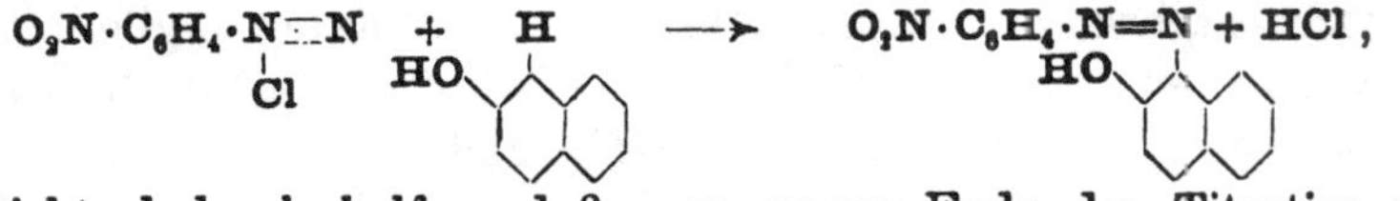

leicht dadurch helfen, daß man gegen Ende der Titration, wenn die Tüpfelprobe keinen genügend sicheren Aufschluß mehr gibt, einige Kubikzentimeter der Titrationsflüssigkeit abfiltriert, das Filtrat in 2 Teile teilt und den einen Teil mit Diazolösung, den anderen mit neutraler oder schwach essigsaurer R-Salzlösung (1 Tropfen!) versetzt. Die in der einen oder anderen Hälfte auftretenden Färbungen geben über den Stand der Titration unzweifelhafte Auskunft. Dieselbe ist beendet, wenn beide Teile des Filtrats bei der eben beschriebenen Probe farblos bleiben. Der durch die Entnahme von einigen Kubikzentimetern der Titrationsflüssigkeit entstehende Fehler ist so geringfügig — wovon man sich durch eine einfache Rechnung leicht überzeugen kann —, daß er innerhalb der zulässigen Grenzen bleibt. Übrigens kann er durch die Kontrollanalyse auf ein Minimum reduziert werden.

Angenommen, es handle sich um die Einstellung einer etwa $^{n.}/_{10}$-Diazolösung aus p-Nitranilin. Man löst genau $^{1}/_{100}$-Molekül reines β-Naphtol = 1,44 g mittels der erforderlichen Menge Natronlauge und Wasser und füllt auf 100 ccm auf. Man hat dann eine genaue $^{n.}/_{10}$-β-Naphtollösung, von der man für jede Titration 20 oder 25 ccm entnimmt, je nachdem ob die Diazolösung schwächer oder stärker als $^{n.}/_{10}$ ist.

Es sei an dieser Stelle mit besonderem Nachdruck auf eine Fehlerquelle aufmerksam gemacht, die zu stark abweichenden Resultaten führen kann. Die Diazolösung aus p-Nitranilin ist nämlich, wie bereits oben erwähnt, außerordentlich reaktionsfähig gegenüber Alkalien und selbst gegenüber den Alkalicarbonaten, durch die sie eine Umwandlung in das Isodiazotat erfährt. Diese Umwandlung erfolgt auch bei gewöhnlicher Temperatur so außerordentlich rasch, daß selbst die Reaktionsgeschwindigkeit der Azofarbstoffbildung nicht ausreicht, um die Überführung eines großen Teiles der Diazoniumverbindung in das kupplungsunfähige Isodiazotat zu verhindern. Man kann diese wohl zu beachtende Tatsache leicht quantitativ in der Weise verfolgen, daß man die gleiche Menge R-Salz das eine Mal in Na-Acetat-, das andere Mal in Soda-Lösung mit p-Nitrobenzoldiazoniumchlorid kuppelt. Man wird finden, daß im letzteren Falle, namentlich aber bei Gegenwart von Natronlauge, wesentlich größere Mengen der Diazolösung erforderlich sind, und daß in der Titrationsflüssigkeit neben dem roten R-Salz-Farbstoff sich reichliche Mengen des Isodiazotats nachweisen lassen. Aus dem Angeführten ergibt sich die Notwendigkeit, bei allen Titrationen, bei denen p-Nitrobenzoldiazoniumchlorid benutzt wird, sorgfältig soda- oder ätzalkalische Reaktion zu vermeiden. Ist daher zur Bereitung der zu untersuchenden Lösungen die Anwendung von Alkali (oder Soda) erforderlich, so muß vor Beginn der Titration durch Zusatz von Essig- oder Mineralsäure das überschüssige Alkali fortgenommen werden. Das ist besonders auch zu beachten bei solchen Titrationen, die in Gegenwart von Bicarbonat ausgeführt werden sollen. Denn da aus Ätzalkali und Bicarbonat nur Soda erzeugt wird, so kann selbst durch noch so große Mengen Bicarbonat neutrale Reaktion nicht herbeigeführt und mithin die Gefahr einer Isomerisierung nicht ausgeschlossen werden.

Die 20 oder 25 ccm der alkalischen $^{n.}/_{10}$-β-Naphtollösung werden demgemäß in einem starkwandigen Becherglas mit ca. $^{3}/_{4}$ l Wasser von etwa 20° verdünnt und alsdann mit Essig- oder Salzsäure ganz schwach angesäuert. Nun fügt man etwa 10 g Na-Acetat oder Bicarbonat hinzu und läßt von der Diazolösung so lange hinzufließen, bis die Tüpfelprobe undeutlich wird, worauf man die Titration in der bereits angedeuteten Weise mit Hilfe von Filtrationsproben zu Ende führt.

Die quantitative Bestimmung der gewöhnlichen Naphtylaminmono- und -disulfonsäuren, die man, wie bereits erwähnt, unter Zusatz von Acetat ausführt (das die freie Mineralsäure der Diazolösung binden soll), bietet keine Schwierigkeiten, ebensowenig die Titration der Naphtolmono- und -disulfonsäuren, bei denen entweder Acetat oder Bicarbonat als Neutralisationsmittel Verwendung finden kann. Gewisse Schwierigkeiten verursacht die 2,6,8-Naphtoldisulfonsäure (G-Säure), die einerseits einen sehr schwer aussalzbaren Azofarbstoff mit p-Nitrobenzoldiazoniumchlorid bildet, andererseits sogar dieser so energischen Diazokomponente gegenüber ziemlich langsam kuppelt. Diese Erscheinung ist bekanntlich auf die in 8-Stellung befindliche Sulfogruppe zurückzuführen, die den Eintritt der Azogruppe in die 1-Stellung erschwert, derart, daß die 2,8-Naphtylaminmono- und die 2,6,8-Naphtylamindisulfonsäure nicht mehr in normaler Weise Azofarbstoffe zu bilden vermögen. Diese Säuren sind daher, ebenso wie die 1,2,4-Naphtylamindisulfonsäure oder die 1,2,4,7-Naphtylamintrisulfonsäure, die infolge der besetzten 2- und 4-Stellung kupplungsunfähig sind, zweckmäßig mittels Nitrits auf ihren Gehalt zu prüfen. Bei den technisch wichtigen Aminonaphtolsulfonsäuren, z. B. 1,8,4, läßt sich die Bildung von Disazofarbstoffen nach dem oben Gesagten zwar dann mit Sicherheit vermeiden, falls man bei mineralsaurer Reaktion titriert. Die 2,8,6-Aminonaphtolsulfonsäure (γ) kuppelt jedoch unter diesen Umständen ziemlich langsam und ist, selbst wenn man die Lösung ein wenig erwärmt, zudem so schwer löslich, daß es sich empfiehlt, sie ebenso wie die 1,8,3,6-Aminonaphtoldisulfonsäure (H) in essigsaurer Lösung zu titrieren. Das Verhältnis zwischen Acetat und freier Essigsäure ist derart zu bemessen, daß einerseits eine Ausscheidung der freien Aminonaphtolsulfonsäuren nicht stattfindet, andererseits aber die Kupplung nicht zu sehr erschwert und doch die Disazofarbstoffbildung verhindert wird (Näheres s. u.). Bei der H-Säure darf man, entsprechend ihrer größeren Neigung zur Disazofarbstoffbildung und ihrer größeren Löslichkeit in Wasser, das Verhältnis von Essigsäure zu Acetat etwas mehr zugunsten der Essigsäure verschieben. Über die Möglichkeit der quantitativen Bestimmung technischer Gemische, z. B. von 2,6- und 2,8-Naphtolsulfonsäure oder von 2,3,6- und 2,6,8-Naphtoldisulfonsäure, auf dem Wege der Azokupplung ohne vorherige Trennung s. Näheres S. 37f.

Bezüglich der Ausführung der Titrationen und ihrer Berechnung sei folgendes noch bemerkt: Man wende für jede Analyse im allgemeinen so viel Substanz an, daß jedesmal etwa 20—25 ccm der Diazolösung verbraucht werden, also eine Bürette von 50 ccm für zwei Titrationen ausreicht, von denen die letzte als Kontrolle der ersten dienen soll. Handelt es sich z. B. um die Titration der γ-Säure und vermutet man einen Gehalt derselben an freier Säure, der zwischen 80 und 100% liegt, so verfährt man etwa in folgender Weise: Für

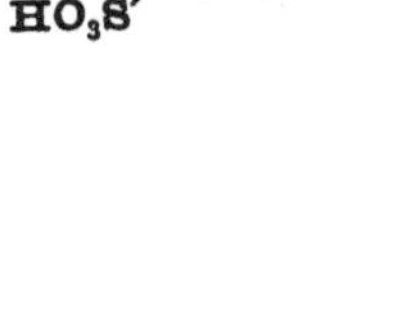

berechnet sich das Molekulargewicht zu 239. Es entsprechen also 239 g γ-Säure (100 %ig) einem Molekül Diazoniumverbindung = 1 l einer Diazolösung von normalem Gehalt oder = 20 l $^{n.}/_{20}$-Diazolösung; folglich entsprechen 0,239 g Säure 20 ccm $^{n.}/_{20}$-Diazolösung. Wäre die γ-Säure tatsächlich z. B. nur 85 %ig, so wären die 0,239 g = 17 ccm $^{n.}/_{20}$-Diazolösung. Man wägt, um Material für mehrere Titrationen zu haben, viermal etwa 0,3 g, also etwa 1,2 g γ-Säure ab, löst sie in Natronlauge, stellt auf 100 ccm ein und pipettiert für jede Titration 25 ccm davon ab. Die Rechnung gestaltet sich dann folgendermaßen: Angenommen, es seien für die Titration verbraucht worden je 0,297 g γ-Säure; dieselben erforderten 23,6 ccm einer $^{n.}/_{20,7}$-Diazolösung. Dann entsprechen 0,297 g γ-Säure 23,6/20,7 ccm n.-Diazolösung, oder umgekehrt: 23,6/20,7 ccm n.-Diazolösung = 0,297 g γ-Säure, also 1 l n.-Diazolösung = $\frac{0,297 \times 20,7 \times 1000}{23,6}$ = 260,46 g γ-Säure. Der „Titer" der sonach bestimmten Säure wäre demgemäß: „M = 260,46".

Es sei bei dieser Gelegenheit dringend empfohlen, ausschließlich die so gefundene Zahl der Gehaltsangabe zugrunde zu legen, nicht nur, weil sie an sich zweckmäßiger ist, insofern, als sie bei der späteren Verwendung der Säure die Rechnung erleichtert, sondern vor allem deshalb, weil diese Zahl den Gehalt in unzweideutiger Weise anzeigt, im Gegensatz zu den üblichen Angaben mittels der Prozentzahlen, die leicht zu Irrtümern über den Gehalt gerade dieser Zwischenprodukte Anlaß geben können. Denn in der Technik werden vielfach die Salze, besonders die sauren Salze, wie sie aus mineralsauren Lösungen abgeschieden werden, mit dem Namen der entsprechenden Säure bezeichnet, z. B. „H-Säure", „K-Säure", „Dahlsche Disulfonsäuren", „Freundsche Säuren", „Chromotropsäure" usw. Eine Bezeichnung wie etwa „H-Säure, 85 %ig" würde daher, wie man sieht, sofort Zweifel erwecken, ob diese Zahl auf die tatsächlich ja gar nicht vorliegende freie Säure

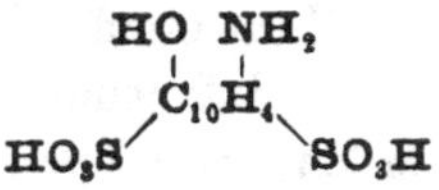

oder auf das in Wirklichkeit vorhandene saure Salz

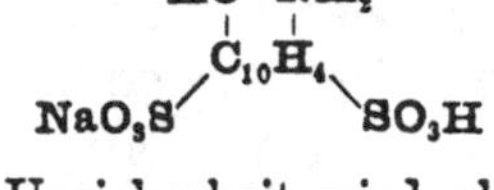

zu beziehen ist. Diese Unsicherheit wird aber sofort behoben durch eine Bezeichnung wie etwa „H-Säure, M = 421". Aus diesem Titer geht mit unbedingter Sicherheit hervor, daß 421 g jener H-Säure anzuwenden sind, wenn ein Gramm-Molekül derselben gebraucht wird. Soll also z. B. $^1/_{20}$ Molekül des Farbstoffes α-Naphtylamindiazo-H-Säure (Chromotrop 10 B) dargestellt werden, so ergibt sich sofort ohne weitere Rechnung, daß 421/20 = 21,05 g dieser Säure zur Farbstoffdarstellung erforderlich sind. Ob die auf ihren Gehalt untersuchte Substanz in Wirklichkeit freie Säure, saures oder neutrales Salz darstellt, ist dabei völlig gleichgültig sowohl für die Titration als auch für die spätere Verwendung. Vor der Kupplung mit Diazolösung muß doch auf alle Fälle, mit Hilfe eines Indikators, der zu kombinierenden Lösung die für den jeweiligen Zweck in Betracht kommende saure, neutrale oder alkalische Reaktion erteilt werden.

An sich brauchbar, weil unzweideutig, ist zwar auch die in früheren Zeiten besonders in der Technik vielfach angewandte Bezeichnung wie „R-Salz; 4,27 g = 1 g Anilin". Sie ist aber, wenn es sich nicht um Anilin, sondern um irgendeine andere Diazokomponente handelt, für die Rechnung, wie leicht einzusehen, nicht so zweckmäßig wie der oben empfohlene Titer, etwa „R-Salz, M = 397,1".

Zum Schluß mögen noch einige mit der Diazoniumverbindung des p-Nitranilins durchgeführte Beispiele folgen, die zur näheren Erläuterung des vorstehend Gesagten dienen sollen:

1. 1,4-Naphtylaminsulfonsäure (Na-Salz, „Naphthionat").

Angewandt 1,532 g Substanz, gelöst in 100 ccm Wasser. Zur Titration verbraucht je 25 ccm. Dieselben wurden mit etwa 25 ccm Na-Acetatlösung (enthaltend 1 Molekül in $^1/_2$ l) und während der Titration nach Bedarf mit festem Kochsalz versetzt. Verbraucht an $^{n.}/_{20,5}$-Diazolösung im Mittel 24,7 ccm. Also $\frac{1,532}{4}$ g Naphthionat = $\frac{24,7}{20,5}$ ccm n.-Diazolösung. 1 l n.-Diazolösung = $\frac{1,532 \times 20,5 \times 1000}{4 \times 24,7}$ = 317,8 g; oder **M = 317,8.**

2. 2,6-Naphtolsulfonsäure (Schäffer-Salz).

Angewandt 1,314 g Substanz, gelöst in 100 ccm Wasser. Zur Titration verbraucht je 25 ccm. Dieselben wurden mit 5 g Bicarbonat und 50 ccm Kochsalzlösung versetzt. Der Farbstoff nimmt anfänglich leicht eine gallertartige Beschaffenheit an, die aber durch die Anwesenheit von Kochsalz bald in eine feinkristallinische Form übergeht. Verbraucht an $^{n}/_{20,5}$-Diazolösung im Mittel 23,45 ccm, also $\frac{1,314}{4}$ g SCHÄFFER-Salz = $\frac{23,45}{20,5}$ ccm n.-Diazolösung. Daraus berechnet sich: 1 l n.-Diazolösung = $\frac{1,314 \times 20,5 \times 1000}{4 \times 23,45}$ = 287,4 g; oder **M = 287,4.**

3. 2,6,8-Naphtoldisulfonsäure (G-Salz).

Abgewogen 1,794 g G-Salz. Dasselbe wurde gelöst in 100 ccm Wasser. Von dieser Lösung wurden verwendet für die Titration je 25 ccm. Nach der Zugabe von 5 g Bicarbonat wurden zunächst 15 ccm Diazolösung zufließen gelassen und alsdann solche Mengen von festem Kochsalz zugesetzt, daß ein kleiner Teil desselben ungelöst blieb, während gleichzeitig der Farbstoff fast völlig ausgesalzen wurde, so daß beim Tüpfeln ein breiter farbloser Auslauf entstand, der bei der weiteren Zugabe von Diazolösung eine sichere Erkennung der jeweils überschüssigen Komponenten gestattete. Verbraucht wurden von der $^{n}/_{21,4}$-Diazolösung im Mittel 22,7 ccm. Daraus berechnet sich auf die oben angegebene Weise **M = 422,9.**

4. 2,8,6-Aminonaphtolsulfonsäure (γ-Säure).

Abgewogen 1,253 g γ-Säure und unter Anwendung von Natronlauge gelöst in 100 ccm Wasser. Davon wurden für die Titration verwendet je 25 ccm. Dieselben wurden zunächst mit 25 ccm n.-Na-Acetat und alsdann mit 35 ccm n.-Essigsäure versetzt. Während der Titration wurde nach Bedarf festes Kochsalz zugegeben, um den Monoazofarbstoff stets völlig auszusalzen. Verbraucht wurden an $^{n}/_{21,3}$-Diazolösung 24,65 ccm. Daraus ergibt sich **M = 270,7.**

5. 1,8,3,6-Aminonaphtoldisulfonsäure (H-Säure).

Abgewogen 1,835 g H-Säure; gelöst wurde dieselbe unter Zugabe von etwas Natronlauge in 100 ccm Wasser. Zur Titration verwendet je 25 ccm. Dieselben wurden mit nur 10 ccm n.-Na-Acetat, dagegen mit 35 ccm n.-Essigsäure versetzt. Auch hier wurde gegen das Ende der Titration durch festes Kochsalz die Ausscheidung des Monoazofarbstoffes begünstigt. Verbraucht wurden von der $^{n}/_{21,7}$-Diazolösung im Mittel 23,1 ccm. Daraus folgt **M = 430,5.**

6. 1,8,4-Aminonaphtolmonosulfonsäure (S-Säure).

Abgewogen 1,37 g S-Säure; gelöst wurde dieselbe in Natronlauge und Wasser. (Es empfiehlt sich nicht, diese Lösung längere Zeit stehen zu lassen, da andernfalls leicht eine Oxydation derselben eintritt.) V = 100 ccm. Zur Titration verwendet je 25 ccm. Dieselben wurden mit Wasser von 25° auf etwa $^1/_2$ l verdünnt, mit Mineralsäure bis zur schwach sauren Reaktion (auf Kongopapier!) und alsdann sofort mit Diazolösung versetzt, mit deren Menge man möglichst rasch bis an die zulässige Grenze geht, um eine Ausscheidung der freien S-Säure zu verhüten. Die Erkennung des Endpunktes kann auch hier durch die Filtrationsprobe (s. S. 97) verschärft werden, wobei man dem Filtrat zweckmäßig vor der Teilung ein wenig Na-Acetat-Lösung zufügt, um die Kupplung zu erleichtern. Verbraucht wurden von der $^{n.}/_{20,8}$-Diazolösung im Mittel 24,7 ccm. Daraus ergibt sich **M = 288,4.**

Drittes Kapitel.

Die bei der Darstellung organischer Farbstoffe und ihrer Zwischenprodukte benutzten Hilfsstoffe und deren quantitative Bestimmung.

Es sollen im nachfolgenden lediglich die maßanalytischen Methoden in Kürze in Erinnerung gebracht werden, die unter gewissen Voraussetzungen wegen ihrer Einfachheit vor den gewichtsanalytischen den Vorzug verdienen. Allerdings ist dabei zu beachten, daß diese Methoden insofern nur einen beschränkten Wert haben, als sie über die tatsächliche Beschaffenheit und Zusammensetzung des zu untersuchenden Materials keine so erschöpfende Auskunft geben, wie sie z. B. mittels der gewichtsanalytischen Methoden zu erhalten ist. Ob eine Kalilauge auch NaOH enthält, oder Salzsäure z. B. H_2SO_4-haltig ist, wird bei der üblichen maßanalytischen Bestimmung sich nicht bemerkbar machen, kann aber unter Umständen doch von Interesse sein. In solchen Fällen muß der maßanalytischen Bestimmung eine anderweitige Untersuchung vorausgehen oder nachfolgen.

1. KOH, NaOH, NH_3 und Na_2CO_3 werden mittels n.-HCl bestimmt (Indikator: Methylorange oder Phenolphtaleïn). Soll bei sodahaltiger Natronlauge nur der Gehalt an NaOH ermittelt werden, so wird erst nach vorherigem Zusatz von $BaCl_2$ titriert (Indikator: Phenolphtaleïn). Es spielt sich dann vor der Titration folgender Vorgang ab:

$$Na_2CO_3 + BaCl_2 \longrightarrow BaCO_3 + 2\,NaCl\,.$$

Auf diese Weise wird die gesamte Soda in eine auf Phenolphtaleïn nicht reagierende Substanz übergeführt. Na-Acetat läßt sich in verdünnten Lösungen gleichfalls mittels n.-HCl bestimmen (Indikator: Kongorot).

2. H_2SO_4, HCl, HNO_3 werden mittels n.-NaOH-Lauge titriert (Indikator: Methylorange). Bei rauchender Schwefelsäure, dem sog. „Oleum", ist ein Gehalt an SO_2 zu berücksichtigen. Es muß also

zunächst die Gesamtacidität bestimmt und von ihr der dem SO_2 entsprechende Betrag abgezogen werden. Zu beachten ist, daß 1 Mol. SO_2 je nach dem Indikator (Methylorange oder Phenolphtaleïn) 1 oder 2 Mol. NaOH verbraucht. Das Abwägen des Oleums (1,7—2 g) geschieht zweckmäßig in zugeschmolzenen Glaskölbchen mit Kapillarröhrchen.

3. Essigsäure läßt sich mit n.-NaOH-Lauge titrieren, wenn man als Indikator Phenolphtaleïn anwendet.

Die Zusammenhänge bei der maßanalytischen Bestimmnng der folgenden Substanzen: $KMnO_4$, $Na_2S_2O_3$, $K_2Cr_2O_7$, $KClO_3$, $Ca(OCl)_2$, MnO_2, PbO_2, ferner Jod, Bisulfit, Formaldehyd, $SnCl_2$, Na_2S und Hydrosulfit sind aus der nachstehenden Tabelle zu ersehen, wobei die bekannten Umkehrungen, z. B. Bestimmung von $Na_2S_2O_3$ mittels J_2 und umgekehrt von J_2 mittels $Na_2S_2O_3$, möglich sind:

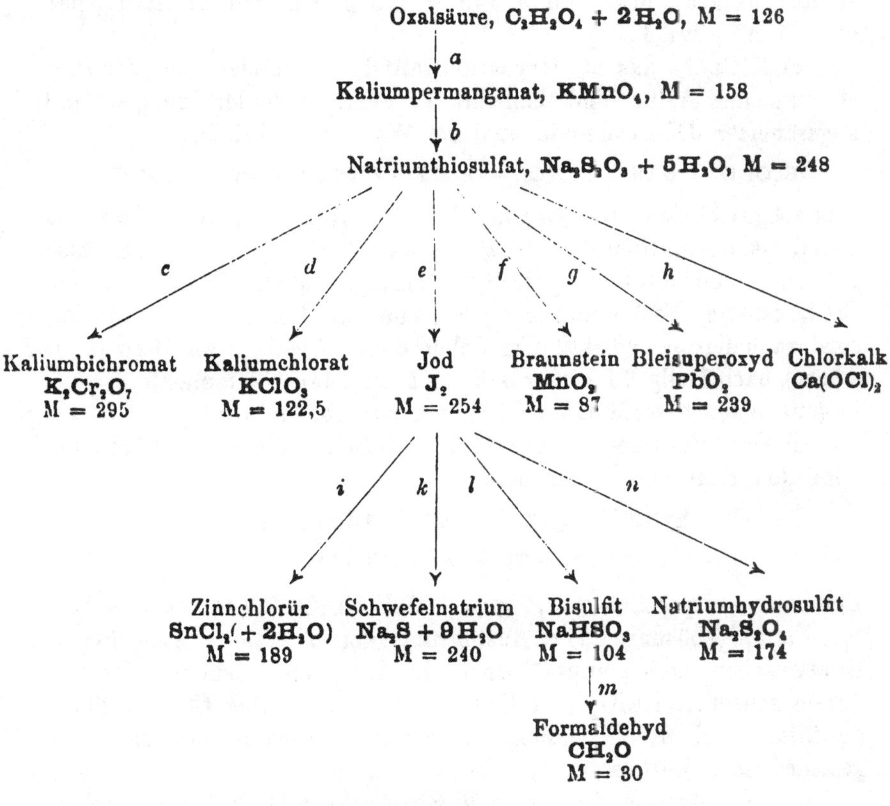

a) Über die Einstellung des $KMnO_4$ mittels kristallisierter Oxalsäure, $C_2H_2O_4 + 2H_2O$, siehe S. 89f.

b) $Na_2S_2O_3$. Die Bestimmung dieses mit 5 Mol. H_2O kristallisierenden, für die Darstellung der Thiosulfonsäuren (s. Thiazine) wichtigen Salzes erfolgt mittels $KMnO_4$-Lösung, gemäß den beiden Gleichungen:

$$2KMnO_4 + 16HCl + 10KJ \longrightarrow 10J + 12KCl + 2MnCl_2 + 8H_2O$$

und

$$2Na_2S_2O_3 + J_2 \longrightarrow NaO_3S_2S_2O_3Na + 2NaJ.$$

248 g = 1 Mol. $Na_2S_2O_3 + 5H_2O$ erfordern demnach 1 Atom J = 10 l einer $^{n.}/_{10}$-$KMnO_4$-Lösung. Da Natriumthiosulfat durch Mineralsäure Zersetzung erleidet, die bei den Titrationen zu sehr erheblichen Fehlern Veranlassung geben würde, so ist ein Überschuß an HCl nach Möglichkeit zu vermeiden. An JK ist, gemäß obiger Gleichung, 1 Mol. auf 1 Mol. $Na_2S_2O_3$ erforderlich; man verwendet tatsächlich aber einen erheblichen Überschuß, nämlich, auf 248 g Thiosulfat bezogen, etwa 1,5 × 166 = 250 g JK und an HCl (spez. Gew. 1,19) etwa 110 g.

c) $K_2Cr_2O_7$, das als Oxydationsmittel insbesondere bei der Darstellung der Azine und Thiazine Verwendung findet, reagiert mit angesäuerter JK-Lösung in analoger Weise wie $KMnO_4$:

$$K_2Cr_2O_7 + 6JK + 14HCl \longrightarrow 6J + 8KCl + 2CrCl_3 + 7H_2O.$$

Das ausgeschiedene Jod wird mit der Thiosulfatlösung von bekanntem Gehalt (s. oben) titriert. 295 g = 1 Mol. $K_2Cr_2O_7$ entsprechen also 6 Atomen Jod = 60 l $^{n.}/_{10}$-$Na_2S_2O_3$-Lösung. Infolge der Bildung von $CrCl_3$ ist am Endpunkte der Titration die Lösung nicht farblos, sondern hellgrün gefärbt. Um daher den Umschlag von Blau (Jodstärke) nach Hellgrün besser erkennen zu können, empfiehlt es sich, in (mit Wasser) verdünnten Lösungen zu arbeiten.

d) Der Bestimmung des $KClO_3$ mittels Thiosulfats liegen die folgenden Reaktionen zugrunde:

$$KClO_3 + 6HCl \longrightarrow 6Cl + KCl + 3H_2O,$$

$$2JK + Cl_2 \longrightarrow 2KCl + J_2.$$

Demnach entsprechen 122,5 g = 1 Mol. $KClO_3$ 6 Atomen J = 60 l $^{n.}/_{10}$-$Na_2S_2O_3$-Lösung. Die Ausführung der Titration geschieht im Bunsenschen Zersetzungskölbchen, in dem beim Erhitzen die Reaktion zwischen $KClO_3$ und HCl vor sich geht. Das Cl wird überdestilliert und in JK-Lösung aufgefangen, worauf man das ausgeschiedene J mittels $Na_2S_2O_3$-Lösung titriert.

e) Die Titration des freien J mittels $Na_2S_2O_3$ hat bereits oben Erwähnung gefunden; sie bildet, wie man sieht, die Grundlage für zahlreiche andere Methoden und ist daher von großer Bedeutung.

f) Die Bestimmung des MnO_2 gestaltet sich analog derjenigen des $KClO_3$ (s. o. unter d), d. h. man erhitzt im Zersetzungskölbchen mit Salzsäure und fängt das entweichende Chlor in JK-Lösung auf. Die Reaktion verläuft nach der Gleichung:

$$MnO_2 + 4HCl \longrightarrow Cl_2 + MnCl_2 + 2H_2O.$$

87 g MnO_2 entwickeln demnach 2 Atome Cl und verbrauchen 20 l $^{n}/_{10}$-$Na_2S_2O_3$-Lösung. In der Regel ist der Braunstein nur 50- bis 90%ig.

g) PbO_2. Das PbO_2 (hergestellt durch die Einwirkung von Cl auf alkalische Bleihydroxyd-Lösung oder elektrolytisch aus PbO) wird vielfach verwendet als gelinde wirkendes Oxydationsmittel zur Darstellung von Farbstoffen aus ihren Leukoverbindungen; insbesondere kommen hier die Triphenylmethanfarbstoffe in Betracht. Da diese Farbstoffe aber gegen einen Überschuß des Oxydationsmittels in der Regel sehr empfindlich sind, indem sie eine mehr oder minder weitgehende Zersetzung erfahren, so ist es von Wichtigkeit, den Gehalt des in „Teigform" verwendeten PbO_2 genau zu kennen. Der nachfolgend beschriebenen Methode liegt die Tatsache zugrunde, daß PbO_2 aus einer mit Essigsäure angesäuerten und mit Na-Acetat versetzten JK-Lösung J frei macht, das alsdann in der üblichen Weise mittels $Na_2S_2O_3$ bestimmt wird. Die Abscheidung des J erfolgt nach der Gleichung:

$$PbO_2 + 2\,JK + 4CH_3 \cdot COOH \longrightarrow J_2 + Pb(Ac)_2 + 2\,CH_3 \cdot COOK + 2\,H_2O.$$

Das $Pb(Ac)_2$ setzt sich mit dem überschüssigen JK zum Teil in PbJ_2 um. Man verwendet von dem PbO_2-Teig, falls man den Gehalt annähernd kennt, so viel, daß von der $^{n}/_{10}$-$Na_2S_2O_3$-Lösung etwa 20—25 ccm verbraucht werden. Ist z. B. der Teig etwa 10%ig, so enthalten 2,5 g Teig etwa 0,25 g PbO_2; da nun 239 g (= 1 Mol. PbO_2) 2 Atome J entwickeln, also 20 l $^{n}/_{10}$-$Na_2S_2O_3$-Lösung erfordern, so entsprechen 0,25 g PbO_2: $\frac{20 \cdot 000 \times 0,25}{239} = 20,92$ ccm $Na_2S_2O_3$-Lösung. Die zur Titration erforderlichen Zusätze betragen für die angegebene Menge des PbO_2-Teiges: an JK 6 g, Na-Acetat 50 g, Essigsäure (30%ig) 50 ccm. Das Ganze wird, damit keine Ausfällung von PbJ_2 stattfindet, mit Wasser auf 150—200 ccm eingestellt.

h) Der Chlorkalk, der durch die Einwirkung von gasförmigem Chlor auf gelöschten Kalk entsteht und wahrscheinlich ein Gemisch von $CaCl_2$ und $Ca(OCl)_2$ darstellt, reagiert mit angesäuerter JK-Lösung nach folgender Gleichung:

$$Ca(OCl)_2 + 4\,JK + 4\,HCl \longrightarrow 4\,J + CaCl_2 + 4\,KCl + 2\,H_2O.$$

Die Gehaltsangabe bei Chlorkalk geschieht in der Weise, daß man sagt: „Chlorkalk, enthaltend x% wirksames Chlor". Guter Chlorkalk enthält 30—40% wirksames Chlor. In diesem Fall enthalten 100 g Chlorkalk etwa 1 Atom Chlor, entsprechend 10 l $^{n.}/_{10}$-$Na_2S_2O_3$-Lösung. Bezüglich der Verwendung der mit HCl angesäuerten JK-Lösung siehe oben unter b.

i) $SnCl_2$. Die Ermittlung des Reduktionswertes von $SnCl_2$-Lösungen mittels J-Lösung ist ermöglicht durch den quantitativen Verlauf der Reaktion:

$$SnCl_2 + 2HCl + J_2 \longrightarrow SnCl_4 + 2HJ.$$

189 g = 1 Mol. $SnCl_2$ erfordern 2 Atome J, entsprechen also 20 l $^{n.}/_{10}$-$Na_2S_2O_3$-Lösung. 1 ccm einer ca. 20%igen Lösung von $SnCl_2$ in HCl entspricht folglich etwa 20 ccm einer $^{n.}/_{10}$-$Na_2S_2O_3$-Lösung.

k) Na_2S. Die Bestimmung des Na_2S mittels J gestaltet sich sehr einfach, wenn man die Verunreinigungen des Na_2S (Sulfit, Thiosulfat usw.) vernachlässigen kann. Die Reaktion zwischen Na_2S bzw. H_2S und J vollzieht sich nach der Gleichung:

$$H_2S + J_2 \longrightarrow S + 2HJ.$$

Man wendet einen Überschuß an Jodlösung an, den man mit $Na_2S_2O_3$-Lösung zurücktitriert. Das kristallisierte Schwefelnatrium enthält 9 H_2O; also 240 g = 1 Mol. $Na_2S + 9\,H_2O$ entsprechen 2 Atomen Jod = 20 Litern $^{n.}/_{10}$-J-Lösung, oder 0,24 g = 20 ccm $^{n.}/_{10}$-J-Lösung.

l) Die genaue Bestimmung der im Bisulfit enthaltenen SO_2 erfolgt mittels J-Lösung nach der Gleichung:

$$SO_2 + J_2 + 2H_2O \longrightarrow H_2SO_4 + 2HJ.$$

Die Bestimmung ist sehr genau, wenn man die Sulfitlösung zu der mit HCl angesäuerten J-Lösung zulaufen läßt. Für viele Zwecke aber erweist es sich als ausreichend, den Gehalt von Bisulfitlösungen in einfacher Weise durch Normalalkali bzw. Normalsäure zu bestimmen, gemäß den beiden Gleichungen:

1. $$NaHSO_3 + NaOH \longrightarrow Na_2SO_3 + H_2O$$

(Indikator: Phenolphtalein, weil Na_2SO_3 gegen Lackmus nicht neutral, sondern alkalisch reagiert) und

2. $$NaHSO_3 + HCl \longrightarrow NaCl + SO_2 + H_2O.$$

Im letzteren Falle verwendet man als Indikator Kongo. Hierbei empfiehlt es sich, die freigewordene SO_2 durch Erwärmen zu vertreiben, da sie in konzentrierter Form Kongopapier gleichfalls zu bläuen imstande ist; allerdings nur vorübergehend, denn beim Liegen des Papiers an der Luft verschwindet die Bläuung wieder. Bei einiger Übung läßt sich die normale Bläuung von der durch die SO_2 bewirkten leicht und sicher unterscheiden. Durch die beiden vorgenannten Bestimmungen der Bisulfitlösung erhalten wir, wie sich bei näherer Betrachtung ohne weiteres ergibt, genauen Aufschluß sowohl über das Verhältnis des NaOH zur SO_2, als auch über den absoluten Betrag der beiden Komponenten. Konzentrierte Bisulfitlösung von etwa 38—40° Bé enthält ca. 5 Mol. $NaHSO_3$ im Liter. 200 ccm Bisulfitlösung erfordern demgemäß bis zur neutralen Reaktion auf Phenolphtaleïn ca. 1000 ccm n.-NaOH-Lauge und andererseits ca. 1000 ccm n.-HCl oder -H_2SO_4 bis zur sauren Reaktion auf Kongopapier.

m) CH_2O. Die Ermittlung des CH_2O in käuflichen Formaldehydlösungen läßt sich in sehr einfacher Weise an die Bestimmung des Bisulfits anschließen. Fügt man nämlich Formaldehyd zu überschüssigem Bisulfit und erwärmt kurze Zeit auf ca. 60°, so wird der Formaldehyd, gemäß der Gleichung:

$$CH_2O + NaHSO_3 \longrightarrow HO \cdot CH_2 \cdot O \cdot SO_2Na,$$

quantitativ übergeführt in sog. oxymethylensulfonsaures Natron, dessen Lösung bereits auf Zusatz des ersten Tropfens H_2SO_4 oder HCl saure Reaktion gegen Kongopapier annimmt, im Gegensatz zu Bisulfit, welches durch Mineralsäure zersetzt wird (siehe oben). Hat man demnach durch die Titration der Bisulfitlösung mittels n.-HCl oder -H_2SO_4 den Gesamtbetrag des im Bisulfit enthaltenen Natriums festgestellt, so wird nach Zusatz des Formaldehyds, bei der zweiten Titration des Bisulfits mit Mineralsäure, ein dem Formaldehyd äquivalenter Teil des Bisulfits der Titration entzogen. Man verbraucht also bei der zweiten Titration eine dem zugesetzten Formaldehyd entsprechend geringere Menge Mineralsäure. 30 g CH_2O (1 Mol.) = ca. 75 ccm Formaldehydlösung 40%ig entsprechen also einem Liter n.-H_2SO_4; 2 ccm der Formaldehydlösung somit ca. 26,6 ccm n.-H_2SO_4. Hat also eine bestimmte Menge Bisulfitlösung vor dem Zusatz von 2 ccm jener Formaldehydlösung etwa 30,5 ccm n.-Lösung verbraucht, so wird dieselbe Bisulfitlösung nach dem Zusatz des Formaldehyds nur etwa 30,5—26,6, also ca. 3,9 ccm n.-H_2SO_4 verbrauchen.

n) $Na_2S_2O_4$. Die Bestimmung des Natriumhydrosulfits (das in wasserfreier Form ziemlich beständig ist) gründet sich auf folgende Reaktionsgleichung:

$$Na_2S_2O_4 + 8\,NaHCO_3 + 6\,J \longrightarrow 2\,Na_2SO_4 + 6\,NaJ + 8\,CO_2 + 4\,H_2O.$$

Man läßt das Jod zu der mit Alkalibicarbonat und Stärke versetzten verdünnten Hydrosulfitlösung bis zum Auftreten der Blaufärbung zufließen. Anwesenheit von Sulfit und Thiosulfat beeinträchtigt die Genauigkeit. Über die neueste Methode (mittels ammoniakalischer Kupfersulfatlösung) von Bosshard-Grob s. Heermann, Färberei- und textilchemische Untersuchungen, 1918, S. 107ff.

Viertes Kapitel.

Farbstoffe.

I. Nitrosophenol- und Nitrofarbstoffe.

A. **Nitrosophenolfarbstoffe** (o-Chinonoximfarbstoffe).

Die Nitrosophenole entstehen durch Wechselwirkung von Salpetriger Säure mit Phenolen; z. B. bildet sich p-Nitrosophenol nach der Gleichung:

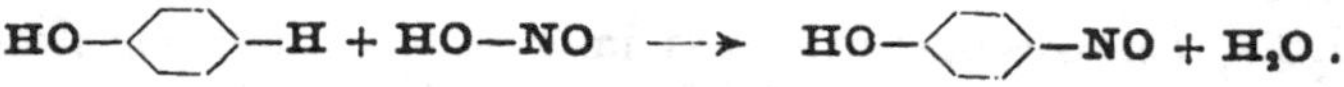

Nitrosophenole bilden sich aber auch bei der Einwirkung von Hydroxylamin auf Chinone, z. B.:

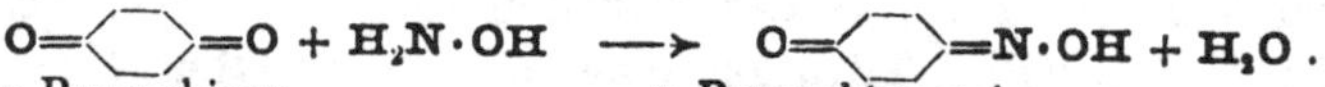

p-Benzochinon — p-Benzochinonoxim (= p-Nitrosophenol)

Hieraus folgt, daß Nitrosophenole als Chinonoxime zu reagieren vermögen. Bei der Nitrosierung des Phenols entsteht ausschließlich p-Nitrosophenol. Bei der Einwirkung von Salpetriger Säure auf α-Naphtol bilden sich zwei Isomere:

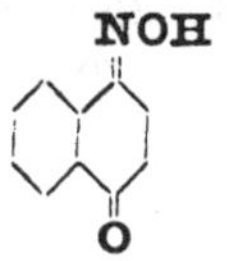

und

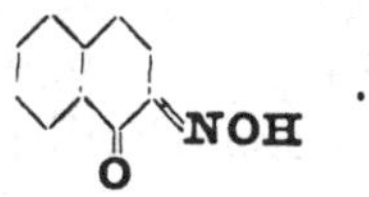

1,4-Naphtochinonoxim (= α-Nitroso-α-naphtol) — 1,2-Naphtochinon-2-oxim (= β-Nitroso-α-naphtol)

Das β-Naphtol hingegen liefert nur ein Nitrosoderivat, das

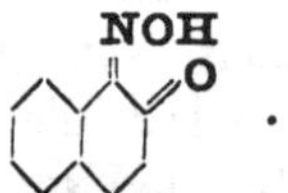

1,2-Naphtochinon-1-oxim
(= α-Nitroso-β-naphtol)

Resorcin bildet mit besonderer Leichtigkeit ein Dinitrosoderivat:

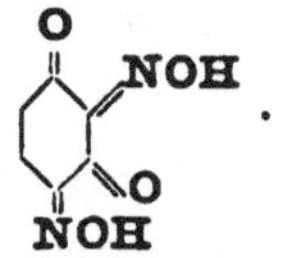

Dichinoyldioxim
(= Dinitrosoresorcin)

Die Nitrosophenole haben ausgeprägt sauren Charakter. Sie bilden meist intensiv farbige Salze; diejenigen der Alkalimetalle sind in Wasser löslich, die anderen Salze sind zum Teil unlösliche Niederschläge. Letzterer Umstand ist von Bedeutung für ihre Eigenschaft als Farbstoffe. In dieser Hinsicht sind die o-Nitrosophenole (o-Chinonoxime) von den p-Verbindungen scharf unterschieden. Die mit einem Metalloxyd gebeizte Faser hat die Fähigkeit, die o-Verbindungen aus ihren Lösungen auf sich niederzuschlagen und sich dadurch zu färben, ein Verhalten, welches den p-Verbindungen nicht eigen ist. Die in dieser Hinsicht wichtigsten Metalloxyde sind Eisenhydroxyd und Chromhydroxyd. Mit ersterem bilden die o-Nitrosophenole grüne, mit letzterem braune Lacke von hervorragender Licht- und Waschechtheit.

Die technisch wichtigen Farbstoffe dieser Gruppe sind folgende:

Solidgrün (Dichinoyldioxim = Dinitrosoresorcin)

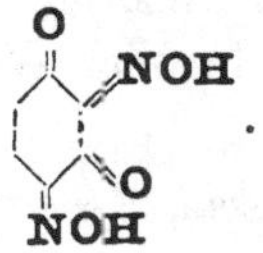

Gambin R (1,2-Naphtochinon-2-oxim = β-Nitroso-α-naphtol)

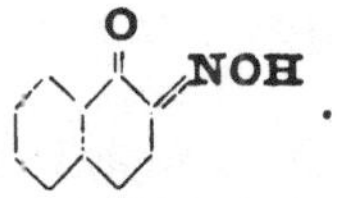

Gambin Y (1,2-Naphtochinon-1-oxim = α-Nitroso-β-naphtol)

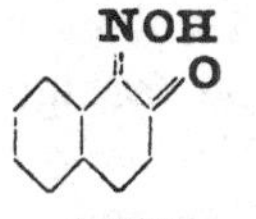

Dioxin (7-Oxy-1,2-Naphtochinon-1-oxim = 1-Nitroso-2,7-dioxynaphtalin)

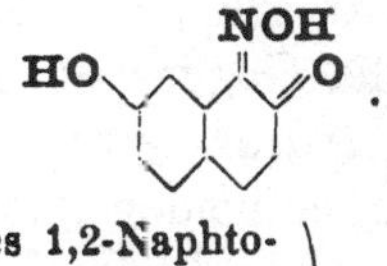

Naphtolgrün B (Eisenoxydulsalz oder Oxydsalz des 1,2-Naphtochinon-1-oxim-6-sulfonsauren Natriums = Eisenoxydulsalz oder Oxydsalz des 1-Nitroso-2-naphtol-6-sulfonsauren Natriums)

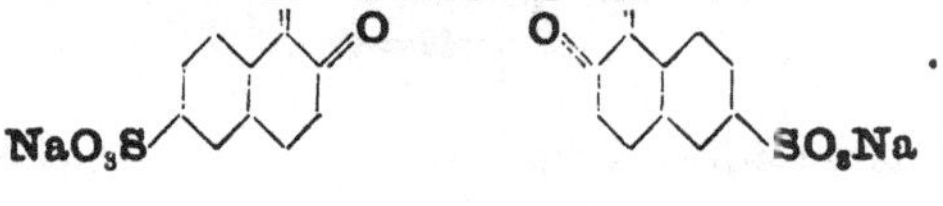

Übungsbeispiel.

Dinitrosoresorcin:

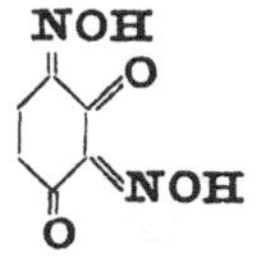

Ausgangsmaterial: 11 g Resorcin,
13,8 g Natriumnitrit 100 $^0/_0$ig.
Hilfsstoff: 20 g konzentrierte Schwefelsäure.

Darstellung. 11 g Resorcin werden mit Eis und Wasser zu 500 ccm gelöst. Die Lösung, die 0° zeigen soll, wird mit der 0,2 Mol.-Gew. entsprechenden Menge Natriumnitrit in 20 g Wasser vereinigt. Zu diesem Gemisch läßt man die kalte Mischung von 20 g konzentrierter Schwefelsäure und 150 g Wasser ganz allmählich unter Rühren zufließen. Während der Reaktion soll die Temperatur der Flüssigkeit nicht über 5° steigen (nötigenfalls Eis zugeben!). Es scheidet sich ein bräunlich gelber, kristallinischer Niederschlag aus, welcher abfiltriert, mit Eiswasser gewaschen und auf Ton getrocknet wird.

Eigenschaften. Kristallisiert aus einer Mischung von Eisessig und absolutem Alkohol in gelblich braunen Blättchen, welche sich in heißem Wasser lösen und bei 115° verpuffen. Färbt eisengebeizte Baumwolle oder Wolle dunkelgrün.

Literatur: Fitz, Ber. **8**, 631; Goldschmidt und Strauss, Ber. **20**, 1607 v. Kostanecki, Ber. **20**, 3137; Schultz, Farbstofftabellen Nr. 1.

B. Nitrofarbstoffe.

Aromatische Amine und Phenole sowie deren Sulfoderivate, an sich farblose Verbindungen, nehmen infolge des Eintritts der Nitrogruppe farbigen und Farbstoff-Charakter an.

Die so gebildeten Nitrofarbstoffe enthalten daher als Chromophor die Nitrogruppe. Die Entstehung der Farbe ist jedoch nicht einfach auf die Gegenwart der Nitrogruppe und der auxochromen Amino- oder Hydroxylgruppe zurückzuführen, sondern auf die Bildung einer neuen chinoiden Atomgruppierung, die vermöge ihres ungesättigten Charakters die Farbigkeit des Nitroamins bzw. Nitrophenols bedingt:

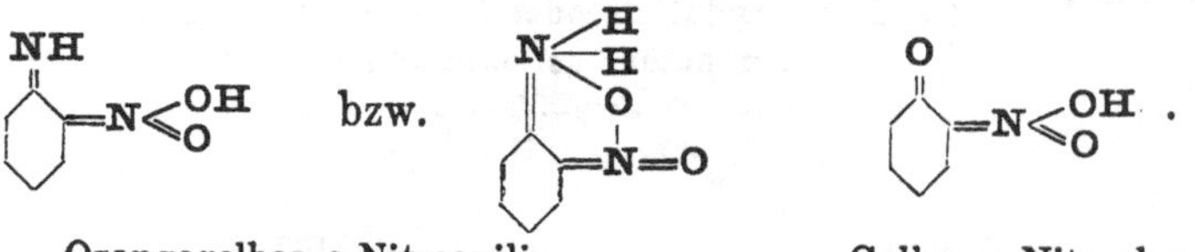

Orangegelbes o-Nitroanilin Gelbes o-Nitrophenol

Da die färbenden Eigenschaften um so ausgeprägter zu sein pflegen, je entwickelter die saure oder basische Natur eines Farbstoffes ist, so besitzen die Nitrophenole ein größeres Färbevermögen als die Nitroamine.

Treten aber Nitrogruppen in genügender Zahl in das Molekül eines schwach basischen Körpers (Diphenylamin) ein, so kann er dadurch in einen Farbstoff von saurer Natur umgewandelt werden (Hexanitrodiphenylamin, Farbsäure des Aurantia).

Die Intensität der Farbe ist abhängig von der Stellung der substituierenden Nitrogruppe. Ganz allgemein erscheinen die Orthonitroderivate der Phenole am stärksten, die Paranitroderivate am schwächsten farbig. Orthonitrophenol ist gelb, Paranitrophenol farblos. Noch auffallender ist dieser Unterschied in den Salzen.

Die technisch als Farbstoffe verwerteten Nitrophenole gehören daher sämtlich der Orthoreihe an.

Die färbende Kraft eines Nitrofarbstoffes wächst mit der Zahl der Nitrogruppen. Während die Mononitrophenole als Farbstoffe kein Interesse bieten, färbt die Pikrinsäure, ein Trinitrophenol (siehe S. 115f.), die animalischen Fasern sehr gut an.

Für die Färberei sind diejenigen Nitrofarbstoffe die wichtigsten, welche außer der auxochromen Hydroxylgruppe auch die Sulfogruppe enthalten. Es ist daher bemerkenswert, daß brauchbare Nitrofarbstoffe bekannt geworden sind, welche anscheinend keine auxochrome Gruppe enthalten. Sie leiten sich vom Stilben ab und führen die Sulfogruppe als salzbildende Gruppe (p-Dinitrostilbendisulfonsäure

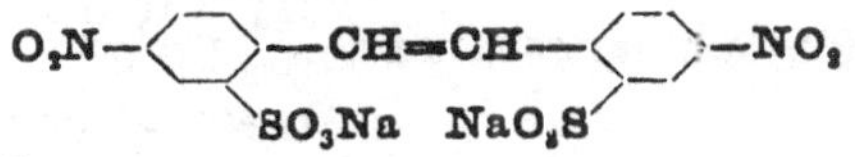

Mikadogoldgelb).

Die Nitrofarbstoffe färben die animalischen Fasern nach Art der Säurefarbstoffe in grünstichig- bis orange-gelben Tönen. Die Baumwolle färben sie nicht direkt, es sei denn, daß sie noch andere chromophore Gruppen enthalten, und schon der nitrofreie Farbstoff von dieser Faser aufgenommen wird. Aber selbst dann pflegt die Einführung der Nitrogruppe in einen solchen Baumwollfarbstoff dessen Affinität zur vegetabilischen Faser zu vermindern. Einige, namentlich solche, welche die Nitro- und Hydroxylgruppe mehrfach in Orthostellung enthalten, wie z. B. die Styphninsäure,

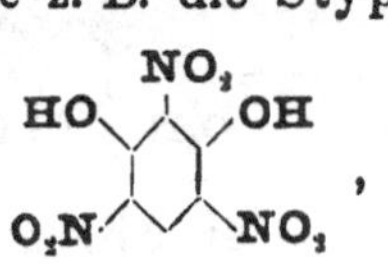

ziehen auf metallische Beizen.

Für ihre Darstellung kommen wesentlich drei Methoden in Betracht.

1. Direkte Nitrierung eines Amins oder eines Phenols (z. B. Hexanitrodiphenylamin aus Diphenylamin, Pikrinsäure aus Phenol).

2. Partielle oder vollständige Substitution der Sulfogruppe in einem Sulfoderivat durch die Nitrogruppe unter dem Einflusse der Salpetersäure (z. B. Pikrinsäure aus Phenolsulfonsäure, Naphtolgelb-Säure aus 1-Naphtol-2,4-disulfonsäure, Naphtolgelb-S-Säure aus 1-Naphtol-2,4,7-trisulfonsäure).

3. Umwandlung eines primären Amins in die Diazoniumverbindung und Zersetzen derselben mit heißer Salpetersäure (z. B. Pikrinsäure aus Diazobenzolsulfonsäure, wobei mit der Einführung der Hydroxyl- und der Nitrogruppe zugleich die Elimination der Sulfogruppe erfolgt).

Sämtliche Nitrofarbstoffe verpuffen beim Erhitzen und werden durch saure Reduktionsmittel in farblose Aminoverbindungen verwandelt.

In konzentrierter Schwefelsäure lösen sie sich mit gelber bis orangegelber Farbe.

Übungsbeispiel.

1. Aurantia.

Hexanitrodiphenylaminammonium:

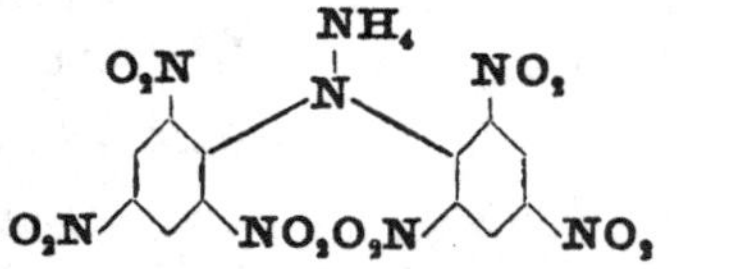

Ausgangsmaterial: 20 g Dinitrochlorbenzol (1-Chlor-2,4-Dinitrobenzol).
19 g Anilin,
40 g Salpetersäure von 32° Bé (D 1,285),
40 g Salpetersäure von 46° Bé (D 1,47).

Hilfsstoff: 100 g absoluter Alkohol.

Vorgang. Bei der Einwirkung von Dinitrochlorbenzol auf Anilin entsteht as. Dinitrodiphenylamin:

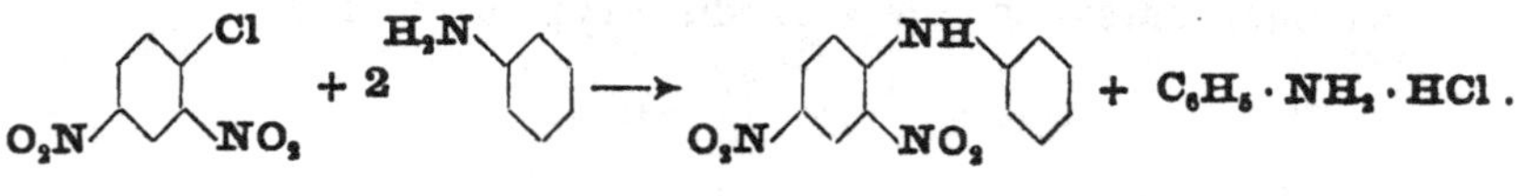

Dieses wird bei durchgreifender Nitrierung über das Tetra- in das Hexanitrodiphenylamin verwandelt:

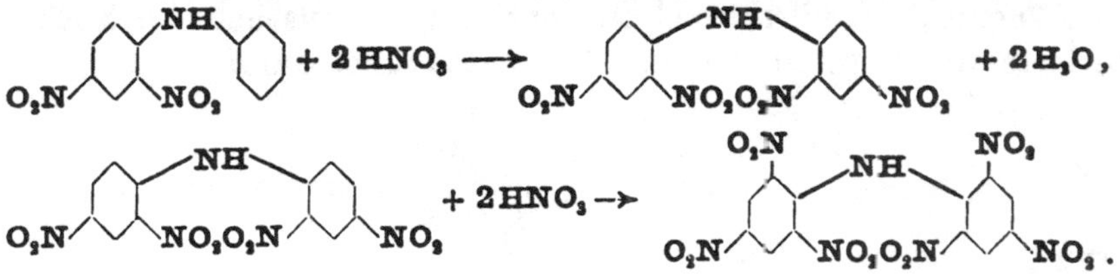

Darstellung. 1. Dinitrodiphenylamin. 20 g Dinitrochlorbenzol (1 Mol.) und 19 g Anilin (2 Mol.) werden, in 100 g absolutem Alkohol gelöst, während ungefähr 3 Stunden auf dem Wasserbade am Rückflußkühler erhitzt. Der Kolbeninhalt erstarrt zu rotorangen Nadeln. Man versetzt mit 200 ccm Wasser, erwärmt zum Sieden, filtriert und wäscht den Rückstand mit Wasser aus.

2. Hexanitrodiphenylamin. 10 g Dinitrodiphenylamin werden allmählich in einen Kolben mit 40 g Salpetersäure von 32° Bé bei gewöhnlicher Temperatur eingetragen und dann so lange auf dem Wasserbade erhitzt, bis eine weitere Einwirkung nicht zu bemerken ist und eine Probe des ausgeschiedenen hellgelben Körpers zwischen 180 und 190° schmilzt. Dann verdünnt man mit Wasser, filtriert, wäscht den Rückstand und trocknet ihn auf Ton. Derselbe wird dann in einem Kolben in 40 g Salpetersäure von 46° Bé suspendiert und damit auf dem Wasserbade so lange digeriert, bis sich eine Probe des Produktes in überschüssigem wäßrigem Ammoniak in der Wärme klar löst. Dazu bedarf es ungefähr 40-stündigen Erhitzens. Das Reaktionsprodukt wird nach Zusatz von Wasser filtriert, ausgewaschen und in der Wärme in einer genügenden Menge wäßrigen Ammoniaks gelöst. Beim Erkalten scheidet die Lösung glänzende Kristalle von Hexanitrodiphenylaminammonium ab.

Eigenschaften. Glänzende rotbraune Kristalle oder orangegelbes Pulver, löst sich in Wasser mit orangegelber Farbe; Säuren scheiden hellgelbes Hexanitrodiphenylamin ab; Fp. 238°.

Literatur: GNEHM, Ber. 7, 1399; 9, 1245; FRIEDLÄNDER 4, 36.

2. Pikrinsäure:

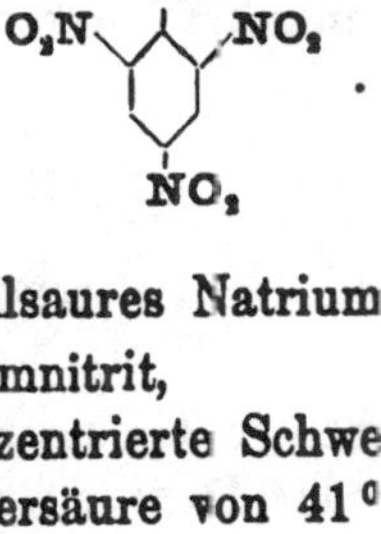

Ausgangsmaterial: 95 g sulfanilsaures Natrium.

Hilfsstoffe: 35 g Natriumnitrit,
60 ccm konzentrierte Schwefelsäure,
275 g Salpetersäure von 41° Bé (D 1,4).

Vorgang. Trinitrophenol entsteht in guter Ausbeute durch Einwirkung von Salpetersäure auf Diazobenzolsulfonsäure:

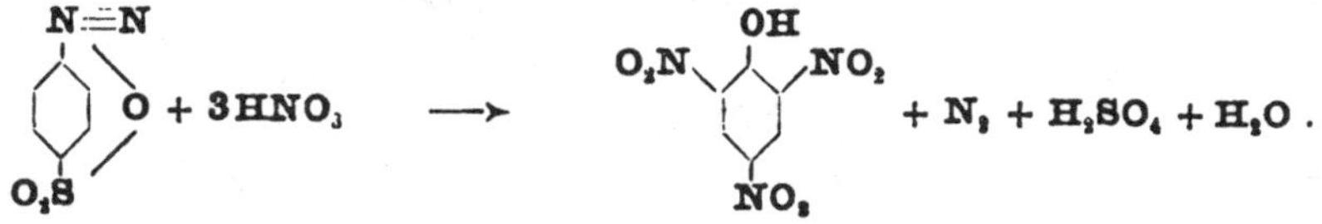

Diazobenzolsulfonsäure wird unter Verwendung von sulfanilsaurem Natrium und Natriumnitrit aus Sulfanilsäure und Salpetrigsäure erhalten:

$$C_6H_4<{NH_2 \atop SO_3Na} + NaNO_2 + 2H_2SO_4 \longrightarrow C_6H_4<{N:N \atop SO_2}>O + 2NaHSO_4 + 2H_2O\ .$$

Darstellung. 1. Diazobenzolsulfonsäure. Die Lösung von 95 g sulfanilsaurem Natrium in 300 ccm Wasser wird mit 350 ccm 10%iger Natriumnitritlösung gemischt. Darauf läßt man das Gemisch unter Rühren in eine mit Eis gekühlte Mischung von 60 ccm konzentrierter Schwefelsäure und 200 ccm Wasser laufen. Nach kurzer Zeit scheidet sich die Diazosäure als weißes Kristallpulver ab. Dasselbe wird abfiltriert, mit etwas Wasser ausgewaschen und ziemlich trocken gesaugt (Vorsicht!).

2. Pikrinsäure. 55 g der abgesaugten Diazosäure werden im Zweiliterkolben mit 10 ccm Wasser und 275 g Salpetersäure (D 1,4) gemischt und bis zu der bei 65—70° eintretenden Reaktion erhitzt. Wenn die heftige Entwicklung braunroter Dämpfe vorüber ist, wird zum Sieden erhitzt. Die Lösung wird nun hellgelb und scheidet ein gelbes Öl ab. Das Erhitzen wird so lange fortgesetzt, bis sich die Flüssigkeit dunkel färbt. Dann verdünnt man sie mit Wasser. Das abgeschiedene hellgelbe kristallinische Produkt wird abfiltriert, mit Wasser gewaschen und aus Alkohol umkristallisiert.

Eigenschaften. Citronengelbe Prismen oder hellgelbe Blätter. Fp. 122,5°. Die Lösung in konzentrierter Schwefelsäure wird beim Verdünnen mit Wasser heller gelb. Die wäßrige Lösung wird beim Erwärmen mit Cyankalium durch Bildung von isopurpursaurem Kalium,

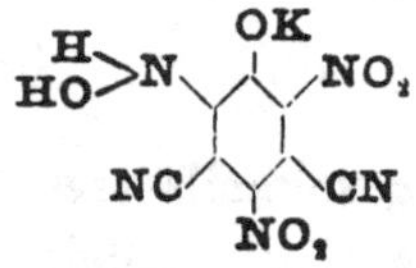,

braunrot, desgleichen mit Schwefelammonium infolge Bildung von Pikraminsäure oder Dinitro-o-Aminophenol:

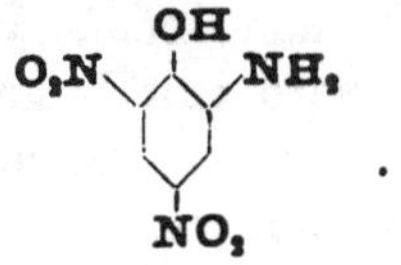

Beim Erwärmen mit alkoholischer salzsaurer Zinnchlorürlösung wird die Pikrinsäure entfärbt durch Umwandlung in farbloses Triaminophenol. Setzt man zu der kalten Lösung desselben Eisenchlorid, so färbt sie sich blau durch entstandenes (salzsaures) Diaminochinonimin:

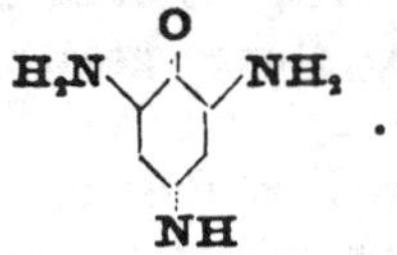

Literatur: Schmidt u. Glutz, Ber. **2**, 52. Friedländer **6**, 115; Schultz, Farbstofftabellen Nr. 5.

3. Naphtolgelb:

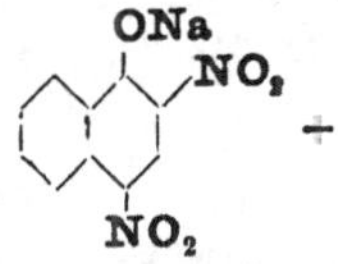

+ H_2O.

Ausgangsmaterial: 25 g 1,4-naphtolsulfonsaures Natrium.
Hilfsstoffe: 7,5 g Natriumnitrit,
50 g konzentrierte Schwefelsäure,
35 g Salpetersäure von 42° Bé (D 1,4).

Vorgang. 1,4-Naphtolsulfonsäure geht durch Einwirkung von Salpetriger Säure in 2-Nitroso-1,4-Naphtolsulfonsäure über:

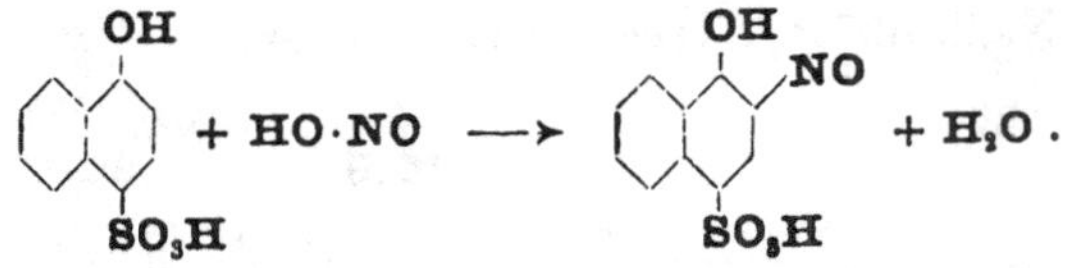

Diese verwandelt sich unter dem Einflusse der Salpetersäure in 2,4-Dinitro-1-naphtol:

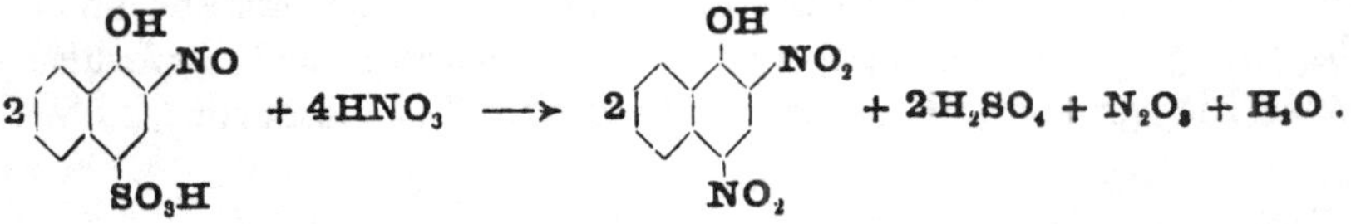

Darstellung. 25 g 1,4-naphtolsulfonsaures Natrium werden in der in einem Kochkolben befindlichen kalten Mischung von 50 g konzentrierter Schwefelsäure und 150 g Wasser gelöst. Die kalte Lösung wird mit der Lösung von 7,6 g Natriumnitrit (entsprechend 1 Molekulargewicht $NaNO_2$ auf 1 Molekulargewicht Sulfonsäure) in 50 g Wasser vereinigt, indem man letztere unter Rühren in erstere tropfen läßt. Hierauf fügt man tropfenweise 35 g Salpetersäure (42° Bé) hinzu. Die Lösung wird erst braun; wird sie nun auf dem Wasserbade erwärmt, so färbt sie sich erst schmutzig violett, dann gelb und scheidet kristallinisches Dinitronaphtol ab. Zur Reinigung wird dasselbe nach dem Filtrieren und Waschen in Soda gelöst, die Lösung filtriert, zum Kochen erhitzt und mit verdünnter Schwefelsäure übersättigt. Das ausgeschiedene Produkt wird abfiltriert und auf Ton getrocknet; Fp. 138°. Zur Umwandlung in das Natriumsalz wird es mit Soda in wäßrige Lösung gebracht und darauf durch Einrühren einer genügenden Menge gesättigter Kochsalzlösung ausgeschieden. Es wird abgesaugt und auf Ton getrocknet.

Eigenschaften. Orangegelbes Pulver; verpufft beim Erhitzen; in Wasser löslich; die Lösung scheidet beim Übersättigen mit verdünnter Mineralsäure gelbes Dinitronaphtol ab.

Literatur: MARTIUS, J. pr. Ch. **102**, 442; DARMSTÄDTER und WICHELHAUS, Ann. **152**, 299; BENDER, Ber. **22**, 996; SCHULTZ, Farbstofftabellen Nr. 6.

4. Naphtolgelb S:

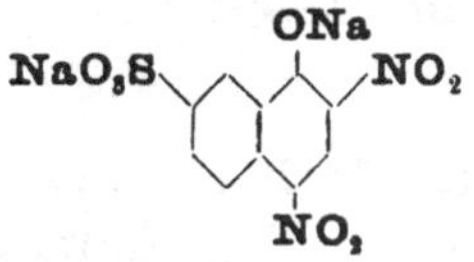

Ausgangsmaterial: 25 g α-Naphtol,
100 g Oleum mit 25% SO_3,
60 g Salpetersäure von 42° Bé (D 1,4).

Vorgang. α-Naphtol geht durch rauchende Schwefelsäure vorwiegend in 1-Naphtol-2,4,7-Trisulfonsäure über:

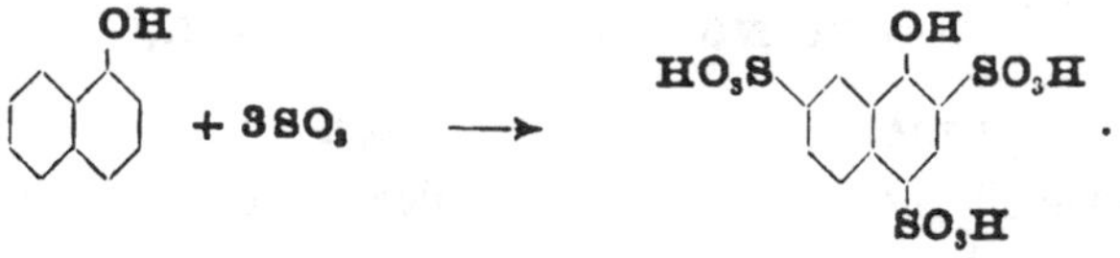

Letztere verwandelt sich bei der Einwirkung von Salpetersäure, unter Abspaltung zweier Sulfogruppen als Schwefelsäure und Aufnahme zweier Nitrogruppen, in 1-Naphtol-2,4-dinitro-7-sulfonsäure:

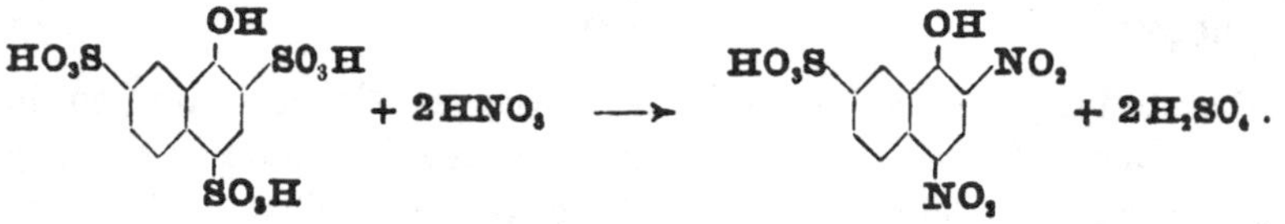

Darstellung. 25 g feingepulvertes α-Naphtol werden in einem WITTschen Kolben unter fortgesetztem Rühren **allmählich** in 100 g Oleum von 25% eingetragen und darin zur Lösung gebracht. Hierauf wird die Masse 1 Stunde hindurch auf 125° im Ölbade erwärmt. Um festzustellen, ob das α-Naphtol über die Mono- und Disulfonsäure vollständig in die Trisulfonsäure verwandelt ist, wird nun eine kleine Probe der Schmelze im Reagensrohr in etwa 10 ccm Wasser gelöst, mit einigen Tropfen konzentrierter Salpetersäure versetzt und bis nahe zum Sieden erwärmt. Wenn sich die gelbe Lösung beim Abkühlen weder trübt noch Flocken abscheidet — dies würde durch Bildung von Dinitro-α-Naphtol aus α-Naphtoldisulfonsäure bzw. -monosulfonsäure bedingt sein —, so kann die Schmelze auf Naphtolgelb S verarbeitet werden; anderenfalls ist zu versuchen, die weitere Umwandlung des α-Naphtols in Trisulfonsäure durch Hinzufügen von etwas höher prozentigem Oleum und erneutes Erhitzen herbeizuführen. Die Schmelze wird darauf allmählich in 250 g gehacktes Eis eingerührt; dabei geht sie mit brauner Farbe in Lösung. Nach dem Filtrieren in einen Kochkolben wird sie mit 60 g Salpetersäure von 42° Bé (D 1,4) vermischt und' $^1/_2$ Stunde lang auf 50° erwärmt. Nach 12-stündigem Stehen bei gewöhnlicher Temperatur hat sich die größte Menge der entstandenen Dinitronaphtolsulfonsäure abgeschieden, welche abfiltriert und mit Salzwasser gewaschen wird. Aus dem Filtrat kann bisweilen durch konzentrierte Kochsalzlösung noch eine weitere Menge als Natriumsalz abgeschieden werden. Der Niederschlag wird in Wasser gelöst, die Lösung in der Wärme mit Soda neutralisiert und durch Einrühren einer gesättigten Kochsalzlösung das Natriumsalz abgeschieden. Es wird abgesaugt und auf Ton getrocknet.

Eigenschaften. Hellgelbes Pulver; in Wasser leicht löslich; die Lösung wird durch überschüssige Säure nicht gefällt (Unterschied von Naphtolgelb).

Literatur: Lauterbach, Ber. **14**, 2028; Graebe, Ber. **18**, 1126; Friedländer **1**, 327 u. 330; Schultz, Farbstofftabellen Nr. 7.

II. Azofarbstoffe.

Die chemische Methode, die bei der technischen Darstellung der Azofarbstoffe — von wenigen Ausnahmen abgesehen — fast ausschließlich zur Anwendung gelangt: Diazotieren eines Amins $R\cdot NH_2$ und Kuppeln der entstandenen Diazoniumverbindung $R\cdot \underset{\substack{| \\ Cl}}{N} \vdots N$ mit einem kombinationsfähigen Amin $R'\cdot NH_2$ oder Phenol $R'\cdot OH$, gemäß dem Schema:

$$R\cdot \underset{\substack{| \\ Cl}}{N} \vdots N + R'\cdot NH_2 \longrightarrow R\cdot N:N\cdot R'\cdot NH_2 + HCl$$

und

$$R\cdot \underset{\substack{| \\ Cl}}{N} \vdots N + R'\cdot OH \longrightarrow R\cdot N:N\cdot R'\cdot OH + HCl\ ,$$

ist an sich sehr einfach. Was den inneren Mechanismus dieser, in den meisten Fällen durch einen auffallend glatten Verlauf gekennzeichneten Reaktion anlangt, so darf man wohl annehmen, daß er sich z. B. durch die Formulierung:

$$\begin{array}{c} N \\ \| \\ R\cdot N\cdot Cl \end{array} + \begin{array}{l} C_{10}H_6\cdot NH_2 \\ | \\ H \end{array} \dashrightarrow \begin{array}{l} N\cdot C_{10}H_6\cdot NH_2 \\ \| \\ R\cdot N + HCl \end{array}$$

oder

$$\begin{array}{c} N \\ \| \\ R\cdot N\cdot Cl \end{array} + \begin{array}{l} C_6H_3(OH)_2 \\ | \\ H \end{array} \dashrightarrow \begin{array}{l} N-C_6H_3(OH)_2 \\ \| \\ R-N + HCl \end{array}$$

in zutreffender Weise verdeutlichen läßt. Bei dieser Auffassung der Reaktion als eines Additionsvorganges wird nämlich erst verständlich, warum nicht der fünfwertige, mit dem Cl verbundene, sondern der dreiwertige Stickstoff mit dem aromatischen Kern in Verbindung tritt. Diese Methode der „Kupplung“ oder „Kombination“ läßt so außerordentlich mannigfache Variationen zu, daß die Anzahl der mit den gewöhnlichsten Ausgangsmaterialien darstellbaren Azofarbstoffe nahezu unerschöpflich ist. Dies rührt vor allem auch daher, daß das Chromophor dieser Farbstoffe, die Azogruppe $-N_2-$, nicht nur ein-, sondern zwei-, drei-, viermal usw. in einem Farbstoffmolekül enthalten sein kann, wonach man Mono-, Dis-, Tris-, Tetrakis-Azofarbstoffe usw. unterscheidet.

Infolge dieser Mannigfaltigkeit konnte man unter den theoretisch möglichen Farbstoffen diejenigen aussuchen, die sich auf Grund ihrer Färbeeigenschaften und ihrer Billigkeit zur technischen Verwendung eigneten. Besonders haben sich die Naphtalinderivate hierbei als wertvolle Komponenten erwiesen. Das Anwendungsgebiet der Azofarbstoffe, deren Zahl die aller anderen Farbstoffe zusammengenommen mindestens erreicht, ist von Jahr zu Jahr gewachsen. Es gibt kaum ein technisch wichtiges Material tierischen oder pflanzlichen Ursprungs, für dessen Färbung nicht auch Azofarbstoffe in Betracht kämen. Sie färben, je nach ihrer Konstitution (s. u.), nicht nur Wolle, Baumwolle, Seide und Leder, sondern auch Leinen, Jute, Kunstseide, Ramie, Stroh, Papier, Holz, Lacke usw., wobei sie gleichzeitig den verschiedenartigsten Ansprüchen an Echtheit und Farbenton zu genügen vermögen, anfangend bei den zartesten und reinsten Schattierungen und hinabsteigend zum dunkelsten Blau, Blaugrün und Violett, so daß die letzteren Farbstoffe als die verschiedensten „Schwarz"-Marken in den Handel kommen.

Fassen wir einen einfachen Monoazofarbstoff ins Auge, z. B. das sog. Ponceau:

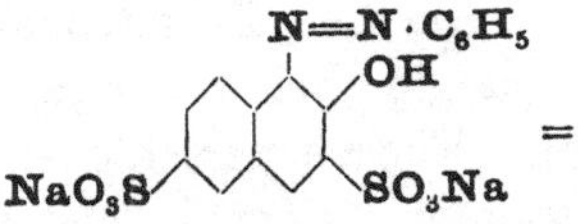

$$= C_{10}H_4 \begin{cases} N_2-C_6H_5 \\ OH \\ (SO_3Na)_2 \end{cases},$$

so können wir außer der Azogruppe, N_2, zwei aromatische Reste an demselben unterscheiden: $-C_6H_5$ auf der einen,

$$C_{10}H_4 \begin{cases} \\ OH \\ (SO_3Na)_2 \end{cases}$$

auf der anderen Seite. C_6H_5 ist der Rest der Diazokomponente, d. h. des Amins, das diazotiert wurde, in diesem Falle des Anilins, und

$$C_{10}H_4 \begin{cases} \\ OH \\ (SO_3Na)_2 \end{cases}$$

der Rest der Azokomponente, d. h. derjenigen Komponente, die mit der Diazokomponente zum Azofarbstoff gekuppelt wurde, in diesem Falle der 2,3,6-Naphtoldisulfonsäure R. Diazokomponenten können natürlich nur solche Verbindungen sein, die diazotierbar sind, Azokomponenten nur solche, die zur Kupplung befähigt sind. Diazokomponenten sind also die primären Amine und ihre Derivate, während Azokomponenten nicht nur primäre, sekundäre und tertiäre aromatische Amine, sondern auch Phenole, Naphtole und ihre Derivate sein können, allerdings mit gewissen Ausnahmen. Nicht kupplungsfähig, wenigstens nicht unter den üblichen Bedingungen, sind solche Verbindungen, die weder eine offene Amino- noch eine offene Hydroxylgruppe besitzen (s. auch das Kapitel über Titrationen). Aus der Formel $R \cdot N:N \cdot R' \cdot OH$ oder $R \cdot N:N \cdot R' \cdot NH_2$ läßt sich daher ohne weiteres schließen, daß diese beiden Azofarbstoffe, normale Kupplungsbedingungen vorausgesetzt, entstanden sein müssen aus der Diazokomponente $R \cdot NH_2$ und der Azokomponente $R' \cdot OH$ bzw. $R' \cdot NH_2$ und nicht etwa umgekehrt: aus dem Aminophenol $H_2N \cdot R' \cdot OH$ bzw. dem Diamin $H_2N \cdot R' \cdot NH_2$ als Diazokomponente einerseits und dem Kohlenwasserstoff $R \cdot H$ als Azokomponente andererseits; denn dieser letztere enthält, wie durch die Formel $R \cdot H$ ausgedrückt werden soll, keine OH- oder NH_2-Gruppe, ist also kombinationsunfähig. Diese Überlegung ist auch bei der obigen Betrachtung über die Entstehung des Farbstoffs Anilin-diazo-R-Salz maßgebend gewesen.

Sehr verschiedenartig ist das chemische Verhalten sowohl der Diazoniumverbindungen als auch der Azokomponenten. Während von den ersteren einige, z. B. die Diazoniumverbindung aus p-Nitranilin, sehr energisch kuppeln, verhalten sich andere, z. B. die schwerlösliche Diazonaphthionsäure, ziemlich träge und bedürfen daher zur Farbstoffbildung, die sich wegen der Zersetzlichkeit der Diazoniumverbindungen fast durchgängig bei niedriger Temperatur vollziehen muß, mehrerer Stunden. Ebenso verschieden ist auch die Reaktionsfähigkeit der Azokomponenten. Phenole und ihre Derivate kuppeln am besten in mehr oder minder alkalischer Lösung (NaOH oder Na_2CO_3), die Amine in neutraler oder schwach essigsaurer bzw. mineralsaurer Lösung, also unter Zusatz von Natriumbicarbonat oder Acetat, die zur Abstumpfung der überschüssigen, in der Diazolösung enthaltenen oder bei der Kupplung, nach dem oben (s. S. 120) angeführten Schema, entstehenden Mineralsäure dienen. Über die Möglichkeit, zwei kupplungsfähige Azokomponenten auf Grund ihrer verschiedenen Kupplungsenergie zu trennen, siehe Näheres in dem Kapitel über Sulfonsäuren auf Seite 39. In manchen Fällen, besonders bei Aminen der Benzolreihe wie Anilin und Toluidin, entstehen bei der Einwirkung von Diazoniumverbindungen vorwiegend oder ausschließlich nicht unmittelbar die entsprechenden Aminoazoverbindungen, sondern Zwischenprodukte, die Diazoaminoverbindungen, nach dem Schema:

$$R \cdot \overset{\overset{\displaystyle N}{|||}}{N} \cdot Cl + \overset{\overset{\displaystyle NH \cdot C_6H_5}{|}}{H} \longrightarrow R \cdot \overset{\overset{\displaystyle N-NH \cdot C_6H_5}{||}}{N} + HCl \longrightarrow R \cdot N{=}N \cdot NH \cdot C_6H_5 + HCl\,.$$

Auch hierbei läßt sich durch die Annahme eines **Additionsvorganges** die Entstehung der eigenartigen Stickstoffverkettung leicht erklären. Durch Umlagerung, d. h. durch Wanderung des Restes

$R\cdot N_2$— vom Stickstoff der Aminogruppe in den aromatischen Kern, geht z. B. das sogenannte Diazoaminobenzol in Aminoazobenzol über:

$$\overset{a}{C_6H_5}\cdot N_2\cdot NH\cdot \overset{b}{C_6H_5} \longrightarrow H_2N\cdot \overset{b}{C_6H_4}\cdot N_2\cdot \overset{a}{C_6H_5}\,.$$

Diazoaminobenzol Aminoazobenzol

Ganz analog verhält sich das Diazoaminotoluol aus o-Toluidin:

Diazoaminotoluol Aminoazotoluol

Die neuerdings vertretene Auffassung, wonach der Übergang der Diazoamino- in Aminoazofarbstoffe nicht durch intramolekulare Umlagerung zu erklären sei, sondern durch einen vorherigen Zerfall der Diazoaminoverbindung unter Rückbildung der beiden Komponenten, Diazoniumverbindung und Amin, erscheint nicht durchaus zwingend angesichts der zahlreichen Fälle, in denen ganz analoge intramolekulare Umlagerungen, d. h. Wanderungen gewisser Atome oder Gruppen vom Stickstoff in den Kern, als zweifellos angesehen werden dürfen. Bemerkenswert ist, daß die Azogruppe — sei es unmittelbar, sei es, wie eben geschildert, mittelbar unter Zwischenbildung von Diazoaminoverbindungen, $R\cdot N_2\cdot NH\cdot R'$, bzw. Diazo-Oxyverbindungen, $R\cdot N_2\cdot O\cdot R'$ — in der Regel in para-Stellung zur Amino- oder Hydroxylgruppe in den aromatischen Kern eintritt. Nur in solchen Fällen, in denen die p-Stellung besetzt ist, oder sich dem Eintreten in diese Stellung andere Hindernisse entgegenstellen (s. u.), wandert die Azogruppe in die ortho-, nie aber in die meta-Stellung. Sie tritt also in p-Stellung bei den Komponenten Anilin, o- u. m-Toluidin, Phenol, o- u. m-Kresol, Salicylsäure, α-Naphtol; dagegen in o-Stellung beim p-Toluidin, p-Kresol und der 1,4-Naphtolsulfonsäure. Bei β-Naphtol oder β-Naphtylamin ist eine p-Stellung überhaupt nicht vorhanden. Bei ihnen tritt die Azogruppe in die o-Stellung, und zwar ausschließlich in 1, nicht in 3. Ferner erfolgt der Eintritt der Azogruppe bei solchen Sulfonsäuren des α-Naphtols und α-Naphtylamins, die eine Sulfogruppe in 3- oder 5-Stellung enthalten, fast ausnahmslos in die o-, nicht in die p-Stellung, also in 2, nicht in 4, indem nämlich durch die Sulfogruppe in 3-, bzw. 5-Stellung die 4-Stellung vor dem Eintritt von Azogruppen sozusagen „geschützt" wird. Dieses verschiedene Verhalten der Azokomponenten ist deshalb von großer Bedeutung, weil die p-Azofarbstoffe als solche fast durchgängig, wenn sie nicht weiter umgewandelt, „entwickelt" werden (s. S. 125 f.), infolge ihrer geringeren

Echtheit weniger brauchbar sind als die o-Azofarbstoffe. Aus diesem Grunde sind auch, mit wenigen wichtigen Ausnahmen, diejenigen Naphtylamin- und Naphtolsulfonsäuren, die p-Azofarbstoffe liefern, für die Farbstofftechnik von untergeordneter Bedeutung geblieben. Der bestimmende Einfluß der Sulfogruppe zeigt sich bei β-Naphtol- und β-Naphtylaminsulfonsäuren auch noch in der Weise, daß die Sulfogruppe in 8-Stellung den Eintritt der Azogruppe in die 1-Stellung wesentlich erschwert bei β-Naphtolderivaten und nahezu verhindert bei β-Naphtylaminderivaten; so z. B. kuppelt die 2,6,8-Naphtoldisulfonsäure bedeutend schwerer als die isomere 2,3,6-Naphtoldisulfonsäure, und die 2,8-Naphtylaminsulfonsäure bildet anscheinend zunächst keinen normalen Azo-, sondern einen Diazoaminofarbstoff (vgl. auch S. 99).

Die Entscheidung der Frage, ob ein o- oder p-Azofarbstoff vorliegt, läßt sich in einfacher Weise durch reduktive Spaltung des Azofarbstoffes herbeiführen. So z. B. wird p-Aminoazobenzol in Anilin und p-Phenylendiamin gespalten:

$$C_6H_5 \cdot N : N \cdot C_6H_4 \cdot NH_2 + 4H \longrightarrow C_6H_5 \cdot NH_2 + H_2N \cdot C_6H_4 \cdot NH_2 ,$$

und der analoge Monoazofarbstoff aus 2 Molekülen o-Toluidin, das o-Aminoazotoluol (s. o.), in o-Toluidin und p-Toluylendiamin:

Aus Disazofarbstoffen entstehen, je nach den Reaktionsbedingungen, 2 oder 3 Spaltstücke; z. B. aus Aminoazobenzolsulfonsäure-diazo-2-Naphtol-8-sulfonsäure (Croceïnscharlach 3B),

$$NaO_3S \cdot \overset{a}{C_6H_4}—N= \vdots =N—\overset{b}{C_6H_4}—N= \vdots =N \cdot \overset{c}{C_{10}H_5}\Big\langle{}^{OH}_{SO_3Na}$$, durch kräftige Reduktionsmittel wie Zink und Salzsäure oder Hydrosulfit:

1. p-Aminobenzolsulfonsäure, $NaO_3S \cdot \overset{a}{C_6H_4}—NH_2$,
2. p-Phenylendiamin, $H_2N \cdot \overset{b}{C_6H_4} \cdot NH_2$ und
3. 1-Amino-2-naphtol-8-sulfonsäure, $\overset{c}{C_{10}H_5}\Big\langle{}^{NH_2}_{SO_3Na}^{OH}$ = 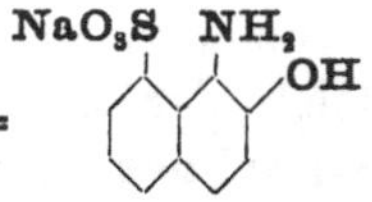 ,

während es bei vorsichtiger Reduktion gelingt, den Zusammenhang zwischen den Komponenten a und b zu erhalten, also den Monoazofarbstoff Aminoazobenzolsulfonsäure, $NaO_3S \cdot C_6H_4 \cdot N_2 \cdot C_6H_4 \cdot NH_2$, als solchen zu isolieren.

Was die Farbstoffe mit zwei Azogruppen, die Disazofarbstoffe, anlangt, so kommen für deren Darstellung vornehmlich drei Methoden in Betracht:

1. Die erste geht aus von einem Aminomonoazofarbstoff, z. B.:

$$C_6H_5 \cdot N : N \cdot C_6H_4 \cdot NH_2 .$$

Durch Diazotierung erhält man die Diazoniumverbindung:

$$C_6H_5 \cdot N : N \cdot C_6H_4 \cdot \overset{\overset{\displaystyle Cl}{|}}{N} \vdots N ,$$

die sich mit einer Azokomponente, etwa der 2,6,8-Naphtoldisulfonsäure, vereinigen läßt zu dem Disazofarbstoff Brillant-Croceïn:

$$C_6H_5 \cdot N : N \cdot C_6H_4 \cdot N : N \cdot C_{10}H_4 {<}^{OH}_{(SO_3Na)_2} .$$

Zu bemerken ist, daß sich nur solche Aminomonoazofarbstoffe zur Überführung in den Disazofarbstoff eignen, welche die Aminogruppe entweder in p-Stellung zur Azogruppe oder überhaupt im „anderen Kern" enthalten, wie dies z. B. bei dem Farbstoff der Fall ist, der aus der 2,8,6-Aminonaphtolsulfonsäure entsteht, wenn sie alkalisch, z. B. mit Benzoldiazoniumchlorid, gekuppelt wird:

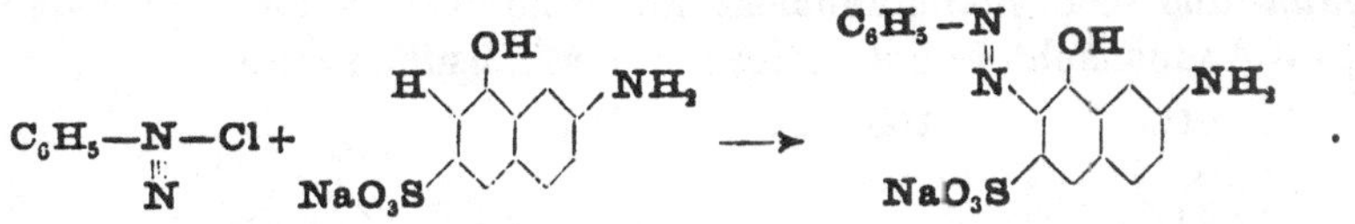

Die Azogruppe befindet sich hier in 7-, die Aminogruppe in 2-Stellung, also im andern Kern, und kann daher in normaler Weise diazotiert werden.

2. Die zweite Methode besteht darin, daß man von einer solchen Diazokomponente ausgeht, die zwei diazotierbare Aminogruppen enthält, also von einem Diamin. Von besonderer Bedeutung sind die Disazofarbstoffe aus den sogenannten p-Diaminen, wie z. B. Benzidin,

$H_2N \cdot C_6H_4 \cdot C_6H_4 \cdot NH_2$ oder 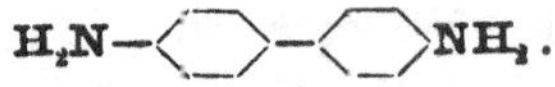

Durch die Einwirkung von 2 Molekülen Salpetriger Säure auf ein solches Diamin erhält man eine sogenannte „Tetrazoverbindung"; aus Benzidin z. B. die Verbindung

$$N \vdots \overset{\overset{\displaystyle Cl}{|}}{N} \cdot C_6H_4 \cdot C_6H_4 \cdot \overset{\overset{\displaystyle Cl}{|}}{N} \vdots N ,$$

die richtiger wohl als Tetrazoniumchlorid zu bezeichnen ist. Bei der Kombination derselben mit 2 Molekülen einer Azokomponente entstehen die sogenannten „substantiven" (im engeren Sinne) oder Baumwollfarbstoffe; mit 2 Molekülen Naphthionsäure z. B. erhält man die als Kongorot bezeichnete und für die Geschichte der Azofarbstoffe so bedeutungsvolle Verbindung

$$\frac{H_2N}{NaO_3S}{>}C_{10}H_5-N_2\cdot C_6H_4\cdot C_6H_4\cdot N_2-C_{10}H_5{<}\frac{NH_2}{SO_3Na}$$

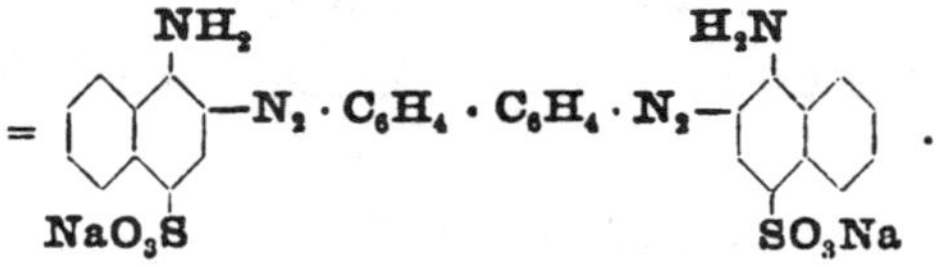

3. Die dritte Möglichkeit zu Disazofarbstoffen zu gelangen wird dadurch gegeben, daß gewisse Azokomponenten nicht nur mit einem Molekül einer Diazoniumverbindung einen Mono-, sondern auch mit 2 Molekülen einen Disazofarbstoff liefern. Derartige Komponenten sind z. B. Phenol, *α*-Naphtol, Resorcin, Metaphenylendiamin (s. auch S. 95f.); doch wird von diesen Verbindungen für den Zweck der Disazofarbstofferzeugung seltener Gebrauch gemacht als von gewissen Sulfonsäuren der Naphtalinreihe, vor allem von solchen, die zwei auxochrome Gruppen in peri-Stellung, d. h. in 1,8-Stellung enthalten. Die wichtigsten sind (vgl. auch S. 40f.) die 1,8,4-Aminonaphtol- und -Dioxynaphtalinmonosulfonsäuren sowie die 1,8,3,6- und 1,8,4,6-Aminonaphtol- und -Dioxynaphtalindisulfonsäuren:

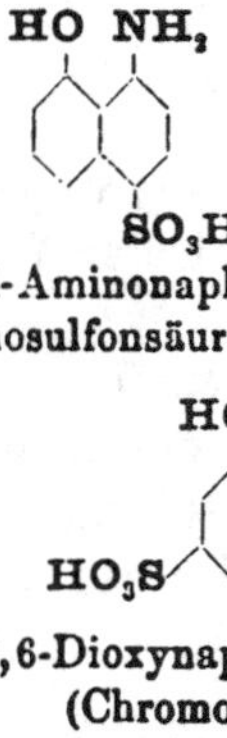

1,8,4-Aminonaphtol-monosulfonsäure S

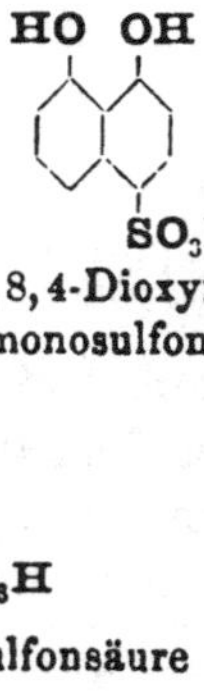

1,8,4-Dioxynaphtalin-monosulfonsäure S

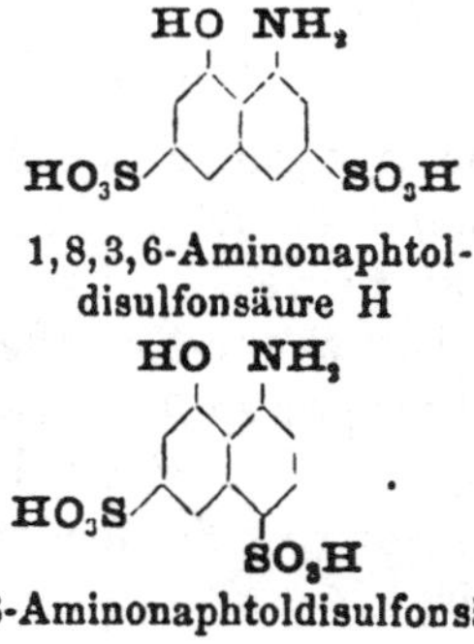

1,8,3,6-Aminonaphtol-disulfonsäure H

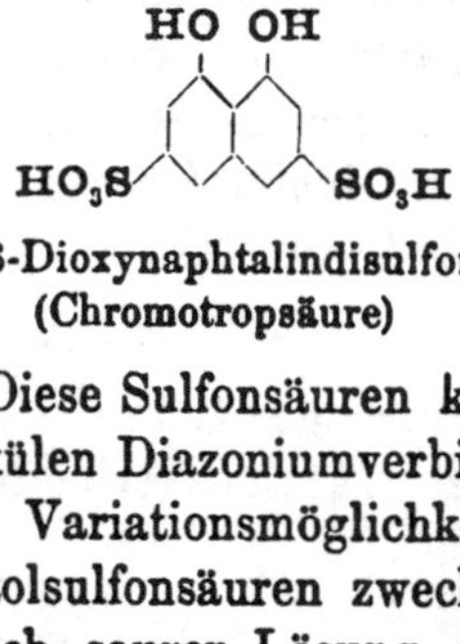

1,8,3,6-Dioxynaphtalindisulfonsäure (Chromotropsäure)

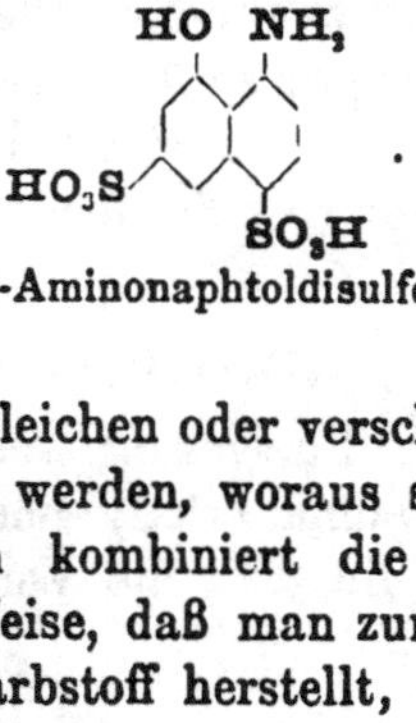

1,8,4,6-Aminonaphtoldisulfonsäure K

Diese Sulfonsäuren können mit zwei gleichen oder verschiedenen Molekülen Diazoniumverbindung gekuppelt werden, woraus sich eine große Variationsmöglichkeit ergibt. Man kombiniert die Aminonaphtolsulfonsäuren zweckmäßig in der Weise, daß man zunächst in schwach saurer Lösung den o-Aminoazofarbstoff herstellt, d. h. die Diazoniumverbindung in o-Stellung (vgl. S. 123) zur Aminogruppe eingreifen läßt, und dann in alkalischer Lösung das zweite Molekül Diazoniumverbindung hinzufügt, das, in o-Stellung zur Hydroxylgruppe eintretend, den Disazofarbstoff erzeugt. Siehe Näheres bei dem Disazofarbstoff Naphtolblauschwarz auf S. 150ff.

Die nach der ersten Methode erhältlichen Disazofarbstoffe nennt man sekundäre, die nach der zweiten und dritten Methode erhältlichen primäre. Bei den primären Disazofarbstoffen aus p-Diaminen spricht man von „gemischten“ Disazofarbstoffen, wenn zwei verschiedene Azokomponenten Verwendung finden; z. B. Benzidin (tetrazotiert) $\left\{\begin{array}{l}+\ 1\ \text{Molekül 1,4-Naphtolsulfonsäure}\\ +\ 1\ \text{Molekül 1,4-Naphtylaminsulfonsäure}\end{array}\right\}$ liefert den gemischten primären Disazofarbstoff Kongokorinth G,

$$\genfrac{}{}{0pt}{}{HO}{NaO_3S}{>}C_{10}H_5{-}N_2{\cdot}C_6H_4{-}C_6H_4{\cdot}N_2{-}C_{10}H_5{<}\genfrac{}{}{0pt}{}{NH_2}{SO_3Na}\,.$$

Zu Trisazofarbstoffen gelangt man gleichfalls auf verschiedene Weise:

a) Von einem sekundären Disazofarbstoff ausgehend durch Diazotieren und Kombinieren nach dem ganz allgemeinen, wohl ohne nähere Erläuterung verständlichen Schema:

$$R^1{\to}R^2{\to}R^3{\cdot}NH_2 \longrightarrow R^1{\to}R^2{\to}R^3{-}\overset{\overset{Cl}{|}}{N}{:}N \longrightarrow R^1{\to}R^2{\to}R^3{\to}R^4{\cdot}NH_2$$

bzw. $R^1{\to}R^2{\to}R^3{\to}R^4{\cdot}OH$; oder

b) Wenn die Komponente R^3 mit 2 Molekülen Diazoniumverbindung kuppelt, wie z. B. die oben erwähnte 1,8,3,6-Aminonaphtoldisulfonsäure, so kann man von dem sekundären Disazofarbstoff

$$\begin{array}{c}H_2N\diagdown\ \diagup OH\\ R^1{\to}R^2{\to}R^3\end{array}$$

durch weitere Kupplung mit einer Diazoniumverbindung

$$R^4{\cdot}\overset{\overset{Cl}{|}}{N}{:}N$$

zum Trisazofarbstoff

$$\begin{array}{c}H_2N\diagdown\ \diagup OH\\ R^1{\to}R^2{\to}R^3{\leftarrow}R^4\end{array},$$

oder kurz angedeutet

$$R^1{\to}R^2{\to}R^3{\leftarrow}R^4$$

gelangen.

c) Von den sogenannten p-Diaminen, wie Benzidin, Tolidin, Dianisidin, p-Phenylendiamin u. dgl., ausgehend stellt man Trisazofarbstoffe vielfach in der Weise dar, daß man deren Tetrazoniumverbindungen $Cl{\cdot}N_2{\cdot}R^1{\cdot}N_2{\cdot}Cl$ zunächst nur mit einem Molekül eines solchen Amins $R^2{\cdot}NH_2$ kuppelt, das, wie z. B. α-Naphtylamin, einen p-Azofarbstoff liefert, oder dessen Aminogruppe, wie bei der 2,8,6-Aminonaphtolsulfonsäure (s. o.), sich im „anderen Kern“ befindet. Aus dem Tetrazoniumchlorid des Dianisidins und α-Naphtylamin entsteht z. B. die Verbindung

$$\begin{array}{l}\quad H_3C{\cdot}O\diagdown\qquad\qquad \diagup O{\cdot}CH_3\\ \overset{}{\underset{\underset{Cl}{|}}{N}}{:}N{\cdot}C_6H_3{\cdot}C_6H_3{\cdot}N{:}N{\cdot}C_{10}H_6{\cdot}NH_2\end{array} \quad \text{oder}$$

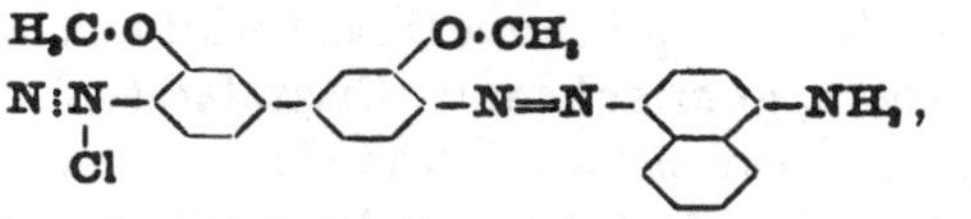

entsprechend dem Symbol $Cl \cdot N_2 \cdot R^1 \cdot N_2 \cdot R^2 \cdot NH_2$, und daraus durch nochmaliges Diazotieren eine neue Tetrazoverbindung:

$$\begin{array}{c} H_3C\cdot O \diagdown \quad \diagup O\cdot CH_3 \\ N:N\cdot C_6H_3\cdot C_6H_3\cdot N:N\cdot C_{10}H_6\cdot N:N \\ | \qquad\qquad\qquad\qquad | \\ Cl \qquad\qquad\qquad\qquad Cl \end{array},$$

entsprechend dem Symbol $Cl \cdot N_2 \cdot R^1 \cdot N_2 \cdot R^2 \cdot N_2 \cdot Cl$.

Diese Tetrazonium-Azoverbindung kann nun weiter mit zwei gleichen oder verschiedenen Azokomponenten, z. B. 2 Molekülen 1,3,8-Naphtoldisulfonsäure, zum Trisazofarbstoff Kongoechtblau,

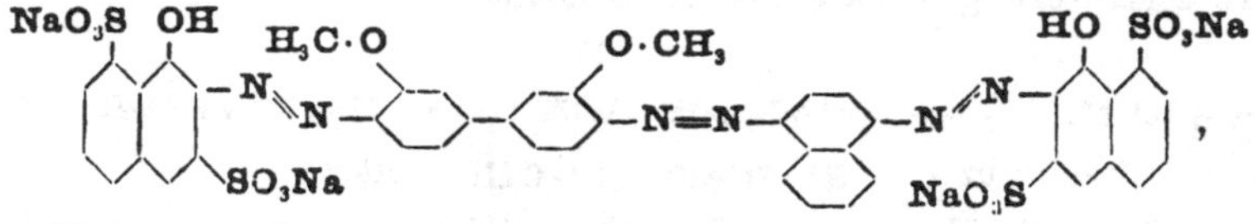

kombiniert werden, entsprechend dem Symbol

$$HO \cdot R^3 \cdot N_2 \cdot R^1 \cdot N_2 \cdot R^2 \cdot N_2 \cdot R^4 \cdot OH,$$

oder noch kürzer

$$R^3 \leftarrow R^1 \rightarrow R^2 \rightarrow R^4 .$$

d) Derartige Trisazofarbstoffe mit „zwischengeschobenem α-Naphtylamin" oder ähnlichen Komponenten können auch in der Weise erhalten werden, daß man einen nach der zweiten Methode (s. S. 125 f.) erhaltenen fertigen primären gemischten Disazofarbstoff,

$$R^2 \leftarrow R^1 \rightarrow R^3 \cdot NH_2 ,$$

z. B. aus einem Molekül Benzidin, einem Molekül Salicylsäure und einem Molekül α-Naphtylamin:

$$\begin{matrix} HO \\ HOOC \end{matrix} > C_6H_3 \cdot N_2 \cdot C_6H_4 \cdot C_6H_4 \cdot N_2 \cdot C_{10}H_6 \cdot NH_2 \quad \text{oder}$$

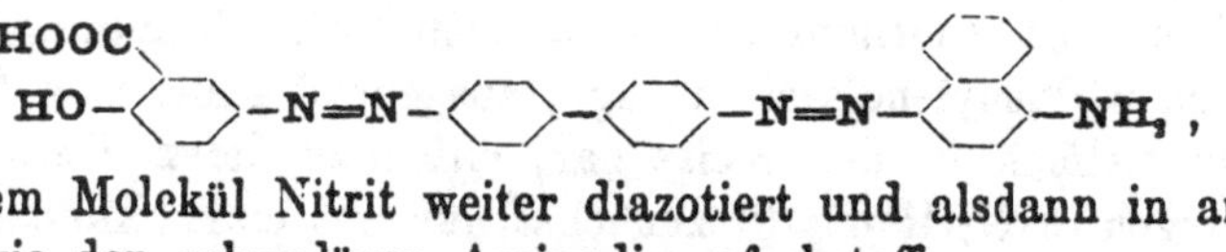

mit einem Molekül Nitrit weiter diazotiert und alsdann in analoger Weise wie den sekundären Aminodisazofarbstoff

$$R^1 \rightarrow R^2 \rightarrow R^3 \cdot NH_2$$

(s. o. S. 127 unter a) mit einer weiteren Azokomponente, z. B. einer Naphtolsulfonsäure, zum Trisazofarbstoff, etwa

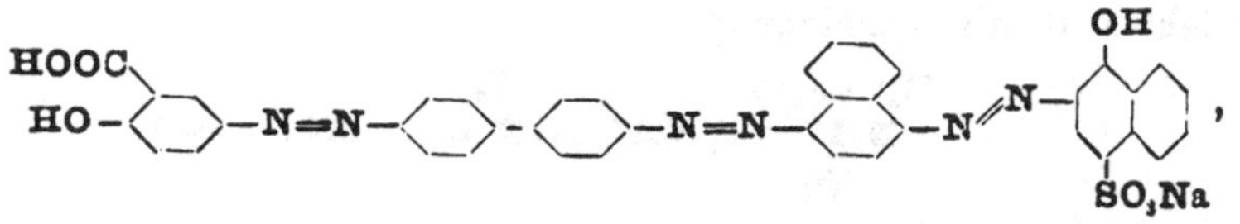

entsprechend dem Symbol

$$R^2 \leftarrow R^1 \rightarrow R^3 \rightarrow R^4 \,,$$

kuppelt (Benzograu).

e) Eine weitere Möglichkeit zur Darstellung von Trisazofarbstoffen ist gegeben durch vereinte Anwendung der (auf S. 125f. unter 2 und 3 beschriebenen) Methoden zur Erzeugung primärer Disazofarbstoffe. Man verfährt z. B. folgendermaßen: 1,8,3,6-Aminonaphtoldisulfonsäure wird zuerst sauer mit p-Nitrobenzoldiazoniumchlorid kombiniert:

$$R^1 \cdot N_2 \rightarrow R^2 \,.$$

Andererseits stellt man aus Benzidin (tetrazotiert) und 1 Molekül Salicylsäure den Zwischenkörper

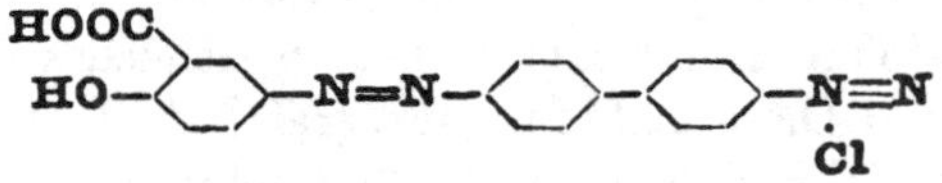

mit dem Symbol

$$R^4 \cdot N_2 \cdot R^3 \cdot N_2 \cdot Cl$$

her und vereinigt denselben in alkalischer Lösung mit dem Monoazofarbstoff $R^2 \leftarrow N_2 \cdot R^1$ aus der 1,8,3,6-Säure zu dem Trisazofarbstoff Diamingrün G:

$$\begin{matrix} HOOC \\ HO \end{matrix}\!\!>\!C_6H_3 \cdot N_2 \cdot C_6H_4 \cdot C_6H_4 \cdot N_2 \text{---} \begin{matrix} HO \\ NaO_3S \end{matrix}\!\!>\!C_{10}H_2\!<\!\begin{matrix} NH_2 \\ SO_3Na \end{matrix} \text{---} N_2 \cdot C_6H_4 \cdot NO_2$$

oder

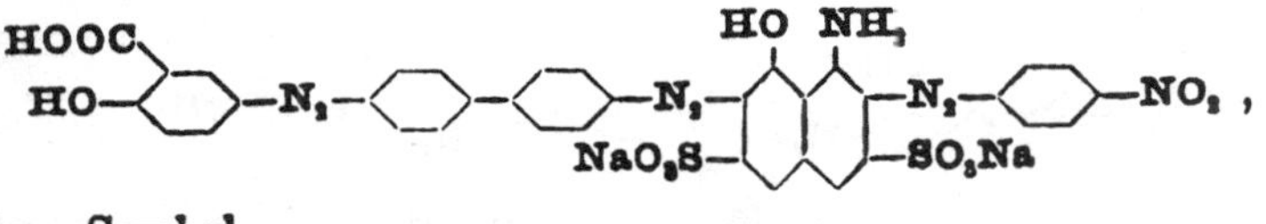

mit dem Symbol

$$R^4 \leftarrow N_2 \cdot R^3 \cdot N_2 \rightarrow R^2 \leftarrow N_2 \cdot R^1$$

oder

$$R^4 \leftarrow R^3 \rightarrow R^2 \leftarrow R^1 \,.$$

Eine Abart f) dieser Methode gewährt die Möglichkeit, von primären Disazofarbstoffen wie Naphtolblauschwarz (s. S. 153f.) zu Trisazofarbstoffen zu gelangen. Das Verfahren läßt sich durch die folgenden Symbole andeuten:

$$R^3 \rightarrow R^2 \leftarrow R^1 \cdot NO_2 \ (\text{bzw. } R^3 \rightarrow R^2 \leftarrow R^1 \cdot NH \cdot COCH_3) \longrightarrow$$

$$R^3 \rightarrow R^2 \leftarrow R^1 \cdot NH_2 \longrightarrow R^3 \rightarrow R^2 \leftarrow R^1 \cdot \underset{\displaystyle Cl}{\underset{|}{N}} \vdots N \longrightarrow R^3 \rightarrow R^2 \leftarrow R^1 \rightarrow R^4 \,.$$

Wie man sieht, wird hierbei durch Reduktion einer Nitrogruppe bzw. durch Verseifung einer vorher inaktiven Acetyl-Aminogruppe eine diazotierbare Aminogruppe erzeugt, die die weitere Kupplung des Dis- zum Trisazofarbstoff ermöglicht.

Einen Überblick über die hier besprochenen, noch zahlreicher weiterer Variationen fähigen Methoden gewährt folgende Zusammenstellung von Symbolen:

I. Für Monoazofarbstoffe: $R^1 \rightarrow R^2$.

II. Für Disazofarbstoffe: 1) $R^1 \rightarrow R^2 \rightarrow R^3$ 2) $R^2 \leftarrow R^1 \rightarrow R^3$ 3) $R^1 \rightarrow R^2 \leftarrow R^3$.

III. Für Trisazofarbstoffe: 1) $R^1 \rightarrow R^2 \rightarrow R^3 \rightarrow R^4$ 2) $R^1 \rightarrow R^2 \rightarrow R^3 \leftarrow R^4$ 3) $R^3 \leftarrow R^1 \rightarrow R^2 \rightarrow R^4$ 4) $R^2 \leftarrow R^1 \rightarrow R^3 \rightarrow R^4$ 5) $R^4 \leftarrow R^3 \rightarrow R^2 \leftarrow R^1$ 6) $R^3 \rightarrow R^2 \leftarrow R^1 \rightarrow R^4$.

Ganz analog gestaltet sich die Darstellung der Tetrakis-, Pentakis- usw. Azofarbstoffe; allerdings nimmt auch die Mannigfaltigkeit der Methoden zu.

Gewisse Tetrakis-Azofarbstoffe sind für die Baumwollfärberei insofern von Bedeutung geworden, als dieselben, erst auf der Faser aus Disazofarbstoffen „entwickelt", sehr waschechte Färbungen zu liefern vermögen. Diese Art der Färberei hat in der letzten Zeit einiges von ihrer Wichtigkeit eingebüßt infolge der steigenden Verwendung der sog. Schwefelfarbstoffe und der Küpenfarbstoffe für die Baumwollechtfärberei. Als weiter zu „entwickelnde" Farbstoffe kommen vor allem in Betracht die primären Disazofarbstoffe aus 1 Mol. eines p-Diamins und 2 Mol. solcher Azokomponenten, welche die Aminogruppe im „anderen Kern" enthalten (s. oben), so z. B. der Farbstoff Diaminschwarz aus Benzidin (tetrazotiert) + 2 Mol. 2,8,6-Aminonaphtolsulfonsäure (γ-Säure), alkalisch kombiniert, von der Formel

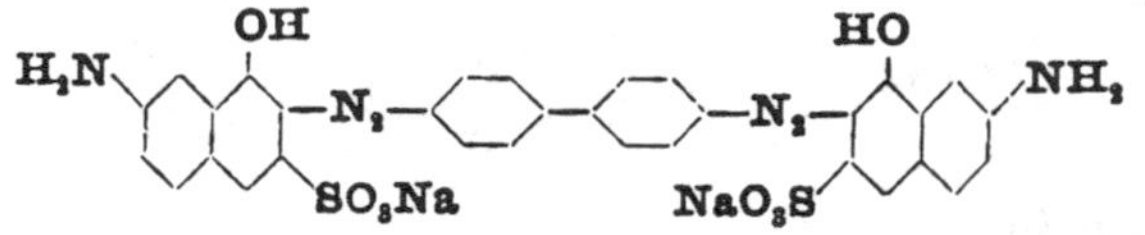

.

Als solcher auf Baumwolle gefärbt liefert er unansehnliche Töne: durch Diazotieren beider Aminogruppen auf der Faser und Kombinieren mit verschiedenen Entwicklern (2 Mol.) zu Tetrakis-Azofarbstoffen werden sehr wertvolle schwarze Färbungen erhalten. Bei Verwendung solcher Entwickler, die, wie z. B. Resorcin und Metaphenylendiamin, mit 2 Mol. Diazoniumverbindung reagieren, können diese Tetrakis- leicht in Hexakis-Azofarbstoffe übergeführt werden. Das Symbol für einen solchen symmetrischen Hexakis-Azofarbstoff aus den Komponenten R^1 = Benzidin (tetrazotiert) + 2 R^2 = 2 Mol. γ-Säure (nach der Kupplung diazotiert) + 2 R^3 = 2 Mol. Metaphenylendiamin + 2 R^4 = 2 Mol. p-Nitranilin (diazotiert) wäre z. B.:

$$R^4 \rightarrow R^3 \leftarrow R^2 \leftarrow R^1 \rightarrow R^2 \rightarrow R^3 \leftarrow R^4 .$$

Jedoch nicht nur hinsichtlich solcher verwickelt gebauter Poly-Azofarbstoffe, sondern auch für einfachere Mono- und Disazofarbstoffe hat die „Entwicklung“ auf der Faser Bedeutung erlangt. (Näheres siehe in dem Kapitel über Entwicklung von Farbstoffen auf der Faser.)

Zu großer Bedeutung für die Wollfärberei sind die beizenziehenden Azofarbstoffe gelangt; im weiteren Sinne sind zu diesen zu rechnen einerseits diejenigen Azofarbstoffe, die als solche direkt auf Beizen ziehen; andererseits aber auch diejenigen, die durch Nachbehandlung auf der Faser die Möglichkeit erlangen, mit Metalloxyden lackartige Verbindungen einzugehen. Über die Nachbehandlung siehe Näheres V. Kapitel, Nr. 3a.

Als Beispiele seien hier zwei Farbstoffe (ein Mono- und ein primärer Disazofarbstoff) aus der Klasse der sogenannten o-Oxy-Azofarbstoffe genannt, die durch Nachbehandlung mit Bichromat und Schwefelsäure ein schönes Schwarz auf Wolle entstehen lassen: Salicinschwarz U (I) und Palatinchromschwarz F = Säurealizarinschwarz SE (II):

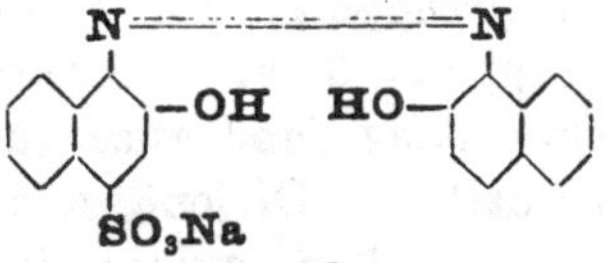

I

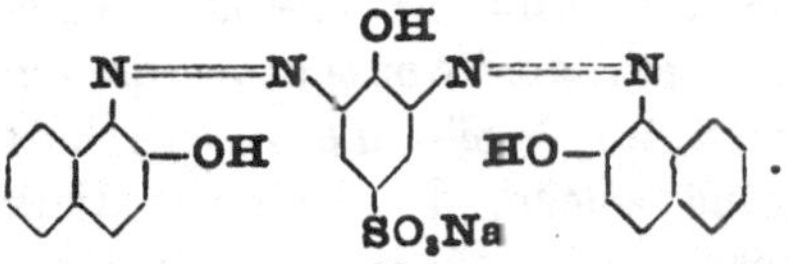

II

Salicinschwarz U entsteht aus 1-Diazo-2-Naphtol-4-sulfonsäure und 1 Mol. β-Naphtol; Palatinchromschwarz F aus 2,6-Tetrazophenol-p-sulfonsäure und 2 Mol. β-Naphtol.

Eine übersichtliche Einteilung der Azofarbstoffe ergibt sich aus dem folgenden Schema:

Azofarbstoffe.

I. Monoazofarbstoffe.
  1. Amino-Azofarbstoffe.
  2. Oxy-Azofarbstoffe und Amino-Oxy-Azofarbstoffe.
  3. Peri-Dioxynaphtalin-Azofarbstoffe.
  4. Oxy-Carbonsäure-Azofarbstoffe.

II. Disazofarbstoffe.
  1. Primäre Disazofarbstoffe aus Monoazofarbstoffen $R^1 \rightarrow R^2 \leftarrow R^3$.
  2. Primäre Disazofarbstoffe aus p-Diaminen $R^2 \leftarrow R^1 \rightarrow R^3$.
  3. Sekundäre Disazofarbstoffe aus Aminoazoverbindungen $R^1 \rightarrow R^2 \rightarrow R^3$.

III. Polyazofarbstoffe.
  (Tris-, Tetrakis- usw. -Azofarbstoffe.)

Bezüglich der färbereitechnischen Verwendung der verschiedenen Farbstoffgruppen sei hier vorläufig kurz folgendes bemerkt: Die Monoazofarbstoffe in Gruppe 1 und 2 bilden die umfangreiche Klasse der Säurefarbstoffe, die als billige, wenn auch weniger echte, meist gelbe, orange und rote (Ponceau, Bordeaux) Farbstoffe vor allem für die Färberei der tierischen Faser (Wolle und Seide) in Betracht kommen. (Über die besondere Stellung der o-Oxyazofarbstoffe siehe Näheres auf S. 145 und Kap. V, Nr. 3aα.)

Die Monoazofarbstoffe (I, 3) aus Peri-Dioxyverbindungeu der Naphtalinreihe dienen vorwiegend zur Erzeugung der licht- und walkechten Beizenfärbungen auf Wolle, in der Regel mittels Nachchromierung nach dem Einbadverfahren (s. Kap. V). Die Oxy-Carbonsäure-(Salicylsäure-)Monoazofarbstoffe der Gruppe I, 4 haben fast nur für die chromgebeizte Faser Bedeutung, bzw. für die Bildung von Chromlacken beim Zeugdruck. Von den Disazofarbstoffen finden vor allem die primären aus Monoazofarbstoffen (Gruppe II, 1) und die sekundären aus Aminoazoverbindungen (Gruppe II, 3) als Schwarzmarken für Wolle die ausgedehnteste Verwendung (und zwar vorwiegend solche, die 3 **Naphtalinkerne** enthalten). Diejenigen sekundären Disazofarbstoffe, die **Benzolkerne** enthalten, weisen lichtere Töne (Scharlachmarken für Wolle und Seide, s. z. B. S. 164) auf und haben früher auch zu, allerdings nicht sonderlich echten, Färbungen auf Baumwolle gedient. Welche Verschiebung der Farbenton beim Ersatz eines Benzol- durch einen Naphtalin-Kern erfährt, ersieht man aus dem Vergleich zweier einfacher Monoazofarbstoffe, des Orange II mit dem Echtrot A. Orange II ist der Farbstoff aus Sulfanilsäure (diazotiert) + β-Naphtol, während Echtrot A aus Naphthionsäure (diazotiert) + β-Naphtol erhalten wird:

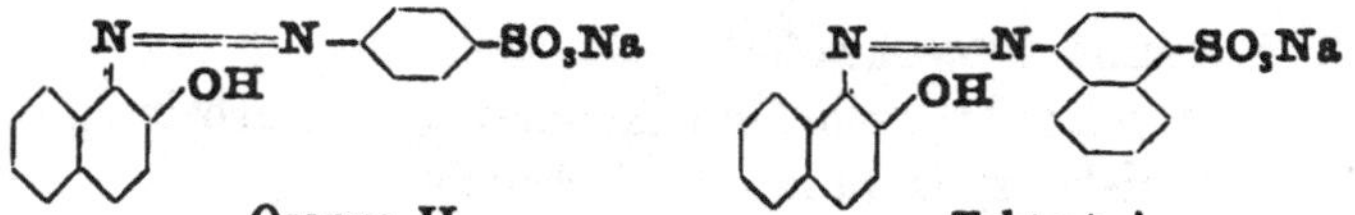

Orange II — Echtrot A

Der erstere Farbstoff färbt, wie sein Name besagt, orange, der letztere dagegen ein ausgesprochenes Rot.

Die primären Disazofarbstoffe aus p-Diaminen (Gruppe II, 2) stellen die höchst wichtige Klasse der **substantiven** Farbstoffe oder **Salzfarben** für Baumwolle dar; einzelne eignen sich auch zum Färben der Wolle bzw. Halbwolle (Wolle + Baumwolle). Die Polyazofarbstoffe endlich kommen fast ausschließlich für die Baumwollechtfärberei in Betracht.

I. Monoazofarbstoffe.

1. Amino-Monoazofarbstoffe.

Die Farbstoffe dieser Gruppe weisen wesentliche Unterschiede auf hinsichtlich ihres Farbentones und ihres Verhaltens beim Färben je nach der Anzahl, Art und Stellung der auxochromen Gruppen und je nach der Beschaffenheit der aromatischen Kerne, die durch die Azogruppe miteinander verknüpft sind. Der einfachste Aminomonoazofarbstoff, das Aminoazobenzolchlorhydrat (s. S. 139), ist in Wasser sehr schwer löslich, offenbar infolge der mangelnden Basizität der Aminogruppe, während die Aminoazofarbstoffe mit zwei oder mehr auxochromen Gruppen, z. B. Chrysoïdin (s. S. 137), eine erheblich größere Löslichkeit in Wasser aufweisen. Zum Färben der Wolle ist in der Regel aber eine gewisse Wasserlöslichkeit erforderlich, die den an sich unlöslichen oder schwerlöslichen Farbstoffen durch Sulfonierung erteilt wird. So entsteht z. B. aus dem eben genannten Aminoazobenzol die in Wasser leicht lösliche Aminoazobenzoldisulfonsäure, die als Dinatriumsalz das sog. Echtgelb des Handels bildet.

Neben der benzoïden Formel $R\cdot N:N\cdot R\cdot NH_2$ kommt für p-Aminoazofarbstoffe auch noch die chinoïde Hydrazonformel $R\cdot NH\cdot N:R:NH$ in Betracht, die für o-Aminoazofarbstoffe im Hinblick auf deren chemisches Verhalten einen größeren Grad von Wahrscheinlichkeit besitzt, also z. B.:

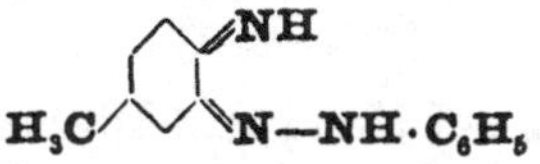

neben

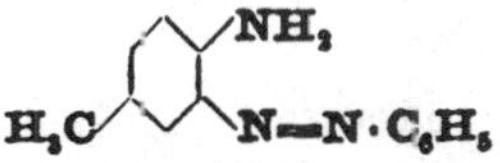

.

Über die Darstellung der Amino-Monoazofarbstoffe aus einer Diazokomponente $R\cdot\overset{Cl}{N}:N$ durch Kupplung mit einem Amin $R'\cdot NH_2$ und über die in zahlreichen Fällen, besonders bei Monoaminen der Benzolreihe, beobachtete Bildung von Zwischenprodukten, den Diazoaminoverbindungen, die durch Umlagerung in die Aminoazoverbindungen übergehen: $R\cdot N:N\cdot NH\cdot R' \longrightarrow R\cdot N:N\cdot R'\cdot NH_2$, ist bereits in der Einleitung das Wesentlichste mitgeteilt worden (s. S. 122). Ergänzend sei hier noch bemerkt, daß das bei der Diazotierung verwendete überschüssige HNO_2 bei der Kombination in saurer Lösung einen störenden Einfluß auf die Farbstoffbildung auszuüben vermag. Denn soll z. B. die Diazoniumverbindung $R\cdot N_2\cdot Cl$ auf das Amin $R'\cdot NH_2$ einwirken, und enthält die Diazoniumverbindung überschüssiges HNO_2, so sind die Bedingungen dafür gegeben, daß neben der Hauptreaktion:

$$R\cdot N_2\cdot Cl + R'\cdot NH_2 \xrightarrow[-HCl]{} R\cdot N_2\cdot R'\cdot NH_2$$

Nebenreaktionen stattfinden, nämlich:

$$1.\quad R'\cdot NH_2 + HNO_2 \xrightarrow[-2H_2O]{+HCl} R'\cdot N_2\cdot Cl$$

und

$$2.\quad R'\cdot N_2\cdot Cl + R'\cdot NH_2 \xrightarrow[-HCl]{} R'\cdot N_2\cdot R'\cdot NH_2\,.$$

Statt eines einheitlichen Farbstoffes $R\cdot N_2\cdot R'\cdot NH_2$ erhält man also ein Gemisch aus jenem und dem Nebenprodukt $R'\cdot N_2\cdot R'\cdot NH_2$. Es ist also schon bei der Darstellung der Diazoniumverbindungen, die in (mineral- oder essig-)saurer Lösung gekuppelt werden sollen, auf eine möglichst genaue Einhaltung des molekularen Verhältnisses zwischen Amin und Nitrit zu achten.

Auffällig ist die weitgehende Erhöhung der Reaktionsfähigkeit, die solche Azokomponenten wie Anilin oder Toluidin durch den Eintritt einer zweiten Aminogruppe in den Kern — in m-Stellung zur bereits vorhandenen — erfahren. Die so entstehenden m-Diamine, wie m-Phenylendiamin und m-Toluylendiamin,

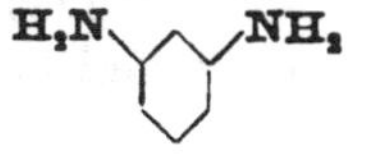

und

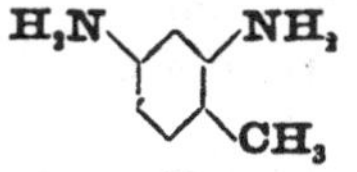

sind nämlich leicht kuppelnde Azokomponenten und gehören sogar zu den Verbindungen, die, wie bereits an anderer Stelle bemerkt (s. S. 126), eine starke Neigung zeigen, nicht nur mit einem Molekül:

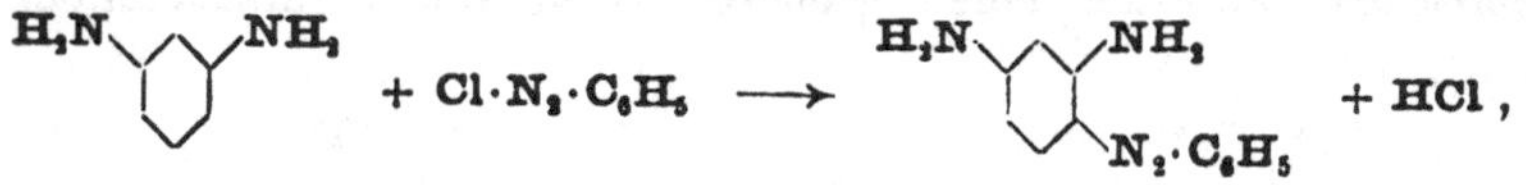

sondern unter gewissen Bedingungen mit zwei Molekülen Diazoniumverbindung zu kuppeln:

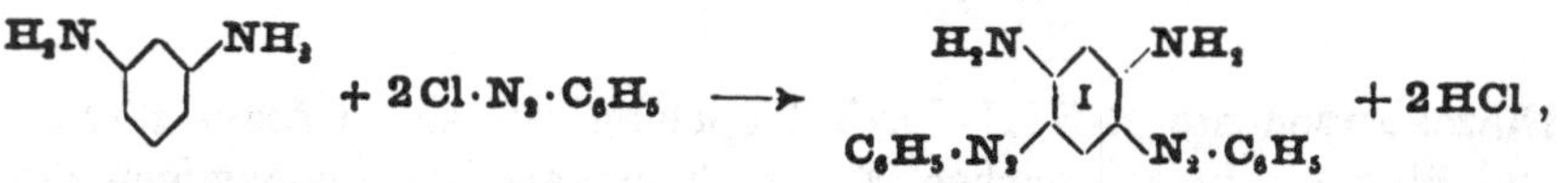

wobei, wie neuere Untersuchungen ergeben haben, neben dem symmetrischen Diamino-Disazofarbstoff (I) des m-Phenylendiamins auch ein unsymmetrischer (II) entsteht, der dem entsprechenden Disazofarbstoff (III) des m-Toluylendiamins analog gebaut ist:

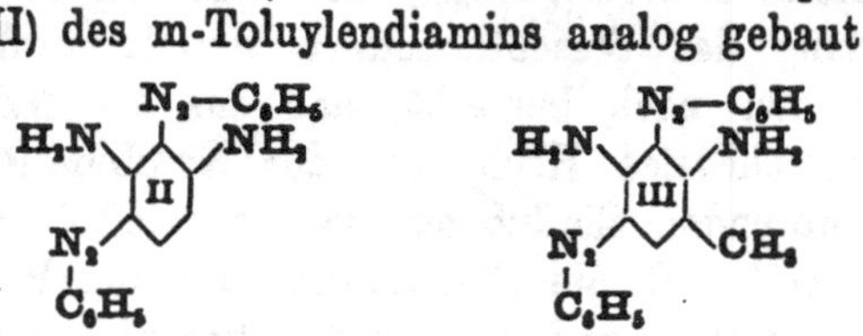

In solchen Fällen, in denen die Entstehung eines Monoazofarbstoffes gewünscht wird, ist daher die Beobachtung besonderer Vorsichtsmaßregeln erforderlich, wenn die Farbstoffbildung einen einheitlichen

Verlauf nehmen soll (vgl. auch S. 151). Ein einfaches, in zahlreichen Fällen anwendbares Mittel zur Erreichung dieses Zweckes besteht darin, daß man die Diazokomponente (1 Mol.) nur langsam, in dem Maße, wie sie verbraucht wird, zu der Azokomponente (gleichfalls 1 Mol.) hinzugibt. Dadurch, daß letztere im Reaktionsgemisch, wie leicht einzusehen, stets im Überschuß vorhanden ist, wird die Bildung des Disazofarbstoffes unmöglich gemacht oder wenigstens erschwert. Ein einigermaßen befriedigender Erfolg jedoch läßt sich mit dieser Maßregel nur dann erzielen, wenn die Azokomponente selbst leicht, der Monoazofarbstoff hingegen schwer löslich oder ganz unlöslich in Wasser und daher weniger reaktionsfähig ist. Aber auch selbst dann, wenn diese Bedingungen erfüllt sind, ist es notwendig, durch sehr energisches Rühren der zum Schluß der Monoazofarbstoffbildung eintretenden Möglichkeit vorzubeugen, daß an einzelnen Stellen das molekulare Verhältnis der Diazo- zur Azokomponente sich zu ungunsten der letzteren verschiebt. Die Anwendung eines anderen und sichereren Mittels beruht auf der Tatsache, daß die Disazofarbstoffbildung in der Regel eine starke Verzögerung erfährt, wenn man in mineralsaurer Lösung arbeitet. Daß Mineralsäuren, selbst in verhältnismäßig geringen Konzentrationen, eine reaktionsverzögernde Wirkung ausüben, wurde bereits früher (auf S. 94) erwähnt. Man hat es also durch Auswahl der passenden Acidität in der Hand, die Farbstoffbildung nach Belieben rasch oder langsam vor sich gehen zu lassen, und man verfährt, um ohne längere Vorversuche die richtigen Reaktionsbedingungen zu treffen, sehr einfach in folgender Weise: Handelt es sich z. B. um die Darstellung des Chrysoïdins, des Monoazofarbstoffes aus 1 Mol. Benzoldiazoniumchlorid und 1 Mol. m-Phenylendiamin (s. S. 137), so bringt man die beiden Farbstoffkomponenten, im annähernd molekularen Verhältnis von 1 : 1,05 (d. h. mit etwa 5% m-Phenylendiamin im Überschuß), ihrem ganzen beiderseitigen Betrage nach zusammen, und zwar bei einer Acidität, die nicht nur die Disazofarbstoffbildung vollkommen ausschließt, sondern selbst den Monoazofarbstoff zunächst nur in geringen Mengen entstehen läßt. Hierzu genügt, falls man das m-Phenylendiamin als Chlorhydrat verwendet, bereits die verhältnismäßig sehr geringe Konzentration der von der Diazotierung des Anilins herrührenden überschüssigen Salzsäure. Zu der mineralsauren Mischung läßt man nun ganz langsam unter Umrühren eine verdünnte, etwa normale Na-Acetatlösung zutropfen, welche die kupplungshemmende Salzsäure allmählich bindet und auf diese Weise die Bedingungen für die Bildung des Aminoazofarbstoffes herstellt. Durch fortgesetzte Tüpfelproben auf Fließpapier überzeugt man sich von dem jeweiligen Stand der Kupplung. Sehr charakteristisch ist im vorliegenden Falle das Aussehen dieser Tüpfelproben: Die erste Probe, kurz nach dem Zusammengießen der Farbstoffkomponenten, zeigt einen hellen, nur wenig Farbstoff enthaltenden Fleck, der umgeben ist von einem anfänglich farblosen Auslauf; um diesen bildet sich alsbald aber eine orange gefärbte Zone von Chrysoïdin. Gerade diese an der äußeren Peripherie des farblosen Auslaufes auftretende gefärbte Zone ist eine typische Erscheinung in allen denjenigen Fällen, in denen, infolge zu großer Acidität der Lösung, die Farbstoffbildung in der Reaktionsmasse selbst noch nicht zustande gekommen ist, während infolge der sozusagen neutralisierenden Wirkung des Fließpapiers (die vermutlich auf einer unterschiedlichen Adsorptionsfähigkeit des Papiers gegenüber den verschiedenen, in der wäßrigen Lösung enthaltenen Verbindungen beruht — wobei die Salzsäure anscheinend also rascher adsorbiert wird als die Farbstoffkomponenten) am Rande der Tüpfelprobe sich die geeigneten Bedingungen für die Farbstoffbildung allmählich herstellen. In dem Maße nun, wie das Acetat zutropft und Chrysoïdin sich auszuscheiden beginnt, verringert sich die farblose Zone auf dem Fließpapier und verschwindet schließlich ganz; doch bleibt die um den Kern der Tüpfelprobe sich bildende orange gefärbte Zone an ihrer äußeren Peripherie immer noch merklich intensiver gefärbt als innen. Durch diese Erscheinung wird angezeigt, daß die Farbstoffbildung im Reaktionsgemisch infolge der noch vorhandenen Acidität der Lösung noch nicht beendigt ist. Dies kann außerdem sowohl daraus erkannt werden, daß beim Betüpfeln einer frischen Probe auf Fließpapier mit sodaalkalischer R-Salzlösung der gelbrote R-Salzfarbstoff entsteht, als auch daran, daß beim Bestreichen einer Tüpfelprobe mit Acetatlösung die Chrysoïdinbildung verstärkt wird. Zweckmäßig läßt man zur Reaktionsmischung von der Acetatlösung nur so viel zufließen, daß die salzsaure Reaktion eben noch erhalten bleibt, also Kongopapier noch schwach gebläut wird, Die Farbstoffbildung ist vollendet, wenn sich Benzoldiazoniumchlorid durch R-Salzlösung nicht mehr nachweisen läßt, während vom m-Phenylendiamin ein deutlich erkennbarer Überschuß bis zum Schluß vorhanden sein soll, was durch Tüpfeln mit Diazolösung sorgfältig festzustellen ist.

In solchen Fällen, in denen die Azokomponente in Wasser schwer löslich ist, wie z. B. Diphenylamin, wendet man vielfach Alkohol oder dgl. als Lösungsmittel an. Unbedingt erforderlich ist dies jedoch nicht, besonders dann nicht, wenn der durch Kombination entstehende Azofarbstoff in Wasser löslich ist. Denn bei der beträchtlichen Energie, mit der sich der Kupplungsvorgang vollzieht, tritt allmählich die gesamte Menge der schwerlöslichen Komponente in Reaktion, zumal dann, wenn durch kräftiges Rühren für ihre möglichst feine Verteilung Sorge getragen wird.

Ein auch in anderer Richtung lehrreiches Beispiel von der Verschiedenheit der Geschwindigkeiten, mit denen sich zwei sonst anscheinend gleich rasch verlaufende Reaktionen vollziehen, bietet die unten beschriebene Darstellung des Helianthins. Bei der Einwirkung von $NaNO_2$ auf die Mischung von Sulfanilsäure und Dimethylanilin, die als sulfanilsaures Dimethylanilin in Lösung gehen, könnte man annehmen, daß das infolge der Wechselwirkung zwischen Sulfanilsäure und $NaNO_2$ in Freiheit gesetzte HNO_2 nach einem gewissen Verteilungsmodus auf beide Komponenten gleichzeitig einwirken würde. Dies ist jedoch, wie der Versuch lehrt, keineswegs der Fall; sondern das HNO_2 reagiert fast ganz ausschließlich mit der Sulfanilsäure und führt diese dadurch in diazosulfanilsaures Natron $NaO_3S.C_6H_4.N_2.OH$ über, das nun seinerseits mit dem Dimethylanilin unter Bildung des Helianthin oder Methylorange genannten Azofarbstoffes $NaO_3S.C_6H_4.N{:}N.C_6H_4.N(CH_3)_2$ zusammentritt.

Dieser lehrreiche Versuch macht es auch leicht begreiflich, warum bei der Einwirkung einer Diazoniumverbindung auf zwei hinsichtlich ihrer Kupplungsenergie verschiedene Azokomponenten zunächst fast ausschließlich die leichter kuppelnde Azokomponente in Reaktion tritt und erst später, wenn sie verschwunden ist, bei weiterer Zugabe der Diazoniumverbindung die schwerer kuppelnde, eine Erscheinung, die, wie auf S. 38f. erläutert, z. B. die Trennung isomerer Naphtolsulfonsäuren (etwa 2,6 und 2,8) ermöglicht.

Übungsbeispiele.

1. Chrysoïdin, $C_6H_5 \cdot N_2 \cdot C_6H_3 \cdot (NH_2)_2HCl$

oder

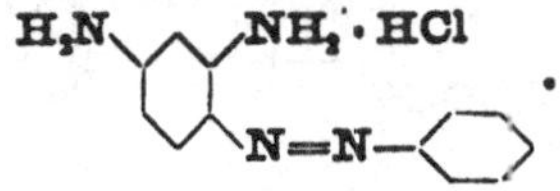

Ausgangsmaterial: 20 g Anilin; 25 g m-Phenylendiamin.

Hilfsstoffe: 63 g konzentrierte HCl (D 1,19); 500 g Eis; 14,8 g $NaNO_2$ (100%ig) oder entsprechende Mengen technischen Nitrits; 250 ccm HCl (5%ig); normale Acetatlösung; festes NaCl.

Darstellung. 20 g Anilin werden in einer Mischung von 63 g konzentrierter HCl (D 1,19) und 1500 ccm Wasser gelöst. Diese Lösung wird durch Zugabe von 500 g Eis gekühlt, worauf man die Lösung von 14,8 g $NaNO_2$ (100%ig) in 1 l Wasser unter Umrühren mit der Vorsicht zufließen läßt, daß die untere Mündung des Tropftrichters in die Flüssigkeit eintaucht. Die so bereitete „Diazolösung" läßt man nun in die Lösung von 25 g reinem m-Phenylendiamin in 250 ccm 10%iger HCl (oder von 39 g m-Phenylendiamindichlorhydrat in 250 ccm Wasser) einlaufen. Die Flüssigkeit färbt sich schwach rotorange und scheidet nur geringe Mengen Farbstoff ab. Nach etwa $^1/_4$-stündigem Umrühren läßt man langsam tropfenweise verdünnte, etwa normale Na-Acetatlösung zulaufen, worauf sofort eine reichlichere Farbstoffbildung eintritt. Man läßt nicht mehr Acetat zulaufen, als zur Bindung der überschüssigen HCl erforderlich ist. Zum Schluß soll die Reaktion nur ganz schwach mineralsauer sein. Ist die Farbstoffbildung beendet, was nach etwa 1—2-stündigem Rühren der Fall zu sein pflegt und am Verschwinden der Diazoniumverbindung leicht (mittels R-Salzlösung, s. S. 97) zu erkennen ist, so wird das Reaktionsgemisch zum Sieden erhitzt und nach eingetretener Lösung durch ein Faltenfilter filtriert. Das Filtrat erhitzt man nach Zusatz von etwa 250 g festem NaCl auf dem Wasserbade so lange (etwa 24 Stunden), bis der anfangs gallertartige Farbstoffniederschlag ein schönes, krystallinisches Aussehen angenommen hat. Alsdann wird abgesaugt, eventuell ausgeschiedenes Kochsalz mit kaltem Wasser vorsichtig gelöst und der Farbstoff schließlich getrocknet.

Eigenschaften. Das Chrysoïdin stellt wohlausgebildete, dunkle, stahlblau glänzende Kristalle dar. Die aus der orangeroten wäßrigen Lösung des Farbstoffes mit Alkali gefällte Base kristallisiert aus heißem Wasser in gelben Nadeln vom Fp. 117,5°. Auf Zusatz eines großen Säureüberschusses nimmt die Lösung unter Bildung der zweifach sauren Salze karminrote Färbung an. In saurer Lösung wird das Chrysoïdin durch Zinkstaub entfärbt, wobei es in Anilin und 1,2,4-Triaminobenzol gespalten wird:

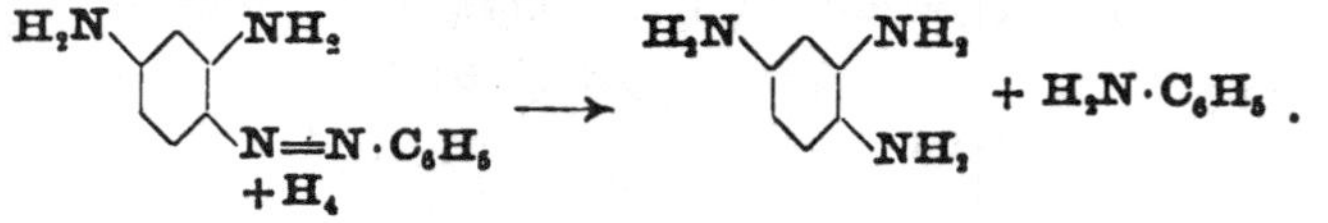

Literatur: Hofmann, Ber. **10**, 213 (1877); Witt, Ber. **10**, 350, 654 (1877); Griess, Ber. **10**, 388 (1877); siehe ferner Schultz, Farbstofftabellen Nr. 33.

2a. Säuregelb.

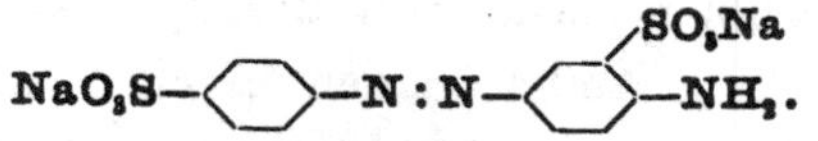

Ausgangsmaterial: 65 g salzsaures Anilin; 250 g Anilin.

Hilfsstoffe: 24,5 g $NaNO_2$ 100%ig; HCl (D ca. 1,1); verdünnte HCl; 80 g Oleum von 25% SO_3; 250 g Eis; Soda.

Darstellung: I. Aminoazobenzol. In die Lösung von 65 g salzsaurem Anilin in 250 g Anilin läßt man bei gewöhnlicher Temperatur unter Rühren eine Lösung von 24,5 g $NaNO_2$ (100%ig) in 50 ccm Wasser zutropfen. Die Masse läßt man so lange (durchschnittlich 12 Stunden) weiterrühren, bis eine mit Salzsäure übersättigte Probe beim Erwärmen keinen Stickstoff mehr entwickelt, d. h. bis die Diazoaminoverbindung verschwunden ist. Das Reaktionsprodukt wird alsdann mit einer zur Bindung des Aminoazobenzols und des überschüssigen Anilins ausreichenden Menge starker Salzsäure (D ca. 1,1) versetzt, wobei man die Temperatur 70° nicht übersteigen läßt. Beim Erkalten scheidet sich die nahezu theoretische Menge reinen Aminoazobenzolchlorhydrats ab, welches scharf abgesaugt und mit verdünnter Salzsäure gewaschen wird. Die mit Alkali daraus in Freiheit gesetzte Base kristallisiert aus verdünntem Alkohol in bräunlichgelben Nadeln vom Fp. 126°.

II. Aminoazobenzoldisulfonsäure. 20 g fein gepulvertes, scharf getrocknetes salzsaures Aminoazobenzol werden, unter äußerer Kühlung mit Eis und unter beständigem Rühren, allmählich in 80 g rauchende Schwefelsäure von 25% SO_3-Gehalt eingetragen. Darauf wird die gelbbraune Lösung im Wasserbade unter Rühren und bei 70° Innentemperatur so lange erwärmt, bis sich eine Probe in warmem Wasser klar löst. Dies ist nach einer Stunde der Fall. Die Sulfonierungsschmelze wird alsdann auf 250 g zerkleinertes Eis ausgeleert. Der aus violett schimmernden roten Nadeln bestehende Niederschlag wird abgesaugt und auf Ton getrocknet.

III. Säuregelb. Die Azodisulfonsäure wird in heißem Wasser suspendiert und mit calcinierter Soda möglichst genau neutralisiert (Brillantgelbpapier soll sich gerade röten). Die dunkelgelbe Lösung wird filtriert und auf dem Wasserbade zur Trockne verdampft. Der Rückstand wird im Exsiccator weiter getrocknet und schließlich zu einem gelben Pulver zerrieben.

Eigenschaften. Die mit Ammoniak versetzte gelbe Lösung des Farbstoffes wird durch Zinkstaub in der Kälte vorübergehend entfärbt (Hydrazoverbindung). Das Filtrat färbt sich an der Luft wieder gelblich und wird auf Zusatz von Salzsäure zunächst intensiv gelb, dann lachsrot. Diese saure Lösung wird durch Zinkstaub dauernd entfärbt, infolge Spaltung des Azofarbstoffes in Sulfanilsäure und p-Phenylendiaminsulfonsäure:

Literatur: Griess, Ber. 15, 2185 (1882); Eger, Ber. 22, 847 (1889); Friedländer 1, 439; Schultz, Farbstofftabellen Nr. 137.

2b. Aminoazotoluol.

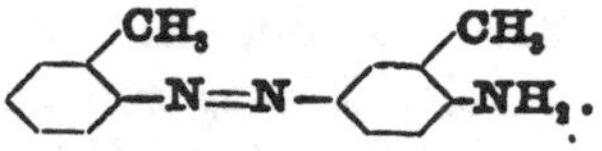

Etwas abweichend von der unter 2a beschriebenen Darstellung des Aminoazobenzols (aus Anilin) gestaltet sich die Gewinnung des Aminoazotoluols (aus o-Toluidin), das als Ausgangsmaterial für Safranin T (s. IV. Kap., IX) von Wichtigkeit ist.

Ausgangsmaterial: 60 g o-Toluidin.

Hilfsstoffe: 24 g Salzsäure von 20° Bé; 12 g $NaNO_2$ 100%ig.

Darstellung. In die mit umgebendem Eis gekühlte Mischung von 60 g o-Toluidin und 24 g Salzsäure (D 20° Bé) läßt man unter Turbinieren die Lösung von 12 g Natriumnitrit in 20 ccm Wasser mit der Vorsicht zutropfen, daß die Temperatur nicht über + 10° steigt (Außenkühlung). Die Flüssigkeit bleibt bis zum folgenden Tag sich selbst überlassen und wird dann auf 40—50° während einer Stunde erwärmt. Falls eine mit verdünnter Salzsäure übersättigte und zum Sieden erhitzte Probe keine Gasblasen (Stickstoff) mehr entwickelt (andernfalls ist das Erwärmen noch fortzusetzen), wird die Reaktionsflüssigkeit in 300 ccm verdünnte Salzsäure gegossen, aufgekocht und erkalten gelassen. Das salzsaure Aminoazotoluol scheidet sich in glänzenden, bräunlichroten Täfelchen aus, wird abgenutscht und mit verdünnter Salzsäure ausgewaschen.

Die Base bildet gelbe, goldglänzende Blättchen oder dicke, rote Prismen, mit blauem Flächenschimmer; Fp. 100°. Schwer löslich in Wasser, leicht in Äther und Alkohol.

Vorgang:

1. $C_6H_4{<}^{CH_3}_{NH_2HCl} + NaNO_2 + HCl \longrightarrow NaCl + 2H_2O + C_6H_4{<}^{CH_3}_{N\equiv N(Cl)}$,

2. $C_6H_4{<}^{CH_3}_{N\equiv N(Cl)} + C_6H_4{<}^{CH_3}_{NH_2} \longrightarrow HCl + C_6H_4{<}^{CH_3}_{N=N\cdot NH\cdot C_6H_4\cdot CH_3}$,

3. $C_6H_4{<}^{CH_3}_{N=N\cdot NH\cdot C_6H_4\cdot CH_3} \longrightarrow C_6H_4{<}^{CH_3}_{N=N-C_6H_3{<}^{CH_3}_{NH_2}}$.

3. Diphenylaminorange.

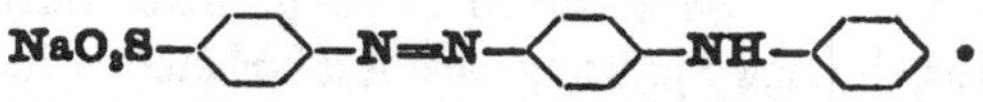

Ausgangsmaterialien: 23 g sulfanilsaures Na; 17,5 g Diphenylamin.

Hilfsstoffe: 6,9 g $NaNO_2$ 100%ig; 17 g konzentrierte H_2SO_4.

Darstellung. 23 g sulfanilsaures Na und 6,9 g $NaNO_2$ (100%ig) werden in 120 ccm Wasser gelöst. Die mit Eis gekühlte Lösung wird in die eiskalte Mischung von 17 g konzentrierter H_2SO_4 und

100 ccm Wasser eingerührt. Die so erhaltene Lösung bzw. Suspension von Diazosulfanilsäure wird in einer 1 l fassenden Stöpselflasche mit der Suspension von 17,5 g feinst gepulvertem Diphenylamin in 250 ccm Wasser gemischt und im Schüttelapparat 12 Stunden hindurch geschüttelt. Das anfangs hellgelbe Gemisch färbt sich allmählich rötlich und besteht schließlich aus einer Suspension blauvioletter Nadeln. Diese werden abgesaugt und mit Wasser gewaschen. Zur Darstellung des ziemlich schwer löslichen Na-Salzes wird die Sulfonsäure zunächst in das lösliche Ammonsalz übergeführt und dessen Lösung weiterhin mit Soda oder Ätznatron behandelt. Zu dem Zwecke suspendiert man die freie Sulfonsäure in 50 ccm heißem Wasser und bringt sie durch Zugabe von Ammoniak in Lösung. Die Lösung wird durch ein angefeuchtetes Filter filtriert, nach Zugabe von 12 g calcinierter Soda etwa bis zum Verschwinden des Ammoniakgeruches gekocht und alsdann zur Kristallisation des Na-Salzes beiseite gestellt.

Eigenschaften Die orangegelben Blättchen des Na-Salzes lösen sich in Wasser ziemlich schwer. Durch Zinkstaub wird die Lösung schon in der Kälte entfärbt. Das Filtrat färbt sich jedoch an der Luft gelb und wird auf Zusatz von Salzsäure erst orange, dann purpurrot (Bildung des Chlorhydrats der Azosulfonsäure). Die salzsaure Lösung wird durch Zinkstaub dauernd entfärbt (reduzierend gespalten!) unter Bildung von Sulfanilsäure und p-Aminodiphenylamin.

Literatur: Witt, Ber. **12**, 262; Schultz, Farbstofftabellen Nr. 139.

4. Helianthin.

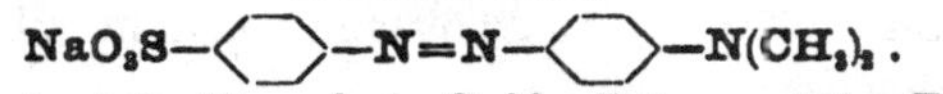

Ausgangsmaterial: 21 g freie Sulfanilsäure; 12 g Dimethylanilin.

Hilfsstoffe: 6,9 g $NaNO_2$ (100 %ig).

Darstellung. 21 g freie Sulfanilsäure werden einer Mischung aus 12 g Dimethylanilin und 100 ccm Wasser zugesetzt. Beim Umschütteln entsteht eine klare Lösung. Diese wird der Lösung von 6,9 g Nitrit in 50 ccm Wasser zugefügt. Das Reaktionsgemisch färbt sich gelb und scheidet allmählich goldgelbe Blättchen von Helianthin ab. Die Ausbeute ist nahezu quantitativ.

Eigenschaften. Die mit Ammoniak versetzte, orangegelbe Lösung des Farbstoffes wird durch Zinkstaub in der Kälte entfärbt (Bildung der Hydrazoverbindung). Das Filtrat färbt sich an der Luft wieder gelb und wird beim Übersättigen mit Salzsäure karminrot (Chlorhydrat der Azosulfonsäure). Diese saure Lösung wird durch Zinkstaub (infolge Spaltung!) dauernd entfärbt.

Literatur: Griess, Ber. **10**, 528 (1877); Möhlau, Ber. **17**, 1491 (1884); v. Walther, J. f. pr. Chem. (1908); Schultz, Farbstofftabellen Nr. 138.

2. Oxy-Monoazofarbstoffe.

Die Darstellung dieser Gruppe von Azofarbstoffen, entsprechend dem Schema:

$$\overset{\text{Cl}}{\overset{|}{\text{R}\cdot\text{N}}}\vdots\text{N} + \text{R}'\cdot\text{OH} \xrightarrow[-\text{HCl}]{} \text{R}\cdot\text{N}:\text{N}\cdot\text{R}'\cdot\text{OH}\ ,$$

bietet in der Regel weniger Schwierigkeiten als die Darstellung der Aminoazokörper. Sie erfolgt fast durchgehends, sofern es sich um Monooxyazofarbstoffe handelt, in Soda-, seltener, wie z. B. bei α- und β-Naphtol und Salicylsäure, in ätzalkalischer Lösung und verläuft, da der reaktionshemmende Einfluß der Säure fehlt, meist erheblich rascher. Ein weiterer Vorteil, den die Anwendung alkalischer Lösungen bietet, ist der, daß von der Diazotierung herrührendes überschüssiges HNO_2 unter diesen Umständen einen ähnlich störenden Einfluß, wie er bei der Aminoazofarbstoffdarstellung näher geschildert wurde (s. S. 133f.), nicht ausüben kann, da das entstehende $NaNO_2$ in **alkalischer** Lösung die Nitrosierung der Hydroxylverbindungen nicht zu bewirken vermag, die in **saurer** (auch essigsaurer) Lösung bekanntlich leicht eintritt:

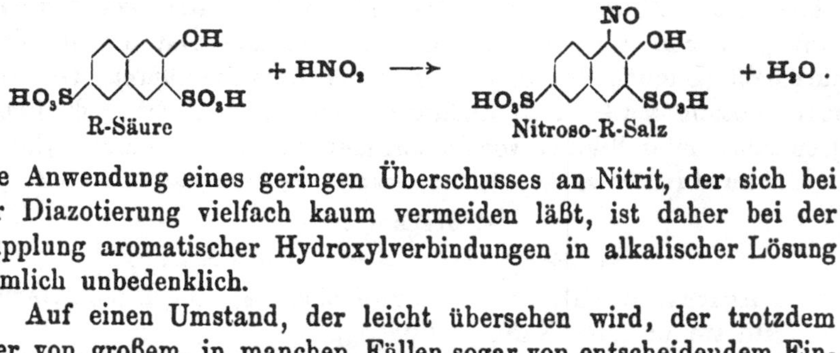

R-Säure Nitroso-R-Salz

Die Anwendung eines geringen Überschusses an Nitrit, der sich bei der Diazotierung vielfach kaum vermeiden läßt, ist daher bei der Kupplung aromatischer Hydroxylverbindungen in alkalischer Lösung ziemlich unbedenklich.

Auf einen Umstand, der leicht übersehen wird, der trotzdem aber von großem, in manchen Fällen sogar von entscheidendem Einfluß auf den Verlauf der Farbstoffbildung sein kann (vgl. die Darstellung des Diaminschwarz und des Diaminvioletts auf Seite 162ff.), sei im Anschluß hieran ausdrücklich aufmerksam gemacht. Obschon, wie aus den obigen Darlegungen hervorgeht, die Zugabe der Soda sehr häufig lediglich den Zweck hat, sowohl die von der Diazotierung herrührende überschüssige als auch die während des Kupplungsvorganges sich neu bildende Mineralsäure zu binden und dadurch die kupplungshemmende mineralsaure Reaktion zum Verschwinden zu bringen, so gibt es doch zahlreiche Fälle, in denen eine **neutrale** Reaktion nicht genügt, sondern eine ausgesprochen alkalische, d. h. **sodaalkalische** Reaktion für eine glatte und in der gewünschten Richtung verlaufende Farbstoffbildung erforderlich ist. Angenommen, es handle sich bei der Darstellung eines Azofarbstoffes darum, ein

Molekül HCl zu binden und gleichzeitig die wäßrige Lösung der Azokomponente während des Kupplungsvorganges dauernd soda-alkalisch zu erhalten. Dieser Forderung würde man nicht entsprechen, wenn man den Sodabedarf z. B. auf folgende Weise berechnen wollte: 1 Mol. HCl erfordert $^1/_2$ Mol. Soda, entsprechend der Gleichung $Na_2CO_3 + 2HCl \longrightarrow 2NaCl + CO_2 + H_2O$; zur Herstellung ausgesprochen alkalischer Reaktion genügt ein Überschuß von 0,1 Mol. Soda; also sind im vorliegenden Falle anzuwenden: 0,5 + 0,1 = 0,6 Mol. Soda. Diese Rechnung ist unrichtig; denn werden 0,6 Mol. Soda und 1 Mol. HCl in Reaktion gesetzt, so gestaltet sich der Vorgang, wenn man von NaCl, CO_2 und H_2O absieht, folgendermaßen: 0,6 Mol. Soda + 0,6 Mol. HCl bilden 0,6 Mol. Bicarbonat, das neutral reagiert. Die übrigen 0,4 Mol. HCl reagieren nun weiter mit den 0,6 Mol. Bicarbonat, und es bleiben übrig 0,2 Mol. Bicarbonat; oder zusammengefaßt: 0,6 Mol. Soda + 1 Mol. HCl erzeugen nicht eine durch 0,1 Mol. Soda bedingte alkalische, sondern eine, den tatsächlich entstehenden 0,2 Mol. Bicarbonat entsprechende, absolut neutrale Reaktion. Hieraus geht hervor, daß man der oben gestellten Aufgabe nur dadurch gerecht werden kann, daß man auf 1 Mol. HCl etwa 1,1 Mol. Soda = etwa 116 g Na_2CO_3 anwendet (s. auch Kristallponceau 6 R auf Seite 147).

Die Verschiedenheit hinsichtlich der Kupplungsenergie bei R-Salz (2,3,6-Naphtoldisulfonsäure) einerseits und bei G-Salz (2,6,8-Naphtoldisulfonsäure) andererseits zeigt sich sehr deutlich bei der Darstellung des Kristallponceau genannten Farbstoffes aus α-Naphtylamin (diazotiert) + G-Salz gegenüber dem Ponceau 2 R aus Metaxylidin (diazotiert) + R-Salz. Obwohl beide Male die Farbstoffdarstellung in Gegenwart ausreichender Mengen von Soda und mit etwa gleich reaktionsfähigem Diazokomponenten vor sich geht, so zeigt sich doch, daß das diazotierte α-Naphtylamin stundenlang neben dem G-Salz zu existieren vermag, während das Xylol-Diazoniumchlorid sehr bald mit dem R-Salz zusammentritt und daher nach kurzer Zeit nicht mehr nachzuweisen ist.

Daß die Oxyazofarbstoffe, bei denen die Azogruppe in o-Stellung zur Hydroxylgruppe getreten ist, in der Regel eine größere technische Bedeutung besitzen als die isomeren p-Derivate, wurde bereits an anderer Stelle (s. S. 123f.) bemerkt. Die beiden Reihen isomerer Farbstoffe, z. B. aus der 1,4-Naphtolsulfonsäure einerseits und der 1,6-Naphtolsulfonsäure andererseits, von denen die erstere in der 2-Stellung, also o-ständig, die andere in der 4-Stellung, also p-ständig zum Hydroxyl, von der Azogruppe substituiert wird, unterscheiden sich in ihrem rein chemischen Verhalten und im Zusammenhang damit auch in färberischer Beziehung sehr wesentlich voneinander, vor allem hinsichtlich ihrer Alkalibeständigkeit, derart, daß die Azofarbstoffe aus 1,4-Naphtolsulfonsäure und aus der sich analog verhaltenden 1,3- und 1,5-Naphtolsulfonsäure und ihren Derivaten mehrfach technische Verwendung gefunden haben, während dies für die 1,6-(1,7- und 1,8-)Säure nicht zutrifft, ganz abgesehen davon, daß sie weniger leicht in reinem Zustande zugänglich ist. Aber auch die o-Oxyazofarbstoffe aus gewöhnlichen Diazokomponenten und Naphtolsulfonsäuren sind nicht als völlig unter sich gleichwertig anzusehen; vielmehr kann man eine weitere Unterscheidung treffen je nachdem, ob es sich um Abkömmlinge des α- oder β-Naphtols handelt, d. h. um Farbstoffe von der Grundformel

1. 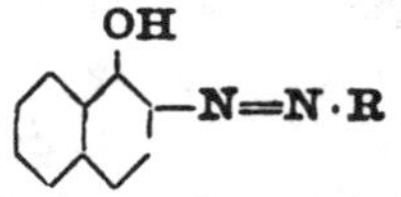

oder 2. 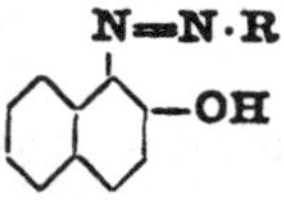

,

und zwar beruht diese Einteilung vor allem auf der unterschiedlichen Alkalibeständigkeit auch dieser o-Oxyazofarbstoffe, die den β-Naphtolazofarbstoffen vielfach in höherem Maße eigen ist als den Isomeren der α-Reihe. Es dürfte an dieser Stelle angezeigt sein, zum besseren Verständnis dieser und der nachfolgenden Ausführungen eine Einteilung der Oxyazofarbstoffe vorwegzunehmen, die nicht, wie die oben auf Seite 131 angegebene, vorwiegend auf rein chemischen Gesichtspunkten begründet ist, sondern mehr die färbereitechnische Verwendung der Farbstoffe berücksichtigt.

Übersicht über die Oxy-Monoazofarbstoffe.

1. Aus einfachen gewöhnlichen Diazokomponenten, wie Anilin, α-Naphtylamin und ihren Sulfonsäuren.

a) p-Oxyazofarbstoffe:

α) aus α-Naphtolsulfonsäuren (ohne große technische Bedeutung),

β) aus Phenolcarbonsäuren, insbesondere Salicylsäure (ziehen auf Metall-, vor allem Chrom-Beizen; wertvoll).

b) o-Oxyazofarbstoffe:

α) aus α-Naphtolsulfonsäuren (technisch wertvoll, aber vielfach nicht sonderlich alkaliecht),

β) aus β-Naphtolsulfonsäuren (technisch sehr wertvoll, in großen Mengen für billige, weniger echte Wollfärbungen verwandt),

γ) aus β-Naphtolcarbonsäuren (ähnlich wie 1 a β, doch von wesentlich geringerer technischer Bedeutung und vorwiegend für Farblacke angewandt), δ) aus peri-Dioxynaphtalinsulfonsäuren (ziehen auf Beizen; vor allem für die Nachbehandlung mit Metall-, insbesondere Chrom-Salzen von Bedeutung).

2. Aus o-Oxydiazoniumverbindungen der Benzol- und Naphtalinreihe (wertvoll vor allem als sehr echte Chromierfarbstoffe nach dem Einbadverfahren).

Übungsbeispiele.

1. **β-Naphtolorange:** 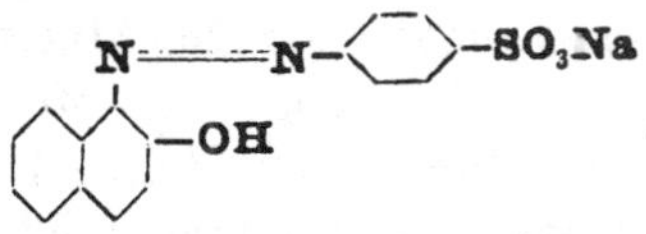 .

Ausgangsmaterial: 23 g sulfanilsaures Na; 16,5 g β-Naphtol.

Hilfsstoffe: 6,9 g $NaNO_2$ (100%ig oder die entsprechende Menge technischen Nitrits); Eis; 17 g konzentrierte H_2SO_4; 20 g festes NaOH.

Darstellung. 23 g sulfanilsaures Na (100%ig = $^1/_{10}$ Mol.) und 6,9 g Natriumnitrit (100%ig) werden in 120 ccm Wasser gelöst. Die mit Eis gekühlte Lösung wird in die abgekühlte Mischung von 17 g konzentrierter Schwefelsäure und 100 ccm Wasser eingerührt und der entstandene Kristallbrei von Diazosulfanilsäure unter Rühren einer Lösung von 16,5 g β-Naphtol in 20 g festem Ätznatron und 250 ccm Wasser hinzugefügt. Nach einiger Zeit kristallisiert aus der orangen Lösung der Farbstoff in Blättchen aus. Er wird durch Erwärmen in Lösung gebracht, filtriert und aus dem Filtrat durch gesättigte Kochsalzlösung ausgesalzen.

Eigenschaften. Orangerotes Pulver, das sich in konzentrierter Schwefelsäure mit karminroter Farbe löst.

Literatur: Hofmann, Ber. **10**, 1378 (1877); Griess. Ber. **11**, 2198 (1878); von Miller, Ber. **13**, 268 (1880). Vgl. Schultz, Farbstofftabellen Nr. 145.

2. **Echtrot A:** 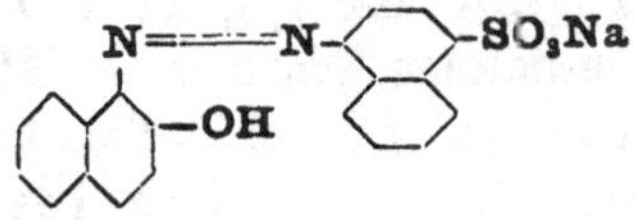 .

Ausgangsmaterial: 32 g Naphthionat 70%ig; 15 g β-Naphtol.

Hilfsstoffe: 6,9 g $NaNO_2$ (100%ig); Eis; 15 g konzentrierte H_2SO_4; 30 g NaOH-Lösung von 40° Bé.

Darstellung. 32 g Naphthionat,

$$C_{10}H_6\left\langle\begin{matrix}NH_2 & (1)\\ SO_3Na & (4)\end{matrix}\right. + 4H_2O,$$

enthaltend 70% freie Säure, und 6,9 g Nitrit (100%ig) werden in

300 ccm Wasser gelöst. Die gut gekühlte Lösung wird in die eiskalte Mischung von 15 g konzentrierter Schwefelsäure und 100 g Wasser langsam eingerührt, wobei sich der größte Teil der Diazoniumverbindung in feinen hellgelben Kristallen abscheidet. Das Reaktionsgemisch gibt man nach beendigter Diazotierung, die meist einige Stunden erfordert (daher fortgesetzte Prüfung auf noch vorhandene unveränderte Naphtylaminsulfonsäure durch Kuppeln einer mittels Acetat neutralisierten Probe mit diazot. p-Nitranilin bis zum allmählichen Verschwinden der Naphthionsäure), der Lösung von 15 g β-Naphtol in 30 g Na-Lauge von 40° Bé unter Umrühren zu. Es scheidet sich ein dunkelroter Kristallbrei aus, der nach Zugabe des gleichen Volumens Wasser durch Erhitzen in Lösung gebracht wird. Die filtrierte Lösung setzt beim langsamen Erkalten einen Farbstoff in Kristallen ab, der abgesaugt und auf Ton getrocknet wird.

Eigenschaften. Braunrotes Pulver. Die heiße, wäßrige Lösung scheidet auf Zusatz von Salzsäure braune Nadeln der freien Sulfonsäure ab. Konzentrierte Schwefelsäure löst mit blauer Farbe.

Literatur: Friedländer 1, 377; Griess, Ber. **11**, 2199 (1878); Schultz, Farbstofftabellen Nr. 161.

3. **Ponceau 2 R:**

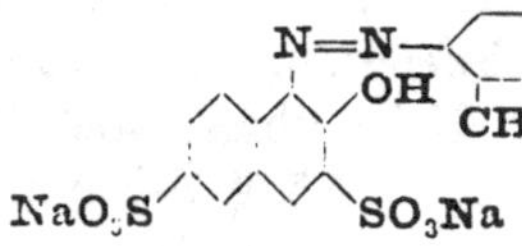

Ausgangsmaterial: 12 g m-Xylidin; $^1/_{10}$ Mol. R-Salz = 34,8 g 100%ig.

Hilfsstoffe: 25 g konzentrierte HCl (D 1,19); 6,9 g $NaNO_2$ 100%ig; Eis; 12 g calcinierte Soda; festes NaCl.

Darstellung. 12 g m-Xylidin werden in einer Mischung von 25 g konzentrierter Salzsäure (spez. Gew. 1,19) und 500 ccm Wasser gelöst. Diese Lösung wird durch Eis gekühlt und bei 0 bis + 5° mit der Lösung von 6,9 g Nitrit 100%ig in 100 ccm Wasser allmählich vereinigt. Die so erhaltene Diazolösung läßt man dann unter Umrühren in die Lösung von $^1/_{10}$ Mol. R-Salz und 12 g calcinierter Soda in 500 ccm Wasser einlaufen. Nach beendigter Farbstoffbildung erhitzt man die filtrierte, scharlachrote Lösung zum Sieden und rührt bis zur beginnenden Ausscheidung feingepulvertes Kochsalz ein. Der nach dem Abkühlen ausgefallene Farbstoff wird scharf abgesaugt und auf Ton getrocknet.

Eigenschaften. Rotes Pulver, in konzentrierter Schwefelsäure mit karminroter Farbe löslich.

Literatur: Friedländer 1, 377; Witt, Ber. **21**, 3479 (1888); Schultz, Farbstofftabellen Nr. 82.

4. **Kristallponceau 6 R:** 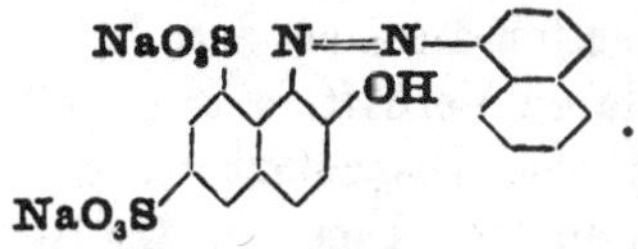

Ausgangsmaterial: 14,4 g α-Naphtylamin; $^1/_{10}$ Mol. G-Salz = 34,8 g 100%ig.

Hilfsstoffe: 30 g konzentrierte HCl (D 1,19); Eis; 6,9 g $NaNO_2$ 100%ig; 35 g calcinierte Soda.

Darstellung. 14,4 g α-Naphtylamin werden in 30 g konzentrierter HCl und 600 ccm H_2O in der Wärme gelöst und auf 0° mit Eis gekühlt. In diese Lösung läßt man 6,9 g $NaNO_2$ (100%ig) bzw. die entsprechenden Mengen schwächeren Nitrits, in 50 ccm H_2O gelöst, unter kräftigem Rühren langsam eintropfen. Die so gewonnene, wenn nötig filtrierte Diazolösung läßt man sodann zur Lösung von $^1/_{10}$ Mol. G-Salz und 35 g calcinierter Soda in 600 ccm Wasser einlaufen. Die Farbstoffbildung erfolgt langsam und erfordert zu ihrer Vollendung längere Zeit, was durch Tüpfelproben (mit R-Salz) festzustellen ist. Der Farbstoff scheidet sich zum Teil kristallinisch ab und wird nach beendigter Kombination mit Kochsalz ausgesalzen.

Eigenschaften. Nach dem Umkristallisieren messingglänzende Kristallblättchen, in konzentrierter Schwefelsäure mit blauer Farbe löslich.

Literatur: Friedländer 1, 382; Witt, Ber. 21, 3481 (1888); Schultz, Farbstofftabellen Nr. 113.

3. Monoazofarbstoffe aus peri-Dioxynaphtalinderivaten.

Die Bedeutung der Farbstoffe dieser Gruppe beruht einerseits auf ihrer verhältnismäßig guten Lichtechtheit und ihrem schönen, blaustichigroten bis violettblauen Farbton, andererseits auf ihrem hervorragenden Egalisierungsvermögen, d. h. ihrer Fähigkeit, auch auf unhomogenem Fasermaterial (vor allem Wolle) durchaus gleichmäßige Färbungen zu erzeugen.

Von den Derivaten des peri-Dioxynaphtalins gelangen fast ausschließlich die Sulfonsäuren zur Verwendung. Die älteste von diesen, die auch heute noch eine gewisse Bedeutung besitzt, ist die 1,8,3,6-Dioxynaphtalindisulfonsäure, Chromotropsäure genannt wegen der charakteristischen Eigenschaft der mittels dieser Azo-Komponente erzeugten Azofarbstoffe, bei der Nachbehandlung mit Metallsalzen auf der Faser infolge einer Lackbildung die Farbe zu ändern. Die Dioxy-Säure bildet Mono- und Disazofarbstoffe, letztere jedoch erheblich schwieriger als z. B. die entsprechende 1,8,3,6-Aminonaphtoldisulfonsäure, so daß beim vorsichtigen Kuppeln (s. S. 151f.) im molekularen Verhältnis 1 : 1, selbst bei Anwendung von Soda, die Entstehung von Disazofarbstoffen in nennenswertem Umfange nicht zu befürchten ist. Denn in der Regel bedarf es bei der Chromotropsäure zur Herbeiführung der Disazofarbstoffbildung der Anwendung von Ätzalkali oder Ätzkalk.

Übungsbeispiel.

Chromotrop 2 R: 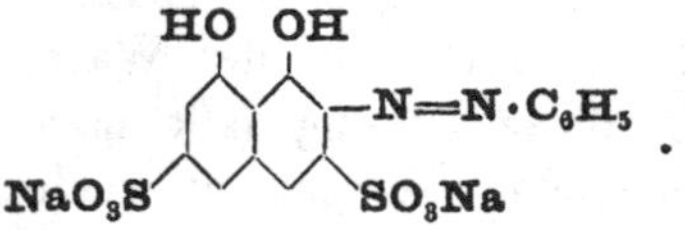

Ausgangsmaterial: 9,3 g Anilin; $^1/_{10}$ Mol. Chromotropsäure.

Hilfsstoffe: 24,5 g konzentrierte HCl (D 1,19); Eis; 6,9 g $NaNO_2$ 100%ig; 50 g Natriumacetat kryst.; festes NaCl.

Darstellung. 9,3 g Anilin werden mit 24,5 g konzentrierter HCl (D 1,19) in 100 ccm Wasser gelöst und in üblicher Weise unter Eiskühlung mit einer Lösung von 6,9 g Nitrit (100%ig) in 20 ccm Wasser diazotiert. Die Diazolösung läßt man allmählich unter Rühren einlaufen in die filtrierte Lösung von $^1/_{10}$ Mol. chromotropsaurem Na und 50 g Natriumacetat in 200 ccm Wasser. Nach Vollendung der Farbstoffbildung (Tüpfelprobe) wird der Farbstoff mit Kochsalz ausgesalzen, abgesaugt und getrocknet.

Eigenschaften. Braunrotes, aus Nädelchen bestehendes Pulver. Die wäßrige Lösung wird weder durch Alkali noch durch Säure verändert. Die in saurem Bade fuchsinrot gefärbte Wolle nimmt beim Ansieden mit stark verdünnter Schwefelsäure auf vorsichtigen Zusatz von Kaliumbichromatlösung eine dunkelviolette bis violettschwarze Färbung an (vgl. Kap. V, Nr. 3a, α).

Literatur: Friedländer 3, 588; Schultz, Farbstofftabellen Nr. 40.

4. Oxycarbonsäure-Monoazofarbstoffe.

Von Oxycarbonsäuren kommt für die Darstellung beizenziehender Azofarbstoffe fast ausschließlich die Salicylsäure in Betracht, während z. B. die nahe verwandte 2,3-Naphtolcarbonsäure als Komponente für die Erzeugung derartiger Beizenfarbstoffe keinen Vorteil bietet und schon wegen ihres hohen Preises keine ausgedehnte technische Verwendung in dieser Richtung findet. Neuerdings aber wurde sie für die Herstellung von Farblacken in Vorschlag gebracht. Über die große Bedeutung des β-Oxy-Naphtoësäure-Anilids (Naphtol AS) und seiner Derivate für die Erzeugung von Eisfarben s. Kap. V.

Übungsbeispiel.

Alizaringelb 2 G: 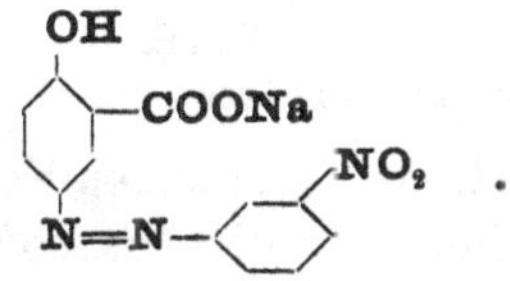

Ausgangsmaterial: 10 g m-Nitranilin; 10 g Salicylsäure.

Hilfsstoffe: 40 g konzentrierte HCl (D 1,19); Eis; 5 g $NaNO_2$ 100 %ig; 30 g calcinierte Soda.

Darstellung. Die eisgekühlte Lösung von 10 g m-Nitranilin in 40 g konzentrierter HCl (D 1,19) und 150 ccm Wasser wird mit der Lösung von 5 g Nitrit 100 %ig in 20 ccm Wasser in üblicher Weise diazotiert. Die klare, eventuell zu filtrierende Diazolösung läßt man unter Rühren einlaufen in eine Lösung aus 10 g Salicylsäure und 30 g calcinierter Soda in 150 ccm Wasser. Der sich abscheidende gelbe Niederschlag wird nach vollendeter Farbstoffbildung abgesaugt, mit Wasser gewaschen und auf Ton getrocknet.

Eigenschaften. Gelbes Pulver, in Natronlauge als basisches Na-Salz mit orangeroter Farbe löslich; wird durch Essigsäure wieder ausgefällt.

Literatur: Friedländer 2, 323; Nietzki, Lehnes Färberzeitung 1, S. 26; Schultz, Farbstofftabellen Nr. 48.

II. Disazofarbstoffe.

1. Primäre Disazofarbstoffe aus Monoazofarbstoffen.

Bei der Darstellung dieser Disazofarbstoffe wird in der Regel der Monoazofarbstoff nicht, wie man denken könnte, für sich isoliert, sondern vielmehr nach seiner Entstehung unmittelbar auf Disazofarbstoff weiter verarbeitet. Die Azokomponenten, die zur Bildung von Disazofarbstoffen befähigt sind, wie Phenol, m-Phenylendiamin, Dioxynaphtalin- und Aminonaphtol-Sulfonsäuren, weisen sehr weitgehende Verschiedenheiten in ihrem Verhalten gegen Diazokomponenten auf, vor allem, was für die technische Darstellung von besonderer Wichtigkeit ist, insofern als die einen leicht und glatt, die anderen aber nur schwierig und mit schlechten Ausbeuten die zweimalige Kupplung eingehen. Wenn man z. B. die beiden zur Bildung von Disazofarbstoffen geeigneten Azokomponenten, die Chromotropsäure einerseits und die Aminonaphtoldisulfonsäure H andererseits, betrachtet:

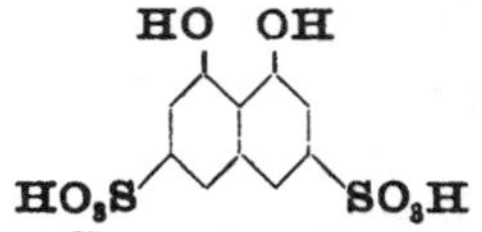

Chromotropsäure

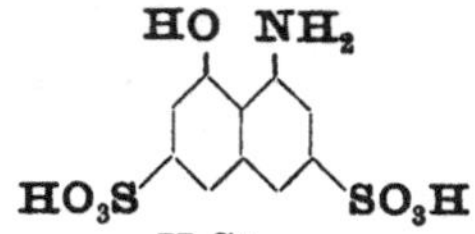

H-Säure

,

so wird man, trotz der sehr nahen Verwandtschaft dieser beiden Sulfonsäuren, doch einen für die Disazofarbstoffbildung sehr wesentlichen Unterschied an ihnen wahrnehmen können. Die Chromotropsäure ist vollkommen symmetrisch gebaut, die H-Säure hingegen unsymmetrisch. Dieser Umstand ist im vorliegenden Falle deshalb von großer Bedeutung, weil mit der Verschiedenheit der beiden Molekülhälften auch ein unterschiedliches Verhalten gegen Diazoniumverbindungen verknüpft ist. Die H-Säure bildet nämlich, ähnlich wie z. B. die γ- oder J-Säure:

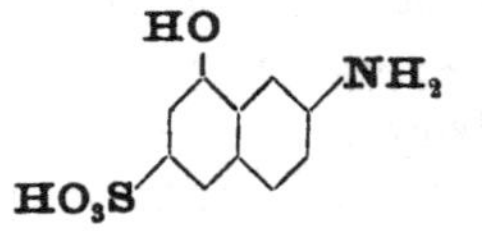

γ-Säure

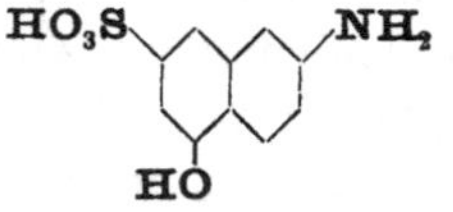

J-Säure

,

zwei Reihen von Monoazofarbstoffen, je nachdem ob man die Kupplung in saurer oder in alkalischer Lösung vor sich gehen läßt. Im ersteren Fall entstehen o-Amino-:

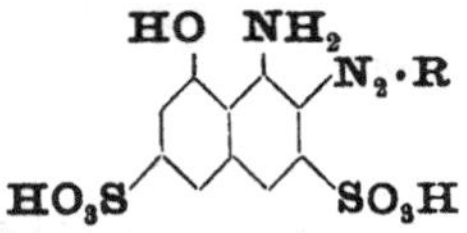

,

im letzteren o-Oxyazofarbstoffe:

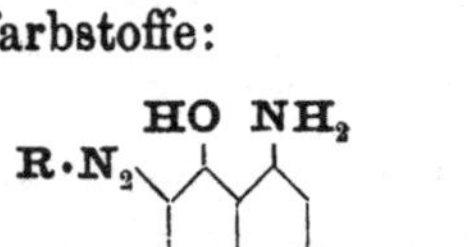

.

Zwischen beiden besteht nun ein sehr wesentlicher und für die weitere Verarbeitung beachtenswerter Unterschied: Die o-Aminoazofarbstoffe aus H-Säure lassen sich durch Kuppeln mit einem zweiten Molekül Diazolösung in alkalischer Lösung leicht in Disazofarbstoffe überführen. Die o-Oxymonoazofarbstoffe der H-Säure hingegen reagieren bei der zweiten Kupplung, also nunmehr auf der sog. „Amino-Seite“, durchaus nicht in der gleichen Weise, sondern es treten leicht unter Zersetzung, die von einer charakteristischen Schaumbildung begleitet ist, Nebenreaktionen ein, die zur Zerstörung eines Teils des Farbstoffes führen, und die nicht nur die Ausbeuten, sondern auch die Reinheit der Endprodukte in hohem Maße beeinträchtigen. In neutraler oder schwach essigsaurer Lösung entstehen anscheinend beide Reihen von Monoazofarbstoffen (o-Oxy- und o-Amino-) nebeneinander, so daß man, da es sich meist um die Darstellung einheitlicher Farbstoffe handelt, diesen Zustand der Reaktionsflüssigkeit wird vermeiden müssen (vgl. S. 95). Aus dem Gesagten ergibt sich nun unmittelbar, wie man bei der Darstellung einheitlicher Disazofarbstoffe aus H-Säure und ähnlichen Aminonaphtolsulfonsäuren zu verfahren hat: Man kuppelt zunächst in schwach mineralsaurer Lösung zum o-Aminoazofarbstoff und führt diesen durch eine weitere Kupplung mit einer zweiten Diazokomponente, in schwach essigsaurer, neutraler oder alkalischer Lösung, in den Disazofarbstoff über. Der leitende Gesichtspunkt ist also der: Man bildet zunächst durch zweckmäßige Ausgestaltung der Reaktionsbedingungen denjenigen Farbstoff, der sich am glattesten in den gewünschten Disazofarbstoff überführen läßt; und das wird nicht nur hier, sondern wohl durchgängig der o-Aminoazofarbstoff sein. Bei dem unten erwähnten H-Säure-Disazofarbstoff Naphtolblauschwarz werden zwei unter sich verschiedene Diazoniumverbindungen benutzt. An erster Stelle das p-Nitrobenzoldiazoniumchlorid, an zweiter das Benzoldiazoniumchlorid.

Die Bildung des Monoazofarbstoffes führt man aus unter strenger Beobachtung der für die Titrationen angegebenen Vorschriften (s. S. 93ff.); denn es kommt bei einer solchen Kupplung der ersten Diazokomponente naturgemäß darauf an, jeden Überschuß an der einen (der Diazo-) wie an der anderen (der Azo-) Komponente zu vermeiden, also das genaue molekulare Verhältnis 1 : 1 innezuhalten. Denn wäre H-Säure im Überschuß vorhanden, so würde als Nebenprodukt neben dem eigentlichen Naphtolblauschwarz die Entstehung eines Disazofarbstoffes aus H-Säure + 2 Mol. Anilin zu gewärtigen sein, gleichzeitig aber bestände die Gefahr, daß das Disazobenzolchlorid, da es teilweise von der überschüssigen H-Säure in Anspruch genommen wird, zur Bildung des beabsichtigten Disazofarbstoffes nicht ausreicht, so daß ein Teil des Monoazofarbstoffes unverändert bleibt und daher verloren geht. Befindet sich umgekehrt das p-Nitrobenzoldiazoniumchlorid im Überschuß, so würde dies die Entstehung eines Disazofarbstoffes aus 1. Mol. H-Säure + 2 Mol. p-Nitranilin zur Folge haben, der gleichfalls, entsprechend seiner geringen Konzentration, beim späteren Aussalzen in die Mutterlaugen gerät und verloren geht. Außerdem würde von der angewandten Diazolösung aus Anilin ein Teil sich an der Disazofarbstoffbildung nicht beteiligen können. Es kann wohl schon nach diesen kurzen Andeutungen leicht ermessen werden, wie wichtig eine peinlich genaue Darstellung des Monoazofarbstoffes für die nachfolgende Kupplung zum Disazofarbstoff ist. Sollte übrigens der Monoazofarbstoff infolge seiner teilweisen Löslichkeit in Wasser keinen genügend scharfen Auslauf bei der Tüpfelprobe ergeben, so kann man sich durch Aussalzen, d. h. durch Zufügen von etwas festem NaCl zu einer Reagensglasprobe, leicht helfen, ähnlich wie dies bei der Titration auf Seite 102 angegeben ist.

Etwas schwieriger ist die Erkennung der Verhältnisse bei der Darstellung des Disazofarbstoffes, also bei der Kupplung des Monoazofarbstoffes mit Diazobenzolchlorid in sodaalkalischer Lösung. Aber auch hier läßt sich bei einiger Vorsicht mit ziemlicher Sicherheit der richtige Zeitpunkt erkennen, bei dem mit der Zugabe der Diazolösung innezuhalten ist. Vor allem sei nochmals darauf hingewiesen, daß hier wie in allen anderen Fällen ein Überschuß an Diazoverbindung zu vermeiden ist. Zweckmäßig verfährt man, um gleichzeitig einen lehrreichen Einblick in die fortschreitende Disazofarbstoffbildung zu gewinnen, in folgender Weise: Man füllt die Benzoldiazoniumchloridlösung in einen Meßzylinder und läßt, nachdem man der sodaalkalischen Lösung des Monoazofarbstoffes einige Kubikzentimeter (Probe I) entnommen hat, ein Zehntel der gesamten Diazolösung langsam unter Rühren einlaufen. Nunmehr nimmt man die Probe II, die man mit der ersten vergleicht, einerseits durch Aufgießen auf Fließpapier und andererseits durch Übersättigen mit dem gleichen Volumen etwa 10%iger Salzsäure. In gleicher Weise verfährt man nach der Zugabe des zweiten, dritten usw. Zehntels der Diazolösung bis etwa zum achten oder, wenn man auf Grund der früheren Proben seiner Sache sicher ist, bis zum neunten Zehntel. Nunmehr muß mit besonderer Vorsicht gearbeitet werden. Man wird nach Zugabe des achten bzw. neunten Zehntels der Diazolösung bemerken können, daß der ursprünglich blauviolette Ton der auf Fließpapier gegossenen sodaalkalischen Lösung nach Grünblau übergegangen ist; und wenn man den Farbstoffaufguß mit konzentrierter Salzsäure betupft, so wird man bemerken, daß der ursprünglich sehr deutliche Umschlag der Färbung nach Bläulichrot allmählich immer undeutlicher wird, wenigstens in der Mitte, während am Rande des Aufgusses, entsprechend der größeren Löslichkeit des Monoazofarbstoffes, fast bis zum Ende der Kupplung der Umschlag nach Rot wahrzunehmen ist. Beim Übersättigen der Reagenzglasproben mit 10%iger Salzsäure scheidet sich bei den einzelnen aufeinander folgenden Versuchen in zunehmenden Mengen ein schwer löslicher, grünblauer Farbstoff (der Disazofarbstoff) aus, während der auf Zusatz von Salzsäure nach Bläulichrot umschlagende Monoazofarbstoff in gleichem Maße abnimmt. Es wäre nun sehr leicht, unter Benutzung dieser Tatsachen ziemlich genau den Punkt zu bestimmen, bei dem die letzten Reste des Monoazofarbstoffes verschwunden, d. h. in den Disazofarbstoff übergegangen sind, wenn nicht im Verlauf der zweiten Kupplung ein Nebenprodukt, offenbar von einer geringfügigen Zersetzung herrührend, aufträte, das die sichere Erkennung, wenigstens für den Ungeübten, einigermaßen erschwert. Dieses Nebenprodukt ist gleichfalls leicht löslich und in saurer Lösung annähernd von gleichem Farbenton wie der Monoazofarbstoff, schlägt jedoch, was für die Unterscheidung der beiden wichtig ist, im Unterschied vom Monoazofarbstoff beim Übersättigen der Lösung mit Soda oder Alkali nicht nach Blauviolett um. Das letzte Zehntel der Diazolösung, soweit es für die Farbstoffbildung erforderlich ist, läßt man nun vorsichtig unter häufigem Tüpfeln mit R-Salz (um sofort einen Überschuß zu erkennen) in kleinen Beträgen zutropfen, bis fortgesetzte Proben auf Fließpapier und gleichzeitig im Reagenzglas erkennen lassen, daß der Endpunkt erreicht ist. Übrigens empfiehlt es sich aus dem oben angegebenen Grunde, eher etwas zu wenig als zu viel Diazolösung anzuwenden.

Übungsbeispiel.

Naphtolblauschwarz:

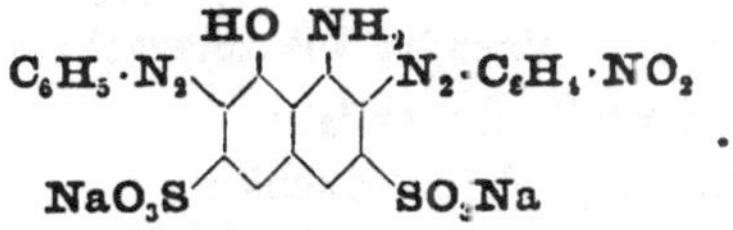

Ausgangsmaterial: $^1/_{10}$ Mol. H-Säure; 13,8 g p-Nitranilin; 9,3 g Anilin.

Hilfsstoffe: 2 × 6,9 g $NaNO_2$ (100 %ig); konzentrierte HCl; Eis; Sodalösung; 10 %ige HCl; calcinierte Soda; NaCl.

Darstellung. $^1/_{10}$ Mol. H-Säure = 34,1 g saures Na-Salz (100 %ig) werden in $^1/_4$ l warmem Wasser unter Zusatz von etwas Natronlauge oder Soda (bis zur alkalischen Reaktion) gelöst. Die durch Einwerfen von Eisstücken wieder auf gewöhnliche Temperatur abgekühlte Lösung versetzt man bis zur ganz schwach sauren Reaktion auf Kongopapier mit einer verdünnten HCl-Lösung und läßt eine nach der Vorschrift auf Seite 94 hergestellte Diazolösung aus p-Nitranilin, entsprechend 13,9 g p-Nitranilin (100 %ig), unter kräftigem Rühren langsam zulaufen bis auf einen Rest, etwa den 10. oder den 20. Teil der Lösung, den man vorläufig zurückbehält. Man verfolgt die Farbstoffbildung durch fortgesetztes Tüpfeln. Sollte die Kupplung nach etwa ein- bis zweistündigem Rühren noch nicht vollendet sein, so kann man durch vorsichtiges Zutropfen von verdünnter Acetatlösung einen Teil der mit der Diazolösung eingebrachten Salzsäure abstumpfen, jedoch ohne die mineralsaure

Reaktion völlig zu beseitigen. Ist die Bildung des Monoazofarbstoffes, gegebenenfalls unter Zuhilfenahme des vorher zurückgehaltenen Restes der Diazolösung, in normaler Weise vor sich gegangen, so macht man mit etwa 30—40 g calcinierter Soda alkalisch und läßt nun langsam innerhalb des Zeitraumes von 1—1 $^1/_2$ Stunden die Benzoldiazoniumchloridlösung einlaufen, wobei man in der oben angegebenen Weise den Verlauf der Farbstoffbildung kontrolliert und vor allem einen Überschuß an Diazoniumverbindung zu vermeiden sucht. Nach beendigter Farbstoffbildung erhitzt man die Reaktionsmischung, deren Volumen etwa 2—3 l betragen soll, auf etwa 80^0 und salzt den Farbstoff durch allmähliche Zugabe von festem NaCl oder konzentrierter NaCl-Lösung vorsichtig aus. Von Zeit zu Zeit nimmt man Tüpfelproben und trägt dafür Sorge, daß nicht durch zu reichlichen Zusatz von NaCl auch die Verunreinigungen und Nebenprodukte mit ausgefällt werden. Zugunsten der erhöhten Reinheit des Disazofarbstoffes empfiehlt es sich, einen geringen Rest desselben in den Mutterlaugen zu lassen und mit diesen preiszugeben.

Literatur: Schultz-Heumann, Anilinfarben 4, Teil 1, 834; Friedländer 3, 675; Schultz, Farbstofftabellen Nr. 217.

2. Primäre Disazofarbstoffe aus Diaminen.

Die Farbstoffe dieser Gruppe sind nach Farbenton, Ausgiebigkeit (d. h. Farbkraft), Empfindlichkeit gegen Säuren, Lichtechtheit usw. sehr wesentlich untereinander verschieden je nach den verwendeten Diazo- und Azokomponenten, worauf hier nicht näher eingegangen werden kann. Von Diaminen kommen sowohl m- als auch p-Diamine in Betracht. Die letzteren besitzen aber eine so erheblich überwiegende Bedeutung als Diazokomponenten, daß die Darstellung der primären Disazofarbstoffe aus p-Diaminen im Nachfolgenden ganz ausschließlich der Erörterung unterzogen werden soll. Das früher einige Jahre hindurch ausgeübte Verfahren zur Darstellung von primären Disazofarbstoffen durch Oxydation von 2 Mol. eines Monoazofarbstoffes nach dem Schema:

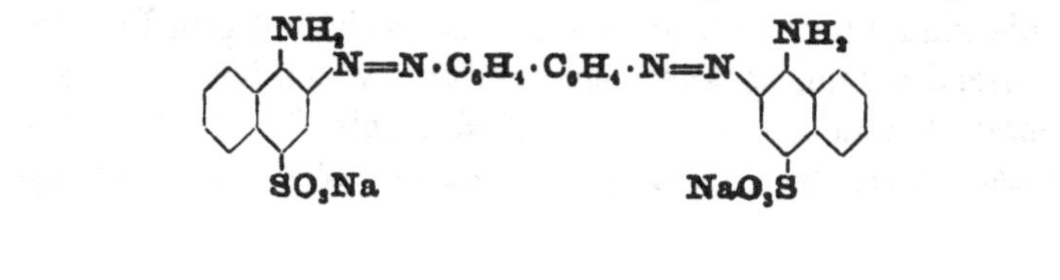

hat heute wohl nur noch wissenschaftliches Interesse. Zu den p-Diaminen im Sinne der gegenwärtigen Betrachtung gehören vor allem das Benzidin (I), o-Tolidin (II), Dianisidin (III) und ähnliche Abkömmlinge des Diphenyls, im weiteren Sinne aber auch das Diaminocarbazol (IV), die Diaminostilben-Disulfonsäure (V), das Diaminoazoxytoluol (VI) usw.

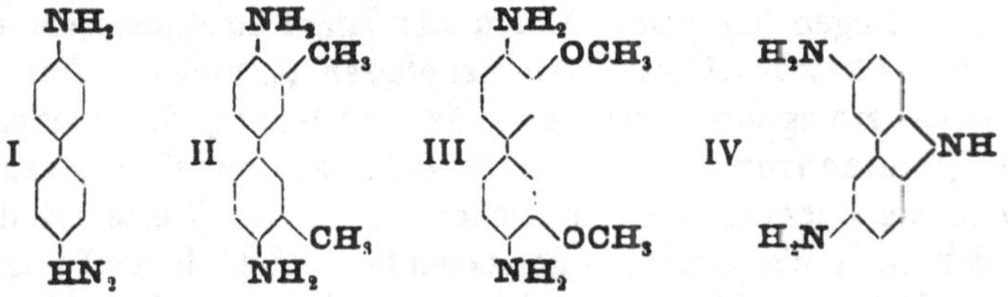

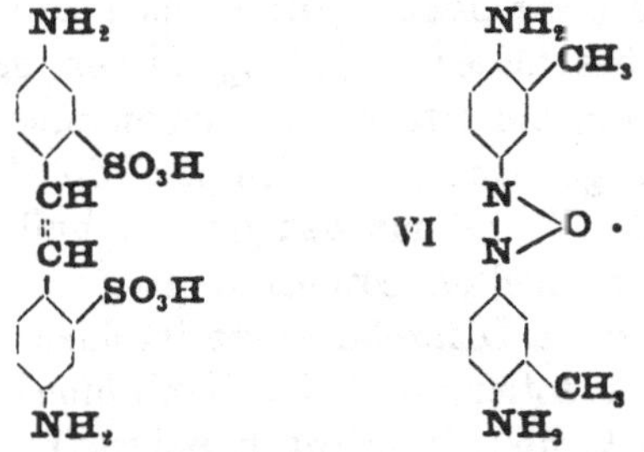

Eine eigenartige Stellung nimmt neben dem 1,4- (und 1,5-)Naphtylendiamin das p-Phenylendiamin, das p-Diamin in des Wortes eigenster Bedeutung, ein. Es läßt sich nämlich nicht in der gleichen Weise wie z. B. das Benzidin und seine Derivate in eine „Tetrazoverbindung" überführen, wenigstens nicht glatt, und man ist daher behufs Darstellung der Disazofarbstoffe aus p-Phenylendiamin, die übrigens an technischer Bedeutung den Farbstoffen aus Diphenylabkömmlingen nachstehen, auf einen Umweg angewiesen (vgl. auch S. 129 unter f): Man geht aus vom Aceto-p-Phenylendiamin = p-Aminoacetanilid, $H_2N \cdot C_6H_4 \cdot NH \cdot COCH_3$, (aus Acetanilid durch Nitrieren und Reduzieren erhältlich), diazotiert zum Diazoniumchlorid von der Formel:

$$\underset{\underset{Cl}{|}}{N}{:}N \cdot C_6H_4 \cdot NH \cdot COCH_3\,,$$

kuppelt, etwa mit der Azokomponente $R \cdot OH$, zum Monoazofarbstoff $HO \cdot R \cdot N_2 \cdot C_6H_4 \cdot NH \cdot COCH_3$, spaltet die Acetylgruppe durch Verseifung mittels Alkali oder Säure ab, diazotiert die so entstandene Oxyamino-Azoverbindung $HO \cdot R \cdot N_2 \cdot C_6H_4 \cdot NH_2$ zum Oxydiazoniumchlorid $HO \cdot R \cdot N_2 \cdot C_6H_4 \cdot \overset{\overset{Cl}{|}}{N}{:}N$ und kuppelt dieses nun mit einem zweiten Molekül einer Azokomponente ($R' \cdot OH$ oder einer beliebigen anderen Azokomponente) zu dem Disazofarbstoff $HO \cdot R \cdot N_2 \cdot C_6H_4 \cdot N_2 \cdot R' \cdot OH$. Zwischenkörper von der Art der Azodiazoniumverbindung $HO \cdot R \cdot N_2 \cdot C_6H_4 \cdot \overset{Cl}{N}:N$ sind übrigens auch aus den gewöhnlichen p-Diaminen erhältlich (vgl. die Einleitung über Azofarbstoffe, S. 129); sie entstehen sogar bei der normalen Disazofarbstoffbildung mit Diphenylabkömmlingen in vielen Fällen als leicht nachweisbare und bisweilen unerwünscht stabile Zwischenphasen (s. unten). Auf der anderen Seite ermöglichen sie auch die Entstehung der technisch wichtigen gemischten Disazofarbstoffe aus zwei verschiedenen Azokomponenten, die am sichersten in der Weise erhalten werden, daß man die erste Azokomponente (1 Mol.) langsam unter Rühren zur Tetrazoverbindung (gleichfalls 1 Mol.) zulaufen läßt und nun erst, nach beendigter Kupplung dieser beiden Komponenten zum Zwischenkörper, die zweite Azokomponente (1 Mol.) zufügt. Die bei diesen Kupplungen einzuhaltenden Reaktionsbedingungen ergeben sich in sinngemäßer Weise aus den im Abschnitt über Monoazofarbstoffdarstellung entwickelten Grundsätzen.

Einer der ältesten Disazofarbstoffe ist das sogen. Kongorot aus 1 Mol. Benzidin (tetrazotiert) + 2 Mol. Naphthionsäure. Die Kupplung vollzieht sich zweckmäßig in schwach essigsaurer Lösung. Es bedarf daher der Anwendung von Na-Acetat bei der Kombination, um die salzsaure Tetrazolösung abzustumpfen. Zu beachten ist aber, daß die Naphthionsäure eine sehr schwache Säure ist und daher aus der Lösung ihres Na-Salzes schon durch verdünnte Essigsäure ausgefällt wird. Eine solche Ausscheidung während der Farbstoffbildung ist aber tunlichst zu vermeiden, da die Naphthionsäure in Wasser sehr schwer löslich ist und daher nur langsam wieder in Lösung geht, wodurch die Kupplung erheblich verzögert und erschwert wird. In Anbetracht der verhältnismäßig starken Verdünnung der Komponenten, bei der die Azofarbstoffbildung vor sich geht, genügen etwa 2 Mol. Acetat auf 1 Mol. HCl (vgl. die Bemerkungen über die Kupplung der γ-Säure auf Seite 99 und Seite 160f.). Bei den unten im Beispiel angegebenen Mengenverhältnissen (0,25 Mol. HCl, wovon 0,1 Mol. durch 0,1 Mol. $NaNO_2$ verbraucht wird, wonach 0,15 Mol. übrig bleibt) wären also $2 \cdot 0{,}15 = 0{,}3$ Mol. $= 0{,}3 \cdot 136 =$ etwa 40 g kristallisiertes Acetat für die Farbstoffbildung erforderlich; falls man die Lösung der Tetrazoverbindung, vor der Kombination, mit Soda fast neutral stellt, sind entsprechend geringere Mengen Acetat ausreichend. Die Kupplung erfolgt stufenweise, d. h. über das Zwischenprodukt aus 1 Mol. Tetrazoniumchlorid + 1 Mol. Naphthionat:

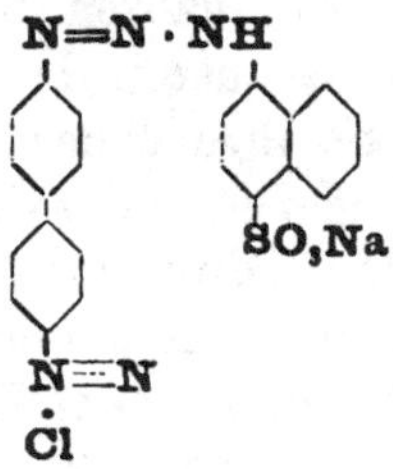

bzw.

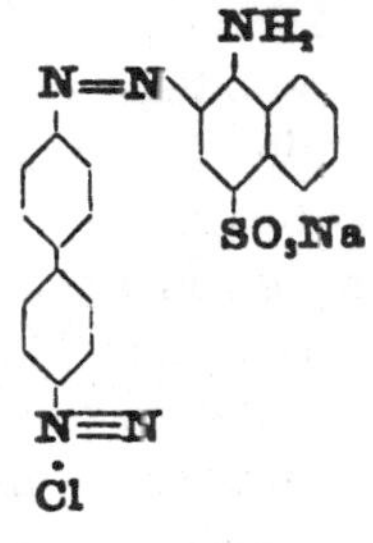

hinweg. Dieser Umstand kann aber bei der Prüfung des Reaktionsverlaufes zu starken Täuschungen Veranlassung geben. Da nämlich das Zwischenprodukt in Wasser nahezu unlöslich ist, so hat die Entstehung desselben zur Folge, daß schon nach verhältnismäßig kurzer Zeit die an sich leicht lösliche und daher durch Tüpfeln mit R-Salzlösung unzweideutig nachweisbare Tetrazoverbindung nach erfolgter Kupplung mit nur 1 Mol. Naphthionat aus der Lösung vollkommen verschwindet, eine Erscheinung, die leicht zu der irrtümlichen Annahme verleiten kann, die Farbstoffbildung sei beendigt, während es tatsächlich noch längerer Zeit bedarf, bis dieser Zustand erreicht ist. Die Festlegung des Endpunktes der Reaktion kann auf die nachstehend geschilderte Weise bewirkt werden. Es erscheint jedoch zweckmäßig, zunächst Klarheit darüber zu gewinnen, auf welche Verbindungen, die aus der Wechselwirkung zwischen 1 Mol. Tetrazoverbindung und 2 Mol. Naphthionsäure hervorgehen können, bei dieser Untersuchung der Reaktionsmischung Rücksicht zu nehmen ist. Theoretisch kommen im vorliegenden Fall, nachdem, wie oben angenommen, das Tetrazoniumchlorid selbst verschwunden ist, die folgenden fünf Verbindungen in Betracht:

I	II	III	IV	V
[$N_2 \cdot NH \cdot R$	[$N_2 \cdot R' \cdot NH_2$	[$N_2 \cdot NH \cdot R$	[$N_2 \cdot NH \cdot R$	[$N_2 \cdot R' \cdot NH_2$
[$N_2 \cdot Cl$	[$N_2 \cdot Cl$	[$N_2 \cdot NH \cdot R$	[$N_2 \cdot R' \cdot NH_2$	[$N_2 \cdot R' \cdot NH_2$,

wobei $—NH \cdot R$ und $—R' \cdot NH_2$ die Komplexe:

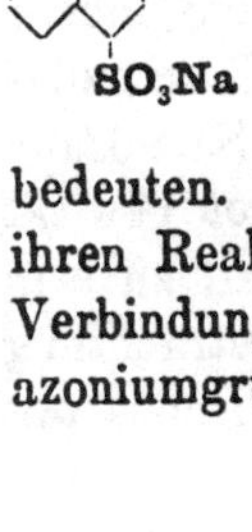

bzw.

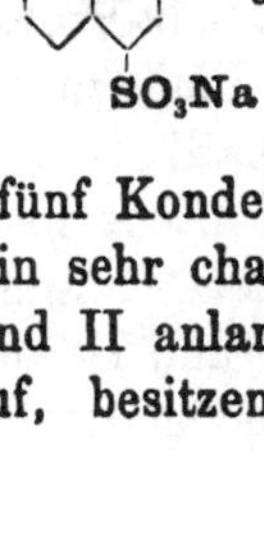

und das Zeichen [den Diphenylrest

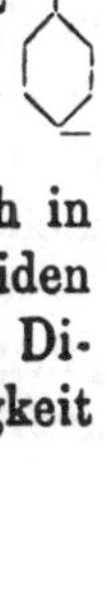

bedeuten. Diese fünf Kondensationsprodukte unterscheiden sich in ihren Reaktionen in sehr charakteristischer Weise: Was die beiden Verbindungen I und II anlangt, so weisen dieselben eine freie Diazoniumgruppe auf, besitzen als eine gewisse Reaktionsfähigkeit gegenüber Azokomponenten, die sich in ihrer ganzen Stärke aber erst in sodaalkalischer Lösung, gegenüber geeigneten Hydroxylverbindungen, wie R-Salz u. dgl., offenbart. Solange daher eine kleine Probe des Reaktionsproduktes beim Eingießen in sodaalkalische R-Salzlösung einen Farbstoff liefert, der von Kongorot (Vergleichslösung!) durch seinen blauroten Ton verschieden ist, kann man mit Bestimmtheit auf die Anwesenheit der Verbindung I oder II schließen. Die beiden letzteren unterscheiden sich chemisch durch ihr Verhalten beim Kochen mit Mineralsäuren: Diazoaminoverbindungen $R'' \cdot N_2 \cdot NH \cdot R'''$ zerfallen beim Erhitzen mit verdünnten Säuren entsprechend der Gleichung:

$$R'' \cdot N_2 \cdot NH \cdot R''' + H_2O \longrightarrow R'' \cdot OH + N_2 + H_2NR'''.$$

Demgemäß wird aus der Verbindung I die Gruppe $-NH \cdot R$ in Form von Naphthionsäure abgespalten, wobei sich der Tetrazodiphenylrest gleichzeitig unter Stickstoffentwicklung zersetzt, während die Gruppe $-R' \cdot NH_2$ im Molekül der Verbindung II verbleibt und nur die Diazoniumgruppe die übliche Zersetzung erfährt:

$$\left[\begin{matrix} N_2 \cdot R' \cdot NH_2 \\ N_2 \cdot Cl \end{matrix}\right. \longrightarrow \left[\begin{matrix} N_2 \cdot R' \cdot NH_2 \\ OH \end{matrix}\right. .$$

Was die Unterscheidung zwischen den Verbindungen III, IV und V anlangt, so sind sie durch ihr chemisches Verhalten in folgender Weise gekennzeichnet: Die Verbindung III kuppelt nicht mit R-Salz, entwickelt aber beim Kochen Stickstoff infolge der Zersetzung des Tetrazodiphenylrestes. Die Verbindung IV kuppelt nicht und entwickelt gleichfalls beim Kochen mit Salzsäure Stickstoff, jedoch unter Bildung eines Zersetzungsproduktes, das mit dem aus Verbindung II entstehenden Monoazofarbstoff identisch, also durch das Vorhandensein der Gruppe $-R' \cdot NH_2$ ausgezeichnet ist. Die Verbindung V, die den fertigen Farbstoff, das Kongorot, darstellt, kuppelt weder noch entwickelt sie beim Kochen mit Salzsäure Stickstoff; sie bleibt vielmehr unter diesen Umständen, abgesehen von dem bekannten Umschlag nach Blau auf Zusatz von Salzsäure, vollkommen unverändert. Demnach gestaltet sich die Prüfung der Reaktionsmischung kurz folgendermaßen: Man wendet zunächst die R-Salz-Probe an (siehe oben), selbstverständlich unter gleichzeitiger Benutzung einer Kontrolllösung, die nur Soda ohne R-Salz enthält. Sobald die R-Salzlösung nicht mehr eine Veränderung des Farbentons nach Blaurot bewirkt — was übrigens erst nach stundenlangem Rühren der Fall zu sein pflegt —, scheiden die Verbindungen I und II aus der Betrachtung aus. Nunmehr wird eine andere Probe des Reaktionsgemisches mit dem gleichen Volumen etwa 5 %iger HCl gekocht, wobei man beobachtet, ob eine Gasentwicklung auftritt. Trifft dies zu, so ist dies ein Zeichen für die Anwesenheit von Verbindung III (die tatsächlich aber wohl kaum in Betracht kommt) oder IV; die Farbstoffbildung ist also noch nicht beendigt, sondern erst dann, wenn beim Kochen einer weiteren Probe mit Salzsäure keine Stickstoffentwicklung mehr stattfindet.

Übungsbeispiele.

1. Kongorot.

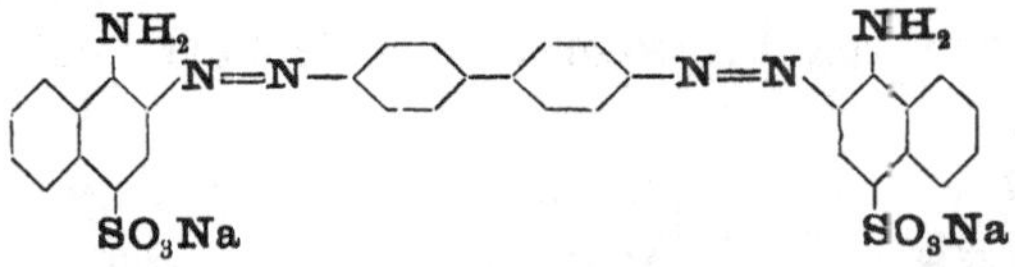

Ausgangsmaterial: 9,2 g Benzidin 100 %ig = $^1/_{20}$ Mol.; 32 g Naphthionat, M = 317 (= $^1/_{10}$ Mol.).

Hilfsstoffe: 25 g konzentrierte HCl; 6,9 g $NaNO_2$ 100 % ig; 40 g Na-Acetat cryst.; Eis; Soda; festes Kochsalz.

Darstellung. 9,2 g Benzidin 100 %ig oder die entsprechenden Mengen des technischen Produktes werden fein gepulvert, mit 25 g konzentrierter HCl (spez. Gew. 1,19) und darauf mit 25 ccm heißem Wasser versetzt. Man schüttelt um bis zur Entstehung eines dünnen, gleichmäßigen Kristallbreies (Bildung des Benzidindichlorhydrates), gibt nun allmählich noch 200—500 ccm heißen Wassers hinzu, wodurch vollkommene Lösung eintritt, kühlt auf etwa 0 bis + 5° ab und fügt dann eine Lösung von 6,9 g $NaNO_2$ 100 %ig in 50 ccm Wasser innerhalb einer Minute hinzu. Die so erhaltene Lösung des „Tetrazochlorids" läßt man, wenn eine mit Na-Acetat übersättigte Probe derselben klar bleibt, einlaufen in eine Lösung aus 32 g Naphthionat (= $^1/_{10}$ Mol.) und $^1/_2$ l Wasser, die noch mit etwa 40 g kristallisiertem Na-Acetat versetzt wird. Die sich dunkel färbende Reaktionsmischung nimmt allmählich breiartige Beschaffenheit an; es findet zunächst die Bildung des unlöslichen Zwischenproduktes:

$$\left[\begin{array}{l} N_2 \cdot R' \cdot NH_2 \\ N_2 \cdot Cl \end{array}\right. \quad \text{eventuell auch} \quad \left[\begin{array}{l} N_2 \cdot NH \cdot R \\ N_2 \cdot Cl \end{array}\right.$$

statt, während die lösliche Tetrazoverbindung allmählich aus dem Reaktionsgemisch verschwindet. Nachdem die R-Salz-Probe und die weitere Probe mit Salzsäure ergeben haben, daß die Farbstoffbildung beendigt ist, bringt man die blauschwarze Farbsäure durch Zugabe von Soda und Erwärmen in Lösung und salzt nach dem Filtrieren den Farbstoff als rotes Na-Salz mit Kochsalz aus.

Eigenschaften. Rotbraunes Pulver, das sich in konzentrierter Schwefelsäure mit blauer, in Wasser mit roter Farbe löst. Salzsäure fällt aus dieser Lösung blaue Flocken der unlöslichen Farbsäure.

Literatur: Friedländer **1**, 470; Witt, Ber. **19**, 171 (1885). Vgl. Schultz, Farbstofftabellen Nr. 307.

Verwendet man als Azokomponenten statt der einfachen Naphtylaminsulfonsäuren kupplungsfähige Aminonaphtolsulfonsäuren von der Art der γ-Säure (s. S. 99), so sind, je nach dem, ob die Azogruppe auf der Naphtol- oder auf der Amino-Seite in das Naphtalinmolekül eintritt, 3 Reihen von Disazofarbstoffen denkbar, entsprechend den Symbolen:

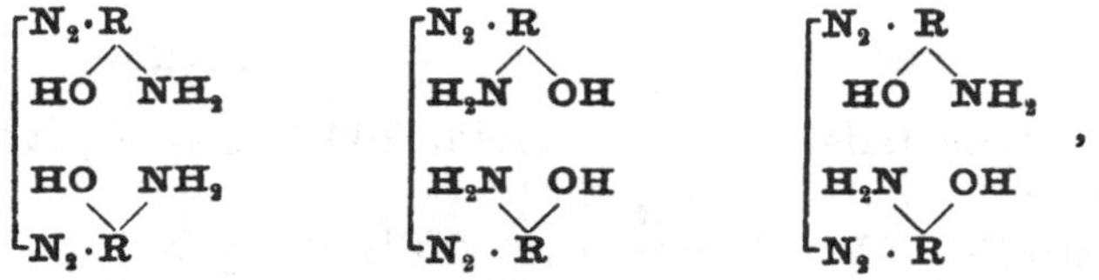

I II III

deren Deutung nach den Ausführungen über die Darstellung von primären Disazofarbstoffen $R_1 \rightarrow R_2 \leftarrow R_3$ aus Monoazofarbstoffen (siehe S. 126) wohl keiner weiteren Erläuterung bedarf. Welche von den drei Möglichkeiten bei der Kupplung verwirklicht wird, hängt von den Reaktionsbedingungen ab, insbesondere davon, ob während der Kombination saure, neutrale oder alkalische Reaktion herrscht. Es sei an dieser Stelle nachdrücklich der Darlegungen auf S. 150 gedacht, denen zu entnehmen ist, welche große Bedeutung diesem Faktor beizumessen ist. Es liegt auf der Hand, woran hier gleichfalls erinnert sein mag, daß unter gewissen Umständen auch Gemische aus zwei oder drei der obigen Disazo-Farbstoffe (I, II, III) nebeneinander entstehen können. Dies ist z. B. der Fall, wenn die Reaktion des Kupplungsgemisches im Verlauf der Farbstoffbildung eine Änderung erfährt, also etwa infolge eintretenden Sodamangels von alkalisch durch neutral hindurch nach sauer umschlägt. Ist also, wie dies die Regel bildet, die Darstellung eines einheitlichen Farbstoffes beabsichtigt, so ist auch die Einhaltung möglichst gleichmäßiger Reaktionsbedingungen erforderlich. In einem Punkte unterscheiden sich übrigens die Aminonaphtolsulfonsäuren von der Art der γ- und I-Säure (s. S. 150) nicht unwesentlich von den auf S. 151f. ausführlicher besprochenen peri-Aminonaphtolsulfonsäuren, wie die H- oder S-Säure, indem nämlich die γ- und I-Säure bei der Kupplung in sodaalkalischer Lösung eine erheblich geringere Neigung zeigen, zwei Moleküle Diazoverbindung aufzunehmen. Man kann also bei der Kombination, z. B. der γ-Säure, in ausgesprochen sodaalkalischer Lösung mit Sicherheit auf die glatte Bildung eines normalen, dem obigen Symbol I entsprechenden Farbstoffes (Diaminschwarz RO) rechnen, besonders dann, wenn man, wie dies unten beschrieben, die Tetrazoverbindung in die alkalische Lösung der γ-Säure einlaufen läßt. Die Kupplung erfolgt in diesem Falle ziemlich rasch. Etwas mehr Zeit erfordert die Kombination in saurer Lösung, wobei

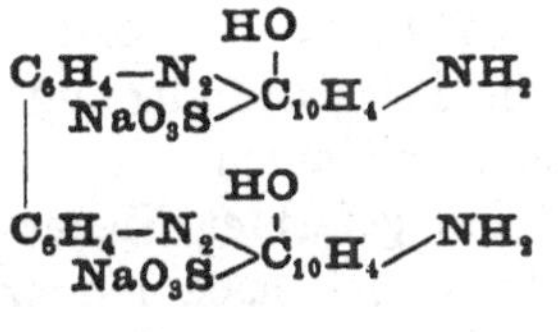

I

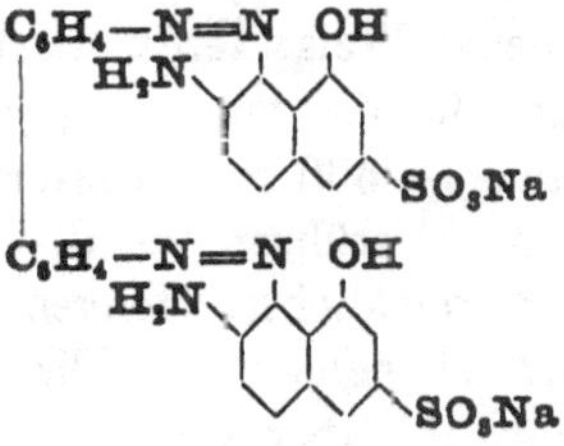

II

der dem obigen Symbol II entsprechende Farbstoff (Diaminviolett N) entsteht. Immerhin macht sich das Vorhandensein von zwei auxochromen Gruppen im Molekül der γ-Säure auch unter diesen Umständen durch eine im Vergleich zur Naphthionsäure erhöhte Kupplungsenergie bemerkbar. Im Hinblick auf die Schwerlöslichkeit der γ-Säure in Wasser empfiehlt sich aber bei der Kupplung in saurer Lösung die Beobachtung ähnlicher Vorsichtsmaßregeln wie bei Naphthionsäure, damit keine Ausscheidung von γ-Säure stattfindet. Allerdings liegt hier eine gewisse Gefahr darin, daß bei nicht ausreichender Acidität der Lösung statt des einheitlichen, dem Symbol II entsprechenden Farbstoffes ein Gemisch entsteht. Jedoch scheint die Neigung der γ-Säure, auf der sogenannten „Naphtolseite", also in 7-Stellung, zu kuppeln, selbst in schwach essigsaurer Lösung sehr gering zu sein, so daß die Lösungen von 1 Mol. γ-Säure in 2 Mol. Na-Acetat, wobei ein Gemisch aus annähernd 1 Mol. Na-Salz der γ-Säure + 1 Mol. Na-Acetat + 1 Mol. Essigsäure entsteht, eine genügende Acidität besitzen, um auch schon die ersten Anteile der schwach salzsauren Diazolösung in die 1-Stellung, d. h. in o-Stellung zur Aminogruppe zu weisen. Im weiteren Verlauf der Kupplung nimmt die Acidität der Reaktionsmischung fortwährend zu; eine mineralsaure Reaktion auf Kongopapier ist jedoch zu vermeiden. Die Untersuchung des Reaktionsproduktes und des Fortschrittes der Kupplung erfolgt in gleicher Weise, wie dies oben ausführlich bei Kongorot geschildert wurde.

2. Diaminschwarz RO.

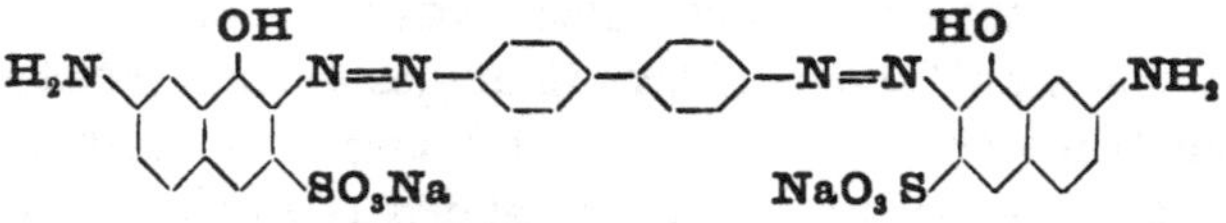

Ausgangsmaterialien: 9,2 g Benzidin 100%ig = 1/20 Mol.; etwas mehr als 1/10 Mol., also etwa 30 g γ-Säure, M = 278.

Hilfsstoffe: 25 g konzentrierte HCl; 6,9 g $NaNO_2$ 100%ig; 45 g calcinierte Soda.

Darstellung. 9,2 g Benzidin 100%ig werden in der auf S. 159 angegebenen Weise tetrazotiert (Volumen der Tetrazolösung etwa 1/2 l). Andererseits löst man 30 g γ-Säure, M = 278, in 40 g calcinierter Soda und 4—500 ccm Wasser und läßt die Tetrazoverbindung unter kräftigem Umrühren in die γ-Säurelösung einlaufen. Es ensteht sofort in reichlichen Mengen ein dunkelblau gefärbter Niederschlag von Diaminschwarz. Die Farbstoffbildung ist nach kurzer Zeit vollendet, ist aber durch die Salzsäureprobe zu kontrollieren. Am Schluß derselben muß ein Überschuß von γ-Säure nachweisbar sein, während ein Überschuß an Tetrazolösung schädlich wirkt. Zum Schluß filtriert man den Farbstoff auf einem angefeuchteten Baumwollfilter ab, wäscht mit kochsalzhaltigem Wasser aus und trocknet.

Eigenschaften. Schwarzes Pulver, in konzentrierter Schwefelsäure mit blauer, in heißem Wasser mit violettschwarzer Farbe löslich. Die wäßrige Lösung gibt mit Salzsäure einen blauen Niederschlag.

Literatur: Friedländer 2, 397; Schultz, Farbstofftabellen Nr. 328.

3. Diaminviolett N.

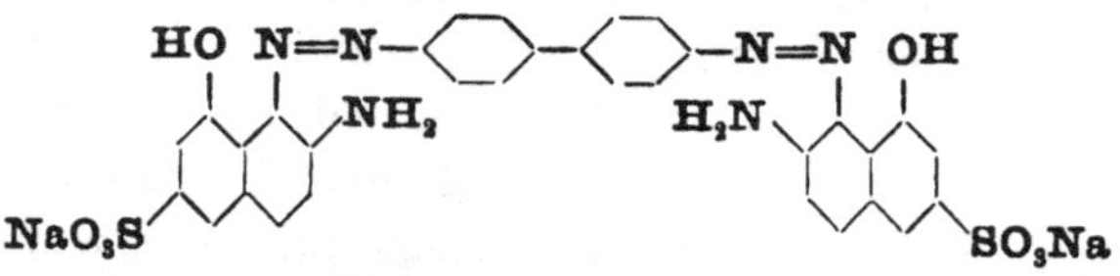

Ausgangsmaterial: Siehe bei Diaminschwarz RO.

Hilfsstoffe: 25 g konzentrierte HCl; 6,9 g $NaNO_2$ 100%ig; Acetat-Lösung und 28 g Na-Acetat cryst.

Darstellung. Die Darstellung der Tetrazoverbindung aus 9,2 g Benzidin siehe bei Kongorot S. 159f. Vor der Kupplung wird so viel Acetat (ca. 500 ccm Normallösung) zugegeben, daß die Reaktion der Tetrazolösung auf Kongopapier nur noch schwach sauer ist. Andererseits löst man etwas mehr als 1/10 Mol., also etwa 30 g γ-Säure, M = 278, in 2/10 Mol. = ca. 28 g kristallisiertem Na-Acetat + 100 ccm heißem Wasser. Sobald Lösung eingetreten ist, verdünnt man die essigsaure γ-Säurelösung mit Wasser auf 1/2 l und läßt nun die Tetrazolösung unter Rühren langsam einlaufen, durch fortgesetzte Tüpfelproben von dem jeweiligen Stande der Reaktion sich überzeugend. Ist sämtliche Tetrazolösung eingelaufen, so verfolgt man den weiteren Verlauf der Kombination mit Hilfe der R-Salz- und Salzsäure-Probe, wobei außerdem auch hier wieder auf einen deutlich wahrnehmbaren Überschuß an γ-Säure zu achten ist. Die Farbstoffbildung erfordert zu ihrer Vollendung viele Stunden; unter Umständen gibt man, um sie zu befördern, noch etwas Acetatlösung hinzu. Nach etwa 12—24-stündigem Rühren ist der Disazofarbstoff in der Regel fertig. Man macht alsdann die Reaktionsmischung mit Sodalösung alkalisch, erwärmt sie auf dem Wasserbade und gibt so viel festes NaCl oder gesättigte NaCl-Lösung zu, daß der Farbstoff sich in der Hitze nahezu vollkommen ausscheidet. Man filtriert in der Wärme auf einem mit verdünnter NaCl-Lösung angefeuchteten Baumwollfilter, wäscht mit verdünnter NaCl-Lösung aus und trocknet.

Eigenschaften. Schwarzes Pulver, in konzentrierter Schwefelsäure mit grünblauer Farbe, in heißem Wasser mit rotvioletter Farbe löslich. Salzsäure fällt aus der Lösung einen violettschwarzen Niederschlag.

Literatur: Friedländer **2**, 397; Schultz, Farbstofftabellen Nr. 327.

3. Sekundäre Disazofarbstoffe.

Über die Darstellung der sekundären Disazofarbstoffe $R^1 \rightarrow R^2 \rightarrow R^3$ vgl. auch die allgemeinen Bemerkungen auf S. 125ff. Besonderer Wert ist auf eine sorgfältige, d. h. vollkommene Diazotierung des Monoazofarbstoffes zu legen, zumal dann, wenn dieser in Wasser schwer löslich ist. Auch die Reaktion zwischen der Diazo-Azoverbindung $R^1 \rightarrow R^2 - \underset{\mathrm{Cl}}{\mathrm{N}} \equiv \mathrm{N}$ und der sogenannten „Schlußkomponente" R^3 verläuft in der Regel wesentlich langsamer und schwieriger als die Kupplungen, die zu Mono- und zu primären Disazofarbstoffen führen. Es bedarf daher meist einer stundenlangen Einwirkung der Diazo-Azoverbindung auf die dritte Komponente, ehe die Bildung des Disazofarbstoffes $R^1 \rightarrow R^2 \rightarrow R^3$ als beendigt angesehen werden darf. Die sekundären Disazofarbstoffe sind rot, wenn sie auf den Atomkomplex

(I) $$C_6H_5 \cdot N{=}N - C_6H_4 - N{=}N - C_{10}H_6 - \, ,$$

violettschwarz bis blauschwarz, wenn sie auf die Atomkomplexe

(II) $$C_6H_5 - N{=}N - C_{10}H_6 - N{=}N - C_{10}H_6 -$$

oder

(III) $$C_{10}H_7 - N{=}N - C_{10}H_6 - N{=}N - C_{10}H_6 -$$

zurückführbar sind. In den letzten beiden Fällen ist es die Einführung des α-Naphtylaminrestes und die damit bewirkte Atomgruppierung

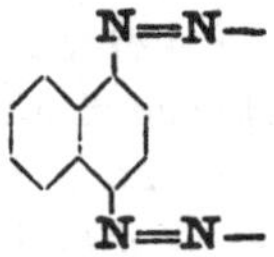

in „Mittelstellung“,

die die Verschiebung des Farbentones nach Blau bzw. Schwarz bedingt.

Die vom Atomkomplex I (s. o.) sich ableitenden roten Disazofarbstoffe enthalten als Diazokomponenten das Aminoazobenzol, seine Homologen und Sulfonsäuren, als Azokomponenten die α- und β-Naphtol-, Aminonaphtol- und Dioxynaphtalin-Sulfonsäuren. Bei der Prüfung ihrer Lösungsfarbe in konzentrierter Schwefelsäure zeigt sich, daß diese abhängig ist von der Stellung der Sulfogruppen:

Befinden sich diese letzteren lediglich im Naphtalinkern, wie im

Brillantcroceïn, $C_6H_5{-}N{=}N{-}C_6H_4{-}N{=}N{-}C_{10}H_4{<}\begin{smallmatrix}OH\\ SO_3Na\\ SO_3Na\end{smallmatrix}$,

aus Aminoazobenzol ⟶ 2-Naphtol-6,8-disulfonsäure, so ist die schwefelsaure Lösung violett.

Befinden sich die Sulfogruppen lediglich in den Benzolkernen, wie im

Biebricher Scharlach,

$$NaO_3S{-}C_6H_4{-}N{=}N{-}C_6H_3{<}\begin{smallmatrix}SO_3Na\\ N{=}N{-}C_{10}H_6{-}OH\end{smallmatrix},$$

aus Aminoazobenzoldisulfonsäure ⟶ β-Naphtol, so ist die Lösungsfarbe grün.

Farbstoffe, die die Sulfogruppe sowohl im Benzolkern als auch im Naphtalinkern enthalten, wie

Croceïnscharlach 3 B,

$$NaO_3S{-}C_6H_4{-}N{=}N{-}C_6H_4{-}N{=}N{-}C_{10}H_5{<}\begin{smallmatrix}OH\\ SO_3Na\end{smallmatrix},$$

aus Aminoazobenzolsulfonsäure ⟶ 2-Naphtol-8-sulfonsäure, lösen sich in Schwefelsäure mit blauer Farbe.

Bei der Herstellung der dem Schema II und III (s. o.) entsprechenden Farbstoffe verfährt man so, daß man zunächst die erste Komponente, als Diazoniumverbindung $R^1{\cdot}N_2{\cdot}Cl$, mit α-Naphtylamin oder mit 1-Naphtylamin-6- bzw. -7-sulfonsäure zu einem Aminoazokörper $R^1{\cdot}N_2{\cdot}R^2{\cdot}NH_2$ vereinigt, diesen nochmals diazotiert ($R^1{\cdot}N_2{\cdot}R^2{\cdot}N_2{\cdot}Cl$) und mit der endständigen Komponente — α-Naphtylamin,

Phenyl-α-naphtylamin, Diphenyl-m-phenylendiamin, Naphtol-, Amino-naphtol-, Dioxynaphtalinsulfonsäuren usw. — kuppelt.

Auf diese Weise entstehen u. a. die für die Schwarzfärberei der Wolle wichtigen Farbstoffe vom Typus des Naphtol- und Naphtylaminschwarz, wie z. B.:

Naphtylaminschwarz D,

$$(NaO_3S)_2{>}C_{10}H_5-N{=}N-C_{10}H_6-N{=}N-C_{10}H_6\cdot NH_2\,,$$

aus 1-Naphtylamin-4,7-disulfonsäure ⟶ α-Naphtylamin ⟶ α-Naphtylamin;

Naphtolschwarz B,

$$(NaO_3S)_2{>}C_{10}H_5-N{=}N-C_{10}H_6-N{=}N-C_{10}H_4\left\langle\begin{array}{l}OH\\ SO_3Na\\ SO_3Na\end{array}\right.,$$

aus 2-Naphtylamin-6,8-disulfonsäure ⟶ α-Naphtylamin ⟶ 2-Naphtol-3,6-disulfonsäure;

Victoriaschwarz,

$$NaO_3S-C_6H_4-N{=}N-C_{10}H_6-N{=}N-C_{10}H_4\left\langle\begin{array}{l}OH\\ OH\\ SO_3Na\end{array}\right.,$$

aus Sulfanilsäure ⟶ α-Naphtylamin ⟶ 1,8-Dioxynaphtalin-4-sulfonsäure;

Diamantschwarz,

$$\begin{array}{r}HO\\ NaOOC\end{array}{>}C_6H_3-N{=}N-C_{10}H_6-N{=}N-C_{10}H_5{<}\begin{array}{l}OH\\ SO_3Na\end{array},$$

aus p-Aminosalicylsäure ⟶ α-Naphtylamin ⟶ 1-Naphtol-4-sulfonsäure. Infolge der benachbarten Stellung von Hydroxyl und Carboxyl im Molekül der p-Aminosalicylsäure ist das Diamantschwarz ein Beizenfarbstoff, der wegen der Echtheit seiner Chromlacke in der Wollfärberei starke Verwendung findet.

Übungsbeispiele.

1. Biebricher Scharlach.

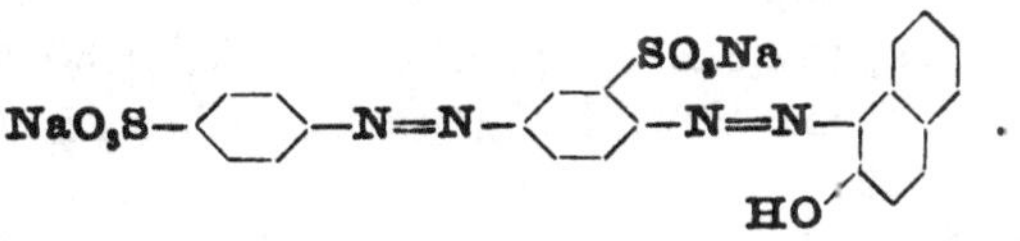

Ausgangsmaterial: $^1/_{10}$ Mol. = 35 g Aminoazobenzoldisulfonsäure (oder entsprechende Mengen Na-Salz),

$$NaO_3S\cdot C_6H_4-N{=}N-C_6H_3\left\langle\begin{array}{l}SO_3Na\\ NH_2\end{array}\right.\;;$$

13 g β-Naphtol.

Hilfsstoffe. 10,5 g calcinierte Soda; 6,9 g $NaNO_2$ 100%ig; 55 g konzentrierte HCl (spez. Gew. 1,19); 50 g Natronlauge von 40° Bé; Kochsalz.

Darstellung. 35 g Aminoazobenzoldisulfonsäure werden nebst 10,5 g calcinierter Soda in 4 l Wasser gelöst. Die Lösung muß schwach sodaalkalisch sein. Nach Hinzufügung einer konzentrierten Lösung von 6,9 g Natriumnitrit (100%ig) wird das 30° warme Gemisch in die 30° warme Mischung von 55 g konzentrierter Salzsäure (D 1,19) und 500 ccm Wasser eingerührt. Es scheiden sich rötlichbraune, glitzernde Kristalle der ziemlich beständigen Diazo-Azosulfonsäure ab. Nach etwa zwei Stunden (wenn unveränderte Aminoazobenzoldisulfonsäure — durch Überstreichen einer Tüpfelprobe mit konz. HCl — nicht mehr nachweisbar ist) läßt man die Suspension in die Lösung von 13 g β-Naphtol und 50 g Natronlauge (40° Bé) in 500 ccm Wasser unter Rühren einlaufen. Die Flüssigkeit muß bis zuletzt alkalisch bleiben. Aus der roten Lösung wird der Farbstoff mit Kochsalz ausgesalzen, scharf abgesaugt und auf Ton getrocknet.

Eigenschaften. Braunrotes Pulver. In der wäßrigen Lösung bringt Alaunlösung einen gelatinösen roten Niederschlag des schwer löslichen Aluminiumsalzes hervor. Konzentrierte Schwefelsäure löst den Farbstoff mit grüner Farbe.

Literatur: Friedländer **1**, 443; Nietzki, Ber. **13**, 800, 1838; Schultz, Farbstofftabellen Nr. 247.

2. Naphtolschwarz B.

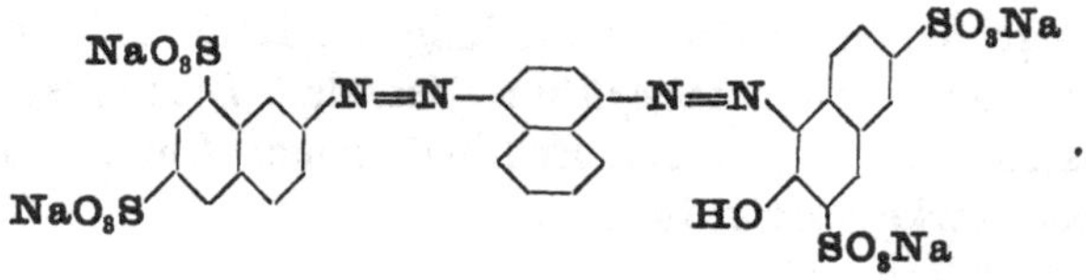

Ausgangsmaterial: $^1/_{10}$ Mol. = 42 g Amino-G-Salz (M = 420); 14,3 g α-Naphtylamin 100%ig; etwas mehr als $^1/_{10}$ Mol. R-Salz = etwa 50 g (M = 463).

Hilfsstoffe: Eis; zweimal 6,9 g $NaNO_2$ 100%ig; 30 + 10 + 10 ccm konzentrierte HCl (spez. Gew. 1,19); Na-Acetatlösung; NaCl-Lösung; 20 g calcinierte Soda.

Die **Darstellung** des Naphtolschwarz erfolgt über den Monoazofarbstoff,

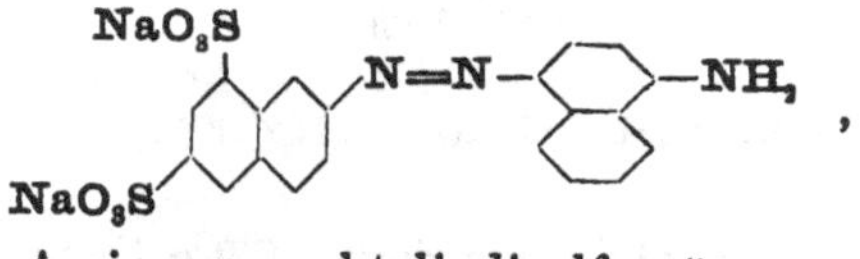

das Na-Salz der Aminoazonaphtalindisulfonsäure.

1. Aminoazonaphtalindisulfonsäure. 34,7 g 2-Naphtylamin-6,8-disulfonsaures Natrium (100%ig; der Gehalt ist genau zu bestimmen und das entsprechend größere Quantum eines etwas niedriger prozentigen Salzes anzuwenden) werden in 500 ccm Wasser gelöst und mit der Lösung von 6,9 g Natriumnitrit (100%ig) in 30 ccm Wasser vermischt. Die Mischung rührt man in gut gekühlte verdünnte Salzsäure (30 ccm konzentrierte Salzsäure + 500 ccm Wasser) ein. Sollte nach einer Viertelstunde noch freie Salpetrigsäure mittels Jodkaliumstärkepapier nachweisbar sein, so setzt man gelöstes naphtylamindisulfonsaures Natrium vorsichtig zu, bis die Salpetrigsäure gerade verschwunden ist. Nach halbstündigem Stehen rührt man die so erhaltene Diazolösung in die Lösung von 14,3 g α-Naphtylamin und 10 ccm konzentrierter Salzsäure (D 1,19) in 500 ccm Wasser ein. Die Flüssigkeit färbt sich tief orangerot und scheidet nach vollendeter Kupplung auf Zusatz von Natriumacetat und Kochsalz das Natriumsalz der Aminoazosulfonsäure (s. o.) in rotvioletten Flocken aus, die auf einem Faltenfilter aus gehärtetem Papier gesammelt und mit etwas Kochsalzlösung gewaschen werden.

2. Naphtolschwarz. Der Filterrückstand wird unter Zufügung von Soda mit 2 l Wasser zur Lösung gebracht, dann setzt man so viel Salzsäure zu, daß bei schwach saurer Reaktion eine bordeauxrote Lösung entsteht. Diese wird mit 10 ccm konzentrierter Salzsäure (D 1,19) versetzt und unter Kühlung mit Eis unter Rühren allmählich mit der Lösung von 6,9 g Natriumnitrit (100%ig) in 20 ccm Wasser vereinigt. Die nach etwa einstündigem Rühren fertig gebildete gelborange Diazolösung (Prüfung!) läßt man in die Lösung von $^1/_{10}$ Mol. 2-naphtol-3,6-disulfonsaurem Natrium (= 35 g 100%ig) und 20 g calcinierter Soda in 500 ccm Wasser einlaufen. Für sodaalkalische Reaktion der Flüssigkeit während der ganzen Dauer der zweiten Kupplung ist Sorge zu tragen. Die blauviolette Lösung wird nach mehrstündigem Rühren erwärmt, worauf der Farbstoff durch Einrühren von Kochsalz abgeschieden wird.

Eigenschaften. Nach dem Abfiltrieren, Trocknen auf Ton und Zerreiben bildet Naphtolschwarz B ein violettschwarzes Pulver mit Bronzeglanz, in konzentrierter Schwefelsäure mit grüner Farbe löslich.

Literatur: Friedländer 1, 450; Schultz, Farbstofftabellen Nr. 272.

III. Pyrazolonfarbstoffe.

Die Pyrazolonfarbstoffe, von denen eine stetig wachsende Zahl wegen ihrer guten Echtheitseigenschaften technische Verwendung gefunden haben, leiten ihren Namen ab von dem einfachsten Pyrazolon der Konstitution

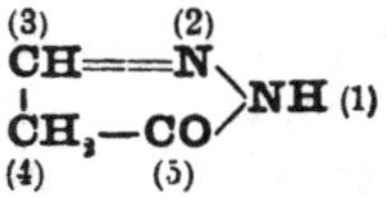

(also CO in 5-Stellung!), das selbst farblos und nicht als eigentliches Chromogen anzusehen ist. Die Pyrazolone werden in der Regel aus β-Keto-Carbonsäuren (bzw. deren Estern) und Hydrazinen dargestellt:

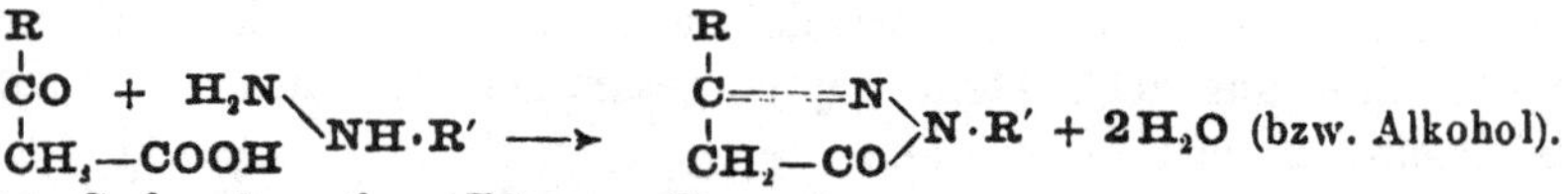

β-Keto-Carbonsäure (bzw. Ester) + Hydrazin — Pyrazolon

Die in 4-Stellung befindliche CH_2-Gruppe ist durch eine erhöhte Reaktionsfähigkeit ausgezeichnet. So entstehen z. B. durch Kuppeln der Pyrazolone,

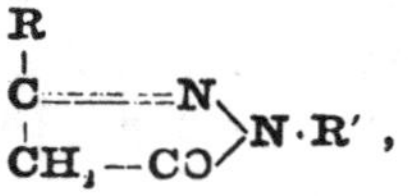

mit Diazoniumchloriden, $R'' \cdot N_2 \cdot Cl$, in ähnlicher Weise wie mit Phenolen und Naphtolen, Verbindungen der allgemeinen Formel

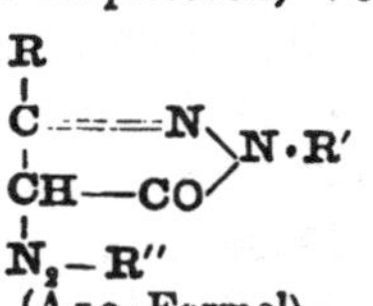

(Azo-Formel)

oder

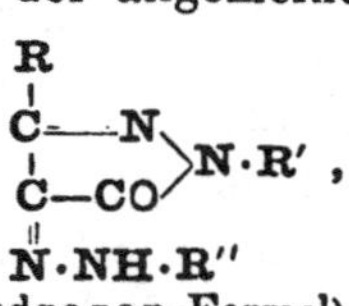

(Hydrazon-Formel)

von ausgeprägtem Farbstoffcharakter, der nach dem oben Gesagten auf das Vorhandensein einer Azo-(—N=N—R″) bzw. einer Hydrazongruppe (=N·NH·R″) zurückzuführen ist. Die Gewinnung solcher Pyrazolonfarbstoffe durch Kombination von Pyrazolonen mit Diazoniumverbindungen gestaltet sich in der Regel sehr einfach und entspricht vollkommen der Darstellung eines normalen Azofarbstoffes aus Diazo- und Azokomponente, z. B. aus Benzoldiazoniumchlorid und Naphtolsulfonsäure.

Pyrazolonfarbstoffe können aber auch als Hydrazone (s. o.) des 4-Ketopyrazolons aufgefaßt und mithin als nach der Gleichung:

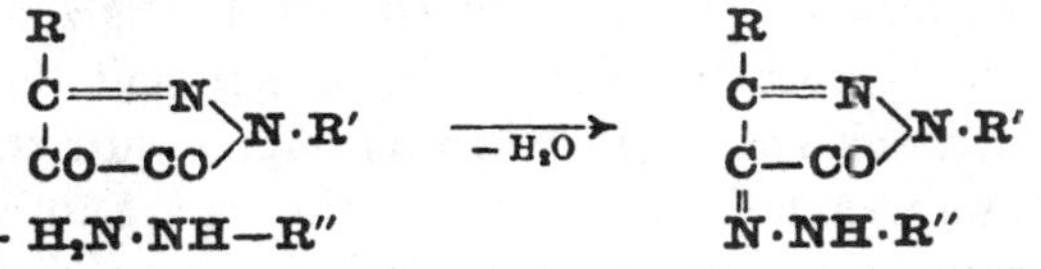

entstanden gedacht werden. 4-Ketopyrazolone werden ihrerseits aber aus α,β-Diketo-Carbonsäuren und Hydrazinen erhalten. Aus alledem geht hervor, daß man einen Pyrazolonfarbstoff auch erhalten kann, wenn man auf α,β-Diketo-Carbonsäuren vom Typus

R
|
CO
|
CO—COOH

unmittelbar 2 Mol. Hydrazin, die unter sich gleich oder verschieden sein können, einwirken läßt. Von diesen findet das eine für die 4-Ketopyrazolon-, das andere für die Hydrazon-Bildung Verwendung, gemäß dem Schema:

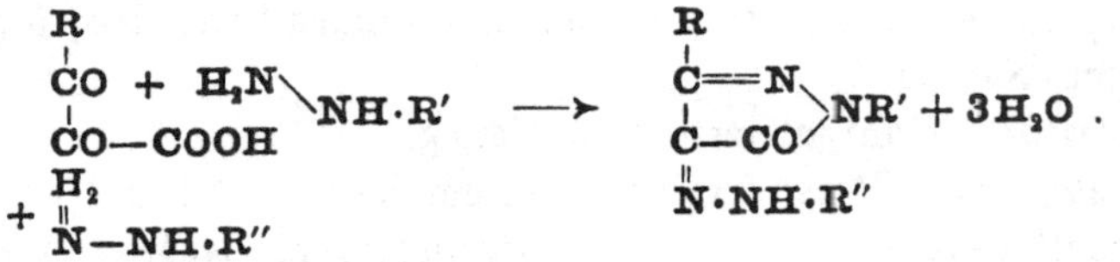

Nach diesem Verfahren stellt man in der Technik einen der ältesten Pyrazolonfarbstoffe, das Tartrazin, dar. Hierbei geht man aus von dem Dihydrat einer α,β-Diketo-Carbonsäure, nämlich dem dioxyweinsauren Natron:

COONa
|
$C(OH)_2$
|
$C(OH)_2$—COONa ,

und kondensiert dasselbe mit 2 Mol. Phenylhydrazin-p-sulfonsäure, $H_2N \cdot NH \cdot C_6H_4 \cdot SO_3H$, nach dem Schema:

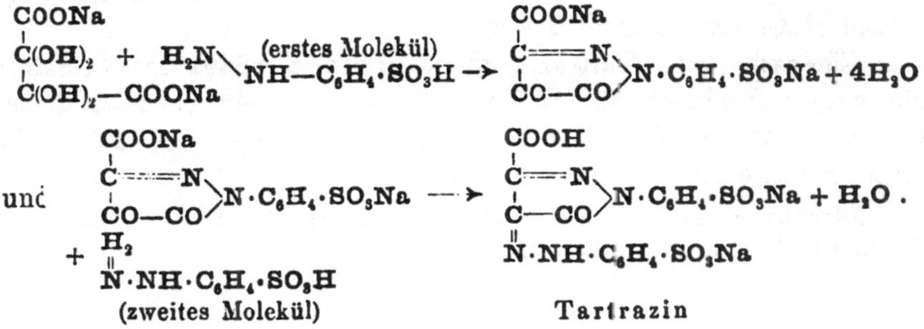

Die freie Phenylhydrazin-p-sulfonsäure (aus Diazosulfanilsäure durch Reduktion erhältlich, s. S. 74f.) ist in Wasser schwer, ihr Na-Salz hingegen leicht löslich. Umgekehrt ist das Na-Salz der Dioxyweinsäure (die aus Weinsäure durch Oxydation mit HNO_3 entsteht, wobei als Zwischenkörper eine Nitroweinsäure auftritt, s. S. 84f.) in Wasser sehr schwer löslich, während die freie Säure, die bei 98° unter Zersetzung schmilzt, leichter löslich ist. Die Kondensation der beiden Komponenten zum Farbstoff erfolgt ziemlich leicht beim bloßen Erhitzen in wäßriger Lösung auf dem Wasserbade. Die beiden Na-Atome der Dioxyweinsäure wandern, entsprechend der stärkeren Acidität der Sulfogruppen gegenüber der Carboxylgruppe, zu den ersteren (s. Reaktionsschema). Der technische Farbstoff stellt das Tri-Na-Salz dar, weshalb es nach vollendeter Farbstoffbildung einer Neutralisation des Farbstoffes mit Soda bedarf.

Übungsbeispiel.

Tartrazin.

(Konstitutionsformel s. o.)

Ausgangsmaterial: 10 g p-Phenylhydrazinsulfonsäure; 5 g dioxyweinsaures Natron.

Hilfsstoff: Konzentrierte Sodalösung.

Darstellung. Man verreibt in einem Reibschälchen 10 g Phenylhydrazinsulfonsäure mit 5 g dioxyweinsaurem Natron und etwa 25—35 ccm Wasser und erwärmt den dünnen Brei in einem Kölbchen so lange auf dem kochenden Wasserbade, bis völlige Lösung eingetreten ist; nötigenfalls erhitzt man die Reaktionsflüssigkeit noch kurze Zeit zum gelinden Sieden. Den Fortschritt der Farbstoffbildung erkennt man an der zunehmenden Färbung des Reaktionsgemisches. Ist die Kondensation beendigt, so wird mit konzentrierter Sodalösung neutralisiert (Prüfung mit Lackmuspapier!), von etwaigen Verunreinigungen heiß filtriert und das Filtrat zur Kristallisation gestellt. Tritt hierbei eine Ausscheidung von Farbstoff nicht oder nur in ungenügendem Maße ein, so kann sie durch Zugabe von festem NaCl vervollständigt werden.

Eigenschaften. Tartrazin dient in Form seines Tri-Na-Salzes als gelber Farbstoff für Wolle. Es ist ein sehr leicht lösliches gelbes, kristallinisches Pulver; durch Natronlauge wird die Farbe etwas rötlicher.

Literatur: Schultz, Farbstofftabellen Nr. 23; Anschütz, Ann. **294**, 226; Gnehm und Benda, Ann. **299**, 127.

IV. Diphenylmethan- und Triphenylmethanfarbstoffe.

Werden im Methan, CH_4, zwei bzw. drei Wasserstoffatome durch Phenyl ersetzt, so resultieren die aromatischen Kohlenwasserstoffe:

$$H_2C<\begin{matrix}C_6H_5\\C_6H_5\end{matrix} \quad \text{und} \quad HC\begin{matrix}\diagup C_6H_5\\ -C_6H_5\\ \diagdown C_6H_5\end{matrix}.$$

Diphenylmethan — Triphenylmethan

Beide sind die Muttersubstanzen einer Reihe technisch außerordentlich wichtiger Farbstoffe.

I. Diphenylmethanfarbstoffe.

Das Diphenylmethan steht in naher Beziehung zum Diphenylketon oder Benzophenon, da letzteres durch Reduktion zunächst in Benzhydrol,

$$\begin{matrix}HO\\H\end{matrix}>C<\begin{matrix}C_6H_5\\C_6H_5\end{matrix},$$

und schließlich in Diphenylmethan übergeht.

Dieselbe Beziehung besteht zwischen dem Tetramethyl-p-diaminodiphenylmethan:

$$H_2C<\begin{matrix}C_6H_4\cdot N(CH_3)_2\\C_6H_4\cdot N(CH_3)_2\end{matrix}$$

und dem Tetramethyl-p-diaminobenzophenon (Michlers Keton):

$$O:C<\begin{matrix}C_6H_4\cdot N(CH_3)_2\\C_6H_4\cdot N(CH_3)_2\end{matrix},$$

die, ersteres durch Oxydation, letzteres durch Reduktion, in das entsprechende Benzhydrol (Michlers Hydrol):

$$\begin{matrix}HO\\H\end{matrix}>C<\begin{matrix}C_6H_4\cdot N(CH_3)_2\\C_6H_4\cdot N(CH_3)_2\end{matrix},$$

übergeführt werden können.

Wird in genanntem Keton das Sauerstoffatom durch die äquivalente Iminogruppe oder durch den zweiwertigen Rest eines primären aromatischen Amins, wie $=N\cdot C_6H_5$, ersetzt, so enstehen die sogen. Auramine, die, nach der Formel

$$R-N=C<\begin{matrix}C_6H_4\cdot N(CH_3)_2\\C_6H_4\cdot N(CH_3)_2\end{matrix}$$

zusammengesetzt, daher auch als Ketonimine oder Azomethine bezeichnet werden können.

Die Salze, die diese Basen mit Säuren bilden, haben, das Chlorhydrat als Beispiel genommen, die Formel:

$$R-\overset{\displaystyle H}{\underset{\displaystyle Cl}{N}}=C\begin{matrix}\diagup C_6H_4\cdot N(CH_3)_2\\ \diagdown C_6H_4\cdot N(CH_3)_2\end{matrix} \quad \text{oder} \quad R-\overset{\displaystyle H}{N}-C\begin{matrix}\diagup C_6H_4=N(CH_3)_2Cl\\ \diagdown C_6H_4-N(CH_3)_2\end{matrix}\,.$$

Die Auramine sind sog. Tanninfarbstoffe (s. Kap. V). Die einfachsten Glieder färben die Faser gelb. Ihre arylierten Substitutionsprodukte erteilen letzterer eine bräunliche Farbe. Zu technischer Verwendung sind diese nicht gelangt.

Für ihre Darstellung kommen folgende Verfahren in Betracht:

1. Erhitzen eines Gemenges von Michlerschem Keton und Salmiak in Gegenwart von entwässertem Chlorzink (Caro und Kern). Hierbei bildet sich Auraminchlorhydrat nach der Gleichung:

$$O:C\begin{matrix}\diagup C_6H_4\cdot N(CH_3)_2\\ \diagdown C_6H_4\cdot N(CH_3)_2\end{matrix} + H_4NCl \longrightarrow H-\overset{\displaystyle H}{\underset{\displaystyle Cl}{N}}=C\begin{matrix}\diagup C_6H_4\cdot N(CH_3)_2\\ \diagdown C_6H_4\cdot N(CH_3)_2\end{matrix} + H_2O\,.$$

2. Erhitzen von Tetramethyldiaminodiphenylmethan mit Schwefel, Salmiak und Kochsalz in einem Ammoniakstrom (Sandmeyer). Als Zwischenprodukt entsteht dabei Tetramethyldiaminothiobenzophenon:

$$S=C\begin{matrix}\diagup C_6H_4\cdot N(CH_3)_2\\ \diagdown C_6H_4\cdot N(CH_3)_2\end{matrix}\,,$$

das sich mit Ammoniak unter Schwefelwasserstoffbildung zu Auramin umsetzt.

Die Auramine sind als Salze gegen kochendes Wasser unbeständig. Sie werden gespalten in Amin und Keton:

$$\begin{matrix}H\\ \vert\\ HN\\ \vert\\ Cl\\ H_2\end{matrix}\ \vdots\ \begin{matrix}=C\begin{matrix}\diagup C_6H_4\cdot N(CH_3)_2\\ \diagdown C_6H_4\cdot N(CH_3)_2\end{matrix}\,.\\ \\ O\end{matrix}$$

Salmiak ⋮ Michlers Keton

Schwefelwasserstoff bildet mit ihnen Amin und Thioketon, Schwefelkohlenstoff erzeugt Rhodanwasserstoff bzw. Arylsenföl und Thioketon.

Nascierender Wasserstoff führt die Auraminbasen in alkoholischer Lösung in Leukauramine über, die auch durch Umsetzung von Ammoniak bzw. primären Aminen mit Michlers Hydrol darstellbar sind:

$$HN{=}C{<}\begin{matrix}C_6H_4\cdot N(CH_3)_2\\ C_6H_4\cdot N(CH_3)_2\end{matrix} + H_2 \longrightarrow H_2N{-}CH{<}\begin{matrix}C_6H_4\cdot N(CH_3)_2\\ C_6H_4\cdot N(CH_3)_2\end{matrix} \quad \text{und}$$

Leukauramin

$$C_6H_5\cdot NH_2 + \begin{matrix}HO\\ H\end{matrix}{>}C{<}\begin{matrix}C_6H_4\cdot N(CH_3)_2\\ C_6H_4\cdot N(CH_3)_2\end{matrix} \rightarrow C_6H_5\cdot NH{-}CH{<}\begin{matrix}C_6H_4\cdot N(CH_3)_2\\ C_6H_4\cdot N(CH_3)_2\end{matrix} + H_2O.$$

Phenylleukauramin

Derartige Arylleukauramine lassen sich auch durch Umsetzung von Arylaminen mit Leukauramin erhalten:

$$C_6H_5\cdot NH_2 + \begin{matrix}H_2N\\ H\end{matrix}{>}C{<}\begin{matrix}C_6H_4\cdot N(CH_3)_2\\ C_6H_4\cdot N(CH_3)_2\end{matrix} \rightarrow C_6H_5\cdot NH{-}CH{<}\begin{matrix}C_6H_4\cdot N(CH_3)_2\\ C_6H_4\cdot N(CH_3)_2\end{matrix} + NH_3.$$

Die Leukauramine werden durch Säuren außerordentlich leicht zerlegt in Ammoniak (bzw. Amin) und Hydrol:

$$\begin{matrix}H_2N{-}\\ H\end{matrix}\;\vdots\;\begin{matrix}C{<}\begin{matrix}C_6H_4\cdot N(CH_3)_2\\ C_6H_4\cdot N(CH_3)_2\\ H\end{matrix}\\ OH\end{matrix},$$

dessen Auftreten an der blauen Farbe seines chinoiden Salzes namentlich bei Anwendung von Essigsäure kenntlich ist:

$$\begin{matrix}H\\ HO\end{matrix}{>}C{<}\begin{matrix}C_6H_4\cdot N(CH_3)_2\\ C_6H_4\cdot N(CH_3)_2\end{matrix} + HOOC\cdot CH_3 \longrightarrow HC{<}\begin{matrix}C_6H_4{-}N(CH_3)_2\\ C_6H_4{=}\underset{|}{N}(CH_3)_2\\ \quad O\cdot CO\cdot CH_3\end{matrix} + H_2O.$$

Blaues Hydrol-Acetat

Übungsbeispiel.

Auramin: 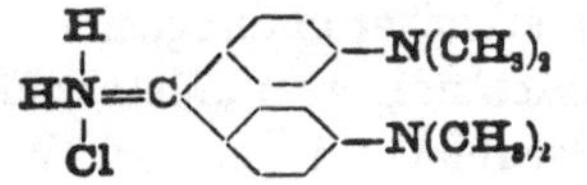 oder $H_2N{-}C{<}\begin{matrix}C_6H_4{=}N(CH_3)_2Cl\\ C_6H_4{-}N(CH_3)_2\end{matrix}$.

Ausgangsmaterial: 10 g Tetramethyldiaminobenzophenon,
10 g Salmiak,
10 g entwässertes Chlorzink.

Darstellung. Die innige Mischung von 10 g MICHLERschem Keton, 10 g trocknem Salmiak und 10 g durch Schmelzen entwässertem und pulverisiertem Chlorzink wird (zweckmäßig in einer LIEBIGschen Fleischextraktbüchse) in einem auf 200° angeheizten Ölbade unter zeitweiligem Rühren mit einem Glasstab so lange erhitzt, bis sich eine Probe in warmem Wasser vollständig löst. Dies ist nach etwa 1 1/2 Stunden der Fall. Nach dem Erkalten wird die nunmehr dunkelgelbe und feste Schmelze pulverisiert und zur Entfernung der überschüssigen anorganischen Salze mit 100 ccm Wasser kurze Zeit bei gewöhnlicher Temperatur digeriert. Der abgesaugte Rückstand wird in 4 l Wasser auf dem Wasserbade bei 50° bis zur Lösung erwärmt und darauf filtriert. Aus dem gelben Filtrat wird durch Einrühren von gepulvertem Kochsalz das Auramin in der Form feiner gelber Blättchen ausgeschieden. Es wird abfiltriert, mit Kochsalzlösung ausgewaschen und auf Ton getrocknet.

Nimmt man zum Lösen der Schmelze wenig Wasser, so erhält man das in gelben Blättern kristallisierende Chlorzinkdoppelsalz des Auramins.

Eigenschaften. Gelbes, kristallinisches Pulver, in Wasser mit hellgelber Farbe schwer löslich in der Kälte, leicht löslich bei 70°; löslich in Alkohol. Die wäßrige Lösung entfärbt sich auf Zusatz von Salzsäure beim Kochen (Spaltung in Salmiak und Tetramethyldiaminobenzophenon). Sie gibt (vor dem Kochen) auf Zusatz von Natronlauge einen weißen Niederschlag der Auraminbase, die, in Äther gelöst, verdünnte Essigsäure beim Schütteln gelb färbt; nach dem Kochen mit Salzsäure hingegen auf Zusatz von Natronlauge einen weißen Niederschlag von MICHLERS Keton, der, in Äther gelöst, beim Schütteln mit verdünnter Essigsäure diese farblos läßt.

Literatur: CARO und KERN, FRIEDLÄNDER, 1, 99; FEHRMANN, Ber. 20, 2844; GRAEBE, Ber. 20, 3260; FEER, FRIEDLÄNDER 2, 60; SCHULTZ, Farbstofftab. Nr. 494.

II. Triphenylmethanfarbstoffe.

Die Triphenylmethanfarbstoffe sind, in ihrer Leukoform, auxochrom substituierte Triphenyl- und Tritolylmethan- bzw. Diphenyltolylmethan- und Diphenylnaphtylmethanverbindungen.

Führt man in jedes Phenyl paraständig zum „Methankohlenstoff" eine Aminogruppe bzw. Hydroxylgruppe ein, so erhält man das p-Triamino- bzw. p-Trioxytriphenylmethan:

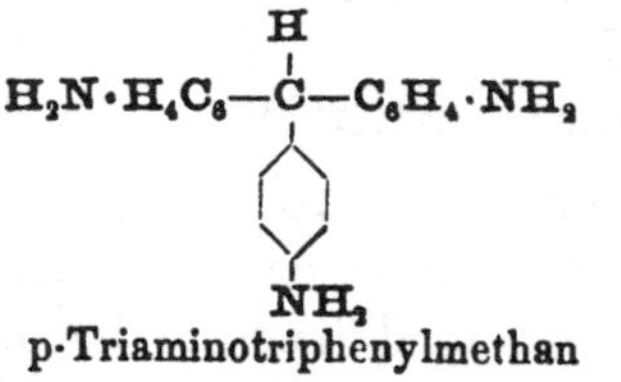
p-Triaminotriphenylmethan

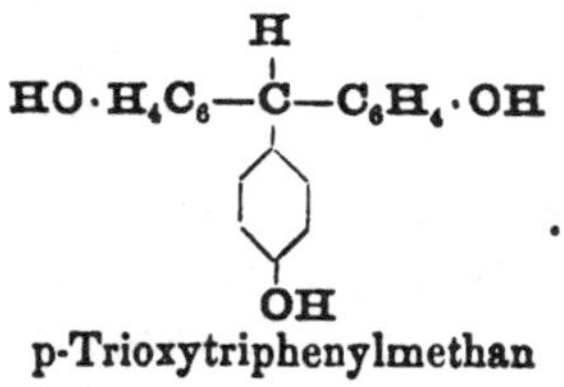
p-Trioxytriphenylmethan

Wie das Triphenylmethan bei der Oxydation Triphenylcarbinol liefert:

$$HC{<}\begin{matrix}C_6H_5\\ C_6H_5\\ C_6H_5\end{matrix} + O \longrightarrow HO\cdot C{<}\begin{matrix}C_6H_5\\ C_6H_5\\ C_6H_5\end{matrix},$$

so verwandeln sich auch die erwähnten Triphenylmethanderivate in die entsprechenden Carbinolverbindungen:

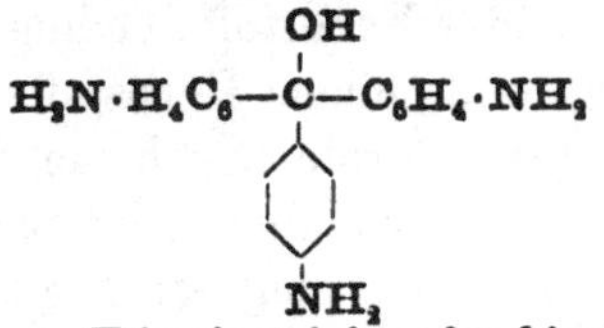

p-Triaminotriphenylcarbinol

und

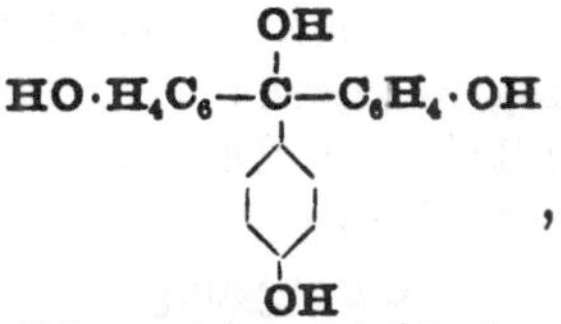

p-Trioxytriphenylcarbinol

die durch Wasseraustritt in die chinoiden Körper:

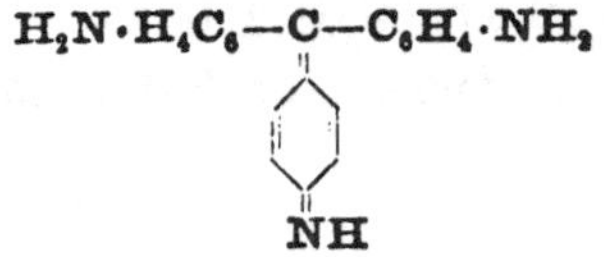

Diaminofuchsonimin
(Pararosanilin)

und

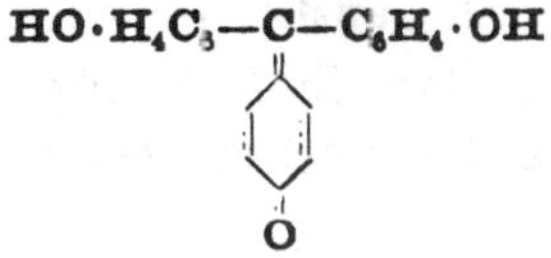

Dioxyfuchson
(Aurin)

übergehen. Diesen entsprechen die Grundsubstanzen:

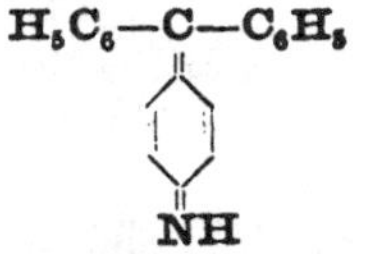

Fuchsonimin

und

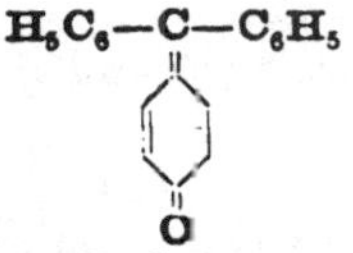

Fuchson

als die einfachsten Repräsentanten der Fuchsoniminfarbstoffe und der Fuchsonfarbstoffe.

A. Fuchsoniminfarbstoffe.

Als Fuchsoniminfarbstoffe sind alle vom Triphenylmethan und seinen Analogen abgeleiteten basischen Farbstoffe zu betrachten, die stickstoffhaltige Gruppen enthalten. Sie werden daher auch als Aminotriphenylmethanfarbstoffe bezeichnet und nach Baeyers Vorschlag zweckmäßig als basische Abkömmlinge des Fuchsonimins angesprochen.

Das Fuchsonimin ist farbig; es bildet rotorange Salze, die nur tannierte Baumwolle färben. Sein Farbstoffcharakter tritt erst dann deutlich in die Erscheinung, wenn mindestens eine (freie oder substituierte) Aminogruppe, paraständig zum Methankohlenstoff, in einen der nicht chinoiden Benzolreste eintritt.

Bezüglich der Farbe solcher Farbstoffe gelten folgende Regeln:

Die Einführung einer Aminogruppe in das Fuchsonimin führt zu einer Base, die rotviolette Salze bildet (Döbners Violett, s. u.).

Die weitere Amidierung des noch nicht substituierten Benzolkerns in diesem Farbstoff hat die Bildung des bläulichroten p-Rosanilins zur Folge. Die Alkylierung beider Farbstoffe bedingt deren Übergang in grüne bzw. blauviolette und blaue Farbstoffe. Die höher alkylierten Diaminofuchsonimoniumchloride (Fuchsine) werden zu grünen Farbstoffen durch Unwirksammachen einer (eventuell substituierten) Aminogruppe, sei es durch Anlagerung eines quaternär gebundenen Halogenalkyls (Methylgrün aus Kristallviolett), sei es durch Anlagerung eines weiteren Äquivalents Säure (labile grüne Salze), oder durch Skraupieren der Aminogruppe, durch Acetylieren, oder durch gänzliche Entfernung derselben (Malachitgrün).

Die Rosanilinfarbstoffe sind die einfachsauren Salze basischer Derivate des Fuchsonimoniums:

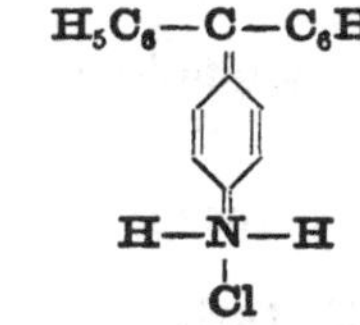

Fuchsonimoniumchlorid

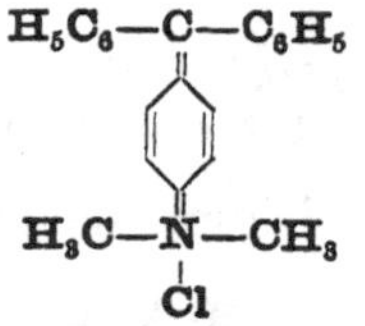

Fuchsondimethylimoniumchlorid.

Die Farbbasen (Fuchsonimine) verwandeln sich unter dem Einfluß der Alkalien durch Wasseranlagerung, unter Vernichtung des chinoiden Chromophors, in Carbinolverbindungen (den umgekehrten Vorgang der Bildung von Farbstoffbasen aus Carbinolen s. oben).

Durch Reduktion gehen die Rosanilinfarbstoffe in Leukobasen (basische Abkömmlinge des Triphenylmethans und seiner Analogen) über, die nicht befähigt sind, mit Säuren Farbstoffe zu geben, durch Oxydation jedoch sich in Carbinolbasen verwandeln, die durch Wasserabspaltung, die eigentlichen Farbbasen und, mit einem Säuremolekül zusammentretend, die Farbstoffe liefern.

A. Diaminotriphenylmethanfarbstoffe.

Das einfachste Glied dieser Farbstoffgruppe, die man auch als Farbstoffe der Malachitgrünreihe bezeichnet, ist

Doebners Violett (Aminofuchsonimoniumchlorid)

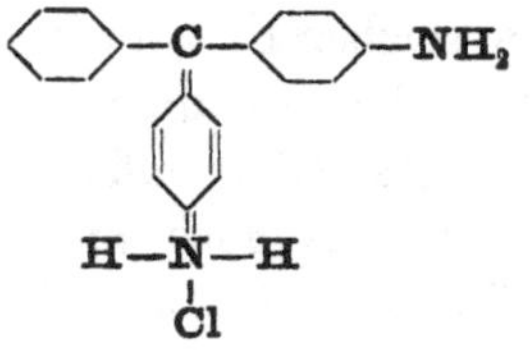

das als ihre Muttersubstanz zu betrachten ist, von der sie sich durch Alkylierung ableiten lassen.

Diese Farbkörper entstehen bei der Wechselwirkung aromatischer Aldehyde mit primären, sekundären und tertiären aromatischen Basen bei Gegenwart von Säuren oder Chlorzink in der Wärme in der Form ihrer Leukoverbindungen, die durch einen nachfolgenden Oxydationsprozeß in die Farbstoffe umgewandelt werden (E. und O. Fischer).

So bildet sich z. B. das Malachitgrün im Sinne der Gleichungen:

1) 

Benzaldehyd Dimethylanilin Tetramethyldiaminotriphenylmethan

2) 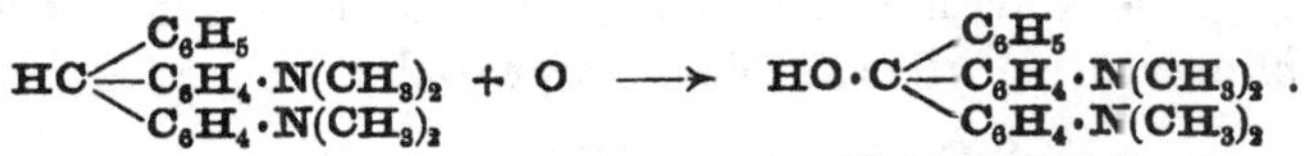

Tetramethyldiaminotriphenylcarbinol

3) 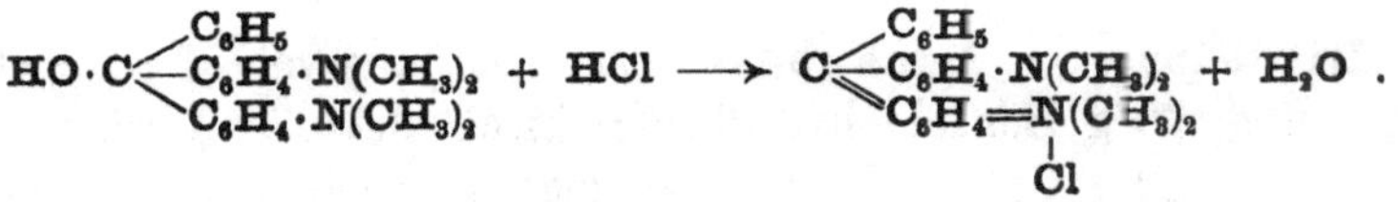

Malachitgrün (Tetramethylaminofuchsonimoniumchlorid)

Neben diesem technischen Verfahren gibt es ein zweites, praktisch wertloses von beschränkterer Anwendung, das in der Einwirkung von Benzotrichlorid auf aromatische Basen in Gegenwart von Chlorzink besteht und die direkte Bildung der Farbstoffe zur Folge hat (Doebner).

Die Einwirkung von Benzotrichlorid auf Dimethylanilin z. B. führt zum Malachitgrün:

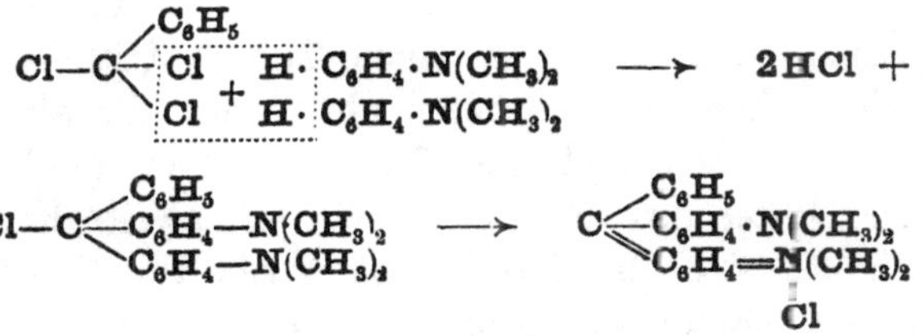

Die so erzeugten blaugrünen bis grünen Farbtoffe sind basischer Natur, von großer Farbkraft und dienen zum Färben aller Spinnfasern.

Übungsbeispiel.

Malachitgrün: 3 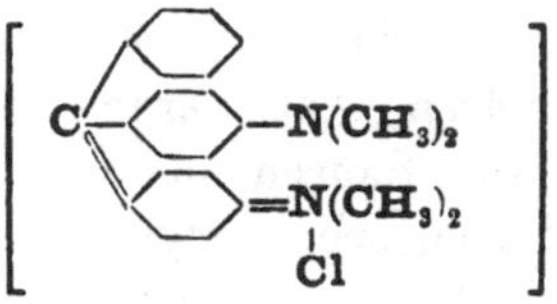 $+ 2ZnCl_2 + H_2O$.

Ausgangsmaterial: 50 g Dimethylanilin,
20 g Benzaldehyd,
20 g entwässertes und gepulvertes Chlorzink,
Bleisuperoxydpaste.

Vorgang s. oben. Der aus dem Methankörper durch Oxydation mit Bleisuperoxyd erhaltene und als Chlorhydrat in Lösung befindliche grüne Farbstoff ist schwer abzuscheiden; mit Chlorzink jedoch bildet er ein gleichfarbiges Doppelsalz:

$$3(C_{23}H_{25}N_2Cl) + 2\,ZnCl_2 + H_2O\ ,$$

das sich durch Kochsalz aus der wäßrigen Lösung abscheiden läßt.

Darstellung. 1. Leukobase: Eine Mischung von 50 g Dimethylanilin und 20 g Benzaldehyd (beide frisch destilliert) wird unter Zusatz von 20 g Chlorzink, welches man zuvor in einer Porzellanschale geschmolzen und nach dem Erkalten pulverisiert hat, in einem 1 l-Rundkolben unter zeitweiligem Schütteln 4 Stunden lang auf dem Wasserbade erhitzt. Dann leitet man durch den mit einem abwärts gerichteten Kühler verbundenen und mit direkter Flamme erhitzten Kolben so lange Wasserdampf, bis keine Öltropfen (Dimethylanilin und etwas Benzaldehyd) mehr übergehen. Man erhält so die nicht flüchtige Leukobase des Farbstoffes in Form einer zähen Masse, die an der Wandung des Destillierkolbens festhaftet. Nachdem die Flüssigkeit erkaltet ist, gießt man das Wasser ab, wäscht die Base mehrmals mit Wasser nach und löst sie im Kolben selbst unter Erwärmen auf dem Wasserbade in Alkohol auf. Nach dem Filtrieren läßt man die Lösung über Nacht an einem kühlen Ort stehen, wobei die Base sich in farblosen Kristallen abscheidet, die abfiltriert, mit Alkohol nachgewaschen und auf Ton getrocknet werden. Durch Einengen der Mutterlauge läßt sich noch eine zweite Kristallisation gewinnen. Sollte sich die Base nicht kristallisiert, sondern ölig abscheiden, was häufig schon nach kurzem Stehen der filtrierten Lösung eintritt, so rührt dies daher, daß man zu wenig Alkohol angewandt hat. Man fügt in diesem Falle zu der Lösung noch etwas Alkohol und erhitzt, bis das Öl gelöst ist.

2. Oxydation der Leukobase: 14,4 g der trocknen Leukobase werden unter Erwärmen in etwa 17,6 g verdünnter Salzsäure (D 1,095) gelöst. (Diese Salzsäure wird in der Weise bereitet, daß man gleiche Volumina konzentrierter Salzsäure und Wasser miteinander mischt, das spez. Gew. dieser Mischung, nachdem dessen Temperatur durch Kühlung auf 15° gebracht worden ist, bestimmt und ihr so viel entnimmt, als 2 Mol. HCl auf 1 Mol. Base entspricht, nämlich 3,18 g HCl 100 %ig.) Die farblose Lösung wird in einem 2 l-Filtrierstutzen mit 1150 g Wasser verdünnt, mit 144 g Essigsäure (D 1,05) versetzt und durch Einwerfen von Eisstücken auf + 3° gekühlt. Nun wird unter kräftigem Turbinieren innerhalb 5 Minuten eine 11,4 g PbO_2 entsprechende frisch bereitete (s. S. 107) Bleisuperoxydpaste, die mit Wasser zu einem dünnen Brei angerührt worden ist, eingetragen. Nachdem das Reaktionsgemisch noch weitere 5 Minuten turbiniert worden ist, fügt man die Lösung von 14,4 g Glaubersalz in 80 ccm Wasser hinzu und filtriert nach einiger Zeit vom Bleisulfat ab. Das Filtrat wird mit der filtrierten Lösung von 11,5 g Chlorzink in 20 ccm Wasser vermischt. Darauf läßt man so lange gesättigte Kochsalzlösung zulaufen, bis eine Probe, auf Filtrierpapier gebracht, nur noch schwach gefärbt ausläuft, d. h. bis aller Farbstoff ausgefällt ist. Er wird auf einem gehärteten Filter gesammelt, in möglichst wenig heißem Wasser gelöst, filtriert und nochmals mit Kochsalzlösung gefällt. Schließlich wird filtriert, mit Kochsalzlösung ausgewaschen und auf Ton getrocknet.

Eigenschaften. Metallisch grüne, glänzende Kristalle, in Wasser und Alkohol mit blaugrüner Farbe löslich. Die wäßrige Lösung läßt auf Zugabe von Natronlauge einen blaßgelbgrünen, flockigen Niederschlag fallen, der sich in Äther mit gelber Farbe löst. Die ätherische Lösung färbt sich auf Zugabe einiger Tropfen Essigsäure blaugrün.

Literatur: O. Fischer, Ber. **10**, 1625; **11**, 950; **14**, 2520; Ann. **206**, 129; E. und O. Fischer, Ber. **11**, 1081; **12**, 791, 796, 2348; Doebner, Ber. **11**, 1236, 2274; **12**, 1010; **13**, 2222; Ann. **217**, 250; Schultz, Farbstofftabellen Nr. 495.

Sulfonsäuren der Diaminotriphenylmethanfarbstoffe.

Die für die Wollfärberei wichtigen Sulfonsäuren der Diaminotriphenylmethanfarbstoffe, die in ihren älteren Gliedern als Säuregrün-Marken bekannt geworden sind, entstehen durch Kondensation aromatischer Aldehyde (Benzaldehyd, Nitrobenzaldehyd) mit benzylierten (tertiären) aromatischen Basen, Sulfonieren des gebildeten Methankörpers und Oxydation des letzteren zur Farbstoffsulfonsäure.

So bildet sich z. B. das Lichtgrün SF nach folgendem Schema:

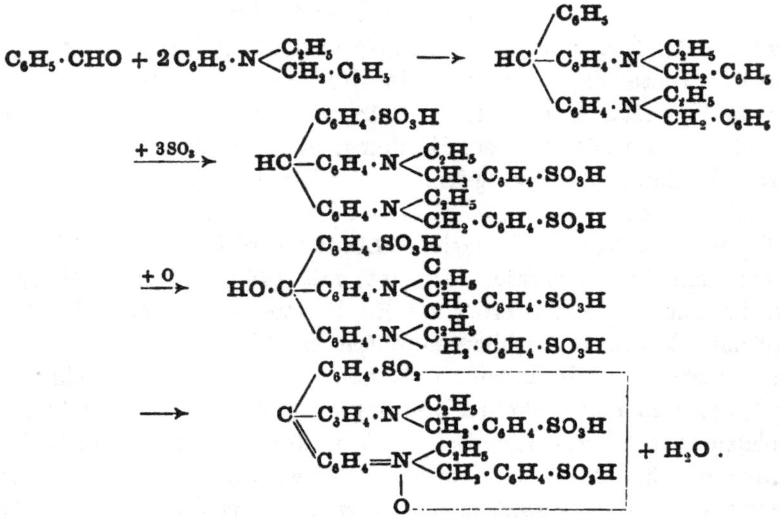

Farbsäure des Lichtgrüns SF

Eine besondere Bedeutung haben wegen ihrer Alkaliechtheit, die den vorstehenden Farbstoffen, zufolge ihrer leichten Umwandlung in farblose Carbinolsulfonsäuren, fehlt, und wegen ihres schönen grünlichblauen Tones die Farbstoffe der Patentblaugruppe erlangt. Diese Eigenschaften sind nach SANDMEYER auf das Vorhandensein einer Sulfogruppe in Orthostellung zum Methankohlenstoff zurückzuführen. So entsteht das alkaliechte Erioglaucin aus o-Sulfobenzaldehyd und Äthylbenzylanilinsulfonsäure nach folgendem Schema:

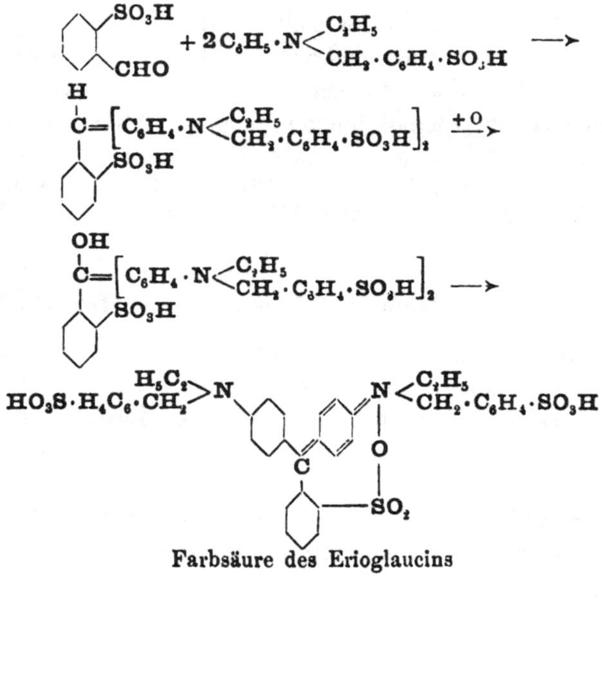

Farbsäure des Erioglaucins

Das durch Kondensation von Metaoxybenzaldehyd mit Diäthylanilin, Sulfonieren und nachfolgende Oxydation herstellbare, von HERMANN 1888 gefundene Patentblau hat als freie Farbsäure die Zusammensetzung:

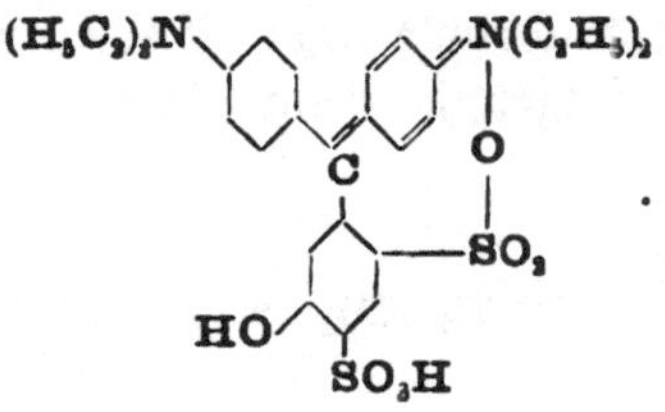

B. Triaminotriphenylmethanfarbstoffe.

Im Jahre 1858 beobachtete VERGUIN in der Färberei von Renard frères & Franc in Lyon, daß beim Erhitzen von Anilin mit Zinnchlorid ein roter Farbstoff entsteht, den man Fuchsin nannte, und der alsbald auch unter Verwendung der verschiedensten anderen Oxydationsmittel (Quecksilbernitrat, Arsensäure, Nitrobenzol usw.) fabrikmäßig hergestellt wurde. Die sich daran knüpfenden wissenschaftlichen Untersuchungen von A. W. HOFMANN, EMIL und OTTO FISCHER, CARO, DALE, SCHORLEMMER, ROSENSTIEHL, DOEBNER u. a. haben sowohl über die Konstitution des Fuchsins, wie auch über den Mechanismus seiner Bildung Aufklärung verschafft.

E. und O. FISCHER wiesen nach, daß die durch Reduktion des Fuchsins erhaltene Base, das Leukanilin, ein primäres Triamin ist, das durch Behandlung mit Salpetriger Säure und nachheriges Kochen mit absolutem Alkohol in Triphenylmethan übergeht. Sie fanden ferner, daß dieser Kohlenwasserstoff durch Einwirkung von rauchender Salpetersäure in ein Trinitroderivat übergeführt wird, das zu Leukanilin reduzierbar ist:

$$HC\begin{cases}C_6H_5\\C_6H_5\\C_6H_5\end{cases} + 3\,HNO_3 \longrightarrow HC\begin{cases}C_6H_4\cdot NO_2\\C_6H_4\cdot NO_2\\C_6H_4\cdot NO_2\end{cases} \xrightarrow{\text{Reduktion}} HC\begin{cases}C_6H_4\cdot NH_2\\C_6H_4\cdot NH_2\\C_6H_4\cdot NH_2\end{cases}$$

Leukanilin = Triamino-triphenylmethan

$$\xrightarrow[\text{diazotiert}]{\text{Sulfat}} HC\begin{cases}C_6H_4\cdot N_2\cdot O\cdot SO_3H\\C_6H_4\cdot N_2\cdot O\cdot SO_3H\\C_6H_4\cdot N_2\cdot O\cdot SO_3H\end{cases} \xrightarrow{\text{Alkohol}} HC\begin{cases}C_6H_5\\C_6H_5\\C_6H_5\end{cases}.$$

Über die Stellung der Aminogruppen in den drei Phenylresten entschied folgender Versuch:

Wird Benzaldehyd mit Anilin in Gegenwart von Chlorzink kondensiert, so entsteht Diaminotriphenylmethan:

$$HC\begin{cases} C_6H_5 \\ O \end{cases} + \begin{matrix} H\cdot C_6H_4\cdot NH_2 \\ H\cdot C_6H_4\cdot NH_2 \end{matrix} \longrightarrow HC\begin{cases} C_6H_5 \\ C_6H_4\cdot NH_2 \\ C_6H_4\cdot NH_2 \end{cases} + H_2O\,.$$

In gleicher Weise kondensiert sich p-Aminobenzaldehyd mit Anilin zu Triaminotriphenylmethan (Leukanilin), in dem über die Stellung einer Aminogruppe zum Methankohlenstoff die Synthese entscheidet:

$$\underset{(1)}{HC}\begin{cases} C_6H_4\cdot NH_2\,(4) \\ O \end{cases} + 2\,C_6H_5\cdot NH_2 \longrightarrow \underset{(1)}{HC}\begin{cases} C_6H_4\cdot NH_2\,(4) \\ C_6H_4\cdot NH_2 \\ C_6H_4\cdot NH_2 \end{cases} + H_2O\,.$$

Daß auch die beiden Aminogruppen des Diaminotriphenylmethans die Parastellung zum Methankohlenstoff einnehmen, ergibt sich aus der Tatsache, daß dieses Diaminotriphenylmethan bei der Behandlung mit Salpetriger Säure in eine Diazoniumverbindung übergeht, die beim Kochen mit Wasser ein Dioxytriphenylmethan entstehen läßt. Dieses Dioxytriphenylmethan liefert beim Schmelzen mit Ätzkali neben Benzol p-Dioxybenzophenon:

$$CH\begin{cases} C_6H_5 \\ C_6H_4\cdot OH \\ C_6H_4\cdot OH \end{cases} + O \longrightarrow C_6H_6 + O{=}\underset{(1)}{C}\begin{cases} C_6H_4\cdot OH\,(4) \\ C_6H_4\cdot OH\,(4) \end{cases}.$$

Damit ist bewiesen, daß die beiden Hydroxylgruppen des Dioxytriphenylmethans und somit auch die beiden Aminogruppen des Diaminotriphenylmethans die Parastellung zum Methankohlenstoff einnehmen.

Da das Leukanilin durch Reduktion des Pararosanilins entsteht und andererseits durch Oxydation in letzteres übergeht, so entsprechen diesen Körpern folgende Konstitutionsformeln:

Leukanilin

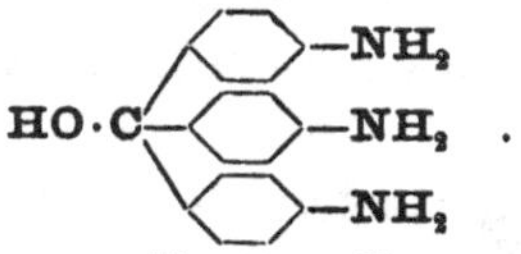

Pararosanilin
(Carbinolbase)

Das Pararosanilin (und die analogen Carbinolbasen) löst sich in verdünnter Säure zu einem Salz, z. B.:

$$HO\cdot C\begin{cases} C_6H_4\cdot NH_2 \\ C_6H_4\cdot NH_2 \\ C_6H_4\cdot NH_2\!\!\begin{smallmatrix} \diagup\diagdown \\ H\quad Cl \end{smallmatrix} \end{cases},$$

das sehr leicht unter Wasseraustritt in den Farbstoff:

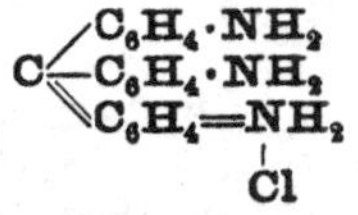

Parafuchsin

übergeht. Wird dessen wäßrige Lösung vorsichtig in der Kälte mit Natronlauge versetzt, so entsteht zunächst die farbige wasserlösliche Ammoniumbase, die unter Entfärbung zur farblosen, wasserunlöslichen Carbinolbase isomerisiert wird:

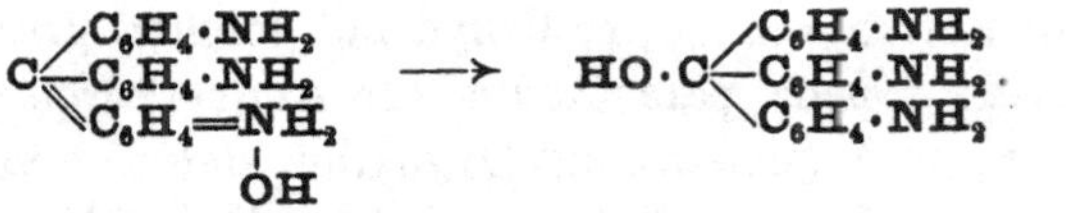

Echte Farbbase des Parafuchsins — Carbinolbase

Die wichtigsten Darstellungsmethoden der Triaminotriphenylmethanfarbstoffe sind folgende:

1. Gemeinsame Oxydation von Paratoluidin mit den zur Rosanilinbildung fähigen primären aromatischen Basen.

Diese Methode dient zur Darstellung des Fuchsins. Letzteres wird erhalten durch Oxydation eines Gemisches von p-Toluidin, o-Toluidin und Anilin. Bei dieser Reaktion wird das p-Toluidin zu p-Aminobenzaldehyd oxydiert, der sich mit o-Toluidin und Anilin zu Triaminodiphenyltolylmethan, mit o-Toluidin allein zu Triaminoditolylphenylmethan, mit Anilin allein zu Triaminotriphenylmethan kondensiert. Diese Basen werden dann weiter zu Carbinolverbindungen oxydiert und bilden mit Salzsäure die entsprechenden Fuchsine:

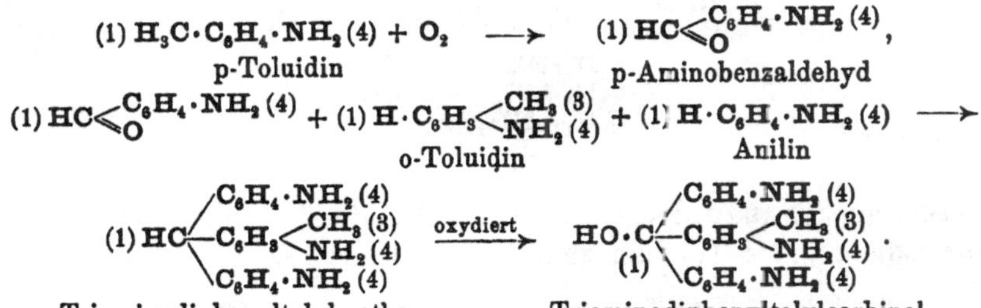

Triaminodiphenyltolylmethan — Triaminodiphenyltolylcarbinol (Carbinolbase des Rosanilins)

In analoger Weise reagieren p-Toluidin und o-Toluidin zu:

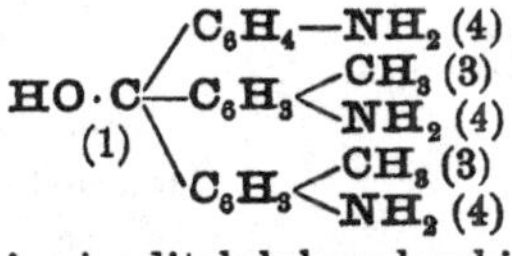

Triaminoditolylphenylcarbinol

oder p-Toluidin und Anilin zu:

$$HO\cdot \underset{(1)}{C}\begin{cases} C_6H_4\cdot NH_2\,(4) \\ C_6H_4\cdot NH_2\,(4) \\ C_6H_4\cdot NH_2\,(4) \end{cases}.$$

Triaminotriphenylcarbinol,
(Carbinolbase des Pararosanilins)

In dem nach dieser Methode technisch bereiteten Fuchsin treten die beiden letzteren Verbindungen zugunsten der ersteren zurück.

2. Kondensation von Formaldehyd mit solchen primären aromatischen Aminen, welche paraständig zur Aminogruppe Kernwasserstoff enthalten, und gemeinsame Oxydation der sich bildenden Diaminodiarylmethankörper mit einem dritten Molekül eines primären aromatischen Amins mit unbesetzter Parastellung.

Beispielsweise liefern Formaldehyd und Anilin zunächst Methylenanilin:

$$CH_2O + C_6H_5\cdot NH_2 \longrightarrow C_6H_5\cdot N{=}CH_2 + H_2O\,.$$

Erhitzt man dieses mit Anilin und salzsaurem Anilin, so verwandelt es sich in p-Aminobenzylanilin:

$$C_6H_5\cdot N{=}CH_2 + C_6H_5\cdot NH_2 \longrightarrow C_6H_5\cdot NH\cdot CH_2\cdot C_6H_4\cdot NH_2\,,$$

das weiterhin in p-Diaminodiphenylmethan übergeht:

$$C_6H_5\cdot NH\cdot CH_2\cdot C_6H_4\cdot NH_2 \longrightarrow H_2C{<}\begin{matrix} C_6H_4\cdot NH_2 \\ C_6H_4\cdot NH_2 \end{matrix}.$$

Beim Erhitzen mit Anilin und salzsaurem Anilin in Gegenwart eines Oxydationsmittels (Nitrobenzol) entsteht Parafuchsin:

$$H_2C{<}\begin{matrix} C_6H_4\cdot NH_2 \\ C_6H_4\cdot NH_2 \end{matrix} + C_6H_5\cdot NH_2 + HCl + O_2 \longrightarrow$$

$$C\begin{cases} C_6H_4\cdot NH_2 \\ C_6H_4\cdot NH_2 \\ C_6H_4{=}\underset{\displaystyle Cl}{NH_2} \end{cases} + 2H_2O\,.$$

Dieses als „Neufuchsinprozeß“ bekannte Verfahren führt bei Anwendung von o-Toluidin zum Neufuchsin:

$$\underset{(1)}{C}\begin{cases} C_6H_3{<}\begin{matrix} CH_3\,(3) \\ NH_2\,(4) \end{matrix} \\ C_6H_3{<}\begin{matrix} CH_3\,(3) \\ NH_2\,(4) \end{matrix} \\ C_6H_3{<}\begin{matrix} CH_3\,(3) \\ \underset{\displaystyle Cl}{NH_2}\,(4) \end{matrix} \end{cases} \qquad HO\cdot \underset{(1)}{C}\begin{cases} C_6H_3{<}\begin{matrix} CH_3\,(3) \\ NH_2\,(4) \end{matrix} \\ C_6H_3{<}\begin{matrix} CH_3\,(3) \\ NH_2\,(4) \end{matrix} \\ C_6H_3{<}\begin{matrix} CH_3\,(3) \\ NH_2\,(4) \end{matrix} \end{cases}.$$

Diaminotrimethylfuchsonimoniumchlorid — Triaminotritolylcarbinol, Carbinolbase des Neufuchsins

3. Alkylierte Rosaniline entstehen durch Einwirkung von Halogenalkylen auf die Carbinolbasen der Rosanilinfarbstoffe (A. W. Hofmann, 1863):

$$HO\cdot C\left\langle\begin{array}{l}C_6H_4\cdot NH_2\\ C_6H_4\cdot NH_2\\ C_6H_4\cdot NH_2\end{array}\right. + 3\,CH_3Cl + 3\,NaOH \longrightarrow$$

$$HO\cdot C\left\langle\begin{array}{l}C_6H_4\cdot NH\cdot CH_3\\ C_6H_4\cdot NH\cdot CH_3\\ C_6H_4\cdot NH\cdot CH_3\end{array}\right. + 3\,NaCl + 3\,H_2O\,.$$

Trimethylpararosanilin

Dadurch, daß die Alkylierung bis zum Hexaprodukt durchführbar ist, gelangt man über violette zu immer blaueren Farbstoffen. Die Anlagerung von Halogenalkyl an eine der vollständig alkylierten Aminogruppen hat die Bildung grüner Farbstoffe (Methylgrün, Jodgrün) zur Folge (s. S. 176):

$$HO\cdot C\left\langle\begin{array}{l}C_6H_4\cdot N(CH_3)_2\\ C_6H_4\cdot N(CH_3)_2\\ C_6H_4\cdot N(CH_3)_2\end{array}\right. + CH_3Cl + HCl \longrightarrow C\left\langle\begin{array}{l}C_6H_4\cdot N(CH_3)_3Cl\\ C_6H_4\cdot N(CH_3)_2\\ C_6H_4{=}N(CH_3)_2Cl\,.\end{array}\right.$$

4. Methylierte Rosaniline lassen sich durch Erwärmen einer Mischung von Dimethylanilin mit Kupferoxydsalz, Essigsäure und Sand (zur Vergrößerung der Oberfläche) darstellen (Lauth, 1861). Diese Bildungsweise beruht darauf, daß zunächst ein Teil des Dimethylanilins in Monomethylanilin und Formaldehyd übergeführt wird:

$$C_6H_5\cdot N(CH_3)_2 + O \longrightarrow C_6H_5\cdot NH\cdot CH_3 + H_2CO\,,$$

der sich mit Dimethylanilin und Monomethylanilin zu Triphenylmethanderivaten kondensiert. Diese werden dann weiter zu Abkömmlingen des Triphenylcarbinols oxydiert:

$$H\cdot CHO + 2\,C_6H_5\cdot N(CH_3)_2 + C_6H_5\cdot NH\cdot CH_3 + 2\,O \longrightarrow$$

$$HO\cdot C\left\langle\begin{array}{l}C_6H_4\cdot N(CH_3)_2\\ C_6H_4\cdot N(CH_3)_2\\ C_6H_4\cdot NH\cdot CH_3\end{array}\right. + 2\,H_2O\,,$$

Carbinolbase des Pentamethylpararosanilins

$$H\cdot CHO + 3\,C_6H_5\cdot N(CH_3)_2 \xrightarrow{+O_2} HO\cdot C[C_6H_4\cdot N(CH_3)_2]_3 + 2\,H_2O\,.$$

Carbinolbase des Hexamethylpararosanilins

5. Alkylierte Rosaniline bilden sich ferner bei der Einwirkung von Phosgen auf tertiäre aromatische Basen (Phosgenverfahren von Kern und Caro, 1883).

Bei dieser Reaktion entsteht im ersten Stadium Tetraalkyldiaminobenzophenon, das nach Überführung in sein Chlorid (durch $COCl_2$ oder $POCl_3$) mit einem dritten Molekül der aromatischen Base zu Hexaalkylpararosanilin zusammentritt:

$$COCl_2 + 2\,C_6H_5\cdot N(CH_3)_2 \longrightarrow OC[C_6H_4\cdot N(CH_3)_2]_2 + 2\,HCl\,,$$

$$OC[C_6H_4\cdot N(CH_3)_2]_2 + COCl_2 \longrightarrow Cl_2C[C_6H_4\cdot N(CH_3)_2]_2 + CO_2\,,$$

$$Cl_2C[C_6H_4\cdot N(CH_3)_2]_2 + C_6H_5\cdot N(CH_3)_2 \longrightarrow$$

$$C\begin{cases} C_6H_4\cdot N(CH_3)_2 \\ C_6H_4\cdot N(CH_3)_2 \\ C_6H_4{=}\underset{\substack{|\\ Cl}}{N}(CH_3)_2 \end{cases} + HCl\,.$$

Hexamethylpararosanilinchlorhydrat,
Hexamethyldiaminofuchsonimoniumchlorid

6. Kondensation von tetraalkylierten Diaminobenzhydrolen mit Aminen, Phenolen, Carbonsäuren, Naphtalin, Naphtalinsulfonsäuren, Nitrobenzol und einigen Oxazinfarbstoffen. Tetramethyldiaminobenzhydrol vereinigt sich mit Dimethylanilin in verdünnter schwefelsaurer Lösung zu Hexamethylparaleukanilin, der Leukobase des Kristallvioletts:

$$\begin{matrix} HO \\ H \end{matrix}\!\!>\!C\!<\!\!\begin{matrix} C_6H_4\cdot N(CH_3)_2 \\ C_6H_4\cdot N(CH_3)_2 \end{matrix} + C_6H_5\cdot N(CH_3)_2 \longrightarrow$$

$$HC[C_6H_4\cdot N(CH_3)_2]_3 + H_2O\,;$$

durch Oxydation wird diese in den Farbstoff übergeführt.

7. Phenylierte Triaminotriphenylmethanfarbstoffe entstehen durch Kochen eines Gemisches von Rosanilinen und reinem Anilin unter Zusatz von etwas Benzoësäure (Girard und de Laire, 1861):

$$HO\cdot C[C_6H_4\cdot NH_2]_3 + 3\,C_6H_5\cdot NH_2 \longrightarrow HO\cdot C[C_6H_4\cdot NH\cdot C_6H_5]_3 + 3\,NH_3\,.$$

Carbinolbase des Triphenylpararosanilins

Ein analoger Farbstoff bildet sich beim Erhitzen von Diphenylamin mit Oxalsäure (Girard und de Laire, 1866):

$$\begin{matrix} COOH \\ | \\ COOH \end{matrix} \longrightarrow CO_2 + CO + H_2O\,,$$

$$CO_2 + 3\,C_6H_5\cdot NH\cdot C_6H_5 \longrightarrow HO\cdot C[C_6H_4\cdot NH\cdot C_6H_5]_3 + H_2O\,.$$

Durch Sulfonieren werden diese als Rosanilinblau, Anilinblau, Spritblau, Lyonerblau bekannten Farbstoffe (Mono-, Di- und Triphenylrosanilinchlorhydrate) in Sulfonsäuren übergeführt, deren Na-Salze unter den Namen Alkaliblau (Natriumsalz der Monosulfonsäure des Rosanilinblaus), Wasserblau oder Baumwollblau (Natriumsalze der Di- und Trisulfonsäure des Rosanilinblaus) für die Färberei der animalischen und vegetabilischen Faser Anwendung finden.

Übungsbeispiele.

1. **Parafuchsin:** 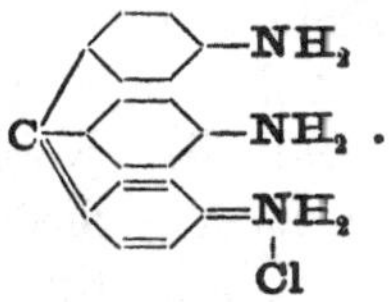

Ausgangsmaterial: 200 g Anilin,
50 g Formaldehyd (40 %ig),
80 g salzsaures Anilin,
10 g Nitrobenzol,
5 g Eisenchlorid.

Vorgang: S. oben 2. Darstellungsmethode.

Darstellung. 1. Diaminodiphenylmethan. In einer Reibschale werden 50 g Anilin und 50 g 40 %ige Formaldehydlösung gemischt. Die Mischung trübt sich alsbald und scheidet Öltropfen ab (Methylenanilin). Die ölige Masse erstarrt nach einiger Zeit (trimolekulares Methylenanilin). Nach Abgießen des Wassers wird die feste Masse mit halbverdünnter Essigsäure (1 Teil Eisessig, 1 Teil Wasser) verrieben, die weiße pulvrige Masse abfiltriert, mit Wasser ausgewaschen und auf Ton getrocknet. In einem Wittschen Kolben von 250 ccm Inhalt wird die Mischung von 100 g Anilin, 70 g salzsaurem Anilin und 50 g Methylenanilin unter Rühren auf dem Wasserbade erhitzt. Die Lösung wird allmählich dickflüssig. Nach zwölfstündigem Erhitzen wird sie in einen 1 l-Rundkolben gegossen, Natronlauge bis zur alkalischen Reaktion hinzugefügt und das Anilin mit Wasserdampf abgetrieben. Das zurückbleibende Öl wird beim Erkalten zum größten Teil fest. Es wird in verdünnter Salzsäure gelöst und die Lösung mit Natriumcarbonatlösung fraktioniert gefällt; stellt sich statt der schmierig braunen eine farblose Fällung ein, so wird filtriert und das Filtrat mit Sodalösung übersättigt. Die ölige Fällung wird nach einigem Stehen, zuweilen auch beim Schütteln oder beim Reiben mit dem Glasstab, fest. Das feste Produkt wird aus verdünntem Alkohol umkristallisiert. Man erhält glänzende Blättchen vom Fp. 80°.

2. Parafuchsin. In einem 250 ccm fassenden Kölbchen mit aufgesetztem, in 20 cm Höhe über dem Stopfen abwärts gerichteten Luftkühler wird die Mischung von 50 g Anilin, 20 g Diaminodiphenylmethan, 10 g salzsaurem Anilin, 10 g Nitrobenzol und 10 g gepulvertem Eisenchlorid in einem Ölbade bis zur Lösung zunächst auf 100°, dann unter zeitweisem Schütteln, besser unter Rühren,

während 4 Stunden auf etwa 150° (Innentemperatur) erhitzt. Die dickflüssige dunkelrote Masse wird in einen mit $^1/_2$ l Wasser beschickten 2 l-Rundkolben gegossen und nach Übersättigen mit Soda das überschüssige Anilin und Nitrobenzol mit Wasserdampf abgetrieben. Der Inhalt des Kolbens wird mit Salzsäure schwach angesäuert, kurze Zeit zum Sieden erhitzt und filtriert. Aus dem Filtrat wird durch Übersättigen mit Natriumkarbonatlösung die Carbinolbase gefällt, abfiltriert und ausgewaschen. Die Carbinolbase wird in Alkohol gelöst, die Lösung mit Salzsäure schwach angesäuert und nach dem Filtrieren durch ein Heißwasserfilter zur Kristallisation gebracht. Die Mutterlauge liefert beim Einengen noch eine zweite Kristallisation.

Eigenschaften. Grünglänzendes Kristallpulver, in Wasser (leichter in Alkohol) mit roter Farbe löslich. Die Lösung wird durch Salzsäurezusatz gelb. Natronlauge entfärbt die Lösung unter Abscheidung eines rötlichen Niederschlages der Carbinolbase. Die mit Salzsäure versetzte orangegelbe Lösung wird durch Zinkstaub in der Wärme entfärbt (Leukanilin). Das Filtrat färbt sich auf Zugabe einiger Tropfen Eisenchloridlösung wieder orangegelb und nach dem Übersättigen mit Natriumacetat bläulichrot (Parafuchsin).

Literatur: Hofmann, Jahresber. **1858**, 353; **1862**, 347; J. f. pr. Ch. **87**, 226; E. u. O. Fischer, Ann. **194**, 274; Friedländer **3**, 110 ff.: Schultz, Farbstofftabellen Nr. 511.

2. Kristallviolett: 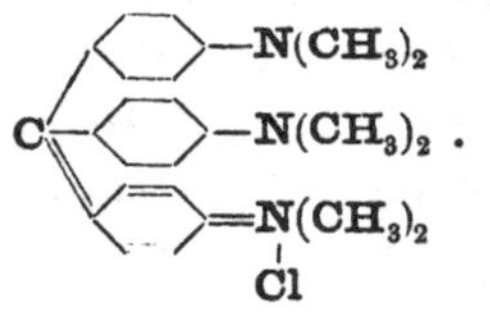

1. Aus Michlers Keton und Dimethylanilin.

Ausgangsmaterial: 25 g Dimethylanilin,
10 g Michlers Keton.
Hilfsstoff: 10 g Phosphoroxychlorid.
Vorgang: S. oben 5. Darstellungsmethode.

Darstellung. Eine Mischung von 25 g Dimethylanilin, 10 g Michlerschem Keton und 10 g Phosphoroxychlorid wird in einem trocknen, mit Luftkühler versehenen 100 ccm-Kölbchen 5 Stunden lang auf einem lebhaft siedenden Wasserbade erhitzt. Die blaue Schmelze wird in einen mit etwas Wasser beschickten $^1/_2$ l-Rundkolben gegossen, mit Natronlauge ätzalkalisch gemacht und so lange mit Wasserdampf behandelt, bis mit diesem keine Öltropfen von unverändertem Dimethylanilin mehr übergehen. Nach dem Erkalten filtriert man die erstarrte Farbbase von der alkalischen Flüssigkeit ab, wäscht mit Wasser nach und kocht sie mit der Mischung von 1 l Wasser und 5 g konzentrierter Salzsäure aus. Die blaue heiße Lösung filtriert man von der ungelöst gebliebenen Farbbase ab und kocht letztere mit neuen Mengen verdünnter Salzsäure so oft aus, bis sie fast vollständig in Lösung gegangen ist. Die vereinigten Filtrate versetzt man nach dem Erkalten unter Umrühren so lange mit fein pulverisiertem Kochsalz, bis der Farbstoff ausgefällt ist. Man filtriert ihn dann an der Saugpumpe ab, trocknet ihn auf Ton und kristallisiert ihn aus wenig Wasser um. Beim Erkalten scheidet sich das Kristallviolett in derben, grün schillernden Kristallen ab, die abfiltriert und auf Ton getrocknet werden.

2. Aus Michlers Hydrol und Dimethylanilin.

Ausgangsmaterial: 27 g Michlers Hydrol,
12 g Dimethylanilin.
Hilfsstoffe: 10 g Glaubersalz,
Bleisuperoxydpaste.

Vorgang: S. oben 6. Darstellungsmethode.

Darstellung. 1. Leukobase. In einem 1 l-Rundkolben werden 27 g Michlers Hydrol ($^1/_{10}$ Mol.) in der Mischung von 10 g konzentrierter Schwefelsäure und 200 g Wasser gelöst. Die anfangs grüne Lösung wird allmählich blau (chinoides Sulfat des Hydrols). Dazu gibt man die Lösung von 12 g Dimethylanilin ($^1/_{10}$ Mol.) in der Mischung von 10 g konzentrierter Schwefelsäure und 100 g Wasser, läßt 12 Stunden stehen und erhitzt dann 3 Stunden auf dem Wasserbade. Die Lösung ist dann flaschengrün. Sie wird mit konzentrierter Natronlauge übersättigt und das überschüssige Dimethylanilin mit Wasserdampf abgetrieben. Die im Rückstand bleibende feste Leukobase wird im Mörser zerrieben, mit Alkohol ausgekocht, nach dem Erkalten abfiltriert, mit kaltem Alkohol nachgewaschen und auf Ton getrocknet. Sie bildet ein graues Pulver und kristallisiert in silberglänzenden Blättchen; Fp. 137°.

2. Kristallviolett. 10 g Leukobase werden mit 14,2 g verdünnter Salzsäure von 12,4° Bé (D 1,095) und 800 ccm Wasser in einem 2 l-Filterstutzen gelöst, mit 10 g verdünnter Essigsäure (D 1,05) versetzt und durch eingeworfenes Eis bis auf + 3° gekühlt. In diese Lösung wird so viel frisch dargestellte, mit Wasser aufgeschlämmte Bleisuperoxydpaste (s. S. 107) eingerührt, als 7,5 g PbO_2 entspricht. Die Lösung färbt sich intensiv blau. Nach 5 Minuten wird eine Auflösung von 10 g Glaubersalz in 50 ccm Wasser zu-

gegeben und nach kurzem Stehen das entstandene Bleisulfat abfiltriert. Aus dem Filtrat wird der Farbstoff durch Einrühren von gepulvertem Kochsalz als Harz abgeschieden. Er wird nach dem Aufnehmen in wenig heißem Wasser beim Erkalten als glänzendes Kristallpulver gewonnen.

Eigenschaften. Messingglänzendes Kristallpulver, in Wasser und Alkohol mit blauvioletter Farbe löslich. Die Lösung wird auf Zugabe von Salzsäure erst blau, dann grün und schließlich gelb. Natronlauge bringt einen braunroten oder violetten Niederschlag hervor.

Literatur: FISCHER u. GERMANN, Ber. **16**, 706; FISCHER u. KOERNER, Ber. **16**, 2904; A. W. HOFMANN, Ber. **18**, 767; FRIEDLÄNDER **1**, 75, 78, 79, 80, 86; SCHULTZ, Farbstofftabellen Nr. 516.

3. Anilinblau: 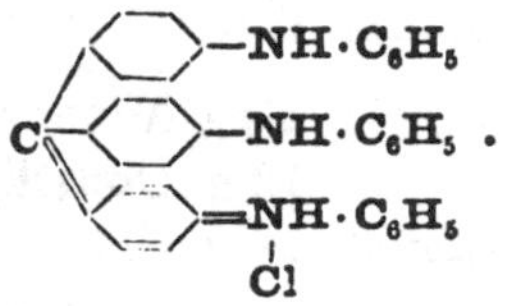

Ausgangsmaterial: 25 g Parafuchsin,
90 g Anilin.
Hilfsstoff: 1 g Benzoësäure.

Vorgang: S. oben 7. Darstellungsmethode.

Darstellung. Zur Gewinnung von Pararosanilinbase werden 25 g pulverisiertes Parafuchsin im 5 l-Kolben in 3 l mit Salzsäure angesäuertem Wasser unter Erwärmen auf dem Wasserbade gelöst. Die heiße Lösung wird mit konzentrierter Natronlauge übersättigt und scheidet anfangs amorphe, nach einiger Zeit kristallinisch werdende fast farblose Pararosanilinbase ab. Dieselbe wird abgesaugt, mit Wasser ausgewaschen und auf Ton getrocknet.

In einem Kölbchen von 250 ccm Inhalt mit aufgesetztem Luftkühler wird die Lösung von 10 g Pararosanilinbase und 1 g Benzoësäure in 90 g Anilin auf dem Sandbade ca. 6 Stunden lang auf 180° erhitzt. Der Phenylierungsprozeß macht sich durch die lebhafte Entwicklung von Ammoniak bemerklich. Alle halben Stunden nimmt man, durch Eintauchen eines Glasröhrchens in die Schmelze, eine kleine Probe heraus, löst dieselbe im Reagensglase in Alkohol und setzt einige Tropfen Essigsäure hinzu. Darauf bildet man sich durch Auftupfen dieser Lösung auf Filtrierpapier ein Urteil darüber, ob die Farbe rein blau ist, oder noch einen violetten Ton zeigt, und ob noch ein roter Auslauf bemerkbar ist. Fehlt letzterer und ist die Farbe rein blau, so wird das Erhitzen unterbrochen.

Man läßt die Schmelze auf etwa 50° erkalten und versetzt sie mit 70 ccm konzentrierter Salzsäure. Das ausgeschiedene Produkt wird von der noch warmen Lösung abfiltriert, mit heißem, mit Salzsäure angesäuertem Wasser ausgewaschen und auf Ton getrocknet. So erhält man den Farbstoff in der Form eines grünlichen oder rötlich braunen kristallinischen Pulvers.

Eigenschaften. In Wasser unlöslich, in Alkohol in der Wärme leicht löslich mit blauer Farbe. Zusatz von Salzsäure zur alkoholischen Lösung bringt keine Veränderung hervor; Zusatz von Natronlauge macht die Lösung braunrot. In konzentrierter Schwefelsäure mit braungelber Farbe löslich, beim Verdünnen mit Wasser blauer Niederschlag.

Literatur: Girard und de Laire, Jahresbericht **1862**, 696; A. W. Hofmann, Ann. **132**, 160; Baeyer und Villiger, Ber. **37**, 2870; Schultz, Farbstofftabellen Nr. 520.

B. Fuchsonfarbstoffe.

Diese Farbstoffe lassen sich als die sauren Analogen der Rosaniline bezeichnen.

Ihre beiden Hauptvertreter, das Aurin (Pararosolsäure) und die Rosolsäure, erscheinen als Rosaniline, in denen die Aminogruppen durch Hydroxyle, die Iminogruppen durch Sauerstoff ersetzt sind:

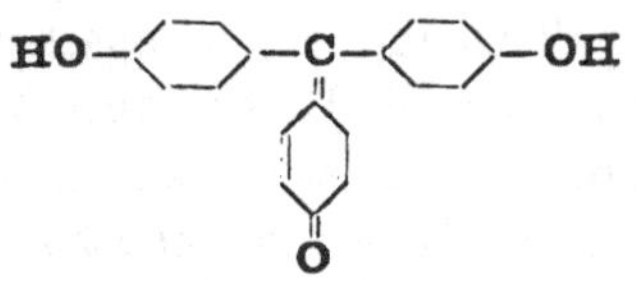

Aurin,
Dioxyfuchson

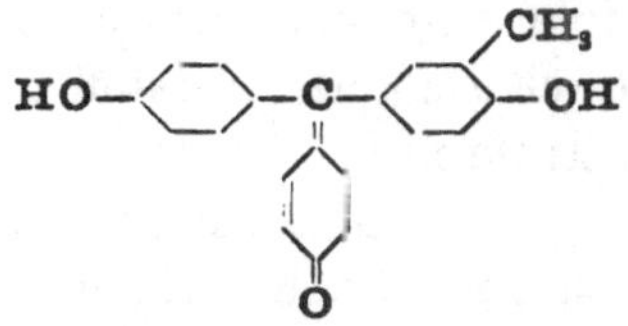

Rosolsäure,
Dioxymethylfuchson

Experimentell ist diese Beziehung dadurch nachgewiesen worden, daß es einerseits gelang, Pararosanilin bzw. Rosanilin durch Zersetzung ihrer Diazoniumverbindungen mit Wasser in Aurin bzw. Rosolsäure überzuführen (Caro und Wanklyn, 1866), andererseits Aurin durch Erhitzen mit Ammoniak in Pararosanilin zu verwandeln Dale und Schorlemmer, 1877).

Vorstehende Konstitutionsformeln werden noch durch folgende Tatsachen gestützt:

Aurin und Rosolsäure zersetzen sich beim Erhitzen mit Wasser unter Druck in Phenol und p-Dioxybenzophenon bzw. p-Dioxyphenyltolylketon.

Aurin entsteht beim Erhitzen von p-Dioxybenzophenonchlorid mit Phenol (Caro und Graebe, 1878).

Rosolsäure bildet sich bei der Oxydation eines Gemenges von Phenol und Kresol (Caro, 1866; Zulkowsky, 1878). Diese Rosolsäurebildung ist derjenigen des Rosanilins aus Anilin, o- und p-Toluidin ganz analog.

Wie die rotfarbigen Salze der Rosaniline als Anhydride einsäuriger Salze basischer Triphenyl- bzw. Diphenyltolylcarbinolderivate aufgefaßt werden können, so liegen im Aurin und in der Rosolsäure Verbindungen vor, die als Anhydride nicht existenzfähiger Tri-p-oxytriphenyl- und Tri-p-oxydiphenyltolylcarbinole aufzufassen sind.

Aurin und Rosolsäure sind gelbe Körper, ihre Salze sind rot. Unter dem Einfluß nascierenden Wasserstoffes verwandeln sie sich in Leukoverbindungen, die wiederum die sauren Analogen der Leukaniline repräsentieren und als Hydroxylderivate des Triphenylmethans und seiner Homologen betrachtet werden müssen.

Unter den Namen Corallin, Aurin, Rosolsäure, Paeonin finden sich im Handel Produkte, die entweder Präparate aus rohem Corallin oder dieses selbst sind.

Das rohe Corallin entsteht aus Phenol und entwässerter Oxalsäure durch Erhitzen mit konzentrierter Schwefelsäure auf 120—130°, das so lange fortgesetzt wird, bis die den Bildungsprozeß begleitende Gasentwicklung deutlich nachläßt. Das dunkle Reaktionsprodukt wird noch warm in eine reichliche Menge Wasser gegossen, wodurch sich der Farstoff als harzige, glänzende Masse abscheidet. Zur Entfernung anhaftenden Phenols wird er mit Dampf ausgekocht und nach dem Erkalten in Stücke gebrochen. Diese besitzen einen muschligen Bruch, zeigen eine rötlichgelbe Farbe und cantharidenartigen Glanz. Sie sind in Wasser unlöslich und werden in kochendem Wasser weich, in Alkohol lösen sie sich mit gelber Farbe, in Alkalien mit roter Farbe.

Das Corallin enthält neben einer Reihe verschiedener Körper das Aurin, das durch Kondensation des, beim Zerfall der Oxalsäure neben Ameisensäure sich bildenden Kohlendioxyds mit Phenol entsteht:

$$CO_2 + 3\,C_6H_5\cdot OH \longrightarrow C\begin{cases} C_6H_4\cdot OH \\ C_6H_4\cdot OH \\ C_6H_4{=}O \end{cases} + 2\,H_2O\,.$$

Durch Erhitzen von Corallin mit Ammoniak unter Druck wird das Paeonin gewonnen. Dieser Farbstoff kommt beim teilweisen Ersatz der Hydroxylgruppen durch Aminogruppen zustande und enthält namentlich die beim Übergang von Pararosanilin in Aurin auftretenden Zwischenstufen.

Die geringe Lichtbeständigkeit und der Umstand, daß sie sich auf der Faser nicht waschecht befestigen lassen, gewähren den Rosolsäurefarbstoffen in der Textilindustrie eine nur sehr beschränkte Verwendung, und zwar in der Druckerei gewisser minderwertiger baumwollener Gewebe.

Die Auffindung des Neufuchsinprozesses hat Veranlassung gegeben, den Formaldehyd, durch Kondensation mit Phenolen und Oxycarbonsäuren, für die Darstellung von technisch brauchbaren Oxyaurinen und Aurincarbonsäuren zu verwerten. Nach dem Schema der Aurinbildung aus Formaldehyd und Phenol (Sandmeyer, 1889; Caro, 1892):

$$H_2CO + \begin{matrix} H\cdot C_6H_4OH \\ H\cdot C_6H_4OH \end{matrix} \xrightarrow{-H_2O} H_2C{<}\begin{matrix} C_6H_4\cdot OH \\ C_6H_4\cdot OH \end{matrix},$$

Dioxydiphenylmethan

$$H_2C{<}\begin{matrix} C_6H_4\cdot OH \\ C_6H_4\cdot OH \end{matrix} + H\cdot C_6H_4\cdot OH + O_2 \longrightarrow C\begin{matrix} \diagup C_6H_4\cdot OH \\ -C_6H_4\cdot OH \\ \diagdown C_6H_4{=}O \end{matrix} + 2H_2O,$$

Aurin

wird eine Aurintricarbonsäure durch gemeinsame Oxydation von Salicylsäure mit Methylendisalicylsäure (aus Formaldehyd und Salicylsäure) gewonnen:

$$H_2C\begin{matrix} \diagup C_6H_3{<}\begin{matrix} OH \\ COOH \end{matrix} \\ \diagdown C_6H_3{<}\begin{matrix} OH \\ COOH \end{matrix} \end{matrix} + H\cdot C_6H_3{<}\begin{matrix} OH \\ COOH \end{matrix} + O_2 \longrightarrow$$

$$C\begin{matrix} \diagup C_6H_3{<}\begin{matrix} OH \\ COOH \end{matrix} \\ -C_6H_3{<}\begin{matrix} OH \\ COOH \end{matrix} \\ \diagdown C_6H_3{<}\begin{matrix} O \\ COOH \end{matrix} \end{matrix} + 2H_2O,$$

Aurintricarbonsäure

die als Chromviolett ihres rötlichvioletten Chromlackes halber in der Kattundruckerei eine beschränkte Anwendung findet.

Von viel größerer technischer Bedeutung sind die Abkömmlinge der Dioxy-Triphenylmethan-Dicarbonsäure, die durch Kondensation von o-substituierten Benzaldehyden mit 2 Mol. Salicyl- bzw. Cresotinsäure erhalten werden können und beim Nachchromieren (auf der Faser) schöne, durch Walkechtheit ausgezeichnete, violette bis grünblaue Wollfärbungen liefern.

V. Xanthenfarbstoffe.

Wie die Diphenylmethanfarbstoffe vom Diphenylmethan, so lassen sich die Xanthenfarbstoffe (Pyronine, Succineïne, Rosamine, Rhodamine, Phtaleïne) vom Xanthen,

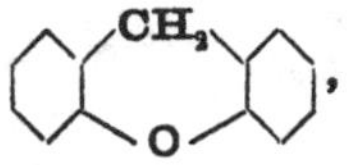

ableiten, das als das Anhydrid des 2,2'-Dioxydiphenylmethans aufzufassen ist.

Wird das Xanthen mit Chromsäure oder Salpetersäure oxydiert, so geht es über in Xanthon,

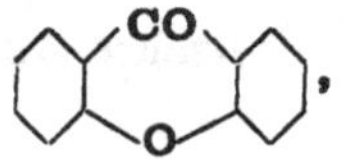

das bei der Reduktion das Xanthydrol,

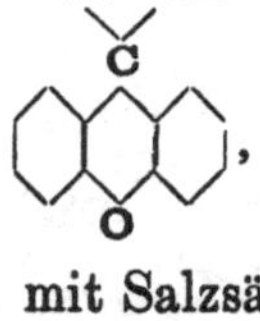

liefert. Dieses vereinigt sich mit Salzsäure zu dem (als Eisenchloriddoppelsalz gelben kristallinischen) Xanthoniumchlorid,

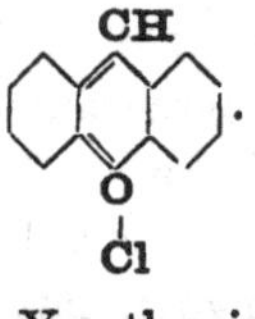

Denkt man sich in das Xanthoniumchlorid, paraständig zu der die Kerne verbindenden Methingruppe, eine Amino- bzw. eine Hydroxylgruppe eingeführt, so gelangt man zu einem Aminoxanthoniumchlorid bzw. Oxyxanthoniumchlorid:

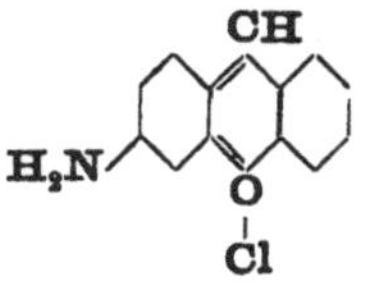

und

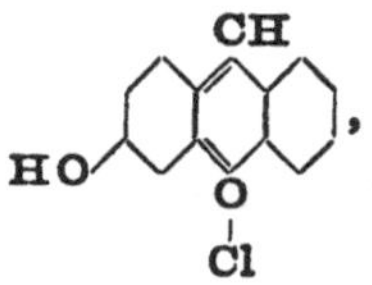

die durch Chlorwasserstoffaustritt in Anhydro-Aminoxanthonium (Formofluorim) bzw. Anhydro-Oxyxanthonium (Formofluoron):

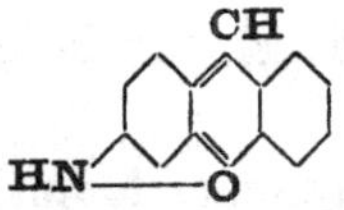

Anhydroaminoxanthonium
Formofluorim

bzw.

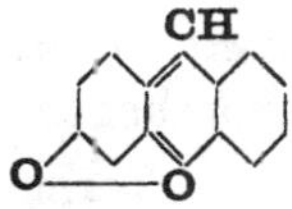

Anhydrooxyxanthonium,
Formofluoron

übergehen.

Formofluorim und Formofluoron sind die Grundkörper der beiden Klassen, in die sämtliche Xanthenfarbstoffe sich einreihen lassen, wenn man einerseits die vierte Affinität des die Kerne verbindenden Kohlenstoffatoms durch aliphatische und aromatische Reste absättigt, und andererseits den zum bindenden Kohlenstoff paraständigen Wasserstoff in dem noch nicht substituierten Kohlenstoffsechsring durch auxochrome Gruppen ersetzt. Hiernach ist die allgemeine Formel der Fluorime und ihrer salzsauren Salze:

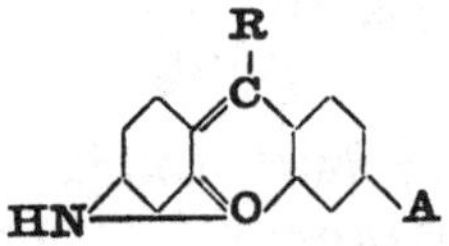

bzw.

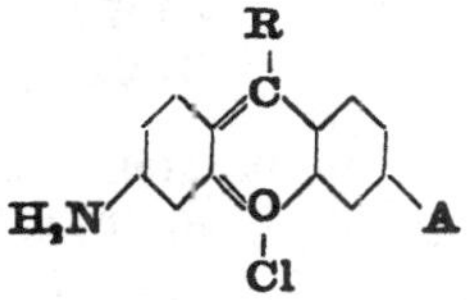

,

diejenige der Fluorone:

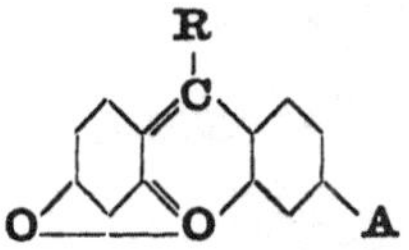

,

worin R ein aliphatisches oder aromatisches Radikal und A eine auxochrome (ev. substituierte) Amino- oder Hydroxylgruppe bedeutet.

Die Xanthenfarbstoffe haben somit eine o-chinoide Struktur. Die meisten derselben sind durch die starke Fluorescenz ihrer Lösungen ausgezeichnet. Letztere ist auf den zwischen Benzolkerne gelagerten Pyronring

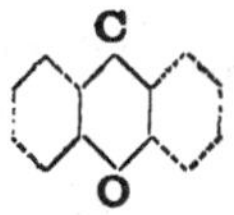

zurückzuführen.

A. Fluorimfarbstoffe.

Diese zerfallen in die Pyronine, Succineïne, Rosamine und Rhodamine.

1. Pyronine.

Diese roten, gelb fluorescierenden, ihrer schönen bläulichroten Töne wegen zum Färben aller Spinnfasern dienenden basischen Farbstoffe entstehen (nach BENDER, 1889) durch Oxydation von Tetraalkyldiaminoxanthenen.

Wird z. B. Formaldehyd mit Dimethyl-m-aminophenol im Verhältnis von 1 zu 2 Molekülen in alkoholischer Lösung vereinigt, so scheidet sich Tetramethyldiaminodioxydiphenylmethan aus:

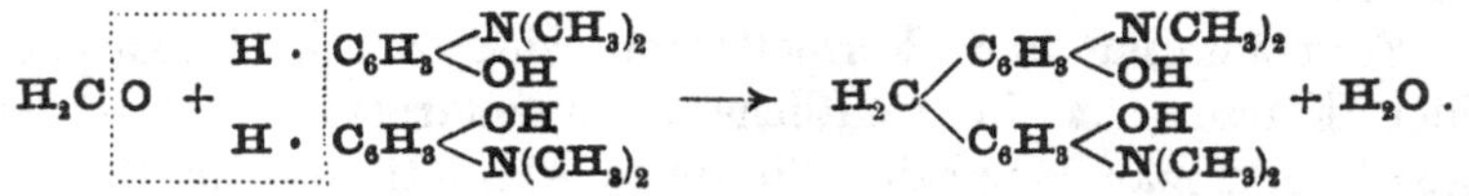

Dieses wandelt sich beim Erwärmen seiner Lösung in konzentrierter Schwefelsäure auf dem Wasserbade in Tetramethyldiaminoxanthen um:

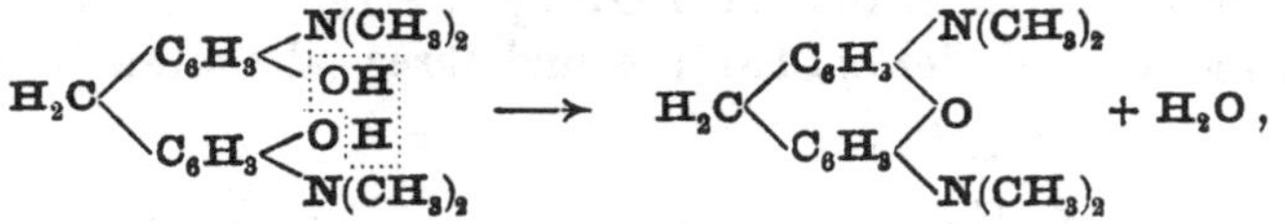

das sich in verdünnter salzsaurer Lösung durch Oxydation mittels Salpetriger Säure in Tetramethyldiaminoxanthoniumchlorid oder Pyronin verwandelt:

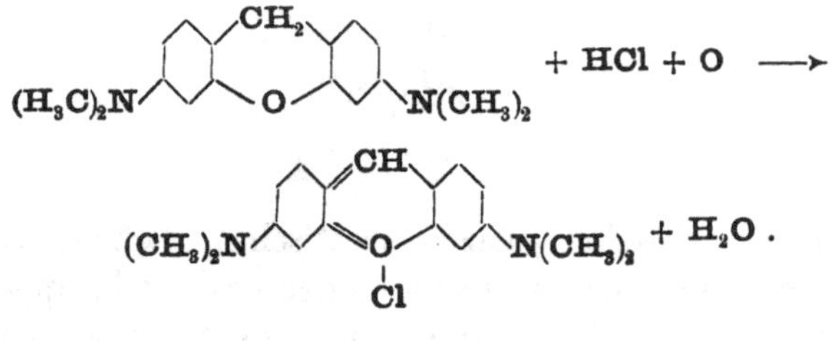

Übungsbeispiel.

Pyronin: 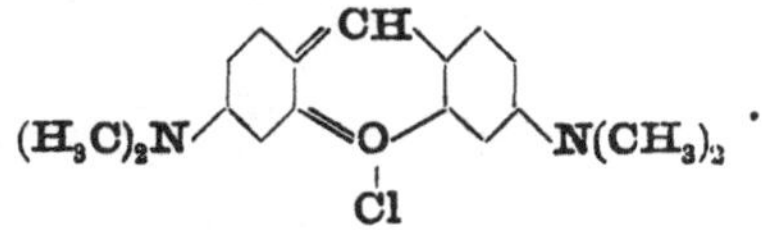

Ausgangsmaterial: 56 g Dimethyl-m-aminophenol,
16 ccm Formaldehyd von 40 %.

Vorgang s. oben.

Darstellung. In 120 ccm Weingeist werden 56 g Dimethyl-m-aminophenol gelöst. Diese Lösung wird in einer Kältemischung auf annähernd 0° gekühlt und mit 16 ccm 40%igem Formaldehyd versetzt. Allmählich scheidet sich das Kondensationsprodukt (Tetramethyldiaminodioxydiphenylmethan) in kristallisierter Form ab, dem späterhin ein rotes Harz folgt. Der abgeschiedene Kristallkuchen wird mit Wasser ausgewaschen und auf Ton getrocknet. Beim Umkristallisieren aus Benzol werden rosagefärbte, glänzende Blättchen vom Fp. 178° erhalten.

30 g dieses Kondensationsproduktes werden allmählich unter Rühren in 150 g konzentrierter Schwefelsäure zur Lösung gebracht. Die braune Lösung wird zur völligen Durchführung der Wasserabspaltung noch etwa 3 Stunden lang auf dem Wasserbade erwärmt, wobei ihre Farbe allmählich einen gelblichroten Stich annimmt. Die Einwirkung ist beendet, wenn sich in einer Probe, nach Zusatz von überschüssiger Natronlauge und Entfernung der entstandenen Fällung durch Ausäthern, auf vorsichtiges Neutralisieren mit einer Säure nur noch Spuren des unveränderten Ausgangskörpers nachweisen lassen.

Die schwefelsaure Lösung rührt man in 1 kg gehacktes Eis, stumpft durch Hinzufügen von konzentrierter Natronlauge bis zur schwach sauren Reaktion ab, versetzt mit 80 g konzentrierter Salzsäure und fügt unter fortgesetztem Rühren aus einem Tropftrichter die Lösung von 16 g Natriumnitrit in 100 ccm Wasser tropfenweise hinzu. Die entstandene rote, gelb fluorescierende Farbstofflösung wird mit pulverisiertem Kochsalz versetzt bis zur völligen Ausscheidung des Farbstoffes. Derselbe wird auf einem gehärteten Faltenfilter abfiltriert und in wenig Wasser gelöst; die Lösung wird filtriert und der Farbstoff neuerdings durch Einrühren einer gesättigten Kochsalzlösung zur Abscheidung gebracht. Er wird nach dem Filtrieren auf Ton getrocknet.

Eigenschaften. Grünglänzendes, kristallinisches Pulver; in Wasser und Alkohol mit roter Farbe und gelber Fluorescenz löslich; die Lösung wird durch Salzsäure hellorange; Natronlauge erzeugt eine blaßrote Fällung. Konzentrierte Schwefelsäure löst mit rotgelber Farbe, die bei Wasserzusatz rot wird.

Literatur: Biehringer, J. pr. Ch. **54**, 217; Friedländer, 3, 94; Schultz, Farbstofftabellen Nr. 568.

2. Succineïne.

Diese Farbstoffe entstehen beim Verschmelzen von Bernsteinsäureanhydrid mit Dialkyl-m-aminophenolen.

So bildet sich z. B. ein als Rhodamin S im Handel befindlicher, zum Färben von Halbseide, Papier und ungebeizter Baumwolle dienender roter Farbstoff aus Bernsteinsäureanhydrid und Dimethyl-m-aminophenol nach dem Schema:

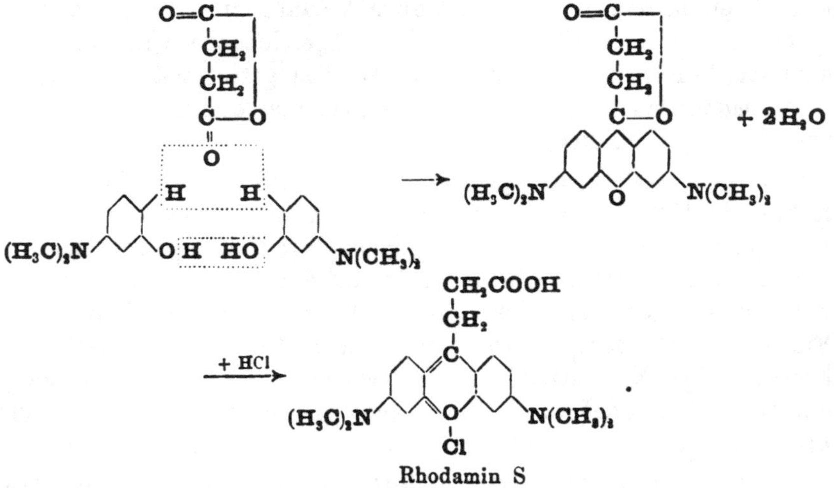

Rhodamin S

3. Rosamine.

Heumann und Rey erhielten 1889 eine Reihe roter, gelb fluorescierender Farbstoffe von den Eigenschaften der Pyronine durch Kondensation von Benzotrichlorid mit alkylierten m-Aminophenolen. Diese Farbstoffe entstehen nach einem der Doebnerschen Malachitgrün-Bildung (s. S. 177) analogen Prozeß im Sinne der Gleichung:

$$C_6H_5\cdot CCl_3 + 2\,C_6H_4{<}\begin{matrix}NR_2\\OH\end{matrix} \longrightarrow C_6H_5\cdot C{<}\begin{matrix}C_6H_3{<}NR_2\\ \quad{>}O\cdot Cl\\C_6H_3{<}NR_2\end{matrix} + 2\,HCl + H_2O\,.$$

Dieselben Farbstoffe bilden sich, dem Fischerschen Malachitgrün-Prozeß (s. S. 177) entsprechend, durch Einwirkung aromatischer Aldehyde auf m-Aminophenole und weitere Behandlung der zunächst gebildeten Leukobasen im Sinne der Pyroninbereitung:

1. $$C_6H_5\cdot CHO + 2\,C_6H_4{<}\begin{matrix}NR_2\\OH\end{matrix} \longrightarrow C_6H_5\cdot CH{<}\begin{matrix}C_6H_3{<}\begin{matrix}NR_2\\OH\end{matrix}\\C_6H_3{<}\begin{matrix}OH\\NR_2\end{matrix}\end{matrix} + H_2O$$

$$\longrightarrow C_6H_5\cdot CH{<}\begin{matrix}C_6H_3{<}NR_2\\ \quad{>}O\\C_6H_3{<}NR_2\end{matrix} + H_2O\,.$$

2. 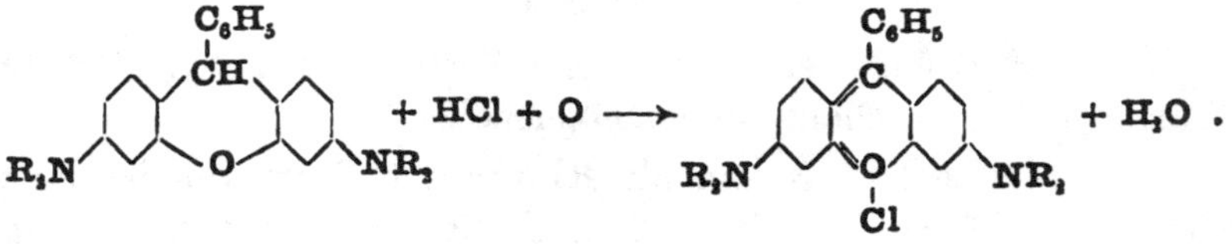

4. Rhodamine.

Die Rhodamine, 1887 von CERESOLE entdeckt, sind die basischen Analogen der Fluoresceïne (s. S. 204 ff.) und verhalten sich zu diesen, wie die Farbstoffe der Rosanilinreihe zu den Rosolsäurefarbstoffen.

Gleich den Rosanilinfarbstoffen sind die Rhodamine, besonders die am Stickstoff alkylierten, basische Farbstoffe von ausgeprägterem Färbevermögen als die entsprechenden hydroxylierten Analogen; auch sind ihre Färbungen echter als die Färbungen jener. Ihre Lösungen zeigen meist eine starke Fluorescenz, die zum Teil auch auf den gefärbten Fasern sichtbar ist.

Zu ihrer Darstellung dienen zwei Methoden.

Nach der einen Methode werden Phtalsäureanhydrid oder die Anhydride substituierter Phtalsäuren mit m-Aminophenolen kondensiert.

Z. B. entsteht Tetraäthylrhodamin nach dem Schema:

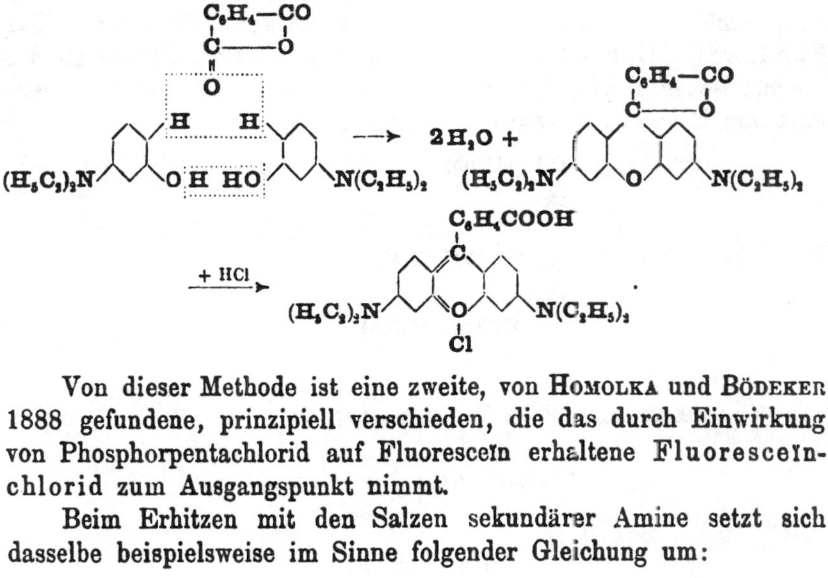

Von dieser Methode ist eine zweite, von HOMOLKA und BÖDEKER 1888 gefundene, prinzipiell verschieden, die das durch Einwirkung von Phosphorpentachlorid auf Fluoresceïn erhaltene Fluoresceïnchlorid zum Ausgangspunkt nimmt.

Beim Erhitzen mit den Salzen sekundärer Amine setzt sich dasselbe beispielsweise im Sinne folgender Gleichung um:

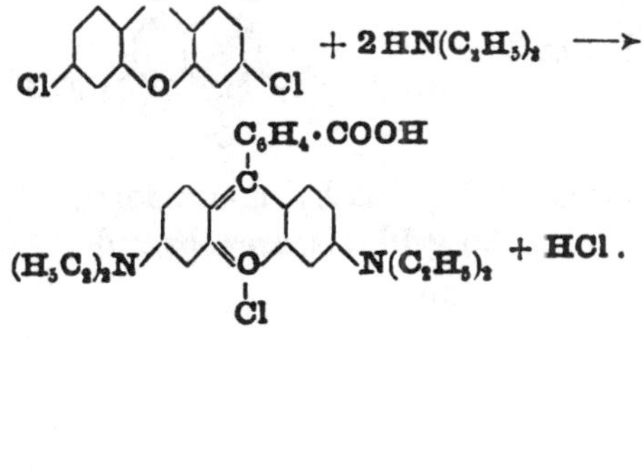

Da außer den sekundären Aminen der aliphatischen Reihe auch primäre und sekundäre aromatische Amine in ganz analoger Weise mit Fluoresceïnchlorid reagieren, so ist durch diese Methode die Herstellung einer weit größeren Zahl von Rhodaminen möglich, die, wie z. B. das Echtsäureviolett A2R,

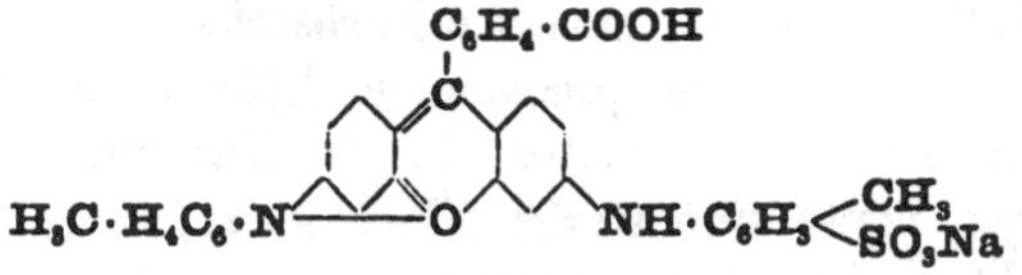

,

infolge der nachträglichen Einführung einer Sulfogruppe lichtbeständige und echte Seiden- und Wollfarbstoffe sind.

Durch Behandlung mit esterifizierenden Agenzien werden die Rhodamine in höher alkylierte Verbindungen übergeführt, die den Namen Anisoline erhalten haben (Monnet und Bernthsen 1889). Sie unterscheiden sich von den Rhodaminen durch einen blaueren Ton, erhöhte Affinität zur Faser und stärkere Basizität. Das Rhodamin 6G des Handels z. B. bildet sich durch Erwärmen des symmetrischen Diäthylrhodamins in alkoholischer Lösung in Gegenwart von Mineralsäure nach der Gleichung:

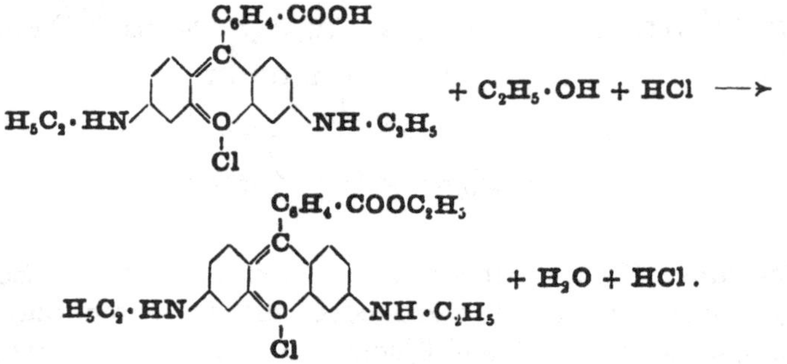

Rhodamin 6 G

Übungsbeispiel.

Rhodamin B:

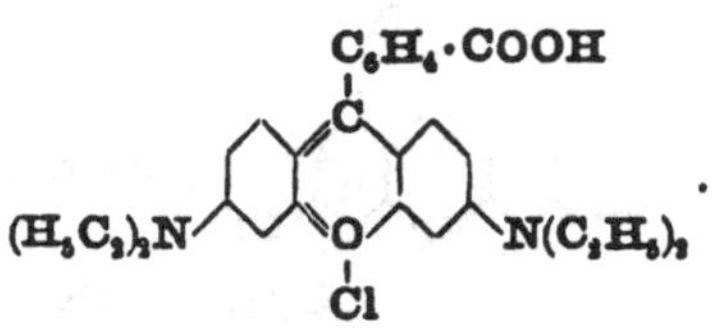

.

Ausgangsmaterial: 8,5 g Diäthyl-m-aminophenol,
15 g Phtalsäureanhydrid.

Vorgang: s. oben S. 199.

Darstellung. 8,5 g Diäthyl-m-aminophenol werden mit 15 g Phtalsäureanhydrid gemischt und in einer LIEBIGs Fleischextraktbüchse im Ölbade so lange auf ca. 180° erhitzt, bis die Schmelze fest geworden ist. Die oberflächlich grüne, im wesentlichen das Phtalat des Rhodamins enthaltende Schmelze wird nach dem Erkalten pulverisiert, und das braunrote Pulver mit einer 10%igen Sodalösung bei 50° zweimal hintereinander digeriert. Dabei geht die Phtalsäure mit einem geringen Teil der Rhodaminbase in Lösung, die Hauptmenge der letzteren befindet sich im Rückstande, der, eine körnige rotbraune Masse bildend, feinstens zerrieben und mit 200 ccm Wasser und so viel verdünnter Salzsäure versetzt wird, daß die kochende rote Flüssigkeit auf Kongopapier saure Reaktion zeigt. Nun läßt man erkalten und gießt die überstehende Flüssigkeit von der auf dem Boden befindlichen Schmiere (salzsaures Rhodamin) ab. Dieser Rückstand läßt sich aus wenig kochendem, mit Salzsäure schwach angesäuertem Wasser umkristallisieren. Das Rhodaminchlorhydrat scheidet sich entweder beim langsamen Erkalten der Flüssigkeit oder nach teilweiser Eindunstung derselben in grünschillernden Kristallen aus.

Eigenschaften. Grünes Kristallpulver; in Wasser leicht, in Alkohol sehr leicht mit bläulichroter Farbe löslich. Verdünnte Lösungen fluorescieren stark. Die Fluorescenz der alkoholischen Lösung verschwindet beim Erhitzen und kehrt beim Erkalten wieder. Wenig Salzsäure bewirkt in der wäßrigen Lösung allmähliche Ausscheidung des Chlorhydrats, viel Salzsäure eine scharlachrote Lösung, durch Wasserzusatz in bläulichrot übergehend. Wenig Natronlauge bewirkt in der Kälte keine Veränderung, in der Wärme Fällung rosenroter Flocken, die sich in Äther und Benzol farblos lösen. Beim Kochen mit Natronlauge Geruch nach Diäthylamin. Konzentrierte Schwefelsäure löst unter Entwicklung von Salzsäure mit rötlichbrauner Farbe und stark grüner Fluorescenz.

Literatur: NOELTING u. DZIEWOŃSKI, Ber. **38**, 3516; **39**, 2744; BERNTHSEN, Chem.-Zeit. **16**, 1956; FRIEDLÄNDER **2**, 68, 79, 86; SCHULTZ, Farbstofftab. Nr. 573.

B. Fluoronfarbstoffe.

Diese zerfallen in Fluorone und Phtaleïne.

1. Fluorone.

Die Fluorone entstehen, indem man aliphatische Aldehyde mit m-Dioxyverbindungen zu substituierten Methankörpern kondensiert, diese durch wasserentziehende Mittel in Xanthenderivate überführt und letztere oxydiert (Möhlau, 1894).

So vereinigt sich z. B. Formaldehyd mit Resorcin zu Methylendiresorcin (Tetraoxydiphenylmethan):

$$H_2C\,O + \begin{matrix} H\cdot C_6H_3<^{OH}_{OH} \\ H\cdot C_6H_3<^{OH}_{OH}\end{matrix} \longrightarrow H_2C<\begin{matrix}C_6H_3<^{OH}_{OH}\\C_6H_3<^{OH}_{OH}\end{matrix} + H_2O,$$

das durch Austritt von Wasser zu Dioxyxanthen wird:

$$H_2C<\begin{matrix}C_6H_3<^{OH}_{OH}\\C_6H_3<^{OH}_{OH}\end{matrix} \longrightarrow H_2C<\begin{matrix}C_6H_3\\C_6H_3\end{matrix}\begin{matrix}<OH\\>O\\<OH\end{matrix} + H_2O\,.$$

Letzteres gibt durch Oxydation Oxyformofluoron oder Formofluoresceïn:

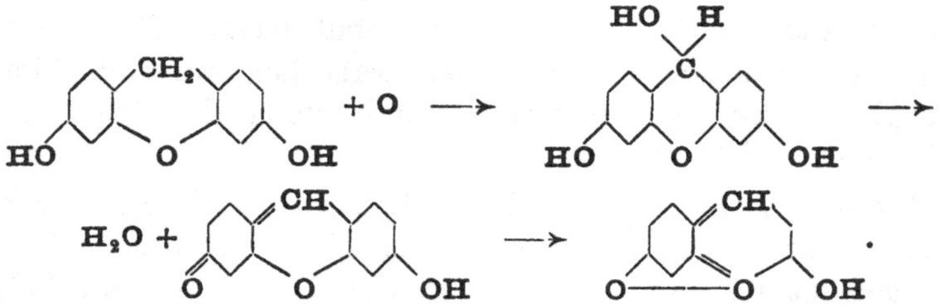

Die beiden letzteren Vorgänge vollziehen sich bei einfacheren Dioxyverbindungen, wie Resorcin, Orcin und 1,3-Dioxynaphtalin, unter dem Einfluß von Chloraluminium und Chlorzink bei 130—140°. Bei komplizierter gebauten Verbindungen, wie Gallussäure, durch Anwendung einer Lösung von Nitrosylschwefelsäure in Schwefelsäure.

Beispielsweise geht Methylendigallussäure in den Fluoronkörper über nach der Gleichung:

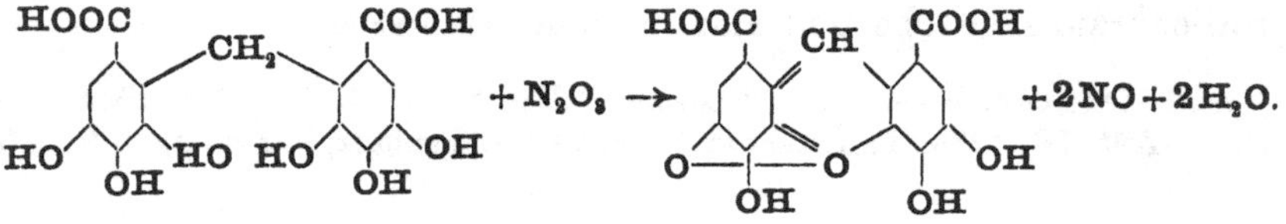

Die Fluorone sind im allgemeinen braune Farbkörper, die sich in Alkalien mit rötlichgelber, in konzentrierter Schwefelsäure mit gelbroter Farbe lösen und in Lösung intensiv grüne Fluorescenz zeigen. Eine Ausnahme macht die eben erwähnte Trioxyformofluorondicarbonsäure, die sich in Alkalien mit blauer Farbe ohne Fluorescenz löst. Nascierender Wasserstoff führt die Fluorone in Xanthenderivate über.

2. Phtaleïne.

Die von Adolf Baeyer 1871 entdeckten Phtaleïne bilden sich durch Kondensation der Phenole mit Phtalsäureanhydrid.

Aus Phenol und Phtalsäureanhydrid entsteht das einfachste Phtaleïn, das Phenolphtaleïn, das noch kein Fluoron ist):

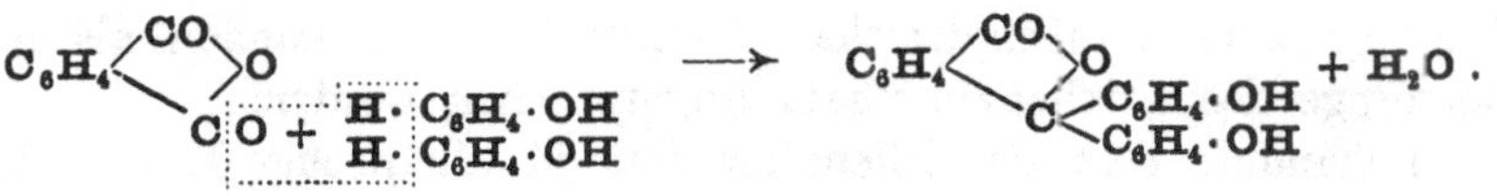

Dieser Vorgang vollzieht sich bei einigen Phenolen schon beim Erhitzen ihres Gemisches mit Phtalsäureanhydrid auf 200°. Dies ist der Fall beim Resorcin, $C_6H_4[1,3](OH)_2$, Kresorcin, $C_6H_3[1,2,4]CH_3(OH)_2$, Pyrogallol, $C_6H_3[1,2,3](OH)_3$ und Phloroglucin, $C_6H_3[1,3,5](OH)_3$. Andere Phenole bedürfen der Mitwirkung eines Kondensationsmittels (Schwefelsäure, Zinnchlorid, entwässertes Chlorzink), um sich mit Phtalsäureanhydrid bei Temperaturen zwischen 100 und 120° zu vereinigen. Hierher gehören Phenol, p- und o-Kresol, $CH_3 \cdot C_6H_4 \cdot OH$, o- und p-Dioxybenzol (Brenzkatechin und Hydrochinon), $C_6H_4(OH)_2$, Orcin, $C_6H_3[1,3,5]CH_3(OH)_2$, und die beiden Naphtole.

Die Phtaleïne sind Hydroxylderivate des Phtalophenons, das beim Erhitzen eines Gemisches von Benzol und Phtalylchlorid mit Chloraluminium entsteht:

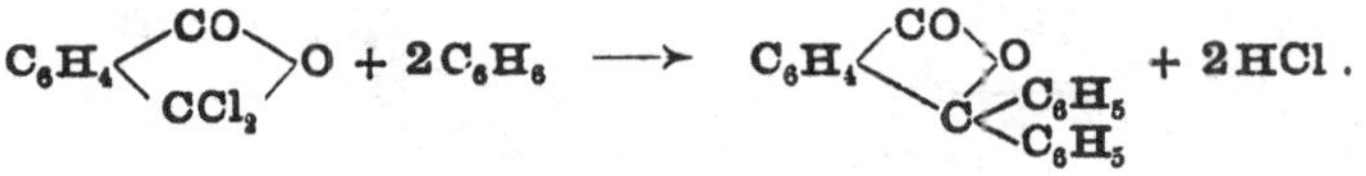

Beim Erhitzen mit alkoholischer Kalilauge verwandelt sich dieses in das Kaliumsalz einer Triphenylcarbinol-o-carbonsäure:

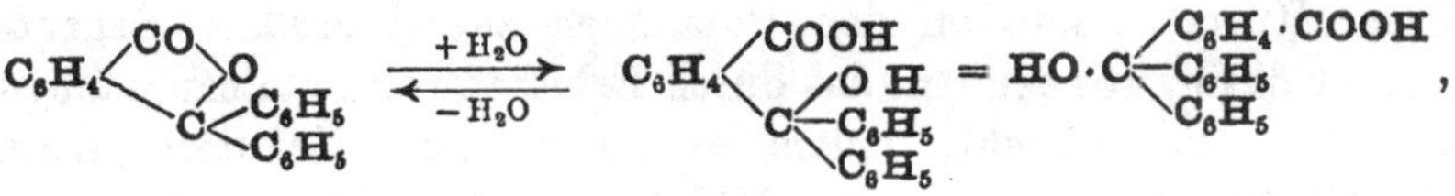

die leicht Wasser verliert und sich wieder in ihr inneres Anhydrid, das Phtalophenon, verwandelt.

Wird die Carbinolcarbonsäure in alkalischer Lösung mit Zink behandelt, so entsteht die entsprechende Triphenylmethancarbonsäure:

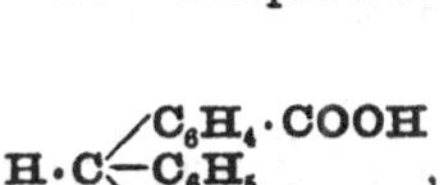

die bei der trocknen Destillation Triphenylmethan:

$$H\cdot C\begin{cases}C_6H_5\\C_6H_5\\C_6H_5\end{cases} \text{ gibt.}$$

Durch diese Versuchsergebnisse ist die nahe Beziehung des Phtalophenons zum Triphenylmethan erwiesen.

Durch diese Reaktionen ist auch die Beziehung der übrigen Phtaleïne zum Triphenylmethan festgestellt. Sie können als Abkömmlinge des Triphenylmethans angesprochen werden.

Behandelt man das Phenolphtaleïn in alkalischer Lösung mit Zinkstaub, so entsteht das Phenolphtalin (Dioxytriphenylmethancarbonsäure),

$$H\cdot C\begin{cases}C_6H_4\cdot COOH\\C_6H_4\cdot OH\\C_6H_4\cdot OH\end{cases},$$

das sich in Lösung schon bei Berührung mit Luft wieder zu Phenolphtaleïn oxydiert.

Das Phenolphtaleïn ist farblos, löst sich aber in Alkalien mit roter Farbe. Da Alkalicarbonate das Phenolphtaleïn ebenfalls zu roten Salzen umsetzen, so ist das Phenolphtaleïn als Indikator bei der Titrierung von Carbonaten mit Säuren zu verwenden.

Die rote Farbe der Phenolphtaleïnsalze ist auf eine Tautomerisierung des Phenolphtaleïns zurückzuführen, das in Salzform chinoide Struktur hat (Green, 1906):

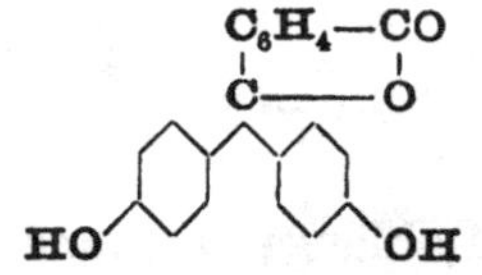

laktoides Phenolphtaleïn

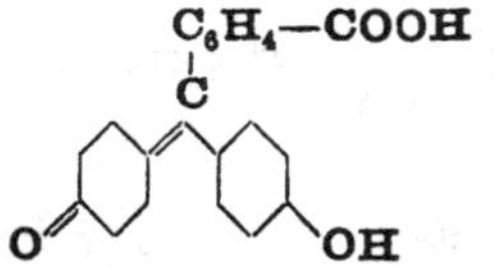

chinoides Phenolphtaleïn

Als Farbstoff ist das Phenolphtaleïn nicht zu verwenden. In dieser Hinsicht hat von den Phtaleïnen zuerst größere Bedeutung erlangt das Fluoresceïn, das durch Erhitzen von Phtalsäureanhydrid mit Resorcin entsteht, indem es durch intramolekulare Wasserabspaltung aus dem primär gebildeten Produkt hervorgeht:

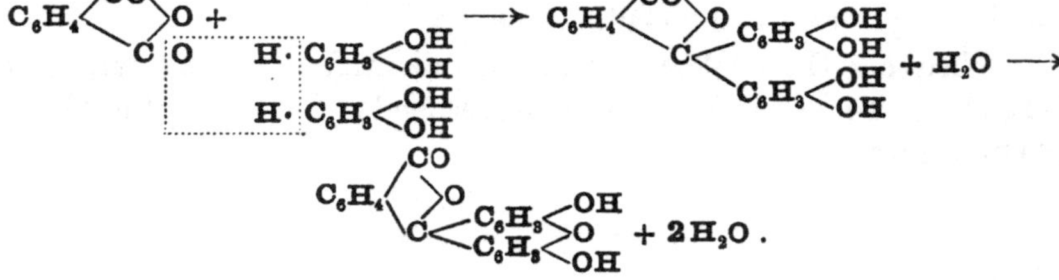

Eine derartige innere Kondensation vollzieht sich als Nebenreaktion (ortho-Kondensation) auch bei der Phenolphtaleïnbereitung, indem aus einem o-Dioxyphtalophenon das Fluoran entsteht (R. Meyer, 1891):

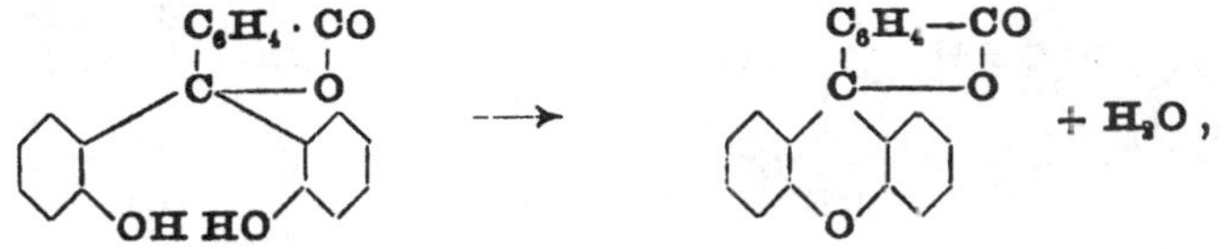

dessen Dioxyderivat das Fluoresceïn ist.

Behandelt man das Phtalophenon mit Salpetersäure, so entsteht das p-Dinitrophtalophenon:

$C_6H_4 <^{CO}_{C} > O$, $C < ^{C_6H_4 \cdot NO_2}_{C_6H_4 \cdot NO_2}$,

das zu einem p-Diaminoprodukt:

$C_6H_4 <^{CO}_{C} > O$, $C < ^{C_6H_4 \cdot NH_2}_{C_6H_4 \cdot NH_2}$

reduziert werden kann.

Unterwirft man dieses der Einwirkung von Salpetriger Säure und kocht die entstandene Tetrazoverbindung mit Wasser, so entsteht das p-Dioxyphtalophenon:

$C_6H_4 <^{CO}_{C} > O$, $C < ^{C_6H_4 \cdot OH}_{C_6H_4 \cdot OH}$,

das mit dem aus Phenol und Phtalsäureanhydrid gebildeten Phenolphtaleïn identisch ist.

Das Fluoresceïn ist durch die starke hellgrüne Fluorescenz seiner gelben alkalischen Lösung ausgezeichnet.

Durch erschöpfende Bromierung verwandelt es sich in Tetrabromfluoresceïn oder Eosin, einen die animalischen Fasern gelbrot färbenden Farbstoff.

Über die Stellung der Bromatome und der Hydroxylgruppen haben folgende Versuche Aufschluß gegeben:

Durch kochende Natronlauge spaltet sich das Eosin in Dibromresorcin und Dibromdioxybenzoylbenzoësäure:

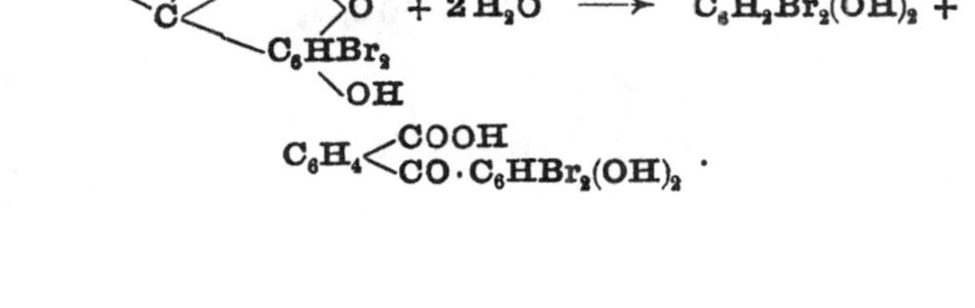

Letztere Säure läßt sich mit Hilfe rauchender Schwefelsäure in ein Anthrachinonderivat, das Dibromxanthopurpurin, überführen, was nur bei einer bestimmten Stellung der Hydroxylgruppen und Bromatome möglich ist:

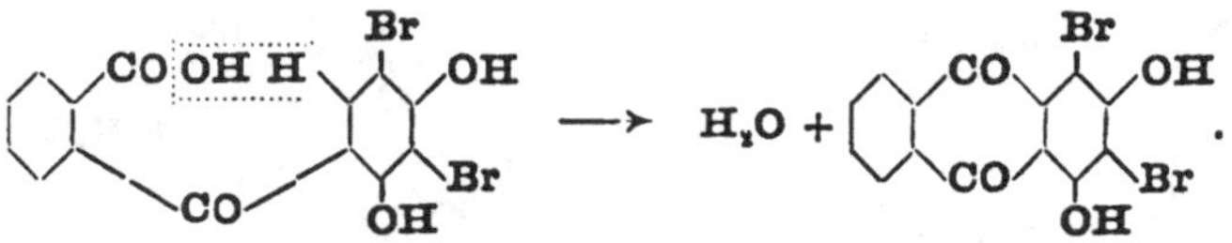

Damit ist über die Konstitution des einen, als Dibromdioxybenzoylbenzoësäure sich abspaltenden Resorcinrestes des Eosins entschieden. Daß auch der zweite Resorcinrest im Eosins diese Konstitution haben muß, ergibt sich aus der Tatsache, daß beim Erhitzen der genannten Dibromdioxybenzoylbenzoësäure über ihren Schmelzpunkt Phtalsäureanhydrid und Eosin entstehen, welch letzteres sich nach folgendem Vorgang bildet:

a) 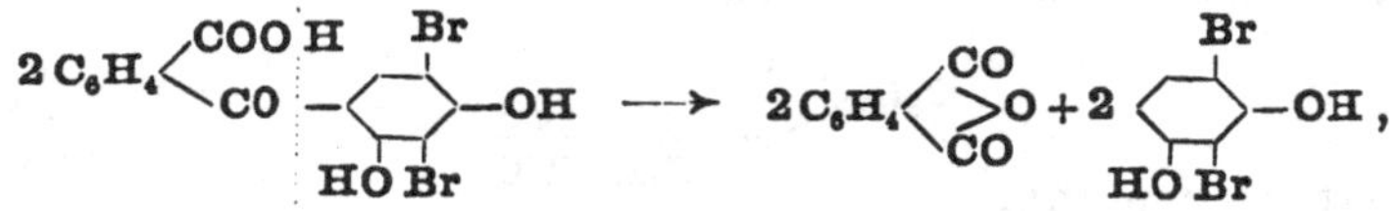

b) 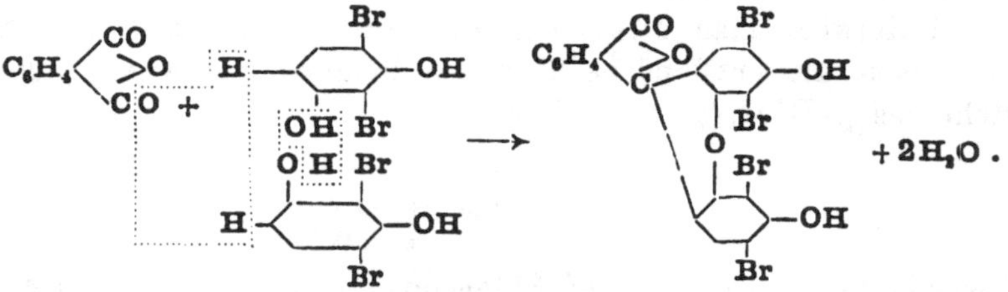

Das Fluorescein erscheint hiernach als Dioxyfluoran folgender Konstitution:

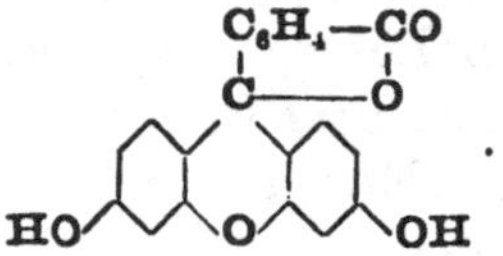

Diese Formel steht indessen weder in Übereinstimmung mit der (orangen) Eigenfarbe des Fluoresceïns, noch mit der intensiven Farbe seiner Metallsalze, noch mit seiner Esterifizierbarkeit. Wird das durch Reduktion des Fluoresceïns gewonnene Fluorescin in alkoholischer Lösung mit Salzsäure behandelt, so entsteht ein Monoäthylester von der Zusammensetzung:

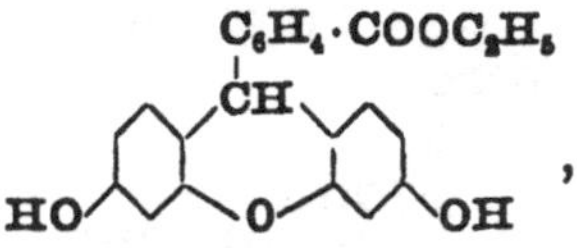 ,

der zu dem entsprechenden Ester des Fluoresceïns,

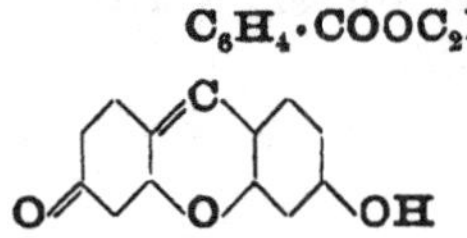

oder

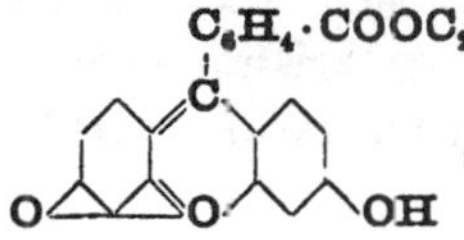

,

oxydierbar ist.

Dieser geht durch Bromieren in den als spritlösliches Eosin bekannten, durch Esterifizieren des Eosins darstellbaren Farbstoff über:

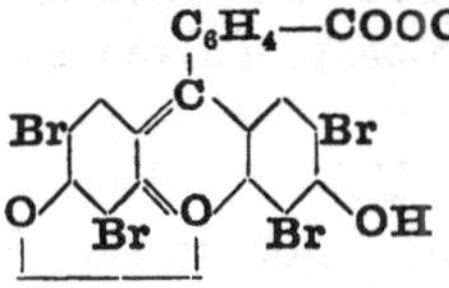

.

Berücksichtigt man, daß durch weitere Äthylierung des chinoiden Monoäthylesters des Fluoresceïns ein gelbes alkaliunlösliches Diäthylderivat (Esteräther),

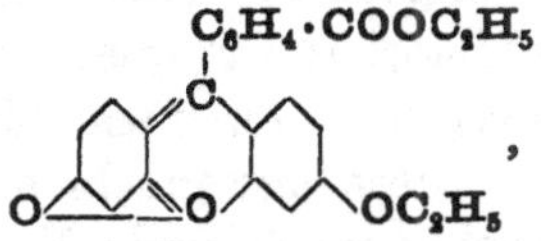

,

entsteht, das zu einem gelben, in Alkali leicht löslichen chinoiden Monoäthyläther,

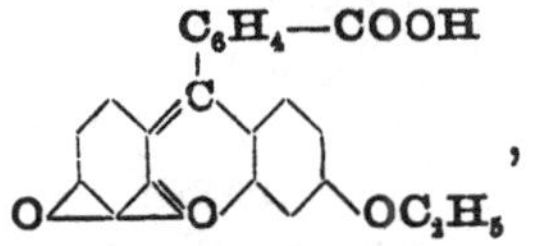

,

verseifbar ist, und daß andererseits die Existenz eines isomeren laktoiden farblosen Diäthyläthers,

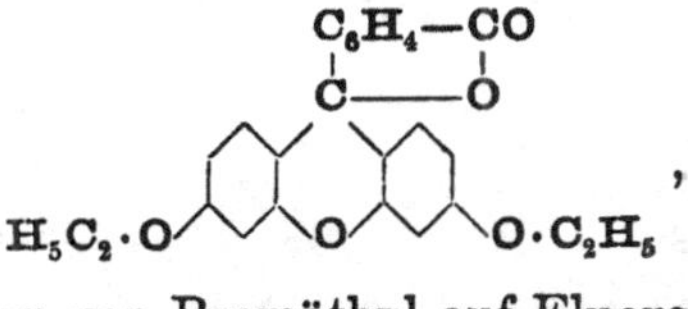

,

der durch Einwirkung von Bromäthyl auf Fluoresceïnkalium entsteht, nachgewiesen werden konnte, so gelangt man bezüglich der Konstitution des Fluoresceïns zu dem Resultat, daß dasselbe ein in tautomeren Formen reagierender Körper ist, der an sich chinoide Struktur besitzt und bei den meisten Reaktionen als chinoide Verbindung auftritt (Nietzki und Schröter, 1895).

Diese Erscheinung der Tautomerie zeigt sich bei allen Phtaleïnen. Während aber die vorherrschende Atomgruppierung einiger Phtaleïne (Phenol- und Hydrochinon-Phtaleïn) die Lactonform ist, erscheinen das Fluoresceïn, seine Derivate und Analogen mit Vorliebe chinoid. Das drückt sich auch in der Eigenschaft dieser Körper aus, mit Mineralsäuren kristallinische Salze zu bilden.

Das Fluoresceïn färbt die animalischen Fasern im sauren Bade gelb.

Unter dem Namen Uranin findet sich das Natriumsalz des Fluoresceïns in Form eines gelbbraunen Pulvers im Handel, das im Wolldrucke einige Anwendung findet.

Weit kräftigere und schönere Farbstoffe liegen in den Halogen- bzw. Halogen-Nitro-Substitutionsprodukten des Fluoresceïns vor, den Eosinen (CARO, 1874).

Die Substitution durch Halogene bzw. die Nitrogruppe erfolgt bei direkter Einwirkung und findet in den Resorcinresten statt. Die Nuance des entstehenden Farbstoffes hängt von der Natur des Halogens und der Zahl der eintretenden Halogenatome ab. Je größer die letztere, um so röter der Farbstoff. Von den halogenierten Fluoresceïnen sind die jodierten die blaustichigsten.

Durch Verschmelzen chlorierter Phtalsäureanhydride mit Resorcin werden chlorierte Fluoresceïne gewonnen, die die Chloratome im Phtalsäurerest enthalten. Diese verwandeln sich unter dem Einflusse von Halogenen in blaustichigrot färbende Eosinfarbstoffe.

Die folgende Liste gibt eine Übersicht derselben nach Name, Konstitutionsformel und Lösungsfarbe:

Eosin

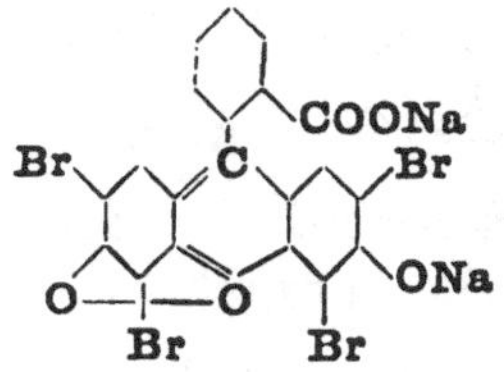

rotgelb, schwach grüne Fluorescenz.

Spriteosin

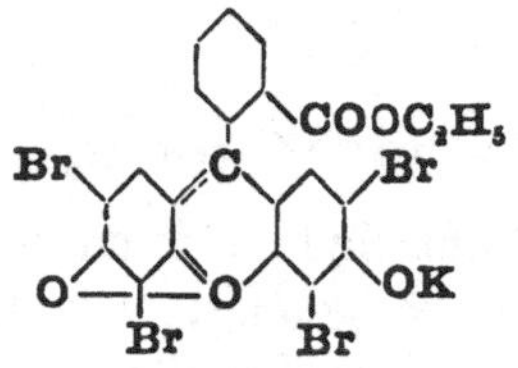

blaurot, bräunlichgelbe Fluorescenz.

Eosin BN

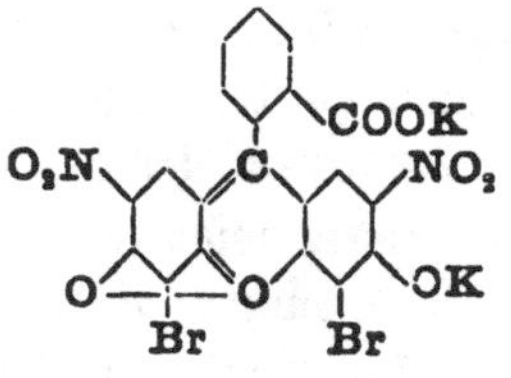

gelbrot, schwach grüne Fluorescenz.

Erythrosin

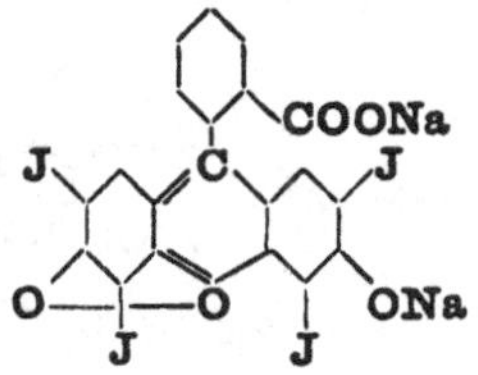

bläulichrot, ohne Fluorescenz.

Philoxin P

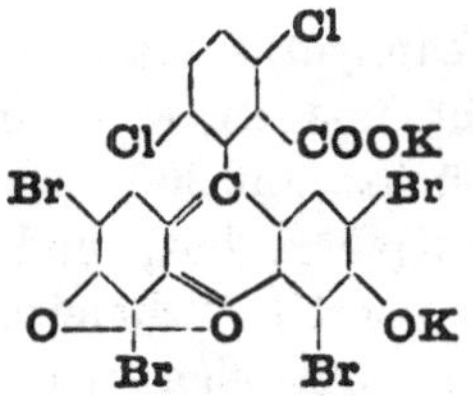

blaurot, grünlichgelbe Fluorescenz.

Cyanosin spritl.

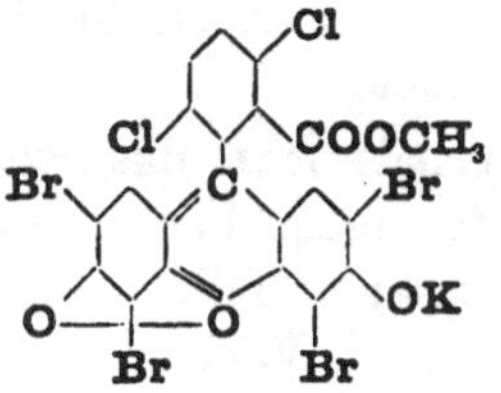

blaurot, rotgelbe Fluorescenz.

Rose bengale

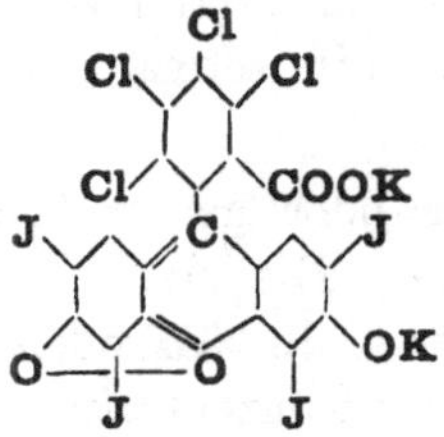

blaurot, ohne Fluorescenz.

Übungsbeispiele.

1. **Fluoresceïn:**

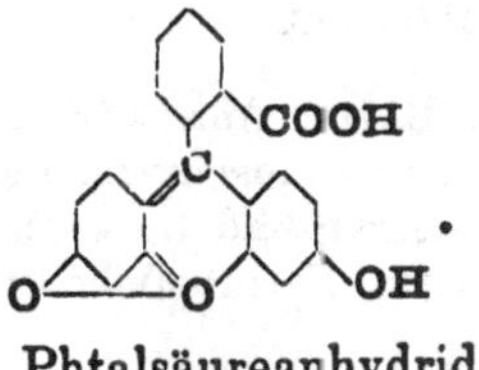

Ausgangsmaterial: 15 g Phtalsäureanhydrid,
22 g Resorcin.

Vorgang:

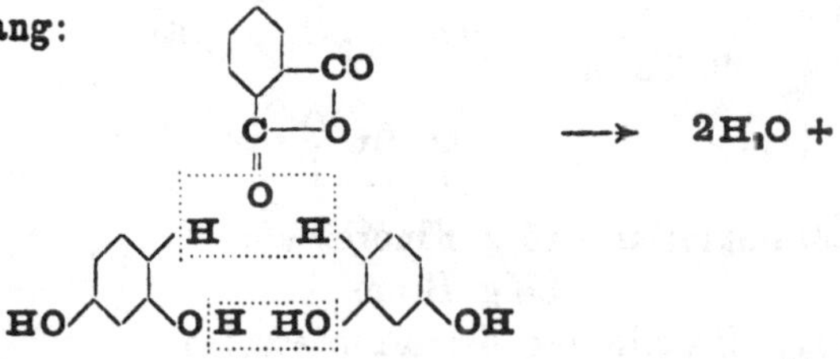

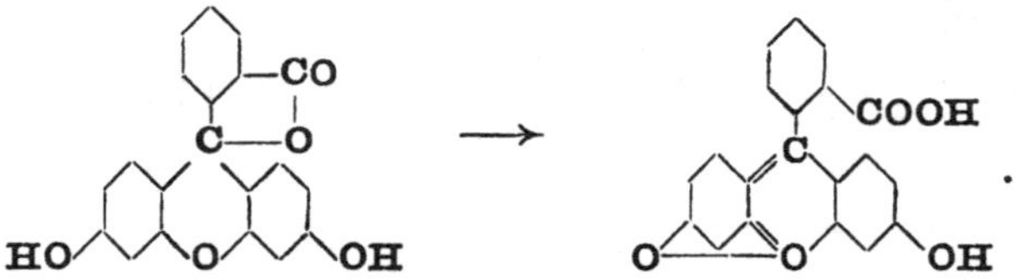

Darstellung. 15 g Phtalsäureanhydrid und 22 g Resorcin werden in einem Mörser innig gemischt und in einer in ein Ölbad eingesenkten Liebig-Fleischextraktbüchse auf 200° erhitzt, bis die Entwicklung von Wasserdämpfen aufgehört hat, und die Masse ganz fest geworden ist. Die erkaltete, spröde Schmelze wird mit einem Metallspatel aus der Büchse herausgestoßen, fein pulverisiert und in einer Porzellanschale mit Wasser ausgekocht, filtriert, mit Wasser ausgewaschen und auf Ton getrocknet.

In kristallisierter Form erhält man das Fluoresceïn dadurch, daß man es in verdünnter Natronlauge löst, die Lösung mit Äther überschichtet und mit Schwefelsäure fällt. In dieser Form wird es von Äther leicht aufgenommen. Versetzt man die abgehobene ätherische Lösung mit Alkohol und dampft dann den Äther ab, so scheidet sich das Fluoresceïn in roten, kristallinischen Krusten oder Körnern ab.

Eigenschaften. Braunrotes oder gelbes kristallinisches Pulver, wenig löslich in heißem Wasser. Die alkoholische Lösung ist gelb und besitzt grüne Fluorescenz. In ätzenden und kohlensauren Alkalien löst es sich je nach der Konzentration mit gelboranger bis gelber Farbe. Die verdünnte Lösung fluoresciert stark gelbgrün. In konzentrierter Schwefelsäure löst es sich mit gelber Farbe und schwacher Fluorescenz.

Literatur: Bayer, Ann. **183**, 3; **212**, 347; R. Meyer, Ber. **24**, 1412; **28**, 428; R. Meyer und Hoffmeyer, Ber. **25**, 1385, 2118; R. Meyer und Saul, Ber. **25**, 3586: Nietzki und Schröter, Ber. **28**, 44; O. Fischer und Hepp, Ber. **28**, 396; Schultz, Farbstofftabellen Nr. 585.

2. Eosin:

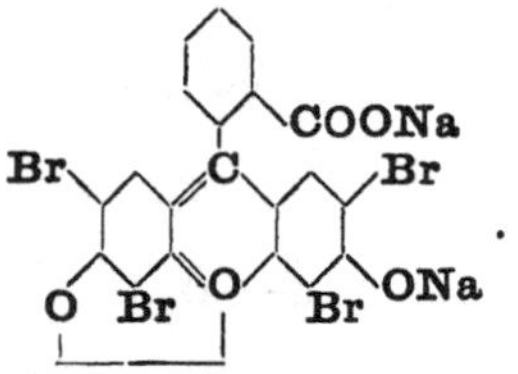

Ausgangsmaterial: 15 g Fluoresceïn,
33 g Brom.

Vorgang: Bromierung des Fluoresceïns.

Darstellung. In 60 g 50%igem Alkohol werden 15 g fein gepulvertes Fluoresceïn suspendiert. Zu der Suspension läßt man unter Rühren im Verlauf von 15 Minuten 34 g = 11 ccm Brom zutropfen. Wenn die Hälfte der Brommenge zugetreten ist, befindet sich alles Fluoresceïn als Dibromid in Lösung. Auf weiteren Zusatz fällt das Tetrabromderivat in roten Blättchen aus. Man läßt das Reaktionsgemisch noch 2 Stunden stehen, filtriert den Niederschlag ab, wäscht ihn mit Alkohol nach und trocknet ihn auf Ton.

Zur Umwandlung in das Natriumsalz werden 12 g Tetrabromfluoresceïn mit 2 g entwässerter Soda verrieben, in einem 250-ccm-Kolben mit etwas Alkohol durchfeuchtet und nach Zusatz von 10 ccm Wasser so lange auf dem Wasserbade erwärmt, bis die Kohlensäureentwicklung aufgehört hat. Zu der so erhaltenen Lösung von Eosinnatrium fügt man dann 40 g Alkohol, erhitzt zum Sieden und filtriert die heiße Lösung. Nach Verlauf von etwa 12 Stunden haben sich metallisch glänzende, braunrote Nadeln abgeschieden, die abgesaugt, mit einer Mischung von Ätheralkohol nachgewaschen und auf Ton getrocknet werden.

Eigenschaften. Rote, bläulichglänzende Kriställchen oder bräunlichrotes Pulver, in Wasser und Alkohol leicht löslich mit blauroter Farbe und gelbgrüner Fluorescenz. Salzsäure fällt aus der wäßrigen Lösung gelbrote Flocken. Konzentrierte Schwefelsäure löst mit gelber Farbe; beim Verdünnen mit Wasser entsteht ein gelbroter Niederschlag.

Literatur: BAEYER, Ann. **183**, 1; R. MEYER, Ber. **28**, 1576; HELLER, Ber. **28**, 312; SCHULTZ, Farbstofftabellen Nr. 587.

Galleïn und Coeruleïn.

Galleïn. Wird Phtalsäureanhydrid mit Gallussäure auf 200° erhitzt, so geht letztere unter Kohlensäureabspaltung in Pyrogallol über, das sich mit Phtalsäureanhydrid zu Galleïn kondensiert.

Das Galleïn ist ein dihydroxyliertes Fluoresceïn:

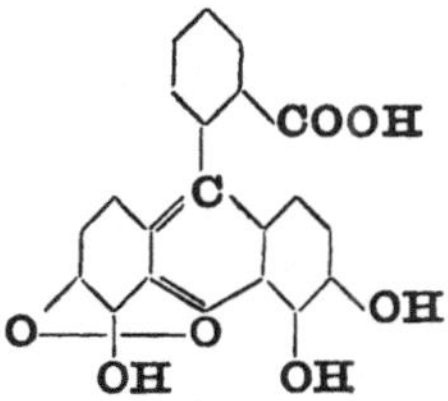

Die Verbindungen des Galleïns mit den Alkalien und alkalischen Erden sind rotviolett bis blau und in Wasser löslich; diejenigen mit Eisen, Aluminium und Chrom rot- bis blauviolett und unlöslich.

Zufolge der o-Stellung zweier Hydroxyle zueinander und zum chromophoren Sauerstoff ist das Galleïn ein ausgesprochener Beizenfarbstoff und findet als Chromlack in der Färberei von Baumwolle, Wolle und Seide praktische Verwendung.

Coeruleïn. Das Galleïn dient ferner zur Darstellung des Coeruleïns, in das es, beim Erhitzen seiner konzentriert schwefelsauren Lösung auf 200°, unter Wasserabspaltung übergeht.

Die Konstitutionsformel des Coeruleïns:

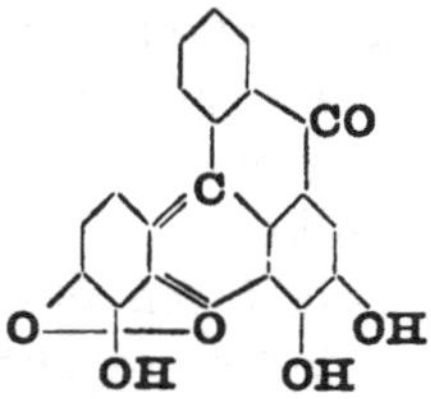

läßt in ihm ein Derivat des Anthrachinons erkennen.

Seine Salze sind von grüner Farbe. Als ausgezeichneter Beizenfarbstoff ist es namentlich für die Wollfärberei von Bedeutung. Sein Aluminiumlack ist hellgrün, der besonders echte Chromlack dunkelgrün. Mit Natriumbisulfit verbindet sich das Coeruleïn zu dem im Handel als Coeruleïn S bezeichneten Produkt, das durch Kochen seiner wäßrigen Lösung sowie durch Einwirkung von Alkalien oder Säuren leicht zerfällt und auf Grund dieses Verhaltens mit Chrombeizen zusammen in der Kattundruckerei angewendet wird.

VI. Anthracenfarbstoffe.

Die Farbstoffnatur der Anthracenfarbstoffe ist sehr wesentlich durch die in ihrem Molekül mindestens zweimal vorhandene chromophore Carbonylgruppe bedingt, die, in zwei Benzolkernen die Affinitäten je zweier benachbarter Kohlenstoffatome absättigend, mit diesen einen sechsgliedrigen dritten (mittleren) Kohlenstoffring bildet, der demnach auch in dem Chromogen dieser Farbstoffe, dem Anthrachinon:

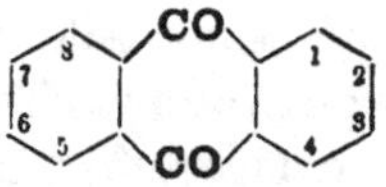

enthalten ist. Diese schwach gelbfarbige Verbindung erlangt einen ausgeprägten Farbstoffcharakter durch den Eintritt von Hydroxyl Amino-, substituierten Amino- und Iminogruppen. Es zeigt sich dies besonders in der starken Färbung der Salze.

Der Wert der hydroxylierten Anthrachinone für die Färberei ist in der Fähigkeit der größeren Zahl derselben begründet, mit Metalloxyden unlösliche Lacke zu bilden, die der Faser fest anhaften. In deutlicher Weise kommt diese Fähigkeit zum Ausdruck, wenn eine Hydroxylgruppe in benachbarter Stellung zum Chromophor sich befindet. Sie wird gesteigert durch Hinzufügung einer weiteren Hydroxylgruppe in Orthostellung zu der vorhandenen und erreicht ihr Maximum, wenn zwei Hydroxyle benachbart zueinander und eines in Orthostellung zum chromophoren Carbonyl steht. Daher gehören das Alizarin,

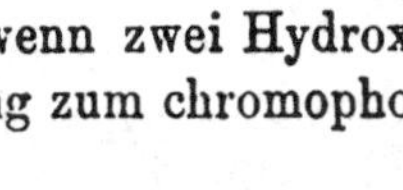

und seine Abkömmlinge zu denjenigen Beizenfarbstoffen, deren Färbungen den praktischen Anforderungen gegenüber die größte Widerstandsfähigkeit besitzen.

Während in der ersten Zeit der Entwicklung der Anthracenfarbstoffindustrie lediglich hydroxylierte Anthrachinone hergestellt wurden, lernte man später stickstoffhaltige hydroxylierte Anthrachinone kennen, die, durch Einwirkung von Ammoniak auf Polyoxyanthrachinone entstanden, noch den Charakter der Beizenfarbstoffe zeigen (Alizarincyanin G und analoge Farbstoffe). Ihnen folgten Farbstoffe, die weniger ausgeprägte oder keine Verwandtschaft zu Metalloxyden haben und mit den alten Anthrachinonfarbstoffen fast nur die große Lichtechtheit teilen (Säurefarbstoffe). Sie enthalten Amino- oder Arylaminogruppen als integrierenden Bestandteil des Anthrachinonkomplexes (Alizarinsaphirol B, Alizarinastrol, Alizarincyaningrün, s. u.).

Die Entdeckung von Küpenfarbstoffen, als welche Dihydroazine des Anthrachinons (Indanthren), Benzanthrone (Violanthren, Cyananthren), Anthrachinonpyridone (Algolfarben) usw. technische Anwendung finden, bezeichnet das letzte Stadium der Entwicklung der Anthracenfarbstoffindustrie.

Nach ihrer färberischen Verwendung lassen sich die Anthracenfarbstoffe daher in drei Klassen teilen: 1. Beizenfarbstoffe, 2. Säurefarbstoffe, 3. Küpenfarbstoffe. Letztere werden später (s. S. 300ff.) mit anderen Küpenfarbstoffen in einem besondern Kapitel abgehandelt werden.

1. Klasse **Beizenfarbstoffe.**

Die Beizenfarbstoffe sind Oxyanthrachinonfarbstoffe und umfassen namentlich das Alizarin und seine Abkömmlinge, die auf der mit Metallsalzen gebeizten Faser Färbungen geben, deren Ton je nach der verwendeten Metallbeize wechselt.

1. Dioxyanthrachinone.

Von den zehn theoretisch möglichen Dioxyanthrachinonen sind neun bekannt:

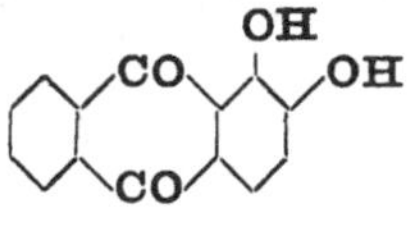

Alizarin (1,2)

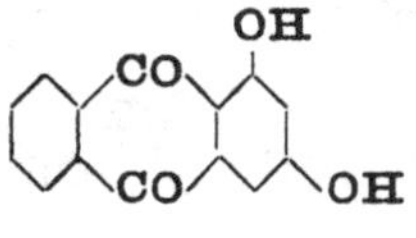

Purpuroxanthin (1,3)

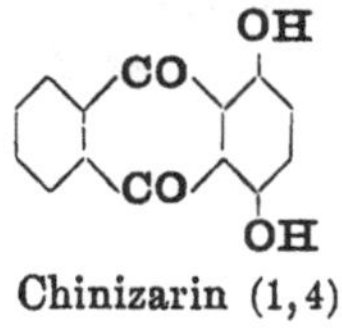

Chinizarin (1,4)

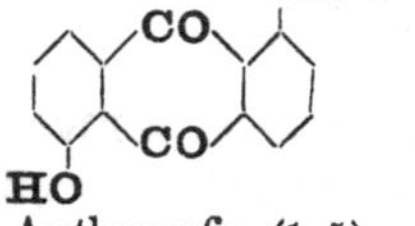

Anthrarufin (1,5)

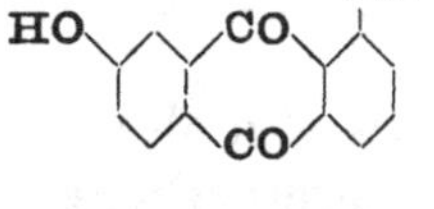

Metadioxyanthrachinon (1,7)

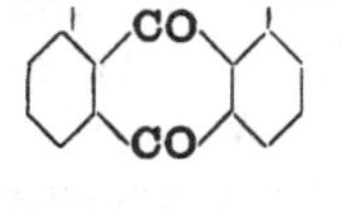

Chrysazin (1,8)

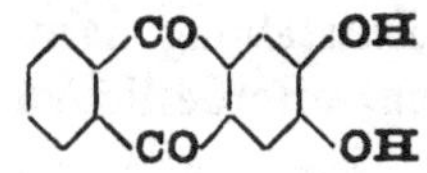

Hystazarin (2,3)

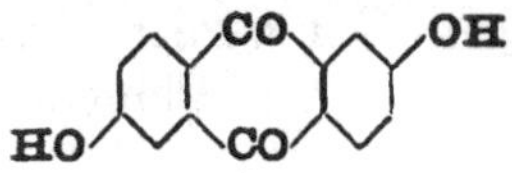

Anthraflavinsäure (2,6)

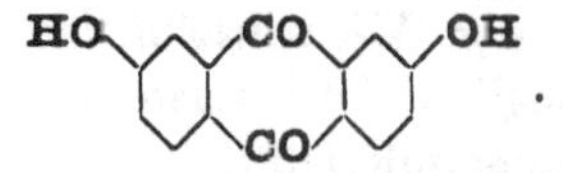

Isoanthraflavinsäure (2,7)

Das Alizarin dient als Ausgangsmaterial für die Darstellung anderer Oxyanthrachinonfarbstoffe und zur Erzeugung echter Färbungen; Chinizarin, Anthraflavinsäure und Isoanthraflavinsäure finden lediglich für die weitere Farbstoffsynthese Anwendung.

Die technische Darstellung des Alizarins baut sich auf der von Graebe und Liebermann gewonnenen Erkenntnis auf, daß es 1,2-Dioxyanthrachinon ist. Die von jenen Forschern gefundene Synthese des Alizarins durch Verschmelzen von 1,2-Dibromanthrachinon mit Kali ist für die technische Darstellung in der Weise umgeformt worden (Caro, 1869), daß als Ausgangsmaterial das anthrachinon-2-sulfonsaure Natrium dient, das mit Ätznatron verschmolzen wird.

Die Alizarinbildung beruht hierbei darauf, daß mit dem Austausch der Sulfo- gegen die Hydroxylgruppe ein Oxydationsprozeß verknüpft ist. In der ersten Zeit der Alizarinfabrikation diente der Sauerstoff der Luft als Oxydationsmittel, während man später durch Zusatz von Kalium- und Natriumchlorat eine Verschmelzung im geschlossenen Gefäße ermöglichte. Der Reaktionsmechanismus, dem die Entstehung des Alizarins aus der Monosulfonsäure zu verdanken ist, kann noch nicht als völlig aufgeklärt gelten. Man darf annehmen, daß die beiden Carbonylgruppen einen wesentlichen Anteil an der Entstehung der orthoständigen Hydroxylgruppe in der 1-Stellung haben. In Analogie der Überführbarkeit des Benzochinons im Oxyhydrochinon ließe sich annehmen, daß das diesem letzteren entsprechende 1,2-Dioxyanthrahydrochinon aus 2-Monooxyanthrachinon sich bilde. Von diesem 1,2-Dioxyanthrahydrochinon ist bekannt, daß es leicht durch Reduktion aus Alizarin entsteht und ebenso leicht durch Oxydation in Alizarin übergeht:

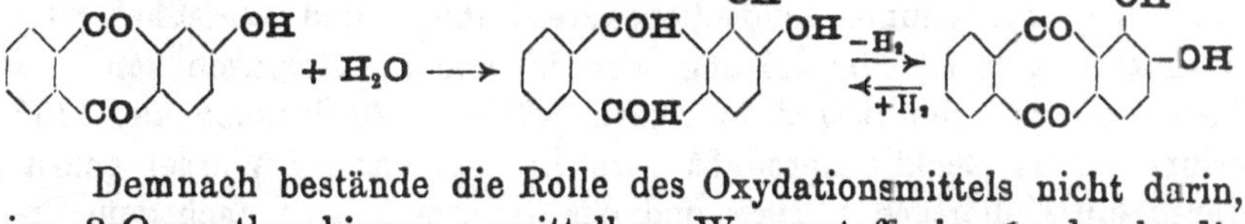

Demnach bestände die Rolle des Oxydationsmittels nicht darin, im 2-Oxyanthrachinon unmittelbar Wasserstoff in 1 durch die Hydroxylgruppe zu ersetzen, sondern vielmehr darin, das durch Sauerstoffwanderung entstehende Hydrochinon wieder zu Chinon zu oxydieren. Die eben angedeutete Erklärung des Reaktionsmechanismus dürfte deshalb zutreffend sein, weil häufig Oxy-Anthrahydrochinone in der Alizarinschmelze angetroffen werden, deren Entstehung dann möglich ist, wenn es an dem zur Chinonbildung erforderlichen Sauerstoff fehlt.

Die violette Alizarinschmelze löst sich mit der gleichen Farbe in Wasser und läßt auf Zugabe von Mineralsäure gelbflockiges Alizarin fallen.

Von den charakteristischen Lacken, die das Alizarin mit den meisten Erd- und Schwermetallen bildet, sind für die Färberei am wichtigsten der rote Calcium-Aluminiumlack, der bordeauxrote Chromlack und der violette Eisenlack.

Übungsbeispiel.

Alizarin: 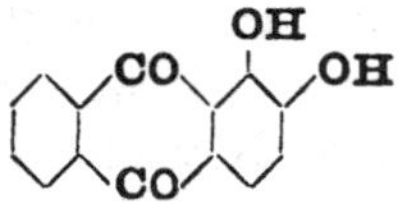 .

Ausgangsmaterial: 20 g 2-anthrachinonmonosulfonsaures Natrium.
Hilfsstoffe: 6 g Kaliumchlorat,
80 g Ätznatron.

Vorgang. Die Umwandlung des anthrachinonsulfonsauren Natriums in Dinatriumalizarin vollzieht sich im Sinne der Gleichung:

$$3\,C_6H_4{<}{CO \atop CO}{>}C_6H_3\cdot SO_3Na + 9\,NaOH + 2\,KClO_3 \longrightarrow$$

$$3\,C_6H_4{<}{CO \atop CO}{>}C_6H_2{<}{ONa \atop ONa} + 3\,Na_2SO_4 + 2\,KCl + 6\,H_2O\,.$$

Erscheint die Lösung der Schmelze nicht violett, sondern purpurrot oder gar orange, so enthält sie 2-Oxyanthrachinon, das als Durchgangsprodukt zum Alizarin nach der Gleichung:

$$C_6H_4{<}{CO \atop CO}{>}C_6H_3\cdot SO_3Na + 2\,NaOH \longrightarrow$$

$$C_6H_4{<}{CO \atop CO}{>}C_6H_3\cdot ONa + Na_2SO_3 + H_2O$$

entstanden ist.

Darstellung. In 75 ccm Wasser werden erst 6 g Kaliumchlorat, dann 20 g anthrachinonmonosulfonsaures Natrium und schließlich 80 g Ätznatron gelöst. Die Lösung wird in einem Autoklaven von $^1/_2$ l Fassungsraum gefüllt und in diesem während 20 Stunden auf 170° erhitzt. Das Reaktionsprodukt wird in ungefähr 5 l Wasser gelöst, durch ein Koliertuch filtriert und das violette Filtrat nach dem Erhitzen zum Sieden in einer Porzellanschale mit heißer verdünnter Schwefelsäure (1:2) unter Rühren bis zur Übersättigung gefällt. Das Filtrieren des in gelben Flocken ausgeschiedenen Alizarins wird durch mehrstündiges gelindes Sieden der angesäuerten Reaktionsflüssigkeit begünstigt. Nach dem Erkalten derselben wird der Farbstoff durch ein Faltenfilter aus gehärtetem Filtrierpapier filtriert, mit Wasser ausgewaschen und auf Ton getrocknet.

Eigenschaften. In kaltem Wasser unlöslich, in heißem etwas löslich. In Alkohol, Äther und Eisessig in der Hitze leichter löslich. Fp. 289—290°. Sublimiert in orangen bis roten Nadeln. Löslich in Alkalicarbonaten und Ammoniak mit rotvioletter, in Alkalien mit blauvioletter Farbe. Wird zu Phtalsäure oxydiert.

Literatur: Graebe und Liebermann, Ber. **2**, 14, 505; Ann. Suppl. **7**, 257; Ann. **160**, 121; W. H. Perkin, Ber. **9**, 281; Caro, Graebe und Liebermann, Ber. **3**, 359; Schultz, Farbstofftabellen Nr. 778.

2. Trioxyanthrachinone.

Von den vierzehn theoretisch möglichen Trioxyanthrachinonen sind sechs bekannt:

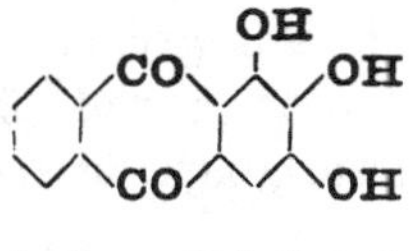

Anthragallol (1,2,3)

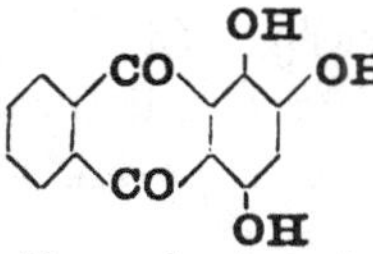

Purpurin (1,2,4)

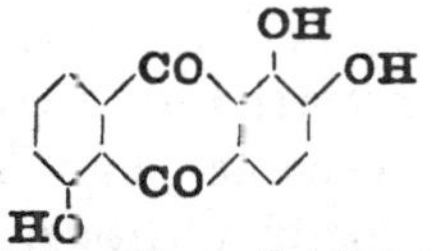

Oxyanthrarufin (1,2,5)

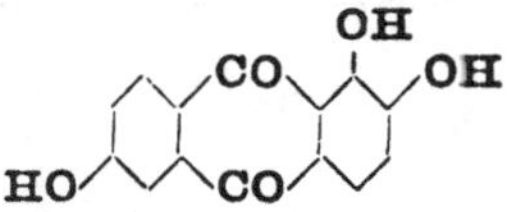

Flavopurpurin (1,2,6)

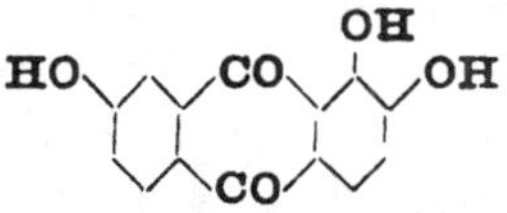

Isopurpurin (1,2,7)

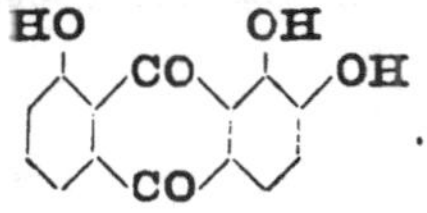

Oxychrysazin (1,2,8)

Von diesen finden Anthragallol, Purpurin, Flavopurpurin und Isopurpurin als Beizenfarbstoffe eine mehr oder weniger ausgedehnte Verwendung in der Färberei.

Übungsbeispiele.

1. Anthragallol:
(Anthracenbraun)

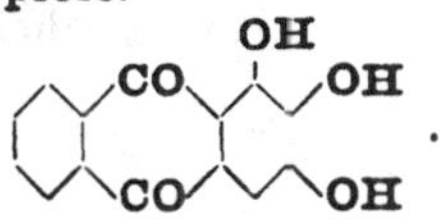

Ausgangsmaterial: 40 g Benzoësäure,
20 g Gallussäure.

Hilfsstoff: 400 g konzentrierte Schwefelsäure.

Vorgang. Anthragallol bildet sich aus Benzoësäure und Gallussäure unter dem Einfluß der wasserentziehenden Schwefelsäure im Sinne folgender Gleichung:

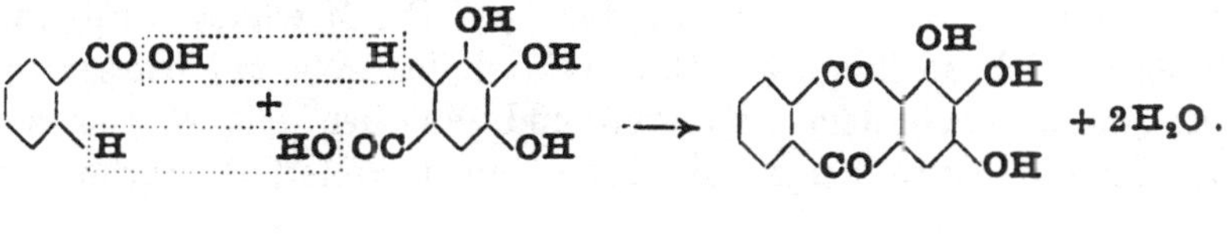

Darstellung. 40 g Benzoësäure und 20 g Gallussäure werden bei gewöhnlicher Temperatur in 400 g konzentrierter Schwefelsäure gelöst, im Ölbade unter Rühren erst langsam auf 70° (wobei die Reaktion beginnt) und dann 8 Stunden hindurch auf 125° erhitzt. Die erkaltete Schmelze wird in 1 kg gehacktes Eis eingerührt, der braune Niederschlag abfiltriert, mit Wasser ausgewaschen, und zur Entfernung nicht umgesetzter Carbonsäure mit Wasser ausgekocht. Zur weiteren Reinigung wird das Produkt am Rückflußkühler mit schwach angesäuertem, absolutem Alkohol behandelt. Die alkoholische Lösung läßt nach geeigneter Konzentrierung beim allmählichen Verdünnen mit Wasser den Farbstoff in braunen Flocken fallen, die abfiltriert, mit Wasser ausgewaschen und auf Ton getrocknet werden.

Eigenschaften. Braunes Pulver, sublimiert in orangeroten Nadeln; Fp. 310°. Unlöslich in Wasser, löslich mit bräunlichgelber Farbe in Alkohol, Äther und Eisessig. In Natronlauge mit grüner Farbe, in konzentrierter Schwefelsäure mit bräunlichroter Farbe löslich. Färbt Tonerde- und Chrombeize braun. Letzterer Lack ist der für die Färberei wichtige.

Literatur: SEUBERLICH, Ber. **10**, 38; SCHULTZ, Farbstofftabellen Nr. 782.

2. Purpurin: 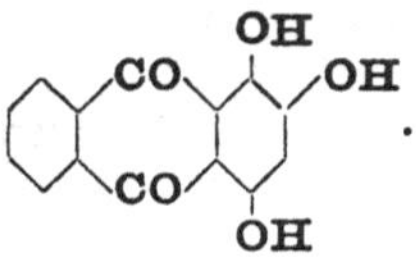

Ausgangsmaterial: 20 g Alizarin.
Hilfsstoffe: 200 g konzentrierte Schwefelsäure,
10 g Mangansuperoxyd (100 %ig).

Vorgang. Nach DE LALANDE geht Alizarin durch Aufnahme von Sauerstoff in Purpurin über:

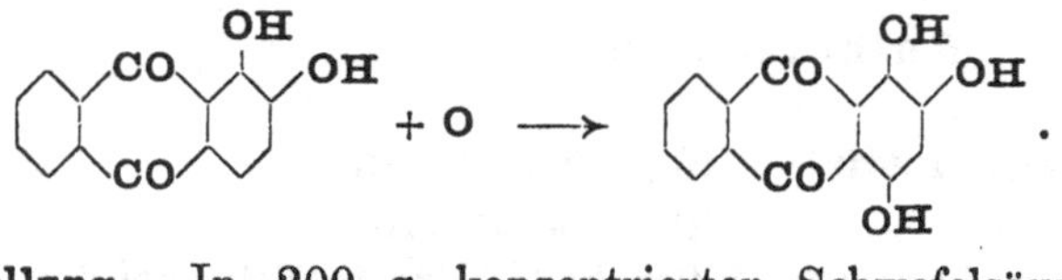

Darstellung. In 200 g konzentrierter Schwefelsäure werden 20 g scharf getrocknetes und gepulvertes Alizarin unter Rühren im Ölbade bei 100° gelöst. Die Lösung wird mit 10 g Mangansuperoxyd (100 %ig) vereinigt, das vorher mit konzentrierter Schwefelsäure zu einer Paste verrührt worden ist. Die Mischung wird nunmehr allmählich so lange auf 150° erhitzt, bis eine mit Wasser verdünnte Probe nach dem Filtrieren und Waschen mit Wasser sich in verdünnter Natronlauge mit roter (nicht violetter) Farbe löst.

Nach dem Erkalten wird die Schmelze in 1 kg gehacktes Eis gerührt, der Niederschlag abfiltriert, mit Wasser ausgewaschen und mit Alaunlösung wiederholt ausgekocht (Trennung von Alizarin). Beim Erkalten der mit Schwefelsäure versetzten Alaunlösung kristallisiert das Purpurin aus; zur völligen Reinigung wird es aus wäßrigem Alkohol umkristallisiert.

Eigenschaften. Gelblichrotes Pulver. Kristallisiert in Nadeln vom Fp. 253°, sublimiert aber teilweise bei niedrigerer Temperatur. Die Verbindungen des Purpurins mit Ammoniak und den Alkalien sind von hochroter Farbe und wasserlöslich, diejenigen mit anderen Metalloxyden in Wasser unlöslich und von gelblichroter bis bläulichroter Farbe. Der Tonerdelack ist gelblichrot, der Eisenlack violettblau, der Chromlack violett. Wird von Salpetersäure zu Phtalsäure oxydiert. Liefert beim Erhitzen auf 300° Chinizarin (1,4) und geht durch Reduktionsmittel in Purpuroxanthin (1,3) über.

Literatur: de Lalande, Ber. **7**, 1545; Caro, Ann. **201**, 353; Schultz, Farbstofftabellen Nr. 783.

Isopurpurin und Flavopurpurin.

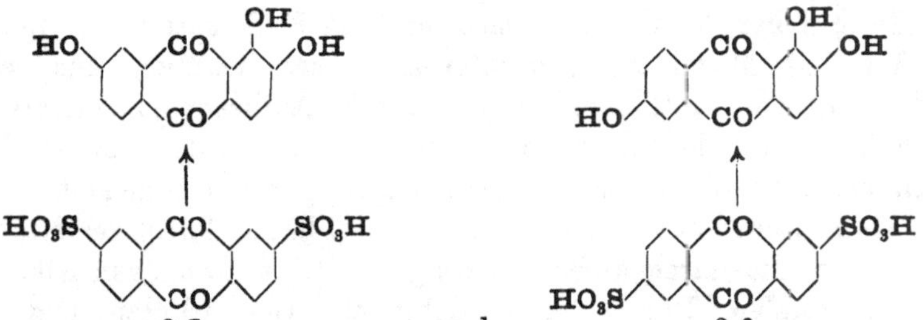

2,7- und 2,6-
Anthrachinondisulfonsäure.

Isopurpurin und Flavopurpurin entstehen, auf entsprechende Weise wie Alizarin aus Anthrachinonmonosulfonsäure, durch Verschmelzen der 2,7- bzw. 2,6-Anthrachinondisulfonsäure mit Ätznatron in Gegenwart von Kaliumchlorat im Sinne der Gleichung:

$$NaO_3S \cdot C_6H_3 < \begin{matrix} CO \\ CO \end{matrix} > C_6H_3 \cdot SO_3Na + 5\,NaOH + KClO_3 \longrightarrow$$

$$NaO \cdot C_6H_3 < \begin{matrix} CO \\ CO \end{matrix} > C_6H_2 < \begin{matrix} ONa \\ ONa \end{matrix} + 2\,Na_2SO_4 + KCl + 3\,H_2O\ .$$

Dabei treten infolge einer Nebenreaktion Isoanthraflavinsäure (2,7) bzw. Anthraflavinsäure (2,6), in der Hauptreaktion aber 2-Oxyanthrachinon-7-sulfonsäure bzw. 2-Oxyanthrachinon-6-sulfonsäure als Zwischenprodukte auf, die in Alizarin-7- bzw. Alizarin-6-sulfonsäure übergehen, worauf diese sich in Isopurpurin bzw. Flavopurpurin umwandeln.

Das Isopurpurin oder Anthrapurpurin kristallisiert aus Alkohol in orangefarbenen, oberhalb 330° schmelzenden Nadeln.

Das Flavopurpurin kristallisiert aus Alkohol in goldgelben, ebenfalls oberhalb 330° schmelzenden Nadeln.

Die Salze dieser Purpurine sind im allgemeinen weniger blaustichig als diejenigen des Alizarins (alkalische Lösung des Isopurpurins rötlichviolett, des Flavopurpurins bläulichrot). Insbesondere gilt dies für den Tonerdelack. Bei der Oxydation beider Purpurine wird nicht Phtalsäure, sondern Oxalsäure gebildet.

3. Tetraoxyanthrachinone.

Nach Bohn entstehen bei der Einwirkung hochprozentiger, rauchender Schwefelsäure auf Alizarinblau je nach der Temperatur und der Konzentration der Schwefelsäure neue Farbstoffe (Alizarinblaugrün, Alizaringrün, Alizarinindigblau), die als Tri-, Tetra- und Pentaoxyanthrachinonchinoline bzw. deren Sulfonsäuren aufzufassen sind. Das Schwefelsäureanhydrid wirkt bei dieser Reaktion demnach oxydierend und bewirkt den Ersatz eines oder mehrerer Wasserstoffatome durch Hydroxylgruppen.

In gleicher Weise lassen sich nach R. E. Schmidt, der in der Borsäure ein Mittel zur Erleichterung dieser Reaktion fand, eine große Zahl von Anthracen- und fast alle Anthrachinonderivate in Beizenfarbstoffe überführen, die sich von den Ausgangsmaterialien durch ein Plus von mehreren Hydroxylgruppen unterscheiden.

Als Zwischenprodukte entstehen hierbei häufig leicht zersetzliche Substanzen, die durch aufeinanderfolgende Einwirkung von Alkalien und verdünnten Mineralsäuren Schwefelsäure verlieren und als Schwefelsäureester der betreffenden Farbstoffe anzusehen sind.

So verläuft z. B. die Oxydation von Alizarin mittels Oleum von 80% in den Phasen:

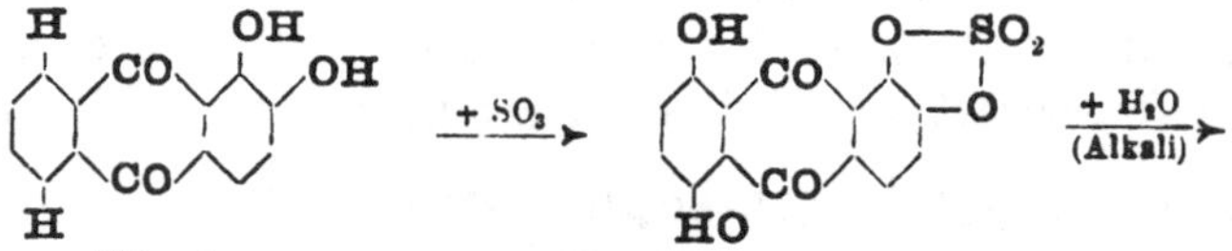

Alizarin — Neutraler Schwefelsäureester des Chinalizarins

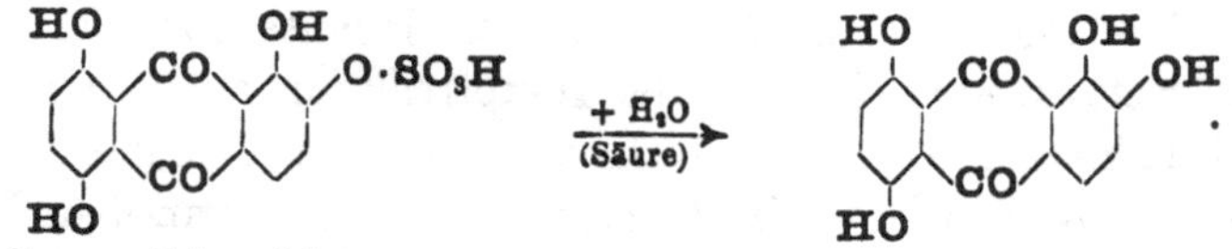

Saurer Schwefelsäureester des Chinalizarins — Chinalizarin (= Alizarinbordeaux)

Die glattere Durchführung derartiger Reaktionen in Gegenwart von Borsäure beruht auf der schützenden Wirkung auf vorhandene oder entstehende Hydroxylgruppen durch Bildung von Borsäureestern, die wegen ihrer größeren Beständigkeit gegenüber den zerstörenden Eingriffen der anwesenden Agenzien auch die Anwendung höherer Temperaturen gestatten.

Neben dem Alizarinbordeaux (1,2,4,8-Tetraoxyanthrachinon), dessen echter dunkelblauer Chromlack neben dem bläulichroten Tonerdelack in der Wollfärberei und im Kattundruck Anwendung findet, ist das Alizaringrün (1,2,4,8-Tetraoxyanthrachinonchinolin),

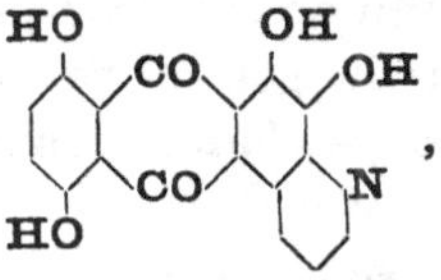

zu nennen, dessen dunkelgrüner Chromlack in der Wollfärberei geschätzt ist.

4. Pentaoxyanthrachinone.

Wie das Alizarin in Purpurin (s. S. 218), so lassen sich auch gewisse hydroxylierte Abkömmlinge desselben durch Einwirkung von Mangansuperoxyd oder Arsensäure beim Erhitzen mit konzentrierter Schwefelsäure in höher hydroxylierte Produkte überführen. Unter diesen Umständen verwandelt sich Alizarinbordeaux in Alizarincyanin R, das wegen seines echten blauen Chromlackes für die Färberei von Bedeutung ist:

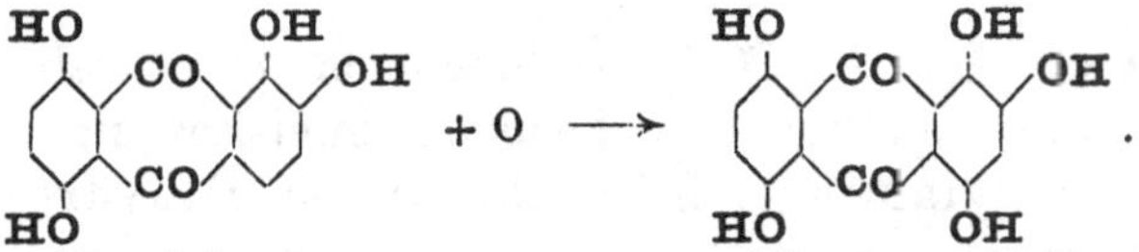

Alizarinbordeaux Alizarincyanin R

In ähnlicher Weise geht Alizaringrün in das durch seinen grünlichblauen echten Chromlack ausgezeichnete Alizarinindigblau (1,2,5,7,8-Pentaoxyanthrachinonchinolin),

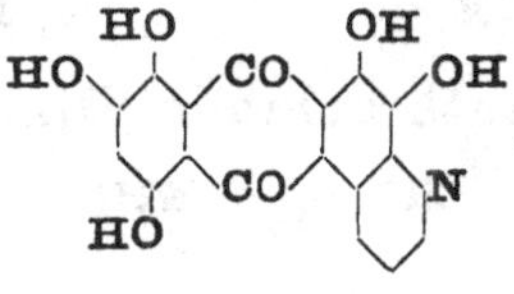

über.

5. Hexaoxyanthrachinone.

Der am längsten bekannte Körper dieser Gruppe ist das von Robiquet durch Rufikondensation (Erhitzen mit konzentrierter

Schwefelsäure) aus Gallussäure bereitete Rufigallol (1,2,3,5,6,7-Hexaoxyanthrachinon),

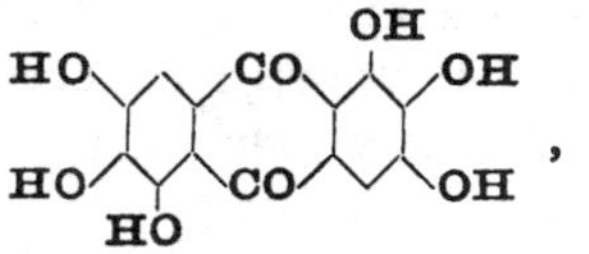

ein braunrotes Pulver, das chromgebeizte Wolle echt braun färbt.

Bei der Einwirkung von hochprozentigem Oleum und Schwefelsesquioxyd auf 1,5-Dinitroanthrachinon entsteht über eine Reihe von Zwischenprodukten (zum Teil Schwefelsäureestern) hinweg ein isomeres Hexaoxyanthrachinon, das wegen seines echten tiefblauen Chromlackes in der Wollfärberei geschätzte Anthracenblau.

Übungsbeispiel.

Anthracenblau:

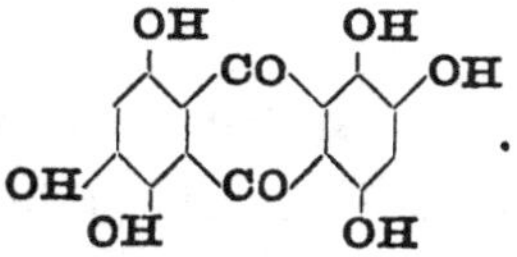

Ausgangsmaterial: 100 g 1,5-Dinitroanthrachinon,
900 g Oleum (40%ig),
800 g konzentrierte Schwefelsäure,
50 g Borsäure,
50 g Schwefelblumen.

Vorgang. Das 1,5-Dinitroanthrachinon verwandelt sich unter dem Einfluß des reduzierend wirkenden Schwefelsesquioxyds über das Nitro-Hydroxylamino-Anthrachinon in Dihydroxylaminoanthrachinon:

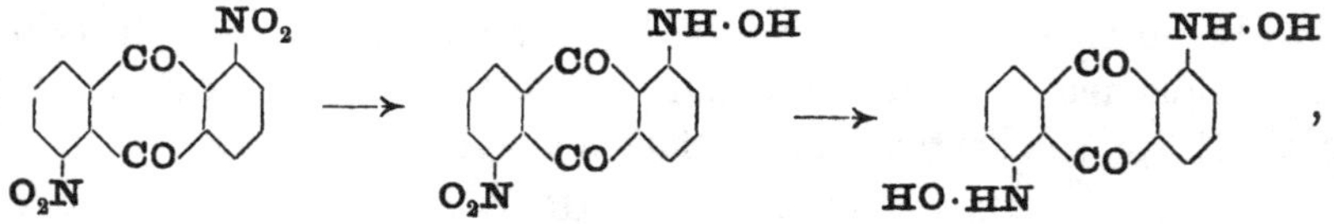

das in Diaminodioxyanthrachinon (Diaminoanthrarufin),

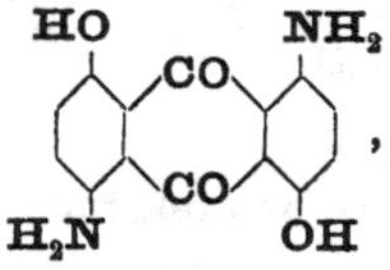

umgelagert wird.

Letzteres geht unter der Einwirkung von rauchender Schwefelsäure durch einen Oxydations- und Sulfonierungsvorgang in das der Diaminoanthrachrysondisulfonsäure entsprechende Chinonimin,

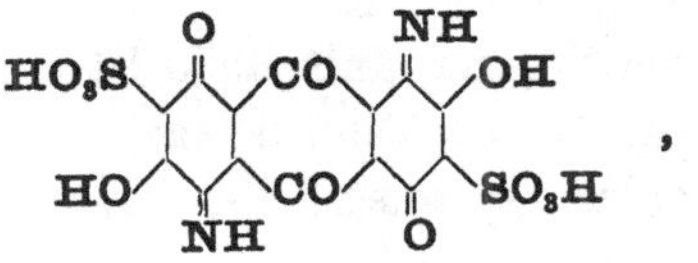

über. Aus diesem bildet sich unter Ammoniakabspaltung ein Anthradichinon der Hexaoxyanthrachinonsulfonsäure,

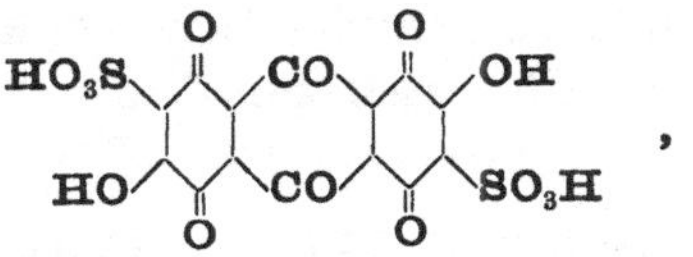

das durch Reduktion die Hexaoxyanthrachinondisulfonsäure,

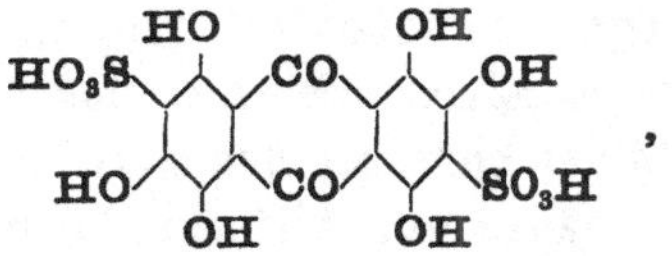

liefert. Aus diesem wertvollen Farbstoff, dem Anthracenblau SWX läßt sich durch Abspaltung der Sulfogruppen das 1,2,4,5,6,8-Hexaoxyanthrachinon gewinnen. Verwendet man zur Reduktion des Dinitro-Anthrachinons nur so viel Sesquioxyd, wie etwa der Reduktionsstufe $RNO_2 \longrightarrow RNO$ entspricht, so führt die Reaktion glatt zur Bildung der eben erwähnten Hexaoxyanthrachinondisulfonsäure, also ohne daß es einer nachträglichen Oxydation der Zwischenprodukte bedarf. Bei Verwendung schwächeren Oleums unterbleibt die Sulfonierung, und man erhält in guter Ausbeute unmittelbar das 1,2,4,5,6,8-Hexaoxy-Anthrachinon.

Darstellung. In einem emaillierten, mit Rührwerk versehenen, verschließbaren Digestor von ca. 1 l Inhalt werden in 400 g Oleum von 40%, das auf 100° vorgewärmt ist, 100 g 1,5-Dinitroanthrachinon allmählich eingerührt und zur Lösung gebracht. Die Schmelze wird sodann mit 50 g Borsäure und schließlich mit einer Sesquioxydlösung vereinigt, die durch Lösen von 50 g Schwefelblumen in 500 g Oleum von 40% bereitet worden ist. Nunmehr wird die Schmelze unter fortgesetztem Rühren 3 Stunden hindurch auf 130° erhitzt. Sie ist dann dunkelbraun. Nach dem Erkalten wird sie in 5 kg gehacktes Eis gerührt und aus der filtrierten Lösung durch Auflösen von Kochsalz ein dunkler, flockiger Niederschlag (Schwefelsäureester des Hexaoxyanthrachinons) abgeschieden, der abfiltriert, mit gesättigter Kochsalzlösung ausgewaschen und auf Ton getrocknet wird. Zur

Zersetzung dieses Schwefelsäureesters wird der getrocknete Rückstand in der Form eines Pulvers unter Rühren in 800 g konzentrierte Schwefelsäure eingetragen und so lange auf 130° erhitzt, bis eine Probe auf Zugabe von Wasser unlösliche Flocken abscheidet. Dann läßt man erkalten, gießt die schwefelsaure Lösung in 5 l Wasser, filtriert den Niederschlag ab, wäscht ihn mit Wasser aus und trocknet ihn auf Ton.

Eigenschaften. Dunkles, metallglänzendes Pulver, in Alkohol und Eisessig mit roter Farbe und gelber Fluorescenz, in Natronlauge mit blauer, in konzentrierter Schwefelsäure mit violettblauer Farbe und braunroter Fluorescenz löslich. Kristallisiert aus Eisessig in Nadeln.

Literatur: Lifschütz, Ber. **17**, 893; Friedländer **3**, 254 u. **4**, 292; Schultz, Farbstofftabellen Nr. 789.

Oxyanthrachinonfarbstoffe, die noch Stickstoff enthalten. Ein wichtiges Alizarinderivat, das 3-Nitroalizarin oder Alizarinorange, bildet sich bei der Einwirkung von Salpetersäure bzw. von Salpetriger Säure auf Alizarin. Für die Färberei ist der Umstand von Bedeutung, daß sich mit Tonerdebeize ein Orange, mit Chrombeize ein helles Braunrot und mit Eisenbeize ein rotes Violett erzeugen läßt. Besonders mit Tonerdekalkbeize wird ein sehr lebhaftes und echtes Orangegelb erhalten.

Übungsbeispiel.

1. Nitroalizarin:
(Alizarinorange)

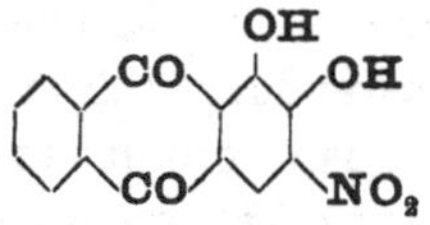

Ausgangsmaterial: 100 g Alizarin,
70 g Salpetersäure von 42° Bé (D 1,4),
900 g Eisessig.

Vorgang. Die Nitrierung des Alizarins vollzieht sich nach der Gleichung:

$$C_6H_4{<}{CO \atop CO}{>}C_6H_2{<}{OH \atop OH} + HNO_3 \longrightarrow C_6H_4{<}{CO \atop CO}{>}C_6H\begin{matrix}OH \\ OH \\ NO_2\end{matrix} + H_2O\,.$$

Darstellung. Alizarin in Teig wird abgesaugt, zuerst auf Ton und dann im Dampfschrank getrocknet. Hierauf wird es im Mörser zerrieben, nochmals im Dampfschrank getrocknet und fein pulverisiert. Davon werden 100 g in einem Porzellanbecher in 900 g Eisessig unter Rühren suspendiert und tropfenweise mit 70 g Salpetersäure von 42° Bé (D 1,4) versetzt. Die Masse erwärmt sich und wird heller gelb. Die Reaktion ist beendet, wenn sich eine abfiltrierte und ausgewaschene Probe in warmer verdünnter Natronlauge mit fuchsinroter (nicht violetter) Farbe löst. Das Produkt wird dann abfiltriert, mit Wasser ausgewaschen und auf Ton getrocknet. Zur Reinigung benutzt man zweckmäßig die Eigenschaft des Nitroalizarins (Mol.-Gew. 285), mit Pyridin (Mol.-Gew. 79) ein in roten Prismen kristallisierendes Pyridinsalz von der Zusammensetzung $C_{14}H_7O_6N \cdot C_5H_5N$ (Mol.-Gew. 364) zu bilden. Das getrocknete und gepulverte Roh-Nitroalizarin wird in der Wärme in 500 ccm technischem Pyridin gelöst. Die heiße Lösung wird mit 200 ccm heißem absoluten Alkohol vermischt und durch ein Heißwasserfilter filtriert. Das Pyridinsalz kristallisiert beim Erkalten aus, wird abgesaugt, mit Alkohol ausgewaschen und durch Umkristallisieren aus Eisessig in reines Nitroalizarin übergeführt.

Eigenschaften. Orangegelbes, aus Nadeln bestehendes Pulver, in heißem Wasser wenig, in Eisessig, Alkohol, Äther und Pyridin leicht löslich. Fp. 244°. Die Salze der Alkalien und des Ammoniaks sind bläulichrot und wasserlöslich, diejenigen der alkalischen Erden sind orange bis dunkelrot und unlöslich. Die alkalische Lösung färbt sich beim Erwärmen mit Schwefelnatrium blau (Reduktion zu Aminoalizarin).

Literatur: Strobel, Bull. de la soc. chim. de Paris **26**, 127; Rosenstiehl, Ber. **9**, 1036; Caro, Ber. **10**, 1760; Schunck u. Römer, Ber. **12**, 583, 1008; Schultz, Farbstofftabellen Nr. 779.

Durch nascierenden Wasserstoff geht das Nitroalizarin in Aminoalizarin über. Dasselbe ist technisch wichtig für die Darstellung von Alizarinblau. Der Tonerdelack ist rötlichbraun, der Eisenlack grau und der Chromlack dunkelbraun.

Übungsbeispiel.

2. **3-Aminoalizarin:**

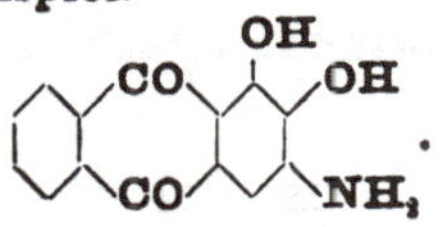

Ausgangsmaterial: 80 g Nitroalizarin.
Hilfsstoff: 210 g Schwefelnatrium.

Vorgang. Die Reduktion des Nitroalizarins mittels Schwefelnatriums vollzieht sich etwa nach der Gleichung:

$$C_6H_4{<}{CO \atop CO}{>}C_6H{\left\langle\begin{matrix}OH\\OH\\NO_2\end{matrix}\right.} + 3(Na_2S + 9H_2O) \longrightarrow$$

$$C_6H_4{<}{CO \atop CO}{>}C_6H{\left\langle\begin{matrix}OH\\OH\\NH_2\end{matrix}\right.} + 6NaOH + 3S + 23H_2O.$$

Darstellung. 80 g fein gepulvertes und mit Wasser angeriebenes Nitroalizarin werden in einem emaillierten, 10 l fassenden Eisentopf in 8 l kochendem Wasser unter Turbinierung suspendiert und die siedende Flüssigkeit mit der Lösung von 210 g kristallisiertem Schwefelnatrium in 1 l Wasser vereinigt. Die Reaktion ist nach kurzem Erhitzen beendigt, wenn alles mit blauer Farbe gelöst ist. Die Flüssigkeit wird nunmehr filtriert und mit Essigsäure übersättigt. Das (mit Schwefel gemengt) ausfallende rohe Aminoalizarin wird nach dem Abfiltrieren und Auswaschen zur Entfernung des Schwefels mit verdünnter neutraler Natriumsulfitlösung ausgekocht und nach dem Filtrieren, Auswaschen und Trocknen aus Pyridin umkristallisiert. Das auskristallisierte Aminoalizarin wird mit Alkohol ausgewaschen und auf Ton getrocknet.

Eigenschaften. Dunkelrotes, aus Nadeln bestehendes Pulver; löst sich in konzentrierter Schwefelsäure mit orangeroter Farbe. Diese Lösung scheidet auf vorsichtige Zugabe von Wasser beim Abkühlen das Bisulfat das Aminoalizarins in gelbbraunen Kristallen ab, das durch überschüssiges Wasser in Schwefelsäure und Aminoalizarin gespalten wird. Löst sich in Natronlauge mit blauer Farbe.

Literatur: Schunck und Römer, Ber. **12**, 588.

Bei der Einwirkung von Glycerin und Schwefelsäure auf 3-Nitroalizarin erhielt Prud'homme einen blauen Farbstoff, dessen Konstitution von Graebe ermittelt und dessen Fabrikation von Brunck in die Industrie eingeführt worden ist.

Bei der Synthese dieses als Alizarinblau bezeichneten Farbstoffes liefert das Glycerin die Kohlenstoffkette eines Pyridinringes, dessen Stickstoff dem Nitroalizarin entstammt, während die Schwefelsäure nur als wasserentziehendes Mittel wirkt:

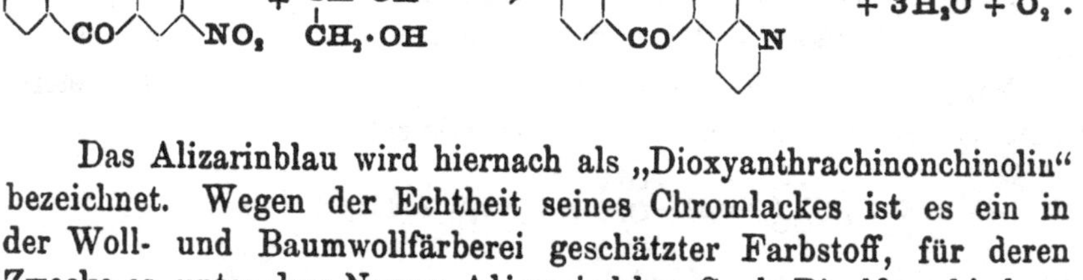

Das Alizarinblau wird hiernach als „Dioxyanthrachinonchinolin" bezeichnet. Wegen der Echtheit seines Chromlackes ist es ein in der Woll- und Baumwollfärberei geschätzter Farbstoff, für deren Zwecke es, unter dem Namen Alizarinblau S, als Bisulfitverbindung in den Handel kommt.

Übungsbeispiel.

3. Alizarinblau: 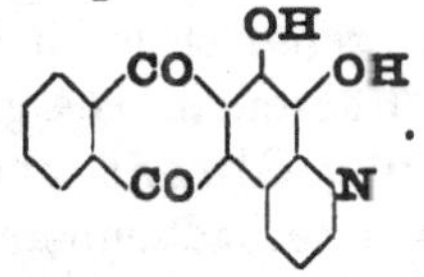

Ausgangsmaterial: 54 g 3-Aminoalizarin,
30 g Glycerin.
Hilfsstoffe: 14 g Nitrobenzol,
72 g Oleum von 25%,
144 g konzentrierte Schwefelsäure.

Vorgang. Da der nach der obigen Umsetzungsgleichung freiwerdende Sauerstoff Nebenreaktionen veranlaßt, hat es sich als zweckmäßig erwiesen, statt des Nitroalizarins das Aminoalizarin als Ausgangsmaterial zu benutzen und die oxydative Verschweißung der dem Glycerin entstammenden Kohlenstoffkette mit dem Stickstoffatom des Alizarinderivates durch einen Nitrokörper in der Form von Nitrobenzolsulfonsäure zu bewirken. Indem ein Gemisch von Aminoalizarin, Glycerin, Schwefelsäure und Nitrobenzolsulfonsäure erhitzt wird, vollzieht sich die Bildung des Alizarinblaus auf Grund folgender Vorgänge:

Glycerin wird durch Schwefelsäure in Acrolein übergeführt:

$$\begin{array}{l} CH_2-OH \\ | \\ CH-OH \\ | \\ CH_2-OH \end{array} \longrightarrow \begin{array}{l} CH_2 \\ \| \\ CH \\ | \\ CHO \end{array} + 2H_2O .$$

Dieses vereinigt sich mit Aminoalizarin zu Dioxyanthrachinonyl-β-aminopropionaldehyd, der dann durch Wasserabspaltung Ringschluß erleidet, wobei ferner durch die oxydierend wirkende Nitrobenzolsulfonsäure Wasserstoff entzogen wird.

Der Vorgang bei der Alizarinblaubildung kann hiernach folgendermaßen formuliert werden:

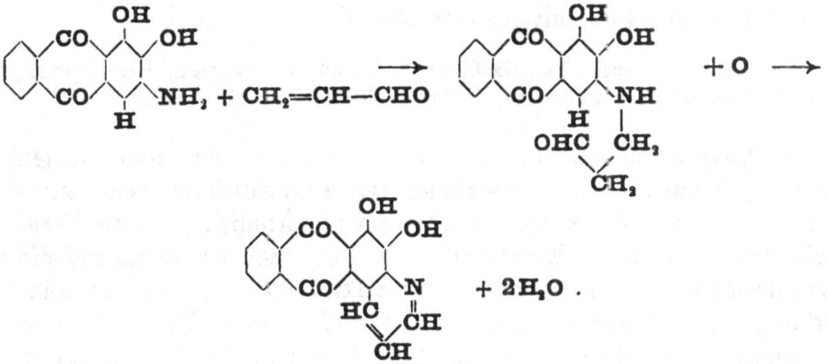

Darstellung. In einem WITTschen 1-l-Kolben werden 54 g getrocknetes und gepulvertes 3-Aminoalizarin bei gewöhnlicher Temperatur unter Rühren in 144 g konzentrierter Schwefelsäure gelöst, darauf mit 30 g Glycerin und schließlich mit dem erkalteten Produkt der bei Wasserbadtemperatur vollzogenen Sulfonierung von 14 g Nitrobenzol mit 72 g Oleum von 25 % gemischt. Der mit einem Luftkühler versehene Kolben wird in einem Ölbade allmählich auf 105° erwärmt und nach eingetretener Reaktion noch 1/2 Stunde auf dieser Temperatur erhalten. Nimmt eine mit Wasser verdünnte Probe beim Übersättigen mit Natronlauge und Aufkochen eine grüne Farbe an, so läßt man die Schmelze erkalten, gießt sie unter Rühren in eine Porzellanschale mit gehacktem Eis, filtriert den sich ausscheidenden dunklen Niederschlag ab und kocht ihn mehrfach mit verdünnter Schwefelsäure (100 ccm konzentrierte Schwefelsäure + 6 l Wasser) aus. Die filtrierten Auszüge scheiden beim Erkalten braunes kristallinisches Alizarinblausulfat ab. Beim Filtrieren und Waschen des letztern bis zur neutralen Reaktion bleibt fast reines Alizarinblau zurück. Der beim Auskochen nicht lösliche Rückstand besteht im wesentlichen aus unverändertem Aminoalizarin. Zur vollständigen Reinigung wird das erhaltene Alizarinblau mit der 3-fachen Menge Borax, der in der 5-fachen Menge Wasser gelöst wurde, ausgekocht. Man filtriert und wäscht die rückständige Borverbindung so lange mit kaltem Wasser, bis das Filtrat blau abläuft. Der Filterrückstand wird mit verd. Schwefelsäure gekocht. Das beim Erkalten sich abscheidende Alizarinblausulfat wird abfiltriert und bis zur neutralen Reaktion des Filtrats mit Wasser gewaschen.

Eigenschaften. Blauviolette, glänzende Kriställchen; Fp. 270°. In Wasser unlöslich, in Alkohol beim Kochen mit blauer Farbe etwas löslich. In Alkalien mit blauer, bei einem Überschuß mit grüner Farbe löslich und dann grüne Flocken bildend. In konzentrierter Schwefelsäure mit bläulichroter Farbe löslich.

Literatur: PRUD'HOMME, Bull. de Mulh. **28**, 62; BRUNCK, Ber. **11**, 522; GRAEBE, Ann. **201**, 333; SCHULTZ, Farbstofftabellen Nr. 803.

Polyoxyanthrachinone, wie Alizarinbordeaux und dessen Analoge, können durch Einwirkung von Ammoniak in neue wertvolle Beizenfarbstoffe umgewandelt werden. Ähnlich gebaute Farbstoffe entstehen durch Einwirkung von Ammoniak einerseits auf die Schwefelsäureester der Oxydationsprodukte, die sich bei der Einwirkung von hochprozentigem Oleum auf gewisse Di-, Tri- und Hexaoxyanthrachinone bilden, andererseits auf die bei der Oxydation von Alizarinbordeaux und Analogen erzeugten Zwischenprodukte, die Anthradichinone (s. oben unter Anthracenblau).

Diese Farbstoffe kommen durch Ersatz einer oder mehrerer Hydroxylgruppen durch Aminogruppen zustande und sind daher als Aminooxyanthrachinone aufzufassen. Zu ihnen gehören das Alizarincyanin G und analoge Farbstoffe, die ihres echten grünlichblauen Chromlackes halber für die Wollfärberei wichtig geworden sind.

II. Klasse: Säurefarbstoffe.

Die Säurefarbstoffe sind Sulfonsäuren von Oxy- u. Aminooxyanthrachinonen (Sulfogruppe in Anthrachinonkern), von Oxy- u. Amino-Arylido-anthrachinonen (Sulfogruppe im Anthrachinonkern, aber teilweise auch im Arylrest) und von Arylido-anthrachinonen (Sulfogruppe nur im Arylrest), saure Wollfarbstoffe, die, sofern sie Hydroxylgruppen enthalten, bei der Vereinigung mit Metallbeizen teilweise eine erhebliche Änderung des Farbtons und eine wesentliche Verbesserung der Echtheit der Färbung erfahren.

Oxyanthrachinonsulfonsäuren.

Durch Sulfonieren des Alizarins, Flavo- u. Isopurpurins gewinnt man die 3-Sulfonsäuren dieser Oxyanthrachinone, die als Natriumsalze die Farbstoffe Alizarin S, SS u. SSS des Handels sind. Mit ihnen erzeugt man auf der gebeizten Faser ähnliche Färbungen wie mit den nicht sulfonierten Farbstoffen. Die Färbungen auf ungebeizter Wolle indessen werden durch Nachchromieren wesentlich verändert. Dies gilt auch für das aus Anthrachryson durch Nitrieren, Sulfonieren, Reduzieren und Ersatz der gebildeten Diaminogruppen durch Hydroxyl entstehende Säurealizarinblau,

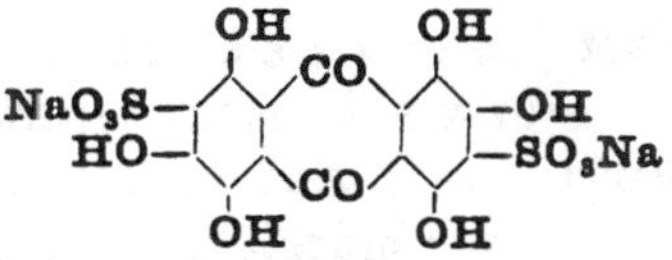

dessen Färbungen durch die erwähnte Nachbehandlung einen Wandel von Rot nach Blau erfahren.

Anthrachinonsulfonsäuren mit Aminoresten.

Der in der Folge immer mehr erkannte auxochrome Wert der Aminogruppe für die Schönheit der Färbungen solcher Anthrachinonderivate kommt zu lebhaftem Ausdruck in denjenigen Farbstoffen, die, aus Dioxyanthrachinonen wie Anthrarufin und Chrysazin erzeugt, als die ersten Säurefarbstoffe der Anthrachinonreihe (zugleich Beizenfarbstoffe) mit großer Lichtechtheit eine ungewöhnliche Leuchtkraft der Farbe (violett, blau und grün) vereinen. Zu ihnen gehört das Alizarinsaphirol B,

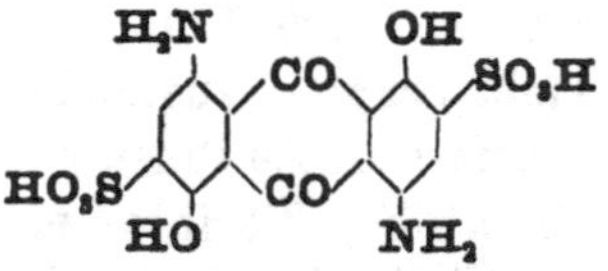

das, als 1,5-Diamino-4,8-dioxyanthrachinon-3,7-disulfonsäure, aus Anthrarufin durch Sulfonieren, Nitrieren und Reduzieren entsteht:

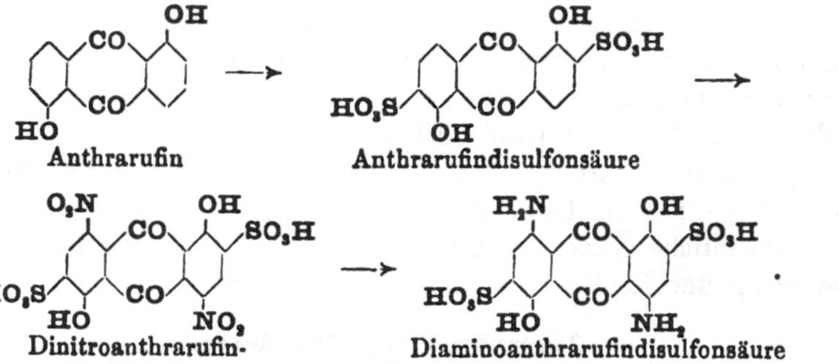

Anthrarufin — Anthrarufindisulfonsäure — Dinitroanthrarufin-disulfonsäure — Diaminoanthrarufindisulfonsäure (Farbstoffsäure des Alizarinsaphirols B)

Es färbt Wolle im sauren Bade in reinblauen Tönen von außerordentlicher Klarheit und Lichtechtheit und erzeugt auf chromierter Wolle grünlichblaue, sehr licht- und walkechte Färbungen.

Die Beobachtung, daß die bei den vorbesprochenen Farbstoffen bemerkbare Verschiebung der Farbnuance nach Blau durch Einführung der Aminogruppe in verstärktem Maße eintritt, wenn letztere durch Alkyle oder vielmehr durch Aryle substituiert ist, hat dazu geführt, derartige Farbstoffe durch Erhitzen von Oxyanthrachinonen mit aromatischen Aminen unter Zusatz von Kondensationsmitteln, insbesondere Borsäure, synthetisch herzustellen. Glatter erfolgt der Ersatz von Hydroxyl durch Aminreste, wenn man von den Reduktionsprodukten der Oxyanthrachinone ausgeht. Die Reaktion führt alsdann zu Leukoprodukten von Farbstoffen, die schon durch den Luftsauerstoff zu Farbstoff oxydiert werden. Zur Einführung der Arylaminogruppe wird namentlich p-Toluidin verwendet.

Farbstoffe dieser Art sind das violettblaue beizenfärbende Alizarinirisol,

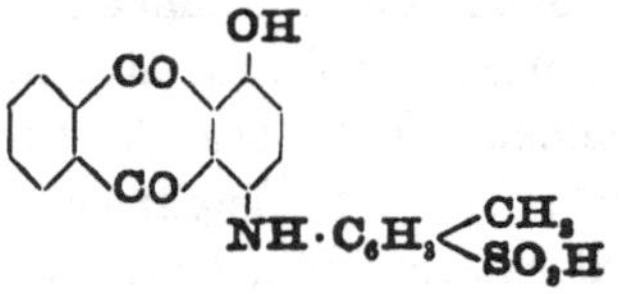

das durch Einwirkung von p-Toluidin auf Chinizarin bzw. Leukochinizarin und Sulfonieren des Produktes entsteht, und das (Chrombeizen grün färbende) aus Alizarinbordeaux erzeugte Alizarinviridin,

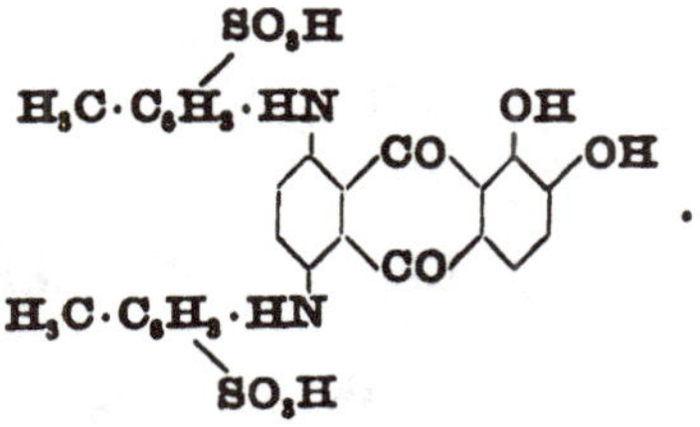

Nicht nur Oxyanthrachinone, sondern auch andere, negative Substituenten, wie Halogen, NO_2, SO_3H, in α-Stellung enthaltende Anthrachinonderivate zeigen infolge des lockernden Einflusses der CO-Gruppe eine bemerkenswerte Reaktionsfähigkeit, wenn Ammoniak oder primäre Amine auf sie einwirken.

In dieser Weise resultieren Farbstoffe wie

Alizarinblau GG,

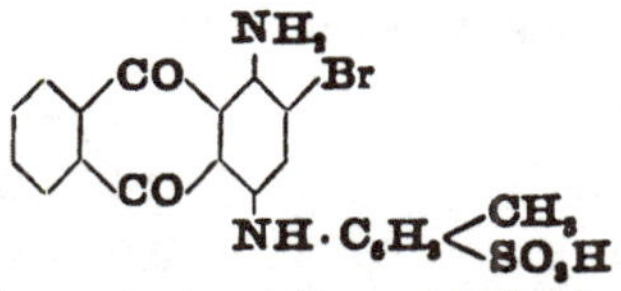

Sulfonsäure des 1-Amino-2-Brom-4-Toluidoanthrachinons,

und

Alizarincyaningrün,

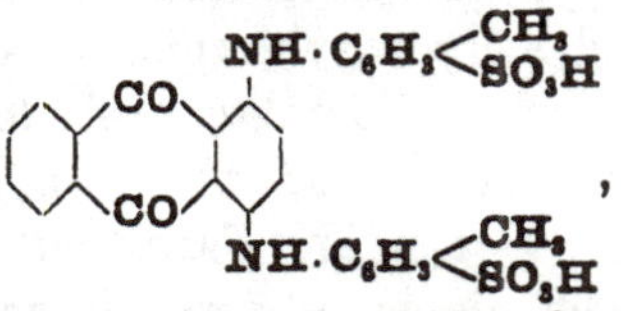

Disulfonsäure des 1,4-Ditoluidoanthrachinons,

die als echte, klare Töne liefernde Säurefarbstoffe in der Wollfärberei vielfache Verwendung finden.

VII. Oxychinonfarbstoffe der Benzol- und Naphtalinreihe.

Die Chinone gehören zu den vorzüglichsten Chromogenen. Durch den Eintritt auxochromer Gruppen werden sie leicht in wirkliche Farbstoffe übergeführt. Die Erfahrungen, die v. Kostanecki bei den ungesättigten Ketonen der allgemeinen Formel R·CO·CH=CH·R′ gemacht hat, in denen neben der Carbonylgruppe auch die Äthylengruppe >C=C< als Chromophor funktioniert, veranlassen dazu, in den Chinonen auch jeder der beiden CH : CH-Gruppen die Funktion eines Chromophors zuzuerkennen, so daß ein Chinonmolekül als ein aus vier zusammenhängenden Chromophoren bestehendes Chromogen aufzufassen wäre:

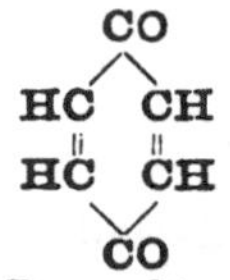

p-Benzochinon

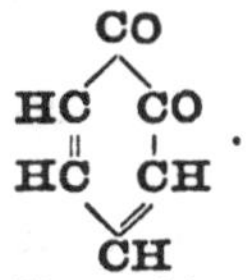

o-Benzochinon

Da die Chinongruppe zu den säurebildenden Chromogenen gehört und einer eintretenden Hydroxylgruppe stark saure Eigenschaften verleiht, so tritt der Farbstoffcharakter bei den Oxychinonen klar zutage. Sämtliche Oxychinone sind farbig und bilden noch ausgeprägter farbige Salze. Der wahre Farbstoffcharakter kommt aber erst in den Verbindungen dieser Körper mit gewissen Metalloxyden zum Ausdruck. Sie zeichnen sich durch die Eigenschaft aus, auf der Faser farbige, fest haftende Lacke zu bilden: sie sind Beizenfarbstoffe. Damit steht die eben wiedergegebene Auffassung von der Ursache der farbigen Erscheinung der Chinone in gutem Einklang. Während die gewöhnlichen beizenfärbenden Oxyketone die Tonerdebeize gelb färben, färben ungesättigte Oxyketone letztere orange, die Oxychinone aber rot. Die ungesättigten Oxyketone bilden so gewissermaßen eine Brücke zwischen den Oxyketonen und den Oxychinonfarbstoffen. Die Chinone enthalten die Chromophore der ungesättigten Ketone zweimal, die, ringförmig miteinander verkettet, sich in ihrer Wirkung unterstützen können, so daß derjenige

Effekt zustande kommt, der bei den Ausfärbungen mit Oxychinonen wahrgenommen wird.

Die Eigenschaft der Beizfärbung kommt allen denjenigen Oxychinonen zu, die mindestens eine Hydroxylgruppe in benachbarter Stellung zum Chinonsauerstoff enthalten. Von praktischer Bedeutung als Farbstoffe sind jedoch nur diejenigen, die noch eine zweite Hydroxylgruppe orthoständig zu der eben erwähnten tragen.

Dieser Umstand, verbunden mit dem schwachen Färbevermögen, das den Oxychinonen der Benzolreihe eigen ist, und die Schwierigkeit, derartig konstituierte Verbindungen aus technisch leicht zugänglichen Substanzen herzustellen, sind der Grund, weshalb nur ein Farbstoff dieser Klasse zu praktischer Bedeutung gelangt ist, nämlich das 1,2-Dioxy-α-naphtochinon oder Naphtazarin, das in der Form seiner Bisulfitverbindung das Alizarinschwarz S des Handels bildet.

Übungsbeispiele.

1. Naphtazarin: 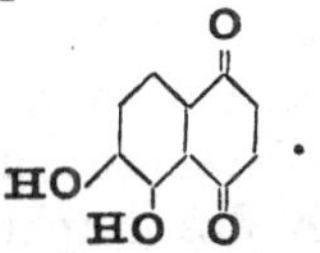

Ausgangsmaterial: 20 g 1,5-Dinitronaphtalin.
Hilfsstoffe: 400 g Schwefelsäuremonohydrat,
100 g Oleum von 40%,
10 g Schwefelblumen.

Vorgang. Die Bildung von Naphtazarin aus 1,5-Dinitronaphtalin läßt sich an Hand der nachstehenden Formeln etwa in folgender Weise verdeutlichen:

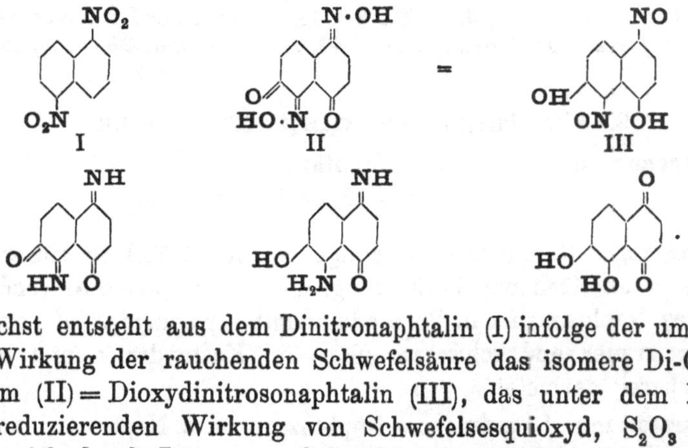

Zunächst entsteht aus dem Dinitronaphtalin (I) infolge der umlagernden Wirkung der rauchenden Schwefelsäure das isomere Di-Chinon-Dioxim (II) = Dioxydinitrosonaphtalin (III), das unter dem Einfluß der reduzierenden Wirkung von Schwefelsesquioxyd, S_2O_3 (dieses bildet sich durch Lösen von Schwefel in rauchender Schwefelsäure), in das entsprechende Dinaphtochinonimin (IV) und weiterhin in das 1,2-Aminooxy-5,8-Naphtochinonimin (V) übergeht. Beim Kochen mit verdünnten Säuren wird dieses in Naphtazarin (VI) umgewandelt.

Darstellung. Ein WITTscher Kolben (1 l) wird mit 400 g Schwefelsäuremonohydrat beschickt. Unter Rühren werden 20 g fein gepulvertes 1,5-Dinitronaphtalin darin zur Lösung bzw. Suspension gebracht. Inzwischen ist durch Lösen von 10 g Schwefelblumen in 100 g Oleum von 40°/₀ eine blaue Schwefelsesquioxydlösung bereitet worden, die unmittelbar nach ihrer Fertigstellung der ersten Lösung portionsweise unter fortgesetztem Rühren und unter Innehaltung einer zwischen 30° und 45° liegenden Temperatur hinzugefügt wird. Die Reaktion (Bildung des 1,2-Aminooxy-α-Naphtochinonimins) ist gut verlaufen, wenn sich eine Probe der dunkelorangeroten Lösung in Wasser vollständig mit blauer Farbe löst. Die Schmelze wird nunmehr in 1 kg gehacktes Eis eingerührt. Dann wird noch eine solche Menge Wasser hinzugefügt, daß eine rein blaue Lösung entsteht. Letztere wird vom ausgeschiedenen Schwefel abfiltriert und in einer Porzellanschale so lange erhitzt, bis die Farbe in Braunrot umgeschlagen ist. In der erkalteten Lösung findet sich das Naphtazarin in braunroten kristallinischen Flocken ausgeschieden. Es wird abfiltriert, ausgewaschen und auf Ton getrocknet. Durch Umkristallisieren aus Eisessig, in dem es sich mit gelbroter Farbe in der Hitze löst, erhält man es in prismatischen, braunroten, glänzenden Kristallen.

Eigenschaften. Braunrotes Pulver, in kaltem Wasser unlöslich, beim Kochen mit rotbrauner Farbe löslich, in konzentrierter Schwefelsäure mit fuchsinroter, in Natronlauge mit blauer Farbe löslich.

Literatur: ROUSSIN, J. pr. Ch. **84**, 181; SCHUNCK und MARCHLEWSKI, Ber. **27**, 3462; ZINCKE und SCHMIDT, Ann. **286**, 27; WILL, Ber. **28**, 1456, 2234.

2. Alizarinschwarz S: $C_{10}H_4O_2(OH)_2$, $NaHSO_3$.

Ausgangsmaterial: 10 g Naphtazarin,
30 g Natriumbisulfitlösung.

Vorgang. Naphtazarin vereinigt sich mit 1 Mol. Natriumbisulfit zu einer wasserlöslichen Verbindung, die eine bequeme Anwendungsform des Naphtazarins in Verbindung mit Chromhydroxyd zur Herstellung grauer und schwarzer Töne im Kattundruck (und in der Wollfärberei) darbietet.

Darstellung. 10 g feuchtes Naphtazarin (s. o. Naphtazarindarstellung) werden mit 90 ccm Wasser zu einer etwa 10°/₀igen Paste verrieben, mit 30 g käuflicher Natriumbisulfitlösung gemischt und während 12 Stunden bei 50° verrührt. Die dunkelbraune Flüssigkeit wird filtriert und aus dem Filtrat die Bisulfitverbindung durch Zugabe gesättigter Kochsalzlösung ausgeschieden. Der braunflockige Niederschlag wird abfiltriert, mit Kochsalzlösung ausgewaschen und mit Wasser zu einer 20%igen Paste verrieben.

Eigenschaften. Schwarzbraune Paste, in Wasser unlöslich in der Kälte, beim Kochen löslich mit brauner Farbe. Löst sich in Natronlauge mit blauer Farbe. Verdünnte Schwefelsäure fällt aus dieser Lösung einen dunkelflockigen Niederschlag, beim Erwärmen entwickelt sich Schwefeldioxyd.

Literatur: Friedländer 1, 570; Schultz, Farbstofftabellen Nr. 774.

VIII. Parachinoniminfarbstoffe.

(Indamine, Indoaniline und Indophenole.)

Die Farbstoffe dieser Klasse leiten sich ab von den einfachsten Typen:

$$HN{=}C_6H_4{=}N{-}C_6H_4{-}NH_2 \text{ (Indamin)},$$
$$O{=}C_6H_4{=}N{-}C_6H_4{-}NH_2 \text{ (Indoanilin) und}$$
$$O{=}C_6H_4{=}N{-}C_6H_4{-}OH \text{ (Indophenol)}.$$

Die Unterscheidung zwischen Indoanilin und Indophenol wird jedoch nicht streng durchgeführt, so daß man auch die Verbindungen vom Typus des Indoanilins gewöhnlich als Indophenole bezeichnet. Als Abkömmlinge des Chinon-Mono- und -Diimins ($O{=}C_6H_4{=}NH$ und $HN{=}C_6H_4{=}NH$) sind alle diese Farbstoffe wenig beständig, vor allem gegen Mineralsäuren, durch die sie leicht in die zugehörigen Chinone und p-Diamine bzw. p-Aminophenole gespalten werden, z. B.:

$$(CH_3)_2N{-}C_6H_4{-}N{=}C_6H_4{=}O + H_2O \longrightarrow$$
$$(CH_3)_2N \cdot C_6H_4 \cdot NH_2 + O{=}C_6H_4{=}O\ .$$

Eine derartige Spaltung durch Säuren tritt vielfach schon in der Kälte ein; selbst gegen Alkalien sind die alkylierten Indamine und Indoaniline nicht durchaus beständig, sondern lassen sich, eventuell beim Erhitzen auf höhere Temperaturen, unter Abspaltung von Alkylaminen in Indophenole überführen:

$$Cl(CH_3)_2N{=}C_6H_4{=}N{-}C_6H_4{-}N(CH_3)_2 \longrightarrow$$
$$O{=}C_6H_4{=}N{-}C_6H_4{-}N(CH_3)_2 \longrightarrow O{=}C_6H_4{=}N{-}C_6H_4{-}OH\ .$$

Eben jene Unbeständigkeit der Chinoniminderivate, die auch ihre Darstellung oder wenigstens ihre Isolierung in reinem Zustande in vielen Fällen erschwert, ist die Ursache, warum diese durch einen schönen blauen bis grünen Farbenton ausgezeichneten Verbindungen bisher nur in untergeordnetem Maße eine unmittelbare Verwendung in der Färbereitechnik gefunden haben. Größere Bedeutung besitzen sie als Zwischenprodukte für die Darstellung von Azinen, Oxazinen, Thiazinen, Schwefelfarbstoffen u. dgl., da sie einerseits eine außerordentlich große Reaktionsfähigkeit gegenüber Aminen, Thiosulfaten usw. aufweisen und andererseits leicht zu Diphenylaminderivaten reduzierbar sind. Für die technische Darstellung kommen hauptsächlich zwei Methoden in Betracht:

a) Oxydation eines p-Diamins (oder p-Aminophenols) mit wenigstens einer primären Aminogruppe in Gegenwart eines Amins oder Phenols mit freier p-Stellung:

1. $(CH_3)_2N \cdot C_6H_4 \cdot NH_2 + C_6H_5 \cdot N(CH_3)_2 + 2O + HCl \longrightarrow$

$(CH_3)_2N \cdot C_6H_4 \cdot N{=}C_6H_4{=}N(CH_3)_2Cl$, BINDSCHEDLERS Grün, ein Indamin.

2. $(CH_3)_2N \cdot C_6H_4 \cdot NH_2 + \alpha\text{-}C_{10}H_7 \cdot OH + 2O \longrightarrow$

$(CH_3)_2N \cdot C_6H_4 \cdot N{=}C_{10}H_6{=}O$, α-Naphtolblau, ein Indoanilin.

3. $HO \cdot C_6H_4 \cdot NH_2 + C_6H_5 \cdot OH + 2O \longrightarrow$

$HO \cdot C_6H_4 \cdot N{=}C_6H_4{=}O$, das „einfachste Indophenol".

Besonders in letzterem Falle (3) bedarf es einer möglichst weitgehenden Abkühlung der Reaktionsflüssigkeit unter 0°, da sonst die Ausbeuten an Indophenol sehr gering sind.

b) Einwirkung der p-Nitrosoverbindung eines sekundären oder tertiären Amins oder eines Phenols auf ein Amin oder Phenol mit freier p-Stellung, z. B.:

$$(CH_3)_2N \cdot C_6H_4 \cdot NO + (H_2N)C_6H_3(CH_3){-}NH_2 \longrightarrow$$

Nitrosodimethylanilin m-Toluylendiamin

$$(CH_3)_2N \cdot C_6H_4 \cdot N{=}C_6H_2(CH_3)(NH_2){=}NH$$, Toluylenblau.

Scheinbar gestaltet sich die unter b) genannte Synthese einfacher, da es der Anwendung eines besonderen Oxydationsmittels nicht bedarf. Tatsächlich aber verlaufen die Kondensationen mit p-Nitrosoverbindungen in zahlreichen Fällen nicht glatt, sondern es entstehen große Mengen von Nebenprodukten, und man ist daher gezwungen, sich der unter a) erwähnten Methode, die von p-Diaminen oder p-Aminophenolen ausgeht, zu bedienen. Die p-Diamine erhält man entweder durch Reduktion von p-Nitro- und p-Nitrosoverbindungen oder durch reduktive Spaltung von p-Aminoazofarbstoffen (siehe die Synthese des Safranins S. 249f.). Ein sehr bequem zugängliches Ausgangsmaterial ist das p-Nitrosodimethylanilin, das aus Dimethylanilin und Nitrit in stark saurer Lösung entsteht nach der Gleichung:

$$(CH_3)_2N \cdot C_6H_5 + 2HCl + NaNO_2 \longrightarrow H_2O + NaCl + HCl \cdot (CH_3)_2N \cdot C_6H_4 \cdot NO,$$

oder chinoid geschrieben: $Cl \cdot (CH_3)_2N{=}C_6H_4{=}N \cdot OH$.

Im Gegensatz zur Nitrierung, bei der die Nitrogruppe sowohl in m- als auch in p-Stellung eintritt, erfolgt die Nitrosierung des Dimethylanilins ausschließlich in p-Stellung. Die oben angedeutete chinoide Konstitution schreibt man dem Nitrosodimethylanilinchlorhydrat zu im Hinblick auf seine intensive Gelbfärbung. Wegen seiner Zersetzlichkeit ist bei der Reduktion desselben zum p-Aminodimethylanilin:

$$Cl\cdot(CH_3)_2N{=}C_6H_4{=}N\cdot OH + 4H \longrightarrow HCl\cdot(CH_3)_2N\cdot C_6H_4\cdot NH_2$$

mit einiger Vorsicht zu verfahren, d. h. es empfiehlt sich, die Reduktion vor allem bei nicht zu hohen Temperaturen auszuführen, um Nebenreaktionen (Spaltungen usw.) zu vermeiden. Das p-Aminodimethylanilin (= as. Dimethyl-p-Phenylendiamin) wird dabei als ein in Wasser leicht lösliches Chlorhydrat erhalten.

Die gemeinsame Oxydation der p-Diamine und Amine zu Indaminen, gemäß Methode a) 1, führt man, wegen der schon erwähnten außerordentlichen Empfindlichkeit der Farbstoffe gegen Säuren, regelmäßig in neutralen oder nur schwach sauren Medien (z. B. Essigsäure) aus. Hierbei spielen gewisse Metallsalze, wie z. B. das Chlorzink ($ZnCl_2$), eine bemerkenswerte Rolle. Obschon nämlich das Chlorzink ein neutrales Salz darstellt, ist es doch imstande, gleichsam wie nascierende Salzsäure zu reagieren (s. Methylenblau), d. h. die zur Ausführung der Oxydationsprozesse erforderliche Salzsäure abzugeben, etwa im Sinne der Gleichung:

$$Na_2Cr_2O_7 + ZnCl_2 + 4H_2O \longrightarrow 2NaCl + 2Cr(OH)_3 + Zn(OH)_2 + O_3\,.$$

Ohne die Gegenwart von Chlorzink würde die Reaktion der Flüssigkeit alsbald alkalisch werden:

$$Na_2Cr_2O_7 + 4H_2O \longrightarrow 2NaOH + 2Cr(OH)_3 + O_3$$

und damit das Bichromat seine Wirksamkeit als Oxydationsmittel einbüßen.

Bei der Darstellung von Indophenolen aus p-Diaminen und Phenolen bzw. Naphtolen [s. Methode a) 2] wird man zweckmäßig in alkalischer Lösung arbeiten und daher statt der Bichromate solche Oxydationsmittel verwenden, die in alkalischer Lösung wirksam sind, wie z. B. unterchlorigsaures Natron (NaOCl) oder rotes Blutlaugensalz (K_3FeCy_6). Enthält die Reaktionsflüssigkeit Metallsalze, die durch Alkali zersetzt werden, wie z. B. Chlorzink, so müssen dieselben vor der Zugabe der alkalischen Phenol- (Naphtol-) Lösung entfernt werden, da anderenfalls eine Fällung des Phenols (Naphtols) eintritt nach der Gleichung:

$$2C_{10}H_7\cdot ONa + ZnCl_2 + 2H_2O \longrightarrow 2C_{10}H_7\cdot OH + Zn(OH)_2 + 2NaCl\,.$$

Den Verlauf der Farbstoffbildung aus p-Aminodimethylanilin und α-Naphtol hat man sich etwa folgendermaßen zu denken: Durch das Oxydationsmittel wird das p-Aminodimethylanilin zu einem labilen, d. h. äußerst reaktionsfähigen Zwischenprodukt oxydiert:

$$(CH_3)_2N \cdot C_6H_4 \cdot NH_2 + O \longrightarrow HO \cdot (CH_3)_2N{=}C_6H_4{=}NH\,,$$

das im *statu nascendi* sofort mit dem α-Naphtol reagiert unter Bildung zunächst eines Leuko-Indo-Anilins bzw. -Phenols:

$$HO \cdot (CH_3)_2N{=}C_6H_4{=}NH + \alpha\text{-}C_{10}H_7 \cdot OH \longrightarrow (CH_3)_2N \cdot C_6H_4 \cdot NH \cdot C_{10}H_6 \cdot OH\,,$$

das aber, als p-Diamin bzw. -Aminophenol, gleichfalls gegen Oxydationsmittel sehr empfindlich ist und daher unmittelbar in das Indoanilin (Indophenol) übergeht:

$$(CH_3)_2N \cdot C_6H_4 \cdot NH \cdot C_{10}H_6 \cdot OH \xrightarrow[-H_2O]{+O} (CH_3)_2N \cdot C_6H_4 \cdot N{=}C_{10}H_6{=}O.$$

Der typische innere Mechanismus bei der Indoanilinbildung (ganz ähnlich verhält es sich bei der Indaminbildung) ist also der, daß ein p-Diamin sich zum Chinondiimin oxydiert (1. Stufe), alsdann die Elemente eines Phenols addiert und dadurch in ein aryliertes p-Diamin übergeht (2. Stufe), das sich nunmehr mit großer Leichtigkeit wieder zum Diimin oxydiert (3. Stufe).

Die besprochenen Vorgänge lassen sich z. B. in folgender Weise schematisch darstellen, wobei HX ein aromatisches Amin bzw. ein Phenol darstellt:

α) Entstehung eines Indamins:

1. p-Diamin + O ⟶ p-Diimin,
2. p-Diimin + HX (Amin) ⟶ aryliertes p-Diamin,
3. aryliertes p-Diamin + O ⟶ aryliertes p-Diimin = Indamin.

Verwendet man an Stelle eines Amins HX ein Phenol, so erhält man ein Indoanilin.

β) Entstehung eines Indophenols:

1. p-Aminophenol + O ⟶ p-Chinonmonoimin,
2. p-Chinonmonoimin + HX (Phenol) ⟶ aryliertes p-Aminophenol,
3. aryliertes p-Aminophenol + O ⟶ aryliertes p-Chinonmonoimin = Indophenol.

Bei der unten beschriebenen α-Naphtolblau-Synthese (gemäß Schema α) beispielsweise bedeutet HX das Molekül des α-Naphtols, also X den Rest $-C_{10}H_6 \cdot OH$. Während X sich an den Stickstoff der durch Oxydation entstandenen Gruppe $=NH$ des Diimins addiert, die dadurch in —NHX übergeht, wandert das H an den p-ständigen Stickstoff der Gruppe $=N(CH_3)_2OH$, die dadurch gleichfalls in einen einwertigen Rest, $—N(CH_3)_2$, umgewandelt wird, entsprechend dem Formelbild:

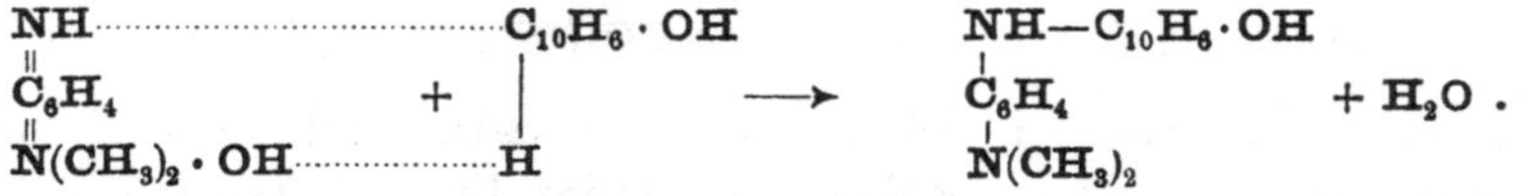

Die Indamin-, Indoanilin- und Indophenol-Synthesen beruhen also, wie man sieht, einerseits auf der Oxydationsfähigkeit der (event. alkylierten) p-Diamine zu Chinondiiminen (bzw. der p-Aminophenole zu Chinonmonoiminen) und andererseits auf der bemerkenswerten Additionsfähigkeit der so entstandenen Chinonimine, wodurch sich von neuem (substituierte) p-Diamine bzw. p-Aminophenole bilden, und wobei das X des obigen Schemas den Rest eines Phenols (Naphtols), z. B. $—C_{10}H_6 \cdot OH$, oder eines Amins, z. B. $—C_6H_4 \cdot NH_2$ oder $—C_6H_4 \cdot N(CH_3)_2$, bedeuten kann. Eine sehr wesentliche Erweiterung dieses Schemas werden wir bei den Azinen, Oxazinen und Thiazinen kennenlernen.

Die Zugabe des Oxydationsmittels erfolgt in der Regel allmählich. Von Wichtigkeit ist auch hierbei die Feststellung des Endpunktes der Reaktion, der erreicht ist, wenn der Auslauf einer Tüpfelprobe auf Zusatz des Oxydationsmittels keine normale Farbstoffbildung mehr erkennen läßt, wodurch angezeigt wird, daß eine der beiden Farbstoffkomponenten verbraucht ist.

Übungsbeispiel.

a) Salzsaures Nitrosodimethylanilin.

Ausgangsmaterial: 100 g Dimethylanilin.
Hilfsstoffe: 200 g konzentrierte HCl (D 1,19); Eis; 60 g $NaNO_2$ 100%ig; Alkohol.

Darstellung. 100 g Dimethylanilin werden mit 200 g konzentrierter HCl (D 1,19) und 500 g Wasser gemischt. In die auf $+5^0$ gekühlte Mischung läßt man langsam unter Rühren eine Lösung von 60 g Nitrit in 200 g Wasser fließen, wobei man die Mündung des Tropftrichters unter die Flüssigkeit eintauchen läßt. Die Lösung färbt sich orange und scheidet alsbald gelbe Nadeln in zunehmender Menge ab. Der Niederschlag wird abgesaugt, mit dem Pistill festgestampft, alsdann zur Entfernung der anhängenden Mutterlauge zunächst mit etwas Wasser, darauf mit etwa 50—100 ccm Alkohol gedeckt und schließlich bei gewöhnlicher Temperatur auf Tontellern getrocknet.

b) α-Naphtolblau.

$(CH_3)_2N \cdot C_6H_4 \cdot N{=}C_{10}H_6{=}O$ oder 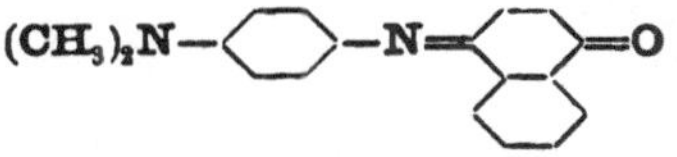

Ausgangsmaterial: 18,6 g salzsaures Nitrosodimethylanilin; 14,4 g α-Naphtol.

Hilfsstoffe: etwa 50 g Zinkstaub; konzentrierte HCl; 5 g Natronhydrat; calcinierte Soda; Lösung von unterchlorigsaurem Natron (die man sich leicht aus Chlorkalk- und Soda-Lösung herstellen kann).

Darstellung. 18,6 g salzsaures Nitrosodimethylanilin werden in $1\,{}^1/_2$ l Wasser gelöst und durch abwechselnde Zugabe von HCl und Zn-Staub (ca. 50 g) unter Rühren reduziert. Die entfärbte, von überschüssigem Zink filtrierte Lösung wird mit calcinierter Soda versetzt, bis alles Zink als $ZnCO_3$ ausgefällt ist. Das zinkfreie Filtrat wird mit der Lösung von 14,4 g α-Naphtol und 5 g Natronhydrat in 250 ccm Wasser vereinigt. Sollte sich hierbei die Flüssigkeit (durch Ausscheidung von Zinkhydroxyd und α-Naphtol) wider Erwarten trüben, so hat man noch so viel konzentrierte Natronlauge hinzuzufügen, daß klare Lösung eintritt, worauf man zu der auf 0° bis + 2° abgekühlten Lösung unter Rühren eine wäßrige Lösung von unterchlorigsaurem Natron so lange tropfenweise zufließen läßt, bis der Auslauf einer Tüpfelprobe auf Filtrierpapier durch NaOCl-Lösung nicht mehr gebläut wird. Man filtriert den ausgeschiedenen indigblauen Farbstoff ab, wäscht mit Wasser und trocknet auf Ton.

Eigenschaften. Das Indophenol ist ein braunes oder bronzeglänzendes kristallinisches Pulver; in Wasser ist es nicht, dagegen in Alkohol löslich. Es löst sich auch in verdünnter Säure mit gelber Farbe. Die Lösung zersetzt sich aber schnell unter Bildung von p-Aminodimethylanilin und α-Naphtochinon. Der Farbstoff läßt sich in alkalischer Lösung durch Glukose reduzieren zur Leukoverbindung, $(CH_3)_2N \cdot C_6H_4 \cdot NH \cdot C_{10}H_6 \cdot OH$, die sich in Alkali leicht löst. Von dieser Eigenschaft macht man beim Färben mit α-Naphtolblau Gebrauch, da der Farbstoff sich mit Indigo zusammen und in der gleichen Weise wie dieser „verküpen" läßt (s. Küpenfarbstoffe).

Literatur: Witt, Chem. Ind. **1**, 255 (1882); Möhlau, Ber. **16**, 2851 (1883); **18**, 2913 (1885); Friedländer 1, 283, 285, 286; Schultz, Farbstofftabellen Nr. 619.

IX. Azinfarbstoffe.

Charakteristisch für alle Azine ist das Vorhandensein der beiden ausgezeichneten Stickstoffatome, die in einem Pyrazinring (I)

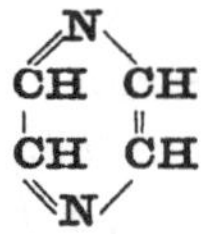

I

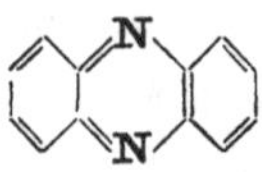

II

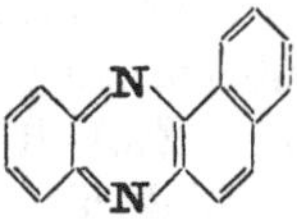

III

zu einer chromophoren Gruppe vereinigt sind. Gerade durch dieses ringförmige Chromophor, das für die Beständigkeit der Azinfarbstoffe von der größten Bedeutung ist, unterscheiden sich die Azine sehr wesentlich von den zersetzlichen Indaminen und Indophenolen. Eine große Mannigfaltigkeit ist möglich bezüglich der aromatischen Kerne, die durch Verschmelzung mit dem Pyrazinring das Chromogen bilden, aus dem durch den weiteren Eintritt auxochromer Gruppen erst der eigentliche Azinfarbstoff hervorgeht. Für die technische Darstellung kommen vor allem der Benzol- und Naphtalin-, sowie neuerdings auch der Anthracenkern in Betracht (s. Indanthren, S. 300ff.), während der Phenanthrenkern bisher nur von untergeordneter Bedeutung geblieben ist. Je nach der Zusammensetzung unterscheidet man Diphenazine (II), Phenonaphtazine (III) = Naphtophenazine, Dinaphtazine (IV), Phenanthrophenazine (V) usw.

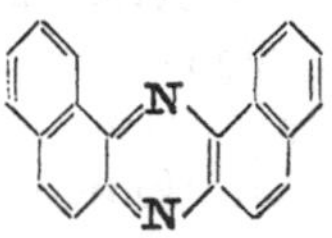

IV

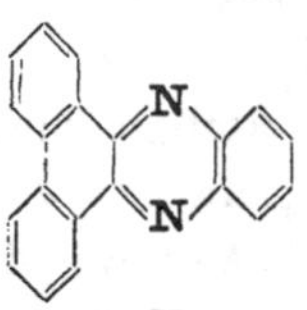

V

Für den Farbstoffcharakter der Azine von Bedeutung sind einerseits die Alkyle oder Aryle, die an dem einen der sogenannten „mittleren" oder „Azinstickstoffe" hängen, der dabei als 5-wertiges Element fungiert, während der andere 3-wertig bleibt, und andererseits die Substituenten, die in die aromatischen Kerne eintreten, vor allem also die auxochromen Gruppen $-OH$, $-NH_2$, $-NH \cdot C_2H_5$, $-N(CH_3)_2$, $-NH \cdot C_6H_5$ usw., wobei wiederum deren Stellung von großem Einfluß ist; normalerweise nämlich besetzen sie die p-Stellung zum 3-, also die m-Stellung zum 5-wertigen N des Azinringes (s. die Formel des nachstehenden „Chlorhydrats").

Die so entstehenden Basen werden als Azoniumbasen, und ihre Salze, z. B. das „Chlorhydrat"

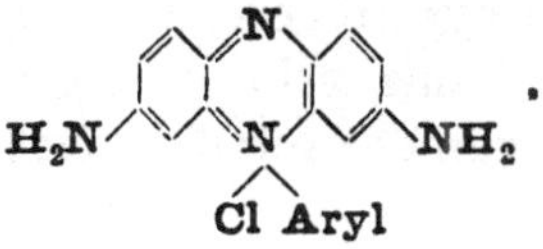

dementsprechend als meso-Aryl-Diphenazoniumchloride bezeichnet. Gewisse Konfigurationen haben besondere Namen erhalten. So werden bezeichnet: Die Mono- und Diamino-Diphenazine als Eurhodine (VI), die Mono- und Dioxy-Diphenazine als Eurhodole (VII), die ms-Aryl-Aminonaphto-Phenazoniumverbindungen als Rosinduline (VIII), die isomeren ms-Aryl-Naphto-Aminophenazoniumverbindungen als Isorosinduline (IX), die ms-Alkyl-(Aryl-)diamino-Diphenazoniumverbindungen als Safranine (X), die entsprechenden Dioxyverbindungen als Safranole (XI), die ms-Alkyl-(Aryl-)monoaminodiphenazoniumverbindungen als Aposafranine (XII), die entsprechenden Monooxyverbindungen als Safraninone (XIII), die substituierten ms-Alkyl-(Aryl-)Tri- und Tetraaminodiphenazoniumverbindungen als Induline (XIV) usw.

$$C_6H_4{<}\genfrac{}{}{0pt}{}{N}{N}{>}C_6H_3{-}NH_2 \qquad HO{-}C_6H_3{<}\genfrac{}{}{0pt}{}{N}{N}{>}C_6H_3{-}OH$$

VI VII

$$H_2N{-}C_{10}H_5{<}\genfrac{}{}{0pt}{}{N}{N}{>}C_6H_4 \qquad C_{10}H_6{<}\genfrac{}{}{0pt}{}{N}{N}{>}C_6H_3{-}NH_2$$

Cl Aryl Cl Aryl

VIII IX

$$H_2N{-}C_6H_3{<}\genfrac{}{}{0pt}{}{N}{N}{>}C_6H_3{-}NH_2 \qquad HO{-}C_6H_3{<}\genfrac{}{}{0pt}{}{N}{N}{>}C_6H_3{-}OH$$

Cl Aryl Cl Aryl

X XI

$$H_2N{-}C_6H_3{<}\genfrac{}{}{0pt}{}{N}{N}{>}C_6H_4 \qquad HO{-}C_6H_3{<}\genfrac{}{}{0pt}{}{N}{N}{>}C_6H_4$$

Cl Aryl Cl Aryl

XII XIII

$$\genfrac{}{}{0pt}{}{Aryl\cdot NH}{Aryl\cdot NH}{>}C_6H_2{<}\genfrac{}{}{0pt}{}{N}{N}{>}C_6H_2{<}\genfrac{}{}{0pt}{}{NH\cdot Aryl}{NH\cdot Aryl}$$

Cl Aryl

XIV

Das aus den Ausgangsmaterialien Aminoazotoluol und Anilin entstehende Safranin (siehe S. 249) wäre demgemäß ein ms-Phenyl-diamino-ditolazoniumchlorid.

Für die technische Darstellung der Azine stehen mehrere Methoden zur Verfügung, die sich als Methoden der reinen Kondensation und der oxydativen Kondensation unterscheiden lassen. Erstere spielen eine sehr untergeordnete Rolle, während die Oxydationssynthese gerade auf dem Gebiet der Azine von der größten Bedeutung ist.

1. Die einfache oder reine Kondensation (d. h. Kondensation ohne gleichzeitige Oxydation) findet statt bei der Darstellung der auch „Chinoxaline" genannten Produkte aus o-Chinonen und o-Diaminen. So z. B. entsteht aus Phenanthrenchinon und o-Amino-diphenylaminchlorhydrat das „Flavindulin" genannte ms-Phenyl-Phenanthrophenazoniumchlorid sehr einfach und leicht auf folgende Weise:

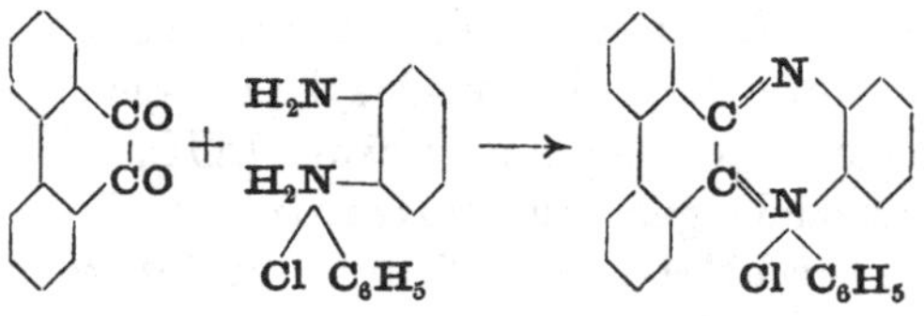

, Flavindulin.

Es bedarf zur glatten Durchführung der Synthese nur der Anwendung eines Lösungsmittels für das Phenanthrenchinon, als welches z. B. Eisessig sehr geeignet ist.

Von der oxydativen Kondensation, bei der sich der charakteristische Pyrazinring aus den bei der Farbstoffbildung beteiligten Komponenten sozusagen stückweise aufbaut, und die sehr mannigfaltig gestaltet werden kann, macht man Gebrauch z. B. für die Synthese des „Safranin T" genannten Azinfarbstoffes, der aus einem Molekül p-Toluylendiamin, einem Molekül o-Toluidin und einem Molekül Anilin erhalten wird. Bei diesen auf oxydativer Kondensation beruhenden Synthesen spielen eine sehr wichtige Rolle als Zwischenkörper die Indamine, über deren Darstellung bereits auf Seite 237ff. das Nähere angegeben ist. Der Übergang der Indamine in Azine ist nun dadurch ermöglicht, daß die Indamine, als Chinondiiminderivate, die schon früher erwähnte, außerordentlich wichtige Eigenschaft der Additionsfähigkeit gegenüber primären aromatischen Aminen aufweisen. Hierbei reagieren die primären aromatischen Amine, HY, etwas anders als bei der Indaminbildung s. S. 239f.), bei der ein Kernwasserstoff als Spaltstück mitwirkt, aber ähnlich wie z. B. bei der Entstehung der Diazoaminoverbindungen

(s. S. 120) in der Weise, daß als Spaltstücke des aromatischen Amins H—NH·R auftreten: ein Atom H der primären Aminogruppe und der aromatische Rest —HN·R(=Y). Dadurch entstehen Arylido-Leuko-Indamine; aber, wie man wohl annehmen darf, nicht unmittelbar, sondern erst durch Vermittlung sehr labiler Zwischenkörper. Diese kommen höchstwahrscheinlich dadurch zustande, daß, wie bei der Entstehung von Leukoindaminen durch Addition von HX an die einfachen Diimine (siehe Indamine), sich von den beiden Spaltstücken des primären aromatischen Amins H·Y der Rest Y an das **mittlere** Stickstoffatom des Diimins, d. h. Indamins, anlagert, während der Wasserstoff zu dem p-ständigen äußeren Imino-Stickstoff wandert, z. B. gemäß folgender Formulierung:

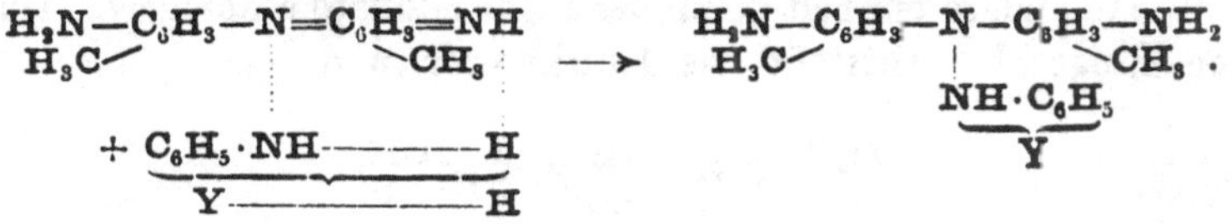

Der so entstehende Zwischenkörper (rechts vom Pfeil) ist, wie man sieht, ein Derivat des Hydrazobenzols und erleidet unter den besonderen Bedingungen, wie sie bei der Safraninbildung einzuhalten sind, vielleicht schon *in statu nascendi*, die sogenannte o-Semidin-Umlagerung, d. h. der Rest Y (= —NH·C_6H_5) wandert alsbald vom Stickstoff in den aromatischen Kern und zwar in o-Stellung zum mittleren Stickstoff. Auf diese Weise bildet sich ein Abkömmling des o-Aminodiphenylamins, der gleichzeitig auch p-Diamin, also Triamin ist und als Leukoindamin sich leicht zum Indamin oxydiert:

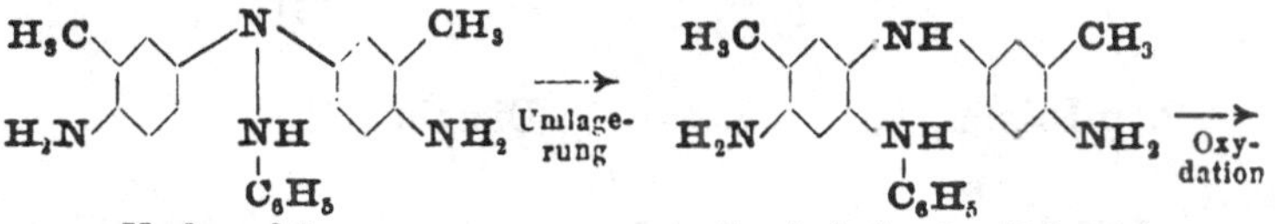

Hydrazokörper Leukoindamin (Triamin)

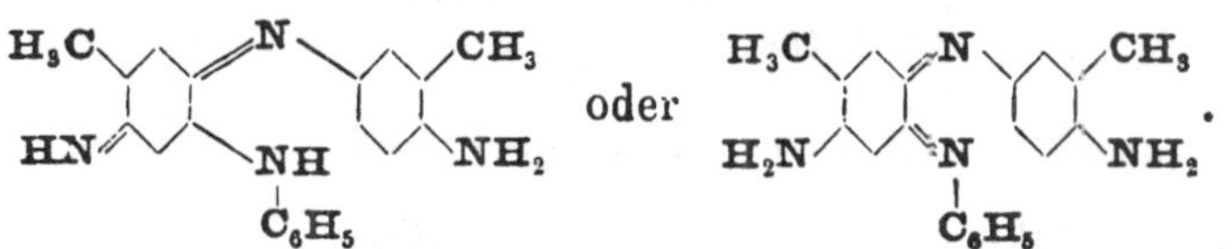

Indamine

p-Chinondiimin o-Chinondiimin

Dieses Indamin existiert wahrscheinlich in zwei isomeren Formen, als Parachinondiimin (s. o.) und als Orthochinondiimin (s. o.). Im Molekül des letzteren vollzieht sich nunmehr eine Umlagerung, d. h. eine **intramolekulare Addition**, die vollkommen analog ist den bisher betrachteten Anlagerungen der Moleküle HX und HY an die entsprechenden Chinonimine. Hierbei wandert, wie aus der Formel

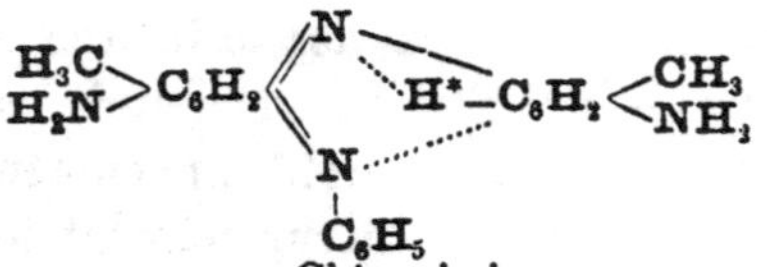

o-Chinonimin

ersichtlich ist, der mit * versehene Kern-Wasserstoff an den mittleren Stickstoff des Indamins, während der mit jenem Wasserstoff verbundene aromatische Rest

$$>C_6H_2<\genfrac{}{}{0pt}{}{CH_3}{NH_2}$$

sich an das andere doppelt gebundene Stickstoffatom anlagert. Durch diesen Ringschluß entsteht das Leukosafranin

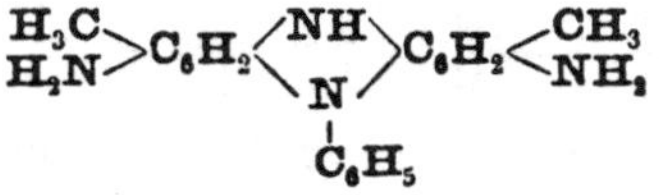

und durch weitere Oxydation das Endprodukt, das ms-Phenyldiaminoditolazoniumchlorid. Man kann also die Synthese des Safranins aus je einem Molekül p-Toluylendamin, o-Toluidin und Anilin in der folgenden schematischen Weise zusammenfassend darstellen:

1. p-Diamin (I) + O ⟶ p-Diimin (II):

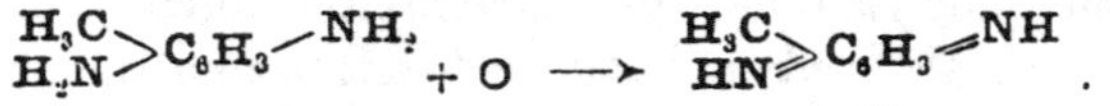

I II

2. p-Diimin (II) + HX ⟶ p-Diamin (III):

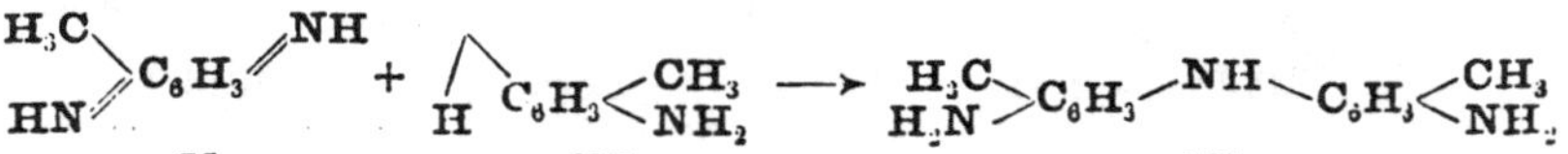

II HX III

3. p-Diamin (III) + O ⟶ p-Diimin (IV):

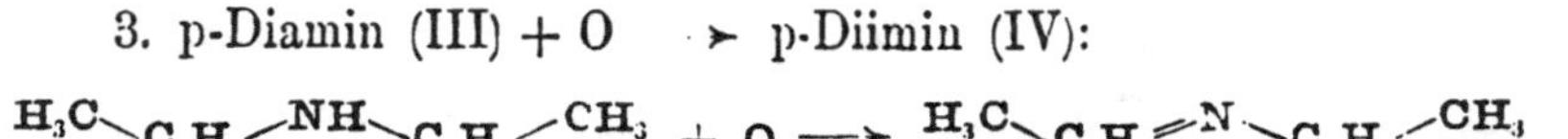

III IV

4. p-Diimin (IV) + HY ⟶ p-Diamin (V):

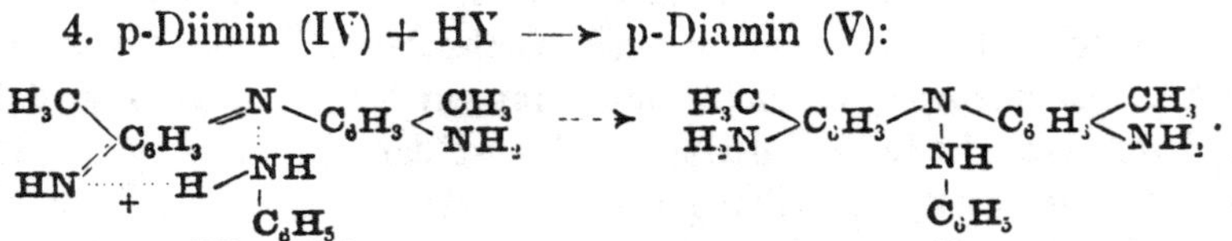

IV + HY V

5. Wanderung des Restes Y ($-NH \cdot C_6H_5$) vom Stickstoff in den Kern (o-Semidin-Umlagerung), Bildung des o,p-Diamins = Triamins (VI):

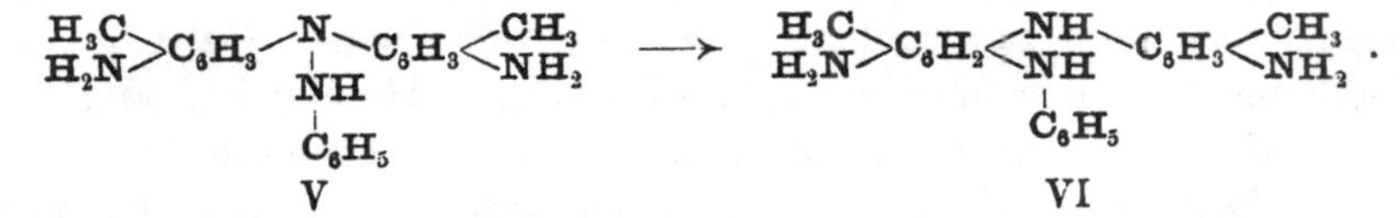

6. o-Diamin (VI) + O ⟶ o-Diimin (VII):

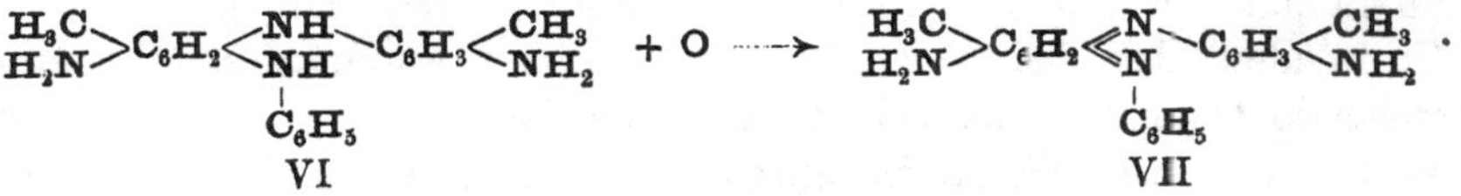

7. o-Diimin (VII) + HZ (intramolekular) ⟶ o-Diamin (VIII):

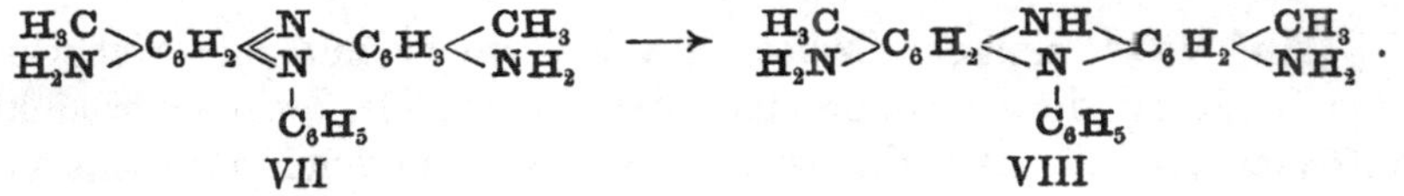

8. o-Diamin-Chlorhydrat (VIII') + O ⟶ o-Diimin (IX):

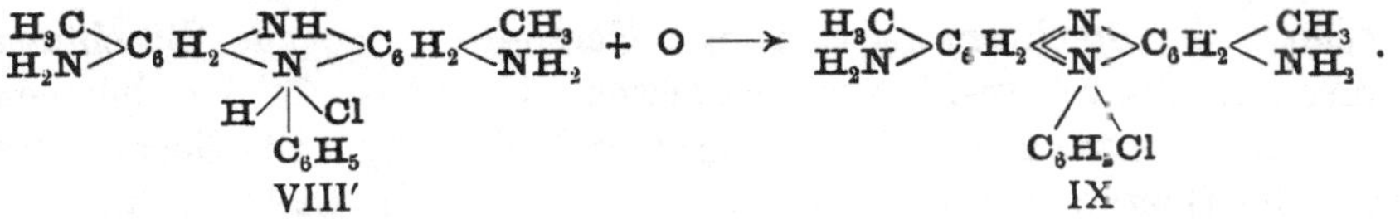

Bemerkenswert und für die Synthese der Azine von großer Bedeutung ist, worauf hier nochmals hingewiesen sei, die Fähigkeit der primären Amine, z. B. des Anilins, in doppelter Weise zu reagieren, nämlich einmal in der Form $H—C_6H_4 \cdot NH_2$, d. h. unter Abspaltung eines Kernwasserstoffes (vgl. Phase 2), das andere Mal in der Form $H—NH \cdot C_6H_5$, d. h. unter Abspaltung eines Wasserstoffes der Aminogruppe (vgl. Phase 4). Die Operationen 1—3 sind bereits aus dem Kapitel über Indamine usw. bekannt.

Das bei der Safranin-Synthese zur Indaminbildung erforderliche Gemisch aus 1 Molekül p-Toluylendiamin und 1 Molekül o-Toluidin erhält man in der Technik am einfachsten durch Reduktion von o-Aminoazotoluol mit Zink und Salzsäure:

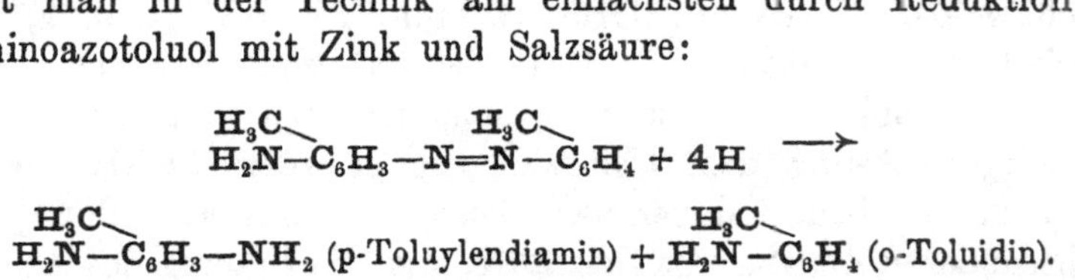

Hierbei arbeitet man, wegen der Schwerlöslichkeit des zu redu zierenden Aminoazofarbstoffes in Wasser, am vorteilhaftesten in wäßrig-alkoholischer Lösung. Die nach Zugabe des Anilins folgenden Operationen 4, 5 und 6 gestalten sich ganz analog den Operationen 2 und 3; es sind also auch bei ihrer Ausführung die Reaktionsbedingungen so zu wählen, daß einerseits keine Spaltung des Indamins (IV) oder des p- bzw. o-Diimins (VII) eintritt, andererseits aber die Kondensationen und Umlagerungen in normaler Weise vor sich gehen können. Eine absolut neutrale Reaktion erzielt man leicht dadurch, daß man die salzsaure Reduktionsflüssigkeit mit Kreide versetzt. Zu beachten ist, daß unter diesen Umständen das bei der Reduktion des p-Aminoazotoluols entstehende Chlorzink als solches erhalten bleibt und nicht, etwa in ähnlicher Weise wie z. B. durch Soda, zersetzt wird gemäß der Gleichung:

$$ZnCl_2 + CaCO_3 \longrightarrow ZnCO_3 + CaCl_2 .$$

Auf diese einfache Weise läßt sich nicht nur mit Sicherheit eine Spaltung der Indamine und der andern als Zwischenprodukte auftretenden Diimine verhindern, sondern es kann auch das Bichromat die zur Auslösung seines Oxydationsvermögens, d. h. zur Neutralisation des Alkalis, erforderliche Salzsäure dem reichlich vorhandenen Chlorzink entnehmen (s. S. 238). Gerade die genaue Beachtung dieser Aciditäts- bzw. Neutralisationsverhältnisse ist für das Gelingen der Azinsynthesen von der allergrößten Bedeutung. Die Zugabe des für die Operationen 1, 3, 6 und 8 erforderlichen Oxydationsmittels erfolgt im Übungsbeispiele nicht in vier Teilbeträgen nach Maßgabe des jedesmaligen Sauerstoffbedarfs, sondern dem ganzen Betrage nach bereits bei Ausführung der Operation 1. Dies ist unbedenklich unter den obwaltenden Reaktionsbedingungen (neutrale Reaktion und niedrige Temperatur). Sind aber die drei ersten Phasen der Oxydation (1, 3 und 6) vollendet, so handelt es sich darum, das o- bzw. p-Diimin zunächst umzulagern zu dem isomeren Hydro-Azin (Operation 7), das sich dann leicht, bei Abwesenheit eines Oxydationsmittels schon durch den Sauerstoff der Luft, zum Azin oxydiert. Diese Umlagerung zum Leukosafranin usw. tritt erst beim Erwärmen der Reaktionsflüssigkeit ein und gibt sich durch den Umschlag der Farbe von Grün (Diimin) zu Rot (Safranin) schon äußerlich zu erkennen. Die Base des Safranins ist, wie alle ms-arylierten Azoniumbasen, stark genug, um auch in neutraler chlorzinkhaltiger Lösung dem Chlorzink die erforderliche Salzsäure zu entziehen. Es bedarf daher nach beendigter Farbstoffbildung nicht der besonderen Zugabe von Salzsäure, um die Bildung des Azoniumchlorids herbeizuführen.

Übungsbeispiele.

1. **Flavindulin:** 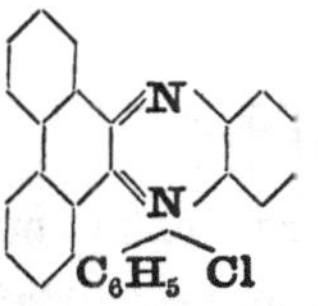 .

Ausgangsmaterial: 10 g o-Aminodiphenylamin,
10 g Phenanthrenchinon.

Hilfsstoffe: 100 g Eisessig; konzentrierte HCl; etwa 10 g $ZnCl_2$; NaCl.

Darstellung. 10 g o-Aminodiphenylamin und 10 g Phenanthrenchinon werden mit 100 g Eisessig am Rückflußkühler erhitzt, bis das Phenanthrenchinon verschwunden, d. h. bis eine Probe des Reaktionsproduktes in verdünnter Salzsäure völlig löslich ist (nach etwa $^3/_4$ Stunden). Darauf wird mit 1 l Wasser verdünnt, in der Wärme so viel Salzsäure zugegeben, bis der Farbstoff gelöst ist und alsdann filtriert. Aus dem erkalteten Filtrat wird der Farbstoff durch Zugabe von etwa 10 g Chlorzink ausgefällt. Für den Fall, daß der Farbstoff harzig ausfällt, löst man nochmals in siedendem Wasser, filtriert, wenn nötig, vom Ungelösten ab und fällt nach dem Abkühlen des Filtrats mit Kochsalz den Farbstoff aus.

Eigenschaften. Der Farbstoff stellt ein braungelbes bis orangerotes Pulver dar, ist in Wasser mit orangegelber Farbe löslich und wird zum Färben von tannierter Baumwolle benutzt.

Literatur: Vgl. Schultz, Farbstofftabellen Nr. 668.

2. **Safranin T:** $\begin{matrix} H_3C \\ H_2N \end{matrix}\!>C_6H_2\!<\!\!\begin{matrix} N \\ N \end{matrix}\!\!>C_6H_2\!<\!\begin{matrix} CH_3 \\ NH_2 \end{matrix}$.
C_6H_5Cl (am unteren N)

Ausgangsmaterial: 21,5 g salzsaures Aminoazotoluol,
8,5 g Anilin.

Hilfsstoffe: 125 ccm Alkohol; 30 g Zinkstaub; konzentrierte HCl; 52 g $CaCO_3$; 47 g $Na_2Cr_2O_7$; NaCl.

Darstellung. 21,5 g salzsaures Aminoazotoluol (aus o-Toluidin) werden in etwa 125 ccm Alkohol in der Wärme gelöst. Die Lösung wird mit 125 ccm Wasser verdünnt, an der Turbine mit 30 g Zinkstaub und darauf mit verdünnter HCl (Mischung von 50 g Wasser und 18 g konzentrierter HCl) vereinigt. Die Flüssigkeit erwärmt sich und ist nach etwa einviertelstündigem starken Rühren entfärbt (Bildung des Gemisches aus 1 Mol. p-Toluylendiamin und 1 Mol. o-Toluidin:

$$\genfrac{}{}{0pt}{}{H_3C}{H_2N}\!\!>C_6H_3\!\!\diagup NH_2 \quad \text{und} \quad C_6H_4\!<\!\genfrac{}{}{0pt}{}{CH_3}{NH_2}\Big)\,.$$

Nötigen Falles wird noch etwas von der verdünnten Salzsäure hinzugefügt. Am Schlusse dieser Operation soll die Lösung mineralsauer sein, also Kongopapier bläuen. Nach dem Filtrieren wird die erkaltete Reaktionsflüssigkeit an der Turbine mit 52 g Kreide versetzt und dann, unter starkem Rühren und äußerem Kühlen mit Eis, eine Lösung von 47 g $Na_2Cr_2O_7$ in 500 ccm Wasser langsam zulaufen gelassen (Operation 1, 2 und 3; Bildung des Indamins

$$\genfrac{}{}{0pt}{}{H_3C}{HN}\!\!\geqslant C_6H_3\!\!\diagup\!\!\!\diagup N\diagdown C_6H_3\!<\!\genfrac{}{}{0pt}{}{CH_3}{NH_2}\Big)\,.$$

Gleich darauf wird eine Lösung von salzsaurem Anilin (aus 8,5 g Anilin durch Neutralisieren mit verdünnter HCl gewonnen) hinzugefügt und dann noch 12 Stunden weiter gerührt bzw. im Eisschrank stehen gelassen (Operation 4, 5 und 6; Bildung des grünen Diimins

$$\genfrac{}{}{0pt}{}{H_3C}{H_2N}\!\!>C_6H_2\!\!\lessdot\!\genfrac{}{}{0pt}{}{N}{\underset{\displaystyle C_6H_5}{N}}\!\diagdown C_6H_3\!<\!\genfrac{}{}{0pt}{}{CH_3}{NH_2}\Big)\,.$$

Nunmehr wird die grüne Flüssigkeit während 2 Stunden unter Ersatz des verdampfenden Wassers zum Sieden erhitzt (Bildung des Safranins, Operation 7 und 8) und heiß filtriert, worauf man den Filterrückstand noch mehrmals mit Wasser auskocht. Aus den vereinigten Filtraten scheidet sich ein Teil des gebildeten Safranins schon beim Erkalten ab; der Rest des Farbstoffes wird durch NaCl gefällt und wenn nötig zusammen mit der Hauptmenge aus heißem Wasser umkristallisiert.

Eigenschaften. Das Safranin bildet ein rotbraunes, in kaltem Wasser ziemlich schwer, in kochendem wesentlich leichter lösliches Pulver. Die alkoholische Lösung zeigt gelbe Fluorescenz. Das normale Salz enthält 1 Äquivalent Säure; überschüssige konzentrierte Säuren bilden mehrsäurige blaue und grüne Salze, die aber beim Verdünnen mit Wasser nicht beständig sind. Die Azoniumbase ist gleichfalls in Wasser reichlich löslich und wird aus ihren Salzen durch Alkalien nicht in Freiheit gesetzt. Man erhält sie aus dem Azoniumchlorid durch Ag_2O oder aus dem Sulfat durch $Ba(OH)_2$.

Literatur: Vgl. Schultz, Farbstofftabellen Nr. 679.

X. Oxazinfarbstoffe.

Die Oxazine stehen in naher Beziehung zu den Azinen, unterscheiden sich jedoch von diesen hinsichtlich ihrer chemischen Konstitution dadurch, daß eines der beiden Stickstoffatome des den Azinen eigentümlichen Pyrazinringes durch Sauerstoff ersetzt ist, von dem man annimmt, daß er kraft seiner Vierwertigkeit in analoger Weise wie der Azoniumstickstoff an der Salzbildung beteiligt ist. Der hypothetische Oxazinring

$$N \lessdot \genfrac{}{}{0pt}{}{CH-CH}{CH=CH} \gtrdot O-$$

kann ferner ebenso wie der Pyrazinring mit den verschiedensten aromatischen Kernen verschmolzen gedacht werden. Auch hier kommen vor allem wieder der Benzol- und der Naphtalinkern in Betracht, so daß man, gemäß einer analogen Nomenklatur wie bei den Azinfarbstoffen, zu unterscheiden hat zwischen Diphenoxazinen (I), Naphtophenoxazinen (II), Dinaphtoxazinen (III) usw.

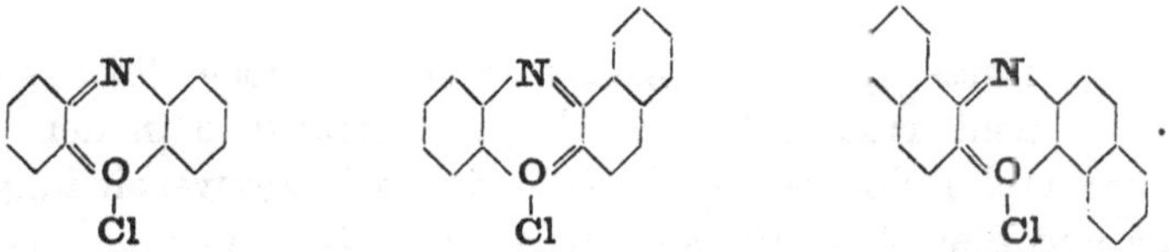

I II III

Die den Salzen zugrunde liegenden Basen (mit 4-wertigem O) werden als Azoxoniumverbindungen bezeichnet. Durch den Eintritt auxochromer Gruppen, wie $-NH_2$, —NH·Alkyl, —NH·Aryl, $-N(Alkyl)_2$, —OH usw. — vor allem in m-Stellung zum Sauerstoff des Oxazinringes — entstehen die eigentlichen Farbstoffe, wie z. B. das „Meldolablau" genannte Dimethylamino-Phenonaphtazoxoniumchlorid von der auf S. 254 angegebenen Konstitution. Etwas einfacher als bei den Azinen gestalten sich, wie man sieht, die Verhältnisse bei den Oxazinen deshalb, weil der vierwertige Sauerstoff, indem er der vierten Valenz zur Salzbildung bedarf, die Entstehung ms-alkylierter oder ms-arylierter Oxazine nicht zuläßt (wie der fünfwertige Azoniumstickstoff in den ms-Verbindungen der Azoniumfarbstoffe). Dementsprechend weisen auch die Methoden zur technischen Darstellung der Oxazine, die im übrigen eine weitgehende Ähnlichkeit mit den bei den Azinen besprochenen Synthesen besitzen, eine geringere Variationsmöglichkeit auf. Es gelangen sowohl die reinen Kondensationsmethoden als auch die Methoden der oxydativen Kondensation zur Anwendung.

Man darf wohl mit Sicherheit annehmen, daß bei allen diesen Oxazinsynthesen als Zwischenprodukte zunächst die o-Oxyderivate von Indaminen, Indoanilinen und Indophenolen (z. B. I) bzw. die isomeren o-Chinonmonoimine (II, s. auch Formel V auf S. 253) entstehen, die in ganz analoger Weise, wie dies bei den Azinen bereits gezeigt wurde, eine innere Umlagerung (s. unten Operation 2) zu den Leuko-Oxazinen (III) erfahren und schließlich durch Oxydation (siehe Operation 3), die auch hier sehr leicht erfolgt, in die eigentlichen Farbstoffe übergehen:

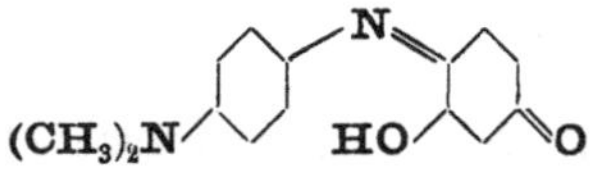

I

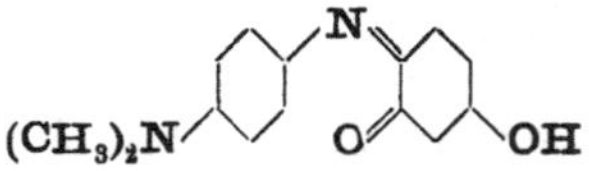

II

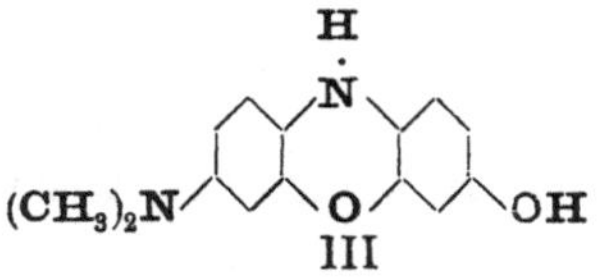

III

Bei der Synthese von Indaminen bzw. Indophenolen für die Oxazinbildung bedient man sich vielfach (vgl. Methode b in dem Kapitel Indamine und Indophenole, S. 237) der p-Nitrosoverbindungen von Aminen und Phenolen, die man mit solchen Komponenten zusammenbringt, die, wie oben erwähnt, zur Bildung von o-Oxy-Indaminen und -Indophenolen befähigt sind.

Das zum „mittleren" Stickstoff o-ständige Hydroxyl, das den Sauerstoff des Oxazinringes liefern soll, kann enthalten sein entweder

a) in der p-Nitrosoverbindung (z. B. 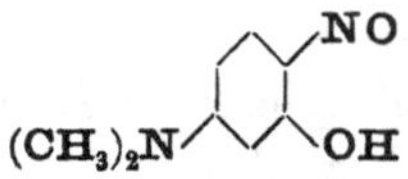) oder

b) in der 2. Komponente, d. h. in dem Amin

(z. B. 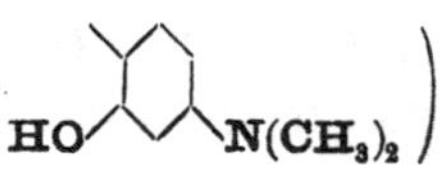) bzw. Phenol (z. B. 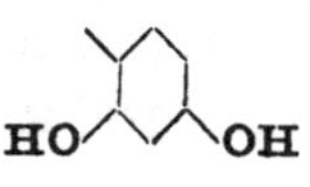) oder

c) in beiden Komponenten. Im letzteren Falle,

z. B. aus 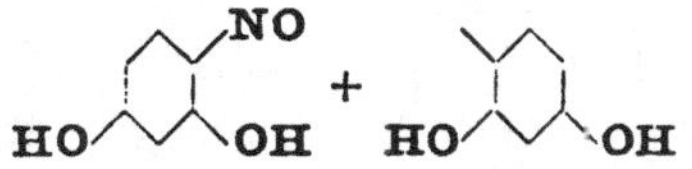 ,

entstehen als Zwischenkörper die o,o'-Dioxy-Indophenole bzw. Indamine, z. B.

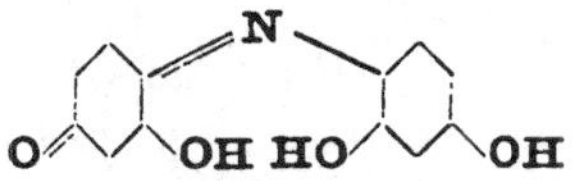 ,

die durch einfache Ringschließung unter Wasseraustritt in Azoxoniumverbindungen übergehen:

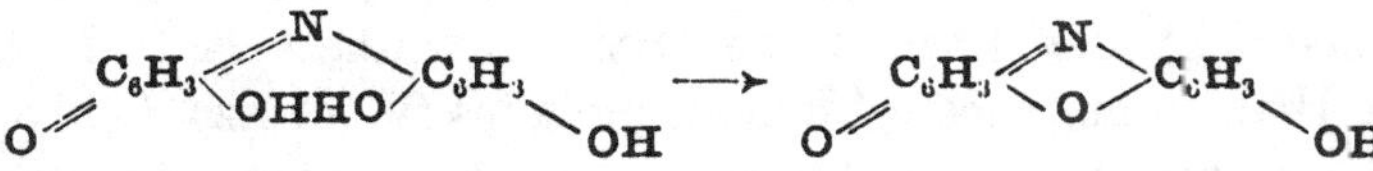 (parachinoid geschrieben).

Im Falle b) gestaltet sich die Oxazinsynthese gemäß folgendem Schema: p-Nitrosoverbindung + m-Aminophenol (oder m-Dioxyverbindung oder β-Naphtol) → o-Oxy-Indamin (= o-Chinonmonoimin) → Leukooxazin → Oxazin. So läßt sich z. B. die Entstehung des Meldolablaus aus p-Nitrosodimethylanilin und β-Naphtol in nachstehender Weise verdeutlichen:

1. 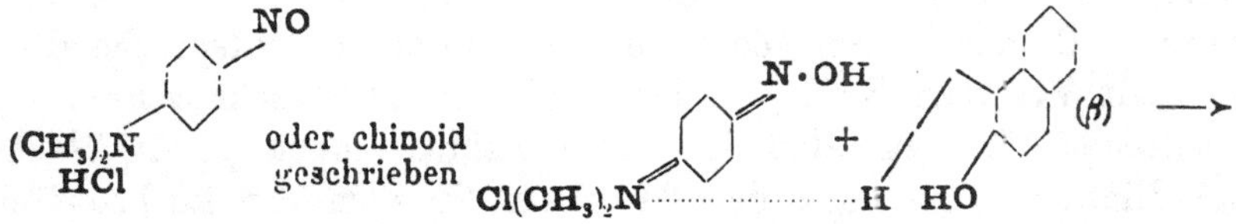

I II III

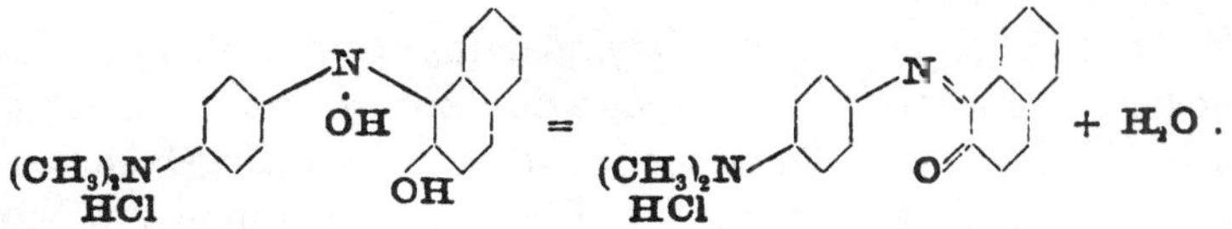

IV V

2. 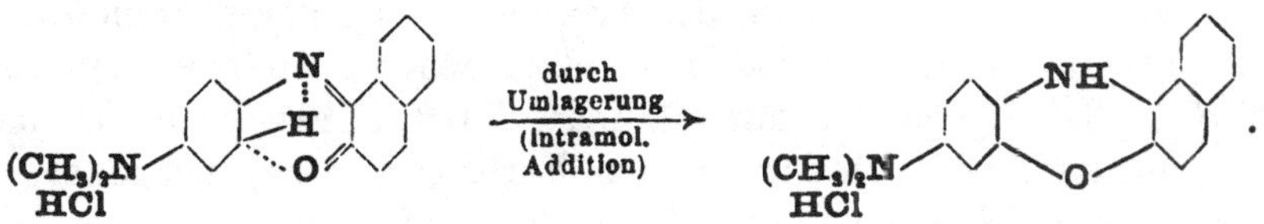

V VI

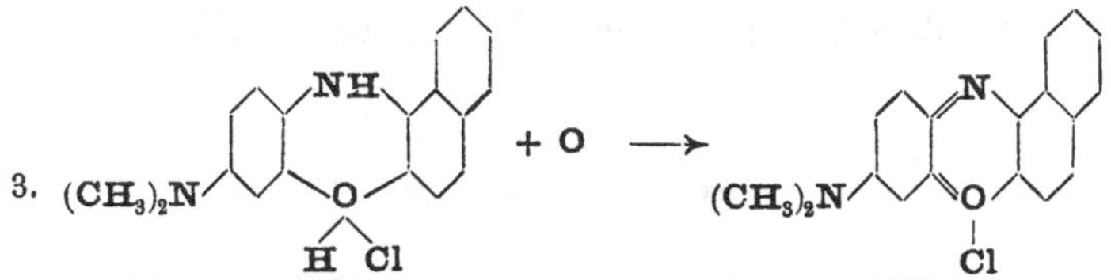

VI VII

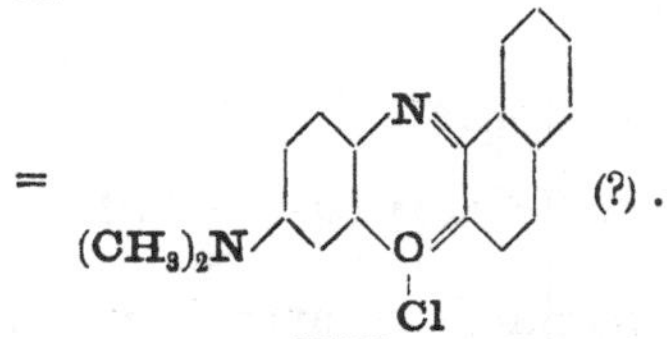

VIII

Die Addition des β-Naphtols (III) an das p-Nitrosodimethylanilin (II) entspricht der Phase 2 der Safraninsynthese (s. S. 246), während die Umlagerung des o-Chinonmonoimins (V) in das Leuko-Oxazin (VI) ein vollkommenes Analogon der dort angenommenen intramolekularen Addition (s. Phase 7, S. 247) darstellt. Man erkennt hieraus deutlich den weitgehenden Parallelismus, der zwischen den Azin- und Oxazinsynthesen besteht, und der weiterhin auch bei der Bildung der Thiazinfarbstoffe (s. S. 259ff.) deutlich zutage tritt. Hinsichtlich der Konstitutionsformel der Oxazine sei bemerkt, daß eine Entscheidung, welcher der beiden mit dem Oxazinring verschmolzenen Kerne der Träger der chinoiden Bindungen ist (beim Meldolablau z. B. der Benzol- oder der Naphtalinkern, entsprechend den Formeln VII oder VIII), in den meisten Fällen sehr schwer oder überhaupt nicht zu fällen ist. Sehr wahrscheinlich ist ein Wechsel der Bindungen je nach dem Medium, in dem der Farbstoff sich gerade befindet. Auch scheinen auxochrome Gruppen die chinoide Konfiguration zu begünstigen, so daß Formel VII vor VIII den Vorzug haben dürfte.

Da der Übergang der o-Oxyindamine bzw. o-Chinonimine in Leukooxazine und weiterhin in Oxazine mit so großer Leichtigkeit vor sich geht, daß die Zwischenprodukte in der Regel sich nicht isolieren lassen, so erleidet ein Teil der angewandten p-Nitrosoverbindungen, infolge der Sauerstoffentnahme von seiten der Leukoverbindungen (s. o. Phase 3), eine Reduktion zu den p-Aminoverbindungen, ein Umstand, der bisweilen eine Komplikation des Reaktionsverlaufs zur Folge hat. Die entstandenen p-Aminoverbindungen, z. B. $H_2N \cdot C_6H_4 \cdot N(CH_3)_2$ aus $ON \cdot C_6H_4 \cdot N(CH_3)_2$, beteiligen sich nämlich in anderer Richtung an der Farbstoffbildung, indem sie auf den bereits fertig gebildeten Oxazinfarbstoff einwirken. Dies zeigt sich sehr deutlich bei der Synthese des Meldolablaus, das anscheinend auf dem oben angegebenen Wege überhaupt nicht ohne weiteres in reiner Form erhalten werden kann, sondern vermischt ist mit einem Farbstoff, dem man die Konstitution IX

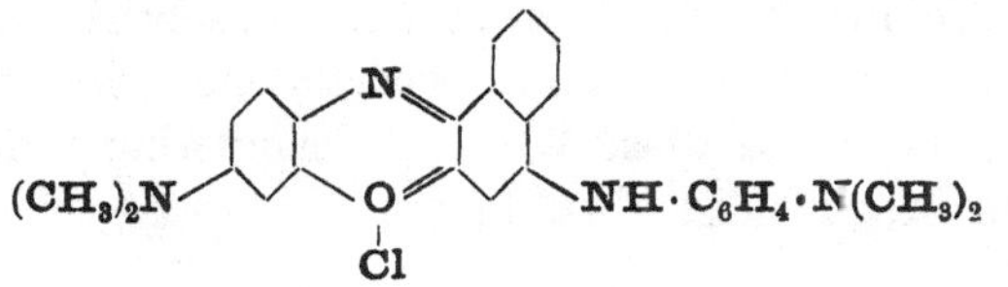

IX

zuschreibt. Er muß, falls die angegebene Konstitution tatsächlich richtig ist, auf analogem Wege entstanden gedacht werden, wie etwa ein Anilidochinon aus Chinon und Anilin oder ein Arylidoindamin aus einem Indamin und einem aromatischen Amin, d. h. durch Addition des aromatischen Amins H·Y [im vorliegenden Falle bedeutet Y den Rest $—NH \cdot C_6H_4 \cdot N(CH_3)_2$] an den o-chinoniminartigen Farbstoff (vgl. die Safraninsynthese, Operationen 4, 5 und 6). Demgemäß wären als hypothetische Zwischenprodukte im vorliegenden Falle die Verbindungen X und XI anzunehmen:

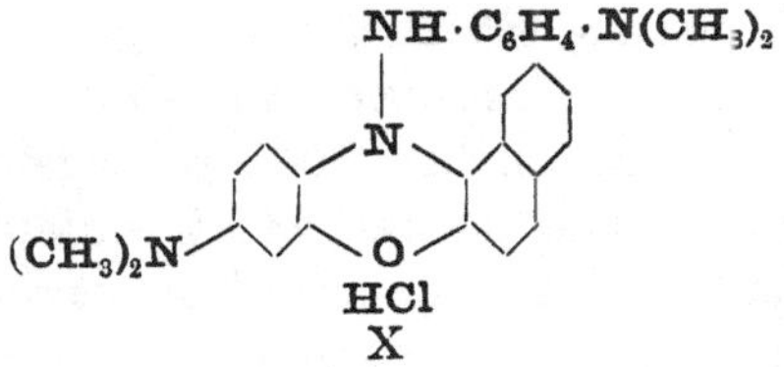

X

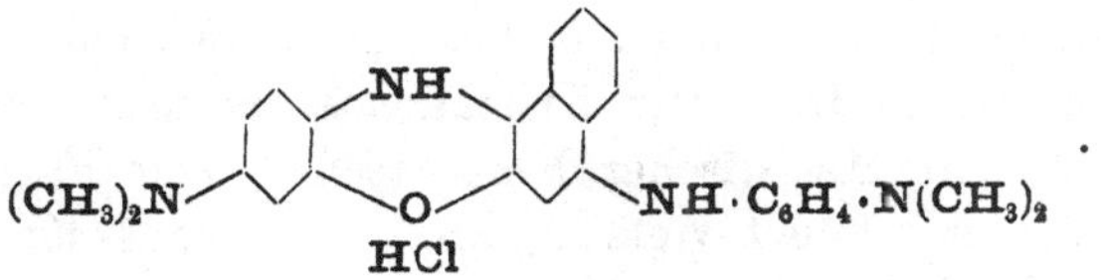

XI

Man hätte es demnach mit einer Addition, einer p-Semidinumlagerung (Wanderung einer Arylidogruppe vom Stickstoff in die p-Stellung des aromatischen Kernes) und schließlich einer Oxydation zu tun, indem das neu entstandene Leuko-Oxazin gleichfalls reduzierend auf die Nitrosoverbindung einwirkt.

Wegen der Schwerlöslichkeit des β-Naphtols in Wasser läßt man die Einwirkung des salzsauren p-Nitrosodimethylanilins auf diese Komponente in alkoholischer Lösung vor sich gehen. Die Kondensation zum Oxazin erfolgt zwar schon bei gewöhnlicher Temperatur, jedoch so langsam, daß die Anwendung mäßiger Wärme vorzuziehen ist. Hierbei ist ein längeres Erhitzen etwa bis zum Sieden zu vermeiden; anderenfalls tritt eine weitgehende Kondensation ein, so daß statt des kristallinischen Farbstoffes nur stark verharzte Produkte erzielt werden. Auch empfiehlt es sich, das salzsaure p-Nitrosodimethylanilin im Hinblick auf seine Zersetzlichkeit bei höheren Temperaturen, wie in der Vorschrift angegeben, erst allmählich zu dem im Überschuß vorhandenen β-Naphtol zufließen zu lassen, um auch auf diese Weise die Einwirkung der Wärme auf dasselbe nach Möglichkeit abzukürzen.

Übungsbeispiele.

1. Meldolablau oder Neublau R.

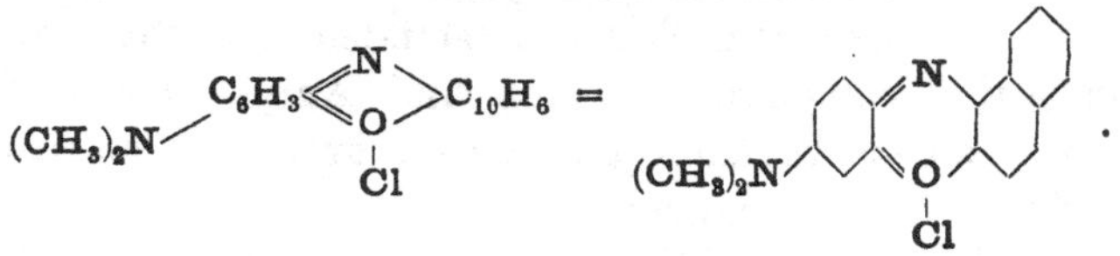

Ausgangsmaterial: 15 g p-Nitrosodimethylanilinchlorhydrat,
15 g β-Naphtol.

Hilfsstoffe: 50 g Alkohol 95%ig; 100 g Alkohol 50%ig.

Darstellung. 15 g β-Naphtol werden in 50 g Alkohol (95%ig) auf dem Wasserbade am Rückflußkühler gelöst. Dazu wird allmählich eine Lösung bzw. Suspension von 15 g salzsaurem p-Nitrosodimethylanilin in 100 g Alkohol (50%ig) zugesetzt. Sobald eine kräftige rein violette Lösung entstanden ist, entfernt man die Wärmequelle, läßt 12 Stunden bei gewöhnlicher Temperatur stehen und saugt die ausgeschiedenen messingglänzenden, blauschwarzen Nadeln ab, die zur Reinigung mit etwas Alkohol nachgewaschen werden.

Eigenschaften. Die freie Kristallbase ist braun und löst sich in Äther mit charakteristischer Fluorescenz. Der Farbstoff ist das salzsaure Salz und bildet violette, bronzeglänzende Kristalle, die in Wasser löslich sind.

Literatur: Vgl. Schultz, Farbstofftabellen Nr. 649.

Ganz analog der Synthese des Meldolablaus gestaltet sich die Darstellung des Farbstoffes

2. Nilblau:

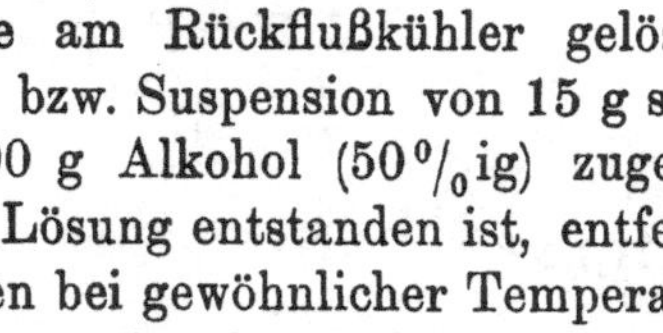

Ausgangsmaterial: 17 g salzsaures Nitrosodimethyl-m-aminophenol,
10 g salzsaures α-Naphtylamin.

Hilfsstoff: 100 g Eisessig.

Darstellung. In einem auf dem Drahtnetz stehenden, mit einem Luftkühler verbundenen $^{1}/_{4}$ l-Kolben bringt man die Lösung von 10 g salzsaurem α-Naphtylamin in 100 g Eisessig, der mit 20 % Wasser vorher verdünnt wurde, zum Sieden. In die siedende Flüssigkeit trägt man portionsweise 17 g salzsaures Nitrosodimethyl-m-aminophenol ein, wobei sie jedesmal infolge der lebhaften Reaktion stark aufwallt. Nach weiterem halbstündigen Kochen scheidet sich der Farbstoff als Chlorhydrat in grünglänzenden Kriställchen ab, die nach dem Erkalten abfiltriert, mit salzsäurehaltigem Wasser gewaschen und auf Ton getrocknet werden.

Bemerkt sei, daß als Zwischenprodukte wohl die Verbindungen

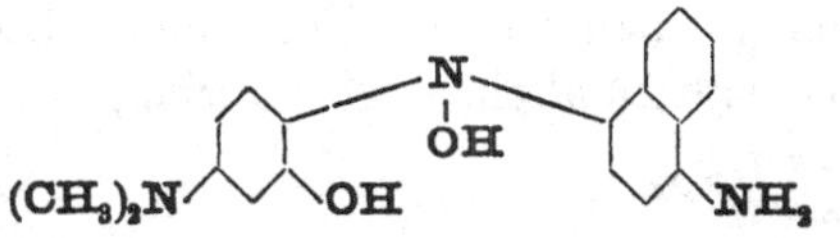

und

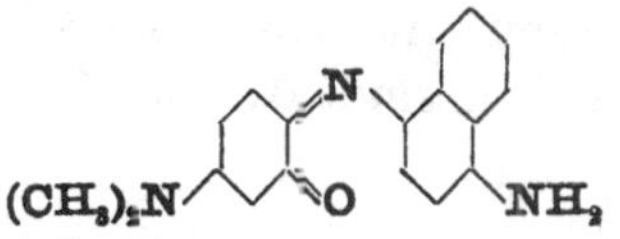

anzunehmen sind, die in analoger Weise, wie bei Meldolablau beschrieben (vgl. die Formeln IV bis VIII auf S. 253f.), durch weitere intramolekulare Umlagerung zunächst zum Leukooxazin und schließlich zum Oxazin selbst führen.

Eigenschaften. Grüne, glänzende, spießige Kristalle, mit blauer Farbe löslich in Wasser, Alkohol und Pyridin. Konzentrierte Schwefelsäure löst mit orangeroter Farbe, die beim allmählichen Verdünnen der Lösung mit Wasser in Grün und Blau umschlägt. Die freie Base bildet rote Nadeln, in Alkohol mit bläulichroter Farbe und orangebrauner Fluorescenz löslich.

Literatur: Möhlau und Uhlmann, Ann. **289**, 111; Schultz, Farbstofftabellen Nr. 653.

XI. Thiazinfarbstoffe.

Ersetzt man in den Azinen ein Stickstoffatom des Pyrazinringes statt durch Sauerstoff — wodurch die Oxazine entstehen — durch ein Atom Schwefel, so gelangt man zu den Thiazinen. Dieselben sind also durch den ihnen eigentümlichen Thiazinring,

$$N{<}\begin{matrix}CH-CH\\CH=CH\end{matrix}{>}S-,$$

ausgezeichnet, in dem der Schwefel, ganz analog wie der Sauerstoff des Oxazinringes, als vierwertiges Element die Salzbildung bewirkt oder innere Bindungen ermöglicht. In Anlehnung an die Bezeichnung der Azin- und Oxazinfarbstoffe als Azonium- und Azoxoniumverbindungen nennt man in der Thiazinreihe die Farbstoffe des vierwertigen Schwefels Azthioniumkörper, und zwar spricht man je nach den aromatischen Kernen, die sich mit dem Thiazinring verschmolzen haben, von Diphenazthionium-(I), Ditolazthionium-(II), Phenonaphtazthionium-(III) Verbindungen usw.

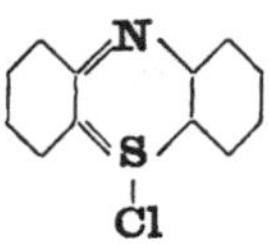

I

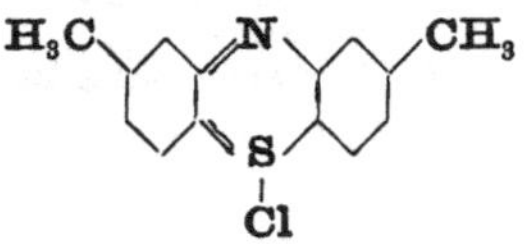

II

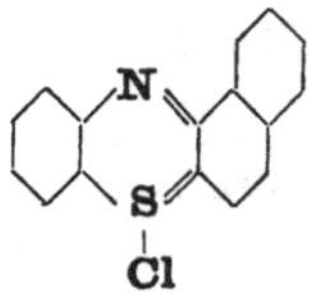

III

Dementsprechend ist das Methylenblau (Konstitutionsformel siehe unten) als ein Tetramethyl-Diaminodiphenazthioniumchlorid zu bezeichnen. Die bekannten auxochromen Gruppen befinden sich, wiederum in Analogie mit den Azinen und Oxazinen, in m-Stellung zum 4-wertigen Thiazinschwefel.

Auch die Methoden zur Darstellung der Thiazine gleichen in weitgehendem Maße denen, die für die technische Gewinnung der Azine und Oxazine in Betracht kommen. Vor allem sind hier die Oxydationssynthesen von Bedeutung, die bei den Thiazinen jedoch, infolge der Notwendigkeit, 1 Atom Schwefel in das Farbstoffmolekül einzuführen, eine besondere Gestaltung annehmen. Die wichtigste Methode, die in zahlreichen Fällen für die Thiazindarstellung

Anwendung gefunden hat, besteht in der oxydativen Kondensation von p-Diamin-Thiosulfonsäuren (z. B. 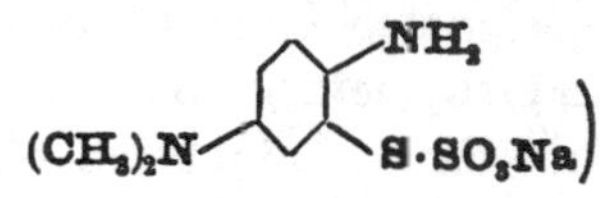) mit Aminen, z. B. $C_6H_5 \cdot N(CH_3)_2$, und Phenolen, auch Aminophenolen, Chinonen (β-Naphtochinon), Hydrochinonen, Gallussäure usw. Die p-Diaminthiosulfonsäuren, die demnach bei der Thiazindarstellung eine sehr bedeutende Rolle spielen, entstehen durch Oxydation von p-Diaminen in Gegenwart von Thiosulfaten nach dem Schema:

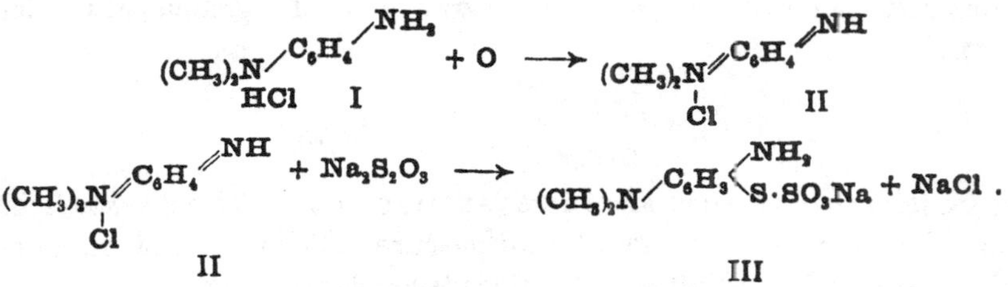

Wollte man, was wohl zulässig sein dürfte, zwischen Diimin (II) und Thiosulfonsäure (III) noch einen Zwischenkörper annehmen, so müßte diesem etwa die Konstitution

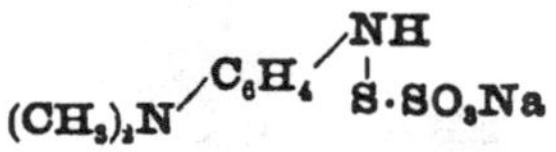

zukommen. Seine Entstehungsweise entspräche den aus der Safraninsynthese bekannten Additionsvorgängen (s. dort Phase 2 und 4, S. 246):

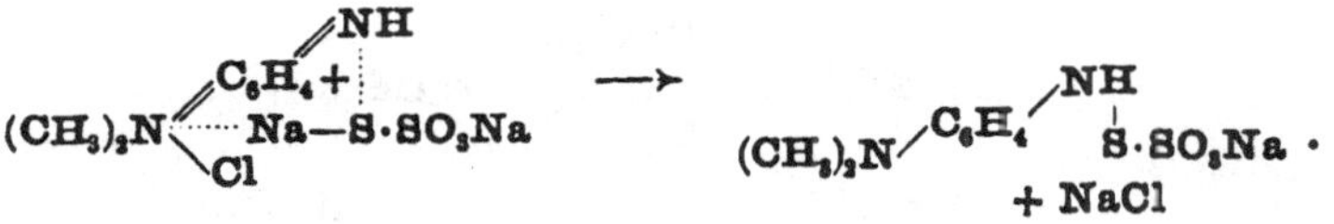

Beim weiteren Übergang dieses Zwischenkörpers in die p-Aminodimethylanilin-Thiosulfonsäure fände eine Umlagerung statt:

die der Semidinumlagerung oder noch mehr der bekannten Wanderung der Sulfogruppe vom Stickstoff in den Kern in hohem Maße ähnelt.

Bei der weiteren Verarbeitung der p-Diaminthiosulfonsäure kann man auf zweierlei Weise verfahren: Man kann entweder in **einer** Operation durch oxydative Kondensation zum Thiazin gelangen, oder man führt die Farbstoffsynthese **stufenweise** durch, wie dies am Beispiel des **Methylenblaus** erläutert werden soll.

Die p-Diaminthiosulfonsäuren kondensieren sich, unter dem Einfluß geeigneter Kondensationsmittel, ganz analog den gewöhnlichen p-Diaminen, mit großer Leichtigkeit mit Aminen und Phenolen zu Indamin- bzw. Indophenol-o-Thiosulfonsäuren. Diese entsprechen in ihrer synthetischen Bedeutung vollkommen den o-Oxy-Indaminen und -Indophenolen (bzw. den o-Chinoniminen), die wir als wichtige Zwischenprodukte bei der Darstellung der Oxazinfarbstoffe kennen gelernt haben. (Die Möglichkeit der inneren Salzbildung zwischen der $—N(CH_3)_2$- und der $—S{\cdot}SO_3H$-Gruppe, wie sie z. B. für die Indaminthiosulfonsäure (VII) angenommen wird, gemäß etwa der Formel

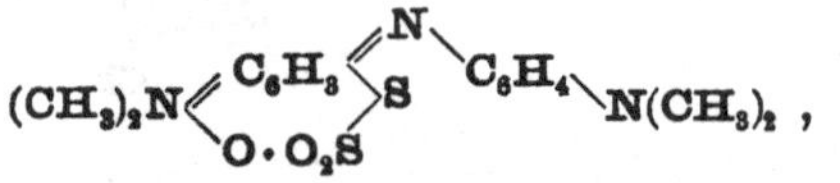

sei im folgenden Schema als unwesentlich außer Betracht gelassen.) Der Übergang der p-Diaminthiosulfonsäure (IV) in die Indaminthiosulfonsäure (VII) gestaltet sich folgendermaßen:

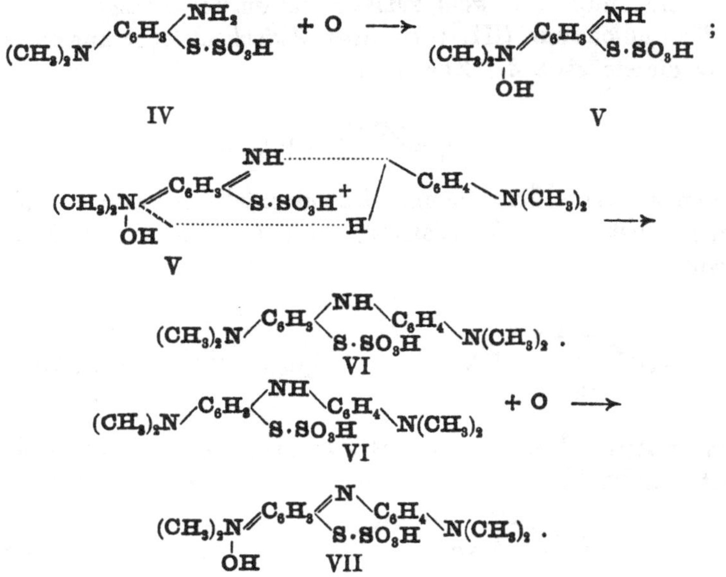

Die weitere Umwandlung der Indaminthiosulfonsäure (VII) in das Thiazin entspricht vollkommen dem Übergang der o-Amino-(o-Alkylido- und o-Arylido-)Indamine in Azine, oder der o-Oxy-Indamine in Oxazine. Hier wie dort bewirkt das in der o-Stellung zum „mittleren" Indamin-Stickstoff befindliche Element (N,O,S) den Ringschluß (zum Azin, Oxazin, Thiazin). Im vorliegenden Falle sind allerdings für das Zustandekommen dieses Ringschlusses mehrere

Möglichkeiten in Betracht zu ziehen: Vor allem erstens, es wird aus der Thiosulfongruppe zunächst Schwefelsäure abgespalten:

$$R \cdot S \cdot SO_3H + H_2O \longrightarrow R \cdot SH + H_2SO_4 .$$

Es entsteht also aus der Thiosulfonsäure ein Thiophenol (VIII),

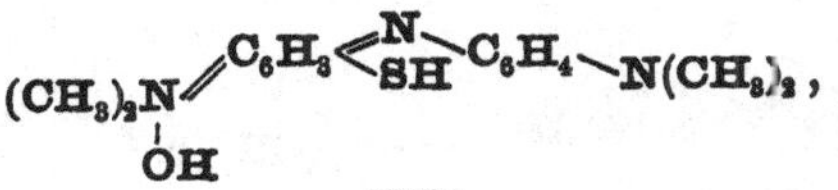

VIII

das isomer ist mit der Verbindung IX,

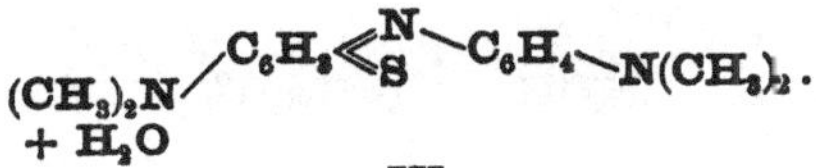

IX

Dieses hypothetische o-Thiochinonimin führt — in analoger Weise wie das o-Chinondiimin zunächst zum Leuko-Azin oder das o-Chinonmonoimin zum Leuko-Oxazin — zum Leukothiazin X (als Chlorhydrat geschrieben)

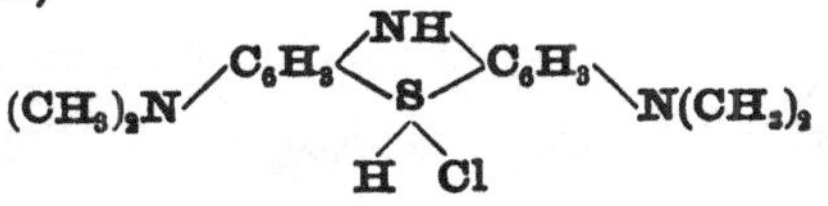

X

und durch weitere Oxydation zum Thiazin selbst, das „Methylenblau" genannt wird und als Chlorhydrat die Formel XI besitzt.

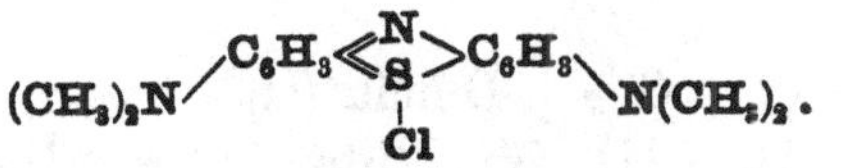

XI

Eine zweite Möglichkeit der Thiazinbildung aus der Indaminthiosulfonsäure, die zwar scheinbar näher liegt, tatsächlich aber wohl weniger in Betracht zu ziehen ist, besteht darin, daß aus der Indaminthiosulfonsäure sich Schweflige Säure abspaltet, was die unmittelbare Entstehung des Thiazinfarbstoffes zur Folge hat:

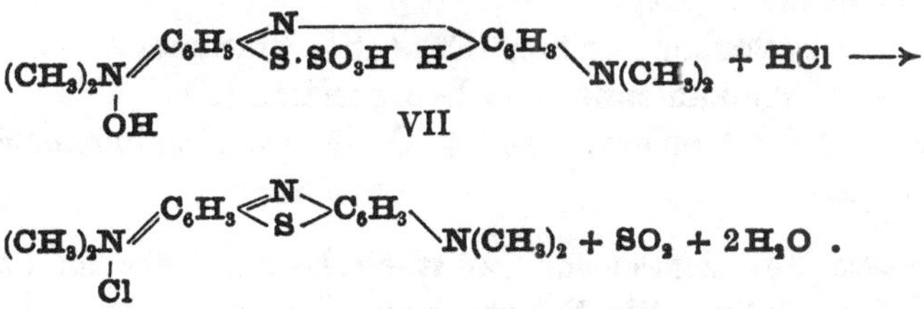

Methylenblau, p-chinoid geschrieben.

Faßt man die durch die einzelnen Phasen:

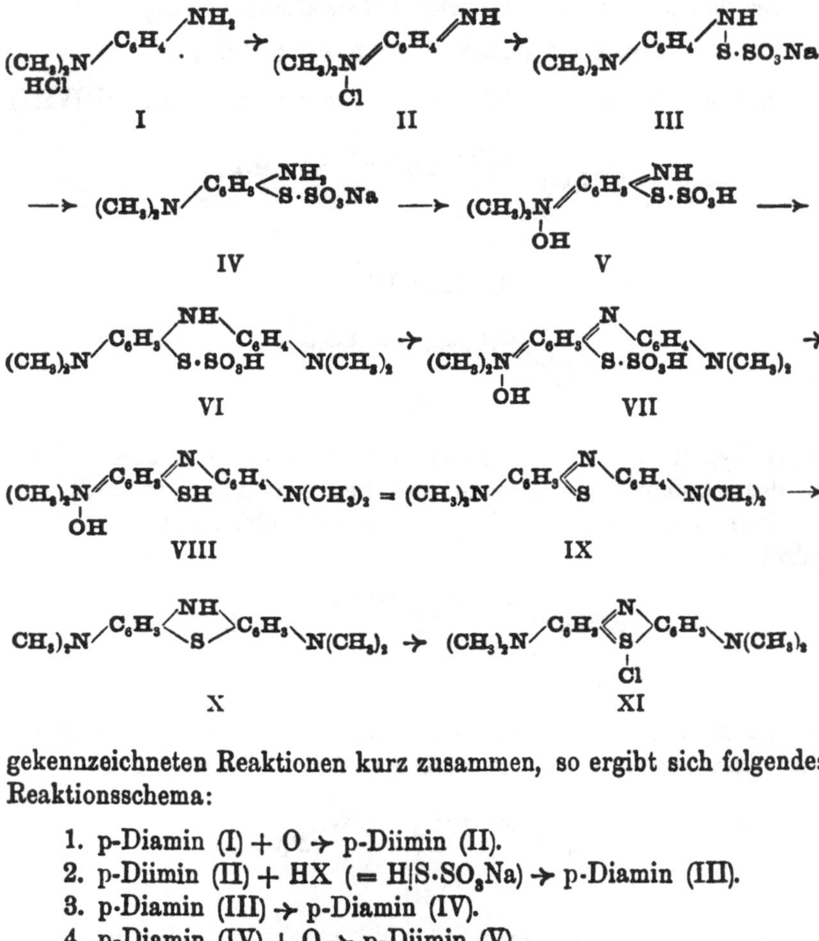

gekennzeichneten Reaktionen kurz zusammen, so ergibt sich folgendes Reaktionsschema:

1. p-Diamin (I) + O → p-Diimin (II).
2. p-Diimin (II) + HX (= H|S·SO_3Na) → p-Diamin (III).
3. p-Diamin (III) → p-Diamin (IV).
4. p-Diamin (IV) + O → p-Diimin (V).
5. p-Diimin (V) + HY [= H|C_6H_4·$N(CH_3)_2$] → p-Diamin (VI).
6. p-Diamin (VI) + O → p-Diimin (VII).
7. p-Diimin (VII) durch Hydrolyse (Abspaltung der Sulfogruppe) → Thiophenol (VIII), isomer mit o-Thiochinonmonoimin (IX).
8. o-Thiochinonmonoimin (IX) + HZ (intramolekulare Addition) → o-Aminothiophenol = Leukothiazin (X).
9. o-Aminothiophenol (X) + O → o-Thiochinonmonoimin = Thiazin (XI).

Dieses Reaktionsschema weist starke Anklänge an das für die Azinbildung aufgestellte Schema auf. Die weitgehende Ähnlichkeit zwischen Azin- und Thiazinsynthese tritt noch deutlicher zutage, wenn man die 3 Thiazinkomponenten: p-Aminodimethylanilin, Dimethylanilin und Thiosulfat — wobei das Thiosulfat, wie man sieht, an die Stelle des primären Monamins, also an die Stelle des Anilins der Safraninsynthese, getreten ist — auch in der nämlichen Reihenfolge miteinander kombiniert wie bei der Azinsynthese, also zunächst das p-Aminodimethylanilin mit dem Dimethylanilin zum Indamin, alsdann dieses mit dem Thiosulfat zur Indaminthiosulfonsäure oxydiert und schließlich durch Umlagerung der Thiosulfonsäure den Ringschluß zum Thiazin bzw. dessen Leukoverbindung herbeiführt. Dieser wenn auch tatsächlich nur selten ausgeführten Synthese entsprechen, dem Vorstehenden gemäß, die besonderen Phasen III', IV' und V':

III'

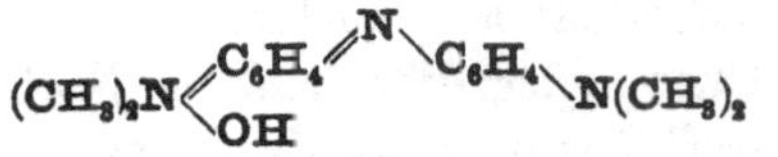

IV'

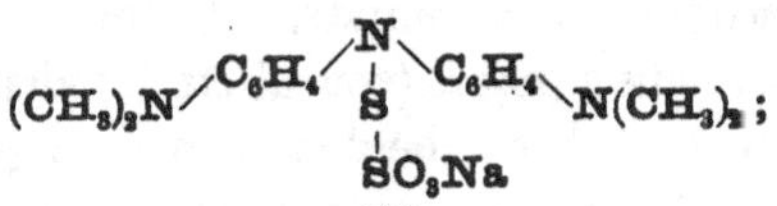

V'

während die Anfangs- und Endstufen (I und II sowie VI bis XI) der oben auf S. 259ff. erläuterten Synthese auch bei der zuletzt erwähnten Ausführungsform durchlaufen werden.

Aus dem Umstande, daß labile Chinonimine hier, wie man sieht, ebenso wie bei der Azinsynthese, eine sehr wichtige Rolle als Zwischenprodukte spielen, ergeben sich die bei der Darstellung der Thiazine einzuhaltenden Reaktionsbedingungen auf Grund dessen, was früher bereits über die Zersetzlichkeit der Indamine gesagt wurde, von selbst. Vor allem muß die Gegenwart freier Mineralsäuren so lange ausgeschlossen bleiben, bis die Bildung des beständigen Thiazinringes erfolgt ist. Andererseits aber muß die Möglichkeit bestehen, das aus dem Bichromat stammende Alkali zu binden. Das geschieht, ebenso wie bei der Azinsynthese (s. S. 248), durch die Gegenwart von $ZnCl_2$, das bei der Reduktion des p-Nitrosodimethylanilins entsteht (2 Mol. $ZnCl_2$ auf 1 Mol. p-Aminodimethylanilin). Nach der Reduktion des p-Nitrosodimethylanilins, die wegen der Zersetzlichkeit des Nitrosokörpers und der Reaktionsfähigkeit der Zwischenprodukte vorteilhaft bei niederen Temperaturen erfolgt (nicht über 30°), hat der Zusatz von Soda hier also lediglich den Zweck, völlig neutrale Reaktion herzustellen. Das Chlorzink selbst jedoch darf aus dem eben angegebenen Grunde aus der Lösung nicht ausgefällt werden. Auch der nun folgende Zusatz von Thiosulfat zur Lösung des p-Diamins bewirkt weder eine Fällung des Zinks noch eine Zersetzung des Thiosulfats, sondern die Lösung bleibt unter den angegebenen Reaktionsbedingungen vollkommen klar. Eine schwache violette Färbung, die in der Regel beim Stehen der mit Soda neutralisierten Reduktionsflüssigkeit einzutreten pflegt, ist ohne Belang. Erst nach Zusatz des Bichromats entsteht infolge des nun einsetzenden Oxydationsprozesses ein Niederschlag, wahrscheinlich eine Mischung aus $Zn(OH)_2$, $Cr(OH)_3$ und p-diaminthiosulfonsaurem Salz. Das Ende der Thiosulfonsäurebildung (III, S. 259) kann man, da etwa noch vorhandenes p-Aminodimethylanilin sich leicht mit roter Farbe oxydiert (WURSTERS Rot), mit einiger Sicherheit am Ausbleiben dieser Färbung bei einer Tüpfelprobe auf Fließpapier erkennen. — Nach dem Hinzufügen der 3. Thiazinfarbstoff-Komponente, des Dimethylanilins in Form seines Chlorhydrates, erfolgt nunmehr die Zugabe des für die Oxydationsprozesse 4 und 6 (s. S. 262) erforderlichen Bichromats. Unter den zunächst einzuhaltenden Reaktionsbedingungen (vor allem niedrige Temperatur) gelangen vorerst also nur diese beiden Prozesse (4 und 6) zur Verwirklichung, die die Synthese bis zur Indaminthiosulfonsäure (VII) fortschreiten lassen. Erst beim Erhitzen dieser schwer löslichen, grünblau gefärbten Verbindung mit Chlorzinklösung wird die Umlagerung zum Leukothiazin (X) und durch weitere Bichromatlösung dessen alsbaldige Oxydation zum Methylenblau herbeigeführt. Damit ist die eigentliche Farbstoffbildung beendigt, und es handelt sich daher bei den weiteren Operationen nur noch um die Aufarbeitung des Reaktionsproduktes. So bezweckt der Zusatz von Schwefelsäure lediglich die Auflösung des bei der Synthese entstandenen Niederschlages von Chrom- und Zinkhydroxyd, dessen Menge dem verbrauchten Natriumthiosulfat und Kaliumbichromat entspricht; während das in fester Form zugegebene NaCl hier wie in zahlreichen anderen Fällen die Abscheidung des entstandenen Farbstoffes vervollständigen soll, damit dieser durch Filtration von den löslichen Nebenprodukten und den Zn- und Cr-Salzen getrennt werden kann. Durch die in der Vorschrift (s. u.) erwähnten 2—3 g Soda werden die aus dem NaCl stammenden Verunreinigungen der Farbstofflösung niedergeschlagen, vor allem Kalksalze, die durch Fleckenbildung die späteren Färbungen beeinträchtigen könnten; dieselben verbleiben im unlöslichen Rückstand. Das Ansäuern der filtrierten Farbstofflösung mit Salzsäure hat den Zweck, etwa vorhandene Farbbase ins Chlorhydrat überzuführen.

Übungsbeispiel.

Methylenblau:

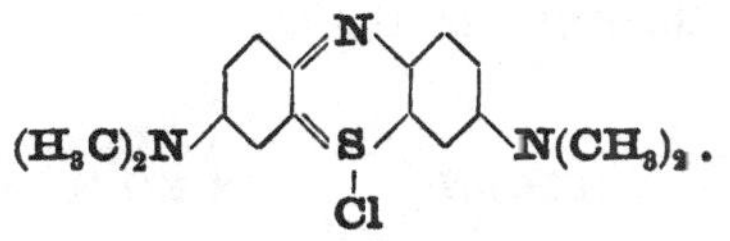

Ausgangsmaterial: 45 g p-Nitrosodimethylanilinchlorhydrat,
65 g Thiosulfat ($Na_2S_2O_3$ + 5 aq.),
25 g Dimethylanilin.

Hilfsstoffe: 45 g Zinkstaub; 270 ccm $ZnCl_2$-Lösung von 40° Bé; (125 + 21) g konzentrierte HCl; Soda fest und in konzentrierter Lösung; (260 + 500 + 250) ccm $K_2Cr_2O_7$-Lösung (1 : 10); 300 g 25 %ige H_2SO_4; festes NaCl.

Darstellung. 45 g salzsaures p-Nitrosodimethylanilin (etwa $^1/_4$ Mol.) werden in 1,5 l Wasser gelöst. Der Lösung werden 125 g konzentrierte HCl von 23° Bé (etwa 1 $^1/_4$ Mol.) zugefügt und in sie unter Rühren allmählich 45 g Zinkstaub (etwa $^1/_3$ Mol.) eingetragen. Die Temperatur soll 30° nicht überschreiten und die Flüssigkeit farblos werden. (Bildung des p-Diamins

$$\left((CH_3)_2N-C_6H_4-NH_2\right).$$

Man neutralisiert nach beendigter Reduktion vorsichtig mit konzentrierter Sodalösung bis zur eben beginnenden Trübung der Lösung durch ausgeschiedenes $ZnCO_3$ und filtriert (Faltenfilter) in ein Gefäß von 5 l Inhalt. Nun läßt man eine konzentrierte Lösung von 65 g $Na_2S_2O_3$ + 5 aq. (etwa $^1/_4$ Mol.) einlaufen, rührt unter Kühlung auf 0° noch $^1/_2$ Stunde und läßt dann innerhalb $^1/_2$ Stunde 260 ccm $K_2Cr_2O_7$-Lösung 1 : 10 (= etwa $^1/_{12}$ Mol. $K_2Cr_2O_7$ = ca. $^1/_4$ Atom O) einfließen. Man rührt so lange, bis eine Probe auf Filtrierpapier keinen roten Rand mehr gibt (Operation 1, 2 und 3; Bildung der Thiosulfonsäure

$$\left((CH_3)_2N-C_6H_3<\begin{matrix}NH_2\\ S-SO_3Na\end{matrix}\right),$$

setzt eine n e u t r a l e Lösung aus 25 g Dimethylanilin und ca. 21 g konzentrierter HCl zu und läßt bei 0° innerhalb 1—1 $^1/_2$ Stunden tropfenweise $K_2Cr_2O_7$-Lösung 1 : 10 (ca. 500 ccm = ca. $^1/_2$ Atom O) zufließen, solange eine Tüpfelprobe im Auslauf mit Bichromatlösung noch unter Grünfärbung reagiert, bzw. solange eine filtrierte Probe mit Bichromatlösung noch eine Abscheidung grünen Indaminthiosulfonats ergibt. Man rührt alsdann noch 1—1 1/2 Stunden, bis die Grünfärbung nicht mehr zunimmt (Operation 4, 5 und 6; Bildung der Indaminthiosulfonsäure

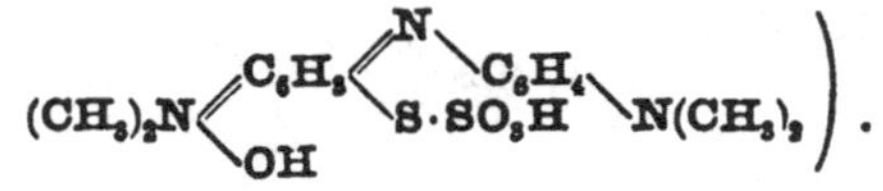

Der Flüssigkeit wird nunmehr noch die Hälfte des Volumens der zuletzt verbrauchten Bichromatlösung hinzugefügt (d. h. ca. 250 cm). Nach Zugabe von 270 ccm $ZnCl_2$-Lösung von 40° Bé erwärmt man unter Rühren auf 90° und erhält das Reaktionsgemisch 1 bis 1 1/2 Stunden auf dieser Temperatur (Bildung von Methylenblau, Operation 7, 8 u. 9). Nun setzt man 300 g 25%ige H_2SO_4 (= 3/4 Mol.) und 200 g NaCl zu, läßt erkalten, saugt den in reichlichen Mengen ausgeschiedenen Niederschlag ab und kocht denselben mehrere Male bis zur annähernden Erschöpfung mit Wasser aus. Die intensiv blaugefärbte wäßrige Farbstofflösung versetzt man mit 2—3 g Soda, kocht nochmals auf und filtriert durch ein Faltenfilter Das Filtrat säuert man bei 80° mit 2—3 g konzentrierter HCl an und fällt den Farbstoff bei dieser Temperatur mit festem NaCl aus. Die mehr oder minder deutlich kristallinische Ausscheidung von Methylenblau wird nach dem Erkalten abgesaugt und auf Ton getrocknet.

Eigenschaften. Die freie Base ist nur durch Ag_2O zu erhalten; sie löst sich mit blauer Farbe in Wasser. Als Farbstoff dient das Chlorhydrat oder das gut kristallisierende Chlorzinkdoppelsalz, ein dunkelbraunes, bronzeglänzendes Pulver, das sich in Wasser leicht löst und vor allem zum Färben und Bedrucken von tannierter Baumwolle dient.

Literatur: Vgl. Schultz, Farbstofftabellen Nr. 659; Bernthsen, Ber. **16**, 1025, 2903 [1883]; **17**, 611, 2854 [1884]; Ann. **230**, 1137 [1885]; **251**, 1 [1889].

XII. Thiazolfarbstoffe.

Die Thiazolfarbstoffe enthalten den Thiazolring:

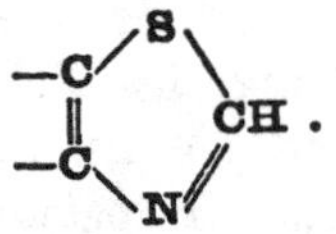

Die einfachsten Derivate des Thiazols sind farblos. Auch das durch Verschweißung des Thiazolringes mit dem Benzolring entstehende Benzothiazol,

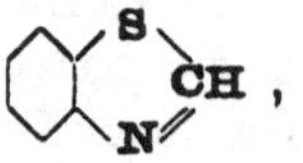

und das durch den Ersatz des Methinwasserstoffes im Thiazolring dieses Körpers durch einen Benzolrest zustande kommende Phenylbenzothiazol,

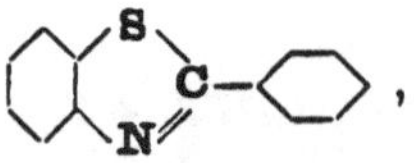

sind farblos. Letztere Verbindung hat jedoch schon chromogene Eigenschaften, denn die Einführung einer basischen Gruppe, paraständig zum Kohlenstoff des Thiazolringes, führt zu schwach gelbfarbigen Körpern.

Die technisch wichtigen Thiazolfarbstoffe verdanken ihre Entstehung der Einwirkung von Schwefel auf das p-Toluidin und seine Homologen (m-Xylidin, Pseudokumidin).

Erhitzt man p-Toluidin mit Schwefel längere Zeit hindurch auf 180—220°, so entsteht unter Schwefelwasserstoffentwicklung das p-Aminophenyltoluthiazol oder Dehydrothiotoluidin,

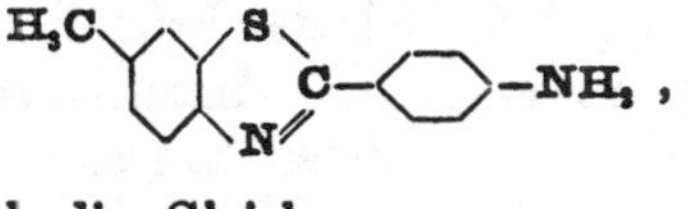

dessen Bildung durch die Gleichung:

$$2\,H_3C \cdot C_6H_4 \cdot NH_2 + 2\,S_2 \longrightarrow H_3C \cdot C_6H_3 <\substack{S\\N}> C \cdot C_6H_4 \cdot NH_2 + 3\,H_2S$$

wiedergegeben wird.

Diese schwach gelbfarbige Base bildet mit Mineralsäuren gelbe Salze. Ihre Lösungen sind durch blaue Fluorescenz gekennzeichnet.

Durch Methylierung geht sie in ein Thioniumchloridderivat,

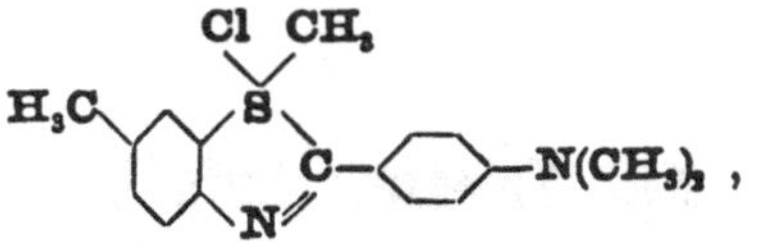

über, das als Thioflavin T seines grünlichgelben Tones wegen in der Färberei der Baumwolle und Seide Anwendung findet.

Wird bei der Einwirkung des Schwefels auf p-Toluidin die Schwefelmenge vermehrt und die Schmelze längere Zeit hindurch auf höhere Temperatur erhitzt, so entsteht ein neues Produkt, die Primulinbase (Green, 1887), welche sich von dem Dehydrothiotoluidin durch intensive gelbe Farbe, geringere Basizität und Löslichkeit unterscheidet. Weil Dehydrothiotoluidin aus Primulinbase durch Erhitzen mit Jodwasserstoffsäure und Phosphor erhältlich ist, so kann man sich die Entstehung der Primulinbase in folgender Weise denken: Da das Dehydrothiotoluidin wie das p-Toluidin eine Methyl- und eine Aminogruppe enthält, so könnten sich zwei Moleküle desselben bei Gegenwart von Schwefel in der gleichen Weise kondensieren, wie zwei Moleküle p-Toluidin zu Dehydrothiotoluidin:

$$2\,H_3C \cdot C_6H_3 < \substack{S \\ N} > C \cdot C_6H_4 \cdot NH_2 + 2\,S_2 \longrightarrow 3\,H_2S +$$

$$H_3C \cdot C_6H_3 < \substack{S \\ N} > C \cdot C_6H_3 < \substack{S \\ N} > C \cdot C_6H_3 < \substack{S \\ N} > C \cdot C_6H_4 \cdot NH_2\,.$$

Eine Primulinbase mit drei p-Toluidinresten könnte durch eine analoge Kondensation zwischen 1 Mol. Dehydrothiotoluidin und 1 Mol. p-Toluidin entstehen:

$$H_3C \cdot C_6H_3 < \substack{S \\ N} > C \cdot C_6H_4 \cdot NH_2 + H_3C \cdot C_6H_4 \cdot NH_2 + 2\,S_2 \longrightarrow$$

$$3\,H_2S + H_3C \cdot C_6H_3 < \substack{S \\ N} > C \cdot C_6H_3 < \substack{S \\ N} > C \cdot C_6H_4 \cdot NH_2\,.$$

Durch Sulfonierung läßt sich die Primulinbase in Sulfonsäuren überführen, die, als Primulin im Handel, sich auf ungebeizter Baumwolle mit gelber Farbe fixieren lassen.

Die Anwesenheit der Aminogruppe in ihrem Molekül ermöglicht es, daß diese Farbstoffe sowohl in Substanz als auch auf der Faser diazotierbar und mit geeigneten Azokomponenten zu Azofarbstoffen (Ingrainfarben) kombinierbar sind.

Übungsbeispiel.

Primulinbase u. Primulin:

$$H_3C\cdot C_6H_3<^{S}_{N}>C-C_6H_3<^{S}_{N}>C-C_6H_3<^{S}_{N}>C-C_6H_3<^{NH_2}_{SO_3Na}\ .$$

Ausgangsmaterial: 20 g p-Toluidin; 200 g Monohydrat; 15 g Schwefel; 200 g Oleum von 60%.

Vorgang: s. oben. Die Primulinbase wird sulfoniert.

Darstellung. a) Primulinbase. Die innige Mischung von 20 g p-Toluidin und 15 g Schwefel wird in einem mit Luftkühler versehenen Kölbchen im Ölbade 4 Stunden hindurch auf 200—220° erhitzt. Dabei erfolgt unter Gelbfärbung der Schmelze eine lebhafte Schwefelwasserstoffentwicklung. Man steigert die Temperatur allmählich auf 250° und erhitzt so lange, bis mittels Bleiacetatpapier Schwefelwasserstoff nicht mehr nachweisbar ist. Die erkaltete Schmelze wird gepulvert und mit Alkohol ausgekocht. Das nach dem Erkalten abfiltrierte und getrocknete Produkt stellt die Primulinbase dar.

b) Primulin. Die Primulinbase wird in die Sulfonsäure dadurch verwandelt, daß man sie, nach dem Trocknen bei 100° und Verreiben zu einem feinen Pulver, bei Wasserbadtemperatur in einem ½ l-Kolben mit 200 g konzentrierter Schwefelsäure unter Umschütteln löst, diese Lösung mit 200 g Oleum von 60% versetzt und so lange auf dem Wasserbade weiter erwärmt, bis die gelben Flocken, welche beim Verdünnen einer Probe mit Wasser ausfallen, sich in überschüssigem Natriumcarbonat vollständig lösen. Ist dies der Fall, so wird die erkaltete Schmelze auf gehacktes Eis gegossen, die ausgeschiedene Sulfonsäure abfiltriert, mit Wasser ausgewaschen, bis der Ablauf nicht mehr sauer reagiert, und die Farbpaste unter gelindem Erwärmen in Sodalösung aufgelöst. Aus der filtrierten, gelben Lösung wird der Farbstoff mit Kochsalz ausgeschieden, abfiltriert und auf Ton getrocknet.

Eigenschaften. Gelbes, in heißem Wasser lösliches Pulver, bei starker Verdünnung blaue Fluorescenz zeigend. Natronlauge erzeugt eine hellgelbe Fällung des Natriumsalzes, Salzsäure einen gelben Niederschlag der Farbsäure. Konzentrierte Schwefelsäure löst fast farblos mit blauer Fluorescenz; beim Verdünnen mit Wasser fallen gelbe Flocken aus.

Literatur: Green, Ber. **22**, 968; Jacobsen, Ber. **22**, 330; Gattermann, Ber. **22**, 422; Fitzinger u. Gattermann, Ber. **22**, 1063; Anschütz u. Schultz, Ber. **22**, 580; Gattermann u. Neuburg, Ber. **25**, 1081; Schultz, Farbstofftabellen Nr. 616.

XIII. Schwefelfarbstoffe.

Unter Schwefelfarbstoffen versteht man die Produkte der Einwirkung von Schwefel oder Schwefelalkali — im letzteren Falle meist unter Zusatz von Schwefel — auf die mannigfaltigsten organischen Verbindungen. Es ist nicht zu viel behauptet, wenn man sagt, daß es kaum eine Verbindung der aliphatischen oder aromatischen Reihe gibt, die, bei höherer Temperatur einer geeigneten Behandlung mit Schwefel und Schwefelnatrium unterworfen, nicht in einen Schwefelfarbstoff überführbar wäre.

Den ersten Schwefelfarbstoff (von rotblauem Ton) erhielt Troost (1861) durch Behandlung von rohem Dinitronaphtalin (enthaltend 1,5 und 1,8) mit Sulfiden bzw. Polysulfiden in alkalischer Lösung. Die ersten Erfolge bei dem Versuch, diese Reaktion zur Darstellung technischer Farbstoffe zu benutzen, erzielten Croissant und Bretonnière (1873), indem sie Sägemehl und andere cellulosehaltige Körper mit Schwefel und Schwefelalkali erhitzten, wobei sie Produkte erhielten, die, in Lösung dunkelgrün, die vegetabilische Faser unter der Einwirkung der Luft echt bräunlichgrau färbten. Als Cachou de Laval haben diese Farbstoffe jahrzehntelang eine gewisse bescheidene Rolle in der Echtfärberei der Baumwolle gespielt, bis dann im Jahre 1893 Bohn, auf die Beobachtung von Troost zurückgreifend, fand, daß 1,8-Dinitronaphtalin beim Kochen mit Schwefelnatrium in wäßriger Lösung einen ungebeizte Baumwolle im alkalischen Bade echt schwarz färbenden Farbstoff (Echtschwarz B) liefert. Namentlich aber war es der französische Chemiker Vidal, der anfangs der neunziger Jahre (1893) zeigte, daß die Einwirkung von Natriumpolysulfid auf Dioxybenzole und Chinone in Gegenwart von Ammoniak, ferner auf p-Diamine oder p-Aminophenole bzw. auf Gemenge von Stoffen, die zur Bildung dieser Substanzen führen, Farbkörper entstehen läßt, deren gemeinsamer Charakter sich in der Kristallisationsunfähigkeit, in der stumpfen, dunklen Farbe und namentlich in der Eigenschaft, Baumwolle nach Art der Küpenfarbstoffe anzufärben, ausdrückt. Die erzielten graugrünen, graubraunen bis schwarzen Färbungen sind durch große

Licht- und Waschechtheit ausgezeichnet, die durch Nachbehandeln mit Metallsalzen (Nachchromieren, Nachkupfern) noch gesteigert werden kann (vgl. 5. Kap.). Diese Entdeckung VIDALs gab der Farbenindustrie die Anregung, die Reaktion der „Schwefelschmelze" auf eine überaus große Zahl der verschiedenartigsten Verbindungen der aromatischen Reihe anzuwenden. In vielen Hunderten von Patenten findet sich eine dementsprechende Anzahl von bräunlichroten, gelben, oliven, grünen, blauen, violetten, braunen und schwarzen Farbstoffen beschrieben, welche als Immedialfarben (Cassella), Thiogenfarben (Höchst), Katigenfarben (Bayer), Kryogenfarben (B. A. S. F.), Schwefelfarben (A.-G. Berlin), Thionfarben (Kalle), Thioxinfarben (Oehler), Pyrolfarben (Leonhardt), Pyrogenfarben (Basler Ges. f. chem. Ind.) in den Handel kommen.

VIDAL hat auch zuerst eine Ansicht über die Konstitution dieser Farbstoffe und die chemischen Vorgänge bei ihrer Entstehung ausgesprochen. Nach ihm kondensieren sich p-Aminophenole und analoge Verbindungen zu Diphenylaminderivaten, die dann bei der Einwirkung von Schwefel bzw. Natriumpolysulfiden in mehr oder weniger komplizierte Thiodiphenylaminderivate von merkaptanartigem Charakter übergehen. Eine gewisse Bestätigung erhielt diese Ansicht dadurch, daß man derartige Schwefelfarbstoffe auch aus fertigen Diphenylaminderivaten gewann. So erhielten L. Cassella & Co. das Immedialschwarz (s. S. 274f.) aus o,p-Dinitro-p'-oxy-Diphenylamin,

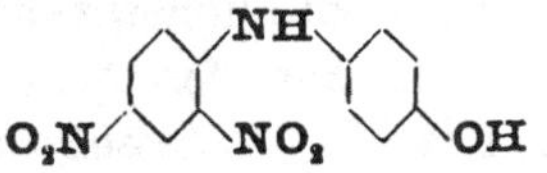

dem sich bald zahlreiche andere Diphenylaminderivate, insbesondere die als Leukobasen von Indophenolen leicht zugänglichen Aminooxydiphenylaminderivate, als Ausgangsmaterialien für analoge Farbstoffe anschlossen. Diese Aminooxydiphenylaminverbindungen und deren N-Alkyl- und -Arylderivate ließen sich bei vorsichtiger Schwefelung in blaue Farbstoffe überführen, die im Immmedialreinblau, den Immedial-Indonen, den blauen Katigen- und Pyrogenfarbstoffen wertvolle Repräsentanten haben. Auch der Bildung des wichtigen Schwefelschwarz T (A.-G. für Anilinfabrikation) bzw. Thiophenolschwarz (Ges. f. chem. Ind. Basel) aus 2,4-Dinitrophenol,

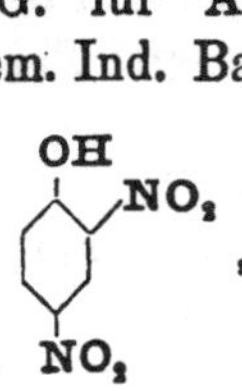

geht diejenige eines Diphenylaminderivates voraus.

Durch Zusatz von Kupfersalzen zur Schwefelnatriumschmelze gelang es dann auch, substituierte Phenole in grüne Schwefelfarbstoffe zu verwandeln (Katigengrün, Pyrogengrün).

Braune und orange bis gelbe Farbstoffe entstehen aus m-Diaminen und deren Abkömmlingen mit einer orthoständigen Methylgruppe, wie m-Toluylendiamin, sowie deren Acylderivaten. Sie befinden sich unter den Namen Immedial-, Thiogen-, Eklips-Gelb, -Orange und -Braun im Handel und haben die gleichen färberischen Eigenschaften, lassen indessen den hohen Echtheitsgrad der vorbesprochenen Farbstoffe vermissen.

Das technisch wichtige Problem, rote Schwefelfarbstoffe zu erzeugen, hat man durch Einführen von Schwefel, mittels der Natriumpolysulfidschmelze, in fertig gebildete rote Farbstoffe zu lösen versucht. Als solche kamen vor allem Farbstoffe der Azinreihe, insbesondere Aminooxyphenazine, Safranole und Rosindone in Frage. Ein voller Erfolg wurde den in der angedeuteten Richtung unternommenen Bemühungen nicht zuteil. Man erhielt Produkte von violetter bis bordeauxroter Nuance.

Die Schwefelfarbstoffe sind — dafür spricht ihr Unvermögen, kristallinische Gestalt anzunehmen — hochmolekulare Verbindungen, die in Wasser, Alkalien, Säuren und den gebräuchlichen Lösungsmitteln unlöslich sind. Sie lösen sich jedoch bei gewöhnlicher Temperatur in Schwefelnatriumlösung. Diese gefärbten Lösungen werden durch energischere Reduktionswirkung (Erwärmen, Hydrosulfitzusatz) entfärbt. Sowohl aus den gefärbten wie aus den entfärbten Lösungen adsorbiert die Baumwolle die Farb- bzw. Leukokörper. Die Fixierung der Färbung erfolgt, meist schon während der Färbung, durch einen Oxydationsvorgang, der in einigen Fällen noch durch Nachchromieren (s. 5. Kap.) vervollständigt wird.

Die interessante Frage, wie man sich die Konstitution der Schwefelfarbstoffe zu denken hat, läßt sich, obwohl analytisches Material noch kaum vorliegt, auf Grund von Analogiebeispielen bis zu einem gewissen Grade beantworten.

Bekanntlich werden Anilin und Phenol von Schwefel bei höherer Temperatur in der o-Stellung substituiert unter Bildung von o-Anilindisulfid (fast ausschließlich) und Thiobrenzkatechin (o-Oxyphenylmerkaptan):

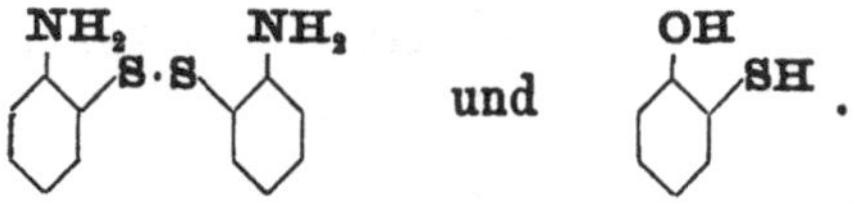

Phenol wird durch Schwefel unter gewissen Umständen vorwiegend in o-Dioxydiphenylpolysulfid,

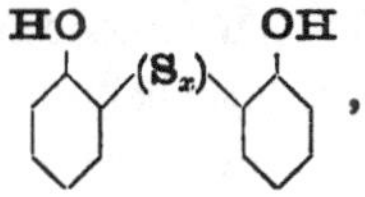

verwandelt. Es ist daher sehr naheliegend, analoge Reaktionsprozesse auch bei Aminophenolen und p-Amino-p-oxy-diphenylaminen anzunehmen.

Hiernach würden in erster Linie aromatische Merkaptane oder Polymerkaptane entstehen, die die Sulfhydratgruppe orthoständig zum Stickstoff oder Sauerstoff enthalten. In weiterer Reaktion kann dann die Sulfhydratgruppe sich zu einer Schwefelkette mit endständiger Sulfhydratgruppe, z. B. R·S·S·S·S·H, auswachsen. Andererseits kann bei Schwefelfarbstoffen aus Diphenylaminderivaten oder solchen aromatischen Körpern, die leicht in Diphenylaminverbindungen übergehen, eine in o-Stellung zur Iminogruppe eingetretene Sulfhydratgruppe, wie bei der Bildung der Thiazinfarbstoffe (s. Methylenblau), zur Entstehung eines stabilen Thiodiphenylaminkomplexes

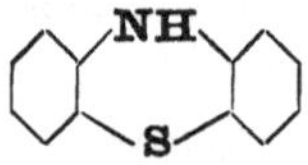

führen. Für das Immedialreinblau ist dies durch dessen Umwandlung in Tetrabrommethylenviolett,

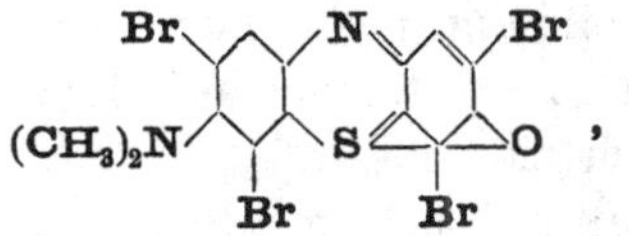

unter dem Einfluß von Brom, direkt nachgewiesen (Gnehm).

Für die aus m-Diaminen (bzw. deren Abkömmlingen) mit orthoständiger Methylgruppe hervorgehenden gelben und braunen Schwefelfarbstoffe liegt es nahe, eine Beziehung zu den Thiazolen herzuleiten, die in dem durch Schwefelung des p-Toluidins entstehenden Dehydrothiotoluidin und Primulin Vertreter von färberischer Bedeutung haben. Hiernach würde man die Produkte der Einwirkung von Natriumpolysulfiden auf die genannten aromatischen Verbindungen anzusprechen haben als Merkaptane bzw. Polymerkaptane oder als —S—SH-Gruppen enthaltende Leukokörper von Indophenolen, Thiazin-, Azin- und Thiazolfarbstoffen. Die Schwefelfarbstoffe wären also die hochmolekularen unlöslichen Disulfide bzw. Polysulfide derselben.

Mit dieser Auffassung im Einklang steht das gesamte Verhalten der Schwefelfarbstofte, insbesondere ihre Fähigkeit, durch Schwefelnatrium und andere alkalische Reduktionsmittel, infolge der Bildung von SH- und OH-Gruppen, wasserlöslich zu werden und durch den Luftsauerstoff (Einblasen von Luft in diese Lösungen), als unlösliche Di- bzw. Polysulfide mit chinoiden Gruppen, sich wieder auszuscheiden, sowie ferner durch Sulfite und Bisulfite in lösliche Thiosulfonsäuren überzugehen.

Übungsbeispiele.

1. Schwefelschwarz T.

Ausgangsmaterial: 20 g 2,4-Dinitrophenol,
85 g Schwefelnatrium,
30 g Schwefel.

Darstellung. In einem $^1/_2$ l-Kolben werden 85 g kristallisiertes Schwefelnatrium in 100 g Wasser gelöst. Darauf werden 30 g Schwefel hinzugefügt und durch Erwärmen auf dem Wasserbade gleichfalls zur Lösung gebracht. In die so bereitete Natriumpolysulfidlösung trägt man in kleinen Portionen 20 g Dinitrophenol ein und erhitzt die dunkelgelbe Lösung am Rückflußkühler auf einem Sandbade ungefähr 20 Stunden hindurch zum Sieden. Unter lebhafter Schwefelwasserstoffentwicklung nimmt die Flüssigkeit eine grünlichschwarze Farbe an. Zeigt eine Tüpfelprobe auf Filtrierpapier keinen bleibenden gelben Auslauf (Nitroaminophenolnatrium) mehr, und nimmt die Farbstoffbildung nicht mehr zu, so verdünnt man die Lösung mit 1 l Wasser, erhitzt sie auf dem Wasserbade und saugt oder preßt Luft durch sie hindurch. Durch diese Behandlung wird der Farbstoff, eventuell gemischt mit Schwefel, ausgefällt. Die völlige Abscheidung wird beim Tupfen auf Filtrierpapier an dem wenig gefärbten oder farblosen Auslauf erkannt. Nach dem Filtrieren und Auswaschen mit Wasser wird das Produkt auf Ton getrocknet.

Eigenschaften. Schwarzes Pulver, in schwefelnatriumhaltigem Wasser mit schwärzlich grünblauer Farbe löslich. Die Lösung wird auf Zusatz von Natronlauge etwas blauer. Mineralsäure und Essigsäure erzeugen in ihr einen grünschwarzen Niederschlag. Konzentrierte Schwefelsäure löst beim Erwärmen mit schmutzig grünblauer Farbe.

Literatur: Friedländer **6**, 738; Schultz, Farbstofftabellen Nr. 720.

2. Immedialschwarz.

Ausgangsmaterial: 20 g 2,4-Dinitro-4'-oxydiphenylamin,
44 g Schwefelnatrium,
16 g Schwefel.

Darstellung. In einem 250 ccm-Kolben schmilzt man auf dem Wasserbade 44 g kristallisiertes Schwefelnatrium und bringt in ihm 16 g Schwefel zur Lösung. In diese Natriumpolysulfidlösung trägt man portionsweise 20 g Dinitrooxydiphenylamin ein, das dabei zunächst zu Nitroaminooxydiphenylamin reduziert wird. Nach Aufsetzen eines Rückflußkühlers senkt man den Kolben in ein Ölbad und erhitzt ihn darin ungefähr 5 Stunden auf 140°. Während dieser Zeit beobachtet man in der sich blauschwarz färbenden Flüssigkeit eine lebhafte Schwefelwasserstoffentwicklung, nach deren Beendigung der Kolbeninhalt mit 1 l Wasser verdünnt wird. Durch die dunkelblaue, auf dem Wasserbade erwärmte Lösung preßt oder saugt man so lange Luft, bis der Farbstoff vollständig ausgefallen ist (Tüpfelprobe auf Filtrierpier). Er wird abfiltriert, mit Wasser ausgewaschen und auf Ton getrocknet.

Eigenschaften. Schwarzes Pulver, in schwefelnatriumhaltigem Wasser mit dunkelblauer Farbe löslich. Säuren fällen schwarze Flocken. In konzentrierter Schwefelsäure ist der Farbstoff mit violettschwarzer Farbe löslich, beim Verdünnen scheiden sich bordeauxrote Flocken aus.

Literatur: FRIEDLÄNDER 5, 423; SCHULTZ, Farbstofftabellen Nr. 724.

XIV. Pyridin-, Chinolin- und Acridinfarbstoffe.

Die Farbstoffe dieser Klasse sind von sehr verschiedenartigem Typus. Über die Funktion des Pyridinkerns

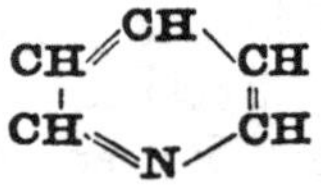

sind die Meinungen noch nicht geklärt und insbesondere auch nicht hinsichtlich der Frage, welchem Chromophor die einzelnen Verbindungen ihre Farbstoffnatur verdanken, obschon zu vermuten ist, daß der Pyridinkern hierbei eine ganz ähnliche Rolle spielt, wie der Azin-, Oxazin- und Thiazin-Ring bei den Azin-, Oxazin- und Thiazinfarbstoffen. Übrigens nimmt man, wie aus den unten wiedergegebenen Formeln für Acridingelb und Benzoflavin hervorgeht, für die Acridinfarbstoffe vielfach nicht eine den o-chinoiden Azinen, Oxazinen und Thiazinen analoge Konstitution an, sondern man bevorzugt, wohl nicht ganz mit Recht, eine mittlere Bindung zwischen C und N, entsprechend dem Formelbilde:

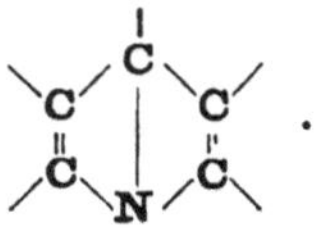

Technisch verwertbare Farbstoffe sind aus Pyridin selbst bisher nicht erhalten worden. Soweit die Farbstoff-Synthese mit einer Aufspaltung des Pyridinkerns zu einer offenen Kette (I) verknüpft ist, führt sie zu Produkten, die zwar durch lebhaften Farbenton ausgezeichnet, aber infolge ihrer Zersetzlichkeit unbrauchbar sind, da schon beim Färben, infolge der Säurewirkung, Ringschluß zur Pyridoniumverbindung (II) eintritt:

I II

A. Chinolinfarbstoffe.

Die Chinolinfarbstoffe werden auf zweierlei Weise erhalten: *α*) Man geht aus vom fertigen Chinolin und seinen Derivaten und führt dieselben, z. B. durch Kondensationen, in Farbstoffe über. *β*) Man verbindet die Chinolinbildung mit der Farbstoffsynthese zu einer einzigen Operation. Von den Chinolinderivaten dienen das Chinolinblau und -rot lediglich als Sensibilisatoren in der Photographie; als eigentlicher Farbstoff hingegen ist bemerkenswert das Chinolingelb, aus Phtalsäureanhydrid und Chinaldin, ein Chinophtalon von analoger Konstitution wie das Pyrophtalon (III) aus Phtalsäureanhydrid (II) und *α*-Picolin (I):

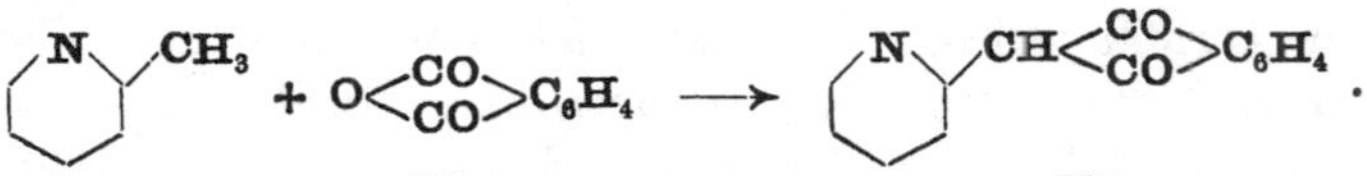

I II III

Beide Phtalone sind Abkömmlinge des Indandions,

$$C_6H_4{<}{CO \atop CO}{>}CH_2 \,,$$

und können daher als Chinolyl- bzw. Pyridyl-Indandion (s. u.) bezeichnet werden. Die Kondensation des Phtalsäureanhydrids mit Chinaldin erfolgt bei höherer Temperatur auch ohne Anwendung eines Kondensationsmittels, als welches bisweilen $ZnCl_2$ benutzt wird, und verläuft nach dem Schema:

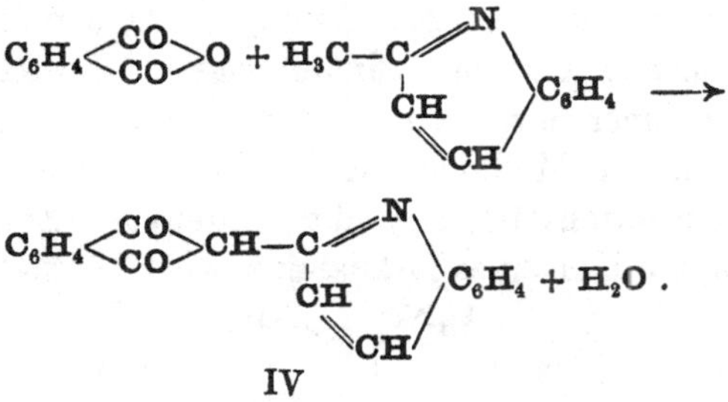

IV

Als Nebenprodukt entsteht das Isochinophtalon,

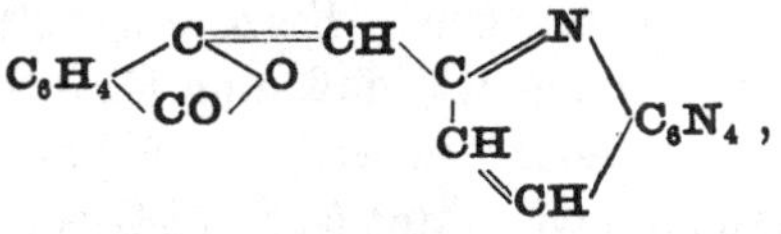

ein Körper von Phtalid-artigem Charakter, der durch Na-Alkoholat sich schon bei gewöhnlicher Temperatur zum Chinophtalon umlagern läßt. Wegen seiner Unlöslichkeit in Wasser ist das Chinolingelb als solches für technische Zwecke nicht geeignet. Durch Sulfonierung, die zu ihrer glatten Durchführung rauchender Schwefelsäure und höherer Temperatur bedarf, wird das Gelb wasserlöslich und bildet alsdann einen wertvollen, rein gelben Farbstoff für Wolle und Seide.

B. Acridinfarbstoffe.

Die Acridinfarbstoffe enthalten außer dem mittleren Pyridin- noch zwei Benzol- (oder auch Naphtalin-)kerne:

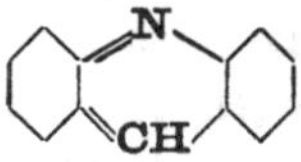

und

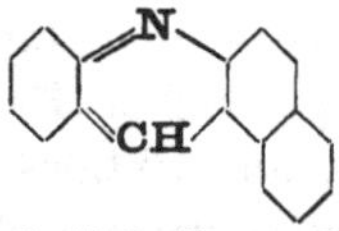

und stehen daher, wie man sieht, hinsichtlich ihrer Konstitution den Azinen, Oxazinen und Thiazinen nahe. Sie werden nicht unmittelbar aus dem Acridin selbst, das bekanntlich einen Bestandteil des Steinkohlenteers bildet, dargestellt, sondern ausschließlich mittels solcher Synthesen, die den mit den erforderlichen auxochromen Gruppen versehenen Acridinkern erst entstehen lassen. Ähnlich wie bei den Triphenylmethanfarbstoffen (s. S. 177, 182, 185) spielen auch hier die *reinen Kondensationen* eine große Rolle. Hierbei werden in der Regel zunächst *Leuko*verbindungen gebildet, die durch weitere Oxydation sich leicht in die eigentlichen Farbstoffe überführen lassen. In manchen Fällen tritt eine solche Oxydation schon von selbst ein, d. h. sie erfolgt unter dem Einfluß des Luftsauerstoffes. Die *Oxydationssynthesen*, bei denen der betreffende Farbstoff durch oxydative Kondensation aus mehreren Komponenten aufgebaut wird, und die bei der Darstellung der Azine, Oxazine und Thiazine eine so große Bedeutung besitzen, finden nur in seltenen Fällen Anwendung und nehmen meist einen wenig glatten Verlauf.

Die wichtigsten Methoden der reinen Kondensation beruhen auf der Kondensationsfähigkeit der Aldehyde (Formaldehyd und Benzaldehyd) mit 2 Mol. eines m-Diamins, wie z. B. m-Toluylendiamin:

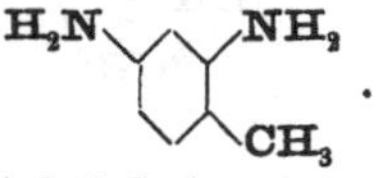

Bemerkenswert ist die Leichtigkeit, mit der bei m-Diaminen der Aldehydrest in den aromatischen Kern eingreift, wobei allerdings eine wichtige Bedingung die ist, daß eine Mineralsäure zugegen ist; im anderen Falle entstehen entweder Anhydroverbindungen nach Art des Anhydroformaldehydanilins (s. S. 184) oder Zwischenprodukte, bei denen der Aldehydrest gleichzeitig in den aromatischen Kern und in die Aminogruppe eingreift:

$$\begin{matrix} H_2N \\ H_3C \end{matrix}\!\!>C_6H_3\diagup NH_2 + OCH_2 \longrightarrow \begin{matrix} H_2N \\ H_3C \end{matrix}\!\!>C_6H_2<\!\!\begin{matrix} NH \\ | \\ CH_2 \end{matrix} + H_2O\,.$$

Diese Zwischenprodukte sind reaktionsfähige Körper, die unter geeigneten Bedingungen (vor allem ist wieder die Gegenwart von Mineralsäure erforderlich) in Acridine (symmetrische oder unsymmetrische) übergeführt werden können. Der Eingriff des Aldehydrestes in den aromatischen Kern ist gewissen Gesetzmäßigkeiten unterworfen; er erfolgt bei Monaminen fast durchgängig in p-Stellung und nur ausnahmsweise, nämlich bei besetzter p-Stellung, in o-Stellung zur Aminogruppe. Bei m-Diaminen befindet sich der Aldehydrest ebenfalls in p-Stellung zu der einen, dadurch aber gleichzeitig in o-Stellung zur anderen Aminogruppe. So entsteht aus 1 Mol. Formaldehyd und 2 Mol. m-Toluylendiamin in Gegenwart einer Mineralsäure ein Tetraaminoditolylmethankörper von eigenartiger Konstitution:

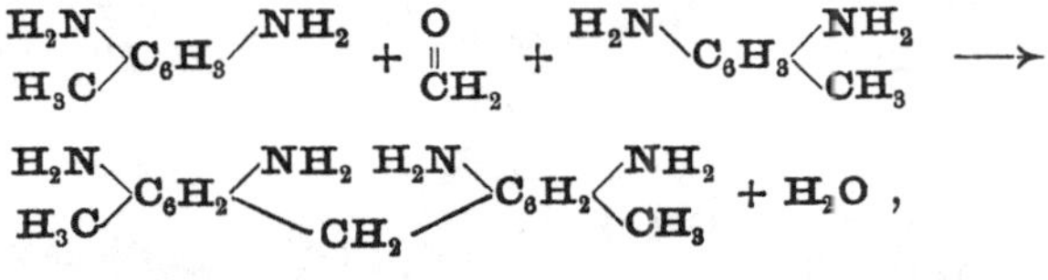

die ihn — beim Erhitzen auf höhere Temperatur — zur (Pyridin-) Ringbildung geeignet macht. Das Ende der Formaldehydkondensation läßt sich leicht durch das Verschwinden des eigentümlichen Formaldehydgeruches, genauer aber mittels einer geeigneten Diazoniumverbindung erkennnen: Während m-Toluylendiamin z. B. mit p-Nitrobenzoldiazoniumchlorid in schwach mineralsaurer Lösung sehr leicht einen gelbbraunen, in Äther löslichen Farbstoff bildet, kuppelt das Ditolylmethanderivat mit anderer Farbe und zudem wesentlich schwerer, da die beiden p-Stellungen zu den Aminogruppen besetzt sind:

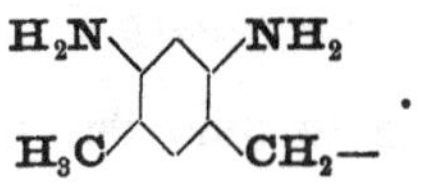

Auch mittels HNO_2 läßt sich etwa noch vorhandenes m-Toluylendiamin leicht feststellen, da dieses Diamin in essigsaurer oder schwach mineralsaurer Lösung, ähnlich wie m-Phenylendiamin, mit HNO_2 einen braunen Disazofarbstoff vom Typus des Bismarckbrauns (s. S. 88) erzeugt. Das Ditolylmethanderivat vermag (s. o.) beim Erhitzen mit Säuren auf höhere Temperaturen unter Abspaltung von NH_3 in ein Diaminodimethyldihydroacridin überzugehen:

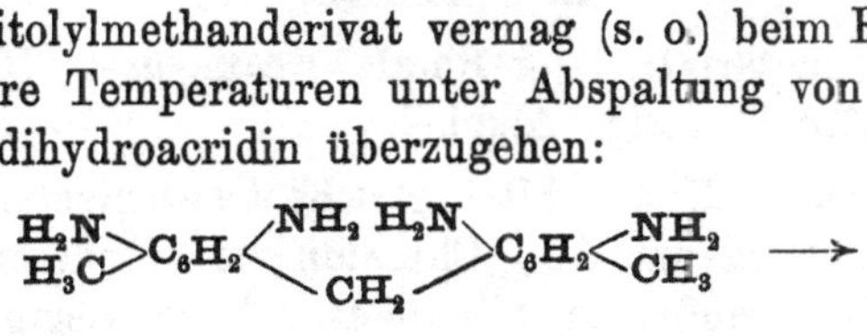

Diese Verbindung besitzt die Natur eines Leukofarbstoffes und ist daher, wie erwähnt, leicht geneigt, in den Farbstoff selbst, das Acridingelb (s. u.), überzugehen. Befördert wird dieser Übergang durch die Gegenwart eines Oxydationsmittels, wozu sich jedoch nur gelinde wirkende Mittel wie $FeCl_3$ eignen, die das übrige Farbstoffmolekül, insbesondere die Aminogruppen, unverändert lassen. Da das Acridingelb im Gegensatz zu seiner Leukoverbindung in Wasser schwer löslich ist, so lassen sich Verlauf und Ende des Oxydationsprozesses an dem ausfallenden Farbstoffniederschlag leicht erkennen.

Analog der Bildung des Acridingelbs gestaltet sich die Synthese des Benzoflavins bzw. der entsprechenden Leukoverbindung, des Phenyl-Ditolyl-Methanderivates; es entsteht aus 1 Mol. Benzaldehyd und 2 Mol. m-Toluylendiamin nach dem Schema:

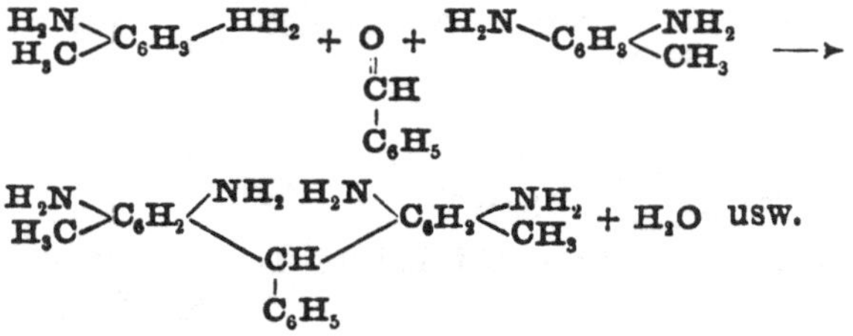

Allerdings besitzt der Benzaldehyd eine merklich geringere Reaktionsfähigkeit als der Formaldehyd und erfordert daher zur Vollendung der Kondensation eine erheblich längere Zeit. Die Erkennung des Endpunktes der Reaktion gestaltet sich ähnlich wie oben schon bei Acridingelb angegeben und beruht auf dem Nachweis etwa noch vorhandenen m-Toluylendiamins.

Übungsbeispiele.

1. Chinolingelb (und Chinolingelb S):

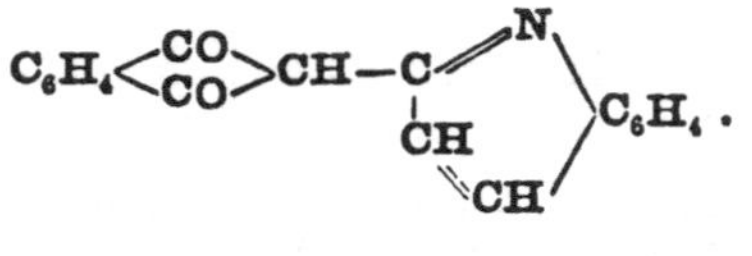

a) Chinolingelb.

Ausgangsmaterial: 10 g Phtalsäureanhydrid; 10 g Chinaldin.
Hilfsstoffe: Eisessig; Alkohol.

Darstellung. Man erhitzt gleiche Gewichtsmengen, etwa 10 g Phtalsäureanhydrid und 10 g Chinaldin, in einem mit Steigrohr versehenen Kolben auf dem Sandbade. Nach Beginn der Reaktion, die sich durch Gelbfärbung anzeigt, mäßigt man die Wärmezufuhr und schüttelt gut um, bis am Rande der Flüssigkeit sich gelbe Kristalle abzuscheiden beginnen, und erhitzt nun weiter, bis die Reaktionsmasse erstarrt ist. Bei einer Menge von 20—40 g Ausgangsmaterial ist die Operation in ca. 45 Minuten beendigt. Man rührt die Masse noch vor dem Erkalten mit Alkohol an, saugt nach einer Stunde ab und wäscht mit kaltem Alkohol nach, bis dieser hell abläuft. Das hellgelb gefärbte Produkt wird gereinigt durch Lösen in wenig heißem Eisessig und darauffolgenden Zusatz von Alkohol bis zur beginnenden Trübung; Fp. 241°.

Eigenschaften. Der Farbstoff stellt ein gelbes Pulver dar, das in Wasser unlöslich ist, sich in Alkohol schwer mit gelber und in konzentrierter Schwefelsäure mit gelbroter Farbe löst.

Literatur: Vgl. SCHULTZ, Farbstofftabellen Nr. 612.

b) Chinolingelb S.

(Na-Salz der Disulfonsäure des Chinolingelbs.)

Ausgangsmaterial: 10 g Chinolingelb,
40 g Oleum von 25 % SO_3-Gehalt.

Hilfsstoffe: Soda, festes NaCl.

Darstellung. 10 g Chinolingelb werden in 40 g 25 %igem Oleum gelöst und im Ölbade auf 170° erhitzt, bis eine Probe völlig wasserlöslich ist. Die Schmelze gießt man nach dem Abkühlen vorsichtig in etwa 350 ccm Wasser oder auf Eis und führt die so erhaltene Disulfonsäure, durch Neutralisieren der schwefelsauren Lösung mit Soda, ins Na-Salz über. Aus dem Filtrat fällt man den Farbstoff mittels NaCl aus.

Eigenschaften. Der Farbstoff stellt ein gelbes Pulver dar, das in Wasser und Alkohol mit gelber Farbe sehr leicht löslich ist.

Literatur: Vgl. SCHULTZ, Farbstofftabellen Nr. 613.

2. Acridingelb:

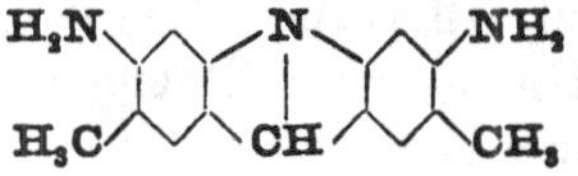

HCl .

Ausgangsmaterial: 12,5 g m-Toluylendiamin,
3,77 g Formaldehyd 39,8 %ig.

Hilfsstoffe: 5 g konzentrierte H_2SO_4; NH_3-Lösung; 20 ccm HCl 20 %ig; verd. HCl; $FeCl_3$-Lösung; Natronlauge; Anilin; eventuell Eisessig.

Darstellung. a) Tetraaminoditolylmethan.

12,5 g m-Toluylendiamin werden in einem Gemisch von 5 g konzentrierter H_2SO_4 und 40 ccm Wasser in der Wärme gelöst. In das alsbald zu einem dicken Kristallbrei von m-Toluylendiaminsulfat erstarrte Gemisch werden 3,77 g Formaldehyd (39,8 %ig), verdünnt mit 10 ccm Wasser, unter Rühren bei ca. 60° eingetragen. Die Kristalle gehen sofort wieder in Lösung, aber nach einigen Augenblicken beginnt die Ausscheidung von feinen, silberglänzenden Nadeln des Sulfats von Tetraaminoditolylmethan. Nach dem Erkalten werden dieselben filtriert und mit etwas kaltem Wasser gewaschen. Das noch feuchte Sulfat wird durch Verreiben mit NH_3-Lösung und gelindes Erwärmen in die Base übergeführt. Dieselbe stellt ein schwachgefärbtes Kristallpulver dar und ist schwerlöslich in Alkohol, Toluol und Wasser, aus dem sie in langen Blättchen kristallisiert; Fp. 203—204° unter Bräunung.

b) Farbstoff. 6 g Tetraaminoditolylmethan werden in 20 ccm 20 %iger HCl gelöst und die schwach braungefärbte Lösung im Einschlußrohr 3—4 Stunden auf 150° erhitzt, wobei sich unter NH_3-Abspaltung das Hydroacridinderivat ziemlich glatt bildet. Nach dem Erkalten wird der rotgefärbte Röhreninhalt mit den ausgeschiedenen roten Kristallnadeln in einen Kolben gespült und in 200 g Wasser gelöst. Darauf versetzt man die heiße Flüssigkeit vorsichtig mit einer wäßrigen $FeCl_3$-Lösung so lange, bis keine weitere Vermehrung des sich ausscheidenden rotgelben Niederschlags wahrzunehmen ist (nötigenfalls Filtrationsprobe!). Das so gebildete Chlorhydrat des Acridinkörpers wird abfiltriert, mit sehr verdünnter HCl zur Entfernung des $FeCl_3$ ausgewaschen und getrocknet. Das salzsaure Salz wird, um aus ihm die Base zu erhalten, mit heißem Wasser zu einem Brei angerührt, mit der nötigen Menge Natronlauge versetzt und auf dem Wasserbade erwärmt, bis die Farbe in ein reines Gelb umgeschlagen ist. Die Base wird abgesaugt, mit heißem Wasser gewaschen und getrocknet. Zur Reinigung löst man sie in 50 ccm Anilin in der Siedehitze. Beim Abkühlen kristallisiert sie in gelben Nadeln, die mit Äther und Benzol gewaschen werden. Das Chlorhydrat ist aus eisessigsaurer Lösung der Base mittels HCl als mikroskopisches Pulver erhältlich.

Eigenschaften. Das Acridingelb ist ein gelbes, selbst in heißem Wasser nur mäßig lösliches Pulver und dient zum Färben und Bedrucken von tannierter Baumwolle.

Literatur: Schultz, Farbstofftabellen Nr. 602.

3. Benzoflavin:

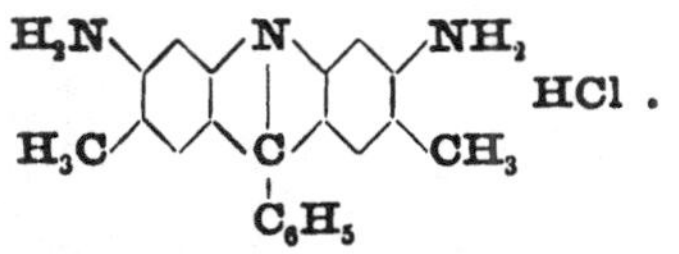

Ausgangsmaterial: 9,8 g salzsaures m-Toluylendiamin,
6,1 g m-Toluylendiaminbase,
5,3 g Benzaldehyd.

Hilfsstoffe: Alkohol; 13%ige HCl; $FeCl_3$-Lösung.

Darstellung. 9,8 g salzsaures m-Toluylendiamin und 6,1 g m-Toluylendiaminbase werden in so viel Alkohol gelöst, daß in der Wärme eine konzentrierte Lösung entsteht. Zu der auf 60° abgekühlten Lösung gibt man 5,3 g frischen Benzaldehyd. Die Lösung färbt sich sofort rot und scheidet das Chlorhydrat des Phenyltetraaminoditolylmethans in Gestalt eines dichten, aus hellgelben Tafeln bestehenden Niederschlages aus. Nach weiterem, etwa dreistündigem Erwärmen wird er abgesaugt und getrocknet. 5 g des Produktes werden mit 25 g 13%iger HCl sieben Stunden lang im Einschlußrohr auf 160° erhitzt. Der Rohrinhalt besteht alsdann aus einem festen Kuchen rötlicher Nadeln, die an der Luft bald eine intensiv gelbrote Farbe annehmen. Die Masse wird, um die Oxydation zum Farbstoff zu vollenden, in wäßriger HCl suspendiert und nach Zugabe von $FeCl_3$-Lösung einige Stunden an der Turbine energisch gerührt. Alsdann wird abfiltriert und getrocknet.

Eigenschaften. Die aus dem Chlorhydrat mittels Alkali erhältliche freie Base ist hellgelb. Aus Alkohol kristallisiert sie in braungelben, stumpfen Nadeln, die in heißem Wasser nur schwer löslich sind; in Alkohol löst sie sich mit gelbgrüner Fluorescenz. Der Farbstoff ist ein Chlorhydrat von gelbroter Farbe und dient ebenso wie Acridingelb zum Färben und Bedrucken tannierter Baumwolle.

Literatur: SCHULTZ, Farbstofftabellen Nr. 605.

XV. Küpenfarbstoffe.

A. Indigo- und Thioindigofarbstoffe.

I. Indigo: 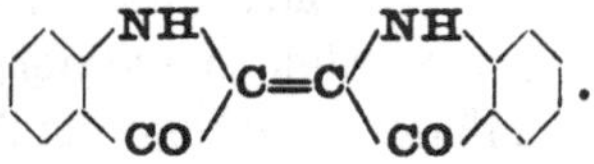

Der **Indigo** zählt, trotz gewisser Mängel der mit ihm erzielbaren Blaufärbungen, zu den ältesten und wichtigsten Farbstoffen. Er findet sich vor sowohl im Tier- wie auch im Pflanzenreich; jedoch tritt er nicht im freien Zustand und nicht fertig gebildet als solcher in der Natur auf, sondern man gewinnt ihn erst aus den ester- bzw. ätherartigen Verbindungen des ihm nahestehenden **Indoxyls** (I) mit Schwefelsäure oder Glukose, die den Namen „**Indikane**" führen; z. B. ist das Harn-Indikan das Na-Salz einer „Indoxylschwefelsäure" von der Konstitution II.

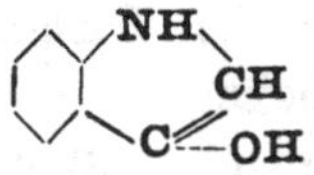

I

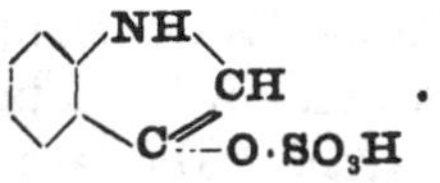

II

Aus den Indikanen kann durch hydrolytische Spaltung und Oxydation **Indigo** leicht gewonnen werden.

Das **Indigo**-Molekül weist, wie man sieht, keine auxochromen Gruppen gewöhnlicher Art auf. Welche Bedeutung den einzelnen Gruppen, aus denen sein Molekül sich aufbaut (NH, O, $>C=C<$ usw.), zukommt, ist vorläufig noch nicht mit Sicherheit entschieden. Immerhin dürfte seine nahe Beziehung zu dem Dianilido-Benzo-Chinon

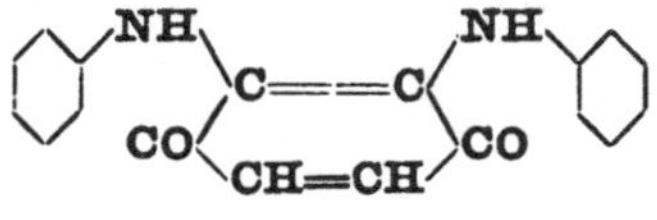

einiges Licht auf diese Frage werfen.

Die technische Darstellung des Farbstoffes in großem Maßstabe ist erst seit 1897 gelungen und überwiegt heute die natürliche Erzeugung ganz beträchtlich.

Es ist eine bemerkenswerte, aber aus den Eigenschaften des Indoxyls sich erklärende Erscheinung, daß bei den meisten Versuchen zur Synthese des künstlichen Indigos solche Ausgangsmaterialien verwendet wurden, die nur einen Phenylrest im Molekül enthalten, obwohl, wie man sieht, zur Bildung des Indigomoleküls 2 Phenylreste erforderlich sind. In der Regel läuft die Synthese, ähnlich wie bei der Darstellung des natürlichen Indigos durch oxydative Spaltung des Glukosids, zunächst auf die Gewinnung des Indoxyls hinaus, das, als äußerst oxydable Substanz, mit großer Leichtigkeit in den Farbstoff, den Indigo, übergeht:

$$C_6H_4{<}{NH \atop C-OH}{>}CH + 2O + HC{<}{NH \atop HO-C}{>}C_6H_4 \longrightarrow$$

$$C_6H_4{<}{NH \atop CO}{>}C{=}C{<}{NH \atop CO}{>}C_6H_4\,.$$

Die erste, von der Badischen Anilin- u. Sodafabrik im technischen Maßstabe verwirklichte, aber heute wohl nicht mehr benutzte Indigo- bzw. Indoxylsynthese ging aus vom Naphtalin und bediente sich als Zwischenstufen der Verbindungen: Phtalsäureanhydrid (I), Phtalimid (II), Anthranilsäure (III) und Phenylglycin-o-carbonsäure (IV)

$$\underset{\text{I}}{C_6H_4{<}{CO \atop CO}{>}O},\quad \underset{\text{II}}{C_6H_4{<}{CO \atop CO}{>}NH},\quad \underset{\text{III}}{C_6H_4{<}{NH_2 \atop COOH}},\quad \underset{\text{IV}}{C_6H_4{<}{NH\cdot CH_2\cdot COOH \atop COOH}}\,.$$

Die Darstellung des Indigos zerfällt danach in die folgenden Teilprozesse:

1. Oxydation des Naphtalins mittels SO_3 zum Phtalsäureanhydrid.
2. Kondensation des Phtalsäureanhydrids mit NH_3 bzw. $(NH_3)_3(CO_2)_2H_2O$ (Hirschhornsalz) zum Phtalimid.
3. Oxydation des Imids mittels NaOCl zur Anthranilsäure.
4. Kondensation der Anthranilsäure mit Monochloressigsäure zur Phenylglycin-o-carbonsäure.
5. Verschmelzung der o-Carbonsäure zu Indoxyl bzw. Indoxylcarbonsäure mittels Alkali.

Zu 1. Oxydation des Naphtalins mittels SO_3 zum Phtalsäureanhydrid. Diese Reaktion verläuft nach der Gleichung:

$$C_6H_4\left\langle\begin{array}{l} CH{=}CH \\ \qquad\ | \\ CH{=}CH \end{array}\right. + 9SO_3 \longrightarrow C_6H_4{<}{CO \atop CO}{>}O + 9SO_2 + 2CO_2 + 2H_2O\,,$$

wobei die in reichlichen Mengen erzeugte SO_2 in der Technik zurückgewonnen und nach dem Kontaktprozeß wieder auf SO_3 verarbeitet wird. Wesentlich begünstigt wird die Operation (zu der in der Regel nicht SO_3 selbst, sondern eine mehr oder minder hochprozentige Lösung desselben in H_2SO_4, sogenanntes „Oleum“, benutzt wird) durch Zugabe von Hg oder seinen Salzen, die dabei eine eigentümliche, bisher noch nicht in allen Einzelheiten mit Sicherheit erkannte Rolle als Katalysatoren spielen. Als Nebenprodukte entstehen Sulfophtalsäuren, die beim Überdestillieren des Phtalsäureanhydrids zum größten Teile in der Schwefelsäure gelöst zurückbleiben.

Zu 2. Kondensation des Phtalsäureanhydrids mit NH_3 bzw. $(NH_3)_3(CO_2)_2H_2O$ zum Imid. Sie erfolgt nach der Gleichung:

$$C_6H_4{<}{}^{CO}_{CO}{>}O + NH_3 \longrightarrow C_6H_4{<}{}^{CO}_{CO}{>}NH + H_2O$$

i. F. v. $(NH_3)_3(CO_2)_2 \cdot H_2O$

und verläuft auch bei Anwendung von trocknem Ammoniakgas mit ziemlich großer Leichtigkeit.

Zu 3. Oxydation des Imids mittels NaOCl zu Anthranilsäure. Dieser Prozeß stellt eine Abart der bekannten Hofmannschen Methode dar, wonach Säureamide durch Brom und Alkali in die um 1 C ärmeren Monoalkylamine übergeführt werden können:

$$R \cdot CO \cdot NH_2 \longrightarrow R \cdot NH_2 .$$

Als Zwischenprodukte treten vermutlich Verbindungen vom Typus R·CO·NH·Br bzw. R·CO·NH·OH auf:

$$R \cdot CO \cdot NH_2 + Br_2 + NaOH \longrightarrow R \cdot CO \cdot NH \cdot Br + NaBr + H_2O$$

und

$$R \cdot CO \cdot NH \cdot Br + NaOH \longrightarrow R \cdot CO \cdot NH \cdot OH + NaBr .$$

Durch Umlagerung gehen diese hypothetischen Oxyamide R.CO.NH·OH über in die N-carbonsäuren vom Typus R·NH·COOH, aus denen durch alsbaldige Abspaltung von CO_2 die Amine $R \cdot NH_2$ hervorgehen:

$$R \cdot NH \cdot COOH \longrightarrow R \cdot NH_2 + CO_2 .$$

In Summa verläuft also der Prozeß nach der Gleichung:

$$R \cdot CO \cdot NH_2 + NaOCl + 2NaOH \longrightarrow R \cdot NH_2 + NaCl + Na_2CO_3 + H_2O .$$

Aus Phtalimid und NaOCl in Gegenwart von Alkali entstehen vielleicht in analoger Weise die höchst labilen Zwischenstufen:

$$C_6H_4{<}{}^{CO \cdot NH \cdot Cl}_{COOH}, \quad C_6H_4{<}{}^{CO \cdot NH \cdot OH}_{COOH} \quad \text{und} \quad C_6H_4{<}{}^{NH \cdot COOH}_{COOH}$$

und schließlich aus der letzten, der Carboxy-Anthranilsäure, durch Abspaltung von CO_2, die Anthranilsäure, gemäß der summarischen Gleichung:

$$C_6H_4{<}{}^{CO}_{CO}{>}NH + NaOCl + 3\,NaOH \longrightarrow$$

$$C_6H_4{<}{}^{NH_2}_{COONa} + NaCl + Na_2CO_3 + H_2O\,.$$

Zu 4. Überführung der Anthranilsäure in Phenylglycin-o-carbonsäure. Die älteste Methode bestand in der Einwirkung von Monochloressigsäure auf Anthranilsäure in wäßriger Lösung, z. B. nach der Gleichung:

$$C_6H_4{<}{}^{NH_2}_{COONa} + Cl\cdot CH_2\cdot COONa \longrightarrow C_6H_4{<}{}^{NH\cdot CH_2\cdot COONa}_{COOH} + NaCl.$$

Dieses Verfahren muß, wenn man Zersetzungen (Abspaltung von CO_2 oder die Bildung von Anthranilidodiessigsäure,

$$C_6H_4{<}{}^{N(CH_2\cdot COOH)_2}_{COOH}$$

(aus 1 Mol. Anthranilsäure und 2 Mol. Monochloressigsäure), vermeiden will, bei niedrigen Temperaturen ausgeführt werden und erfordert daher zur Vollendung der Reaktion längere Zeit, z. B. bei 40° mehrere Tage. Einen sehr raschen und glatten Verlauf nehmen zwei Verfahren A und B, bei denen — statt der Monochloressigsäure — Cyankalium und Formaldehyd (CH_2O) bzw. Formaldehyd + Bisulfit zur Anwendung gelangen.

Dem Verfahren A liegen folgende Reaktionen zugrunde:

a) $$C_6H_4{<}{}^{NH_2}_{COONa} + \underbrace{{}^{CH_2}_{\quad O} + H\cdot SO_3Na}_{\text{Formaldehyd-Bisulfit}} \longrightarrow \underbrace{C_6H_4{<}{}^{NH\cdot CH_2SO_3Na}_{COONa}}_{\text{methylanthranil-}\omega\text{-sulfonsaures Natron}} + H_2O\,,$$

b) $$C_6H_4{<}{}^{NH\cdot CH_2\cdot SO_3Na}_{COONa} + CN\cdot K \longrightarrow \underbrace{C_6H_4{<}{}^{NH\cdot CH_2\cdot CN}_{COONa}}_{\omega\text{-cyanmethylanthranilsaures Natron}} + KNaSO_3\,,$$

c) $$C_6H_4{<}{}^{NH\cdot CH_2\cdot CN}_{COONa} + H_2O + NaOH \longrightarrow \underbrace{C_6H_4{<}{}^{NH\cdot CH_2\cdot COONa}_{COONa}}_{\text{phenylglycin-o-carbonsaures Natron}} + NH_3\,.$$

Reaktion A, a) besteht in der Kondensation von anthranilsaurem Natron mit molekularen Mengen Formaldehyd-Bisulfit. Letzteres entsteht leicht in bekannter Weise aus 1 Mol. Formaldehyd (40%ig) + 1 Mol. Bisulfit (von 36—40° Bé) durch kurzes Erwärmen in wäßriger Lösung. Auch die als methylanthranil-ω-sulfonsaures Natron bezeichnete Verbindung bedarf zu ihrer Bildung nur einer verhältnismäßig kurzen Zeit. Bei einer Temperatur von 40° ist die Kondensation nach etwa 8 Stunden, bei einer Temperatur von 50—70° in $^1/_2$—$^3/_4$ Stunde mit Sicherheit als beendet anzusehen. Da die ω-Sulfonsäure durch HNO_2 nicht gespalten wird, so läßt sich das Ende der Reaktion durch eine Diazotierungsprobe, d. h. durch Behandlung einer Probe mit Nitrit und Essigsäure, leicht erkennen. Essigsäure ist in diesem Falle der Salzsäure, die eine Spaltung der leicht zersetzlichen ω-Sulfonsäure herbeiführen könnte, vorzuziehen. Ist noch unveränderte Anthranilsäure vorhanden, so unterliegt diese der Diazotierung und liefert daher beim Eingießen der Diazotierungsflüssigkeit in sodaalkalische R-Salzlösung einen ponceauroten Farbstoff. Tritt diese Farbstoffbildung nicht mehr, oder nur noch in ganz geringem Maße ein, so kann die Reaktion A, b) stattfinden, die gleichfalls sehr rasch vonstatten geht, bei 70° in etwa 10 Minuten. Eine Prüfung des Reaktionsproduktes (vor der Weiterverarbeitung), behufs Erkennung des Endpunktes der Umsetzung, empfiehlt sich ausnahmsweise an dieser Stelle des Prozesses nicht; ist aber auch gar nicht erforderlich, weil es sich hier um eine sehr rasch und — bei Anwendung genau molekularer Mengen — nahezu quantitativ verlaufende Reaktion handelt, und weil andererseits ein zu langes Erhitzen der Flüssigkeit zu einer Zersetzung des bereits entstandenen, aber bei höheren Temperaturen nicht ganz beständigen ω-cyanmethylanthranilsauren Natriums,

$$C_6H_4 < {NH \cdot CH_2 \cdot CN \atop COONa} ,$$

Anlaß geben könnte. Da die zugehörige freie Säure in Wasser sehr schwer löslich ist, so empfiehlt es sich, dieselbe aus dem Reaktionsprodukt auszuscheiden, ehe man die Verseifung des Säurenitrils zur Phenylglycin-o-carbonsäure — s. o. unter A, c) — vornimmt. Die Ausfällung der freien ω-Cyanmethyl-Anthranilsäure muß durch Essigsäure erfolgen, weil überschüssige Salzsäure die ausgeschiedene Säure wieder zu lösen vermag.

Das Verfahren B gestaltet sich ein wenig einfacher als das soeben unter A beschriebene, denn es gestattet, aus den 3 Komponenten Anthranilsäure, CyK und CH_2O in einer einzigen Operation das Kaliumsalz der ω-Cyanmethylanthranilsäure zu gewinnen, nach der Gleichung:

$$C_6H_4 < {NH_2 \atop COOH} + {CH_2 \atop O} + KCN \longrightarrow C_6H_4 < {NH \cdot CH_2 \cdot CN \atop COOK} + H_2O .$$

Am zweckmäßigsten führt man diese Reaktion in benzolischer Lösung bzw. Suspension aus. Sie ist nach wenigen Minuten beendigt und mit merklicher Wärmeentwicklung verbunden. Bei normalem Verlauf soll in der Benzollösung Anthranilsäure nicht, oder wenigstens nicht mehr in nennenswertem Betrage nachweisbar sein. Da die unter dem Benzol sich bildende wäßrige Schicht eine ziemlich reine Lösung von ω-cyanmethylanthranilsaurem Kalium darstellt, das in der Regel bei längerem Stehen in der Kälte in großen Kristallen aus der Lösung anschießt, so kann man diese ohne weiteres, durch Erhitzen mit konzentrierter Natronlauge, auf Phenylglycin-o-carbonsäure verarbeiten.

Zu 5. Verschmelzung der o-Carbonsäure zu Indoxyl bzw. Indoxylcarbonsäure mittels Alkali. Dieser Prozeß ist als der wichtigste und, besonders bei seiner Ausführung im kleinen Maßstabe, als der schwierigste der ganzen Indigodarstellung anzusehen. Die Reaktion verläuft bei dieser Art der Ausführung des HEUMANNschen Indigo-Verfahrens etwas abweichend von der ersten und ursprünglichen Form. Bei dieser nämlich erfolgt der Ringschluß zum Indoxyl durch eine sogenannte Kernkondensation, gemäß dem Schema:

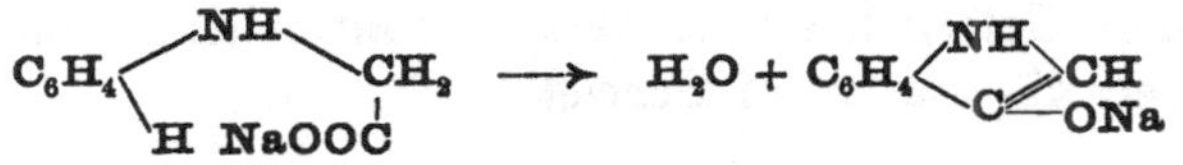

(Indoxyl-Natrium),

wobei die aliphatische Carboxylgruppe in den aromatischen Kern eingreift. Im Gegensatz dazu ist es bei der Verschmelzung der Phenylglycin-o-carbonsäure die Carboxylgruppe des aromatischen Kernes, die in die Methylengruppe der aliphatischen Seitenkette eingreift, wie aus folgender Darstellung ersichtlich ist:

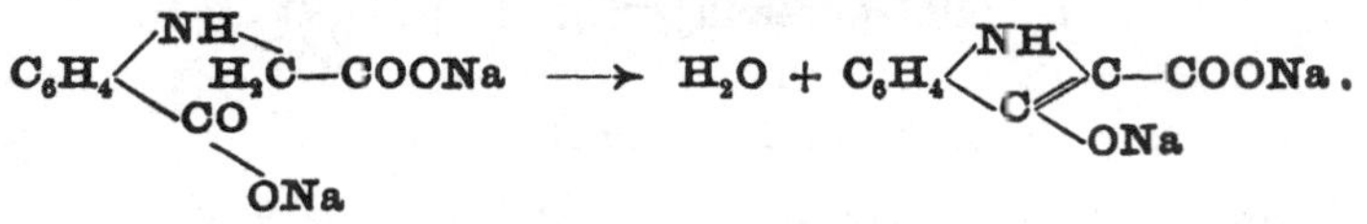

Es entsteht also zunächst das Dinatriumsalz der Indoxyl-α- oder Indoxyl-Py(2)-Carbonsäure, entsprechend den üblichen Bezeichnungen

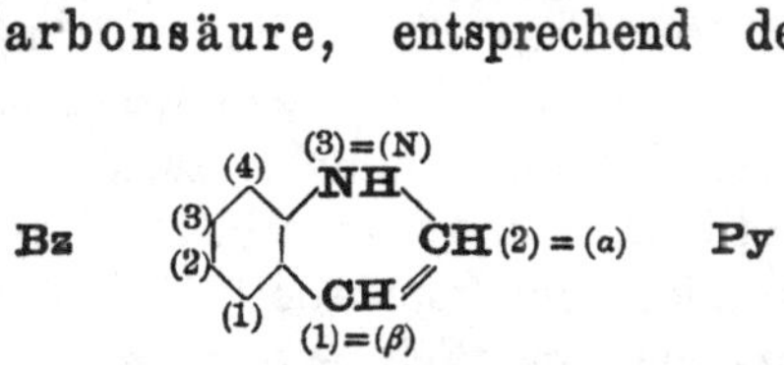

der Wasserstoffe des Indolkernes. Das carbonsaure Salz ist jedoch äußerst unbeständig und geht durch Verlust der Carboxylgruppe leicht in Indoxyl-Na über. Dieses ist gegenüber dem konzentrierten Alkali der Schmelze verhältnismäßig beständig. Erst beim Verdünnen der Schmelze mit Wasser tritt in der alkalischen Lösung durch Luftzutritt leicht die Oxydation zu Indigo ein (s. o.), ein

Prozeß, der übrigens nicht quantitativ verläuft, sondern zur Bildung von Nebenprodukten Veranlassung gibt. So ist z. B. die Entstehung des wertlosen Indigrot oder Indigrubin wohl in der Weise zu erklären, daß zum Teil schon in der heißen Alkali-Schmelze eine Oxydation von Indoxyl zu Isatin stattfindet:

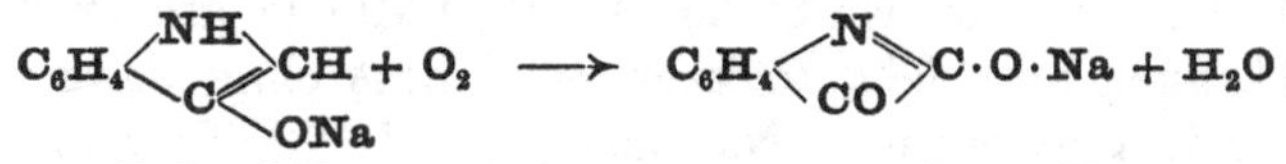

Indoxyl-Na Isatin-Na

welch letzteres sich dann mit ersterem, nach dem Schema:

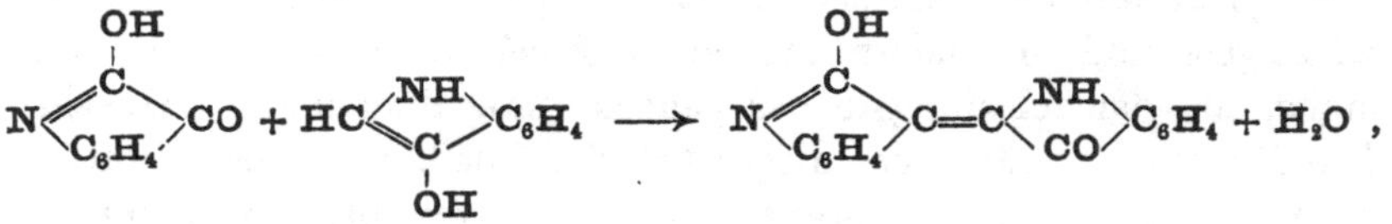

zu einem mit Indigo zwar isomeren, aber doch stark abweichend gebauten und beschaffenen Farbstoff verbindet. Dem Indigrot dürfte übrigens, seiner Unlöslichkeit in Alkalien und seiner Nichtacetylierbarkeit halber, die tautomere Formel

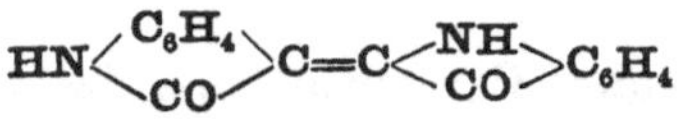

zukommen.

Übungsbeispiele.

1. Phtalsäureanhydrid: 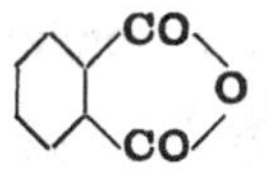 .

(D. R. P. 91202. Friedländer 4, 164.)

Ausgangsmaterial: 100 g Naphtalin.

Hilfsstoffe: 1500 g Schwefelsäuremonohydrat; 40 g $HgSO_4$.

Darstellung. 100 Teile Naphtalin werden mit 1500 Teilen Schwefelsäuremonohydrat und 50 Teilen Quecksilbersulfat gemischt und erwärmt, wobei sich das Naphtalin auflöst. Diese Lösung wird nun in einem Destilliergefäß weiter erhitzt. Bei etwa 200° ist der Beginn der Oxydation zu konstatieren, und bei 250° sind die Oxydationserscheinungen deutlich erkennbar: aus der dunkel gewordenen Naphtalinsulfonsäurelösung entweichen Schweflige Säure und Kohlensäure. Schließlich steigert man die Temperatur auf 300° und darüber und erhitzt zweckmäßig so lange, bis der Inhalt des Destilliergefäßes dickflüssig oder ganz trocken geworden ist. Die entstandene Phtalsäure bzw. deren Anhydrid und auch ein Teil der „Sulfophtalsäure“ sowie Schwefelsäure gehen mit den entweichenden

Gasen über und können in einer Vorlage aufgefangen werden. Die Phtalsäure scheidet sich aus dem Destillat beim Erkalten fast vollständig aus und läßt sich durch Absaugen von den flüssigen Bestandteilen trennen. (Eigenschaften s. S. 82.)

2. Phtalimid: 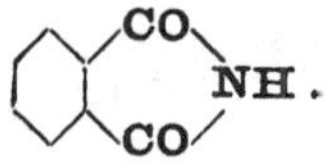

Ausgangsmaterial: 50 g Phtalsäureanhydrid.

Hilfsstoff: 60 g Ammoniumcarbonat.

Darstellung. 50 g Phtalsäureanhydrid und 60 g Ammoniumcarbonat $[(NH_3)_3 \cdot (CO_2)_2 \cdot H_2O$, Hirschhornsalz] werden im Rundkolben auf 225° erhitzt (Ölbad). Bei 100° entweichen Wasser und Kohlensäure, dann schmilzt die Masse und erstarrt zum Schluß. Sie wird in siedendem Wasser aufgenommen und darauf die Lösung filtriert. Aus dem Filtrat kristallisiert das Phtalimid beim Erkalten aus; Fp. 238°.

3. Anthranilsäure: 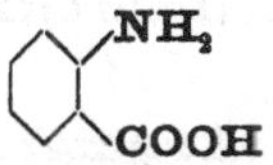

(D. R. P. 55988. Friedländer **2**, 546.)

Ausgangsmaterial: 30 g Phtalimid.

Hilfsstoffe: 60 g NaOH; 300 g einer 5,06%igen NaOCl-Lösung.

Darstellung. 30 g fein gepulvertes Phtalimid werden mit 60 g festem Natronhydrat in 210 ccm Wasser unter Kühlung aufgelöst Dann gibt man unter ständigem Rühren 300 g einer auf 5,06% NaOCl-Gehalt eingestellten Hypochloritlösung hinzu und erwärmt die Mischung einige Minuten auf etwa 80°, bei welcher Temperatur sich die Umsetzung rasch vollzieht. Nach dem Abkühlen der Flüssigkeit neutralisiert man mit Salzsäure oder Schwefelsäure und gibt einen genügenden Überschuß von Essigsäure hinzu, wodurch sich ein großer Teil der entstandenen Anthranilsäure kristallinisch abscheidet. Man filtriert und wäscht die Anthranilsäure mit kaltem Wasser aus. (Eigenschaften s. S. 82.)

4. Monomethylanthranil-ω-sulfonsäure (Na-Salz):

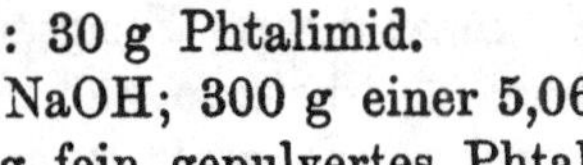

Ausgangsmaterial: 13,7 g Anthranilsäure.

Hilfsstoffe: 7,5 ccm CH_2O-Lösung von 40%; 20 ccm Na-Bisulfit-Lösung von 38° Bé (1/10 Mol.).

Darstellung. 7,5 ccm Formaldehydlösung 40%ig (= $^1/_{10}$ Mol.) und 20 ccm Natriumbisulfitlösung von etwa 38° Bé (= $^1/_{10}$ Mol.) werden miteinander gemischt und auf 60—70° erhitzt. Wenn der Geruch nach Formaldehyd verschwunden ist (nach etwa $^1/_4$ Stunde), wird die so erhaltene neutrale Lösung von sogenanntem oxymethylensulfonsaurem Natron,

$$CH_2<^{OH}_{O \cdot SO_2Na},$$

mit der konzentrierten wäßrigen Lösung von 15,9 g = $^1/_{10}$ Mol. anthranilsaurem Natron gemischt und etwa $^1/_2$—$^3/_4$ Stunde auf dem Wasserbade erwärmt. Über die Erkennung des Endpunktes der Reaktion siehe oben S. 288.

Eigenschaften. Das Na-Salz der ω-Sulfonsäure ist in Wasser ziemlich leicht löslich. Beim Erhitzen mit Säuren oder Alkalien erleidet es eine vollkommene Zersetzung.

5. ω-Cyanmethylanthranilsäure: 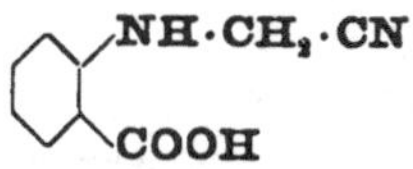

.

Methode A. **Ausgangsmaterial:** Eine wäßrige Lösung von $^1/_{10}$ Mol. monomethylanthranil-ω-sulfonsaurem Natron.

Hilfsstoff: 7 g CyK; konzentrierte Essigsäure.

Darstellung. Die nach 4. erhaltene wäßrige Lösung von monomethylanthranil-ω-sulfonsaurem Na versetzt man mit einer Lösung von 7 g Cyankalium in 25 ccm Wasser und erwärmt das Gemisch auf 70—80°. Nach etwa $^1/_4$ Stunde ist die Umsetzung als vollendet anzusehen, und es läßt sich die gebildete ω-Cyanmethylanthranilsäure aus der wäßrigen Lösung ihres Na-Salzes durch Ansäuern mit konzentrierter Essigsäure ziemlich vollkommen ausfällen.

Eigenschaften: Im reinen Zustande schmilzt die kristallisierte Säure bei 184°. Sie ist in Wasser schwer, in HCl ziemlich leicht löslich und wird durch Essigsäure aus der Lösung ihrer Alkalisalze gefällt. Einfacher ist die Darstellung des Nitrils nach

Methode B. **Ausgangsmaterial:** 14 g Anthranilsäure.

Hilfsstoffe: 50 ccm Benzol; 7 g CyK; 7,5 ccm Formaldehyd 40%ig.

Darstellung. 14 g Anthranilsäure ($^1/_{10}$ Mol.) werden in 50 ccm Benzol suspendiert. Dazu gibt man bei gewöhnlicher Temperatur 7 g möglichst fein gepulvertes Cyankalium ($^1/_{10}$ Mol.) und nach dem Durchschütteln der Suspension 7,5 ccm Formaldehyd 40%ig ($^1/_{10}$ Mol.). Unter merklicher Temperaturerhöhung bildet sich das in die untere wäßrige Schicht gehende Kaliumsalz des Nitrils, das sich bei längerem Stehen bisweilen in großen Kristallen ausscheidet.

6. Phenylglycin-o-carbonsäure:

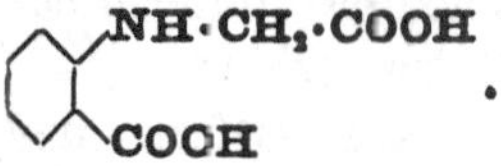

Ausgangsmaterial: $^1/_{10}$ Mol. ω-Cyanmethylanthranilsäure.

Hilfsstoffe: 20 ccm Natronlauge 40%ig; konzentrierte HCl; 15 ccm Eisessig.

Darstellung. Nachdem man das überstehende Benzol von dem Reaktionsprodukt gemäß 5., Methode B, abgegossen hat, wird die sirupähnliche wäßrige Lösung von ω-cyanmethylanthranilsaurem Kalium mit 20 ccm konzentrierter Natronlauge (40%ig) versetzt. Den Kolbeninhalt erhitzt man vorsichtig über dem Drahtnetz bis zum Eintritt der von stürmischer NH_3-Entwicklung begleiteten Reaktion. Nachdem dieselbe nachgelassen hat, wird behufs vollständiger Verseifung bis nahezu zum Verschwinden des Ammoniak-Geruches weiter gekocht, wenn nötig unter Zugabe von etwas Wasser, um ein vorzeitiges Festwerden der Reaktionsmasse zu verhindern. Die abgekühlte, hellblaue Lösung wird vorsichtig mit konzentrierter Salzsäure neutralisiert (Phenolphtaleïnpapier!) und darauf mit etwa 15 ccm Eisessig angesäuert. Der abgeschiedene gelblichweiße Niederschlag von Phenylglycin-o-carbonsäure wird nach einigem Stehen abfiltriert, mit Wasser gewaschen und auf Ton getrocknet. (Eigenschaften s. S. 82.)

7. Verschmelzung der Phenylglycin-o-carbonsäure zu Indigblau.

Ausgangsmaterial: 35 g Phenylglycin-o-carbonsäure.

Hilfsstoffe: 100 g festes Ätzkali; ca. 900 g H_2SO_4 10%ig.

Darstellung. 100 g Ätzkali werden mit 35 g Wasser in einer Nickelschale im Anthracenbade geschmolzen. Ist die Temperatur im Bade auf 290° und in der Alkali-Schmelze auf 200° gestiegen, so werden 35 g Phenylglycin-o-carbonsäure feinst gepulvert eingetragen. Die Masse wird dick und breiig. Man erhöht allmählich die Temperatur des Anthracen-Bades auf 300°, indem man zugleich die Schale mittels eines hohlen, mit Anthracen gefüllten, geheizten Deckels abschließt (vgl. S. 47). Die Schmelze färbt sich zunächst orange und beginnt zu schäumen; man muß dann gut umrühren, um ein Übersteigen zu vermeiden. Allmählich wird sie gleichmäßig dickflüssig und wallt ruhig. Von Zeit zu Zeit, und zwar kurz nacheinander, werden Proben gezogen, die man in Wasser löst und durch Aufgießen auf Filtrierpapier der Oxydation aussetzt (Bildung von Indigblau). Wenn die Proben keine weitere Zunahme der Farbstoffbildung erkennen lassen und die Schmelze eine rötlichgelbe Farbe angenommen hat, unterbricht man, um eine Zerstörung des gebildeten Indoxyls zu verhindern, sofort das Erhitzen, indem man die Schale aus dem Bade entfernt und, bedeckt, so weit erkalten läßt, daß man sie in den Exsiccator setzen kann. Nach dem völligen Erkalten wird der harte Kuchen zerkleinert und entweder in eine gut schließende Flasche gefüllt, in der das Indoxyl-Natrium lange Zeit haltbar ist, oder behufs Aufarbeitung auf Indigoblau in kaltem Wasser gelöst, worauf man die Lösung mit so viel verdünnter Schwefelsäure versetzt, daß sie nur noch schwach alkalisch reagiert. In die Lösung von Indoxyl-Na wird mittels der Saugpumpe oder des Gebläses so lange Luft eingeleitet, bis ein Tropfen der alkalischen Flüssigkeit, auf Fließpapier gebracht, neben dem blauen Kern des ausgeschiedenen Indigos einen farblosen, an der Luft sich nicht mehr bläuenden Rand liefert. Nach beendigter Operation wird das ausgeschiedene Indigoblau abfiltriert, mit ganz verdünnter Schwefelsäure, dann mit Wasser und schließlich mit Alkohol gewaschen.

Eigenschaften. Der Indigo stellt ein blaues und je nach der Darstellungsweise mehr oder minder kristallinisches Pulver dar, das beim Verreiben einen ausgesprochenen Kupferglanz annimmt. In Wasser ist der Farbstoff unlöslich, ebenso in verdünnten Säuren und Alkalien sowie in den üblichen organischen Lösungsmitteln; als Sulfat löst er sich in einer warmen Mischung von Eisessig und konzentrierter Schwefelsäure. Er dient zum Färben der tierischen und pflanzlichen Fasern und muß zu diesem Zwecke in eine lösliche Form gebracht werden. Dies geschieht durch Reduktion in alkalischer Lösung (Verküpung), wobei die entsprechenden (Na- oder Ca-)Salze des Indigweiß entstehen. Näheres siehe im Kapitel über Indigofärberei.

Literatur: Schultz, Farbstofftabellen Nr. 874.

II. Thioindigorot:

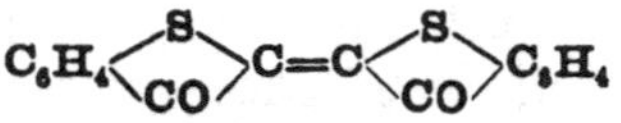

Seit dem Jahre 1905 haben zahlreiche mit dem Indigo nahe verwandte synthetische Küpen-Farbstoffe, die durch einen Schwefelgehalt und im Zusammenhang damit durch besondere Färbe- und Echtheitseigenschaften ausgezeichnet sind, große technische Bedeutung erlangt. Es sind dies Abkömmlinge des Thiophens (I)

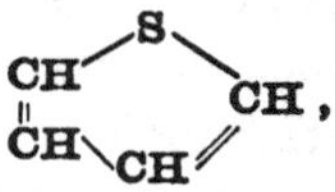

I

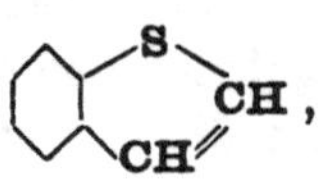

II

bzw. des **Thionaphtens** (II), deren einfachste Vertreter, im Unterschiede vom Indigo, einen auffällig roten bis blauroten Farbenton besitzen. Das schwefelhaltige Analogon des **Indigos** (mit S statt NH) ist das **Thioindigorot** B (V), das aus dem Thiophenol (III) und der Thiophenol-o-carbonsäure (IV)

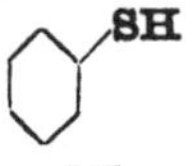

III

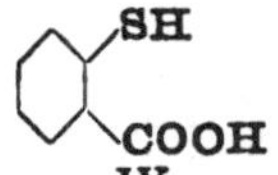

IV

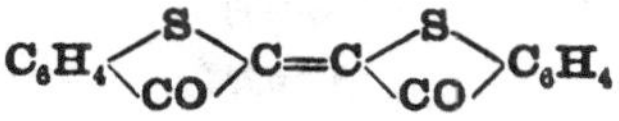

V

in ganz entsprechender Weise erhalten wird wie **Indigblau** aus Anilin bzw. Anthranilsäure (s. o.). Es wird auch in ähnlicher Weise wie Indigo nach Art der **Küpenfarbstoffe** gefärbt (s. 5. Kap.), übertrifft Indigo jedoch bezüglich seiner **Lichtechtheit** ganz erheblich. Auf die große Zahl der Kondensationsprodukte des Oxythionaphtens mit gewissen Komponenten, die eine reaktionsfähige CO-Gruppe aufweisen, kann hier nicht näher eingegangen werden. Erwähnt sei als Beispiel nur der Farbstoff aus Oxythionaphten (I), das in Konstitution und Eigenschaften dem Indoxyl (II) entspricht, und Isatin (III). Er wird als **Thioindigoscharlach** R (IV) bezeichnet

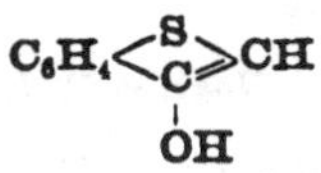

oder

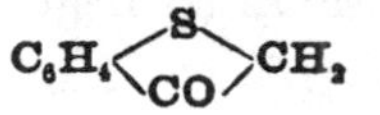

I

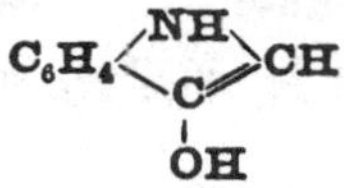

II

III

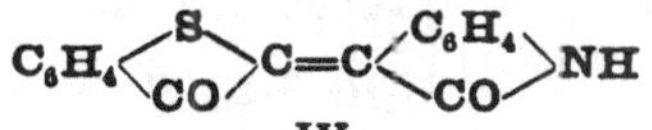

IV

und hat im Gegensatz zu seinem unbrauchbaren Analogon, dem Indigorot (s. S. 290), bei einem etwas weniger blaustichig roten Ton wie das **Thioindigorot** B, ähnliche wertvolle Färbe- und Echtheits-Eigenschaften wie dieses.

Da die obengenannte **Thiophenol-o-carbonsäure**, die sogenannte **Thiosalicylsäure**, technisch aus Anthranilsäure bzw. aus der entsprechenden Diazoniumverbindung erhalten werden kann, so läßt sich die Synthese des **Thioindigorots** mittels der folgenden Phasen verwirklichen: Naphtalin → Phtalsäureanhydrid → Phtalimid → Anthranilsäure → Diazo-Anthranilsäure (I) → Di-Thiosalicylsäure (II) → Thiosalicylsäure (s. o.) → o-Carboxy-Phenyl-Thioglykolsäure = o-Carbonsäure der Phenylthioglykolsäure (III) → α-Oxythionaphten-β-carbonsäure (IV) → α-Oxythionaphten (V) → Thioindigorot (s. o.).

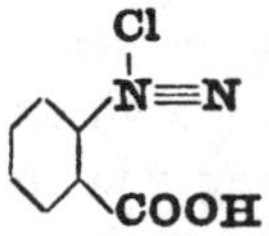

I

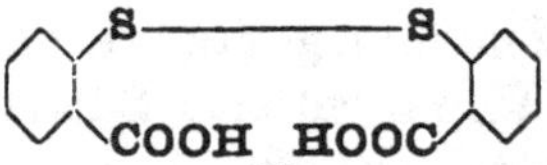

II

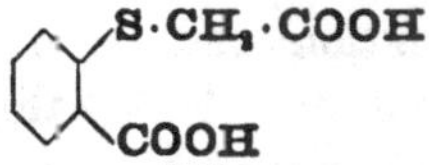

III

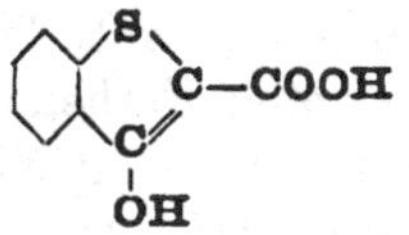

IV

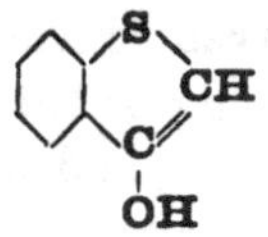

V

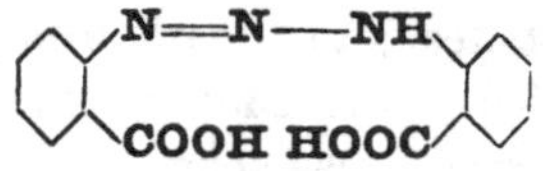

VI

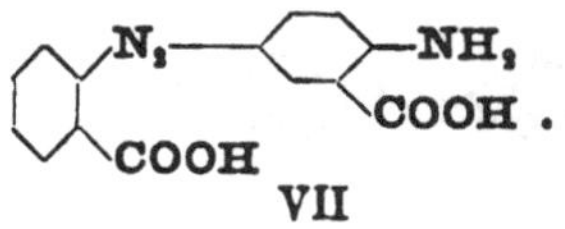

VII

Die Darstellung der **Anthranilsäure** aus Naphtalin ist bereits oben näher erörtert worden (s. S. 285ff.). Die Überführung der Anthranilsäure in die **Diazoniumverbindung** (I) erfolgt auf dem üblichen Wege unter Beobachtung der auf S. 87 erwähnten Vorsichtsmaßregeln, die während der Diazotierung die Entstehung der Diazoaminoverbindung (VI) oder des isomeren Amino-Azofarbstoffes (VII) verhindern sollen. Als einfachstes Mittel genügt die Anwendung eines beträchtlichen HCl-Überschusses.

Der Entstehung der **Dithio-Salicylsäure** (II) aus der sogenannten Diazo-Anthranilsäure (I) liegt die Reaktion:

$$R \cdot N_2 \cdot Cl + Na \cdot S \cdot S \cdot Na + Cl \cdot N_2 \cdot R \longrightarrow R \cdot S \cdot S \cdot R + 2\,NaCl + 2\,N_2$$

zugrunde. Hierbei ist wohl als Zwischenstufe das Diazodisulfid $R \cdot N_2 \cdot S \cdot S \cdot N_2 \cdot R$ anzunehmen, das unter N_2-Entwicklung:

$$R \cdot N_2 \cdot S \cdot S \cdot N_2 \cdot R \longrightarrow R \cdot S \cdot S \cdot R + 2\,N_2$$

in die Dithioverbindung $R \cdot S \cdot S \cdot R$ übergeht.

Das **Natriumdisulfid**, Na_2S_2, erhält man durch Auflösen von 1 Atom S in 1 Mol. Schwefelnatrium:

$$Na_2S + S \longrightarrow Na_2S_2 \; (= Na \cdot S \cdot S \cdot Na) \, .$$

Um einer Zersetzung des Na_2S_2 durch die von der Diazotierung noch vorhandene HCl vorzubeugen, ist es notwendig, die zur vollkommenen Neutralisation der HCl erforderliche Menge Natronlauge anzuwenden.

Das Natrium-Dithiosalicylat läßt sich durch Fe oder Zn leicht **reduzieren** zum entsprechenden Thiophenol, gemäß der Gleichung:

$$R \cdot S \cdot S \cdot R + H_2 \longrightarrow 2\,R \cdot S \cdot H \, .$$

Gleichzeitig wird der der Dithiosalicylsäure etwa noch beigemengte Schwefel durch Fe oder Zn gebunden, so daß nach vollendeter Reduktion und nach der Entfernung des Fe oder Zn (durch Ausfällung mittels Alkali und Filtration) eine S-freie Lösung von thiosalicylsaurem Natron erhalten wird, die beim Ansäuern mit Salz-

oder Schwefelsäure die reine, kristallinische und in kaltem Alkohol leicht lösliche freie Säure liefert.

Die Kondensation der Thiosalicylsäure mit der Monochloressigsäure gestaltet sich ganz analog der Synthese der Phenylglycin-o-carbonsäure (s. S. 287). Die Gefahr der Bildung eines der Anthranilidodiessigsäure entsprechenden Kondensationsproduktes aus 1 Mol. Thiosalicylsäure + 2 Mol. Chloressigsäure (s. S. 287) ist hier naturgemäß ausgeschlossen. Die Reaktion verläuft bei Anwendung der Na-Salze nach der Gleichung:

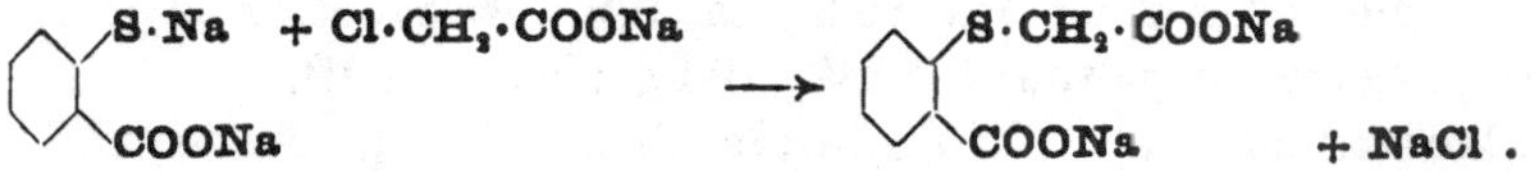

Die Verschmelzung der o-Carbonsäure zum 3-Oxythionaphten (V) bzw. zur 3-Oxythionaphten-β-carbonsäure (IV) weist insofern eine weitgehende Ähnlichkeit mit der Indoxyl-Schmelze (aus Phenylglycin-o-carbonsäure, s. S. 289 f.) auf, als auch hier ein Eingriff der aromatischen Carboxylgruppe in die aliphatische Methylengruppe stattfindet, wodurch je nach den Reaktionsbedingungen (Temperatur und Konzentration des Alkalis) entweder das 3-Oxythionaphten (V) unmittelbar erhalten wird, oder, bei vorsichtiger Verschmelzung, die entsprechende β-Carbonsäure (IV):

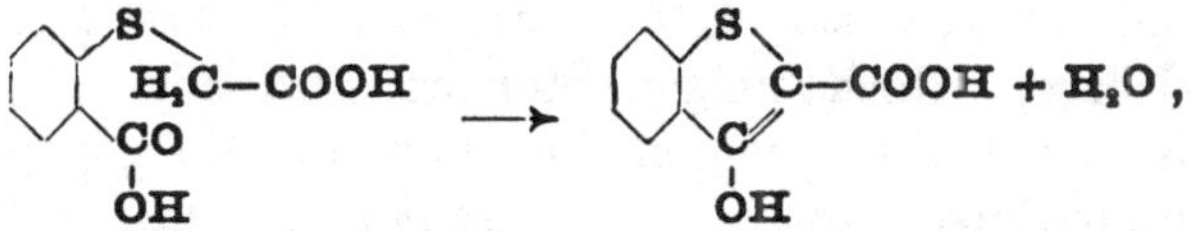

III IV

die aber, ebenso wie die Indoxyl-β-carbonsäure (s. o.), sehr leicht ein Molekül CO_2 abspaltet und daher in das 3-Oxythionaphten selbst übergeht:

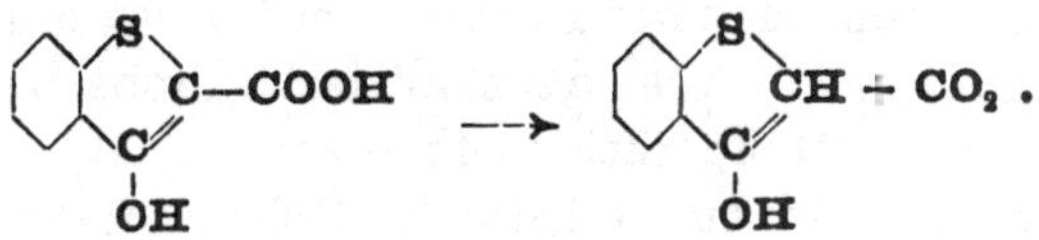

IV V

Durch Oxydation (z. B. mittels roten Blutlaugensalzes, K_3FeCy_6) geht das 3-Oxythionaphten in Thioindigorot B über:

Übungsbeispiel.

Thioindigorot: 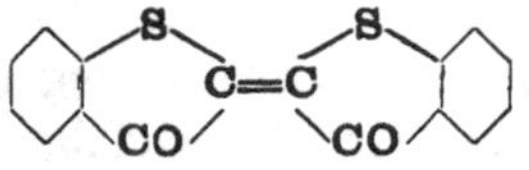

Ausgangsmaterial: 137 g Anthranilsäure,
9,5 g Chloressigsäure.

Hilfsstoffe: 240 g konzentrierte HCl (D 1,19); Eis; 69 g $NaNO_2$ 100%ig; 33,6 g Schwefel; 260 g $Na_2S + 9\ H_2O$; 120 g Natronlauge von 40° Bé; 60 g calcinierte Soda; ca. 100 g Eisenpulver; 2 × 120 g + 24 g Natronlauge von 40° Bé; 100 g festes NaOH.

Darstellung: a) Thiosalicylsäure. 137 g Anthranilsäure (= 1 Mol.) werden mit 500 ccm Wasser und 240 g konzentrierter Salzsäure angerührt und unter Zusatz von Eis in bekannter Weise mit 69 g Nitrit (= 1 Mol.) in konzentrierter wäßriger Lösung diazotiert. Die so erhaltene „Diazolösung" läßt man in eine mit etwa 300 g Eis und 120 g Natronlauge von 40° Bé versetzte Lösung von 33,6 g Schwefel und 260 g Schwefelnatrium in 260 ccm Wasser unter beständigem Rühren einfließen. Hierbei reguliert man die Temperatur durch Eiszusatz so, daß während des Einlaufs die Temperatur + 5° nicht wesentlich überschritten wird. Unter lebhaftem Aufschäumen entweicht nun der Stickstoff, und die Temperatur der Lösung steigt alsdann schnell bis auf etwa 15—25° (Bildung der Dithiosalicylsäure). Nach einigen Stunden wird mit Salzsäure angesäuert bis zur deutlich sauren Reaktion auf Kongopapier, dann wird die Dithiosalicylsäure abgesaugt und mit etwa 1000 ccm Wasser gewaschen. Der Rückstand wird unter Aufkochen mit 60 g calcinierter Soda in Lösung gebracht, die Lösung des Na-Salzes gegebenenfalls durch Filtration von Schwefel befreit und unter Zusatz von 60—100 g gemahlenem Eisen oder der entsprechenden Menge Zinkstaub einige Stunden unter Rühren zum Kochen erhitzt, bis eine mit Natronlauge versetzte und dann filtrierte Probe beim Ansäuern keinen Schwefelwasserstoffgeruch mehr erkennen läßt, sondern eine in kaltem Alkohol leicht und vollständig lösliche Fällung (von Thiosalicylsäure) gibt. Ist dieser Punkt erreicht, so wird das Reaktionsgemisch behufs Ausfällung des Fe oder Zn mit 120 g Natronlauge von 40° Bé versetzt, wieder aufgekocht und filtriert. Durch Ansäuern des Filtrats mit Mineralsäuren erhält man die Thiosalicylsäure als farblosen bis schwach gelblichen, kristallinischen Niederschlag, der nach dem Erkalten filtriert und ausgewaschen wird. Aus Eisessig oder Alkohol erhält man schwefelgelbe Täfelchen, die bei 158° erweichen; Fp. 163—164° (Ber. **31**, 1668).

b) o-Carboxy-Phenylthioglykolsäure. 15,4 g Thiosalicylsäure werden unter Zusatz von 24 g Natronlauge von 40° Bé in Wasser gelöst, mit einer aus 9,5 g Chloressigsäure und der erforderlichen Menge Soda hergestellten Lösung von chloressigsaurem Natrium vermischt und gelinde erwärmt. Die Isolierung der Thiosalicylsäure kann der Einfachheit halber auch umgangen und letztere in sodaalkalischer Lösung unmittelbar mit Chloressigsäure (1 Mol. auf 1 Mol. Thiosalicylsäure) zu o-Carboxy-Phenylthioglykolsäure umgesetzt werden. Auf Zusatz von Säuren zur Lösung des Na-Salzes fällt die o-Carbonsäure der Phenylthioglykolsäure in weißen Kristallen aus, die abfiltriert, gewaschen, gepreßt und getrocknet werden. Die Säure krystallisiert aus Essigäther in kleinen Nadeln; Fp. 216 bis 217°, unter Rötung und Zersetzung (Ann. 351, 403).

c) 3-Oxythionaphten-Carbonsäure u. 3-Oxythionaphten. 20 g o-Carboxy-Phenylthioglykolsäure werden mit wenig Wasser angerührt und bei etwa 100° in ein Gemisch aus 100 g Ätznatron und 20 ccm Wasser eingetragen. Man erhitzt nun auf 170—200° und hält bei dieser Temperatur noch etwa eine Stunde. Die erkaltete Schmelze wird mit Wasser gelöst bzw. verdünnt und unter Vermeidung stärkerer Erwärmung angesäuert. Die 3-Oxythionaphten-Carbonsäure scheidet sich dabei ab; sie wird filtriert und gepreßt. Wird die angesäuerte Masse erwärmt, bis die Kohlensäureentwicklung beendet ist, so ist die Carbonsäure in das 3-Oxythionaphten übergegangen, das sich beim Erkalten als kristallinische Masse abscheidet und in der üblichen Weise isoliert werden kann.

d) Thioindigorot B. Will man das Schmelzprodukt unmittelbar in Thioindigorot überführen, so wird die aus 20 g o-Carboxy-Phenylthioglykolsäure und der etwa fünffachen Menge Ätznatron erhaltene Schmelze nach dem Erkalten mit Wasser verdünnt, ein Teil des Ätznatrons durch Zusatz von Säuren abgesättigt und alsdann eine Lösung von rotem Blutlaugensalz zugesetzt, solange noch ein roter Niederschlag entsteht. Sobald dieser Punkt erreicht ist, wird filtriert und der Filterrückstand ausgewaschen; er kann entweder als Paste oder nach dem Trocknen als Pulver verwendet werden.[1]

Literatur: Schultz, Farbstofftabellen Nr. 912.

[1] Wir verdanken diese Angaben über die Darstellung des Thioindigorots einer freundlichen Privat-Mitteilung der Firma Kalle & Co. zu Biebrich a. Rh., der wir für ihr Entgegenkommen auch an dieser Stelle unseren Dank aussprechen möchten.

B. Küpenfarbstoffe der Anthrachinonreihe.

Die Überführbarkeit in alkalilösliche Verbindungen ist eine dem Anthrachinon und seinen sämtlichen Derivaten zukommende Eigenschaft und beruht auf dem Übergang von CO-Gruppen in C(OH)-Gruppen. Dieser Übergang ist auch bei den Anthrachinonküpenfarbstoffen meist von einer Verschiebung des Farbentons (Flavanthren gelb, reduziert blau) begleitet. Er vollzieht sich fast ausnahmslos unter dem Einfluß von Hydrosulfit + Alkali und unter Bedingungen, die zwecks Vermeidung zu weitgehender Reduktion für jeden Farbstoff zu ermitteln sind. Die Verwandtschaft der alkalilöslichen Reduktionsprodukte zur Faser bedingt die Anwendung der an sich unlöslichen Anthrachinonküpenfarbstoffe in der Färberei. Wegen der starken Alkalität, die den Küpen gegeben werden muß, ist diese Anwendung auf die Färberei der Baumwolle beschränkt. Die Licht- und Waschechtheit der gewonnenen Färbungen ist hervorragend.

1. Indanthren und seine Abkömmlinge.

R. Bohn fand 1901, daß bei der Kalischmelze von 2-Aminoanthrachinon das wasserlösliche Kaliumsalz der Hydroverbindung eines Farbstoffes, Indanthrenblau R genannt, erzeugt wird, der beim Auflösen der Schmelze in Wasser unter Luftzutritt sich abscheidet. Der bei dieser Reaktion sich abspielende Vorgang läßt sich im Hinblick auf die zuweilen beobachtete Nebenbildung von Alizarin in der Weise deuten, daß man annimmt, es sei infolge gleichzeitiger reduzierender und oxydierender Wirkung der Alkalischmelze das Anthrachinonmolekül hydriert und in der 1-Stellung hydroxyliert worden, so daß 1-Oxy-2-aminoanthrahydrochinon entsteht, das sich zu N-Dihydro-1,2,2',1'-Anthrahydrochinonazin (gleich hydriertes Indanthren) kondensiert:

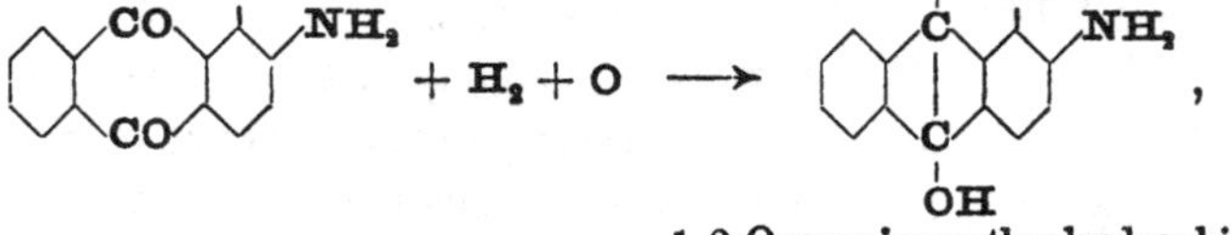

1,2-Oxyaminoanthrahydrochinon

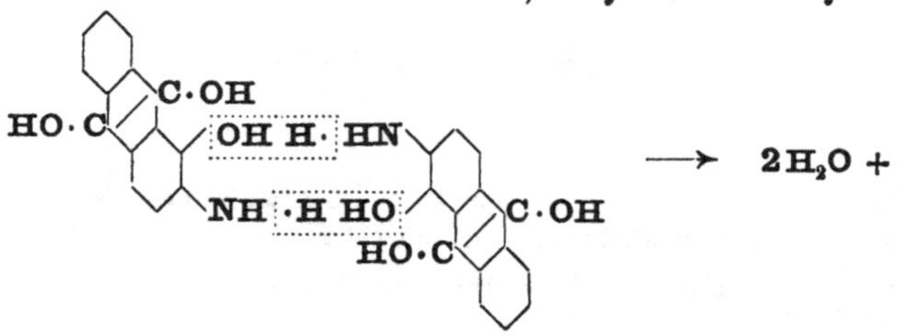

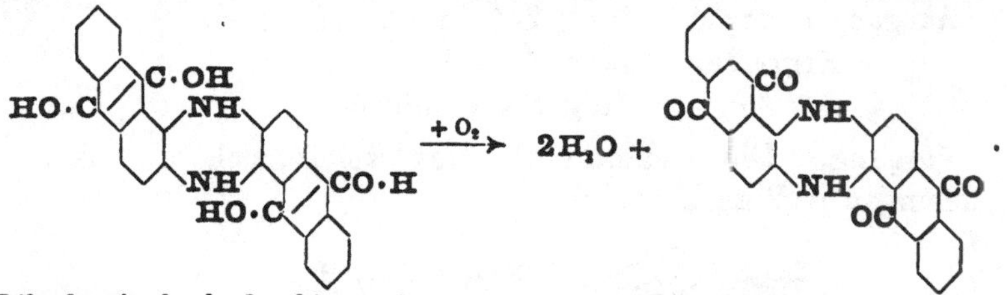

Dihydro-Anthrahydrochinonazin — Dihydro-Anthrachinonazin (Indanthren)

Das Dihydro-Anthrahydrochinonazin befindet sich als wasserlösliches Kaliumsalz in der Schmelze. Durch vorsichtige Oxydation verwandelt es sich in die blaue, lösliche Alkalisalze bildende Verbindung

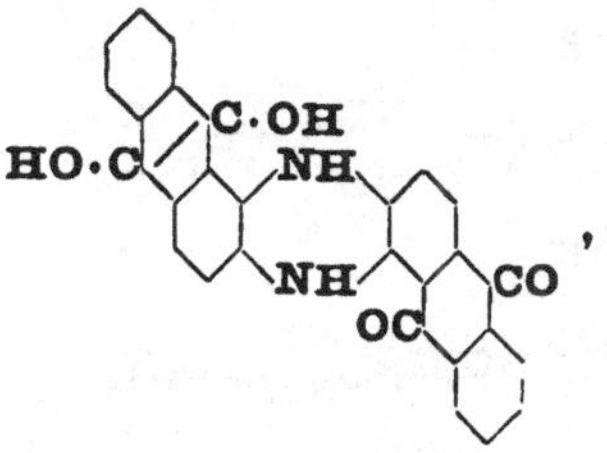

die in der Färberei als blaue Küpe verwendet wird und durch Luftoxydation in **Indanthren** übergeht. Letzteres wird in konzentriert schwefelsaurer Lösung durch Chromsäure in **Anthrachinonazin**:

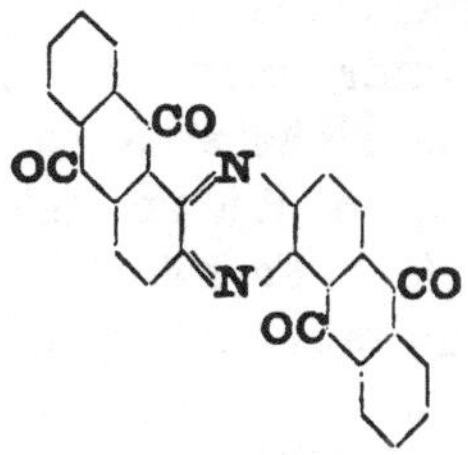

verwandelt, das das merkwürdige Bestreben hat, unter den verschiedensten Verhältnissen durch Wasserstoffzufuhr wieder in **Indanthren** überzugehen.

Übungsbeispiel.

Indanthrenblau R:

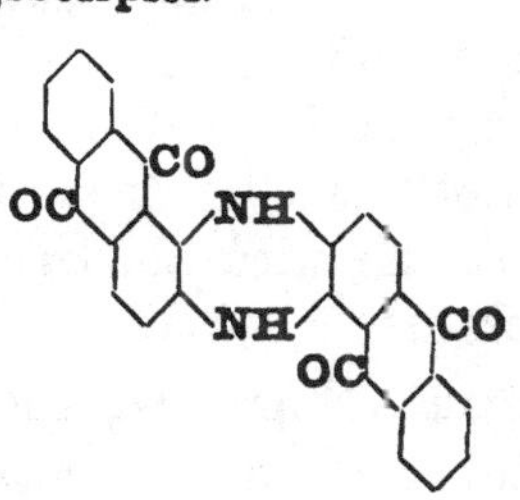

Ausgangsmaterial: 50 g 2-Aminoanthrachinon.
Hilfsstoffe: 250 g Ätzkali,
10 g Kaliumnitrat.

Vorgang. Die Indanthrenbildung spielt sich ab nach den Gleichungen (vgl. auch oben):

1.

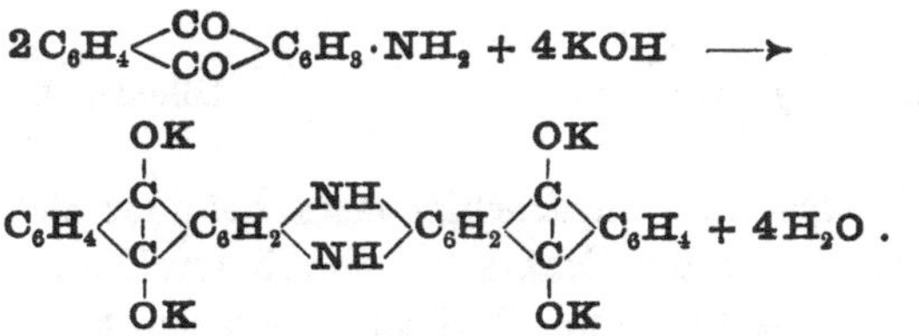

2.

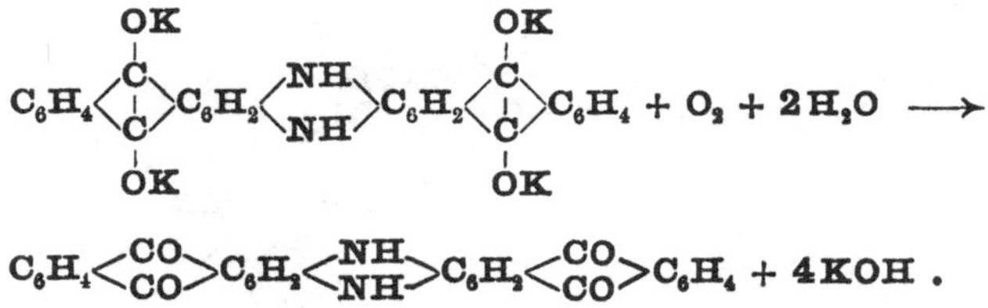

Darstellung. 250g Ätzkali werden in einer im Anthracenbade hängenden Nickelschale mit wenig Wasser verflüssigt. Darauf wird die Schmelze allmählich auf 200° erhitzt und mit 10 g Kaliumnitrat vereinigt. Nunmehr werden 50 g gepulvertes 2-Aminoanthrachinon eingerührt. Die Temperatur wird bis auf 250° gesteigert und $^1/_2$ Stunde lang auf dieser Höhe erhalten. Die erkaltete Schmelze wird dann grob gepulvert, in Wasser gelöst und die Lösung aufgekocht. Der ausgeschiedene Farbstoff wird auf einem gehärteten Faltenfilter abfiltriert und ausgewaschen. Zur Reinigung werden 50 g Rohindanthrenpaste mit 5 l Wasser verdünnt und auf 60—70° erwärmt. Dann fügt man die Mischung von 100 g 25 $^0/_0$iger Natronlauge und 750 g Natriumhydrosulfitlösung (D 1,074) hinzu und hält die Temperatur während 1 Stunde auf 60—70°. Der Farbstoff ist dann vollständig in Lösung gegangen. Nun wird gekühlt. Nach einigen Stunden scheidet sich das Natriumsalz der Hydroverbindung des Indanthrens in kupfrigen Nädelchen ab. Es wird auf dem Filter gesammelt, mit der obigen alkalischen Hydrosulfitlösung gewaschen und darauf in heißem Wasser gelöst. In diese Lösung wird Luft geleitet, bis alles Indanthren als metallglänzendes Pulver abgeschieden ist. Es wird abfiltriert, mit Wasser ausgewaschen und auf Ton getrocknet.

Eigenschaften. Kupferglänzendes, kristallinisches, dunkelblaues Pulver, fast unlöslich in den meisten gebräuchlichen organischen

Mitteln. Schwer löslich mit grünblauer Farbe in siedendem Anilin und Nitrobenzol. Etwas leichter löslich mit blauer Farbe in siedendem Chinolin, kristallisiert daraus in gekrümmten kupfrigen Nädelchen. Sublimiert bei starkem Erhitzen teilweise ohne zu schmelzen in gebogenen Nadeln. Unlöslich in Natronlauge und Salzsäure, löslich in konzentrierter Schwefelsäure mit gelbbrauner Farbe. Löslich in alkalischer Hydrosulfitlösung mit blauer Farbe.

Literatur: Bohn, Ber. **36**, 1258; **43**, 999; Friedländer **6**, 412; **7**, 227; Scholl, Ber. **36**, 3410, 3427; **40**, 320, 326, 390, 395, 924, 933; Schultz, Farbstofftabellen Nr. 837.

Indanthrenblau R läßt sich auch durch einen reinen Kondensationsprozeß aus 1-Brom-2-Amino- oder 2-Brom-1-Aminoanthrachinon darstellen; ferner aus α-Aminoanthrachinon sowie aus 1,2-Diaminoanthrachinon + Alizarin.

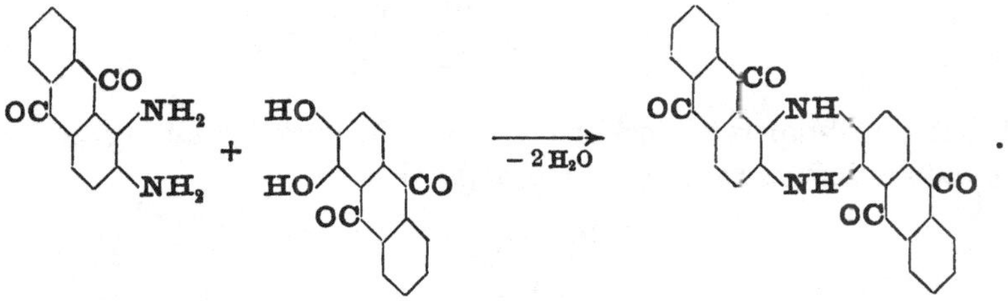

Halogenisierte Indanthrenblauabkömmlinge erhält man entweder durch Anwendung halogenisierter Ausgangskomponenten oder durch nachträgliche Halogenisierung. Derartige Farbstoffe sind Indanthrenblau CE, Algolblau CF, 3 G, K u. Algolgrün B. Aus 1,5- u. 1,8-Diaminoanthrachinon entsteht in der Indanthrenschmelze das Indanthrengrau B (Melanthren). Läßt man auf die Diaminoanthrachinone vor der Schmelze Formaldehyd einwirken, so entsteht das braunfärbende Indanthrenmarron R (Fuscanthren).

2. Flavanthrenfarbstoffe.

Wird die Kalischmelze der 2-Aminoanthrachinone bei Temperaturen über 300° durchgeführt, so erhält man statt der blauen Indanthrene das gelbe Flavanthren, jetzt Indanthrengelb G genannt,

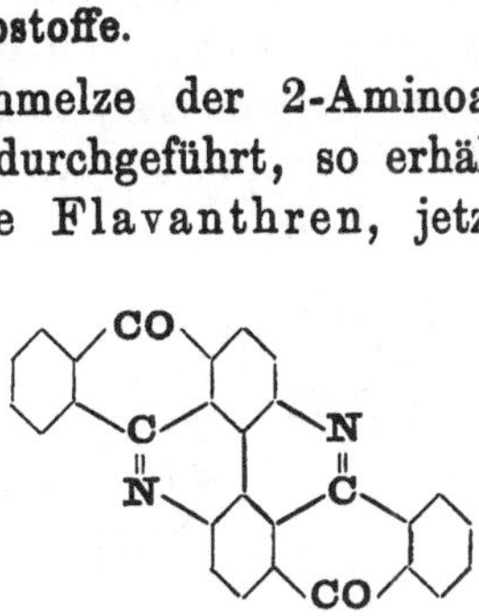

,

das in besserer Ausbeute aus demselben Ausgangsmaterial durch Erhitzen mit Antimonchlorid in Nitrobenzollösung entsteht. Bei dieser Reaktion erleiden nach SCHOLL die CO-Gruppen des Anthrachinonrings mit den primären Aminogruppen eine azomethinartige Kondensation und gehen die beiden Anthracenmoleküle eine diphenylartige Bindung ein. Verwendet man als Ausgangsmaterial ein 1,3-Dihalogenderivat des 2-Aminoanthrachinons, so entsteht in der Schmelze ein Dihalogenindanthrengelb.

3. Pyranthrenfarbstoffe.

Wird das aus dem 1-Amino-2-Methyl-Anthrachinon über die Diazoverbindung nach SCHOLL erhaltbare Dimethyl-di-anthrachinonyl,

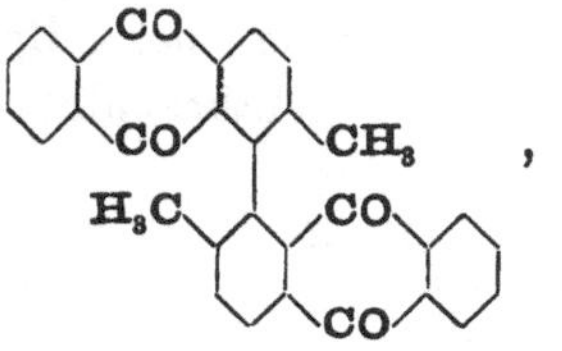

auf höhere Temperatur erhitzt, so tritt Wasserabspaltung ein, und es entsteht das Indanthrengoldorange G:

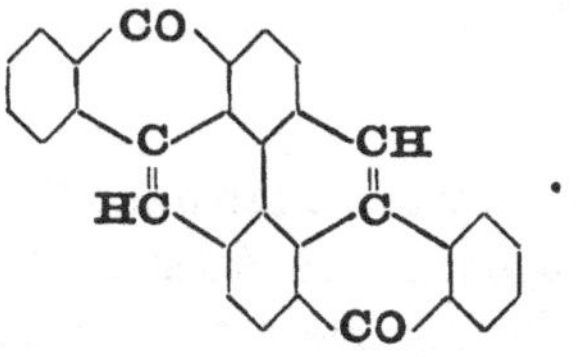

4. Benzanthronfarbstoffe.

Wendet man nach BALLY die SKRAUPsche Chinolinsynthese auf 2-Aminoanthrachinon an, so entsteht nicht das bei der pyrogenen Reduktion von Alizarinblau sich bildende Anthrachinonchinolin (I), sondern unter Mitwirkung eines zweiten Moleküls Glycerin und eines Carbonylsauerstoffes das Benzanthronchinolin (II); aus Anthrachinon entsteht das Benzanthron (III) selbst:

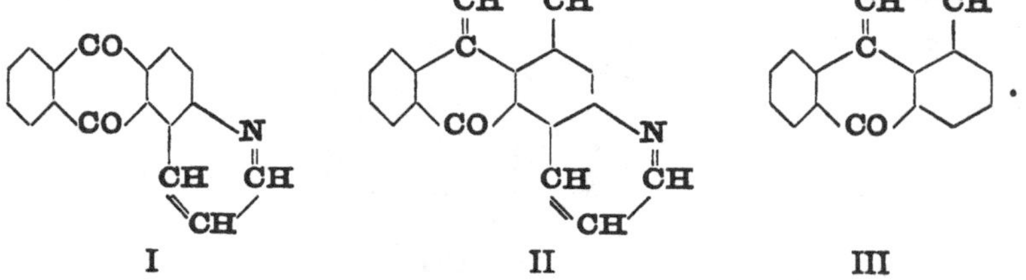

I II III

Werden diese Körper mit Ätzalkalien verschmolzen, so erhält man echte Küpenfarbstoffe, die als Indanthrendunkelblau BT (früher Cyananthren) bzw. Indanthrendunkelblau BO (früher Violanthren) im Handel sind.

5. Anthrapyridonfarbstoffe.

Eine neue Klasse von Küpenfarbstoffen leitet sich ab vom Anthrachinonpyridon:

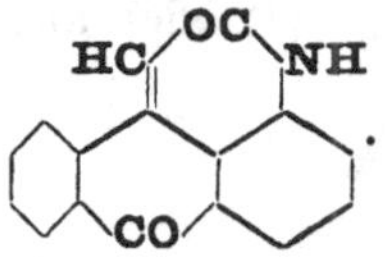

Werden in letzteres, in p-Stellung zum Stickstoff, Arylaminogruppen eingeführt, so entstehen rote, unlösliche Farbstoffe, die durch partielle Reduktion in alkalische Lösung gebracht, zur Herstellung sehr echter Färbungen verwendet werden können. Als Algolrot befinden sich derartige Farbstoffe im Handel.

Das Algolrot B entsteht dadurch, daß man 1-Bromanthrachinon mit Methylamin in Methyl-1-aminoanthrachinon verwandelt, dies acetyliert und zu N-Methylanthrachinonpyridon kondensiert. Letzteres wird durch Bromieren in 4-Brom-N-methylanthrachinonpyridon verwandelt, und dieses mit 2-Aminoanthrachinon zu Algolrot B umgesetzt:

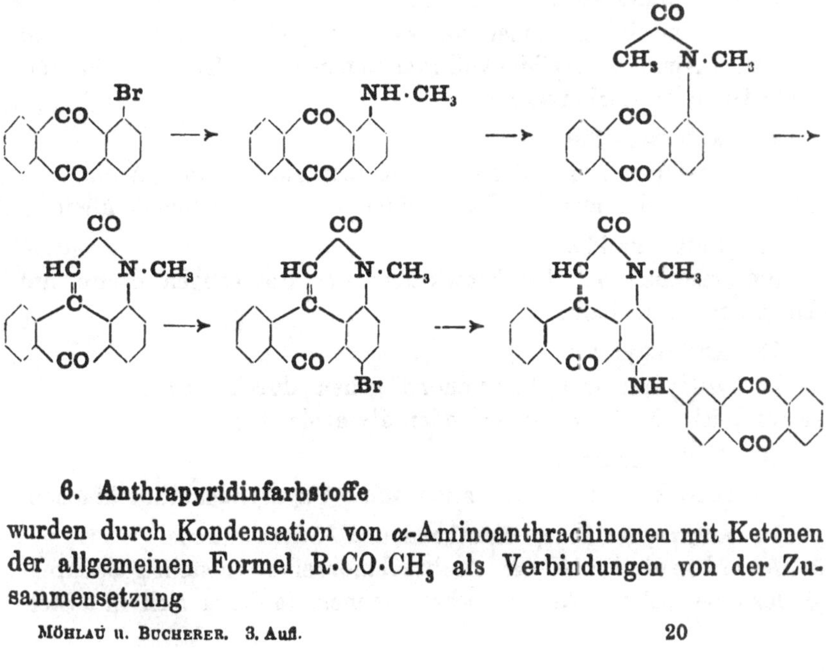

6. Anthrapyridinfarbstoffe

wurden durch Kondensation von α-Aminoanthrachinonen mit Ketonen der allgemeinen Formel $R \cdot CO \cdot CH_3$ als Verbindungen von der Zusammensetzung

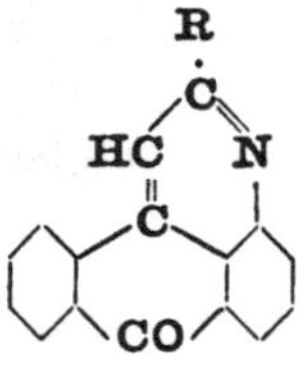

erhalten.

7. **Anthrapyrimidone** entstehen durch Kondensation von α-Aminoanthrachinonen mit Urethanen (1) oder aus α-Halogenanthrachinonen und Harnstoffen (2).

(1) 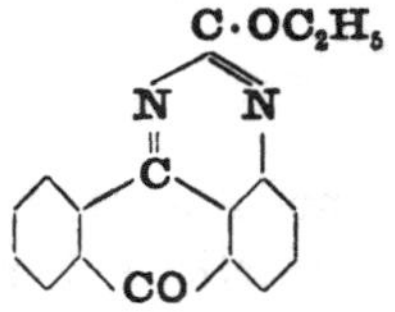 (2) 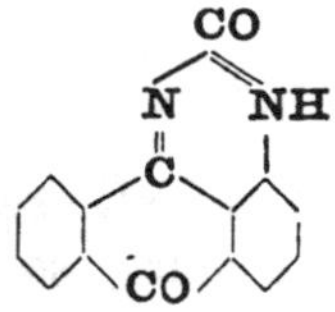

8. **Anthrapyrimidine.**

Sie werden erhalten durch Kondensation von α-Aminoanthrachinonen mit Säureamiden, $R \cdot CO \cdot NH_2$, und haben die Zusammensetzung

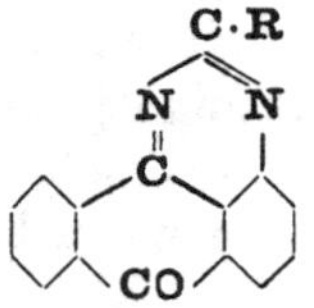

9. **Anthraimidazole.**

Sie lassen sich gewinnen aus α-Amino-β-Arylidoanthrachinonen oder aus β-Amino-α-Arylido-Anthrachinonen durch Kondensation mit Aldehyden oder Carbonsäuren.

10. **Anthra-ψ-Thiazole.**

Sie entstehen aus Anthrachinonmercaptanen mittels Ammoniak und Schwefel oder aus den Rhodaniden mittels Ammoniak allein.

11. **Anthrazimide.**

Sie enstehen bei der Einwirkung der Salpetrigen Säure auf o-Diaminoanthrachinone.

12. **Anthrapyrazole.**

Die α-Hydrazino-Anthrachinone gehen durch Abspaltung von Wasser leicht in die entsprechenden Pyrazole über.

13. **Anthraoxazine.**

Sie entstehen durch Oxydation von o-Oxyarylidoanthrachinonen.

14. **Anthra-Akridone, -Xanthone und -Thioxanthone.**

Akridonderivate der Anthrachinonreihe entstehen dadurch, daß man bei solchen Arylidoanthrachinonen, in denen sich in o-Stellung zum mittleren Stickstoff, sei es im Aryl-, sei es im Anthrachinonrest, eine Carboxylgruppe befindet, einen Eingriff der Carboxylgruppe in den anderen aromatischen Kern herbeiführt. Auf analoge Weise erhält man aus den o-Carbonsäuren der Aryläther und Arylthioäther die entsprechenden Xanthon- bzw. Thioxanthonabkömmlinge. Indanthrenrot BN extra (1) und Indanthrenviolett BN extra (2) sind zwei Anthraakridonfarbstoffe dieser Art.

(1) 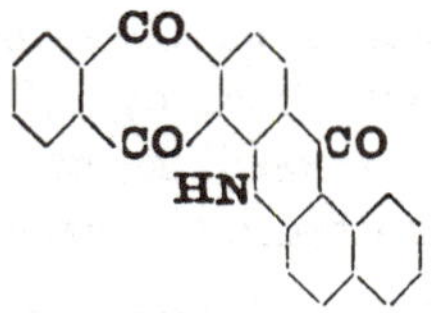

(2) 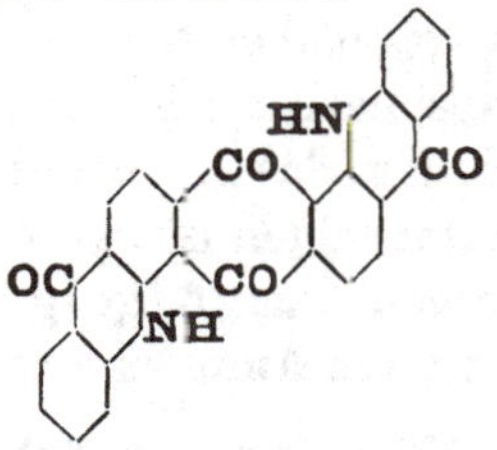

15. Dianthrachinonylamine und Dianthrachinonyl- Diaminoanthrachinone, sogenannte **Di- und Trianthrimide** von der Konstitution der allgemeinen Formeln R·NH·R' bzw. R·NH·R'·NH·R'', wobei R, R' u. R'' Anthrachinonreste bedeuten, die unter sich gleich oder verschieden sein können, bilden eine technisch sehr wichtige Farbstoffgruppe, und viele der vorgenannten Farbstofftypen verdanken ihre Bedeutung als Küpenfarbstoffe der Verschmelzung mit dem Anthrimidtypus. (Vgl. das Algolrot B unter 5. Anthrapyridonfarbstoffe, S. 305, das gleichzeitig Anthrapyridon und Anthrimid ist. Erst durch die Vereinigung beider Typen, die mit einer erheblichen Vergrößerung der Moleküle Hand in Hand geht, gelangt man zu einem brauchbaren Farbstoff mit guten Echtheitseigenschaften.)

Diese Di- und Trianthrimide entstehen durch Wechselwirkung in Nitrobenzol gelöster Halogenanthrachinone und Aminoanthrachinone bei höherer Temperatur in Gegenwart eines Katalysators wie metallisches Kupfer oder Kupferacetat.

Ein α,β-Dianthrachinonylamin, der einfachste Vertreter dieser Gruppe, ist das Algolorange R (1). Ein Trianthrimid, vom 1,5-Diaminoanthrachinon sich ableitend, ein Di-β-Anthrachinonyl-1,5-Diaminoanthrachinon, ist das Indanthrenbordeaux B (2).

(1) 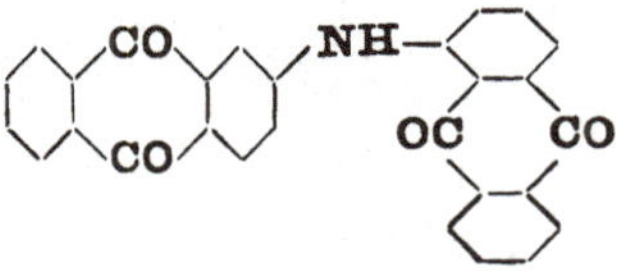

(2) 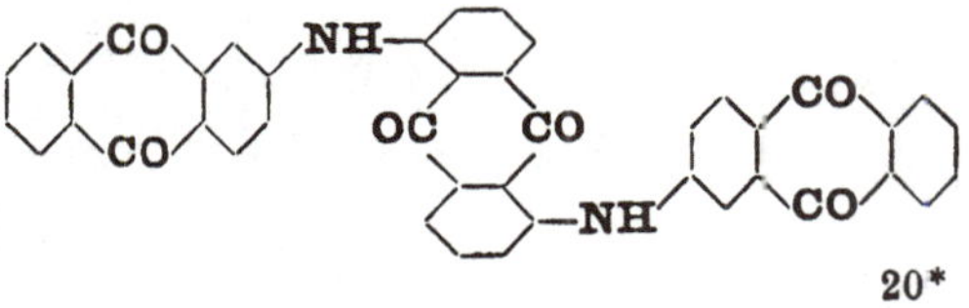

16. Acylaminoanthrachinone und Diacyldiaminoanthrachinone der allgemeinen Formel R·NH·Acyl und Acyl·NH·R·NH·Acyl und deren Substitutionsprodukte sind, bei etwa gleich erheblicher Bedeutung wie die vorbesprochenen Farbstoffe, in färberischer Hinsicht insofern interessant, als sich zeigt, daß die Amino- und Diaminoanthrachinone durch die Acylierung eine erhebliche Zunahme der Affinität ihrer Reduktionsprodukte, der entsprechenden Anthrahydrochinone, gegenüber der Textilfaser aufweisen.

Als einfachster Vertreter dieses Typus ist das Benzoyl-α-Aminoanthrachinon, das Algolgelb WG, anzusehen; ein Dibenzoyl-1,4-Diaminoanthrachinon ist das Algolrot 5 G, ein Dibenzoyl-1,5-Diaminoanthrachinon das Algolgelb R. Bei Verwendung zweibasischer Säuren ist die Aufnahme von zwei Aminoanthrachinonresten möglich.

17. Küpenfärbende Schwefelfarbstoffe der Anthrachinonreihe.

Die Übertragung der verschiedenen Methoden der sogenannten Schwefelschmelze auf die Anthrachinonderivate ist in mannigfacher Weise durchgeführt worden. Die Konstitution der hierbei entstehenden Farbstoffe ist begreiflicherweise unbekannt. Daß unter geeigneten Bedingungen selbst das Anthracen dabei einen brauchbaren Küpenfarbstoff, das Indanthrenoliv G, liefert, ist überraschend. Aus β-Methylanthrachinon hat man das Cibanonorange R, aus Methylbenzanthron je nach den Bedingungen das Cibanonblau 3 G oder das Cibanonschwarz B erhalten.

Fünftes Kapitel.

Anwendung der Farbstoffe in der Färberei der Spinnfasern.

Das Färben bezweckt ähnlich wie das Drucken die möglichst innige und dauernde Vereinigung der Farbstoffe mit den zu färbenden Materialien, als welche nicht nur Naturprodukte, wie Wolle, Seide, Haare, Federn, Pelze, Baumwolle, Leinen, Jute, Ramie, Holz und Stroh, sondern auch künstliche Erzeugnisse, wie Leder, Papier, Celluloid, Pegamoid, Kunstseide usw. in Betracht kommen. Vom Drucken unterscheidet sich der Prozeß des Färbens dadurch, daß beim Färben in der Regel, durch Eintauchen des Materials in das „Farbbad", eine mehr oder minder gleichmäßige Verteilung des Farbstoffes auf dem gefärbten Material (falls dieses selbst eine einheitliche Zusammensetzung aufweist) stattfindet, während beim Drucken das Material nur an einzelnen, dem Druckmuster entsprechenden Stellen und meist nur auf einer Seite mit Farbe versehen wird. Von großer Bedeutung sind die organischen Farbstoffe für die Färberei auf tierischen und pflanzlichen Fasern.

Die Farbstoffe nun, wie sie von den Fabriken in den Handel gebracht werden, stellen fast durchgehends pulverförmige Substanzen dar, die mehr oder minder deutlich ihre kristallinische Struktur erkennen lassen und sich meist in Wasser, besonders heißem, leicht lösen. Daneben gibt es auch solche, die sich im Zustande eines halbflüssigen Teigs (Paste) befinden; das sind in der Regel die in Wasser schwer löslichen oder unlöslichen Farbstoffe, wie z. B. Alizarin und seine Abkömmlinge, die Küpenfarbstoffe (Indigo), die Gallocyanine usw. Derartige unlösliche Farbstoffe müssen sorgfältig vor dem Eintrocknen bewahrt werden, da sie anderenfalls nicht leicht wieder in den Zustand der für das Färben erforderlichen äußerst feinen Verteilung gebracht werden können.

Vielfach stellen die Handelsprodukte nicht einheitliche chemische Stoffe dar, sondern es sind ihnen indifferente Substanzen beigemischt, die dazu dienen, die Farbstoffe zu „stellen", d. h. auf eine ganz bestimmte, einem gewissen „Typ" entsprechende Farbstärke zu bringen, ihn also typgerecht zu machen. Als Beimischungen werden meist Koch- und Glaubersalz, bisweilen, z. B. für die basischen Farbstoffe, auch Dextrin und ähnliche lösliche organische Substanzen verwendet.

Des öfteren sind die Farbstoffe des Handels auch insofern keine einheitlichen Substanzen, als sie nur ein inniges Gemisch von zwei oder mehreren Farbstoffen darstellen, dem Hauptfarbstoff und den nach Bedarf ihm hinzugefügten Nuancierfarbstoffen, die die Einstellung auf den Farbenton des Typs ermöglichen. Auch mischt man vielfach für die Zwecke der Färberei mehrere Farbstoffe zusammen, um gerade in Mode befindliche oder sonst gewünschte Töne hervorzurufen (Misch- oder Modefarben). Einige Farbstoffe eignen sich wegen ihres leuchtenden Tones dazu, um anderen weniger lebhaften das Stumpfe ihres Aussehens zu nehmen. Dies erreicht man in der Weise, daß man die ursprünglichen Färbungen nachträglich mit dem schöneren Farbstoff überfärbt. Man nennt das „Übersetzen", „Aufsetzen" oder „Schönen".

Auf sehr auffällige Verschiedenheiten wird man stoßen, wenn man versucht, mit den in Wasser gelösten oder suspendierten Farbstoffen zu färben. Diese Verschiedenheiten äußern sich vor allem in zwei Richtungen: auf der einen Seite wird man bemerken, daß ein und derselbe Farbstoff den verschiedenartigen Gespinstfasern (Wolle, Baumwolle, Seide usw.) gegenüber ein wesentlich abweichendes Verhalten, insbesondere hinsichtlich des Färbevermögens, aufweist; und andererseits wird man die Wahrnehmung machen, daß zwei oder mehrere unter sich verschiedene Farbstoffe, selbst wenn sie äußerlich, etwa im Farbenton, die größte Ähnlichkeit zeigen, ein und demselben Fasermaterial, also z. B. einem baumwollenen Gewebe gegenüber nichts weniger als eine gleichmäßige Neigung, dasselbe anzufärben, an den Tag legen. Man wird ferner die Erfahrung machen, daß gewisse Zusätze zum Farbbad (z. B. Seife, Soda, Essigsäure, verdünnte Schwefelsäure, Bisulfat) diese Neigung in sehr unterschiedlicher Weise beeinflussen. In dem einen Falle wird ein solcher Zusatz die Aufnahme des Farbstoffes durch die Faser begünstigen; im anderen Falle wird der nämliche Zusatz das Färbevermögen anscheinend erheblich beeinträchtigen.

Alle diese Tatsachen sind von außerordentlich großer Bedeutung für die Färbereitechnik insofern, als sie danach zu trachten hat, ihre Färbemethoden dem verschiedenartigen Verhalten der Gespinstfasern und der Farbstoffe anzupassen. Hierbei ist auch die Form, in der die zu färbende Faser dem Färbeprozeß unterworfen wird, von nicht geringem Einfluß. In vielen Fällen wird es von großer Bedeutung sein, ob die Faser in losem Zustande als Kammzug, oder in Strangform als Garn, oder in aufgewickeltem Zustande als Cops, oder als Gewebe im Stück usw. zur Anwendung gelangt.

Was die Farbkraft anlangt, so ist es auffallend, daß diese Eigenschaft, wenn man die einzelnen Farbstoffe aus verschiedenen Klassen oder Gruppen, natürlich in reinem und unvermischtem Zustande, miteinander vergleicht, sehr starke Schwankungen aufweist, so daß, aufs Molekül berechnet, sehr verschiedene Mengen nötig sind, um mit allen die gleiche Intensität der Färbung zu erzielen. Es unterliegt wohl keinem Zweifel, daß diese Eigenschaft, die die Bewertung und technische Verwendbarkeit der Farbstoffe aus leicht ersichtlichen Gründen in hohem Maße beeinflußt, durch die Stärke der Chromophore und in nicht unerheblichem Maße auch durch ihre relative Stellung zu den auxochromen Gruppen bedingt ist.

Ein eigentümlicher Unterschied macht sich bisweilen auch in der Richtung bemerkbar, daß der nämliche Farbstoff, das eine Mal auf pflanzlicher, das andere Mal auf tierischer Faser gefärbt, ziemlich stark im Ton abweichende Färbungen erzeugt. Ein wesentlicher Unterschied in der Stärke und im Farbenton tritt besonders bei den Beizenfarbstoffen, z. B. den Alizarinfarbstoffen, dann zutage, wenn man sie einerseits auf gebeizter, andererseits auf ungebeizter Faser auffärbt. Weitere Unterschiede, abgesehen von der Löslichkeit, zeigen sich in der Art, wie die Farbstoffe von der Faser aufgenommen werden: ob rasch oder langsam, ob sie vollständig „aufziehen" oder nur unvollkommen, so daß das Farbbad nicht „erschöpft" wird, und ob sie lebhafte oder stumpfe Töne liefern.

Wenn es sich darum handelt, eine Übersicht über die technischen Färbemethoden zu geben, so kann man hierbei nach sehr verschiedenen Gesichtspunkten verfahren. Man kann z. B. die Färbemethoden einteilen:

a) mit Rücksicht auf das zu färbende Fasermaterial, in Methoden zum Färben der Wolle, der Baumwolle, der Seide usw., oder man wählt

b) die einzelnen Farbstoffklassen zur Grundlage für die Einteilung und betrachtet alsdann, wie dies bereits bei den Azofarbstoffen in kurzen Andeutungen geschehen ist (vgl. S. 144f.), die unterschiedlichen Methoden, die zum Färben einzelner Untergruppen in Betracht zu ziehen sind, oder man läßt,

c) indem man zunächst ganz absieht sowohl von den Fasermaterialien als auch von den Farbstoffen, nur die mechanischen und chemischen Vorgänge, die bei der Herstellung der Färbungen in Betracht kommen, den Ausschlag geben.

Es dürfte dem besseren Verständnis der Färbemethoden förderlich sein, wenn wir, zunächst dem unter c) erwähnten Gesichtspunkte folgend, in kurzen Zügen die rein äußerlichen Vorgänge bei den verschiedenen Arten des Färbens ins Auge fassen. Danach würde man etwa in folgender Weise unterscheiden:

1. Methoden der direkten Färbungen,
2. Methoden der Beizenfärbungen und
3. Methoden der Entwicklung von Färbungen auf der Faser.

1. Das direkte Färben.

Dieses stellt die einfachste Art des Färbens vor. Hierbei wird der Farbstoff, fast durchgehends in Wasser gelöst, aus meist kochendem Bade direkt von der Faser aufgenommen, und zwar ohne Vermittlung irgendeiner Beize. Es werden hingegen in der Regel dem Farbbade Stoffe zugesetzt, die das „Aufgehen" des Farbstoffes auf die Faser erleichtern (s. o. S. 310); jedoch verbleiben diese Hilfsstoffe nicht bei dem gefärbten Material, sondern werden (nach dem Färben) durch Wasser mehr oder minder vollständig wieder entfernt. Die tierische Faser ist gegen Alkalien, die pflanzliche gegen Säuren, besonders in der Siedehitze, sehr empfindlich. Danach sind die Zusätze zum Farbbade zu bemessen. Wolle wird demgemäß meist aus saurem Bade (unter Zusatz von Schwefelsäure, Bisulfat, Oxalsäure, Essigsäure usw.) gefärbt. In Fällen, wo Wolle gleichzeitig mit Baumwolle gefärbt werden soll (Halbwollfärberei), ist man dagegen vielfach genötigt, aus neutralem oder schwach alkalischem Bade (unter Zusatz von Borax oder Natriumphosphat) zu färben. Der Wolle ähnlich verhält sich die Seide; sie wird also auch aus schwach saurem (z. B. essigsäurehaltigem) Bade gefärbt. Eine besondere Art der Seidenfärberei beruht auf der Verwendung der beim Entbasten der Rohseide (mittels Seife) erhaltenen „Bastseife." Diese wird, um ihr einen Teil ihrer Alkalinität zu nehmen, vor ihrer Verwendung mit Säure (Schwefel- oder Essigsäure) versetzt, und man spricht alsdann von einem Färben im „gebrochenen Bastseifenbade". Auch beim Färben von Halbseide (Seide + Baumwolle) verwendet man neutrale oder schwach alkalische (mit Acetat versetzte) Bäder. Leder wird meist aus saurem Bade gefärbt. Es darf nicht zu hoch erhitzt werden, und daher färbt man es vielfach durch Bürsten mit der Farbstofflösung. Baumwolle, die von allen Pflanzenfasern die bei weitem größte Bedeutung hat, wird in neutralem Bade oder unter Zusatz von Seife, Soda, Schwefelnatrium usw. gefärbt, meist unter weiterem Zusatz von Kochsalz oder Glaubersalz, die eine Art aussalzende Wirkung auf den Farbstoff ausüben und ihn dadurch auf die Faser treiben.

Die anderen dem Pflanzenreich entstammenden, also cellulosehaltigen Fasermaterialien verhalten sich, entsprechend ihrer nahen Verwandtschaft mit der Baumwolle, im großen und ganzen ähnlich wie diese, soweit nicht Verholzungen die Affinität zu den Farbstoffen erheblicher beeinflussen.

2. Das Beizenfärben.

Das Beizenfärben beruht auf der Bildung eines in Wasser unlöslichen Farblackes und ist von großer Bedeutung für die Erzeugung solcher Färbungen, an die besonders hohe Anforderungen bezüglich der Echtheit gestellt werden. Es wird weiter unten die Methode der Lackbildung durch „Nachbehandlung" der ursprünglichen Färbungen mit gewissen Metallverbindungen erwähnt werden. Der umgekehrte Weg besteht darin, daß man die Faser erst mit einer Beize versieht und nun durch das Zusammenbringen mit einem „Beizen-Farbstoff" die Bildung des Lackes auf der Faser ermöglicht. Als Beizen verwendet man teils einheitliche Metalloxyde, teils stellt man gemischte Lacke mit Hilfe von zwei oder mehreren Metalloxyden her, z. B. Tonerde-Kalk, Nickel-Magnesium-Oxyd usw. Die wichtigsten Metallbeizen auf Wolle erzeugt man mittels geeigneter Salze des Chroms, Aluminiums und Eisens, daneben des Kupfers und Zinns; für Seide verwendet man Chrom-, Eisen-, Aluminium- und Zinnsalze; für Baumwolle Aluminium- und Chromsalze (über Kupfer s. S. 315). In neuerer Zeit sind noch weitere Metalloxyde, z. B. aus der Gruppe der seltenen Erden, vorgeschlagen worden. Auch gewisse organische Säuren beteiligen sich an der Lackbildung, indem sie die Entstehung unlöslicher Komplexe begünstigen. Die wichtigsten Beizen dieser Art (für Baumwolle) sind die Tannine, besonders in Verbindung mit Brechweinstein oder Sb-Doppel-Laktaten, sowie die mit konzentrierter Schwefelsäure vorbehandelten Oliven- und Ricinusöle, die sogenannten Türkischrotöle (s. Näheres S. 335 f.). Methoden, die Faser vor dem Färben zu beizen, sind in großer Zahl ausgebildet worden. Einzelne derselben finden sich auf S. 330 u. 334 ff. näher beschrieben. Von untergeordneter Bedeutung ist das Beizen der Wolle mit Thiosulfat und Schwefelsäure, wobei der in fein verteilter Form auf der Faser niedergeschlagene Schwefel mehr oder minder mechanisch wirkt.

3. Die Entwicklung von Färbungen auf der Faser.

Diese an sich schon lange bekannte Methode, die z. B. bei der im Altertum bereits geübten Indigofärberei zur Verwendung gelangte, hat in der letzten Zeit für die Erzeugung von mehr oder minder echten Färbungen, sowohl auf der pflanzlichen als auch auf der tierischen Faser, eine große Bedeutung gewonnen und wird in sehr mannigfacher Weise zur Ausführung gebracht.

Bei der Entwicklung von Färbungen auf der Faser kann man zwei Abarten unterscheiden, entweder

a) man bildet den Farbstoff zunächst außerhalb der Faser, alsdann erst bringt man ihn oder seine Leukoverbindung mittels direkter Färbung auf die Faser und entwickelt schließlich die endgültige Färbung aus der zunächst erhaltenen direkten Färbung durch Nachbehandlung mit geeigneten Reagenzien, oder

b) man bildet den Farbstoff aus seinen vorher getrennten Bestandteilen (Komponenten) in der Weise, daß man den Ort seiner Erzeugung auf bzw. in die Faser verlegt.

Das Verfahren 3a) kann nun wiederum in mindestens vier verschiedenen Formen ausgeführt werden. Man kann unterscheiden:

α) die Erzeugung von Farblacken auf der Faser durch nachträgliche Einwirkung von Metallverbindungen auf die ursprünglichen Ausfärbungen; *β*) die Einwirkung von Oxydationsmitteln auf die Farbstoffe (jedoch ohne Bildung von Farblacken) oder die Nachbehandlung der Färbungen mit solchen Verbindungen, die unter Bildung schwer löslicher oder unlöslicher Kondensationsprodukte mit ihnen reagieren; *γ*) die Diazotierung der Farbstoffe auf der Faser und ihre Kupplung mit Azokomponenten; *δ*) die Küpenfärbung.

α) Was die erste Art der Nachbehandlung angeht, so kommen als lackbildend hier vor allem in Betracht die Verbindungen des Chroms und Kupfers, wie Bichromat, Chromacetat, Fluorchrom, Kupfersulfat und Kupferacetat. Dieses auch auf die eigentlichen Beizenfarbstoffe (s. o.) häufig angewandte Färbeverfahren hat in den letzten Jahrzehnten große Bedeutung für eine umfangreiche und technisch wichtige Gruppe von Azofarbstoffen erlangt, die man in der Weise auf der (Woll-)Faser befestigt, daß man sie, nach Beendigung des Ausfärbens, unmittelbar darauf im alten Bade — also nach dem sogenannten „Einbadverfahren" — einer Nachbehandlung, vor allem mit Bichromat und Schwefelsäure, unterwirft, wodurch sehr echte Färbungen entstehen. Meist ist mit dieser Chromlackbildung eine mehr oder minder erhebliche Änderung des ursprünglichen Farbentons, z. B. von Rot nach Blauviolett oder Schwarz verbunden, die wohl auf eine gleichzeitige Oxydation des Farbstoffmoleküls zurückzuführen ist.

Von Interesse ist, daß zahlreiche Substanzen, die an sich weder Farbstoffe, noch überhaupt gefärbt sind, vor allem z. B. gewisse Naphtalinderivate, die Eigenschaft besitzen, aus saurem Bade auf Wolle zu ziehen und durch Nachbehandlung mit Bichromat sehr echte und wertvolle Färbungen zu liefern. Eine der wichtigsten unter diesen Verbindungen, die man den Leukoverbindungen an die Seite stellen könnte, ist das Chromogen I, die Chromotropsäure = 1,8-Dioxynaphtalin-3,6-Disulfonsäure (s. S. 40).

Außer denjenigen Farbstoffen, die zur Lackbildung einer gleichzeitigen Oxydation zu bedürfen scheinen (s. o.), gibt es eine große Zahl von solchen, die auf Grund ihrer besonderen chemischen Konstitution imstande sind, ohne weiteres mit Metallverbindungen sehr echte Lacke zu bilden (s. Näheres in dem Abschnitt VI. Anthracenfarbstoffe, S. 213). Diese werden in der Regel mit Chromisalzen, besonders mit Fluorchrom, oder mit Bichromat in Gegenwart eines Reduktionsmittels (Weinstein) nachbehandelt, was durchgehends eine wesentliche Steigerung der Echtheitseigenschaften zur Folge hat.

Zu den unmittelbar auf Beizen ziehenden Azofarbstoffen gehören vor allem diejenigen, die den Salicylsäurerest enthalten, außerdem auch viele der sogenannten o-Oxyazofarbstoffe, wie sie insbesondere bei der Verwendung der o-Oxy-Diazoniumverbindungen bzw. der entsprechenden Diazooxyde aus o-Aminophenol und o-Aminonaphtol und ihren Derivaten als Diazokomponenten erhalten werden (vgl. S. 131).

Ein besonders auf dem Gebiete der Baumwollfärberei sehr häufig angewandtes Verfahren ist die Nachbehandlung mit Kupfersulfat, wodurch in vielen Fällen besonders die Licht- und Waschechtheit erheblich verbessert wird. Außer dem „Nachkupfern" wird auch, vornehmlich bei den Schwefel- und Azofarbstoffen (Salzfarben), das „Nachchromieren" der Baumwollfärbungen angewandt.

β) Die zweite Art der Nachbehandlung besteht einerseits in der Anwendung eines Oxydationsmittels, wie Chlorkalk, Wasserstoffsuperoxyd, auch Permanganat usw.; mit diesem Verfahren wird jedoch nicht die Bildung eines Farblacks bezweckt, sondern vielmehr die Überführung des Farbstoffes in eine andere Form, in der er den seine Unveränderlichkeit auf der Faser gefährdenden Einflüssen besser zu widerstehen vermag. Etwas Ähnliches gilt andererseits bezüglich der Einwirkung solcher Substanzen, die, vermöge ihrer großen Reaktionsfähigkeit, mit den auf der Faser befindlichen Farbstoffen neue Produkte bilden, deren Schwerlöslichkeit oder Unlöslichkeit eine erhöhte Widerstandsfähigkeit besonders gegen Wäsche bedingt. Derartige Körper sind z. B. die Diazoniumverbindungen, der Formaldehyd und das sogenannte Solidogen II (= p-Aminobenzyl-p-Toluidin, $H_2N \cdot C_6H_4 \cdot CH_2 \cdot NH \cdot C_6H_4 \cdot CH_3$), das mit Aminen und Phenolen reagiert, entweder unter Bildung von Diamino- bzw. Aminooxydiphenylmethanderivaten, gemäß der Reaktionsgleichung 1, oder von Aminobenzylbasen bzw. Phenoläthern, gemäß der Reaktionsgleichung 2:

1. $$H_2N \cdot C_6H_4 \cdot CH_2 \cdot NH \cdot C_6H_4 \cdot CH_3 + R \cdot NH_2 \longrightarrow H_2N \cdot C_6H_4 \cdot CH_2 \cdot R \cdot NH_2 + H_2N \cdot C_6H_4 \cdot CH_3,$$

2. $$H_2N \cdot C_6H_4 \cdot CH_2 \cdot NH \cdot C_6H_4 \cdot CH_3 + R \cdot OH \longrightarrow H_2N \cdot C_6H_4 \cdot CH_2 \cdot O \cdot R + NH_2 \cdot C_6H_4 \cdot CH_3.$$

γ) Die auf der Faser auszuführende Diazotierung solcher Farbstoffe, die in normaler Weise diazotierbare Aminogruppen besitzen, und die weitere Kupplung der so gebildeten Diazoniumverbindungen mit geeigneten Azokomponenten, wie β-Naphtol, Resorcin, m-Phenylendiamin, Phenyl-Methyl-Pyrazolon u. dgl., sei an dieser Stelle, in Ergänzung der Ausführungen von S. 130f., geschildert am Beispiel des Farbstoffes aus Benzidin (tetrazotiert) + 2 Moleküle 2,8,6-Aminonaphtolsulfonsäure (γ), alkalisch kombiniert, von der Formel:

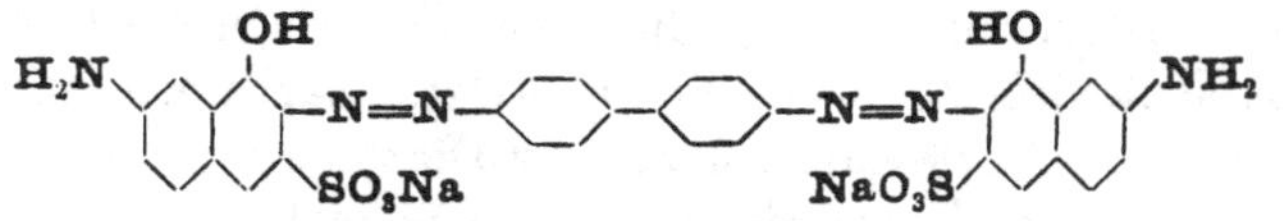

Diaminschwarz (s. S. 162.)

Diazotiert und mit m-Phenylendiamin entwickelt liefert dieser Disazofarbstoff den Tetrakisazofarbstoff

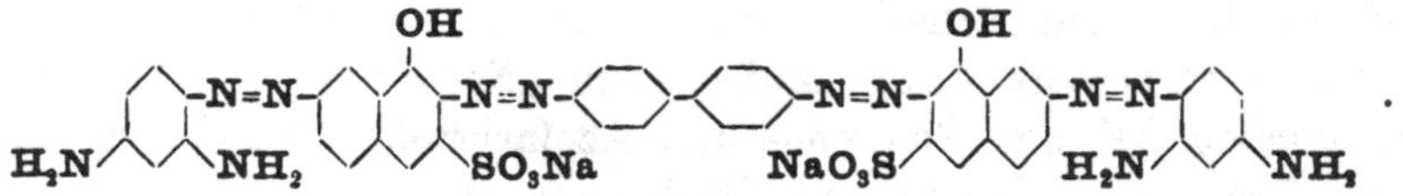

Dieser Tetrakisazofarbstoff läßt sich mittels p-Nitrobenzoldiazoniumchlorid, nach dem Verfahren 3aβ, weiter entwickeln zu dem Hexakisazofarbstoff

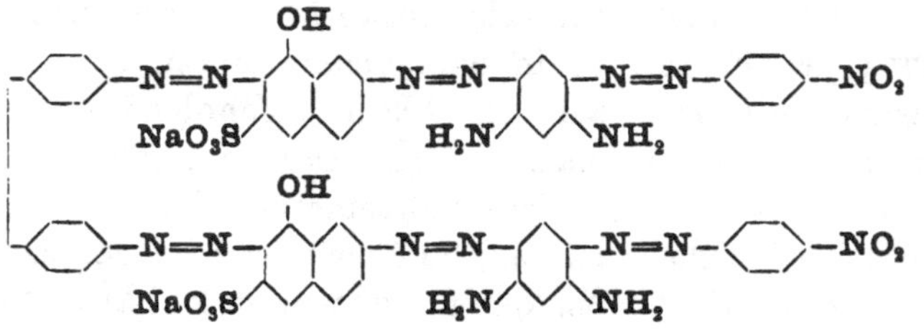

δ) Das *Küpenfärben* besteht darin, daß man einen an sich in Wasser schwer löslichen oder meist gänzlich unlöslichen Farbstoff durch Reduktion in eine wasserlösliche Form überführt, ihn in dieser Form von der tierischen oder pflanzlichen Faser aufnehmen läßt und schließlich durch Oxydation den ursprünglichen Farbstoff zurückbildet, der nun, infolge seiner Unlöslichkeit, vollkommen auf seiner Unterlage festhaftet. Dieses Verfahren kommt hauptsächlich für die *Indigo-* und *Thioindigofarbstoffe*, für die der Anthrachinonreihe angehörigen Küpenfarbstoffe (die *Indanthren-*, *Algol-*, *Cibanon*farbstoffe usw.), ferner aber auch für die aus Carbazolderivaten erhältlichen, den Schwefelfarbstoffen nahestehenden Verbindungen der *Hydronblaugruppe* in Betracht. Von untergeordneter Bedeutung ist es für das sogenannte *Indophenol-* oder *α-Naphtol-Blau* (s. S. 241). Was die Verküpung z. B. des *Indigos* (I) anlangt, so geht dieser, obwohl an sich in Wasser vollkommen unlöslich, durch Reduktion (heute meist mittels Hydrosulfits, $Na_2S_2O_4$, ausgeführt) in das als Alkali- oder Kalksalz leicht lösliche, nahezu farblose *Indigweiß* (II) über:

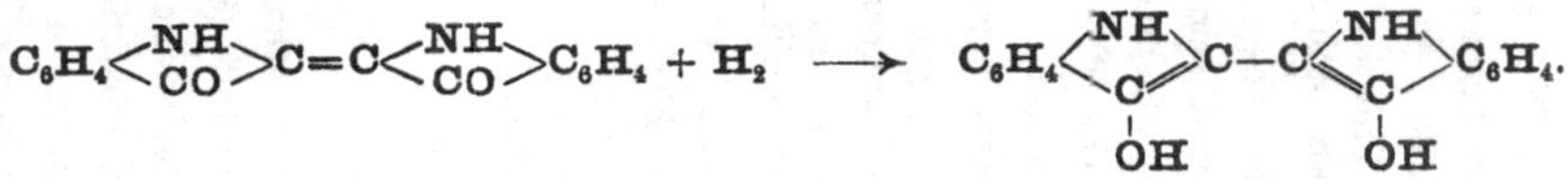

I Indigo — II Indigweiß

In diesem löslichen Zustande wird der Farbstoff von der Woll- oder Baumwollfaser leicht aufgenommen (wohl adsorbiert) und durch Oxydation, die schon an der Luft außerordentlich rasch erfolgt, in den *unlöslichen Indigo* zurückverwandelt.

3b) Das oben unter 3a (β und γ) beschriebene Verfahren zur Gewinnung von Polyazofarbstoffen auf der Faser (vorwiegend auf Baumwolle), bestehend in der Nachbehandlung der ursprünglichen Färbungen mit Diazolösungen, hat in einer vereinfachten Form für die Erzeugung von Mono- und Disazofarbstoffen auf der Faser Bedeutung erlangt. Der wichtigste auf diese Art erhaltene Monoazofarbstoff ist das *Paranitranilinrot* oder *Pararot*, $NO_2 \cdot C_6H_4 \cdot N_2 \cdot C_{10}H_6 \cdot OH$ (vgl. S. 350). Es entsteht dadurch, daß die mit einer Lösung von β-Naphtolnatrium, $C_{10}H_7 \cdot O \cdot Na$, vorbehandelte Faser durch eine Lösung von diazotiertem p-Nitranilin hindurchgeführt wird, wobei auf der Faser die sofortige Kupplung zu einem blaustichig roten Farbstoff erfolgt, der, als billiger *Ersatz des Alizarinrots* (des sog. *Türkischrots*) auf Baumwolle, ausgedehnte Anwendung findet.

In ganz analoger Weise erhält man durch Kupplung der Diazo-

Übersicht über die Färbemethoden der Spinnfasern.

A. Methoden der direkten Färbung.	1. Basische Farbstoffe für Wolle.	Di- und Triphenylmethanfarbstoffe (Auramin, Fuchsin, Malachitgrün). Ammonium- und Azonium-Azofarbstoffe (Janusfarben, Indoinblau). Azine, Thiazine, Oxazine, Akridine, Xanthenfarbstoffe (Safranin, Methylenblau, Meldolablau, Akridingelb, Rhodamin).
	2. Saure Farbstoffe für Wolle.	Monoazofarbstoffe (Kristallponceau). Prim. und sek. Disazofarbstoffe (Naphtolblauschwarz, Naphtolschwarz). Pyrazolonfarbstoffe (Tartrazin). Nitrofarbstoffe (Naphtolgelb S). Sulfonsäuren von Anthrachinonabkömmlingen. Sulfonierte basische Farbstoffe (Fuchsin S, Patentblau, Anilinblau).
	3. Salzfarben für Baumwolle und Wolle (Halbwolle).	Farbstoffe aus p-Diaminen, Polyazofarbstoffe (Kongorot, Diaminviolett, Halbwollschwarz). Farbstoffe aus 2,5,7-Aminonaphtolsulfonsäure [I-Säure] und Derivaten (Benzoechtscharlach).
	4. Schwefelfarbstoffe für Baumwolle.	Immedialschwarz, Schwefelschwarz. Gewisse Farbstoffe der Hydronblaugruppe.
B. Methoden der Beizenfärbung, d. h. des Färbens auf vorgebeizter Faser.	1. Beizenfarbstoffe für Wolle und Baumwolle.	Oxyketonfarbstoffe (Alizarin, Naphtazarin, Alizaringelb, Holzfarben). Beizenfärbende Thiazinfarbstoffe (Brillantalizarinblau). " Oxazinfarbstoffe (Gallocyanine). " Azofarbstoffe (Beizengelb). " Triphenylmethanfarbstoffe (Chromviolett).
	2. Basische Farbstoffe für Baumwolle.	Triphenylmethanfarbstoffe (Kristallviolett). Azinfarbstoffe (Safranin). Oxazinfarbstoffe (Meldolablau). Thiazinfarbstoffe (Methylenblau). Ammonium- und Azoniumazofarbstoffe (Janusfarben, Safraninazofarbstoffe). Akridinfarbstoffe (Akridingelb). Xanthenfarbstoffe (Rhodamin, Pyronin).

C. Methoden der Entwicklung der Färbungen auf der Faser.	1. Entwicklung der endgültigen Färbungen auf der Faser durch nachträgliche Einwirkung auf die ursprünglichen Färbungen.	α) Erzeugung von Metalllacken (eventuell unter gleichzeitiger Oxydation des Farbstoffes) durch Nachbehandlung mit Metallsalzen.	a) Beizenfarbstoffe der Gruppe B 1 (s. o.), die sich auch nach dem Auffärben durch Metallsalze, z. B. durch Bichromat oder Fl_3Cr, entwickeln lassen (Alizarinrot S, Eriochromcyanin). b) Nachchromierbare Azofarbstoffe (Chromotrop 6 B, Säure-Alizarinschwarz, Salicinschwarz).
		β) Erzeugung schwer löslicher Verbindungen durch Kondensation (auch z. B. durch Kupplung mit Diazoniumverbindungen) oder Oxydation.	Salzfarben (Plutobraun, Parabraun). Schwefelfarben.
		γ) Diazotierung der Farbstoffe auf der Faser und Kupplung mit geeigneten Azokomponenten.	Aminoazofarbstoffe aus p-Diaminen (Diaminschwarz), Sec. Dis- und Trisazofarbstoffe vom Typus des Naphtogenblaus und Farbstoffe aus Abkömmlingen der 2,5,7-Aminonaphtolsulfonsäure I (Diazobrillantscharlach).
		δ) Verküpen der Farbstoffe und Reoxydation der Leukoverbindungen auf der Faser.	Küpenfarbstoffe (Indigo- und Thio-Indigofarbstoffe, Indophenolblau, Indanthrene, Algolfarbstoffe, Hydronblaufarbstoffe.
	2. Entwicklung der Färbungen durch Erzeugung der Farbstoffe aus ihren Bestandteilen auf der Faser.	Azofarbstoffe (Pararot, α-Naphtylaminbordeaux), Oxazine (Nitrosoblau), Thiazine, Oxydationsfarbstoffe (Anilinschwarz, Paraminbraun).	

niumverbindung aus α-Naphtylamin mit β-Naphtol auf der Faser ein sehr schönes, noch blaustícheres Rot, das sogenannte α-Naphtylamin-Bordeaux oder -Granat, und in analoger Weise aus tetrazot. Dianisidin i. G. von Cuprichlorid das wasch- und lichtechte Dianisidinblau. Diese Methode der Färbung beruht, wie man sieht, auf der großen Reaktionsfähigkeit der Diazo- gegenüber der Azokomponente; sie ist daher in allen Fällen anwendbar, in denen durch Auswahl geeigneter Verbindungen die Voraussetzungen für einen ähnlich raschen Verlauf der Farbstoffbildung gegeben sind. Dies trifft z. B. zu bei der Erzeugung einiger Thiazin- und Oxazinfarbstoffe auf der Faser mittels gewisser Thiosulfonsäuren bzw. Nitrosoverbindungen, obwohl die Methode in dieser Richtung bei weitem nicht die praktische Bedeutung erlangt hat, wie die oben genannte Erzeugung von Pararot, α-Naphtylamin-Bordeaux und Dianisidinblau.

Von großer technischer Bedeutung ist hingegen die Erzeugung von Anilinschwarz auf Baumwolle und Halbwolle (für reine Wolle kommt Anilinschwarz kaum in Betracht), die auf der Oxydationsfähigkeit des Anilins und Para-Aminodiphenylamins durch Chlorate und Blutlaugensalz beruht. In neuerer Zeit sind zum Anilinschwarz noch das Paraminbraun und das Fuscamin getreten, die in ganz analoger Weise wie Anilinschwarz durch Oxydation des p-Phenylendiamins bzw. m-Aminophenols auf der Faser entwickelt werden.

Einen Überblick über die oben besprochenen Färbemethoden und über die bei der Ausführung jener Methoden in Betracht kommenden Farbstoffklassen oder -Gruppen gewährt das auf S. 318 u. 319 wiedergegebene Schema. Dazu sei ausdrücklich bemerkt, daß die praktische Ausführung der vielfachen Variationen selbstverständlich nicht nur von den wechselnden Eigenschaften der für die einzelnen Prozesse in Betracht kommenden Farbstoffe, sondern in gleichem oder vielleicht in noch höherem Maße von der Art und Beschaffenheit des zu färbenden Fasermaterials abhängig ist. Es wird sich daher alsbald zeigen, daß es einen sehr erheblichen Unterschied ausmacht, ob es sich, beispielsweise bei der Erzeugung direkter Färbungen, um Wolle oder um Baumwolle handelt. Das gleiche gilt für die Küpen- und Beizenfärbungen oder das auf der Faser zu entwickelnde Anilinschwarz usw.

Auch bedarf es wohl kaum der Erwähnung, daß die in diesem Schema aufgezählten Färbemethoden nicht alle die gleiche praktische Bedeutung besitzen, und daß es anderseits noch eine Reihe von Möglichkeiten des Färbens gibt, die im Schema nicht den entsprechenden Ausdruck gefunden haben. Doch dürfte diese Übersicht genügen, um eine ungefähre Vorstellung zu geben von der Mannigfaltigkeit, wie sie nicht zum mindesten bedingt ist durch die an die Echtheit der Färbungen gestellten Ansprüche. Über den letzteren Punkt wird in einem besonderen Abschnitt noch Näheres mitzuteilen sein.

Aus der Übersicht ergeben sich etwa 11 Färbemethoden (s. unten), die einzeln für sich besprochen und an Beispielen erläutert werden sollen.

Färbemethoden.

1. Färben der Wolle mit basischen Farbstoffen.
2. Färben der Wolle mit sauren Farbstoffen.
3. Färben der Wolle und der Baumwolle mit Salzfarben.
4. Färben der Baumwolle mit Schwefelfarbstoffen.
5. Färben der vorgebeizten Wolle oder Baumwolle mit den eigentlichen Beizenfarbstoffen (hierbei werden die Methoden des Beizens der Wolle und der Baumwolle mit Metalloxyden besprochen werden).
6. Färben der mit Tannin und Antimonsalzen gebeizten Baumwolle mit basischen Farbstoffen.
7. Erzeugung von Beizenfärbungen auf Wolle durch Nachbehandlung der direkten Färbungen mit Metallverbindungen.
8. Erzeugung echter Färbungen auf Baumwolle durch Nachbehandlung der nach Methode 3 und 4 erhaltenen direkten Färbungen (Oxydation oder Kondensation der Farbstoffe auf der Faser).
9. Erzeugung echter Färbungen auf Baumwolle durch Diazotierung von Aminoazofarbstoffen auf der Faser und Kupplung der entstandenen Diazoniumverbindungen mit Azokomponenten.
10. Küpenfärbungen auf Wolle und Baumwolle.
11. Erzeugung von Farbstoffen aus ihren Bestandteilen auf der Faser (Wolle und Baumwolle).

Es mag an dieser Stelle vorausgeschickt werden, daß es in der Färbereipraxis üblich ist, die Gewichtsmengen der zum Färben benutzten Ingredienzien in Prozenten des zu färbenden Materials auszudrücken. Wenn also von einer 5%igen Färbung des Farbstoffes X auf Wolle die Rede ist, so will das besagen, daß auf je 100 g Wolle 5 g Farbstoff angewendet worden sind. Wenn es ferner heißt, daß man im Laufe des Färbens 4% Schwefelsäure dem Farbbade hinzufügen soll, so hat dies nicht etwa den Sinn, daß aus einer 4%igen Schwefelsäure gefärbt werden soll, sondern man will dadurch ausdrücken, daß auf je 100 g Wolle 4 g Schwefelsäure 100%ig oder 20 g einer 20%igen Schwefelsäure anzuwenden sind.

Im allgemeinen ist man in der Praxis aus leicht ersichtlichen Gründen bestrebt, in einem Farbbade von bestimmtem Volumen möglichst viel Material zu färben; jedoch sind diesem Bestreben, die Färbeapparate auszunutzen, gewisse Grenzen gezogen, so daß z. B. auf 1 kg Wolle mindestens 20 l Farbbad (Flotte) anzuwenden sind.

In den meisten Fällen ist das Verhältnis aber noch wesentlich ungünstiger. Durchschnittlich kann man rechnen, daß in 1 cbm Flotte etwa 20—30 kg Wolle oder etwa 40—50 kg Baumwolle gefärbt werden können.

Bei der Herstellung der Farbbäder für das Ausfärben im kleinen verfährt man am zweckmäßigsten folgendermaßen: Man wägt ca. 0,5 g des Farbstoffes ab — angenommen 0,561 g — und löst die abgewogene Menge in der tausendfachen Menge Wasser — in dem angenommenen Falle also in 561 ccm Wasser; auf diese Weise erhält man eine $1^0/_{00}$ige Farbstofflösung. Sollen nun z. B. 19,7 g Wolle mit $2^0/_0$ Farbstoff gefärbt werden, so ergibt sich das Volumen der zum Färben erforderlichen Farbstofflösung obiger Konzentration leicht aus der Formel:

$$\frac{2 \cdot 19{,}7 \cdot 1000}{100} = 2 \cdot 197 = 394 \text{ ccm.}$$

Fügt man diesen 394 ccm Farbstofflösung noch etwa 300 ccm Wasser hinzu, so erhält man ein Farbbad von ca. 700 ccm, also etwa das 35fache des zu färbenden Materials.

1. Färben der Wolle mit basischen Farbstoffen.

In diesem Falle handelt es sich darum, eine feste Verbindung zwischen der Wollfaser und der Farbstoffbase herbeizuführen. Die Wolle besitzt bekanntlich amphoteren Charakter, d. h. sie ist eine Art „Eiweißverbindung“, die die Eigenschaften sowohl einer Säure als auch einer Base besitzt. Aus diesem Grunde vermag die Wollfaser sowohl mit Basen als auch mit Säuren salzartige Verbindungen einzugehen. Beim Färben der Wolle mit basischen Farbstoffen gelangt nun folgende Reaktion zur Verwirklichung:

$$\text{Wollfaser} + \underbrace{(\text{Farbbase} + \text{Säure})}_{\text{Farbstoff}} \longrightarrow \underbrace{(\text{Wollfaser} + \text{Farbbase})}_{\text{Wollfärbung}} + \text{Säure.}$$

Es geht aus dieser Reaktionsgleichung ohne weiteres hervor, daß es bei dieser Art des Färbens — eine normale, alkalifreie Wolle vorausgesetzt — eines Zusatzes von Säure nicht bedarf; im Gegenteil würde ein Zusatz von Säure das Verteilungsgleichgewicht der Farbbase zwischen Wollfaser und Mineralsäure zugunsten der letzteren verschieben, d. h. das Aufziehen des Farbstoffes aus dem Farbbad auf die Faser verzögern. Eine derartige Verzögerung des Aufziehens ist beim Färben der basischen Farbstoffe auf Wolle um so weniger angezeigt — abgesehen von solchen Farbstoffen, die leicht unegal färben — als die Affinität der Farbstoffbasen zur Wollfaser in der Regel nicht so ausgeprägt ist, daß der durch das obige Reaktionsschema angedeutete Prozeß quantitativ im Sinne des Pfeiles von links nach rechts verläuft. Es stellt sich vielmehr, wie schon oben bemerkt, ein Gleichgewicht ein, das durch eine mehr oder minder starke Färbung des Bades gekennzeichnet ist. Die Temperatur beim Färben der Wolle mit basischen Farbstoffen soll in der Regel 80° nicht übersteigen und die Dauer des Färbens etwa eine Stunde betragen. Auf das Färben folgt das Spülen. Dieses Spülen ist eine fast nach allen Färbungen auszuführende Operation, um die anorganischen Salze, sowie den etwa noch in der Flotte befindlichen, mit der Faser noch nicht fest verbundenen, sondern ihr nur lose anhaftenden Farbstoff zu entfernen. Farbstoffe, die diese Operation nicht vertragen, d. h. deren Verbindung mit der Faser so locker ist, daß sie schon durch einfaches Spülen selbst mit kaltem Wasser wieder gelöst wird, sollten überhaupt nicht zum Färben benutzt werden, wenigstens nicht zum Färben von Bekleidungsstücken.

Bei Anwendung kalkhaltigen Wassers zum Färben mit basischen Farbstoffen empfiehlt sich ein Zusatz von Essigsäure, um eine Ausfällung schwacher Farbbasen durch den Kalk zu verhüten. Von den direkt, d. h. ohne Beizen, auf Wolle färbenden basischen Farbstoffen finden die Triphenylmethanfarbstoffe zurzeit wohl die ausgedehnteste Anwendung, obwohl die derart mit ihnen erzeugten Färbungen im allgemeinen ebensowenig höheren Echtheitsansprüchen genügen wie diejenigen, die man mittels der anderen hier in Betracht kommenden Farbstoffgruppen (Azine, Thiazine usw.) erhält.

Übungsbeispiel: Fuchsin auf Wolle; 2%ige Färbung.

Die Farbstofflösung bereitet man sich in der oben (s. S. 322) beschriebenen Weise und wärmt das Farbbad auf etwa 30—40° an. Bei dieser Temperatur geht man mit der gereinigten und gut genetzten Wolle (am besten in Strangform) ein und läßt die Temperatur im Verlauf etwa einer halben Stunde auf 80—85° steigen, wobei man durch häufiges Hantieren für eine gleichmäßige Berührung zwischen Wolle und Farbbad sorgt. Nachdem man das Bad darauf noch eine weitere halbe Stunde bei der oben angegebenen Temperatur gehalten hat, nimmt man den Strang heraus, wäscht ihn in kaltem fließendem Wasser so lange aus, bis das Waschwasser farblos abläuft, und trocknet ihn.

2. Das Färben der Wolle mit sauren Farbstoffen.

Diese Methode unterscheidet sich in einigen Punkten nicht unerheblich von der unter 1. beschriebenen. Im vorliegenden Falle handelt es sich darum, durch das Färben eine Verbindung zwischen der Wollfaser und einer mehr oder minder starken Farbstoffsäure zu bewirken, welch letztere meistens in Form eines Salzes der Alkalien (oder alkalischen Erden) zur Verwendung gelangt. Es wird hierbei also — im Unterschied vom Färben mit basischen Farbstoffen — von den basischen Eigenschaften der Wolle Gebrauch gemacht. Die Färbung vollzieht sich entsprechend der allgemeinen Reaktionsgleichung:

$$\text{Wollfaser} + \underbrace{(\text{Farbstoffsäure} + \text{Alkali})}_{\text{Farbstoff}} \longrightarrow \underbrace{(\text{Wollfaser} + \text{Farbstoffsäure})}_{\text{Wollfärbung}} + \text{Alkali}.$$

Würde man nun die Farbstofflösung ohne weiteren Zusatz mit der Wollfaser zusammenbringen, so würde die Salzbildung zwischen Faser und Farbstoffsäure infolge des freiwerdenden Alkalis alsbald zum Stillstand kommen, entsprechend einem Gleichgewicht, das in erster Linie von der Farbstoffsäure, ferner aber auch von der Beschaffenheit der Wolle, sowie von der Temperatur und Konzentration des Farbbades abhängig ist. Man hat es aber in der Hand, durch Bindung des Alkalis eine weitgehende Erschöpfung des Bades, in vielen Fällen sogar einen nahezu quantitativen Verlauf des durch die obige Gleichung angedeuteten Vorganges, herbeizuführen. Dies erreicht man in den meisten Fällen auf die einfachste Weise durch Zugabe von Schwefelsäure zum Farbbade. Allerdings bedarf es hierbei einiger Vorsicht, damit nicht, durch zu rasches Aufgehen des Farbstoffes auf die Faser, ungleichmäßige Färbungen entstehen, eine Gefahr, die besonders bei schweren Stoffen oder bei solchen, die aus stark gedrehtem Garn gewebt sind, nahe liegt. Man fügt deshalb die Schwefelsäure meist nicht auf einmal, sondern in mehreren Teilen zu und schwächt ihre Wirkung außerdem noch durch Zugabe von Glaubersalz zur Flotte ab. Vielfach verwendet man aus dem gleichen Grunde statt der Schwefelsäure ihr saures Natriumsalz, $NaHSO_4$, Bisulfat oder „Weinsteinpräparat“ genannt. Bei besonders empfindlichen Farbstoffen, d. h. bei solchen, die in mineralsaurer Lösung infolge ihrer starken Affinität zur Wollfaser leicht unegale Färbungen liefern, bedient man sich, zum Neutralisieren des frei werdenden Alkalis, der Essigsäure oder des essigsauren bzw. oxalsauren Ammons, das in der Kochhitze Essigsäure bzw. Oxalsäure an das Bad abgibt, während sich das Ammoniak verflüchtigt. Bemerkt sei übrigens — zur Vermeidung von Mißverständnissen — daß zur Erschöpfung des Bades die dem Alkali der Farbstoffe äquivalente Menge Säure in der Regel bei weitem nicht ausreicht. Es bedarf vielmehr, wie die Erfahrung gelehrt hat, eines weit darüber hinausgehenden Überschusses an Säure, der dem Bade eine ausgesprochen saure Reaktion erteilt, und der zum Teil von der Wolle, selbst nach dem Spülen mit Wasser, festgehalten wird. Mit dieser Erscheinung steht in Zusammenhang der Umstand, daß z. B. neutrale Glaubersalzlösungen imstande sind, die meisten direkt gefärbten Säurefarbstoffe in der Hitze von der Faser teilweise wieder abzuziehen. Durchschnittlich rechnet man auf 100 g angewendeten Farbstoff 75—100 g konzentrierte Schwefelsäure. Um also eine 4 %ige Färbung eines sauren Wollfarbstoffes auszuführen, bedarf es eines Zusatzes von 3—4 % Schwefelsäure zum Bade, berechnet auf das Gewicht der Wolle. Da die Affinität der Wolle und ebenso der Baumwolle für Farbstoffe in der Regel mit der Temperatur des Farbbades zunimmt, so hat man es auch durch Regelung dieses Faktors in der Hand, möglichst gleichmäßiges Aufziehen des Farbstoffes auf die Faser herbeizuführen. Die wichtigsten Vertreter der Säurefarbstoffe für Wolle sind die Azofarbstoffe, die den verschiedenartigsten Ansprüchen, die man an Wollfärbungen bezüglich des Tones und der Echtheitseigenschaften stellen kann, zu entsprechen vermögen, wie dies bereits auf S. 121 geschildert wurde.

Übungsbeispiel: Kristallponceau auf Wolle; 2 %ige Färbung.

Angewendet 17,6 g Wolle. Das Farbbad wird zusammengesetzt aus 352 ccm der 1 ‰igen Farbstofflösung + 150 ccm Wasser und wird auf 40—50° vorgewärmt. Bei dieser Temperatur geht man mit der Wolle ein und läßt die Temperatur in einer Viertelstunde auf den Siedepunkt steigen. Alsdann gibt man im Verlauf einer weiteren Stunde, während deren man das Kochen, selbstverständlich unter Erneuerung des verdampften Wassers, fortsetzt, etwa 30 ccm einer 1 %igen Schwefelsäurelösung zu, worauf man die Wolle aus dem Bade herausnimmt, spült und trocknet.

3. Färben der Baumwolle und der Wolle mit Salzfarben.

Diese Methode des Färbens ist vor allem für die Baumwollfärberei von großer Bedeutung. Seit einiger Zeit aber hat sie auch für die Wolle ausgedehnte Anwendung gefunden, insbesondere sofern es sich um das Färben von Halbwolle (Wolle + Baumwolle) handelt. Je nachdem ob der eine oder der andere Fall vorliegt, müssen gewisse Variationen des Färbeverfahrens stattfinden, da die beiden Fasermaterialien, in dasselbe Farbbad gebracht, im allgemeinen ein sehr unterschiedliches Verhalten aufweisen (s. S. 310) und deshalb nur unter ganz bestimmten, eng umschriebenen Bedingungen Färbungen annehmen, die in Ton und Stärke übereinstimmen, wie dies bei der Halbwollfärberei in der Regel verlangt wird.

Was zunächst die Baumwollfaser anlangt, so hat ihr Verhalten gegenüber den Salzfarben zu sehr interessanten Erweiterungen unserer Färbetheorien Veranlassung gegeben. Bei dem neutralen Charakter der Baumwollfaser konnte die Tatsache, daß sie den sogenannten „Salzfarben" gegenüber eine ausgesprochene Affinität aufweist, durch eine rein chemische Reaktion zwischen Faser und Farbstoff — wie sie oben unter 1. und 2. geschildert worden ist — nicht befriedigend erklärt werden. Man ist bei näherer Untersuchung der Erscheinung zu der Erkenntnis gelangt, daß es sich bei der Färbung der Baumwollfaser mit Salzfarben um einen Adsorptionsvorgang handelt, der sich zwischen zwei mehr oder minder kolloidalen Substanzen abspielt, der Faser einerseits und dem Farbstoff andererseits. Mit dieser Annahme in Übereinstimmung steht die Tatsache, daß gewisse Zusätze wie Kochsalz, Glaubersalz, insbesondere aber auch alkalisch reagierende Salze wie Soda, Pottasche, Dinatriumphosphat (Na_2HPO_4), Seife usw. das Aufziehen dieser Farbstoffe auf die Faser erheblich begünstigen. Allerdings stellt sich vielfach auch hier wie bei 1. hinsichtlich der Verteilung des Farbstoffes zwischen Faser und Flotte ein Gleichgewichtszustand ein, lange ehe die Bäder erschöpft sind. Dies zwingt dazu, aus möglichst kurzen Bädern, d. h. mit möglichst konzentrierten Farbstofflösungen zu färben, eventuell die alten Bäder bei den nachfolgenden Färbungen weiter zu benutzen („auf stehendem Bade" zu färben). Soll mit der Baumwolle gleichzeitig auch Wolle gefärbt werden (Halbwollfärberei), so ist natürlich die Benutzung stark alkalischer oder seifenhaltiger Bäder wegen der Empfindlichkeit der Wollfaser gegen diese Reagenzien ausgeschlossen, ebenso aber auch, mit Rücksicht auf die Baumwolle, der Zusatz von starken Säuren. Es muß also hier ein Mittelweg gesucht werden, und man verwendet deshalb an Stelle von Soda und Pottasche z. B. neutrales Glaubersalz oder das nur schwach alkalische Na_2HPO_4 und reguliert das gleichmäßige Aufziehen der Farbstoffe auf beide Fasern vor allem durch genaue Einstellung der Temperatur der Farbbäder, wobei zu beachten ist, daß in der Regel bei höherer Temperatur die Wolle, bei niedriger Temperatur die Baumwolle tiefer angefärbt wird.

Übungsbeispiel: Diaminschwarz RO auf 20 g Baumwolle.

Will man mit einem frischen Bade einigermaßen dunkle Töne erzielen, so muß man auf den oben erwähnten Umstand, daß die Bäder nur unvollkommen ausgezogen werden, Rücksicht nehmen;

man wendet also etwa 10 % Farbstoff an. Das Bad zum Färben von 20 g Baumwolle setzt sich demnach zusammen aus 200 ccm einer 1 %igen Farbstofflösung, 200 ccm Wasser, 3,5 g Koch- oder Glaubersalz und 1 g Soda. Man geht mit der Baumwolle bei etwa 40° in das Bad ein, treibt zum Kochen, hält bei dieser Temperatur etwa 1 Stunde, nimmt die Baumwolle aus dem Bade heraus, spült und trocknet sie.

4. Färben der Baumwolle mit Schwefelfarbstoffen.

Bis vor kurzem kamen die Schwefelfarbstoffe, im Gegensatz zu den Salzfarben, praktisch nur für die Färberei vegetabilischer Fasern in Betracht. Neuerdings jedoch hat man Verfahren ausfindig gemacht, die es gestatten, die Schwefelfarbstoffe auch auf der tierischen Faser (Wolle und Seide) zu befestigen (Protektol-Verfahren der Agfa).

Aber auch hinsichtlich der Baumwollfärberei bestehen nicht unerhebliche Unterschiede zwischen den Salz- und den Schwefelfarbstoffen, die mit der chemischen Natur der letzteren in Zusammenhang stehen. Während die Salzfarben, ohne Ausnahme, in Wasser lösliche Sulfon- und Carbonsäuren (bzw. deren Salze) von Azoverbindungen darstellen, sind die Schwefelfarbstoffe an sich fast durchgehends in Wasser schwer lösliche oder unlösliche Verbindungen, meist übrigens unbekannter Konstitution. Sehr bedeutungsvoll für ihre ausgedehnte färbereitechnische Anwendung ist nun ihre Eigenschaft, auf Zusatz von Schwefelnatrium (Na_2S) in eine wasserlösliche Form überzugehen, die man als Leuko-Form bezeichnet. Hiermit aber ist weiterhin das Auftreten der sehr bemerkenswerten und wichtigen Eigenschaft einer ausgesprochenen Verwandtschaft zur Baumwollfaser verknüpft (s. S. 272). Da die Leukoform, ganz analog den Leukoverbindungen der Küpenfarbstoffe, sehr leicht geneigt ist, sich durch Reoxydation, z. B. schon durch den Sauerstoff der Luft, in den ursprünglichen, unlöslichen oder schwer löslichen Farbstoff zurückzuverwandeln, so sind damit, wie man sieht, die Voraussetzungen für ein verhältnismäßig einfaches Verfahren zur Herstellung echter Färbungen auf Baumwolle gegeben. Dieser Umstand erklärt den großen Aufschwung, den das Färben mit Schwefelfarbstoffen trotz gewisser damit verbundener Nachteile (z. B. starke Alkalinität der Farbbäder, sehr lästige Abfälle an Na_2S-haltigen Laugen) in den letzten Jahrzehnten genommen hat. Das Färben erfolgt meist unter weiterem Zusatz von Soda und Kochsalz. Letzteres hat, wie bei den Salzfarben, den Zweck, die Löslichkeit der Farbstoffe bzw. ihrer Leukoverbindungen in der Farbflotte zu erniedrigen und damit das Aufziehen der Farbstoffe auf die Faser zu befördern. Freilich auch trotz dieser Zusätze werden die Schwefelfarbstoffe, ähnlich wie die Salzfarben und Küpenfarbstoffe **nicht vollkommen** aus dem Bade von der Baumwollfaser ausgezogen. Da, wie erwähnt, die Reoxydation der Leukoverbindung zum unlöslichen Farbstoff sehr leicht schon an der Luft erfolgt, so muß nach beendigter Färbung durch sofortiges Ausquetschen dafür Sorge getragen werden, daß nicht, beim Herausnehmen des gefärbten Materials aus dem Bade, der noch in der anhängenden „Flotte" gelöste Leukofarbstoff sich nach Oxydation durch den Luftsauerstoff auf der Faser niederschlägt, was nicht nur zu **Fleckenbildung** Veranlassung gibt, sondern auch das **Abrußen** des von der Baumwollfaser nicht aufgenommenen und daher nur locker anhaftenden Farbstoffes zur Folge hat.

Übungsbeispiele.

1. Immedialschwarz (s. S. 274f.) auf Baumwolle.

Der Gehalt der Schwefelfarbstoffe schwankt je nach der Art der Abscheidung (Eindampfen und Trocknen der gesamten Schmelze, oder Ausfällen des Farbstoffes aus der Lösung durch Ansäuern, oder durch Einblasen von Luft, oder durch Zugabe von Chlorammonium) sehr bedeutend. In neuerer Zeit sucht man, möglichst reine und konzentrierte Farbstoffe in den Handel zu bringen; immerhin wird man, unter Berücksichtigung der unvollkommenen Erschöpfung der Flotte, bei Benutzung frischer Bäder mindestens wohl 10% Farbstoff für die Erzeugung kräftiger, dunkler Töne anwenden müssen. Zum Färben von 20 g Baumwolle bereitet man sich ein Bad aus 200 ccm Wasser und 200 ccm einer 1%igen Farbstofflösung.

Diese erhält man, wenn man 5 g Immedialschwarz zunächst mit 50 ccm einer 10%igen Schwefelnatriumlösung versetzt und durch Erwärmen in Lösung bringt. Nach Zugabe von 50 ccm einer 5%igen Sodalösung und 150 ccm einer 10%igen Kochsalzlösung füllt man mit Wasser auf 500 ccm auf.

Das gemäß obiger Vorschrift zusammengesetzte Farbbad enthält dann 2 g Farbstoff, 2 g Schwefelnatrium ($Na_2S \cdot 9H_2O$), 1 g Soda und 6 g Kochsalz, oder in Prozenten ausgedrückt (auf 20 g Baumwolle bezogen): 10% Farbstoff, 10% Schwefelnatrium, 5% Soda und 30% Kochsalz. Das Bad wird zunächst zum Kochen erhitzt, dann wird die Heizung abgestellt, und nun erst geht man mit der Baumwolle in die Flotte ein. Unter häufigem Umziehen, aber ohne sie herauszunehmen, und im übrigen unter möglichstem Abschluß der Luft läßt man sie 1—1¼ Stunde im Bade verweilen, indem man die Temperatur auf etwa 60° hält. Nach beendigter Färbung wird sofort abgequetscht und gespült, beides mit möglichster Beschleunigung, und zwar aus den oben angeführten Gründen. Zum Schluß wird bei 50° getrocknet.

2. Schwefelschwarz (s. S. 274) auf Baumwolle.

Bei der Färbung von 20 g Baumwolle mit 10% Schwefelschwarz (aus 2,4-Dinitrophenol) verfährt man — etwas abweichend von der Vorschrift für Immedialschwarz — etwa folgendermaßen: 5 g Schwefelschwarz werden mittels 100 ccm einer 10%igen Schwefelnatriumlösung in der Wärme gelöst. Hierzu fügt man 100 ccm einer 5%igen Sodalösung sowie 250 ccm einer 10%igen Kochsalzlösung und füllt das Ganze mit Wasser auf 500 ccm auf, von denen 200 ccm, mit 200 ccm Wasser verdünnt, für die Färbung benutzt werden. Danach enthält das Farbbad 2 g Farbstoff, 4 g Schwefelnatrium, 2 g Soda und 10 g Kochsalz, oder in Prozenten (auf Baumwolle bezogen) ausgedrückt: 10% Farbstoff, 20% Schwefelnatrium, 10% Soda und 50% Kochsalz. Man geht mit der Baumwolle bei 70—75° ins Bad, treibt in etwa 10 Minuten auf etwa 90° und färbt während 3/4 Stunden bei 90—95° aus, quetscht ab, spült und trocknet.

5. Färben der vorgebeizten Baumwolle und Wolle mit Beizenfarbstoffen.

Zum Unterschied von der unter 7 (s. u.) beschriebenen Methode des Färbens mit basischen Farbstoffen, die fast ausschließlich auf die mit Tannin und Antimonsalzen gebeizte Baumwollfaser Anwendung findet, sind hier mit „Beizen" ausschließlich die Metalloxydbeizen, vor allem Al_2O_3, FeO bzw. Fe_2O_3 und Cr_2O_3, gemeint und dementsprechend unter Beizenfarbstoffen nur diejenigen organischen Farbstoffe verstanden, die mit den auf der Faser befindlichen Metalloxyden beständige und in Wasser unlösliche Lacke zu bilden vermögen.

Das im vorliegenden Falle dem eigentlichen Färbeprozeß vorausgehende Beizen bezweckt nun, die Metalloxyde in möglichst feiner und gleichmäßiger Verteilung auf der zu färbenden Faser zu befestigen, in einer Form, in der sie durch Wasser nicht mehr von der Faser abgezogen werden. Anderenfalls nämlich würden in der Flotte bereits sich unlösliche Niederschläge aus Farbstoff und Metalloxyd bilden können, die nicht nur zu Verlusten an Farbstoff, sondern vor allem auch zur Fleckenbildung und zur Entstehung von reibunechten Färbungen Veranlassung geben. Das Beizen dürfte, ähnlich dem Färben, richtig wohl auch als Adsorptionsvorgang aufzufassen sein, der dadurch ermöglicht wird, daß die als wasserlösliche Salze zur Anwendung gelangenden Metallverbindungen durch geeignete Zusätze in mehr oder weniger kolloidale Metalloxyde übergeführt werden, wodurch sie dann leicht von der Faser aufgenommen werden und zwar, was für das gleichmäßige Durchfärben von Wichtigkeit ist, nicht nur von den äußeren Schichten des zu färbenden Materials, sondern auch, auf Grund der Scheinlöslichkeit kolloidaler Substanzen, von den inneren. Baumwolle und Wolle weisen — vor allem offenbar infolge ihres verschiedenen Adsorptionsvermögens für Metalloxyde — den Beizen gegenüber nicht das gleiche Verhalten auf. Aus diesem Grunde bedarf es für beide Arten des zu färbenden Fasermaterials besonderer Methoden des Beizens, und zwar sind die Methoden zum Beizen der Wolle durchgängig einfacher als diejenigen für Baumwolle.

A. Das Beizen und Färben der Wolle.

Es seien nur die gegenwärtig wichtigsten Methoden kurz besprochen.

a) Aluminium- (Tonerde-) Beize.

Für Färbungen von mittlerer Stärke (mit 3—4 % Farbstoff) verwendet man (bezogen auf die zu beizende Wolle) etwa 4 % Alaun [$KAl(SO_4)_2 + 12\,H_2O$] und $2^1/_2$ % Weinstein (HOOC·CHOH·CHOH·COOK). Der im Beizbade bei höheren Temperaturen sich abspielende chemische Vorgang ist etwa so aufzufassen, daß der Alaun eine durch die Gegenwart von Weinstein begünstigte hydrolytische Dissoziation erleidet, durch die freies Al_2O_3 (bzw. $Al_2(OH)_6$ oder Zwischenstufen) entsteht, das in kolloidaler Form gelöst bleibt und daher auch die innersten Teile der Wollfaser zu durchdringen vermag. Entsprechend den Fortschritten der durch die Badtemperatur bedingten Dissoziation des Alauns wird ein bestimmter Teil des kolloidalen Al_2O_3 von der Faser adsorbiert und fest mit ihr verbunden. Das Kalium des Weinsteins dient dazu, die frei werdende Schwefelsäure des Alauns zu neutralisieren, die ähnlich wie die frei werdende Mineralsäure basischer Farbstoffe (s. Färbemethode 1 auf S. 322) der Dissoziation und Adsorption entgegenwirkt. Stärkere Neutralisationsmittel, wie etwa Soda oder Acetat, für diesen Zweck anzuwenden, ist deshalb nicht rätlich, weil sonst das Aufziehen der Tonerde auf die Wolle zu rasch und ungleichmäßig — nämlich nur auf den äußeren Schichten — erfolgen würde. Zum Teil fände dann auch weniger eine Adsorption als vielmehr eine gewöhnliche Fällung des Al_2O_3 statt, die die Echtheit der nachherigen Beizenfärbung in sehr ungünstiger Weise beeinflußt.

b) Chrom-Beize.

Zur Ausführung einer dem Färben vorhergehenden Beizung der Wolle mit Chrom findet vor allem das Bichromat, $K_2Cr_2O_7$, eine ausgedehnte Anwendung. Da das Chrom in jener Verbindung als sechswertiges Element vorhanden ist, während es als Sesquioxyd (Cr_2O_3 bzw. dessen Hydrat) auf der Wollfaser befestigt werden soll, so bedarf es, wie man sieht, beim Beizen der Wolle mit Bichromat eines Reduktionsmittels. Man kann dazu die Wolle selbst benutzen, etwa in der Weise, daß man sie mit Bichromat und Schwefelsäure kocht, wobei übrigens nur eine teilweise Reduktion zu Cr_2O_3 stattzufinden pflegt. Aber auch aus anderen Gründen eignet sich die Wolle, trotz ihrer ausgeprägten reduzierenden Eigenschaften, nicht als Reduktionsmittel, weil sie selbst offenbar durch den Oxydationsprozeß mehr oder minder leidet. Man wendet daher fast durchgehends noch besondere reduzierende Zusätze an, die jedoch ganz bestimmten Anforderungen entsprechen müssen, aus Gründen, die analog sind denen, die bereits bei der Beizung der Wolle mit Tonerde angeführt wurden. Hier wie dort kommt es darauf an, das Metalloxyd nicht in kurzer Zeit seinem ganzen Betrage nach in Freiheit zu setzen, sondern eine allmähliche Entwicklung desselben aus seinem Generator herbeizuführen. Infolgedessen sind zu kräftig wirkende Reduktionsmittel, wie etwa Sulfite, ausgeschlossen. In früherer Zeit benutzte man als reduzierenden Zusatz vor allem den Weinstein. Neuerdings sind jedoch die durch die Einwirkung von Kohlenoxyd auf Ätznatron erhältliche Ameisensäure sowie die durch Vergärung von Traubenzucker leicht zugängliche Milchsäure (letztere in Form einer konzentrierten, etwa 50%igen Lösung) an seine Stelle getreten. Nebenbei erfüllen Weinstein, Ameisen- und Milchsäure auch noch einen anderen Zweck, nämlich den, das Kalium des Bichromats zu neutralisieren. Das Verhältnis, in dem Bichromat und Milchsäure bzw. Ameisensäure zur Anwendung gelangen, ist, für mittlere Töne, etwa 3% Bichromat und 2,5% Milchsäure (50%ig) bzw. 3% Ameisensäure. Man kann den Fortgang des Reduktions- und Beizprozesses daran erkennen, daß die vom Bichromat herstammende gelbe Färbung der Lösung immer schwächer wird, während die anfangs gleichfalls gelblich erscheinende Wolle allmählich eine grünliche Färbung, die von Cr_2O_3 herrührt, annimmt.

c) Eisen-Beize.

Das als Seidenbeize höchst wichtige Eisen findet nur für besondere Zwecke als Beize für Wolle Anwendung und steht in dieser Beziehung dem Chrom an Bedeutung weit nach. Als Eisenverbindung für Wolle bedient man sich hauptsächlich des Eisenvitriols ($FeSO_4 + 7H_2O$) unter weiterem Zusatz von Oxalsäure zum Beizbade. Die Oxalsäure dient einerseits wohl als Reduktionsmittel, das den leicht erfolgenden Übergang des Eisenoxyduls ins Oxyd verhindert, und andererseits nimmt man wohl mit Recht von der Oxalsäure an, daß sie als starke Säure ein zu rasches Aufgehen des Eisens auf die Faser verhütet. Die für dunkle Töne angewendeten Mengen betragen 4—5 % Eisenvitriol und 2—2½ % Oxalsäure.

Vor der Ausführung des Beizprozesses mit den oben erwähnten Aluminium-, Chrom- und Eisenbeizen ist auf eine gründliche Reinigung der Wolle Gewicht zu legen. Alle Fett- und Schweißbestandteile müssen völlig entfernt werden, weil sie sonst mit den Beizen schwerlösliche klebrige Seifen bilden, die ein Abschmutzen der Farbe bewirken. Zweckmäßig erfolgt die erste gründliche Reinigung der Wolle (die sog. Wollwäsche) bereits in unversponnenem Zustande, weil sich aus versponnener oder verwebter Wolle gewisse Verunreinigungen nicht so leicht entfernen lassen. Die Mengen der zum Beizen anzuwendenden Metallsalze richten sich nach der Stärke der beabsichtigten Färbungen und stehen daher im direkten Verhältnis zur Menge des angewendeten Farbstoffes (s. o.). Die Entwicklung der Beize erfolgt in der Weise, daß man mit der gut genetzten Wolle bei etwa 30—40° in das Beizbad eingeht, langsam, d. h. in etwa ½—1 Stunde, zum Kochen treibt und dann die Wolle unter häufigem Umziehen ¾—1 Stunde im kochenden Bade beläßt. Dann wird sie herausgenommen, abgekühlt und mit kaltem Wasser gespült. Es ist zweckmäßig, die gebeizte Wolle nicht wieder trocken werden zu lassen, sondern das Färben möglichst bald an das Beizen anzuschließen. Der Ausfall der Färbung ist in hohem Maße von einer sachgemäßen Beizung abhängig; ist diese in richtiger Weise erfolgt, so gestaltet sich das Färben der Wolle verhältnismäßig einfach. Die Farbstoffe in Teigform, wie z. B. Alizarin, werden möglichst gleichmäßig im Farbbad verteilt. Die löslichen Farbstoffe, wie z. B. Beizengelb (Azofarbstoff aus diazotierter β-Naphtylaminsulfonsäure (2,6) + Salicylsäure), werden vorher in Lösung gebracht und filtriert, um sicher zu sein, daß keine ungelösten Teile mehr vorhanden sind, die leicht zur Fleckenbildung Anlaß geben. In solchen Fällen, in denen wasserunlösliche Farbstoffe ausnahmsweise in trockner, fester Form vorliegen, empfiehlt es sich, dieselben zunächst in Alkali zu lösen und aus dem erkalteten Filtrat durch Ansäuern mit Essigsäure wieder auszufällen. Auf diese Weise erhält man sie in einem Zustande ausreichend feiner Verteilung, der durch bloßes Anreiben des trocknen Farbstoffs mit Wasser bei weitem nicht zu erreichen ist. Man färbt meist unter Zusatz geringer Mengen Essigsäure zum Farbbad. Ein derartiger Zusatz empfiehlt sich besonders beim Färben mit solchen Beizenfarbstoffen, die, wie Alizarinrot S oder

Beizengelb, Natronsalze von Sulfon- oder Carbonsäuren sind. Derartige Beizenfarbstoffe ziehen zwar infolge der Lackbildung auch ohne einen solchen Säurezusatz in viel weitergehendem Maße auf die Faser, als die gewöhnlichen Säurefarbstoffe (s. unter Nr. 2, S. 324), bei denen das günstige Moment der Erzeugung einer unlöslichen und daher das Verteilungsgleichgewicht im gewünschten Sinne beeinflussenden Metallverbindung nicht in Frage kommt. Trotzdem muß, im Interesse eines möglichst gleichmäßigen Aufziehens der Farbstoffe auf die gebeizte Faser, sehr vorsichtig und langsam gefärbt werden. Man geht daher auch bei gewöhnlicher Temperatur in das Farbbad ein, zieht die Wolle zunächst einige Male um und heizt dann erst das Bad langsam an — die Siedetemperatur soll vor etwa $^3/_4$ Stunden nicht erreicht werden. Der Zeitraum, während dessen aus kochendem Bade weiter gefärbt werden muß, hängt sowohl von der Beschaffenheit der Wolle als auch vom Farbstoff sowie von der Beize ab. In der Regel genügt etwa $1^1/_2$-stündiges Kochen. In einzelnen Fällen erfordert die völlige Entwicklung des Farblackes jedoch 2- und selbst $2^1/_2$-stündiges Kochen. Nach dem Färben wird mit Wasser gespült.

Übungsbeispiele: 1. Alizarinschwarz (Naphtazarin) auf Wolle in 5%iger Färbung (Chrom-Beize).

Liegt das Alizarinschwarz in pulverförmigem Zustande vor, etwa wie es nach der Vorschrift auf S. 234 erhalten wird, so verfährt man behufs Färbung von 20 g Wolle folgendermaßen: Man verwendet zum Beizen der Wolle 4% Bichromat, also 8 ccm einer 10%igen Lösung, und 5% technische Milchsäure (50%ig), also 10 ccm einer 5%igen Lösung. Das Volumen der Beizflüssigkeit beträgt etwa 600 ccm. (Über das vorherige Reinigen und Netzen der Wolle sowie über die beim Beizen innezuhaltenden Temperaturen siehe die früheren Vorschriften.) Zeigt die Farbe des Bades an, daß das Bichromat verschwunden ist (es tritt dann die schmutzigbräunliche Färbung der technischen Milchsäure in den Vordergrund), und hat die Wolle die graugrünliche Farbe des Chromoxyds angenommen, die meist allerdings gleichfalls etwas durch die Milchsäure getrübt ist, so wird die Wolle aus dem Bade herausgenommen und nach dem Abkühlen unter der Wasserleitung gespült. Inzwischen hat man das Farbbad in der Weise hergerichtet, daß man z. B. 1,37 g Alizarinschwarz in 20 ccm Normalnatronlauge und etwa 75 ccm Wasser löste und die Lösung auf 137 ccm mit Wasser verdünnte. Für eine 5%ige Färbung von 20 g Wolle sind 100 ccm der 1%igen Farbstofflösung erforderlich. Man säuert diese 100 ccm Naphtazarinlösung mit verdünnter Essigsäure an, bis der Farbstoff wieder ausgefällt ist, was an der Farbe der Flüssigkeit, die von Blau nach Gelbbraun umschlägt, leicht zu erkennen ist. Nunmehr füllt man das Farbbad durch Zusatz von Wasser auf ungefähr 600 ccm auf und geht, wie oben beschrieben, bei gewöhnlicher Temperatur mit der gebeizten, noch feuchten Wolle ein, zieht dieselbe kurze Zeit um, steigert die Temperatur innerhalb $^3/_4$ Stunden auf 100° und unterhält das Kochen etwa 1—1$^1/_2$ Stunden. Alsdann wird das Bad nahezu erschöpft und ein volles Schwarz auf der Wolle entwickelt sein. Man nimmt dieselbe nun heraus und spült sie mit fließendem Wasser gründlich aus.

2. **Alizarinrot auf Wolle** (Tonerde-Beize).

Das Färbebad enthält neben der nötigen Wassermenge 2% Alizarin (aus alkalischer Lösung mit Essigsäure gefällt) und außerdem die folgenden, erfahrungsgemäß die Schönheit und Echtheit der Färbungen erhöhenden Zusätze (vorher in heißem Wasser gelöst): 2% essigs. Kalk, 1% Seife, $^1/_2$% Tannin.

B. Das Beizen und Färben der Baumwolle.

Dasselbe ist, wie bereits oben erwähnt, weit schwieriger und umständlicher als das Beizen und Färben der Wolle, wie auch aus der nachfolgenden Schilderung der Erzeugung von Türkischrot auf Baumwolle alsbald hervorgehen wird. Es sei jedoch an dieser Stelle darauf hingewiesen, daß die Verfahren zur Erzeugung des Türkischrots auf Baumwolle sehr zahlreich sind, indem jede Färberei sozusagen ihr eigenes Rezept befolgt, das auf langen Betriebsbeobachtungen und Erfahrungen begründet ist. In neuerer Zeit ist an Stelle des sehr umständlichen und langdauernden Altrotverfahrens das Neurotverfahren getreten, das im folgenden geschildert werden soll.

Übungsbeispiel: Türkischrot auf Baumwolle.

Wie die Wolle, so muß auch die Baumwolle vor dem Beizen und Färben von allen Verunreinigungen, die zu unegalen Färbungen Anlaß geben können, befreit werden. Dies geschieht dadurch, daß man die Baumwolle mit einer verdünnten Sodalösung (2 g im Liter) 2 Stunden hindurch kocht, dann spült und schleudert. Hieran schließen sich die folgenden Operationen: Beizen, Ölen, nochmals Beizen, Abkreiden, Färben, nochmals Ölen, Dämpfen und endlich Avivieren.

a) Das Beizen. Die gereinigte, noch feuchte Baumwolle wird in der etwa 20-fachen Menge basisch schwefelsaurer Tonerde von 6° Bé über Nacht liegen gelassen, abgewunden, geschleudert und 24 Stunden bei 50° getrocknet.

Basisch schwefelsaure Tonerde stellt man sich her, indem man z. B. 40 g Alaun, $AlK(SO_4)_2 + 12H_2O$, in 250 g Wasser heiß löst und unter Umrühren mit 5 g ebenfalls in heißem Wasser (25 ccm) gelöster calcinierter Soda versetzt. Die so erhaltene Lösung stellt man dann auf 6° Bé ein. Die Einwirkung der Soda auf den Alaun vollzieht sich etwa nach der Gleichung:

$$2AlK(SO_4)_2 + Na_2CO_3 + H_2O \longrightarrow K_2SO_4 + Al_2(SO_4)_2(OH)_2 + Na_2SO_4 + CO_2 .$$

Je nach der Menge der zugesetzten Soda erhält man basische Salze von wechselnder Zusammensetzung.

b) Ölen. Man bereitet eine Lösung von 10 Teilen Türkischrotöl (50%ig) in 90 Teilen Wasser und zieht die gebeizte Baumwolle so lange darin um, bis sie vollkommen gleichmäßig durchtränkt ist; alsdann wird ausgewunden, abgeschleudert und während 12 Stunden bei 60—70° getrocknet.

Das Türkischrotöl wird in der Regel aus Ricinus- (oder Oliven-Öl hergestellt. Das Ricinusöl ist der Glycerinester der Ricinusöl-) oder Ricinolsäure:

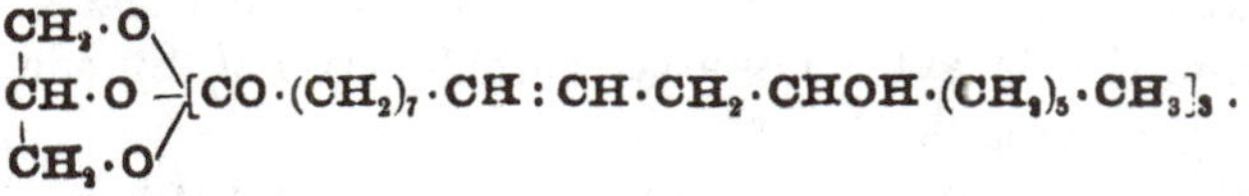

Durch Behandeln des Ricinusöls mit konzentrierter Schwefelsäure — zweckmäßig verwendet man auf 2 Mol. Triglycerid 3 Mol. Schwefelsäure — (dieselbe wird langsam bei einer 40° nicht übersteigenden Temperatur zugesetzt) tritt eine teilweise Verseifung ein, etwa nach der Gleichung:

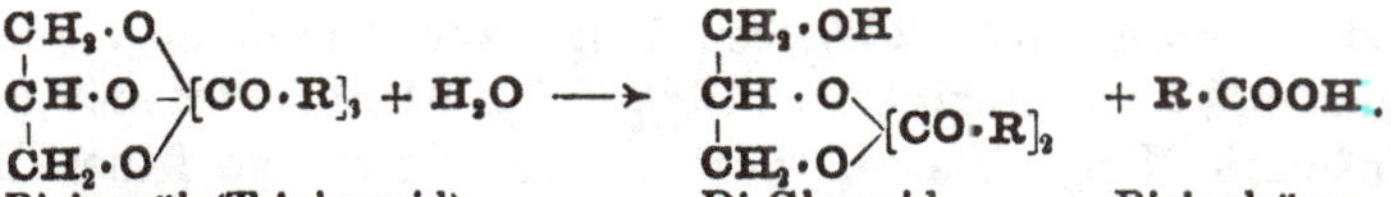

Ricinusöl (Triglycerid) Di-Glycerid Ricinolsäure

Gleichzeitig erfolgt die Bildung eines Schwefelsäure-Esters gemäß der bekannten Gleichung:

$$-CH_2 \cdot CHOH- \xrightarrow[-H_2O]{+H_2SO_4} -CH_2 \cdot CH(O \cdot SO_3H)-,$$

oder indem sich die Schwefelsäure an die Doppelbindung —CH:CH— anlagert:

$$-CH:CH- \xrightarrow{+H_2SO_4} -CH_2 \cdot CH(O \cdot SO_3H)- .$$

Angeblich findet auch eine teilweise Oxydation statt, nach der Gleichung:

$$-CH:CH- \xrightarrow{+O+H_2O} -CHOH \cdot CHOH- .$$

Auf diese Weise entstände die Trioxystearinsäure:

$$CH_3(CH_2)_5 \cdot CHOH \cdot CH_2 \cdot CHOH \cdot CHOH \cdot (CH_2)_7 \cdot COOH ,$$

während der, wie oben erwähnt, aus Ricinolsäure durch Anlagerung entstehende Schwefelsäureester als ein Abkömmling der Dioxystearinsäure anzusehen ist. Außerdem scheint sich unter dem wasserentziehenden Einfluß der Schwefelsäure eine Anhydrisierung zwischen Carboxylgruppen und alkoholischen Hydroxylgruppen, also Lacton- bzw. Esterbildung zu vollziehen. Das Türkischrotöl stellt also in der Hauptsache ein teilweise verseiftes Triglycerid vor, dessen Säurereste außerdem mit der Schwefelsäure esterartige Anlagerungsprodukte und unter sich Lactone bzw. dimolekulare Ester gebildet haben. Mittels Soda oder Ammoniak wird das durch Waschen von überschüssiger Schwefelsäure befreite Türkischrotöl in eine neutrale Lösung des Na- bzw. NH_4-Salzes übergeführt.

c) Nochmaliges Beizen. Man verfährt ebenso wie unter a.

d) Abkreiden. Die trockne, zweimal [s. Operation a und c] gebeizte Baumwolle wird in einem 30—40° warmen Bade, das 5 g geschlämmte Kreide auf 1 l Wasser enthält, etwa $^1/_2$ Stunde hantiert und dann gut gewaschen.

e) Färben. Hierzu bedarf es eines kalkhaltigen Wassers (mindestens 5 deutsche Härtegrade = 0,05 g CaO im Liter). Ist das Wasser zu weich, so fügt man essigsauren Kalk hinzu; ist es zu hart, so versetzt man es mit Essigsäure. Eisenhaltiges Wasser ist unbrauchbar, weil es infolge der Bildung eines violetten Eisen-Alizarinlacks das Rot des Tonerdelacks trübt. Das Alizarin gelangt meist in Form eines 20%igen Teigs zur Anwendung. Man verwendet z. B. 2% Farbstoff = 10% Teig. Dieser wird mit etwa der zehnfachen Menge Wasser verrührt und durch ein feines Haarsieb der Flotte zugegeben. Man rührt gut durch, taucht die gebeizte, gut und gleichmäßig genetzte Baumwolle ein und zieht mehrere Male um. Nach etwa $^1/_4$—$^1/_2$ Stunde wird das Bad langsam, innerhalb $^1/_2$—$^3/_4$ Stunde, angeheizt bis auf 65°, in vielen Fällen auch bis zu 100°. Während dieser Zeit muß fleißig hantiert werden, um Fleckenbildung und Ungleichmäßigkeiten zu vermeiden. Man läßt nun unter gelegentlichem Umziehen etwa $^3/_4$ Stunde kochen oder hält das Bad, das alsdann erschöpft sein muß, 1 Stunde bei 65°. Hierauf wird gut in fließendem Wasser gespült, abgewunden und geschleudert.

f) Nochmaliges Ölen. Man verfährt ebenso wie unter b.

g) Dämpfen. Dies geschieht während 1—2 Stunden bei 1 bis $1^1/_2$ Atmosphären Überdruck.

h) Avivieren. Die gedämpfte Baumwolle wird mit einer $^1/_2$%igen Seifenlösung $^1/_2$—1 Stunde lang gekocht, dann gründlich gespült und getrocknet.

Ein anderes, etwas einfacheres Verfahren zur Erzeugung von Alizarinrot ist das folgende:

a) Kochen. 100 g Baumwolle werden 2—3 Stunden hindurch mit $2^1/_2$% Soda abgekocht, gut gespült und geschleudert.

b) Ölen. Ein Teil Türkischrotöl von 50% wird mit 9—10 Teilen Wasser gemischt und die Baumwolle mit dieser Lösung gleichmäßig durchtränkt, gut geschleudert und bei 45° getrocknet. Ein Zusatz von $^1/_2$—2 g zinnsaurem Natrium ($Na_2SnO_3 + 3H_2O$, Präpariersalz) auf 1 l Türkischrotöllösung erhöht die Lebhaftigkeit der Farbe.

c) Beizen. Dies geschieht ähnlich wie oben angegeben mit eisenfreier schwefelsaurer Tonerde, die vorher mit Soda in das basische Salz übergeführt wird (s. o.), oder mit essigschwefelsaurer Tonerde. Letztere erhält man aus Aluminiumsulfat durch teilweise Umsetzung mit Bleizucker (Bleiacetat) etwa nach der Gleichung:

$$Al_2(SO_4)_3 + 2Pb(OOCCH_3)_2 \longrightarrow Al_2SO_4(OOCCH_3)_4 + 2PbSO_4 .$$

Nach dem Abfiltrieren oder Dekantieren von ausgeschiedenem $PbSO_4$ wird die sogenannte Sulfacetatlösung auf 4—6° Bé eingestellt, je nach der Tiefe des zu erzielenden Farbentones.

Der Beizflüssigkeit aus Aluminiumsulfat + Soda setzt man, auf je 1 Liter, noch 10 ccm Essigsäure von 6° Bé hinzu. Das Baumwollgarn wird mit dieser Beize gut und gleichmäßig durchtränkt, scharf abgewunden und etwa 24 Stunden bei 45° getrocknet. Bei günstiger Witterung wird das Garn $^1/_2$—1 Stunde in freier Luft verhängt und dann erst bei 45° getrocknet.

d) Kreiden und e) Färben erfolgen wie oben. Vielfach werden beim Färben Zusätze von Türkischrotöl, Tannin und Sumach angewendet.

f) Ölen und g) Dämpfen erfolgen wiederum wie oben.

h) Avivieren. Das gedämpfte Baumwollgarn wird mit Marseiller Seife (5 g Seife + 3 g Soda + 2 g Zinnsalz (s. o.) auf 1 l Wasser und auf je 100 g Baumwolle) 1—$1^1/_2$ Stunden bei 1 Atmosphäre oder 2—3 Stunden ohne Überdruck bei 40°, 60° oder 100° aviviert, je nach Farbstoff und Intensität, darauf gut gewaschen und getrocknet. Letzteres geschieht hauptsächlich im Freien und bei niederen Temperaturen, damit die Farbtöne feuriger bleiben.

Das Beizen erfolgt, wie man sieht, nicht mit dem gewöhnlichen Sulfat der Tonerde, wie es für Wolle zur Anwendung gelangt, sondern, den Eigenschaften der Baumwolle entsprechend, mit einem weniger sauren Salze, in dem ein Teil der SO_4-Gruppen durch OH- oder Essigsäurereste ersetzt ist. Dadurch wird die hydrolytische Spaltung, und im Zusammenhang damit die Aufnahme der Tonerde durch die Baumwollfaser, wesentlich erleichtert und gleichzeitig die gegen Säure empfindliche Baumwollfaser geschont.

Das Ölen mit Türkischrotöl hat den Zweck, auf der Faser eine feste, weder durch Wasser noch durch Seifen ablösbare salzartige Verbindung zwischen Tonerde und Öl hervorzurufen. Übrigens erfährt das Türkischrotöl beim Trocknen wahrscheinlich eine teilweise Zersetzung, wobei neben Schwefelsäure die Mono- bzw. Dioxystearinsäure (je nach dem, ob man zur Bereitung des Türkischrotöls Olivenoder Ricinusöl verwendet hat) entsteht, deren Anwesenheit für die normale Lackbildung beim späteren Ausfärben unerläßlich zu sein scheint.

Das Abkreiden bezweckt, die aus der Tonerdebeize oder dem Türkischrotöl stammenden Säuren zu neutralisieren, außerdem aber vor allem Calcium-Aluminiumdoppelsalze zu erzeugen. Diese Ca-Al-Alizarinlacke sind äußerst widerstandsfähig und zur Erzeugung eines dauerhaften und schönen Türkischrots unumgänglich notwendig. Ohne Kalk erzeugt Alizarin auf Baumwolle ein wertloses, stark gelbstichtiges Rot. Übrigens hat sich auch bei der Erzeugung von Türkischrot auf Wolle ein Zusatz von Kalk (und Tannin) als vorteilhaft erwiesen.

Die beim Färben anzuwendenden Vorsichtsmaßregeln haben bereits früher ihre Erklärung gefunden.

Auf Baumwolle findet die endgültige Bildung des echten Lackes aus den Bestandteilen Alizarin, Tonerde, Kalk und Oxystearinsäure nicht schon durch das Färben allein statt, sondern es bedarf zur Erzeugung dieser komplexen und hinsichtlich ihrer Konfiguration noch nicht vollkommen erforschten Verbindung der Anwendung eines stärkeren Mittels, und zwar besteht dieses im Dämpfen bei Temperaturen von 110—120°.

Durch das Avivieren sollen die auf der Faser etwa noch befindlichen, von früheren Operationen herrührenden, aber nicht zu Bestandteilen des Farblackes gewordenen Verbindungen entfernt werden, damit der Lack in seiner ganzen Wirkung hervortreten, also reiner und feuriger der Ton des Türkischrots zur Geltung kommen kann.

6. Das Färben mit basischen Farbstoffen auf Baumwolle.

Im Abschnitt 1 ist gezeigt worden, daß die Farbbasen der sogenannten basischen Farbstoffe eine so ausgesprochene Verwandtschaft zur Wollfaser besitzen, daß sie, wenn auch nicht eben besonders echte, so doch den technischen Anforderungen genügende Färbungen auf Wolle zu liefern vermögen. Der Baumwolle gegenüber zeigen die Farbbasen jedoch ein wesentlich anderes Verhalten. Ihre Verwandtschaft zur Baumwollfaser ist so gering, daß ohne Zuhilfenahme von Beizen eine brauchbare Färbung nicht erzielt werden kann. Der hier zu schildernde Färbeprozeß hat also mit dem unter 5. beschriebenen insofern eine weitgehende Ähnlichkeit, als in beiden Fällen dem eigentlichen Färben das Beizen vorauszugehen hat. Während jedoch die chemische Grundgleichung, durch die das Färben der Beizenfarbstoffe auf vorgebeizter Wolle zum Ausdruck gebracht werden kann, etwa folgendermaßen lautet:

Basisches Metalloxyd + saurer Farbstoff → Farblack,

läßt sich der Vorgang des Färbens mit basischen Farbstoffen auf vorgebeizter Baumwolle durch die Gleichung wiedergeben:

Beizsäure + Farbstoffbase → Farblack.

Es kommt also, wie hieraus hervorgeht, darauf an, die Befestigung der Farbbase auf der Baumwollfaser dadurch zu bewirken, daß man durch Hinzufügung einer Beizsäure eine auf der Faser mehr oder minder festhaftende, schwer lösliche oder unlösliche Verbindung zwischen Farbbase und Beizsäure hervorruft. Hierbei muß aber in färberischer Hinsicht zwei Anforderungen genügt werden:

1. muß die Beizsäure selbst eine gewisse Affinität zur Baumwolle besitzen, damit eine genügend feste Verbindung zwischen beiden zustande kommen kann, und

2. soll der durch die Vereinigung von Beizsäure und Farbbase entstehende Lack den üblichen Anforderungen an Beständigkeit entsprechen (wobei freilich die außerordentlich wichtige Rolle, die vermutlich die Wolle selbst, auf Grund ihrer eiweißartigen Natur, als wesentlicher Bestandteil des komplexen Farblackes spielt, nicht übersehen werden darf).

Die am häufigsten zum Vorbeizen angewendete Säure ist die Gerbsäure oder das Tannin, dessen chemische Zusammensetzung von der Herkunft (ob aus türkischen oder aus chinesischen Galläpfeln) abhängig zu sein scheint, und zwar dürfte das „türkische Tannin" vorwiegend als eine Penta-Galloyl-Glycose, das „chinesische Tannin" hingegen als eine Penta-Digalloyl-Glycose anzusehen sein.

Es genügt nun das Tannin für sich allein nicht den oben genannten Bedingungen. Zwar besitzt es eine gewisse Verwandtschaft zur Baumwolle; aber diese reicht nicht in vollem Maße aus im Hinblick auf die Beanspruchungen, die bei der nachfolgenden Operation des

Färbens in Betracht kommen. Vor allem besitzt das Tannin die auffallende, dem Verhalten der meisten Farbstoffe gerade entgegengesetzte Eigenschaft, daß es bei höherer Temperatur in merklich geringerem Grade von der Baumwolle aufgenommen wird als bei niedriger Temperatur. Es würde deshalb z. B. nicht empfehlenswert sein, etwa die kalt mit Tannin gebeizte Baumwolle aus heißem Bade mit basischen Farbstoffen auszufärben; denn es würde unter diesen Umständen ein nicht unbeträchtlicher Teil der aufgenommenen Gerbsäure von der Faser vorher ins Färbebad gehen und dort Niederschläge mit der Farbbase erzeugen. Andererseits besitzen auch die einfachen Tanninlacke aus Tannin + Farbbase bei weitem nicht die Echtheitseigenschaften, wie man sie z. B. beim Türkischrot auf Baumwolle oder bei einem gewöhnlichen Beizenfarbstoffe auf Wolle zu finden gewöhnt ist. Aus allen diesen Umständen ergibt sich die Notwendigkeit, die Gerbsäure auf der Baumwolle durch ein solches Mittel zu befestigen, daß sie selbst beim Färben nicht von der Faser abgezogen wird, und daß gleichzeitig auch der Tanninfarblack eine erhöhte Widerstandsfähigkeit erlangt. Man kann zu diesem Zweck verschiedene Metallbeizen verwenden; als am meisten geeignet jedoch haben sich die Antimonverbindungen erwiesen, die besser als die andern Metalloxyde die Befestigung der Gerbsäure (beim Beizen) und des Farblackes (beim Färben) zu bewirken vermögen. Man verwendet das Antimon in Form von Brechweinstein = Kalium-Antimonyltartarat = $K \cdot O \cdot OC \cdot CHOH \cdot CHOH \cdot CO \cdot O \cdot SbO + {}^1/_2 H_2O$, oder in Form komplexer Salze der Milchsäure, der Flußsäure u. dgl. Beim Nachbehandeln der „tannierten" Baumwolle mit Antimonsalzen entsteht gerbsaures Antimon, das wesentlich fester auf der Baumwollfaser haftet als Tannin selbst. Beim Färben mit basischen Farbstoffen bilden sich dann weiterhin Tripelverbindungen aus Farbbase, Gerbsäure und Antimon, die zwar hinsichtlich ihrer Beständigkeit an die gemäß Methode 5 bei den eigentlichen Beizenfärbungen erzeugten Lacke nicht heranreichen, die aber doch eine für viele Zwecke ausreichende Echtheit und darüber hinaus eine die meisten anderen Baumwollfärbungen weit übertreffende Schönheit des Farbentones aufweisen. Die Verwandtschaft der Farbbasen zum gerbsauren Antimon ist so groß, daß sie sehr begierig von der mit Tannin und Brechweinstein gebeizten Faser aufgenommen werden. Dadurch können aber sehr leicht Ungleichmäßigkeiten hervorgerufen werden, die durch geeignete Vorkehrungen zu vermeiden sind. Vor allem empfiehlt es sich nicht, den Farbstoff von vornherein seinem ganzen Betrage nach dem Farbbade hinzuzufügen, sondern in einzelnen Teilen, jeweils in dem Maße, wie das Farbbad erschöpft wird. Ferner färbt man bei verhältnismäßig niedrigen Temperaturen, zwischen 40—65°, und schließlich setzt man, um das Aufziehen der Farbstoffe zu verlangsamen, etwas Essigsäure zu, die, wie schon unter 1. auf S. 322 erwähnt wurde, eine das Aufgehen verzögernde Wirkung ausübt.

Übungsbeispiel: Methylenblau auf Baumwolle; 2%ige Färbung.

Die durch Auskochen mit verdünnter Sodalösung gleichmäßig benetzte Baumwolle (20 g) wird in eine halbprozentige Tanninlösung (500 ccm) gebracht, darin bis zum Sieden erhitzt und hierauf mehrere Stunden bis zum Erkalten (unter häufigem Umziehen) liegen gelassen, wobei eine gleichmäßige Adsorption des Tannins durch die Baumwolle stattfindet. Dann wird diese abgequetscht oder geschleudert und in ein Bad (500 ccm) von Brechweinstein, das 5 g Brechweinstein im Liter enthält, bei einer Temperatur von 30° eingebracht und 15 Minuten darin gelassen. Nach gründlichem Spülen mit Wasser und $^1/_4$-stündigem Hantieren in einer 50° warmen $^1/_5$%igen Seifenlösung, um etwa lose anhaftendes, auf der Faser nicht gründlich befestigtes gerbsaures Antimon zu entfernen, folgt das Ausfärben in der Farbflotte bei etwa 50° unter Beobachtung der oben angegebenen Vorsichtsmaßregeln. Nach dem Färben wird gespült und getrocknet.

7. Erzeugung von Beizenfärbungen auf Wolle durch Nachbehandlung der direkten Färbungen mit Metallverbindungen.

Diese Methode bildet in bestimmten Fällen sozusagen die Fortsetzung der unter 2. beschriebenen Methode des Färbens der Wolle mit sauren Farbstoffen. Ihr wesentlicher Teil ist die Nachbehandlung der direkten Färbungen mit gewissen Metallverbindungen, und sie ist, da diese Nachbehandlung nur unter eng begrenzten Voraussetzungen die gewollte nützliche Wirkung ausübt, auf bestimmte Farbstoffklassen oder -gruppen beschränkt. Sie hat andererseits eine unverkennbare Verwandtschaft mit der unter 5. beschriebenen Methode zur Erzeugung von Beizenfärbungen, indem sie gewissermaßen eine Umkehrung des der Methode 5 zugrunde liegenden Prozesses darstellt. Allerdings macht sich bei dieser Umkehrung die Verschiedenheit zwischen Wolle und Baumwolle deutlich bemerkbar, indem man wirklich echte Beizenfärbungen auf Baumwolle in der Regel nur nach der unter 5. erwähnten Methode herstellt, während die nunmehr zu erläuternde Methode, wie schon auf S. 314 bemerkt, gerade für die Erzeugung echter Färbungen auf Wolle eine von Jahr zu Jahr steigende Bedeutung erlangt hat.

Man kann bezüglich der Farbstoffe, auf die diese Methode Anwendung findet, zwei deutlich voneinander verschiedene Gruppen unterscheiden: Auf der einen Seite die eigentlichen Beizenfarbstoffe im früheren Sinne (z. B. Oxyketone, also Derivate des Anthrachinons, Flavons usw., ferner Triphenylmethan- und Azofarbstoffe der Salicylsäure und ihrer Derivate), d. h. diejenigen Farbstoffe, bei denen die Eigenschaft, auf gebeizter Faser eine wesentlich andere Färbung (anders vor allem in bezug auf Ton oder Echtheit) zu erzeugen, sehr stark ausgeprägt ist, und auf der anderen Seite diejenigen Farbstoffe, bei denen, ihrer Konstitution nach, der Charakter als Beizenfarbstoff zunächst nicht oder nur schwach entwickelt zu sein scheint. Zu ihnen gehören die Azofarbstoffe aus der Chromotropsäure und die wertvollen aus diazotierten o-Amino-Phenolen und o-Amino-Naphtolen erhältlichen o-Oxyazofarbstoffe (vgl. S. 315).

Für die erste Gruppe von Farbstoffen ist also, wie aus der Definition hervorgeht, die Methode 5 die ursprünglichste und nächstegende und in vielen Fällen die für die Technik tatsächlich allein gegebene, in anderen Fällen die Methode 7 wahlweise anwendbar.

Für die Farbstoffe der zweiten Gruppe, insbesondere für die o-Oxyazofarbstoffe aus o-Oxy-Diazoniumverbindungen, ist die Methode 5 von geringer praktischer Bedeutung, da das Färben auf vorgebeizter Wolle bei ihnen in der Regel nicht die der aufgewendeten Mühe und Arbeit entsprechenden Vorteile mit sich bringt. Dagegen wird durch die Nachbehandlung der mittels dieser Farbstoffe erzeugten direkten Färbungen gemäß Methode 7 eine meist sehr erhebliche Steigerung ihres Wertes hervorgerufen, und zudem gestaltet sich das Verfahren bei der Nachbehandlung in der Regel wesentlich einfacher als das vorherige Beizen. Methode 7 bietet nämlich bei Farbstoffen, die für die Herstellung direkter Färbungen geeignet sind, den großen Vorteil, daß man das Beizen, d. h. die Lackbildung, unter Benutzung des alten Bades, unmittelbar an das Färben anschließen, also nach dem „Einbadverfahren" arbeiten kann, was eine gewisse Ersparnis an Apparaten, Dampf, Löhnen usw. in sich schließt.

Ein weiterer nicht unwesentlicher Unterschied zwischen den beiden hier erwähnten Gruppen von Farbstoffen ist übrigens durch den Umstand bedingt, daß die Farblackbildung bei der ersten Gruppe, den eigentlichen Beizenfarbstoffen im alten engeren Sinne, meist einer einfachen Salzbildung entspricht, die dadurch zustande kommt, daß das zur Nachbehandlung gewählte Metallsalz bzw. das durch Dissoziation aus demselben entstehende Metalloxyd sich mit der Farbstoffsäure verbindet (s. o. S. 329), während die Erzeugung der endgültigen Färbungen aus den Farbstoffen der zweiten Gruppe, bei der üblichen Verwendung von Kaliumbichromat zum Nachbeizen, meist wohl mit einem Oxydationsprozeß Hand in Hand geht. Die chemischen Vorgänge, die in solchen Fällen die Lackbildung begleiten, sind zwar noch nicht in allen ihren Einzelheiten näher erforscht; man darf aber wohl unbedenklich annehmen, daß in vielen Fällen tiefgreifende Veränderungen des Farbstoffmoleküls mit der Verschiebung des Farbentones verknüpft sind (vgl. auch S. 314f.), die sich bei Anwendung eines Überschusses an Oxydationsmitteln leicht in einer Zerstörung des Farbstoffes äußern können. Nebenbei sei erwähnt, daß man sehr häufig auch ein in seiner Ausführung zwischen den Methoden 5 und 7 liegendes Verfahren anwendet, das durch die gleichzeitige Einwirkung von Farbstoff und Beize (z. B. Fluorchrom, $CrFl_3$, oder Ammoniumchromat) auf das zu färbende Material gekennzeichnet ist. Es ist leicht verständlich, daß ein solches Verfahren nur unter ganz bestimmten Voraussetzungen anwendbar ist; vor allem nur dann, wenn Farbstoff und Beize nicht bereits in der Flotte einen unlöslichen oder schwer löslichen Niederschlag (vorzeitige Lackbildung!) erzeugen, was nach früheren Ausführungen zur Fleckenbildung Veranlassung gibt.

Übungsbeispiele.

1. Entwicklung von Alizarinrot S (Alizarinsulfonsäure) auf 20 g Wolle; 4%ige Färbung.

Das Farbbad (etwa $^3/_4$ l Flüssigkeit) wird mit 4% Farbstoff = 0,8 g Alizarinrot S 100%ig = 80 ccm einer 1%igen Farbstofflösung und 20% = 4 g Glaubersalz versetzt. Das Glaubersalz dient dazu (vgl. S. 324), um das zu rasche Aufziehen des Farbstoffes auf die Faser zu verhindern. Man treibt zum Kochen und geht erst bei dieser Temperatur mit der gut gereinigten und genetzten Wolle in das Bad ein. Nach $^3/_4$-stündigem Kochen setzt man, in mehreren Anteilen, 4% Schwefelsäure hinzu und setzt das Kochen in saurer Lösung noch weitere $^3/_4$ Stunden hindurch fort. Nunmehr wird das Bad mit 10% Alaun oder mit 3% Bichromat + $2^1/_2$% Weinstein beschickt, und schließlich wird behufs Entwicklung des Aluminium- bzw. Chromlacks noch $^1/_2$—$^3/_4$ Stunde gekocht, dann gespült und getrocknet.

2. Entwicklung von Chromotrop 2 R auf Wolle; 10%ige Färbung.

Man stellt zunächst in üblicher Weise, also in saurem Bade (vgl. das Beispiel auf S. 325), eine 10%ige Färbung von Chromotrop 2 R auf Wolle her. Wenn das Bad vollkommen erschöpft ist, unterbricht man das Kochen, schreckt das Bad durch Zusatz kalten Wassers auf 90° ab, nimmt die Wolle heraus, fügt 2% Bichromat und 3% Schwefelsäure hinzu, geht von neuem mit der Wolle ein, zieht dieselbe einige Male um und läßt nun langsam die Temperatur wieder auf 100° steigen. Nach etwa ½-stündigem Kochen ist die Entwicklung des schwarzen Chromlackes beendigt. Die Wolle wird herausgenommen, gespült und getrocknet.

8. Erhöhung der Echtheit von Baumwollfärbungen durch nachträgliche Oxydation oder Kondensation der Farbstoffe auf der Faser.

Über diese Methode ist bereits auf S. 314 das Wichtigste mitgeteilt worden. Sie besitzt, abgesehen von ihrer Anwendung bei Schwefelfarbstoffen und bei der Entwicklung von Azofarbstoffen auf der Faser mittels Diazoniumverbindungen, keine sonderlich große technische Bedeutung, so daß eine nähere Beschreibung an dieser Stelle um so mehr unterbleiben kann, als eine mit ihr nahe verwandte Methode unter 11. (vgl. S. 349ff.) ausführlicher erörtert werden wird.

9. Erzeugung echter Färbungen auf Baumwolle aus unechten durch Diazotieren und Kuppeln auf der Faser.

Auch diese Methode wird auf Grund der allgemeinen Darlegungen über die Bildung von Azofarbstoffen verständlich sein und ist zudem bereits auf S. 316 so eingehend geschildert worden, daß hier die Anführung eines Beispiels genügen dürfte.

Übungsbeispiel: Entwicklung einer 5%igen Färbung von Diaminschwarz RO auf Baumwolle.

Die Baumwolle (20 g) wird zunächst nach Art der Salzfarben (vgl. das Beispiel auf S. 326f.) unter Zusatz von 5% Soda und 15% Glaubersalz mit 1 g Diaminschwarz = 100ccm einer 1%igen Lösung aus kochendem Bade gefärbt und alsdann zur Entfernung des mit der Faser nicht verbundenen Farbstoffes gründlich gespült. Man geht darauf mit der noch feuchten Ware in ein eisgekühltes Bad (500 ccm), das mit 2½% Nitrit und 3% konzentrierter Salzsäure (alle Prozentzahlen auf Baumwolle bezogen!) beschickt ist, und zieht die Baumwolle häufig um, damit eine gleichmäßige Einwirkung der Salpetrigen Säure auf die Aminogruppen des Farbstoffes (s. seine Konstitution auf S. 316) erfolgen kann. Die Farbe der Baumwolle schlägt von einem rotstichigen nach einem grünstichigen Blauschwarz um, woran die Bildung der Diazoniumverbindung kenntlich ist. Die Baumwolle wird nunmehr aus dem Nitritbade herausgenommen und nach gründlichem Spülen in kaltem Wasser in ein Bad eingeführt, das etwa $3\,\%$ = 0,6 g β-Naphtol, in der entsprechenden Menge Natronlauge gelöst, enthält. Die Entwicklung des Tetrakisazofarbstoffes erfolgt augenblicklich, und es bedarf nur einer gründlichen Benetzung der Baumwolle mit der β-Naphtollösung, um eine gleichmäßige Färbung zu erzielen, die sich von der ursprünglichen Färbung durch einen merklich dunkleren blauschwarzen Ton und durch erhöhte Echtheit sowohl gegen Säure und Alkali als insbesondere auch gegen starke Wäsche unterscheidet.

10. Die Methode der Küpenfärbung.

Sie ist von größter technischer Bedeutung und findet sowohl für Wolle (und Seide) als auch für Baumwolle (und Leinen) die ausgedehnteste, noch fortgesetzt steigende Anwendung. Sie kam in früheren Zeiten praktisch ausschließlich für Indigo in Betracht. Nachdem jedoch sich der Kreis der Küpenfarbstoffe in den letzten $2\frac{1}{2}$ Jahrzehnten ganz wesentlich erweitert hat, unterliegt es keinem Zweifel, daß diese Methode dazu berufen ist, in Zukunft, wenn es sich um die Erzeugung echter Färbungen handelt, neben den Schwefel- und Beizenfarbstoffen eine höchst wichtige Rolle zu spielen. Über das der Küpenfärberei zugrunde liegende Prinzip ist auf S. 317 bereits einiges mitgeteilt worden. So einfach danach die Methode des Verküpens erscheinen könnte, so verlangt sie doch bei ihrer Ausführung große Sorgfalt, wenn man schwere Schädiguugen des Materials, insbesondere der Wolle, und merkliche Verluste an Farbstoff vermeiden oder sich vor Ausfärbungen hüten will, deren Wert durch das sogenannte „Abrußen" des Farbstoffes (s. S. 328) eine erhebliche Einbuße an Echtheit erleidet. Der bei der Küpenbildung zu verwirklichende Reduktionsprozeß, durch den aus dem unlöslichen Farbstoff die lösliche sogenannte „Leukoverbindung" (die übrigens, z. B. bei den Küpenfarbstoffen der Anthrachinonreihe, sehr intensiv gefärbt sein kann) entsteht, läßt sich in verschiedener Weise durchführen. In der Färberei des Indigos, der in zunehmendem Maße auch in Form seiner Leukoverbindung, des Indigweiß (s. S. 317), in den Handel gebracht wird unter der Bezeichnung Indigolösung $20\,\%$ und Indigoküpe $60\,\%$ (von der B. A. S. F.) oder Indigoküpe I und II $20\,\%$ oder Indigoküpe $60\,\%$ Stückchen (von Höchst.), hat zurzeit für Wolle, neben der Gärungsküpe, bei der die Reduktion durch die Tätigkeit der die Gärung veranlassenden Mikroorganismen bewirkt wird, die Hydrosulfitküpe ebenso wie für Baumwolle die größte Bedeutung erlangt. Dagegen sind die Eisenvitriol-Kalkküpe und die Zinkstaub-Kalkküpe, denen die Reaktionsgleichungen:

$$2FeSO_4 + 2Ca(OH)_2 + 2H_2O \longrightarrow 2Fe(OH)_3 + 2CaSO_4 + H_2 \text{ und}$$
$$Zn + 2Ca(OH)_2 \longrightarrow ZnCa_2O_2(OH)_2 + H_2$$

zugrunde liegen, in letzter Zeit mehr und mehr in den Hintergrund getreten. Das schwefelhaltige Thioindigorot (s. S. 294f.) kann auf Baumwolle auch aus schwefelnatriumhaltigem Bade gefärbt werden, ein Umstand, der die nahe Verwandtschaft zwischen dem Färben mit Schwefelfarbstoffen und dem Küpenfärben erkennen läßt. Die allgemeinste Anwendung zum Verküpen findet in neuerer Zeit das Hydrosulfit, $Na_2S_2O_4 + 2H_2O$, bzw. das entwässerte Salz, dessen Konstitution wohl entweder der symmetrischen Formel $NaO_2S—SO_2Na$ oder der unsymmetrischen $NaOS·O·SO_2Na$ entspricht, und das nicht allein für Indigo, sondern auch für zahlreiche andere Küpenfarbstoffe in erster Linie in Betracht kommt (seine Darstellung s. auf S. 348). Das unterschiedliche Verhalten der tierischen und der pflanzlichen Faser gegenüber Alkali findet auch in der Art, wie sie mit Küpenfarbstoffen gefärbt werden, den entsprechenden Ausdruck. Während beim Färben pflanzlicher Fasern, deren Affinität zum Leukofarbstoff bisweilen nicht so ausgeprägt ist wie bei der tierischen Faser, ein Gehalt der Küpe an Alkali unbedenklich, ja sogar im Interesse der Schönheit und Echtheit erwünscht ist, muß beim Färben der tierischen Faser, z. B. der Wolle, sehr sorgfältig auf ihre große Empfindlichkeit gegen ätzende Alkalien Rücksicht genommen werden. Man wendet deshalb beim Färben der Wolle mit Indigo niemals mehr Alkali an, als zum Löslichmachen des Indigweiß unbedingt erforderlich ist, zumal auch die Affinität der Leukoverbindung zur Wollfaser durch einen Alkaliüberschuß herabgesetzt wird. Diesen Forderungen hat man mit Erfolg auf verschiedene Weise Rechnung getragen, z. B. durch Zusatz von borsauren Salzen zur Küpe, oder von Chlorammonium, das die ätzalkalische Reaktion vollständig beseitigt und das Indigweißnatrium in das leicht hydrolytisch dissoziierende Ammoniumsalz überführt. Um eine vorzeitige Ausscheidung des Indigweiß zu verhüten, ist in diesem Falle die Anwendung von Leim als Schutzkolloid erforderlich. Zur raschen und glatten Reduktion der Küpenfarbstoffe ist es nötig, daß die Reaktion zwischen Farbstoff und Hydrosulfit sich bei einer gewissen, nicht zu geringen Konzentration abspielt. Auf der andern Seite aber ist die nämliche hohe Konzentration zum Färben nicht geeignet, sowohl mit Rücksicht auf die Alkalinität der Lösung als auch wegen der Möglichkeit einer Ausscheidnng von Leukokörper, vor allem aber auch mit Rücksicht auf die Art, wie die Reoxydation zum Farbstoff auf der Faser zu erfolgen pflegt (s. unten). Die Gefahr, reibunechte Färbungen zu erzielen, wird, wie leicht einzusehen, wesentlich erhöht durch Verwendung zu konzentrierter Küpen. Diese Verhältnisse haben dazu geführt, die beiden Operationen des Verküpens (Reduzierens) und des Färbens an getrennten Stellen vorzunehmen, d. h. die Reduktion der Farbstoffe in der sogenannten Stammküpe auszuführen und von ihr aus das Farbbad nach Bedarf mit reduziertem Farbstoff zu beschicken. Hierbei wird als Höchstbetrag ein Gehalt von etwa 2 g Farbstoff im Liter Farbbad angesehen. Dieses, die sogenannte Färbeküpe, wird nur bei Wollfärbungen ein wenig, etwa auf 50°, erwärmt; beim Färben auf pflanzlicher Faser erfolgt das Küpen bei gewöhnlicher Temperatur, in beiden Fällen durch einfaches Eintauchen des Färbegutes in die Küpe. Hierbei ist, ähnlich wie beim Beizen oder beim Beizenfärben, besonders darauf zu achten, daß eine vollkommen gleichmäßige Benetzung aller Teile des Materials stattfindet; selbst die Entstehung von Falten beim Färben von Stücken ist schon ausreichend, um die sich gegenseitig berührenden Flächen merklich heller und schwächer gefärbt erscheinen zu lassen. Auch die Anwendung genügender Mengen Reduktionsmittel, die den Sauerstoff des Färbegutes und des zum Färben benutzten Wassers unschädlich machen und eine vorzeitige oder zu schnelle Reoxydation der Leukoverbindung im Bade oder beim „Vergrünen" verhüten sollen, ist für die Echtheit der Färbung von großer Bedeutung. Man läßt die Ware einige Zeit (bei Baumwolle 15 Minuten, bei loser Wolle und Garn $^1/_2$—$^3/_4$ Stunde, bei Stückware mindestens 1 Stunde und bei Leinen mehrere Stunden) im Bade, um eine Vereinigung der Leukoverbindung mit der Faser zu veranlassen, zieht dann heraus, quetscht sofort ab und läßt nun den Oxydationsprozeß, das sogenannte „Vergrünen", das schon durch den Sauerstoff der Luft bewirkt wird, vor sich gehen. Zunächst erscheint die Faser gelblich gefärbt, binnen kurzem jedoch geht das Gelb in Grün, die Mischfarbe aus Gelb und Blau, über und schließlich, nach Verlauf einiger Minuten, hat auch das Grün dem Blau des Indigos Platz gemacht. Ein einmaliges Eintauchen reicht bei der geringen Konzentration der Färbeküpe nur für ganz helle Töne aus. Will man dunklere Färbungen erzielen, so muß das Eintauchen zwei- oder dreimal wiederholt werden, bis die gewünschte Farbstärke erreicht ist. Im allgemeinen sind, wie oben erwähnt, die Färbungen um so echter, je mehr „Züge" man zu ihrer Herstellung angewendet hat. Auch bei Baumwollfärbungen hat ein Zusatz von Eiweißstoffen (man wendet gewöhnlich auf 4 Teile Indigo 1 Teil einfachen Knochen- oder Tischlerleim an) sich als nützlich erwiesen, sowohl um die Schönheit des Farbentones zu heben, als auch um die Reibechtheit zu erhöhen. Bei Verwendung kalkhaltiger Reduktionsmittel empfiehlt es sich, vor dem Spülen mit stark verdünnter, etwa 0,2 %iger (Salz- oder) Schwefelsäure zu säuern. Diese Operation findet vielfach auch bei Anwendung von Natronlauge zum Färben von Wolle mit Indigo statt, um alles Alkali aus der Faser zu entfernen. Zum Schluß wird mit Wasser gespült und getrocknet.

Übungsbeispiel: Färben von Indigo mittels der Hydrosulfitküpe a) auf Baumwolle, b) auf Wolle.

a) Hydrosulfitküpe für Baumwolle.

1. Darstellung der Natriumhydrosulfitlösung. In 1 l käuflichen Natriumbisulfits von etwa 35° Bé werden 130 g Zinkstaub, der vorher mit 70 ccm Wasser angeteigt worden ist, allmählich eingerührt, so daß die Temperatur von 40° nicht überschritten wird. Nötigenfalls wird mit Eis gekühlt. Der Reduktionsprozeß vollzieht sich vermutlich nach folgender Gleichung:

$$\underset{\text{Natriumbisulfit + Zink}}{NaO_2S\cdot OH + HO\cdot SO_2Na} \xrightarrow{+Zn} \underset{\text{Hydrosulfit}}{NaO_2S\cdot SO_2Na} + Zn(OH)_2\,,$$

wobei das durch die Reaktion entstehende $Zn(OH_2)$ vom überschüssigen Bisulfit gelöst wird:

$$Zn(OH)_2 + 2\,NaHSO_3 \longrightarrow ZnSO_3 + Na_2SO_3 + 2\,H_2O\,.$$

Es bildet sich also ein Lösungsgemisch bestehend aus Natriumhydrosulfit ($Na_2S_2O_4$), neutralem Sulfit (Na_2SO_3) und Zinksulfit ($ZnSO_3$). Man bringt nach erfolgter Reduktion das Volumen durch Wasserzusatz auf 2 l und läßt das Gemisch 1 Stunde stehen. Inzwischen hat man 120 g gebrannten Kalk gelöscht und mit Wasser auf 600 ccm gebracht. Diese Kalkmilch fügt man unter Rühren zur Hydrosulfitlösung, rührt die Mischung im ganzen 20 Minuten um und überläßt sie alsdann während 2 Stunden der Ruhe, um eine völlige Ausfällung des Zinks und teilweise auch des Sulfits (s. o.) herbeizuführen. Die Flüssigkeit soll alkalisch reagieren und nach dem Abhebern oder Filtrieren 16—17° Bé zeigen. Man bewahrt sie in einem geschlossenen Gefäße auf nnd schützt sie gegen den Einfluß der Luft durch Überschichten mit Toluol.

2. Ansetzen der Stammküpe. 50 g einer 20 %igen Paste von synthetischem Indigo werden mit 25 ccm heißem Wasser gemischt und darauf mit 60 g Natronlauge von 25° Bé versetzt. Die in einem ½ l-Kolben befindliche Mischung wird auf dem Wasserbade auf 45° erwärmt und mit 200—300 ccm der obigen Hydrosulfitlösung gemischt. Es muß beim Umschütteln eine grünlichgelbe Lösung von Indigweißnatrium (s. S. 317 und 345) entstehen.

3. Ansetzen der Färbeküpe. Ein Filterstutzen von 6 l Inhalt wird (bis etwa 5 cm vom Rande) mit Wasser gefüllt. Dazu werden ungefähr 10 ccm Hydrosulfitlösung mit 5 ccm Natronlauge gegeben, um den Sauerstoff des Wassers unschädlich zu machen. Es wird gut gemischt, und nachdem man schließlich die Färbeküpe mit der Stammküpe beschickt hat, kann das Färben der Baumwolle beginnen. Diese wird vorher gründlich genetzt und zweckmäßig auf einem Messing-Sternreifen oder -Rahmen befestigt, um die Bildung von Falten zu vermeiden. Je nach der Stärke des gewünschten Farbentons gibt man ein, zwei oder mehrere Züge, wobei man jedesmal die Baumwolle etwa $^1/_4$ Stunde im Bade beläßt.

b) Hydrosulfitküpe für Wolle.

Handelt es sich um die Küpenfärbung für Wolle, so wird im allgemeinen ähnlich verfahren wie bei a, jedoch ist, wie erwähnt, eine zu stark alkalische Reaktion der Färbeküpe zu vermeiden, und zudem muß dieselbe auf etwa 45—50° C angewärmt und während des Färbens auf dieser Temperatur gehalten werden.

Die Stammküpe für je 1 l Färbe-Flotte setzt sich beispielsweise zusammen aus 5 g Indigoteig 20%ig, 2 ccm Natronlauge von 25° Bé und 30 ccm der Hydrosulfitlösung von 17—18° Bé. Nach erfolgter Reduktion des Indigos (bei etwa 55° C) wird die Färbeküpe mit der erforderlichen Menge warmen Wassers angesetzt, unter Zusatz von 1 ccm einer 10% igen Ammoniaklösung, 3,5 ccm einer 10% igen Leimlösung sowie etwa 2 ccm Hydrosulfitlösung für je 1 l Flotte, und nach Bedarf mit der Stammküpe beschickt. Die Färbung der Flotte soll grünlichgelb sein. Je nach dem zu färbenden Material gibt man den einzelnen Zügen eine verschieden lange Dauer. Bei loser Wolle genügt etwa $^1/_2$ Stunde, bei schweren Tuchen ist jedoch etwa 1 Stunde und mehr erforderlich, um eine gleichmäßige Durchfärbung auch der inneren Teile zu erreichen (s. o. S. 347). Ist die gewünschte Stärke des Farbentons erzielt, so wird sorgfältig abgequetscht, gesäuert, gespült und getrocknet.

11. Erzeugung von Farbstoffen aus ihren Bestandteilen auf der Faser.

Diese Methode unterscheidet sich von den früher beschriebenen dadurch, daß die bisher getrennt durchgeführten Prozesse der Farbstoffsynthese einerseits und des Färbens anderseits zeitlich und räumlich zusammenfallen, indem beide sich, und zwar gleichzeitig, auf der zu färbenden Faser abspielen; so daß also nicht, wie sonst üblich, dem Färben die Herstellung des dazu erforderlichen Farbstoffes vorausgeht. Es ist, wie bereits auf S. 320f. erwähnt, die hier zu beschreibende Methode nur unter bestimmten

Voraussetzungen ausführbar; und obgleich man versucht hat, die mannigfaltigen theoretischen Möglichkeiten zu verwirklichen, die sich dem Färber darbieten, so ist die Zahl der Fälle, in denen diese Methode für die Praxis eine wirklich bedeutsame Rolle spielt, doch verhältnismäßig gering. Im nachfolgenden soll sie an zwei Beispielen näher erläutert werden, am Pararot und am Anilinschwarz.

1. Erzeugung von Pararot.

Dieses Verfahren kommt fast nur für Baumwolle in Betracht, zumal für die Erzeugung billiger und doch verhältnismäßig echter Rotfärbungen auf Wolle in genügender Zahl andere Farbstoffe zur Verfügung stehen; während das Pararot auf Baumwolle einer dringenden Nachfrage nach einem billigen, allerdings bei weitem nicht ebenbürtigen Ersatz für Türkischrot in ausreichender Weise entspricht. Obwohl, wie schon auf S. 317 erwähnt, die chemische Reaktion, um die es sich bei der Erzeugung des Pararots handelt, äußerst einfach ist: Diazotieren eines primären Monamins, des p-Nitranilins ($O_2N \cdot C_6H_4 \cdot NH_2$), und Kuppeln der Diazoniumverbindung

$$O_2N \cdot C_6H_4 \cdot \underset{\displaystyle Cl}{\underset{|}{N}}{=}N$$

mit einer der einfachsten Azokomponenten (β-Naphtol), so stellen sich doch der sachgemäßen Ausführung des Pararotverfahrens nicht unerhebliche Schwierigkeiten entgegen, insbesondere was die Gleichmäßigkeit, den Blaustich und die Reibechtheit der erzielten Färbungen anlangt. Erwähnt sei übrigens an dieser Stelle, daß eine sehr wichtige Eigenschaft des Pararots, nämlich die sogenannte Sublimierechtheit, bei weitem nicht allen übrigen analog gebauten einfachen Monoazofarbstoffen (die, im Interesse ihrer Unlöslichkeit in Wasser, Sulfogruppen nicht enthalten dürfen) zukommt. Viele von ihnen, die in anderen Richtungen sehr wohl brauchbar erscheinen, besitzen nämlich die für ihre technische Verwendbarkeit verhängnisvolle Fähigkeit, beim Erhitzen von der Faser abzusublimieren. Die Waschechtheit des Pararots beruht auf seiner Unlöslichkeit in Wasser und selbst in Seife, Soda und Natronlauge. Man erklärt diese Erscheinung wohl mit Recht durch die Annahme, daß dem Azofarbstoff eine o-chinoide Konstitution:

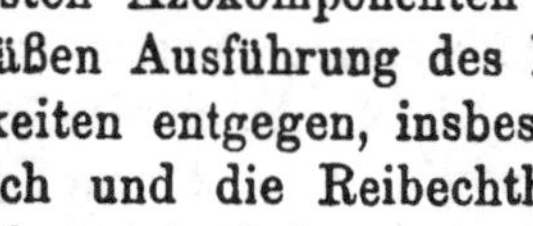

Pararot

zukomme, die die Bildung eines wasserlöslichen Natronsalzes unmöglich mache. Die Farbstoffbildung erfolgt in der Weise, daß man zunächst das β-Naphtol (in Alkali gelöst) auf die Faser bringt und alsdann die „naphtolierte" Baumwolle durch das „Diazobad" nimmt. Da das β-Naphtol keinerlei Affinität zur Baumwolle besitzt, so ist es begreiflich, daß die erste Schwierigkeit, die es zu überwinden gilt, darin besteht, daß β-Naphtol in richtiger Weise auf die Faser zu bringen, damit es nicht beim Durchgang durch das Diazobad wieder in Lösung geht und außerhalb der Faser den Azofarbstoff entstehen läßt. Dieser wäre nicht nur für die Färbung vollkommen verloren, sondern müßte auch sorgfältig durch Seifen aus der Baumwolle (an die er sich anhängt, ohne natürlich eine feste Verbindung mit ihr zu bilden) ausgewaschen werden, da er anderenfalls die Reibechtheit der Färbung erheblich beeinträchtigen würde. Entsprechend der Wichtigkeit des Pararots sind eine große Zahl von Verfahren zum Imprägnieren der Baumwolle mit β-Naphtol in Vorschlag gebracht worden, von denen eines im nachstehenden Abschnitt beschrieben werden soll.

Auch die Kupplung des β-Naphtols mit der Diazolösung ist ein Prozeß, der nur unter ganz bestimmten Bedingungen in normaler Weise verläuft, und der, wenn diese Bedingungen nicht erfüllt sind, von eigenartigen, überaus störenden Nebenreaktionen begleitet ist. Diese sind, wie neuere Untersuchungen ergeben haben, auf die stark ausgeprägte Reaktionsfähigkeit des p-Nitrobenzoldiazoniumchlorids zurückzuführen. (Näheres siehe in der Beschreibung.)

Das Färbverfahren gestaltet sich folgendermaßen:

a) Vorbereitung des Garns. Da das sog. „Beizen" des Garns mit der β-Naphtollösung nur bei gewöhnlicher oder wenig erhöhter Temperatur (ca. 36°) erfolgen darf, so ist es zur Erzielung einer gleichmäßigen Durchtränkung unbedingt erforderlich, die Ware vorher von allen Verunreinigungen, vor allem von Fett- und Ölflecken zu befreien. Dies geschieht durch Abkochen mit Natronlauge und Wasserglas oder Soda und darauffolgendes Spülen und Trocknen. Ein einfaches Netzen mit heißem Wasser genügt nicht. Für feinere Artikel wählt man gebleichte Garne.

b) Präparation mit β-Naphtol. Das feingepulverte β-Naphtol wird mit der erforderlichen Menge konzentrierter Natronlauge angeteigt und durch Zugabe von heißem Wasser und Umrühren leicht in Lösung gebracht. Diese Lösung ist jedesmal frisch zu bereiten, da sonst die an der Luft nach einiger Zeit (infolge Oxydation des β-Naphtols) eintretende Braunfärbung bei der späteren Entwicklung eine Trübung des blaustichig roten Farbentons veranlaßt. In neuerer Zeit verwendet man vielfach statt des Ätznatrons eine Mischung aus Monopolseife und Ammoniak, wodurch nicht nur eine

Braunfärbung der Lösung oder der präparierten Baumwolle vermieden, sondern auch der Blaustich des Pararots erhöht wird. Dem letzterwähnten Zwecke dient auch ein geringer Zusatz von 2,7-Naphtolsulfonsäure, sogenanntem „Nuanciersalz“, zum β-Naphtol, obwohl dadurch die Waschechtheit des Pararots leicht beeinträchtigt wird.

Auch Tonerdenatron und zwar in gelöster Form wird, zur Erhöhung des Blaustichs sowie zur besseren Befestigung der β-naphtolhaltigen „Beizen“ während des Trocknens, der sog. β-Naphtol-Grundierung zugesetzt; außerdem ein Türkischrotöl-Präparat, um die gleichmäßige Durchtränkung der naphtolierten und getrockneten Baumwollfaser mit der Entwicklungsflüssigkeit (im Kupplungsbade) zu erleichtern. Das Klotzbad wird schließlich auf ein bestimmtes, von der zu naphtolierenden Garnmenge abhängiges Volumen eingestellt. Um ein gleichmäßiges Rot zu erzielen, wird in einigen Fabriken hierzu an Stelle des Wassers auch Leim- oder Tragantlösung benutzt.

c) Das Trocknen. Die β-Naphtolpräparation beruht nur auf einer mechanischen Durchdringung der Faser; erst durch das Trocknen erlangt sie eine gewisse Beständigkeit. Hierbei darf die Temperatur jedoch nicht zu hoch steigen, weil sich andernfalls das β-Naphtol teilweise, unter Hinterlassung des Alkalis, verflüchtigt. Am besten geschieht das Trocknen bei 50—55° während 4—5 Stunden unter öfterem Wenden. Das naphtolierte Garn ist, wegen der oben erwähnten Neigung des β-Naphtols sich zu oxydieren, möglichst bald weiter zu verarbeiten.

d) Die Diazotierung des p-Nitranilins. (Vgl. hierzu die Vorschrift auf S. 92f.) Wird die Diazolösung nicht sofort gebraucht, so bewahre man sie an einem kühlen Orte und vor Licht sorgfältig geschützt in der stark sauren Form auf, wie sie bei der Herstellung erhalten wird, da sie weniger haltbar ist, wenn die Salzsäure teilweise durch Natriumacetat (oder Soda) abgestumpft ist.

Die stark saure Lösung ist allerdings zum Entwickeln des Pararots noch nicht geeignet, da die Azofarbstoffbildung aus p-Nitrobenzoldiazoniumchlorid und β-Naphtol mit der erforderlichen Geschwindigkeit nur in neutraler oder besser in schwach essigsaurer Lösung vor sich geht. Hingegen empfiehlt es sich nicht, die Diazolösung mittels Soda anzuneutralisieren, da auch bei vorsichtiger Sodazugabe sehr leicht Nebenreaktionen in der Diazolösung hervorgerufen werden, die zur Entstehung eines sehr minderwertigen Rots Anlaß geben. Der beim Abstumpfen der Salzsäure mittels Acetat etwa entstehende braune Schaum wird unmittelbar vor Verwendung der Diazolösung abfiltriert.

e) Die Entwicklung des Pararots auf der Faser. Sie

erfolgt beim Eingehen mit der sorgfältig getrockneten und abgekühlten Baumwolle in das Diazobad. Hierbei findet eine rasch verlaufende chemische Umsetzung zwischen der Diazoniumverbindung und dem β-Naphtol statt (vgl. S. 350).

f) Fertigstellen des gefärbten Garns. Das nach erfolgter Kupplung gut ausgewundene Garn wird zunächst mit kaltem Wasser, dann mit 50—90° warmem Wasser gespült oder geseift und schließlich nochmals gespült, geschleudert und getrocknet. Das Spülen oder Seifen bei 50—60° gibt den richtigen Blaustich. Bei ungebleichter Baumwolle ist der Untergrund etwas trüb und gelbstichig; man chlort deshalb, nach der Entwicklung, kurze Zeit mit Chlorkalklösung von $^1/_2$° Bé.

Übungsbeispiel.

Pararot auf 20 g Baumwolle.

Ausgangsmaterial: 5 g β-Naphtol,
6,9 g p-Nitranilin.

Hilfsstoffe: 5 g Natronlauge von 36° Bé; 2 ccm Türkischrotöl; 3 g Tonerdenatron; (8 + 4) ccm konzentrierte HCl (D 1,19); 150 g Eis; 3,45 g $NaNO_2$ 100%ig.

Ausführung. 5 g β-Naphtol, 5 g Natronlauge von 36° Bé, 100 ccm Wasser, 2 ccm Türkischrotöl, 3 g Tonerdenatron (in Wasser gelöst) werden gemischt und auf $^1/_3$ l Wasser aufgefüllt. Zur Diazotierung verwendet man 6,9 g p-Nitranilin und die entsprechenden, auf S. 94 angegebenen Mengen Salzsäure und Nitrit. Die Diazolösung wird nach dem Filtrieren gleichfalls auf $^1/_3$ l aufgefüllt und kurz vor ihrer Verwendung mit so viel Natriumacetat versetzt, daß Kongopapier nicht mehr gebläut wird. Das übrige s. o.

In neuerer Zeit wurde ein sehr wertvolles, an Schönheit und Echtheit dem gewöhnlichen Pararot überlegenes Entwicklungsrot erhalten, indem man das β-Naphtol durch das β-Oxy-Naphtoësäure-Anilid,

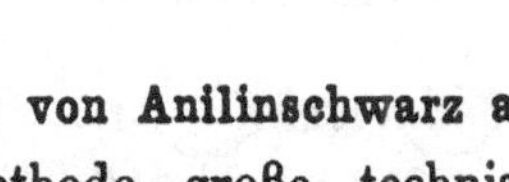

ersetzte.

2. Erzeugung von Anilinschwarz auf Baumwolle.

Obwohl diese Methode große technische Bedeutung besitzt, weil sie, in richtiger Weise ausgeführt, ein nicht nur sehr echtes, sondern auch sehr schönes Schwarz liefert, so haben doch die Bestrebungen, die rein chemische Seite der Schwarzerzeugung aufzuklären, bisher noch nicht in allen Punkten zu zweifelsfreien Ergebnissen geführt. Man ist daher, trotz der wertvollen Forschungen der letzten Jahre über den Reaktionsverlauf, in einzelnen Fragen vorläufig immer noch auf Vermutungen angewiesen. Immerhin dürfte der Versuch angezeigt sein, sich in Anlehnung an das auf S. 242ff. über die Indamin-, Azin-, Oxazin- und Thiazinbildung Gesagte und unter Zugrundelegung der nachstehenden Formeln:

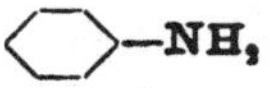
I

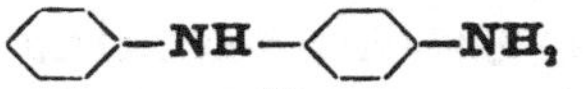
II

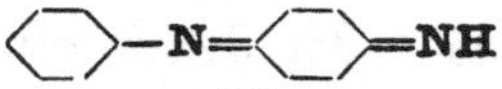
III

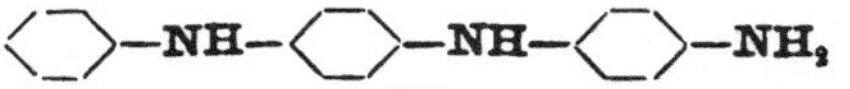
IV

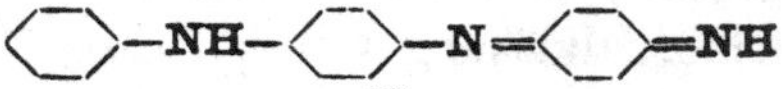
V

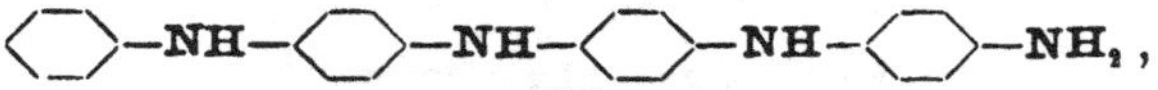
VI

oder anders geschrieben:

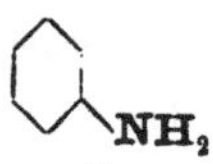
I

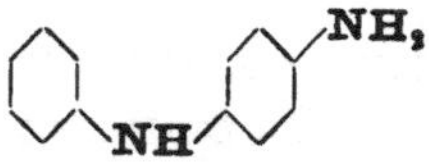
II

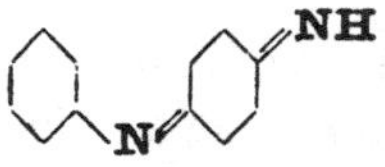
III

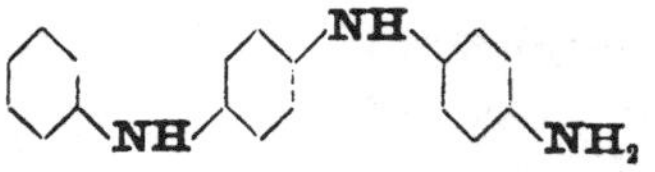
IV

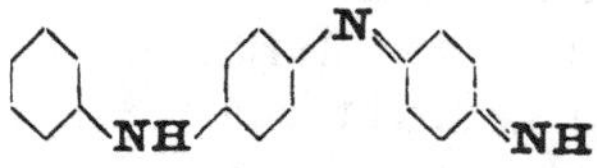
V

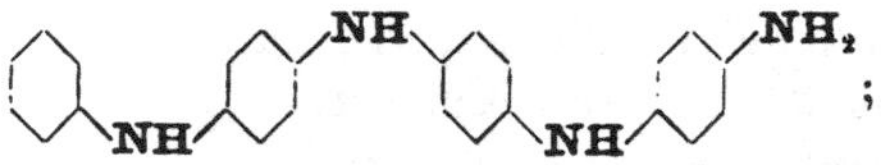
VI

ferner:

VII Protemeraldin

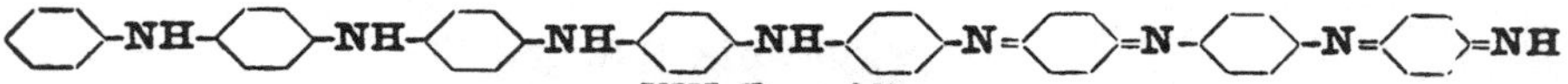
VIII Emeraldin

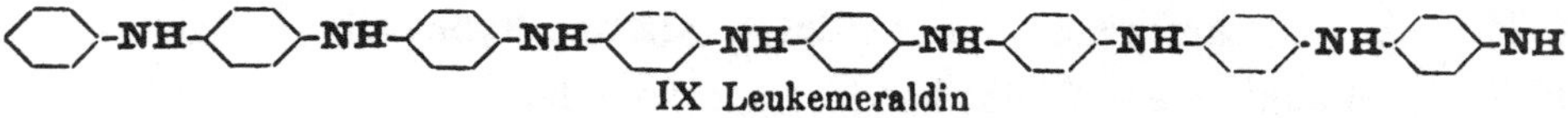
IX Leukemeraldin

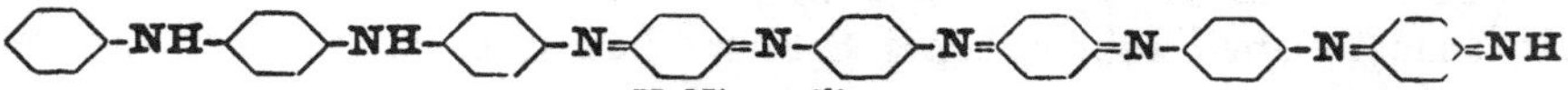
X Nigranilin

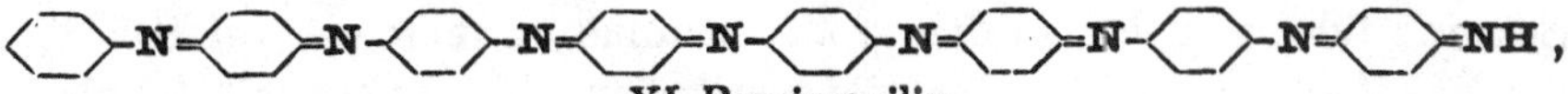

XI Pernigranilin

oder anders geschrieben:

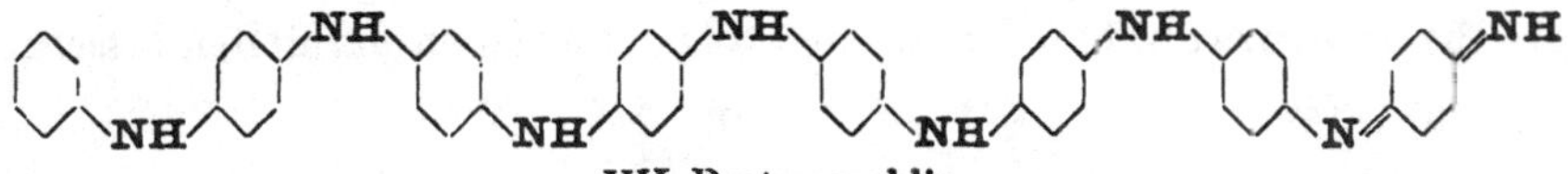

VII Protemeraldin

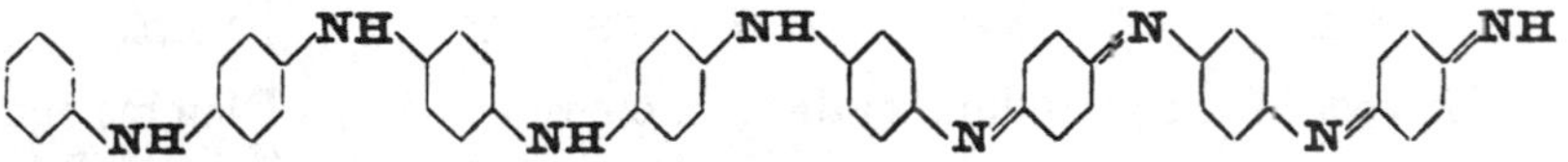

VIII Emeraldin

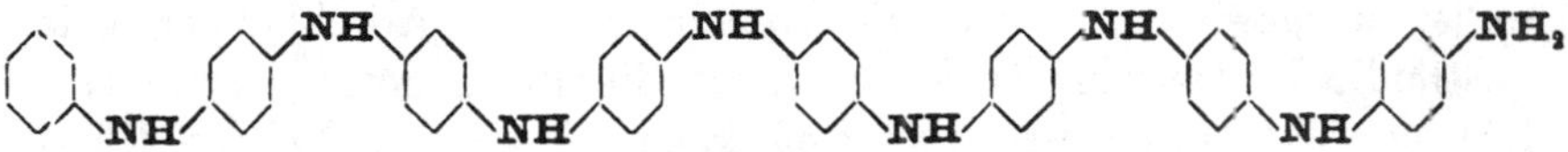

IX Leukemeraldin

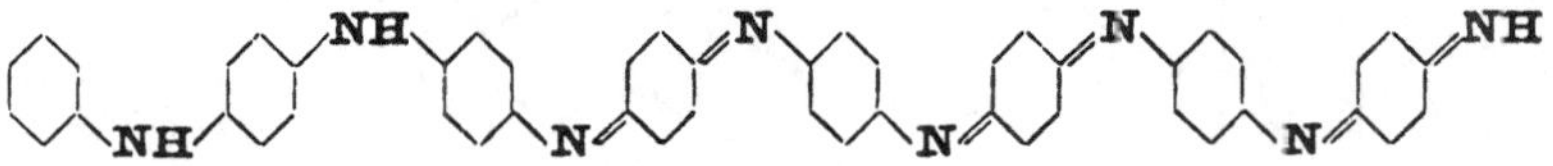

X Nigranilin

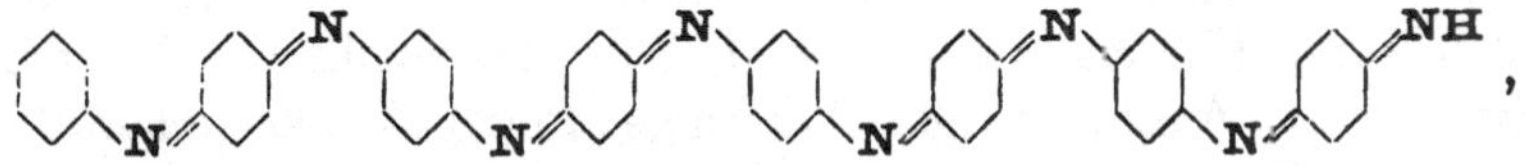

XI Pernigranilin

ferner:

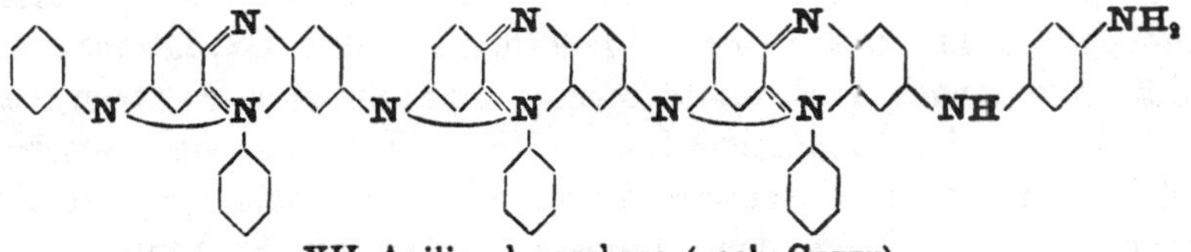

XII Anilinschwarzbase (nach GREEN)

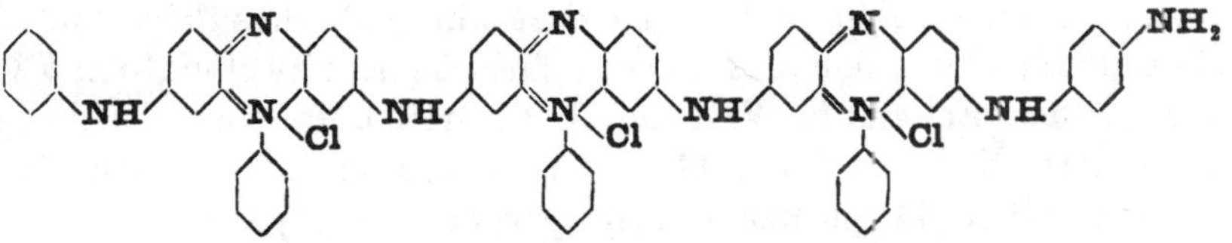

XIII Anilinschwarz („Chloratschwarz" nach GREEN)

wenigstens eine ungefähre Vorstellung zu machen von den Oxydationsprodukten, die als Zwischenstufen vom Anilin zum

Schwarz führen, wobei an den großen Einfluß erinnert sei (vgl. S. 248), den das Medium auf den Reaktionsverlauf ausübt. Es handelt sich also auch bei der Anilinschwarzbildung höchstwahrscheinlich um eine mehrfache Wiederholung der beiden bekannten chemischen Vorgänge, die in ihrer einfachsten Form sich folgendermaßen darstellen lassen:

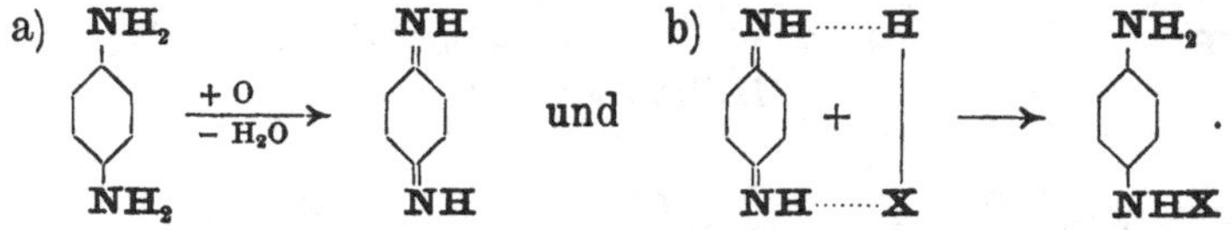

Hierbei bedeutet a) die Oxydation eines (o- oder) p-Diamins zum o- bzw. p-Chinondiimin und b) die Anlagerung eines in zwei Teile (H und X) sich spaltenden Moleküls H·X an das o- bzw. p-Diimin, wobei in gewissen Fällen die Anlagerung, im Anschluß an eine o-Semidin-Umlagerung (s. S. 247), auch die Form einer intramolekularen Umlagerung annehmen kann. Dies gilt für den Übergang der o-Chinoniminverbindungen in hydrierte Azine (vgl. S. 246f.):

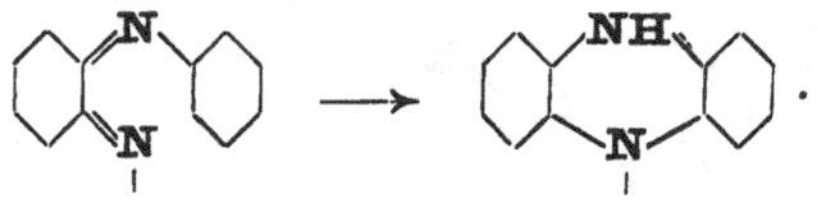

In der vorstehenden Formelreihe ist I das Anilin, II ist das p-Aminodiphenylamin, das durch Oxydation von Anilin erhalten werden kann, III das entsprechende Phenylchinondiimin, das durch Addition von Anilin in das 3-kernige Phenyl-Leuko-Indamin IV übergeht. Dieses wiederum liefert seinerseits durch Oxydation ein p-Chinondiimin V und durch Anlagerung von Anilin ein 4-kerniges Leuko-Indamin VI usw. Auf analoge Weise entsteht schließlich, nach mehrfacher Wiederholung des Oxydations- und Additionsvorganges, z. B. das 8-kernige monochinoide Protemeraldin VII bzw. das dichinoide Emeraldin VIII, das als Zwischenprodukt bei der Anilinschwarzdarstellung schon seit längerer Zeit erkannt wurde und von dem ausgesprochen grünen Farbenton seiner Salze (die Base selbst ist violettblau) seinen Namen erhalten hat.

Das Protemeraldin VII (blaue Base, die gelbgrüne Salze bildet) liefert durch Reduktion das nahezu farblose Leukemeraldin IX, während das Emeraldin VIII durch Oxydation in das trichinoide Nigranilin X (blaue Base, blaue Salze) und in das tetrachinoide Pernigranilin XI (purpurne Base, purpurne Salze) übergeht.

Nach den wertvollen Untersuchungen Greens und seiner Mitarbeiter liefern die zuletzt genannten labilen chinoiden Zwischenkörper mit Indamin-artiger Verkettung, VIII, X und XI, unter bestimmten Bedingungen, wie sie der Safraninbildung (vgl. die Operationen 4 bis 8, S. 246f.) entsprechen in Gegenwart von primären aromatischen Aminen die stabilen Azin- oder genauer gesprochen ms-Aryl-Azonium-Farbstoffe. Nigranilin (X) z. B. würde leicht 3 Moleküle Anilin anzulagern und, nach Ablauf der der Safraninbildung entsprechenden Phasen, einen Tris-ms-Phenyl-Azoniumfarbstoff, das Anilinschwarz (XIII), zu erzeugen vermögen. Dieses durch Oxydation mittels Chlorat erhältliche sog. „Chloratschwarz" ist eine 3-säurige Base, entsprechend dem Chlorhydrat XIII, während das ihm nahe verwandte, mittels Bichromat entstehende sog. „Bichromatschwarz" eine 2-säurige Base zu sein scheint, in der die endständige Aminogruppe durch eine Hydroxylgruppe ersetzt ist.

Es soll mit dem oben wiedergegebenen Schema nicht der Ansicht Ausdruck gegeben werden, als ob die Kondensationen und Polymerisationen bei der Anilinschwarzbildung lediglich in dem einen angedeuteten Sinne verlaufen könnten. Es ist vielmehr anzunehmen, daß bei der Erzeugung des technischen Anilinschwarz auf der Faser mehrere Reaktionen nebeneinander sich abwickeln, und daß das so erhaltene Anilinschwarz nicht einen einheitlichen Körper, sondern ein Gemisch nahe verwandter Azoniumbasen darstellt. Im übrigen wird der Reaktionsverlauf bei der Schwarzbildung auch in hohem Maße von den Reaktionsbedingungen abhängig sein; und diese sind bei den verschiedenen Verfahren zur Erzeugung des Anilinschwarz durchaus nicht gleich, wenn auch die Entstehung des Schwarz in allen Fällen an gewisse Voraussetzungen gebunden ist. Bei so empfindlichen Prozessen, bei denen z. B. sehr geringe Unterschiede in der Acidität des Mediums den Gang der Farbstoffsynthese schon merklich beeinflussen, wäre es sicherlich verfehlt, den Reaktionsverlauf in allen Fällen durch ein einziges Schema erklären zu wollen.

Vielmehr läßt schon der Umstand, daß sich mittels des oben erwähnten p-Aminodiphenylamins (s. o. II) allein, also ohne Zusatz von Anilin, ein schönes unvergrünliches Schwarz erzeugen läßt, vermuten, daß Arylazoniumverbindungen auch lediglich durch sozusagen oxydative Polymerisation von p-Aminodiphenylamin entstehen, gemäß dem oft erwähnten Schema (abwechselnd Oxydation und Anlagerung mit anschließender Umlagerung), zunächst etwa mittels der Zwischenstufen I bis V:

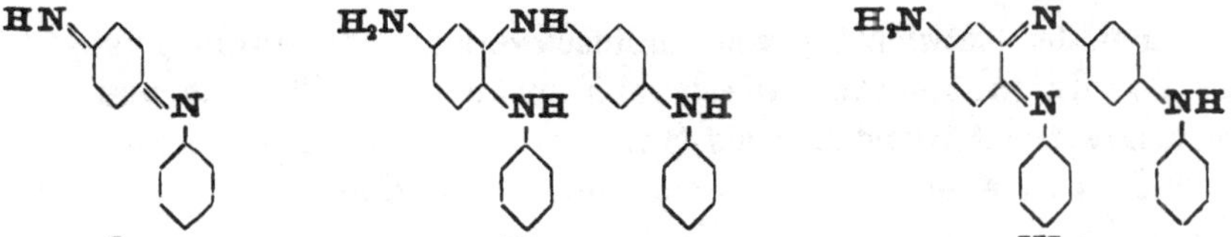

I II III

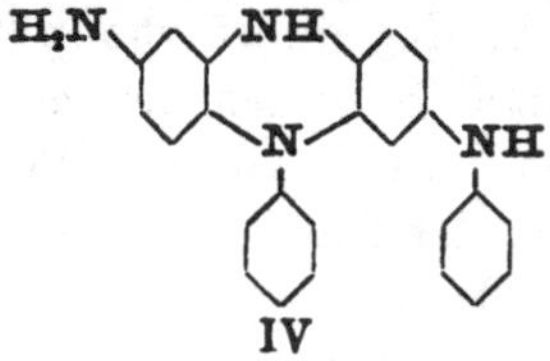

IV

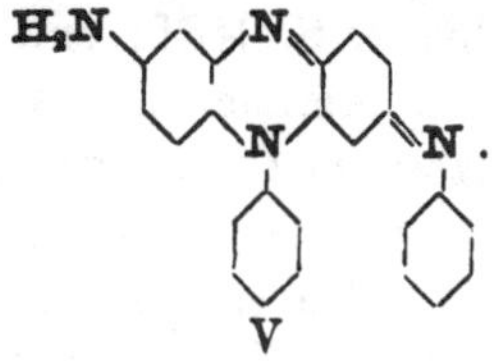

V

Auf analoge Weise könnte V in VI bzw. VII übergehen. Derartige, aus dem p-Aminodiphenylamin hervorgegangene Zwischenprodukte des Anilinschwarz ständen hinsichtlich ihrer Konstitution den **Indulinen** sehr nahe (mit denen sie auch tatsächlich manches gemeinsam haben), z. B. das trimolekulare p-Aminodiphenylamin VII dem Indulin VIII, oder das tetramolekulare p-Aminodiphenylamin IX dem Indulin X. Beide Induline (VIII u. X), die Tri- und die Tetra-Anilido-ms-Phenyl-Azonium-Verbindung, sind vermutlich in den wasserunlöslichen (aber spritlöslichen) Indulinen oder Nigrosinen enthalten, die nach besonderen Methoden durch Oxydation von Anilin — aber außerhalb der Faser — erzeugt werden.

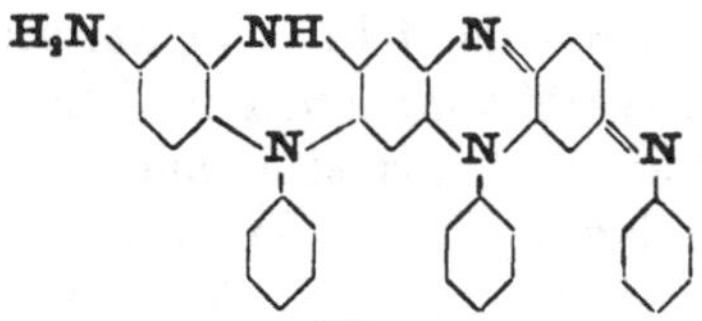

VI

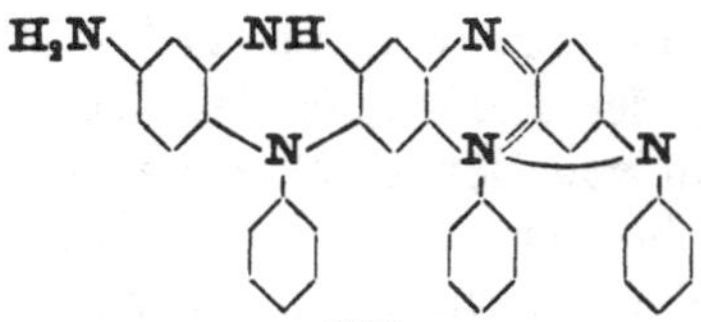

VII

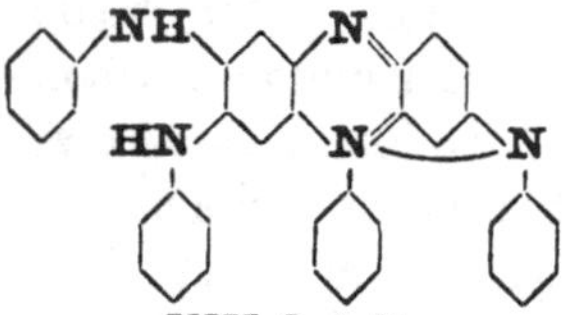

VIII Indulin

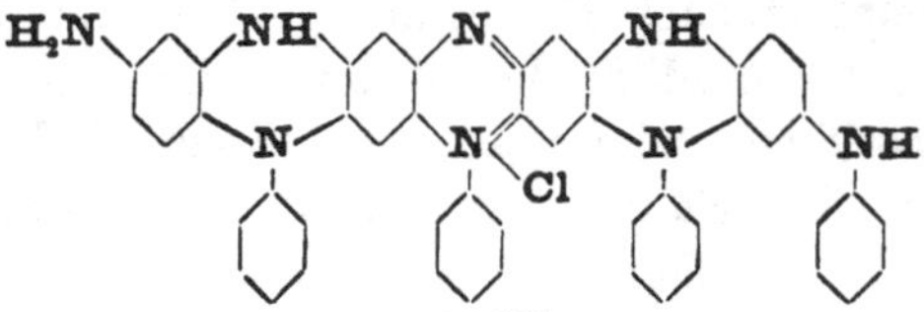

IX

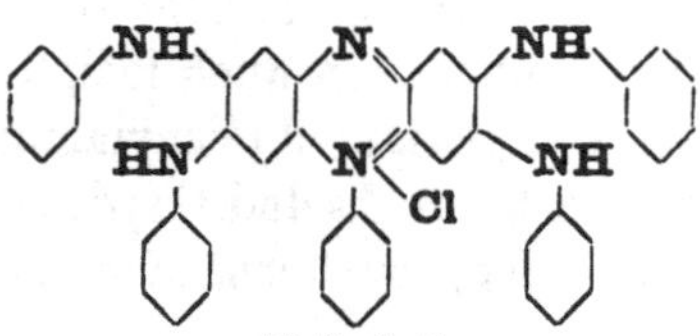

X Indulin

Bei der Entwicklung von Anilinschwarz auf Baumwolle gelangen als **Oxydationsmittel**, wie bereits erwähnt, die Chlorate und Bichromate zur Anwendung; als **Sauerstoffüberträger** Kupfer- und Vanadiumsalze und in gewissem Sinne auch Eisenverbindungen in Form des Ferrocyankaliums, K_4FeCy_6.

Im Nachfolgenden soll das Verfahren zur Erzeugung eines als „Oxydationschwarz“ bezeichneten Anilinschwarz auf Baumwolle beschrieben werden, das bei guter und richtiger Ausführung ein sehr schönes und echtes Schwarz liefert. Eine große Schwierigkeit bei diesem Verfahren liegt in der Gefahr, daß durch die Entwicklung des Schwarz in mineralsaurem Medium (infolge der Schwarzbildung wird ein großer Teil der vorher an Anilin gebundenen HCl frei) bei einer Temperatur von 30—40° leicht eine erhebliche Schwächung der gegen Mineralsäuren äußerst empfindlichen Baumwollfaser eintritt. Eine solche Schwächung der Faser bedeutet selbstverständlich einen empfindlichen Verlust, weshalb bei der Ausführung des Verfahrens die äußerste Vorsicht geboten ist. Die hierdurch bedingten Schwierigkeiten lassen sich vermeiden bei der Erzeugung von Anilinschwarz gemäß dem neueren Verfahren von A. Green (s. u.).

Übungsbeispiel.

Erzeugung von „Oxydationsschwarz“ auf 20 g Baumwolle.

Ausgangsmaterial: (12 + 1)g Anilinchlorhydrat.

Hilfsstoffe: 12,5 ccm n-Natronlauge; 4 g essigsaure Tonerde von 14° Bé; 2,7 g Essigsäure 30%ig; 1 g konzentrierte HCl (D 1,18); 1 g Kupfersulfat; 5,1 g Natriumchlorat; 3 g Bichromat; 3,5 g konzentrierte H_2SO_4; (12,5 + 10) ccm einer 1%igen Bichromatlösung.

Ausführung. Die Baumwolle wird zunächst in üblicher Weise mit ganz verdünnter Natronlauge während einer Stunde abgekocht. Man verwendet für 20 g Baumwolle etwa $^1/_2$ l einer ungefähr 0,1%igen Natronlauge (= 12,5 ccm n-Natronlauge auf $^1/_2$ l Wasser. Nach dem Kochen wird die Ware gespült und zentrifugiert und unmittelbar darauf in noch feuchtem Zustande 15 Minuten hindurch bei gewöhnlicher Temperatur mit 250 ccm einer Anilinlösung durchtränkt, die man dadurch erhält, daß man eine Mischung aus 12 g Anilinchlorhydrat (in der entsprechenden Menge Wasser gelöst), 4 g essigsaurer Tonerde von 14° Bé, 2,7 g Essigsäure 30%ig, 1 g konzentrierter HCl (D 1,18), 1 g Kupfersulfat und 5,1 g Natriumchlorat durch Wasserzusatz auf 8° Bé einstellt. Nach gleichmäßiger Durchtränkung wird die Baumwolle zentrifugiert und darauf in der Trockenkammer 3 bis 4 Stunden hindurch bei 30—40° „verhängt“. Hierbei geht der Oxydationsprozeß vor sich, der etwa bis zum Emeraldin führt und der Baumwolle eine gleichmäßig grasgrüne Färbung verleiht. Sollten sich noch einzelne helle Stellen zeigen, so läßt man die Ware bei gewöhnlicher Temperatur an der Luft hängen, bis ein gleichmäßiges Grün entstanden ist. Zur Erzeugung des Schwarz bedarf es nun noch einer weiteren Nachbehandlung mit Bichromat. Man benutzt dazu eine Lösung von 3 g Bichromat und 1 g Anilinchlorhydrat in 100 ccm Wasser. Man geht mit der Baumwolle ein und arbeitet sie während 10 Minuten bei gewöhnlicher Temperatur durch. Nach dem Herausnehmen läßt man sie noch 12 Stunden in feuchtem Zustande hängen; alsdann gelangt die Ware in ein 30° warmes Bad, enthaltend in $^1/_2$ l Wasser 3,5 g konzentrierte Schwefelsäure und 12,5 ccm einer $1\,^0/_0$igen Bichromatlösung, in dem sie unter häufigem Umziehen etwa $^1/_4$ Stunde belassen wird. Von hier aus wird sie in ein 60° warmes Bad übergeführt, das in $^1/_2$ l Wasser 10 ccm einer $1\,^0/_0$igen Bichromatlösung enthält. Schließlich wird die Baumwolle, nachdem das Schwarz entwickelt ist, in einer 60° heißen Seifenlösung ($^1/_2$ l Wasser + 10 ccm einer $10\,^0/_0$igen Seifenlösung) $^1/_4$ Stunde hindurch gründlich gewaschen, dann mit Wasser gespült und getrocknet.

Anilinschwarz nach A. Green.

Bei diesem Verfahren dient als Sauerstoffüberträger ein Kupfersalz; p-Phenylendiamin wirkt katalytisch, so daß die Oxydation des Anilins zum Schwarz sich lediglich unter der Einwirkung des Luftsauerstoffes, ohne Chlorat o. dgl. vollzieht. Außerdem ist der Bedarf an Mineralsäure (HCl) so stark herabgesetzt, daß eine Schwächung der Faser nicht zu besorgen ist.

Bad I. 9 g $CuCl_2$,
28 g NH_4Cl,
3 g $NaHSO_3$ oder $Na_2S_2O_5$,

gelöst in 100 ccm H_2O in der Kälte.

Bad II. 10 g Anilin,
0,5 g p-Phenylendiamin,
3 g konz. Salzsäure,
3 g Ameisensäure,

gelöst in 100 ccm H_2O in der Kälte.

Vor Gebrauch werden beide Bäder vereinigt. Die getränkte Ware wird zentrifugiert, durch Verhängen entwickelt, mit 10 ccm einer $1\,^0/_0$igen Bichromatlösung auf $^1/_2$ l Wasser fertig oxydiert, geseift, gespült und getrocknet.

Literatur: D.R.P. 204514; Z. f. Farbenind. 1909, II. Heft.

Sechstes Kapitel.

Untersuchung und Bestimmung der Farbstoffe in Substanz und auf der Faser.

A. Untersuchung und Bestimmung der Farbstoffe in Substanz.

Gegenüber der im Kapitel IV beschriebenen und ausführlich erläuterten synthetischen Darstellung der Farbstoffe spielt die Untersuchung und Bestimmung der Farbstoffe in Substanz zwar eine etwas untergeordnete Rolle; sie soll aber doch im Rahmen des vorliegenden Buches nicht gänzlich unberücksichtigt bleiben, da die analytische Tätigkeit bisweilen eine nicht uninteressante Ergänzung der Farbstoffsynthese bildet. Meist allerdings handelt es sich dabei um ganz besondere Zwecke, wenn es z. B. gilt, einen im Handel erscheinenden unbekannten Farbstoff nach Art und Konstitution zu bestimmen. Die in solchen Fällen zu lösende Aufgabe erstreckt sich nach zwei Richtungen: Neben der bisweilen schwierigen chemischen (und physikalischen) Prüfung des fraglichen Farbstoffes ist die koloristische Untersuchung, die sich mit den Färbeeigenschaften des Farbstoffes befaßt und die für den Farbstoff in Betracht kommenden Färbemethoden ausfindig zu machen hat, von Bedeutung.

In chemischer und physikalischer Hinsicht ist zunächst, neben der Löslichkeit, die Frage zu entscheiden, ob der Farbstoff eine einheitliche Substanz oder ein Gemisch mehrerer Körper darstellt, insbesondere, ob er nur ein einziges färbendes Prinzip enthält, oder ob mehrere Farbstoffe (behufs Erzielung eines bestimmten Farbentones) in ihm vereinigt sind (s. S. 309 f.).

Färbende Verunreinigungen (die normalerweise überhaupt nicht vorhanden sein sollten und die meist schon an ihrem schmutzigen und trüben Ton erkennbar sind) oder absichtlich zugefügte Farbstoffe lassen sich bei einiger Übung in der Regel leicht und in einfachster Weise feststellen, wenn man die zu untersuchende Probe in Wasser löst und auf Fließpapier ausgießt; es bildet sich alsdann in der Regel um den eigentlichen Farbstoff ein andersfarbiger Rand. Diese auf der verschiedenen Wanderungsgeschwindigkeit der

Farbstoffe in capillaren Gefäßen beruhende Capillaranalyse, deren Ausbildung vor allem den eingehenden Untersuchungen GOPPELSRÖDERS zu verdanken ist, läßt sich noch weiter dadurch verfeinern, daß man den zu untersuchenden Farbstoff in verschiedenen Lösungsmitteln löst und in diese Lösungen Streifen von schwedischem Filtrierpapier mit ihrem unteren Ende eintaucht. Je nach der Wanderungsgeschwindigkeit der Farbstoffe entstehen, falls Farbstoffmischungen vorliegen, verschieden gefärbte Zonen, die einen sehr weitgehenden Einblick in die Zusammensetzung der Proben gewähren. Ein anderes, ebenso gutes wie einfaches Mittel zur Trennung von Farbstoffgemischen besteht darin, daß man eine trockene Probe der zu untersuchenden Farbstoffmischung über ein angefeuchtetes Papier hinwegbläst. Die einzelnen durch Verstäubung getrennten Teilchen lösen sich dann auf dem feuchten Papier, jedes mit seiner eigenen Farbe, auf und lassen dadurch ungefähr erkennen, aus wieviel Farbstoffen die Mischung sich zusammensetzt.

Zwei optische Methoden sind die Spektroskopie, in neuerer Zeit von FORMÁNEK entwickelt, und die Kolorimetrie.

Die Spektroskopie beruht auf dem unterschiedlichen Absorptionsvermögen der Farbstofflösungen für die einzelnen Strahlengattungen. Jeder Farbstofflösung kommt ein bestimmtes Spektrum zu, das durch dunkle, den absorbierten Strahlen entsprechende Stellen — Streifen oder Bänder von sehr verschiedener Breite — unterbrochen ist; so z. B. ist bei gelben Farbstofflösungen der blaue Teil des Spektrums unsichtbar, bei roten der grüne, bei grünen der rote und bei blauen der gelbe. Aus der Lage und Ausdehnung der sichtbaren und der unsichtbaren Teile des Spektrums, deren genaue Bestimmung durch ein Vergleichsspektrum nebst Skala erleichtert wird, kann man in vielen Fällen wertvolle Anhaltspunkte für die Beurteilung der Farbstoffe gewinnen. Eine nicht zu vernachlässigende Rolle bei diesen spektroskopischen Untersuchungen spielt hier, wie auch bei der Erkennung der Farbstoffe auf der Faser (s. u.), das Lösungsmittel, als welches vornehmlich Wasser und Alkohol, bisweilen auch Amylalkohol oder Eisessig und konzentrierte Schwefelsäure in Betracht kommen.

Die von verschiedenen Seiten konstruierten Kolorimeter dienen zur Feststellung der Stärke von Farbstoffen, und zwar durch Vergleich der aus ihnen hergestellten Lösungen mit anderen Farbstofflösungen von bekanntem Gehalt. Mit einiger Sicherheit vergleichbar sind in der Regel aber nur Farbstoffe von gleichem oder sehr nahe verwandtem Farbenton, da anderenfalls optische Täuschungen stark von der Wirklichkeit abweichende Ergebnisse zeitigen. Auch bietet eine derartige Prüfung der Farbstärke nicht ohne weiteres einen Anhalt für das eigentliche Färbevermögen, das hauptsächlich von dem Verhalten des Farbstoffes gegenüber der zu färbenden Faser abhängig ist.

An die Untersuchung der physikalischen Eigenschaften des Farbstoffes schließt sich die chemische Analyse, nachdem die Einheitlichkeit des Farbstoffes durch voraufgehende Versuche festgestellt worden ist. Allerdings gibt die bloße Kenntnis der elementaren Zusammensetzung des Farbstoffes nur in beschränktem Maße einen Aufschluß über die Konstitution. Immerhin kann sie sich in vielen Fällen als nützlich erweisen. Wichtiger als die Elementaranalyse ist die Prüfung des zu untersuchenden Farbstoffes auf sein Verhalten gegenüber den verschiedenen chemischen Reagenzien. Es sind zur Erleichterung dieser Aufgabe von Weingärtner und Green sowie von Rota Tabellen aufgestellt worden, die einen systematischen Gang der Untersuchung ermöglichen, ähnlich wie dies bei der Analyse anorganischer Verbindungen zu geschehen pflegt. Von größter Bedeutung ist hierbei eine Reaktion, die, wegen ihrer Wichtigkeit, der Einwirkung von Schwefelwasserstoff auf Metallverbindungen und der nachfolgenden Behandlung der etwa entstandenen Sulfide mit verdünnten Mineralsäuren an die Seite zu stellen ist. Diese Reaktion besteht in der Einwirkung von Reduktionsmitteln ($SnCl_2$ + HCl, Zinkstaub + HCl oder Ammoniak, Hydrosulfit usw.) auf die Farbstoffe und der darauffolgenden Behandlung der Reduktionsprodukte (falls solche entstanden sind) mit Oxydationsmitteln (Eisenchloridlösung oder 1%ige Chromsäurelösung; sehr oft reicht sogar der Sauerstoff der Luft schon aus). Nach ihrem Verhalten gegenüber den oben erwähnten Reduktionsmitteln kann man die Farbstoffe einteilen in:

1. solche, die überhaupt nicht oder nur sehr schwer und unvollkommen reduziert werden (z. B. Chinolingelb und Primulin),
2. solche, die langsam und unvollkommen reduziert werden (z. B. Thiazolgelb, ein Abkömmling des Dehydrothio-p-Toluidins, s. S. 267),
3. solche, die durch die Reduktion eine Farbenänderung erleiden oder nur durch einen Teil der Reduktionsmittel reduziert werden (z. B. Alizaringelb C, ein Oxyketon-Farbstoff), und schließlich
4. solche, die sich leicht reduzieren lassen (z. B. Nitro- und Azofarbstoffe).

Innerhalb dieser Gruppen kommt dann als weiteres Unterscheidungsmittel in Betracht, ob die Reduktionsprodukte sich schon an der Luft wieder in die ursprünglichen Farbstoffe zurückverwandeln (z. B.

Küpenfarbstoffe, Azin-, Thiazin- und Oxazinfarbstoffe); oder ob sie zwar nicht an der Luft, wohl aber durch Oxydationsmittel die Reoxydation erfahren (z. B. Triphenylmethanfarbstoffe); oder endlich ob sie infolge teilweisen oder gänzlichen Abbaus überhaupt nicht wieder die ursprüngliche Färbung annehmen (z. B. Nitro- und Azofarbstoffe). Als wichtiges Reagens wird auch eine wäßrige Lösung von 10% Tannin + 10% Natriumacetat benutzt, mittels deren die basischen Farbstoffe (die Azine, Thiazine, Oxazine, Acridine, die Triphenylmethan- und Xanthenfarbstoffe sowie die basischen Azofarbstoffe) aus ihren wäßrigen Lösungen als Tanninlacke ausgefällt werden; ähnlich wirkt eine Lösung von 2 g Pikrinsäure + 5 g Natriumacetat in 100 ccm Wasser. Näher auf diese analytischen Methoden an dieser Stelle einzugehen, würde zu weit führen.[1]

Nach beendigter physikalischer und chemischer Untersuchung, die übrigens in schwierigen Fällen nicht immer zu sicheren Ergebnissen führt und daher durch die koloristische Analyse eine sehr notwendige Ergänzung erfahren muß, besteht die wesentlichste Aufgabe darin, die Färbeeigenschaften des zu prüfenden Musters festzustellen, d. h. diejenigen Färbemethoden ausfindig zu machen, die den Eigenschaften des Farbstoffes am vollkommensten entsprechen. Diese Untersuchung beruht ganz und gar auf den im Abschnitt über das Färben (s. Kapitel V) ausführlich erörterten Grundsätzen und Tatsachen. Man wird demgemäß den Farbstoff, falls nicht schon bestimmte Anhaltspunkte für seine Klassen- und Gruppenzugehörigkeit vorliegen, direkt färben (auf Wolle und auf Baumwolle) nach Art der basischen Farbstoffe, der sauren Farbstoffe, der Salzfarben und der Schwefelfarbstoffe; man wird ihn auf gebeizte Wolle (Tonerde oder Chrom) und auf gebeizte Baumwolle (Tannin + Brechweinstein) färben. Man wird nach der Ausfärbung ihn auf der Faser nachbehandeln, z. B. mit Fluorchrom oder mit Bichromat und Schwefelsäure, mit Wasserstoffsuperoxyd oder mit Kupfersulfat oder mit Diazoniumverbindungen. Man wird ihn auf der Faser diazotieren und mit den üblichen Azokomponenten kuppeln, man wird ihn verküpen und dgl. Bezüglich weiterer Einzelheiten muß auch hier auf die bei Heermann angeführten Tabellen[2] verwiesen werden.

B. Untersuchung und Bestimmung der Farbstoffe auf der Faser.

Die bei dieser Untersuchung zur Anwendung gelangenden Methoden sind sehr nahe verwandt mit den im vorhergehenden Abschnitt A

[1] Ausführlichere Angaben finden sich in dem Buche von Paul Heermann: Färberei- und textilchemische Untersuchungen, Verlag von Jul. Springer.

[2] S. 273ff. (3. Auflage).

beschriebenen, zum Teil sogar mit ihnen identisch, sofern es nämlich gelingt, den Farbstoff in genügender Menge von der Faser abzuziehen, so daß nunmehr seine Lösung für die weitere Prüfung zur Verfügung steht. Als sehr nützlich erweist sich auch in diesen Fällen die bereits oben erwähnte spektroskopische Untersuchung, zumal FORMÁNEK umfangreiche Tabellen ausgearbeitet hat, die, einige experimentelle Übung vorausgesetzt, die Auffindung der einzelnen Farbstoffindividuen erleichtern. Allerdings reicht, bei der nahen Verwandtschaft zwischen den einzelnen Angehörigen gerade der technisch wichtigsten Farbstoffklassen oder -Gruppen und bei dem stetigen Anwachsen der in der Färbereitechnik benutzten Farbstoffe, auch diese Methode manchmal nicht aus, um eine sichere und zweifelsfreie Feststellung zu ermöglichen. Unter solchen Umständen bietet dann allein die Synthese und der Vergleich des synthetischen Produkts mit dem zu untersuchenden Farbstoff die sichere Gewähr der richtigen Erkennung.

Einen weitgehenden Aufschluß über den Charakter der fraglichen Farbstoffe gewährt die Feststellung ihres Verhaltens gegenüber den auf S. 366ff. beschriebenen Echtheitsproben. Man wird kaum in Versuchung kommen, z. B. einen wasch- und alkaliunechten basischen Farbstoff auf Wolle für einen Beizenfarbstoff zu halten und umgekehrt, so daß allein schon die Feststellung, ob eine Beizenfärbung vorliegt oder nicht (wozu unter Umständen eine Veraschungsprobe erforderlich ist, die auch die Art der Beize erkennen läßt), den Kreis der in Betracht kommenden Farbstoffe wesentlich einengt. Setzt der Farbstoff seiner Ablösung von der Faser bei Anwendung der gewöhnlichen Mittel infolge seiner Echtheit einen erheblichen Widerstand entgegen, so behandelt man die Färbung mit schärfer wirkenden Reagenzien, wie Alkohol, Alkohol + Salzsäure, Alkohol + Aluminiumsulfat, verdünnte Salzsäure, Zinnchlorür + Salzsäure, verdünnte Oxalsäure, Eisessig + Schwefelsäure usw. Die Untersuchung gestaltet sich etwas verschieden, je nachdem, ob es sich um rote und rotbraune, gelbe und orange, grüne, blaue und violette oder endlich um schwarze Farbstoffe handelt. Zur Erleichterung dieser Prüfungen sind, nach dem Farbenton getrennt, ausführliche Tabellen aufgestellt worden, die sich in dem bereits oben erwähnten HEERMANNschen Buche[1] sowie in Lunge-Berl, Chemisch-technische Untersuchungsmethoden, abgedruckt finden und auf die hier verwiesen sein mag.

[1] S. 232ff. (3. Auflage).

Siebentes Kapitel.

Prüfung der Färbungen auf Echtheit.

Wie im Kapitel V aus den Darlegungen über das Färben der tierischen und pflanzlichen Fasern an vielen Stellen zu ersehen war, spielt die Echtheit der Färbungen eine außerordentlich bedeutsame Rolle. Es kommt, wie leicht verständlich, in den meisten Fällen nicht lediglich darauf an, die betreffenden Materialien zu färben, sondern die erzielten Färbungen sollen auch echt sein, d. h. sie sollen, ohne wesentliche Veränderungen zu erleiden, allen denjenigen Einflüssen widerstehen, denen sie bei der weiteren Verarbeitung oder Bearbeitung oder bei der bestimmungsgemäßen Verwendung der gefärbten Materialien ausgesetzt sind. Wenn in heutiger Zeit in vielen Fällen die Färbungen den Anforderungen leider nicht entsprechen, die von den Verbrauchern an sie gestellt werden, so liegt dies keineswegs an einem Mangel genügend echter und für den besonderen Zweck geeigneter Farbstoffe, sondern fast durchgehends an dem höchst verwerflichen Bestreben, durch Verwendung billiger und als schlecht bekannter Farbstoffe eine Ersparnis an der unrichtigen Stelle zu machen. Farbstoffe, die allen den unten zu erwähnenden Echtheitsanforderungen gleichzeitig entsprechen, gibt es freilich nicht; aber für die meisten Zwecke genügt auch eine auf bestimmte Eigenschaften beschränkte Echtheit. Von Stoffen, die, wie z. B. Möbelstoffe, bestimmungsgemäß nicht gewaschen zu werden brauchen, wird man keine sonderliche Wasch- oder Schweißechtheit verlangen; dafür müssen sie aber um so vollkommener reibecht sein und den zerstörendeu Einflüssen des Sonnenlichts widerstehen. Andererseits wird man von einem Fasermaterial, das häufiger Wäsche unterworfen werden soll, verlangen dürfen, daß es mit einem durchaus waschechten Farbstoff gefärbt ist; während die Echtheit etwa gegen Chloren oder Schwefeln bei ihm vielleicht von gänzlich untergeordneter Bedeutung ist. Man wählt vernünftigerweise den gerade für den besonderen Fall geeigneten Farbstoff aus, was nicht die geringste Schwierigkeit bereitet, da die Farbenfabriken die Eigenschaften der von ihnen ausgegebenen Farbstoffe nach allen Richtungen sorgfältig zu erforschen pflegen und den Verbrauchern sehr genauen Aufschluß über die Verwendbarkeit ihrer Farbstoffe für den einen oder anderen Zweck zu erteilen in der Lage sind.

Bei der großen Mannigfaltigkeit der auf synthetischem Wege herstellbaren und tatsächlich hergestellten Farbstoffe dürfte kaum ein die Färbereien in erheblicherem Maße berührendes Bedürfnis auftauchen, dem nicht alsbald in geeigneter Weise Rechnung getragen werden könnte — falls die Verbraucher, also zunächst die Färber selbst gewillt sind, den entsprechenden Preis für einen wirklich guten Farbstoff zu zahlen.

Die wichtigsten Echtheitseigenschaften, die bei der gewerblichen Erzeugung und Verarbeitung oder bei der privaten Benutzung der gefärbten Materialien in Betracht kommen, sind: die Echtheit gegen Licht, Wäsche, Walke, Wasser (Regen), Säuren, Alkali, Schweiß, Chlor, Luft (Atmosphärilien) und Straßenschmutz, dann die Echtheit beim Pottingprozeß (heißes Wasser), beim Dekatieren (trockener und nasser Dampf), Carbonisieren (Erhitzen mit verdünnter Schwefelsäure — von etwa 6° Bé — auf ca. 90°), Reiben, Bügeln, Schwefeln (SO_2) und beim Erhitzen auf höhere Temperatur (der Farbstoff darf nicht von der Faser absublimieren). Ferner ist von Wichtigkeit das Verhalten der Färbungen bei künstlicher Beleuchtung (der Farbenton soll sich dabei nicht ändern), und schließlich kommt für die Farbstoffe selbst in Betracht ihre Löslichkeit, ihre Affinität zur Faser (d. h. ob die Bäder beim Färben erschöpft werden oder nicht), ihre Stärke, ihr Ton, ihr Verhalten beim Färben in kupfernen Kesseln (es soll keine Zerstörung oder merkliche Änderung des Farbstoffes eintreten), ihr Egalisierungsvermögen (d. h. die Fähigkeit, auch bei nicht ganz homogenem Material gleichmäßige Färbungen zu liefern, also z. B. bei rauher Wolle die aus dem Gewebe hervorragenden Fasern nicht kräftiger anzufärben als das Grundgewebe selbst) und die Fähigkeit, schwere, dichte Stoffe durchzufärben.

Diese vorgenannten Echtheitsproben haben selbstverständlich nicht alle die gleiche Bedeutung, und es sollen daher in den folgenden Abschnitten nur diejenigen Prüfungsmethoden eine nähere Erläuterung finden, die von besonderer praktischer Wichtigkeit sind.

1. Die Lichtechtheit.

Es ist eine bemerkenswerte Eigenschaft vieler Farbstoffe, bei der Belichtung ihrer Ausfärbungen mit direktem Sonnenlicht sehr bald Ton und Stärke wesentlich zu verändern, eine Erscheinung, die man mit dem Ausdruck „Verschießen" zu belegen pflegt. Dieser Mangel haftete besonders den ersten künstlichen Teerfarbstoffen aus der Triphenylmethanreihe an, während z. B. die alten natürlichen Alizarin- und Küpenfarbstoffe fast durchgängig sehr lichtechte Färbungen liefern.

Die Echtheitsprüfung erfolgt in sehr einfacher Weise durch Belichtung der Ausfärbungen, und zwar am besten im direkten Sonnenlicht, möglichst im Freien und ohne sie etwa mit einer Glasplatte zu bedecken. Sichere und vergleichbare Ergebnisse gewinnt man durch eine derartige Belichtungsprobe aber nur dann, wenn man den auf seine Echtheit zu prüfenden Farbstoff mit einem anderen Farbstoff von gleichem Ton, gleicher Stärke und von bekannten Echtheitseigenschaften gleichzeitig, und möglichst unter genau den nämlichen Bedingungen (vor allem also auch auf dem gleichen Material gefärbt) der Belichtung aussetzt, wobei es sich ferner noch empfiehlt, einen Teil der beiden Ausfärbungen mit Holz oder kräftiger, lichtundurchlässiger Pappe zu bedecken, um nach beendigter Prüfung den belichteten Teil mit dem unbelichteten, also unverändert gebliebenen, unmittelbar vergleichen zu können. Der vielfach angestrebte Ersatz des natürlichen Sonnenlichtes durch künstliche Lichtquellen ist sehr schwierig und hat für die Echtheitsprüfung nur beschränkten Wert.

2. Die Waschechtheit.

Die Frage der Waschechtheit ist von großer Bedeutung für alle diejenigen Farbstoffe, die zum Färben von Kleidungsstücken und ähnlichen, einer häufigen Wäsche ausgesetzten Stoffen bestimmt sind. Hierbei ist allerdings wieder ein sehr wesentlicher Unterschied zwischen den Färbungen auf Wolle und auf Baumwolle zu machen. Entsprechend ihrer großen Empfindlichkeit selbst gegen verdünnte Alkalien wird Wolle beim Waschen einer ganz anderen Behandlung unterworfen wie die Baumwolle, die selbst Kochen mit verdünnter Natronlauge, Soda- oder Seifenlösung sehr wohl verträgt und daher bei der Wäsche auch einer viel weitergehenden Beanspruchung in dieser Richtung unterworfen wird als Wolle. Demgemäß müssen auch die Proben auf Waschechtheit dem unterschiedlichen Verhalten der beiden Fasermaterialien angepaßt werden. Dies geschieht in folgender Weise:

a) Prüfung der Wollfärbungen auf Waschechtheit. Man stellt sich eine Lösung her, die im Liter 3 g Marseiller Seife und 0,5 g Soda enthält und geht bei 30 bis höchstens 40° mit der zu untersuchenden Ware in das Bad ein. Nachdem man sie etwa $^1/_2$ bis

1 Stunde kräftig durchgearbeitet hat, wird sie in reinem Wasser gründlich gespült und getrocknet. Die Wollfärbung soll alsdann keine Veränderungen, weder des Tones noch der Stärke, erlitten haben, und das Seifen-Sodabad soll bei vollkommen echten Farbstoffen völlig farblos sein. Diese Probe kann verschärft werden dadurch, daß man sie mit demselben Material ein- oder zweimal wiederholt, und ferner auch dadurch, daß man die gefärbte Wolle mit weißer Wolle, Baumwolle und Seide zusammen im nämlichen Bade behandelt, um festzustellen, ob der Farbstoff infolge des sogenannten „Blutens" die mitgewaschenen weißen Stoffe anfärbt.

b) Prüfung der Baumwollfärbungen auf Waschechtheit. Die zum Waschen benutzte Flüssigkeit enthält im Liter 5 g Marseiller Seife und 3 g Soda; handelt es sich um scharfe Proben, so wird die Temperatur bis zum Kochen getrieben, und diese Prozedur sollen echte Baumwollfärbungen aushalten, ohne zu „bluten" und vor allem ohne die mitgewaschene weiße Baumwolle anzuschmutzen. Von den besonders echten Farbstoffen wird verlangt, daß die gefärbten Materialien die gleiche Behandlung auch bei mehrmaliger Wiederholung ohne erhebliche Veränderungen überstehen. Will man das Verhalten der Baumwollfärbungen gegenüber mitgewaschener Wolle und Seide prüfen, so darf man selbstverständlich mit der Temperatur des Bades über 40° nicht hinausgehen.

3. Regen- (Wasser-) Echtheit.

Es liegt auf der Hand, daß insbesondere diejenigen Stoffe, sei es Wolle oder Baumwolle, die zur Herstellung menschlicher Kleidungsstücke dienen sollen, so gefärbt werden müßten, daß sie gegen Wasser, d. h. z. B. gegen die Einwirkung von Regen, Nebel und Schnee beständig sind, eine Forderung, gegen die bekanntlich, vor allem bei der Herstellung von Damenstoffen, leider sehr oft verstoßen wird.

Das „Bluten" der Wollfärbungen unter der Einwirkung von Wasser zeigt sich auch bei solchen Farbstoffen, die aus saurem Bade sehr gut ausziehen, also anscheinend gegen kochendes Wasser beständig sind. Es wäre aber durchaus verfehlt, daraus die Schlußfolgerung zu ziehen, daß solche Farbstoffe die gleiche Unempfindlichkeit auch gegenüber kaltem, aber reinem Wasser zeigen müßten. Im Gegenteil gibt es, wie gesagt, eine Reihe von sauren Farbstoffen für Wolle, die bei der Behandlung mit Regenwasser, insbesondere dann, wenn diese Behandlung wiederholt wird, oder wenn man die gefärbte Wolle längere Zeit, etwa 12 Stunden hindurch, im Wasser liegen läßt, sehr stark auf die mitverflochtene oder aufgenähte Wolle, Baumwolle oder Seide abbluten. Diese Erscheinung ist darauf zurückzuführen, daß durch das Wasser zunächst ein Teil der noch in der Wolle befindlichen Säure ausgezogen wird, die während des Färbeprozesses aus dem — überschüssige Säure enthaltenden — Färbebade von der Wolle aufgenommen wurde, und deren Vorhandensein, wie auf S. 325 erwähnt, im allgemeinen eine wesentliche Voraussetzung für das völlige Ausziehen der Farbbäder bildet. Fällt diese Voraussetzung fort, so geht allmählich ein nicht unbeträchtlicher Teil des Farbstoffes in Lösung, bzw. er färbt die dem Bade beigegebenen weißen Muster von tierischen oder pflanzichen Fasern an. In der Regel tritt dieser Fehler am deutlichsten auf, wenn man die mit Wasser getränkte Wolle langsam eintrocknen läßt.

Die Probe auf Wasserechtheit gestaltet sich für Baumwolle ganz analog wie für Wolle. Dabei läßt sich voraussehen, daß diejenigen Baumwollfarbstoffe, die sich zwar direkt auf die Faser auffärben lassen, bei denen aber das Verteilungsgleichgewicht zwischen Faser und Flotte durch die Gegenwart von aussalzenden Hilfsstoffen stark beeinflußt wird, nämlich die sogenannten Salzfarben, keinen sonderlich hohen Grad von Wasserechtheit aufweisen können. Sie werden beim Zusammenbringen mit reinem Wasser, also unter erheblich zuungunsten der Faser veränderten Bedingungen, beträchtlich bluten und dabei etwa gleichzeitig vorhandene weiße Wolle, Seide oder Baumwolle merklich anfärben.

4. Die Reibechtheit.

Diese festzustellen, ist deshalb von Interesse, weil, wie bei der Beschreibung der Färbemethoden im Kapitel V an zahlreichen Stellen erwähnt wurde, die mangelhafte Ausführung der Färbeverfahren in vielen Fällen eine ungenügende Reibechtheit verursacht, während der Farbstoff an sich, bei sachgemäßer Ausführung des Färbeverfahrens, allen Ansprüchen nach dieser Richtung genügt. Daneben aber gibt es tatsächlich Farbstoffe, die auch bei noch so großer Vorsicht — soweit dieselbe bei den in technischem Maßstabe auszuführenden Operationen verlangt werden kann — keine befriedigenden Ergebnisse erzielen lassen, so daß die Ausfärbungen, wenn sie beim Gebrauch mit anders gefärbten oder weißen Stoffen in innige Berührung kommen, wie z. B. die Oberkleidung mit der Leibwäsche usw., in sehr unerquicklicher Weise zu schwer entfernbaren Flecken Veranlassung geben. Die Probe wird in einfacher Weise dadurch ausgeführt, daß man mit der Ausfärbung auf einem Baumwollappen etwa 10 mal kräftig hin und her reibt. Die Baumwolle soll danach rein weiß erscheinen.

5. Die Walkechtheit.

Sie kommt fast ausschließlich für Wolle in Betracht und ist deshalb von Bedeutung, weil ein großer Teil der „in der Wolle“ oder „im Stück“ gefärbten Wollengewebe dem Walkprozeß unterworfen wird, um sie durch Verfilzung der Fasern in Tuch überzuführen. Hierbei müssen die Färbungen unter Umständen einer stundenlangen Behandlung mit ziemlich starker Seifenlösung (bis zum Höchstbetrag von 20 g Seife im Liter, eventuell unter Zusatz von 5 g Soda) widerstehen, und zwar bei etwa 30—40°, da durch die kräftige mechanische Einwirkung der Walkmaschine auf die Gewebe eine merkliche Temperatursteigerung hervorgerufen wird. Bei der Prüfung auf Echtheit wird, ebenso wie bei den Wasch- und Wasserproben, die Wolle mit weißer Wolle, Baumwolle und Seide zusammen der Handwalke unterworfen unter den oben erwähnten, dem Großbetrieb möglichst angepaßten Bedingungen.

6. Die Schweißechtheit.

Ein Mangel dieser Echtheitseigenschaft macht sich, wie jedem bekannt, sehr unangenehm dadurch geltend, daß nicht nur das mit dem unechten Farbstoff gefärbte Gewebe in sehr empfindlicher Weise Ton und Aussehen verändert, sondern es findet daneben auch ein Abbluten auf die Leibwäsche und andere Kleidungsstücke statt. Eine zuverlässige Prüfung ist eigentlich nur dadurch möglich, daß man das mit dem zu prüfenden Farbstoff gefärbte Gewebe längere Zeit hindurch einer wirklichen Schweißprobe unterwirft. Man ersetzt diese jedoch vielfach, da Schweiß sowohl saure als auch alkalische Reaktion aufweisen kann, durch eine Prüfung des Verhaltens der Farbstoffe gegen verdünnte Essigsäure oder gegen Ammoniak, indem man die Färbungen in ein Essigsäurebad von 2—3° Bé einlegt, oder sie mit ganz verdünntem Ammoniak durchtränkt und alsdann zwischen weißer Baumwolle bügelt. Neuerdings prüft man mittels Ammonacetats (Baumwolle bei 80°), Wolle auch mit Kochsalzlösung.

7. Die Alkaliechtheit.

Sie betrifft die etwaigen Änderungen des Farbentons durch alkalische Flüssigkeiten. Die Probe wird bei Wolle in der Weise ausgeführt, daß man die Färbung mit Sodalösung von 10° Bé gründlich durchtränkt, dann ausdrückt und ohne zu spülen trocknet. Bei Baumwolle verwendet man gleichfalls eine 10%ige Soda- oder eine etwa gleichstarke Ammoniaklösung. An Stelle der genannten Reagenzien verwendet man auch eine Mischung aus 10 g Ätzkalk und 10 g Ammoniak 24%ig im Liter, die nach dem Trocknen wieder abgebürstet wird.

8. Säureechtheit.

Sie bildet das Gegenstück zur Alkaliechtheit und wird bei Wolle in sehr einfacher Weise geprüft durch Beträufeln der Färbungen mit etwa 10%iger Salzsäure. Die Veränderungen treten bei der schweren Benetzbarkeit der Wolle erst nach einiger Zeit ein, und man kann sich daher erst nach etwa 2 Stunden ein endgültiges Urteil über die Echtheit bilden. Bei Baumwolle, die sich wesentlich leichter netzt, läßt sich die Wirkung der Säure (10% ige Schwefelsäure oder 30% ige Essigsäure) viel rascher, etwa nach $^1/_4$ Stunde, mit Sicherheit erkennen.

Beim Färben der Wolle mit Säurefarbstoffen ist bisweilen von Wichtigkeit die Feststellung, wie sich der Farbstoff beim Kochen in stark sauren Bädern verhält. Bei einzelnen Farbstoffen nämlich kann man beobachten, daß sie je nach der Dauer des Färbeprozesses eine mehr oder minder weitgehende Veränderung erleiden, sich „verkochen", ein Umstand, der ihre technische Verwendung in der Regel ausschließt.

In der Halbwollfärberei bedarf es, zur Erzielung einer vollkommenen Gleichheit des Farbentons auf der Wolle und der Baumwolle, vielfach einer Nachfärbung (Überfärbung) der Wolle mit sauren Farbstoffen. In diesem Falle ist von Wichtigkeit die sogenannte „Säure-Kochechtheit", d. h. das Verhalten des auf der Baumwolle befindlichen Farbstoffes im kochenden sauren Bade, enthaltend 10% Weinstein-Präparat ($NaHSO_4$), bezogen auf das Gewicht der Wolle. Es darf beim Überfärben der Farbstoff von der Baumwollfaser nicht merklich heruntergehen.

In beiden Fällen sind die Echtheitsproben den tatsächlichen Verhältnissen nach Möglichkeit anzupassen.

Register.

Abbluten (der Farbstoffe) 369, 371.
Abfallsäure 20f.
Abkochen (der Spinnfasern) 337, 351.
Abkreiden 334.
Ablösen des Farbstoffes (von der Faser) 365.
Abrußen 328, 345.
Abschmutzen (des Farbstoffes) 332.
Absorption (von Strahlen) 362.
Absorptionsbänder 362.
Absorptionsspektrum 362.
Absorptionsstreifen 362.
Acenaphten 15.
Acetaminogruppe 129.
Acetanilid 18, 22ff., 94.
Acetat 104, 107, 122, 312, 364.
Acetylnaphtylaminsulfonsäure (1,6 und 1,7) 43.
Acetyl-p-Phenylendiamin 154f.
Acetylrest 154.
Acidität 89, 161, 170, 357.
Acroleïn 227.
Acroleïn-β-Aminoalizarin 227.
Acylaminoanthrachinon 308.
Addition 240, 269.
— (intramol.) 245, 247, 254, 262, 356.
Additionsfähigkeit 240, 244.
Adsorption 326, 329f., 341.
Affinität (zwischen Spinnfaser und Farbstoff) 325ff., 329f., 346, 351, 367.
Akridin 278.
Akridinfarbstoffe 276f., 328, 364.
Akridingelb 281.
Akridinkern 278.
Alaun 330, 335, 343.
Aldehyde 77, 177ff., 198.
Aldehydrest 278.
Algolfarben 214, 317, 319.
Algolgelb 308.
Algolorange R 307.
Algolrot 305.
Alizarin 42f., 213ff., 309, 318, 328, 332, 334, 336ff.
Alizarinastrol 214.
Alizarinblau 226, 220.
— GG 231.
— S 226, 231.
Alizarinblaugrün 220.
Alizarinblau-Sulfat 228.
Alizarinbordeaux 221, 228f.
Alizarincyanin G 214, 229.
Alizarincyanin R 221.
Alizarincyaningrün 214, 231.
Alizarinfarbstoffe 213, 368.
Alizaringelb 22, 149, 317, 363.
Alizaringrün 220f.
Alizarinindigblau 220f.
Alizarinirisol 230.
Alizarinorange 224.
Alizarinrot 317, 334.
Alizarinrot S 328, 343.
Alizarinsaphirol 214, 230.
Alizarinschwarz 233ff., 333.
Alizarinstellung 233.
Alizarinsulfonsäure 219, 229.
Alizarinviridin 231.
Alkalibeständigkeit 144.
Alkaliblau 186.
Alkaliechtheit 144, 180, 345, 367, 371f.
Alkalien 312.
Alkalische Bäder 312.
Alkalische Oxydation 238.
Alkalische Reduktion 19.
Allmähliche Entwicklung (beim Beizen) 331.
Altrotverfahren 334.
Aluminiumalizarinlack 336.
Aluminiumbeize 217, 218ff., 232, 313, 329, 337, 364.
Aluminium-Kalklack 313, 337.
Aluminiumlack 212, 218, 225, 343.
Aluminium-Sulfat 337.
Alkylierung 176.
Ameisensäure 331.
Amidierung 41, 63.
Amine 53ff., 122, 258.
Amino-Acetanilid 92, 155.
β-Amino-Alizarin 225ff.

Amino-Anthrachinone 302.
α-Amino-Anthrachinone 42.
β-Amino-Anthrachinone 81, 300, 302.
Aminoazobenzol 122ff., 129, 133, 163.
Aminoazobenzoldisulfonsäure 129, 133, 164.
Aminoazobenzolmonosulfonsäure 164.
Aminoazofarbstoffe 131, 133, 296, 321.
o-Aminoazofarbstoffe 126, 133, 149f.
p-Aminoazofarbstoffe 133, 237.
Aminoazonaphtalin 89.
Aminoazonaphtalindisulfonsäure 167.
Aminoazotoluol 55, 59, 123f., 139f., 244, 247, 249.
Aminoazoverbindungen 72, 122, 131f., 141.
p-Aminobenzaldehyd 20, 182f.
Aminobenzoësäure 82.
Aminobenzolsulfonsäure 30, 124.
Aminobenzylanilinbasen 60, 184, 315f.
p-Aminobenzyl-p-Toluidin 315.
Aminobromtoluidoanthrachinon 300.
p-Aminodimethylanilin 56, 69, 238f., 241, 263f.
p-Aminodimethylanilinthiosulfonsäure 259.
Aminodiphenylamin 67, 79, 141, 244f. 249, 314, 320, 356ff.
Aminofuchsonimoniumchlorid 176.
Aminogruppe 112, 126.
Amino-G-Salz 34.
Aminomonoazofarbstoffe 122, 131f.
Aminonaphtole 40, 315, 342.
Aminonaphtolsulfonsäuren 40f., 86, 88, 96, 98, 164.
1, 2, 4-Aminonaphtolsulfonsäure 39.
1, 2, 8-Aminonaphtolsulfonsäure 124.
1, 8, 4-Aminonaphtolsulfonsäure S 40, 98, 102, 103, 126.
2, 1, 4-Aminonaphtolsulfonsäure 39.
2, 3, 6-Aminonaphtolsulfonsäure R 41,
2, 5, 7-Aminonaphtolsulfonsäure I 40. 320f.
2, 8, 6-Aminonaphtolsulfonsäure γ 41, 98, 101, 124, 127, 130.
1, 8, 2, 4-Aminonaphtolsulfonsäure 41.
1, 8, 3, 6-Aminonaphtolsulfonsäure H 41, 86, 94, 99, 102, 103, 126, 129, 147.
1, 8, 4, 6-Aminonaphtolsulfonsäure K 41, 126.
2, 8, 3, 6-Aminonaphtolsulfonsäure 41.
Aminonaphtophenazine 243.
2, 1-Aminooxyanthrachinon 300.
Aminooxyanthrachinonfarbstoffe 214, 224—229.
Aminooxyanthrahydrochinon 301.
Aminooxyazofarbstoffe 131.
Aminooxydiphenylamine 271, 273.
Aminooxydiphenylmethane 316.
Aminooxyphenazine 272.
Aminooxyverbindungen 88.
Aminophenole 25, 44, 88, 257, 342.
m-Aminophenol 198f., 253, 320.
o-Aminophenol 315.
p-Aminophenol 44ff., 67, 236ff., 270f., 273.
Aminophenyltoluoluthiazol 267.
Amino-R-Salz 34.
p-Amino-Salicylsäure 165, 166.
Amino-Seite 150.
Amino-Sulfonsäuren 28.
Aminothiophenol 261.
Aminotoluole 20.
Aminotriphenylmethanfarbstoffe 175.
Aminoxanthoniumchloride 194.
Ammoniak 12, 104, 363, 371.
Ammoniakwasser 12.
Ammoniumazofarbstoffe 328.
Ammoniumbase 182.
Ammoniumchromat 343.
Ammoniumsulfit 56, 63f.
Amylalkohol 362.
Anhydro-Aminoxanthonium 195.
Anhydroformaldehydanilin 60, 184, 288.
Anhydrooxyxanthonium 195.
Anhydrooxyverbindungen 289.
Anilidochinon 255.
Anilin 19, 22f., 28f., 56, 60f., 66f., 72. 86, 100f., 114, 120, 123, 183f., 186f., 244ff., 320, 356ff.
Anilin für Blau 186.
— für Rot 57.
Anilinacetat 23.
Anilinbisulfat 30.
Anilinblau 186, 190f., 328.
Anilindisulfid 272.
Anilinsalz 57.
Anilinschwarz 319, 320, 350, 356ff.
Anilinschwarzbase (nach Green) 355.
Anisol 18.
Anisoline 200.
Anthra-Akridone 306.
Anthracen 7f., 10f., 15, 79.
Anthracenblau 222, 229.
Anthracenbraun 217f.
Anthracenfarbstoffe 213ff.
Anthracenöl 8, 10f.
Anthracenpapier 16.
Anthrachinon 15f., 28, 42, 77, 79f., 212, 304.
Anthrachinonazine 301.
Anthrachinonchinoline 304.
Anthrachinonderivate 342.
Anthrachinondisulfonsäuren 42.
1, 5-Anthrachinondisulfonsäure 42.
1, 6-Anthrachinondisulfonsäure 42.
2, 6-Anthrachinondisulfonsäure 42, 219.
2, 7-Anthrachinondisulfonsäure 42, 219.
Anthradichinone 223.
α-Anthrachinonmonosulfonsäure 42.

β-Anthrachinonmonosulfonsäure 28, 42, 81, 215f.
Anthrachinonpyridone 214, 305.
Anthrachinonpyridonfarbstoffe 214, 305.
Anthraflavinsäure 42, 215, 219.
Anthragallol 218f.
Anthraimidazole 306.
Anthranilidodiessigsäure 287, 297.
Anthranilsäure 82, 285ff., 291, 296f., 298f.
Anthraoxazine 306.
Anthrapurpurin 220.
Anthrapyrazole 306.
Anthrapyridinfarbstoffe 305.
Anthrapyridonfarbstoffe 305.
Anthrapyrimidine 306.
Anthrapyrimidone 306.
Anthrarufin 42, 214, 230.
Anthrarufindisulfonsäure 230.
Anthra-ψ-Thiazole 306.
Anthra-Thioxanthone 306.
Anthra-Xanthone 306.
Anthrazimide 306.
Antidiazobenzolkalium 73.
Antimondoppellaktate 313.
Antimonverbindungen 321, 329, 340f.
Aposafranin 243.
Arsensäure 221.
Arylaminoanthrachinonfarbstoffe 214, 231.
ms-Aryl-Aminonaphtophenazoniumverbindungen 243.
Arylaminophenole 239.
ms-Aryl-Azoniumfarbstoffe 357f.
Arylchinondiimine 239ff.
ms-Aryl-Diaminodiphenazoniumverbindungen 243.
Aryldiimine 239ff.
ms-Aryl-Dioxydiphenazoniumverbindungen 243.
ms-Aryl-Diphenazoniumchloride 243.
Arylido-Indamine 245, 260.
Arylido-Leukindamine 245.
Arylierte Azoniumbasen 248.
Arylleukauramine 173.
ms-Arylmonoaminodiphenazoniumverbindungen 243.
ms-Arylmonooxydiphenazoniumverbindungen 243.
ms-Aryl-Naphto-Aminophenazoniumverbindungen 243.
ms-Aryltriaminodiphenazoniumverbindungen 243.
ms-Aryltetraaminodiphenazoniumverbindungen 243.
Äthylbenzylanilinsulfonsäure 180.
Äthylengruppe 232.
Aufgehen (der Farbstoffe) 312.
Aufziehen (der Farbstoffe) 311, 326f.
Auraminbase 174.
Auramine 171ff.
Aurantia 113f.
Aurin 175, 191ff.
Aurincarbonsäure 193.
Aurintricarbonsäure 193.
Ausfärben 322.
Auskochen (der Spinnfasern) 341.
Auslauf 135f., 274.
Auspressen (der Farbstoffe) 5.
Aussalzen 5, 95f., 313.
Aussalzende Hilfsstoffe 370.
Ausziehen (der Bäder) 370.
Auxochrome 112f., 126, 130f., 160f., 174.
Avivieren 337.
Azine 106, 236, 242, 251.
Azinfarbstoffe 243, 318, 323, 357, 364.
Azinstickstoff 243.
Azinsynthese 244ff.
Azobenzol 19.
Azodiazoverbindungen 155f.
Azofarbstoffe 120ff., 325, 363.
o-Azofarbstoffe 123.
p-Azofarbstoffe 123f., 127.
Azofarbstoffkomponenten 92, 94.
Azoformel 168.
Azogenrot 92f.
Azogruppe 120, 168.
Azokomponenten 91, 121ff., 134f., 153f., 155f., 158f., 163f., 316f., 350.
Azomethinfarbstoffe 172.
Azoniumazofarbstoffe 318.
Azoniumbasen 243, 249f., 250.
Azoniumchlorid 250.
Azoniumverbindungen 258.
Azophorrot 92f.
Azoponceaux 58.
Azoniumstickstoff 251f.
Azoxoniumverbindungen 251.
Azoxybenzol 8.
Azthioniumverbindungen 258.

Backprozeß 28, 33.
Basische Alaune 335.
Basische Azofarbstoffe 364.
Basische Farbstoffe 175, 310, 318ff.
Basisch-schwefelsaure Tonerde 335, 337.
Bastseife 312.
Bastseifenbad 312.
Baumwollbeizen 329, 334ff.
Baumwollblau 186.
Baumwolle 121, 312, 320.
Baumwollechtfärberei 130, 132, 270, 327, 344.
Baumwollfärberei 130, 325ff., 334, 338ff., 344, 348, 369.
Baumwollfarbstoffe 130.
Baumwollfärbungen 325ff.
Baumwollfaser 326.

Bayersche Säure 35.
Beizen 130, 144, 313, 321, 329, 333ff., 338f., 370.
Beizenfärben 130f., 235, 313, 320f., 329, 370.
Beizenfarbstoffe 165f., 212ff., 233, 311, 313f., 319, 338f., 341ff.
Beizenfärbungen 312, 320ff., 321, 341ff.
Beizengelb 309, 332.
Beizflüssigkeit 352.
Beizsäure 339.
Belichtung 367.
Belichtungsproben 368.
Benzalchlorid 13f., 17, 82.
Benzaldehyd 17, 77, 82, 177ff., 181, 278, 280, 282f.
Benzanthron 214, 304.
Benzanthronchinolin 304.
Benzanthronfarbstoffe 304.
Benzhydrol 174.
Benzidin 56, 60, 72, 86, 88, 125ff., 154f., 161f.
Benzidindichlorhydrat 158f.
Benzochinon 110, 232.
Benzochinonoxim 110.
Benzoechtscharlach 318.
Benzoësäure 77, 82, 186, 217.
Benzoflavin 276f., 280f., 282f.
Benzograu 128, 133f.
Benzoide Formeln 134f.
Benzol 7f., 12, 18, 30.
Benzoldiazoniumchlorid 124, 135f.
Benzoldisulfonsäure 13, 29f., 43, 46.
Benzolsulfonsäure 13, 29, 44.
Benzonitril 8, 81.
Benzonitrol 92f.
Benzophenonderivate 77.
Benzothiazol 267.
Benzotrichlorid 13f., 17, 82, 177, 198.
Benzylalkohol 16.
Benzylbasen 179.
Benzylchlorid 13f., 16, 82.
Benzylierung 17.
Bernsteinsäureanhydrid 197.
Beständigkeit (der Farbstoffe) 241.
Bicarbonat 122, 142f.
Bichromatschwarz 357.
Biebricher Scharlach 164f.
Bindschedlers Grün 237.
Bismarckbraun 88.
Bisulfat 312, 324.
Bisulfit 49ff., 105, 108f., 287, 291, 348.
Blaustich 352.
Bleiacetat 337.
Bleijodid 107.
Bleisuperoxyd 76, 105, 107f., 178.
Bleizucker 337.
Bluten (der Färbungen) 369f.
Borax 312.
Bordeaux 131.
Borsäure 220, 223, 230.
Borsäureester 221.
Borsäuresalze 346.
Braunkohle 10.
Braunstein 105, 107.
Brechweinstein 313, 340f., 364.
Brenzcatechin 203.
Brikettpech 10, 11.
Brillantalizarinblau 318.
Brillantcroceïn 124, 163f.
Brillantgelb 44.
Bromanthrachinone 305.
Bromierung 205, 210.
Brom-N-Methyl-Anthrachinonpyridon 305.
Bromphenol 15.
Brönner-Säure 34.
Bügelechtheit 367.

Cachou de Laval 270.
Calcium-Aluminiumalizarinlack 216.
Capillaranalyse 362.
Carbazol 8.
Carbazolfarbstoffe 317f.
Carbinolbasen 176, 182ff., 188.
Carbinolverbindungen 174, 176.
Carbonisierechtheit 366.
Carbonsäuren 81, 165f., 186.
N-Carbonsäuren 286.
Carbonylgruppe 213, 232.
Carboxy-Anthranilsäure 286.
Carboxylgruppe (in o-Stellung) 165f.
o-Carboxyphenylthioglycolsäure 296f., 298, 299.
Chemische Analyse 363.
Chemisch-physikalische Prüfung 361.
Chinaldin 8, 70f., 276f., 280f.
Chinalizarin 220.
Chinesisches Tannin 339.
Chinizarin 214f., 219, 230.
Chinoide 112, 132f., 175f., 187, 195, 204, 207f., 237f., 253, 261, 276f., 350.
Chinolin 8.
Chinolinbasen 10f.
Chinolinbildung 227.
Chinolinfarbstoffe 276f.
Chinolingelb 276f., 280f.
— S 280f., 363.
Chinolinrot 17.
Chinolylindandion 267f.
Chinonchlorimin 46.
Chinondiimine 236, 239ff., 262, 356.
Chinondiiminderivate 244 ff.
Chinone 110f.
Chinongruppen 233.
Chinonimine 223, 254, 259, 263, 356.
Chinoniminfarbstoffe 236.
Chinonmonoimine 236, 239f., 252f., 260.
Chinonoxime 110.

Chinonoximfarbstoffe 110f.
Chinophtalon 287f.
Chinoxaline 241.
Chlorammonium 220, 362.
Chlorate 359.
Chloratschwarz 357.
Chlorbenzol 17.
Chlordinitrobenzol 25, 114.
Chlorechtheit 367.
Chloren 353, 366.
Chloressigsäure 285, 287, 298, 299, 397f.
Chlorfluoresceïne 208.
Chlorierung 16.
Chlorkalk 105, 107f., 315, 353.
Chlorkohlenoxyd 78f.
Chlornaphtalinsulfonsäuren 33.
Chlornitrobenzol 25.
Chlorphtalsäuren 208.
Chlorsulfonsäure 27, 34.
Chlorzink 238, 248.
Chlorzinkdoppelsalze 178, 266.
Chromacetat 314.
Chrombeizen 144f., 217f., 218, 221f., 230, 313f., 324f., 333, 364.
Chromhydroxyd 111. 234.
Chromierfarbstoffe 144.
Chromisalze 314.
Chromlacke 165f., 193, 214, 217, 225, 219ff., 314, 344.
Chromogen I 315.
Chromogene 213, 232.
Chromophore 112, 120, 176, 212f., 232, 242, 276f., 311.
Chromotrop 2R 147f.
Chromotrop 6B 319.
Chromotropsäure 86, 100f., 126, 147ff., 315, 342.
Chromsäure 79, 363.
Chromviolett G 193, 318.
Chrysazin 42, 214, 229.
Chrysen 8.
Chrysoïdin 1, 87, 132f., 134ff.
Chrysophenin 44.
Cibanonblau 3G 308.
Cibanonorange R 308.
Cibanonschwarz B 308.
Colloide 326, 329.
Colorimeter 362.
Colorimetrie 362.
Coloristische Untersuchung 361, 364.
Cops 311.
Corallin 192.
Cöruleïn 211.
Cöruleïn S 212.
Croceïnsäure 35, 38.
Croceïnscharlach 3B 124.
Crotonaldehyd 70.
ψo-tonylenanilin 70.
CCurmidin 66.
Cuprosalze 71.
Cyananthren 214, 305.
ω-Cyanmethylanthranilsäure 287ff.
Cyanosin spritlöslich 209.

Dachlack 10, 11.
Dämpfen 334, 336.
Dahlsche Disulfonsäuren 100f.
Dahlsche Monosulfonsäure 34.
Dauer des Färbens 324, 332, 347, 349.
Dehydrothiotoluidin 267f., 273, 363.
Dekaturechtheit 367.
Destillationskokerei 7.
Dextrin 310.
Diacyldiaminoanthrachinon 308.
Dialkyl-m-Aminophenole 44, 197f.
Diäthylamin 201.
Diäthyl-m-Aminophenol 47, 200f.
Diäthylanilin 181.
Diäthylanilin-m-Sulfonsäure 47.
Diäthylrhodamin, symm. 200.
Diamantschwarz 165f.
Diamine 56, 126, 356.
m-Diamine 88, 134, 153, 273, 278.
o-Diamine 88, 244, 247.
p-Diamine 88, 125ff., 131, 236ff., 239, 246, 260, 262, 270, 320f.
Diamingrün G 129f.
Diamino-Anthrachinone 302, 303.
1,5-Diamino-Anthrachinone 42.
1,8-Diamino-Anthrachinone 42.
Diamino-Anthrachrysondisulfonsäure 223.
Diamino-Anthrarufin 223.
Diaminoanthrarufindisulfonsäure 230.
Diaminoazoxytoluol 154f.
Diaminobenzhydrole 186.
Diaminobenzophenone 185.
Diaminocarbazol 154f.
Diaminochinonimine 117.
Diaminodiarylmethane 184.
Diaminodihydrodimethylacridin 279, 282.
Diaminodioxy-Anthrachinone 222.
Diaminodioxy-Anthrachinondisulfonsäure 230.
Diaminodioxynaphtalin 234.
Diaminodiphenazine 243.
Diaminodiphenyl 60.
Diaminodiphenylmethane 60f., 184, 186.
Diaminofuchsonimin 175.
Diaminofuchsonimoniumchlorid 176.
Diaminophtalophenon 205.
Diaminostilbendisulfonsäure 154.
p-Diaminothiosulfonsäuren 258f., 264.
Diaminotrimethylfuchsonimoniumchlorid 184.
Diaminotriphenylmethan 181f.
Diaminotriphenylmethanfarbstoffe 176ff.

Diaminotriphenylmethansulfonsäuren 179.
Diaminschwarz RO 130, 161ff., 316, 319, 326, 344.
Diaminviolett N 1, 4, 162f., 318.
Dianilido-Benzochinon 284.
Dianisidin 56, 127, 154f.
Dianthrachinonylamine 307.
Dianthrachinonyl-Diaminoanthrachinon 307.
Diazoaminobenzol 122f.
Diazoaminotoluol 123.
Diazoaminoverbindungen 72, 122f., 133f., 138f., 157f., 244.
Diazoanthranilsäure 296f.
Diazoazosulfonsäuren 165f.
Diazoazoverbindungen 163f.
Diazobad 351ff.
Diazobenzolsulfonsäure 75, 114, 116.
Diazodisulfid 296f.
Diazokomponenten 121, 153f., 163f., 298, 299.
Diazonaphthionsäure 122.
Diazonaphtolsulfonsäure (1,2,4) 131f.
Diazoniumsalze 43, 71f.
Diazoniumverbindungen 49, 71, 74, 87ff., 92f., 114, 120, 133f., 296f., 315ff., 319, 344, 350, 354.
Diazooxyverbindungen 123.
Diazosulfanilsäure 136f., 145f., 170.
Diazosulfonsäure 74.
Diazotierbarkeit 129f., 316.
Diazotierung 120, 163f., 314, 316, 350, 352.
Diazotierung auf der Faser 319f., 344, 364.
Diazotierungsprobe 288.
Dibrom-Anthrachinon 215.
Dibromdioxybenzoylbenzoësäure 206.
Dibromdioxypurpuroxanthin 206.
Dibromfluoresceïn 211.
Dibromresorcin 205.
Dichinondiimin 234.
Dichinondioxim 233f.
Dichinone 230.
Dichinoyldioxim 111.
Dichlorphtalsäure 209.
Diglyceride 335.
Dihydroanthrachinonazin 301.
N-Dihydroanthrahydrochinonazin 301.
Dihydroxylaminoanthrachinon 222.
Diimine 356.
p-Diimine 239ff., 246ff., 259, 262f., 356.
Dijodphenoljodid 45.
α, β-Diketocarbonsäure 169.
Dimethylaminobenzoylchlorid 78.
Dimethylamino-Phenonaphtazoxoniumchlorid 251.
Dimethyl-m-Aminophenol 31, 45f., 196.
Dimethylanilin 68.
Dimethylanilin-m-sulfonsäure 31.
as. Dimethyl-p-Phenylendiamin 238.
Dinaphtazine 242.
Di-Naphtochinonimin 234.
Di-Naphtoxazine 251.
β, β-Dinaphtylamin 64.
Di-Natrium-Alizarin 215.
Dinitro-Aminophenol 116.
Dinitro-Anthrachinone 80, 222.
1, 5-Dinitro-Anthrachinon 80, 222.
Dinitroanthrarufindisulfonsäure 230.
Dinitrobenzol 19.
Dinitrochlorbenzol 67.
Dinitrodiphenylamin 114.
Dinitronaphtalin 26.
Dinitronaphtalinsulfonsäure 41f.
Dinitronaphtol 117.
Dinitronaphtolsulfonsäure 118.
Dinitro-p-oxydiphenylamin 46, 67, 271.
Dinitrophenol 25, 274.
Dinitrophtalophenon 205.
Dinitrosoresorcin 112.
p-Dinitrosostilbendisulfonsäure 113.
Dinitrotoluol 20.
Dioxin 111.
Dioxy-Anthrachinone 214.
m-Dioxy-Anthrachinon 214.
Dioxyanthrachinonchinolin 226.
Dioxyanthrachinonfarbstoffe 214.
m-Dioxybenzole 270.
Dioxybenzophenon 182.
Dioxybenzophenonchlorid 191.
Dioxydinitrosonaphtalin 233.
Dioxydiphenazine 243.
Dioxydiphenylketon 171.
Dioxydiphenylmethan 193.
Dioxydiphenylpolysulfid 272.
Dioxyfluoran 206.
Dioxyfuchson 175, 191.
Dioxy-Indamine 253.
Dioxy-Indophenole 253.
Dioxymethylfuchson 191.
Dioxynaphtaline 199, 202.
peri-Dioxynaphtalinazofarbstoffe 147.
peri-Dioxynaphtaline 199, 202.
Dioxynaphtalinsulfonsäuren 40.
1, 8, 4-Dioxynaphtalinsulfonsäure S 40, 126, 165.
1, 8, 3, 6-Dioxynaphtalinsulfonsäure 40, 126, 315.
1, 8, 4, 6-Dioxynaphtalinsulfonsäure 126.
Dioxynaphtochinon 233.
Dioxyphenyltolylketon 191.
o-Dioxyphtalophenon 205.
p-Dioxyphtalophenon 205.
Dioxystearinsäure 336.
Dioxytriphenylmethan 182.
Dioxytriphenylmethancarbonsäure 204.
Dioxyweinsäure 84. 169.
Dioxyxanthen 202.

Diphenazine 242.
Diphenazthioniumverbindungen 258.
Diphenoxazine 251.
Diphenyl 154f.
Diphenylamin 66, 113, 186.
Diphenylaminderivate 237, 271.
Diphenylaminorange 140.
Diphenylketon 171.
Diphenylmethan 171.
Diphenylmethanderivate 171.
Diphenylmethanfarbstoffe 171.
Diphenylnaphtylmethanderivate 174.
Diphenylnaphtylmethanfarbstoffe 174.
Diphenyl-m-Phenylendiamin 165.
Diphenylrosanilin 186.
Diphenyltolylcarbinol 192.
Diphenyltolylmethanderivate 174.
Direkte Belichtungen 368.
— Färbungen 312, 318, 321.
Disazofarbstoffe 124ff., 149ff., 154ff., 344.
Dissoziation (hydrolyt.) 330, 338, 342, 356.
Dithiosalicylsäure 295, 296, 298.
Ditolazthioniumverbindungen 258.
Di-Toluido-Anthrachinondisulfonsäure 300.
Döbners Violett 175.
Doppellacke 313.
Durchfärben 367.

Echtgelb 133.
Echtheit 121, 199, 313, 320, 322, 325, 330, 340, 344, 356, 365.
Echtheitseigenschaften 315, 325, 366.
Echtheitsproben 366.
Echtrot A 132, 145.
Echtrot-C-Säure 43.
Echtsäureviolett A 2R 200.
Echtschwarz 270.
Egalisierungsvermögen 367.
Eigenschaften (der Farbstoffe) 361ff.
Einbadverfahren 314.
Einheitlichkeit (der Farbstoffe) 151, 160, 361.
Eintauchen 347.
Eintrocknen (der Farbstoffe) 6.
Eisen 54f.
Eisenalizarinlack 336.
Eisenbeize 313, 329, 331ff.
Eisenchlorid 187, 289, 363.
Eisenchlorür 54f.
Eisenfeilspäne 55.
Eisengehalt (des Wassers) 336.
Eisenhydroxyd 54, 111.
Eisenlacke 10, 216, 219.
Eisenoxydoxydul 55.
Eisenvitriol 331.
Eisenvitriol-Kalk-Küpe 345.

Eisfarben 92.
Eiweißstoffe 347.
Eklipsbraun 272.
Eklipsgelb 272.
Eklipsorange 272.
Elementaranalyse 363.
Emeraldin 354ff.
Entwickler 130.
Entwicklung 130, 312ff., 319, 332, 348, 352f., 359.
Entwicklung auf der Faser 314, 352f.
Entwicklungsflüssigkeit 352.
Eosin 205, 208ff.
Eosin BN 208.
Eosinester 207, 208.
Eosin spritlöslich 208.
Eriochromcyanin 319.
Erioglaucin 180.
Erschöpfen (der Bäder) 311, 324.
Erythrosin 209.
Erzeugung der Farbstoffe auf der Faser 319, 349.
Essigsäure 105, 312, 323, 371.
Essigsaure Tonerde 359.
Essigsaurer Kalk 336.
Essigsaures Ammon 324.
Essigsaures Natron 122, 352, 364.
Essigschwefelsaure Tonerde 337.
Esterifizierung 200, 206.
Eurhodine 243.
Eurhodole 243.

Farbbad 309, 322, 324.
Farbbasen 183, 322, 338ff.
Färbeeigenschaften 361ff., 364.
Färben 309ff., 322ff.
Färbeküpe 347, 349.
Färbemethoden 311ff., 318ff., 361, 364.
Farbenton 121, 154, 311, 315, 342, 367.
Färberei 309ff.
Färbetheorien 326.
Färbevermögen 310, 362.
Farblacke 144, 147, 232, 313ff., 329, 332f., 338ff.
Farbstärke 154, 311, 362, 367.
Farbstoffe in Teig 309, 332.
Farbstofflösungen 322.
Farbstoffmischungen 4, 362.
Farbstoffsäuren 323f.,
Fasermaterial 311, 320.
Feine Verteilung (der Farbstoffe) 332.
Ferricyankalium 238, 298f., 308f.
Ferroacetat 55.
Ferrocyankalium 358.
Filtration 5.
Filtrationsprobe 98.
Flavanthren 303.
Flavanthrenfarbstoffe 303.
Flavindulin 244, 249.

Flavone 342.
Flavopurpurin 220.
Fleckenbildung 328f., 343.
Flotte 323.
Fluoran 205.
Fluorchrom 314f., 319, 343, 364.
Fluoren 8.
Fluoresceïn 46, 204ff.
Fluorescenz 195, 199, 201ff., 205ff., 250, 256, 268.
Fluorime 195.
Fluorimfarbstoffe 195ff.
Fluorone 195, 201.
Fluoronfarbstoffe 201ff.
Formaldehyd 70, 105, 184, 193, 278ff.
Formaldehydbisulfit 287.
Formofluoresceïn 202.
Formofluorime 195.
Formofluorone 195, 202.
FREUNDsche Säure 100.
Fuchsin 181, 187, 318, 323.
Fuchsin S 318.
Fuchson 175f.
Fuchsondimethylimoniumchlorid 176.
Fuchsonfarbstoffe 191.
Fuchsonimine 175.
Fuchsoniminfarbstoffe 175.
Fuchsonimonium 176.
Fuchsonimoniumchlorid 176.
Fuscamin 318.

Gambin R 111.
Gambin Y 111.
Gärungsküpe 345.
Galleïn 211.
Gallocyanin 309, 318.
Gallussäure 84, 202, 211, 217, 222.
Gemischte Disazofarbstoffe 127, 156.
Gemischte Lacke 313.
Gerbsäure 339.
Gerbsaures Antimon 339.
Gewebe 310.
Glaubersalz 310, 313, 324, 326, 343.
Gleichgewicht (beim Färben) 326.
Gleichheit (d. Färb.) 372.
Gleichmäßigkeit (d. Aufzieh.) 333, 347.
Glycosid 285.
Glycerinester 335.
GREENsches Anilinschwarz 355, 360.
G-Salz 102, 144.
G-Säure (Amino) 34, 166.
G-Säure (Aminooxy) 86, 102, 130, 160.
G-Säure (Oxy) 35, 38, 86.

Halbseide 312.
Halbwolle 325.
Halbwollfärberei 312, 325f., 372.
Halbwollschwarz 318.
Halogenfluoresceïne 208.
Halogen-Nitrofluoresceïne 208.
Halogenverbindungen 16ff.
Hantieren (des Färbegutes) 323.
Harn-Indikan 284.
Härtegrade 336.
Hartpech 10.
Helianthin 137, 141.
Hexaalkylpararosanilin 185.
Hexakisazofarbstoffe 316.
Hexamethyldiaminofuchsonimoniumchlorid 186.
Hexamethylparaleukanilin 186.
Hexamethylpararosanilin 185.
Hexanitrodiphenylamin 114.
Hexanitrodiphenylaminammonium 115.
Hexaoxyanthrachinone 221ff.
Hexaoxyanthrachinondisulfonsäure 223.
Hilfsstoffe 104ff.
Hirschhornsalz 291.
Holz 121.
H-Säure (Aminooxy) 41, 95, 99f., 102, 150ff.
Hydrazindisulfonsäure 74.
Hydrazine 74.
Hydrazinsulfonsäure 74.
Hydrazobenzol 19, 56.
Hydrazonbildung 169.
Hydrazone 74.
Hydrazonformel 133f., 168.
Hydrazongruppe 168.
Hydrazotoluol 20.
Hydrazoverbindungen 139, 141.
Hydroazine 248, 356.
Hydrochinon 205, 258.
Hydrochinonphtaleïn 207.
Hydrolacetat 173.
Hydrole 70, 173.
Hydronblau 318.
Hydronblaufarbstoffe 318f.
Hydrosulfit 105, 109, 272, 317, 356, 363.
Hydrosulfitküpe 345f.
Hydroxylamin 110.
Hydroxylgruppe 43, 112, 114, 126, 165f., 252.
Hydroxylverbindungen 48, 54f., 63, 87, 157f.
Hystazarin 215.

Immedialblau 271.
Immedialbraun 275.
Immedialfarben 271.
Immedialgelb 271.
Immedialindon 275.
Immedialorange 271.
Immedialreinblau 275.
Immedialschwarz 271, 274, 318, 32
Indaminbildung 236ff.
Indamine 236ff., 244ff., 262f.
Indaminthiosulfonsäuren 259, 263, 265.

Indandion 277.
Indanthren 214, 300, 301.
Indanthrenblau CE 303.
Indanthrenblau R 300, 301, 303.
Indanthrenbordeaux B 307.
Indanthrendunkelblau BT, BO 305.
Indanthrengelb G 303.
Indanthrengoldorange G 304.
Indanthrengrau B 303.
Indanthrenmarron R 303.
Indanthrenolive G 308.
Indanthrenrot BN 307.
Indanthrenviolett BN 307.
Indigo 284ff., 293, 317, 345.
Indigofarbstoffe 284ff.
Indigo- bzw. Thioindigoschmelze 289, 293, 297.
Indigorot 291.
Indigorubin 291.
Indigosynthese 284ff.
Indigweiß 294, 317, 345f.
Indikan 284.
Indikatoren 104.
Indoanilinbildung 239.
Indoaniline 236ff.
Indophenolbildung 239.
Indophenolblau 241, 317, 319.
Indophenole 236ff.
Indophenolthiosulfonsäuren 260.
Indoxyl 284f., 290, 294.
Indoxylcarbonsäure 285, 289.
Indoxyl-Natron 289, 294.
Indoxylsäure 289.
Induline 243, 358.
Induline (spritlösliche) 358.
Ingrainfarben 268.
Innere Salzbildung 260.
Isatin 13, 290, 295.
I-Säure 41, 86, 150, 160.
Isoanthraflavinsäure 42, 215, 219.
Isochinolin 8.
Isochinophtalon 277.
Isodiazosalze 72.
Isodiazotate 72, 92f., 96.
Isomerisierung 98.
Isopurpurin 42, 219, 220.
Isopurpursäure 116.
Isorosinduline 242.

Janusfarben 318.
Jod 105, 108.
Jodfluoresceïne 209.
Jodgrün 185.
Jodkalium 106.
Jodkaliumstärkepapier 87.
Jodstärke 87f.
Jute 121.

Kalilauge 104.
Kaliumantimonyltartarat 340.
Kaliumbichromat 105f., 238, 258, 264, 314f., 319, 330, 333, 342f., 357f., 364.
Kaliumchlorat 105f.
Kaliumpermanganat 105.
Kaliumphenolat 82.
Kalk 338.
Kalkgehalt (d. Wassers) 323, 336, 338.
Kammzug 311.
Karbolineum 10.
Karbolöl 9.
Karbolsäure 9.
Katalysator 235.
Katigenfarben 271.
Katigengrün 272.
Kern-Kondensationen 299.
β-Ketocarbonsäuren 168.
Ketone 77f.
Ketonimine 172.
Ketopyrazolone 169.
Knochenleim 347, 352.
Kochsalz 310, 313, 326f.
Kohlenwasserstoffe 7f., 13.
Kokereigase 7.
Koloristische Analyse 364.
Kombination 120.
Kombinationsfähigkeit 91, 120.
Kombinationsunfähigkeit 94, 122.
o-Kondensationen 205.
Kondensationen auf d. Faser 319f., 344.
Kondensationsprodukte 314.
Kongoechtblau 128.
Kongokorinth 127.
Kongorot 158f., 318.
Kontrollösungen 157f.
Konzentration (d. Bäder) 346.
Kreide 336.
Kreiden (s. Abkreiden) 336.
Kreosotöl 9ff.
m-Kresol 8, 123.
o-Kresol 8, 123.
p-Kresol 8, 123, 203.
Kresole 9, 192, 203.
Kresorcin 203.
Kristallponceau 143, 147, 318, 325.
Kristallviolett 176, 186, 318.
Kryogenfarben 271.
K-Säure 41, 100.
Künstliche Beleuchtung 367.
Küpen 345ff.
Küpenbildung 345.
Küpenfärbende Schwefelfarbstoffe der Anthrachinonreihe 308.
Küpenfärberei 317, 319, 321, 345ff., 348.
Küpenfarbstoffe 284ff.
Küpenfarbstoffe der Anthrachinonreihe 300ff.
Kupferacetat 314.
Kupferchlorür 360.
Kupferkessel 367.
Kupfersalze 272, 314, 358ff.

Kupfersulfat 314f., 359, 364.
Kuppeln (sauer, alkalisch, neutral) 120, 314, 364.
Kupplung (2. K.) 149, 150, 155, 167.
Kupplung auf d. Faser 319f., 344.
Kupplungsbad 352.
Kupplungsbedingungen 36f.
Kupplungsenergie 137, 143, 160.
Kupplungsfähigkeit 36, 94.

Lackbildung 147, 338, 343.
Lacke 131.
Lackmus 2.
Lactoide 204, 207.
Lactonform 207.
LAURENTS Säure 34.
Leder 121.
Leichtöl 8, 12.
Leuchtkraft (d. Färbungen) 230.
Leukanilin 189f.
Leukauramine 172f.
Leukemeraldin 355.
Leukoazine 261.
Leukobasen 176f., 186f., 198.
Leukochinizarin 231.
Leukofarbstoffe 235.
Leukoform 174, 327.
Leukoindamine 239, 245.
Leukoindoaniline 239.
Leukoindophenole 239, 271.
Leukomethylenblau 264.
Leukooxazine 252ff., 261.
Leukosafranin 248.
Leukothiazine 261ff., 273.
Leukoverbindungen 177, 230, 241, 252ff., 261, 279, 327, 345.
Lichtechtheit 367.
Lichtgrün SF 179.
Lösliche Farbstoffe 332.
Löslichkeit d. Farbstoffe 361, 367.
Lösungsmittel 362.
Lutidin 10.
Lyonerblau 186.

Malachitgrün 177ff., 318.
Mangansuperoxyd 75, 105, 107, 218, 221.
Marseiller Seife 337.
Maßanalyse 104.
Medium 254.
Meldolablau 251, 254, 256, 318.
Mercaptane 273.
Mesitylen 7.
Metallbeizen 313.
Metallacke 318.
Metalloxyde 130, 213, 313, 321, 329ff., 339, 342.
Metallsalze 144, 271, 314, 321, 332, 341.
Methankohlenstoff 174f., 180, 182.
Methingruppe 194.
Methylalkohol 68.
Methylamino-Anthrachinon 305.
N-Methyl-Anthrachinonpyridon 305.
Methylanthranil-ω-Sulfonsäure 287, 291.
α-Methylchinolin 70.
Methyldihydrochinolin 70.
Methylenanilin 184, 187.
Methylenblau 258ff., 264, 265, 318, 341.
Methylendigallussäure 202.
Methylendiresorcin 202.
Methylendisalicylsäure 193.
Methylgrün 176, 185.
Methylorange 104f.
Methyl-o-Xylidin 66.
Methyl-p-Xylidin 66.
MICHLERS Hydrol 75, 171.
MICHLERS Keton 78, 171.
Mikadogoldgelb 113.
Milchsäure 331, 333.
Mischfarben 310.
Mittelöl 8, 12.
Mittelstellung 163f.
Mittlerer Stickstoff (bei Azinen usw.) 243.
Möbelstoffe 366.
Modefarben 310.
Monoaminophenazine 243.
Monoazofarbstoffe 129, 133ff., 317, 318.
Monomethylanilin 185.
Mononitroanthrachinon 80.
Monooxydiphenazine 243.
Monooxystearinsäure 338.
Monooxyverbindungen 94f.
Monophenylrosanilin 186.
Monopolseife 351.
M-Säure 86.

Nachbarstellung 165f., 213, 233.
Nachbehandlung 131, 145, 148, 271, 313, 320, 342, 360, 364.
Nachbeizen 341f.
Nachchromierbare Azofarbstoffe 319.
Nachchromieren 131, 315.
Nachfärben 372.
Nachkupfern 271, 315.
Naphtalin 7ff., 12, 14, 81, 186, 285, 290, 295.
Naphtalindisulfonsäuren 15, 31.
1,5-Naphtalindisulfonsäure 32.
1,6-Naphtalindisulfonsäure 32.
2,6-Naphtalindisulfonsäure 32, 42.
2,7-Naphtalindisulfonsäure 32, 37.
Naphtalinöl 10.
Naphtalinpolysulfonsäuren 15.
Naphtalinsulfonsäuren 14f., 32f., 186.
Naphtalin-α-sulfonsäure 32, 53.

Naphtalin-β-sulfonsäure 32.
1,3,6-Naphtalintrisulfonsäure 37.
Naphtalintrisulfonsäuren 15, 33.
Naphtazarin 233, 318.
Naphthionsäure 33, 49, 101, 125, 156, 159.
Naphtoaminophenazine 243.
α-Naphtochinon 241.
β-Naphtochinon 259.
Naphtochinonoxime (1,2, 2,1 und 1,4) 110.
Naphtochinonoximsulfonsäure 111.
α-Naphtol 53.
β-Naphtol 53, 345, 351.
Naphtol AS 148.
α- u. β-Naphtolazofarbstoffe 143.
α-Naphtolblau 237, 241.
Naphtolblauschwarz 129, 151, 153.
Naphtolcarbonsäuren 144, 148.
Naphtoldisulfonsäuren 37, 118.
N 2,4-Naphtoldisulfonsäure 114.
1,3,6-Naphtoldisulfonsäure 37, 38.
1,3,8-Naphtoldisulfonsäure 37, 128.
1,4,8-Naphtoldisulfonsäure 37, 40.
2,6,8-Naphtoldisulfonsäure 38.
Naphtolgelb S 118, 318.
Naphtolgrün B 111.
Naphtolmonosulfonsäuren 32, 34.
1,3-Naphtolmonosulfonsäure 144.
1,4-Naphtolmonosulfonsäure 37, 43, 49ff., 86, 117, 144, 185.
1,5-Naphtolmonosulfonsäure 37, 144.
1,6-Naphtolmonosulfonsäure 144.
1,7-Naphtolmonosulfonsäure 144.
1,8-Naphtolmonosulfonsäure 144.
2,1-Naphtolmonosulfonsäure 34.
2,6-Naphtolmonosulfonsäure 35, 38.
2,7-Naphtolmonosulfonsäure 37.
2,8-Naphtolmonosulfonsäure 35, 164.
β-Naphtol-Na 317.
β-Naphtolorange 145.
Naphtolschwarz 165, 318.
Naphtolschwefligsäureester 49.
Naphtolseite 161f.
Naphtolsulfonsäuren 37.
α-Naphtolsulfonsäuren 37.
β-Naphtolsulfonsäuren 37.
Naphtoltrisulfonsäuren 38.
1,2,4,7-Naphtoltrisulfonsäure 118.
1,3,6,8-Naphtoltrisulfonsäure 40.
2,3,6,8-Naphtoltrisulfonsäure 38.
Naphtophenazine 242.
Naphtsultam 41.
α-Naphtylamin 26ff., 32ff., 72, 86, 127, 143, 145, 164, 256.
β-Naphtylamin 32, 65, 72, 86, 123.
α-Naphtylaminbisulfat 33.
α-Naphtylaminbordeaux = α-Naphtylamingranat 319, 320.
Naphtylaminderivate 63, 86.
1,2,4-Naphtylamindisulfonsäure 99.
1,3,6-Naphtylamindisulfonsäure 42.
1,3,8-Naphtylamindisulfonsäure 37.
1,4,7-Naphtylamindisulfonsäure 165.
1,4,8-Naphtylamindisulfonsäure 37, 40.
β-Naphtylamindisulfonsäure 34.
2,3,6-Naphtylamindisulfonsäure 34, 41.
2,5,7-Naphtylamindisulfonsäure 34, 41.
2,6,8-Naphtylamindisulfonsäure 34, 41, 99, 165.
Naphtylaminmonosulfonsäuren 33, 98.
1,4-Naphtylaminmonosulfonsäure s. a. Naphthionsäure 33, 49, 100, 125, 156, 159.
Naphtylaminschwarz D 162.
1,5-Naphtylaminsulfonsäure 34, 62ff.
1,6-Naphtylaminsulfonsäure 34.
1,7-Naphtylaminsulfonsäure 34.
1,8-Naphtylaminsulfonsäure 34, 62ff.
2,1-Naphtylaminsulfonsäure 34.
2,5-Naphtylaminsulfonsäure 34.
2,6-Naphtylaminsulfonsäure 34.
2,7-Naphtylaminsulfonsäure 34.
2,8-Naphtylaminsulfonsäure 99, 124.
Naphtylaminsulfonsäuren 32f.
Naphtylamintrisulfonsäuren 41.
1,2,4,7-Naphtylamintrisulfonsäure 98.
1,2,4,8-Naphtylamintrisulfonsäure 41.
1,3,6,8-Naphtylamintrisulfonsäure 41.
1,4,6,8-Naphtylamintrisulfonsäure 41.
2,3,6,8-Naphtylamintrisulfonsäure 41.
Naphtylendiamine 41, 155.
Naphtylendiaminsulfonsäuren 41f.
1,3,6-Naphtylendiaminsulfonsäure 42.
1,4,6-Naphtylendiaminsulfonsäure 42.
1,5,3,7-Naphtylendiaminsulfonsäure 42.
Nascierende Salzsäure 238.
Natriumamalgam 75.
Natriumbisulfit 105, 108.
Natriumchlorat 359.
Natriumdisulfid 296.
Natriumhydrosulfit 105, 109.
Natriumhypochlorit 238, 241, 285, 291.
Natriumphenolat 12.
Natriumphosphat 312, 326.
Natriumsulfit 108.
Natriumthiosulfat (s. Thiosulfat) 105f.
Neublau R 256.
Neufuchsin 184.
Neurotverfahren 334ff.
Neutrale Bäder 312.
Neutralisationsmittel 330.
Neutralkörper 7.
NEVILE-WINTHERsche Säure 37.
Nigranilin 355ff.
Nigrosine 358.
Nilblau 256.
Ni-Mg-Lack 313.
m-Nitranilin 21, 149.
p-Nitranilin 22, 73, 92f., 352.

Nitrazol 92.
Nitriersäure 18ff., 24, 80.
Nitrierung 17, 80, 114, 224.
Nitrierungsmittel 17.
Nitrile 8,29.
Nitrit 87f.
Nitroacetanilid 24f.
Nitroalizarin 224.
Nitroamine 112.
Nitroaminooxydiphenylamin 275.
Nitroaminophenol 274.
Nitroanisol 25.
Nitroanthrachinone 222f.
o-Nitrobenzaldehyd 20, 77.
p-Nitrobenzaldehyd 77, 179.
Nitrobenzol 13, 18, 56, 181, 227.
Nitrobenzoldiazoniumchlorid 92, 129, 316, 351f.
m-Nitrobenzolsulfonsäure 19, 227.
Nitrobenzylalkohol 75.
o-Nitrobenzylchlorid 20.
p-Nitrodiazobenzol-Na 73.
m-Nitrodimethylanilin 69.
Nitrofarbstoffe 112ff., 318, 363.
Nitrogruppe 112ff., 118, 129f.
Nitrohydroxylaminoanthrachinon 222.
Nitronaphtalin 15, 26, 62.
Nitronaphtol 118.
Nitronaphtylaminsulfonsäuren 41.
1, 5-Nitronaphtalinsulfonsäure 34.
1, 6-Nitronaphtalinsulfonsäure 34.
1, 7-Nitronaphtalinsulfonsäure 34.
1, 8-Nitronaphtalinsulfonsäure 34.
Nitronaphtalinsulfonsäuren 26, 34.
Nitrophenole 24.
Nitrosamine 66.
Nitrosaminpaste 93.
Nitrosaminrot 92.
Nitrosierung 238.
Nitrosoamine 65.
Nitrosoblau 319.
Nitrosodimethyl-m-Aminophenol 48, 256.
Nitrosodimethylanilin 69, 237, 240, 253, 265.
Nitrosodioxynaphtalin 111.
Nitrosodiphenylamin 66.
Nitrosofarbstoffe 110ff.
Nitrosogruppe 56.
Nitroso-β-Naphtol 110.
Nitrosonaphtole 110.
2-Nitroso-1, 4-Naphtolsulfonsäure 41.
Nitrosonaphtolsulfonsäuren 40, 111, 117.
Nitrosophenole 110f.
o-Nitrosophenole 111.
p-Nitrosophenole 111.
Nitrosophenolfarbstoffe 110f.
Nitroso-R-Säure 142.
Nitrososulfonsäuren 55.
Nitrosoverbindungen 56. 69, 237, 240, 253.
m-Nitrotoluol 14.
o-Nitrotoluol 14, 19, 57.
p-Nitrotoluol 14, 19, 57.
Nitrotoluolsulfonsäure 57.
Nitroverbindungen 17ff., 53ff., 62f., 237.
Nitroweinsäure 85, 170.
Nitroxylol 14, 58.
Nuanciersalz 241.
Nullerbenzol 12.

Offene Aminogruppen 122.
— Hydroxylgruppen 122.
Ölen 335ff.
Oleum 27, 104.
Olivenöl 335, 338.
Optische Methoden 362.
Orange II 132.
Orcin 202.
Osazone 74.
Oxalsäure 57, 89f., 105, 186, 192, 219, 312, 324, 331.
Oxalsaures Ammon 324.
Oxazine 236, 251, 320.
Oxazinfarbstoffe 251ff.
Oxazinring 251.
Oxazinsynthesen 252.
Oxy-Amide 286.
Oxy-Amino-Azoverbindungen 155f.
α-Oxy-Anthrachinon 42.
β-Oxy-Anthrachinon 42.
1, 2-Oxy-Anthrachinonsulfonsäure 215.
2, 6-Oxy-Anthrachinonsulfonsäure 219.
2, 7-Oxy-Anthrachinonsulfonsäure 219.
Oxy-Anthrarufin 217.
Oxy-Aurine 193.
Oxy-Azofarbstoffe 131.
o-Oxy-Azofarbstoffe 131, 144f., 150, 342.
p-Oxy-Azofarbstoffe 144f.
m-Oxy-Benzaldehyd 181.
Oxy-Benzoësäure 81f.
Oxy-Carbonsäuren 81f., 149, 193.
Oxy-Carbonsäure-Azofarbstoffe 131, 148.
Oxychinone 232f.
Oxychinonfarbstoffe 232.
Oxychrysazin 217.
Oxydation (auf der Faser) 319f., 344.
Oxydationsfähigkeit 240, 258, 278.
Oxydationsfarbstoffe 319.
Oxydationsmittel 314.
Oxydationsschwarz 359.
Oxydative Kondensationen 244, 252, 278.
o-Oxydiazoniumverbindungen 156.
Oxyformofluoron 202.

Oxy-Indamine 152, 260.
Oxy-Indoaniline 252.
Oxy-Indophenole 252.
Oxyketone 232.
Oxyketonfarbstoffe 318, 342, 363.
Oxymethylensulfonsäure 292.
Oxymonoazofarbstoffe 131, 142.
Oxynaphtochinonoxim 111.
Oxynaphtoësäure-Anilid 353.
Oxyphenylmercaptan 272.
Oxystearinsäure 336.
α-Oxy-Thionaphten 295, 297, 299.
Oxy-Thionaphtencarbonsäure 295, 297, 299.
Oxy-Xanthoniumchlorid 194.

Palatinchromschwarz 131.
Päonin 192.
Papier 121.
Parafuchsin 183, 185.
Paraminbraun 317, 319.
Paranitranilinrot 74, 317, 350ff.
Pararosanilin 183.
Pararosanilinbase 182, 183.
Pararosolsäure 191.
Pararot 317, 350ff.
Patentblau 181, 318.
Pech 10f.
Penta-Digalloyl-Glykose 339.
Penta-Galloyl-Glykose 339.
Pentamethylpararosanilin 185.
Pentaoxyanthrachinonchinoline 221.
Pentaoxyanthrachinone 221.
Permanganat 89, 105f., 315.
Pernigranilin 355f.
Pflanzenfaser 312f., 346, 368.
Phenanthren 7f., 15, 79.
Phenanthrenchinon 78f, 249.
Phenanthrophenazine 242.
Phenol 8f., 12, 24, 43f., 83, 86, 95, 114, 126, 149, 192, 203.
Phenoläther 94.
Phenolcarbonsäuren 144.
Phenole 8ff., 43ff.
Phenol-Na 82.
Phenolphtaleïn 104, 203.
Phenolphtalin 204.
Phenolsulfonsäuren 44, 114.
Phenonaphtazine 242.
Phenonaphtazthioniumverbindungen 258.
Phenylbenzoat 94.
Phenylbenzothiazol 269.
Phenylchinondiimin 358.
Phenyldiaminoditolazoniumchlorid 244, 246.
m-Phenylendiamin 19, 56, 58f., 88, 126, 130, 134f., 137, 149, 316.
p-Phenylendiamin 56, 124, 127, 155, 317.
Phenylendiaminsulfonsäure 139.
Phenylglycin-o-carbonsäure 82, 285, 287f., 293.
Phenylhydrazin 13.
Phenylhydrazinsulfonsäure 74, 169.
Phenylhydroxylamin 19.
Phenylkohlensäure 82.
Phenylleukauramin 173.
Phenylleuko-Indamin 356.
Phenylmethylpyrazolon 316.
Phenylnaphtylamin 165.
ms-Phenylphenanthrophenazoniumchlorid 244.
Phenyltetraaminoditolylmethan 283.
Phenylthioglycolsäure 295, 299.
Phloroglucin 203.
Phloxin 209.
Phosphorsäure 57.
Phtalate 201.
Phtaleïne 203ff.
Phtalid 277f.
Phtalimid 285ff., 291.
Phtalone 277f.
Phtalophenon 203.
Phtalsäure 15, 81, 83, 199, 203, 217, 219, 277, 280, 285, 295.
Phtalylchlorid 203.
Picolin 10.
Pikraminsäure 116.
Pikrinsäure 115, 364.
Polyazofarbstoffe 131f., 318.
Polymercaptane 273.
Polyoxyanthrachinone 214, 230.
Polysulfide 270, 273.
Ponceau 121, 132.
Ponceau 2R 146.
Pottasche 146.
Pottingechtheit 367.
Präpariersalz 337.
Primäre Disazofarbstoffe 127, 130, 131, 149, 154.
Primulin 268, 273, 363.
Primulinbase 268f.
Probeentnahme 3.
Proben 2.
Protemeraldin 355.
Prozente (Farbstoff) 321.
Pseudocumol 7.
Purpurin 217, 218.
Purpuroxanthin 214, 219.
Pyranthrenfarbstoffe 304.
Pyrazinring 242, 244, 251, 258.
Pyrazolon 168.
Pyrazolonfarbstoffe 168ff., 318.
Pyren 8.
Pyridin 8, 12.
Pyridinbasen 10ff., 12, 15.
Pyridindarstellung 10.
Pyridinfarbstoffe 276.
Pyridylindandion 277.

Pyrogallol 203, 211.
Pyrogenfarben 271.
Pyrogengrün 272.
Pyrolfarben 271.
Pyronin 196, 318.
Pyronine 196ff.
Pyronring 195.
Pyrophtalon 277f.

Quecksilber 286.
Quecksilbersulfat 28, 81, 290.

Ramie 121.
Reaktionsbedingungen 2f., 160, 357.
Reaktionsfähigkeit 122, 156.
Reaktionsgeschwindigkeit 2, 94.
Reduktionsmittel 363.
Reduktive Spaltung 124.
Reduzierbarkeit (d. Farbstoffe) 363.
Reduzierende Zusätze (b. Beiz.) 331.
Regenechtheit 367, 369f.
Regenwasser 369.
Reibechtheit 370.
Reinbenzol 9.
Reine Kondensation 244, 278.
Reinigung 5, 9, 332.
Reintoluol 9.
Reinxylol 9.
Reoxydation (auf d. Faser) 347.
Resorcin 46, 112, 126, 202ff., 209, 1 .
Resorufin 30.
Retortenpech 10.
Rhodamin 6G 200.
Rhodamin S 197.
Rhodaminbase 201.
Rhodaminchlorhydrat 201.
Rhodamine 199, 318.
Rhodaminester 200.
Ricinolsäure 335.
Ricinusöl 313, 335, 338.
Ricinusölsäure 335.
Ringschluß 246, 253f., 260, 263f., 278, 289.
Rohanthracen 12, 15.
Rohbenzol 9.
Rohcarbolsäure 9.
Rohcumol 10, 11.
Rohnaphtalin 9.
Rohnitroxylol 58.
Rohpyridin 10.
Rohxylol 58.
Rosamine 194, 198.
Rosanilinblau 186.
Rosaniline 183ff.
Rosanilinfarbstoffe 172ff.
Rose bengale 209.
Rosindone 272.
Rosinduline 243.
Rosolsäure 192.
Rosolsäurefarbstoffe 191.
R-Salz 38.
R-Salz-Probe 158f., 163.
R-Säure (Amino) 34.
R-Säure (Aminooxy) 40.
R-Säure (Oxy) 38.
RR-Säure 41.
Rückstände 12.
Rufigallol 222.
Rufikondensation 221.

Safranin T 249, 318.
Safraninazofarbstoffe 318.
Safraninbildung 244.
Safranine 244f.
Safraninone 244.
Safraninsynthesen 244.
Safranole 244.
Salicinschwarz U 131, 319.
Salicylsäure 83, 128, 142, 193.
Salicylsäurefarbstoffe 315, 342.
Salpetersäure 104.
Salpeterschwefelsäure 18f.
Salpetrige Säure 87ff., 133, 142.
Salzbildende Gruppen 113.
Salzbildung (b. Färben) 326, 342.
Salzfarben 132, 318, 370.
Säuern (d. Färbungen) 348.
Sauerstoffüberträger 358.
Säurealizarinblau 229.
Säure-Alizarinschwarz SE 131, 319.
Saure Bäder 312.
Säureechtheit 372.
Säureempfindlichkeit 238.
Säurefarbstoffe 229, 319, 321.
Säuregelb 138.
Säuregrünmarken 179.
Säurekochechtheit 372.
SCHÄFFER-Säure 37, 86, 101.
Scharlachmarken 132f., 164f.
Schlußkomponente 163f.
Schmelze 29.
Schönen 337.
Schönheit (d. Färbungen) 340f.
Schwächung (d. Fasern) 359.
Schwarzmarken 121, 132f., 164f., 166f.
Schwefelalkali 270.
Schwefelammonium 54f.
Schwefelblumen 233.
Schwefelechtheit 367.
Schwefelfarbstoffe 270, 319.
Schwefeln 367.
Schwefelnatrium 105, 108.
Schwefelsäure 104.
Schwefelsäureanhydrid 104.
Schwefelsäureester 219, 230, 335.
Schwefelsaure Tonerde 337.
Schwefelschmelze 271.
Schwefelschwarz T 271, 274, 318.

Schwefelsesquioxyd 223, 234.
Schwefelung 272.
Schwefligsäure 104, 108.
Schwefligsäureester 49ff., 64.
Schweiß 371.
Schweißechtheit 371.
Schweißechtheitsprobe 371.
Schwelerei 10.
Schweröl 8, 10, 12.
Sekundäre Amine 65ff.
Sekundäre Disazofarbstoffe 126, 163.
Seide 312.
Seidenbeize 331.
Seidenfärberei 312.
Seidenfarbstoffe 200.
Seife 337.
Seifensodabad 369.
o-Semidinumlagerung 245, 247, 356.
p-Semidinumlagerung 255.
Silbersalz (β-Anthrachinonsulfonsaures Na) 42.
Solidgrün 111, 112.
Solidogen 316.
Solventnaphta 14.
Sonnenlicht 366ff.
Spaltstücke 124.
Spektroskopie 362, 365.
Spektrum 362.
Spritblau 186.
Spriteosin 208.
Spülen 323.
S-Säure (Aminooxy) 40, 86, 102.
S-Säure (Dioxy) 40.
SS-Säure 42.
Stammküpe 347.
Stehendes Bad 326.
Steinkohle 10.
Steinkohlenteer 7, 12.
Stellen (der Farbstoffe) 310.
Stellung 25.
3-Stellung 123.
6-Stellung 123.
7-Stellung 125.
α-Stellung 32.
β-Stellung 32.
m(eta)-Stellung 123.
o(rtho)-Stellung 111, 113, 123, 126, 142f., 180, 212f., 233, 272, 278.
p(ara)-Stellung 123f., 143f., 182, 258, 278.
peri-Stellung 126.
Stilben 113.
Strangform 311, 323.
Straßenschmutzechtheit 367.
Stroh 121.
Styphninsäure 113.
Sublimierechtheit 367.
Substantive Farbstoffe 125, 132.
Succineïne 197.
Sulfacetat 337.
Sulfaminsäure 28.
Sulfanilsäure 28, 29f.
Sulfhydratgruppen 273.
Sulfide 270.
Sulfitmethode 49ff., 64ff.
Sulfobenzaldehyd 180.
Sulfogruppe 114, 118, 163f., 180.
Sulfonierung 27.
Sulfonierungsmittel 27.
Sulfonsäuren 27.
ω-Sulfonsäuren 287f.
Sulfophtalsäure 286, 290.
Sumach (Schmack) 337.
Symmetrische Akridine 278.
Syndiazobenzolkalium 73.

Tannierte Baumwolle 340.
Tannin 339, 364.
Tanninfarblacke 339.
Tanninfarbstoffe 172.
Tanninlacke 339.
Tartrazin 169, 170.
Tautomerie 207.
Tautomerisierung 204.
Teer 12.
Teilweise Echtheit (von Farbstoffen) 366.
Temperatur (der Farbbäder) 323ff., 328f., 341, 349.
Tertiäre Amine 68.
Tetraalkyldiaminobenzophenon 185.
Tetraalkyldiaminoxanthene 196.
Tetraaminoditolylmethan 279.
Tetraaminotriphenylmethane 279.
Tetra-Anilido-ms-Phenylazoniumverbindungen 358.
Tetraäthylrhodamin 199.
Tetrabromfluoresceïn 205.
Tetrabrommethylenviolett 273.
Tetrachinoide Indamine 356.
Tetrakisazofarbstoffe 120, 316, 345.
Tetramethylaminofuchsonimoniumchlorid 177.
Tetramethyldiaminobenzhydrol 75, 171.
Tetramethyldiaminobenzophenon 78, 171.
Tetramethyldiaminodioxydiphenylmethan 196.
Tetramethyldiaminodiphenazthioniumchlorid 258.
Tetramethyldiaminodiphenylmethan 70, 171.
Tetramethyldiaminotriphenylcarbinol 177.
Tetramethyldiaminotriphenylmethan 177.
Tetramethyldiaminoxanthen 196.
Tetramethyldiaminoxanthoniumchlorid 196.

Tetranitrodiphenylamin 114.
Tetraoxyanthrachinone 220.
Tetraoxyanthrachinonchinolin 221.
Tetraoxydiphenylmethan 202.
Tetrazoniumchlorid 125, 127, 159f.
Tetrazoniumverbindungen 125.
Tetrazophenolsulfonsäure 131f.
Thiazine 258.
Thiazinfarbstoffe 258.
Thiazinkomponenten 263.
Thiazinring 258.
Thiazinstickstoff 258.
Thiazinsynthese 258ff.
Thiazol 267.
Thiazolfarbstoffe 267ff.
Thiazolgelb 363.
Thiazolring 267.
o-Thiochinonimin 261.
Thiodiphenylamin 171, 273.
Thiodiphenylaminderivate 273.
Thioflavin 268.
Thiogenbraun 272.
Thiogenfarben 271.
Thiogengelb 272.
Thiogenorange 272.
Thioindigorot B 294ff., 319, 340.
Thioindigorotfarbstoffe 294ff., 319.
Thioindigoscharlach 295.
Thionaphten 295.
Thionfarben 295.
Thioniumchlorid 268, 271.
Thiophen 13, 294.
Thiophenol 295.
Thiophenol-o-carbonsäure 295.
Thiophenolschwarz 271.
Thiosalicylsäure 295ff.
Thiosulfat 105, 259ff.
Thiosulfonsäuren 259ff.
Thioxinfarben 271.
Tierische Faser 312, 346, 368.
Titrationen 85ff., 104ff.
o-Tolidin 20, 86, 127, 155.
Toluidine 20, 72, 86.
m-Toluidin 57.
o-Toluidin 57.
p-Toluidin 57.
Toluol 7, 12, 16f., 21, 81.
Toluylenblau 237.
m-Toluylendiamin 21, 56, 59, 86, 237, 278ff.
p-Toluylendiamin 59, 124, 246f.
Tonerde(hydrat) 330, 337f., 352f.
Tonteller 6.
Triamine 245.
Triaminodiphenyltolylcarbinol 183.
Triaminodiphenyltolylmethan 183.
Triaminoditolylphenylcarbinol 183.
Triaminoditolylphenylmethan 183.
Triaminophenol 117.
Triaminotriphenylcarbinol 184.
p-Triaminotriphenylmethan 182.
Triaminotritolylcarbinol 184.
Tri-Anilido-ms-Phenylazoniumverbindungen 358.
Trichinoide Indamine 356.
Triglyceride 335.
Trimethyl-p-Rosanilin 185.
Trinitrophenol 115.
Trioxyanthrachinon 44, 217.
Trioxyanthrachinonchinoline 220.
Trioxydiphenyltolylcarbinol 192.
p-Trioxydiphenyltolylmethan 174.
Trioxyformofluorondicarbonsäure 202.
Trioxystearinsäure 336.
Trioxytriphenylcarbinol 175.
Trioxytriphenylmethan 174.
Tripelverbindungen (Lacke) 339.
Triphenylcarbinol 174.
Triphenylcarbinol-o-carbonsäure 203.
Triphenylmethan 174.
Triphenylmethancarbonsäure 203.
Triphenylmethanfarbstoffe 172ff.
Triphenylmethanverbindungen 172ff.
Triphenylpararosanilin 186.
Triphenylrosanilin 186.
Trisazofarbstoffe 120, 127.
Tris-ms-Phenyl-Azoniumfarbstoffe 357
Tuch 371.
Tüpfeln 5, 152f., 156f.
Tüpfelprobe 3.
Türkisches Tannin 339.
Türkischrot 334ff.
Türkischrotöl 313, 335.
Typ 310.

Überfärben 372.
Überschuß 107, 152f.
Übersetzen (der Färbungen) 310.
Umkochung 49f.
Umlagerung 122, 133f., 245, 248, 253, 257, 263, 286, 356.
Ungleichmäßigkeit der Färbungen 312, 325, 333, 336, 340.
Unsymmetrische Akridine 268.
Unterscheidung (der Farbstoffe) 363.
Untersuchung (der Farbstoffe) 361.
Uranin 208.
Ursubstanz 96f.
Urteer 11.

Vanadinsalze 358.
Veränderung (der Färbungen) 368.
Veraschungsprobe 365.
Verfilzung 371.
Vergleichen (der Farbstoffe) 365.
Vergleichslösuug 157f.
Vergleichsspektrum 362.
Vergrünen 347.
Verhängen 359.

Verkochen 49f.
Verküpen 319, 345.
Verschiebung der Bindungen 254.
Verschießen 368.
Verschmelzung 43f.
Verteilungsgleichgewicht 322, 324, 333, 370.
Verunreinigungen 4, 153f., 334, 351, 361.
Vierwertigkeit (von O und S) 251, 258.
Viktoriaschwarz 165.
Violanthren 214, 305.
Volumen (der Farbbäder) 321.
Vorbeizen 318, 321, 329, 339, 342.
Vorfällen (der Naphtolsulfonsäuren) 37.
Vorlauf 12.
Vorlaufprodukte 13ff.

Walkechtheit 371.
Walkprozeß 371.
Wanderungen 122, 255.
Wanderungsgeschwindigkeit 362.
Wäsche 367, 368.
Waschechtheit 368.
Wasserblau 186.
Wasserechtheit 367, 369.
Wasserstoffsuperoxyd 315.
Wasserunlösliche Farbstoffe 332.
Weinsäure 84f., 170.
Weinstein 330.
Weinsteinpräparat 324.
Wollbeizen 324.
Wolle 121, 131f.
Wollfärberei 325ff.
Wollfarbstoffe 200.
Wollfärbung 322ff., 369.
Wollfaser 322ff.
WURSTERS Rot 264.

Xanthen 194.
Xanthenderivate 202.
Xanthenfarbstoffe 194ff.
Xanthon 194.
Xanthoniumchlorid 194.
Xanthydrol 194.
Xylidin 58.
m-Xylidin 58.
m-Xylol 7, 14.
o-Xylol 7, 14.
p-Xylol 7, 14.
Xyloldiazoniumchlorid 37, 143.
Xylole 7, 14.

Zersetzlichkeit (der Indamine usw.) 263.
Zinkstaub 74, 139ff., 348, 363.
Zinkstaub-Kalk-Küpe 345.
Zinn 54f.
Zinnbeize 313.
Zinnchlorid 181.
Zinnchlorür 54f., 74, 105, 108, 363.
Zinnoxydulnatron 80.
Zinnsalz (zinns. Na) 337.
Zonenbildung (auf Fließpapier) 362.
Züge (beim Färben) 347.
Zusätze (beim Färben) 310.
Zwischengeschobenes α-Naphtylamin 128.
Zwischenkörper 155f., 245.
Zwischenphasen 155f.
Zwischenprodukte 13.
Zwischenstufen 355.

Druck von Metzger & Wittig in Leipzig.

Färbungen

1

Solidgrün = Dinitroso-Resorcin (S. 112)

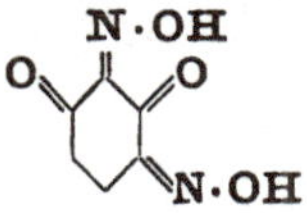

Wolle, 5 % Farbstoff, auf Fe-Beize

2

Aurantia (S. 114)

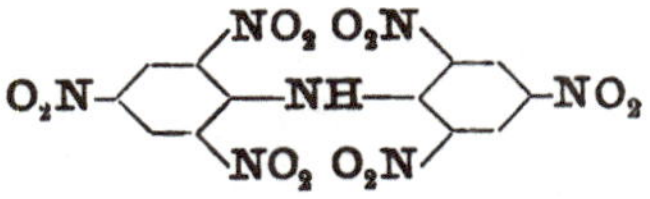

Wolle, 1 % Farbstoff

3

Pikrinsäure (S. 115)

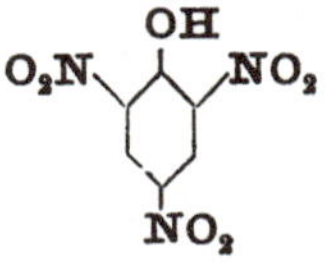

5 % Farbstoff auf Wolle (Bad nicht erschöpft)

4

Naphtolgelb = Martiusgelb (S. 117)

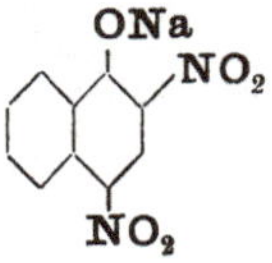

3/4 % Farbstoff auf Wolle

5

Naphtolgelb S (S. 118)

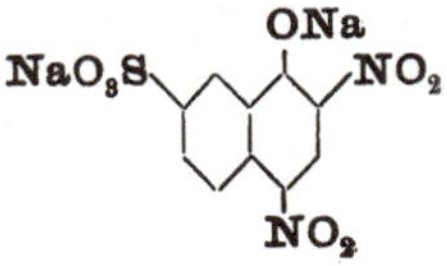

1 % Farbstoff auf Wolle

6

Chrysoidin (S. 137)

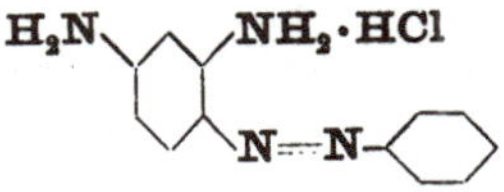

1 1/2 % Farbstoff auf gebeizter Baumwolle

7

Säuregelb (S. 138)

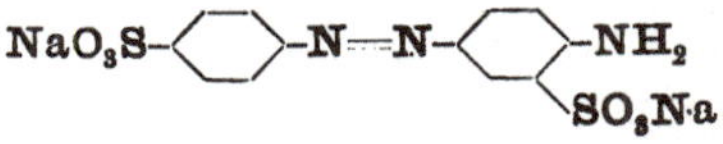

1 % Farbstoff auf Wolle

8

Diphenylamin-Orange (S. 140)

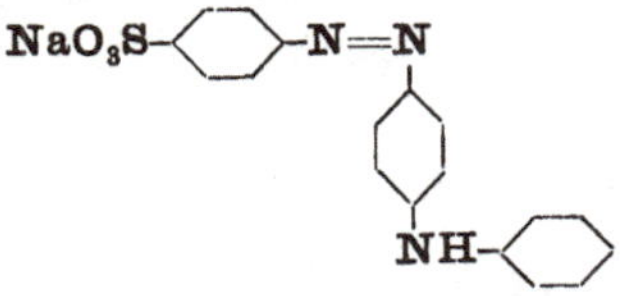

3/4 % Farbstoff auf Wolle

Verlag von Walter de Gruyter & Co., Berlin und Leipzig

9

Helianthin
(S. 141)

1½% Farbstoff auf Wolle

10

β-Naphtol-Orange
(S. 145)

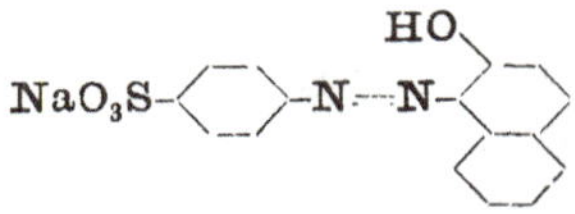

1½% Farbstoff auf Wolle

11

Echtrot A
(S. 145)

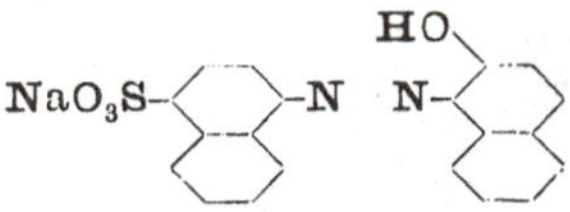

2½% Farbstoff auf Wolle

12

Ponceau 2 R
(S. 146)

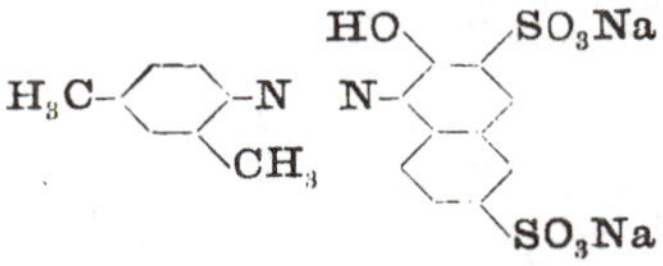

2% Farbstoff auf Wolle

13

Krystall-
Ponceau 6 R
(S. 147)

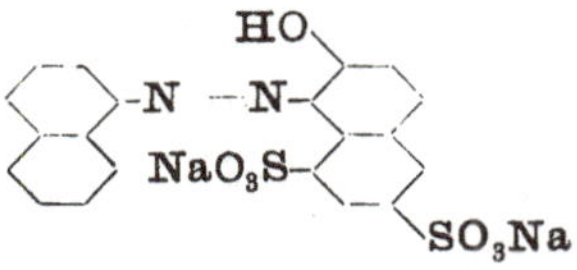

2% Farbstoff auf Wolle

14

Chromotrop 2 R
(S. 148)

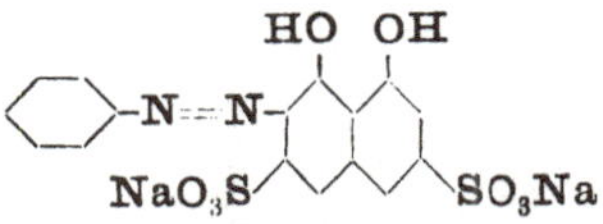

2% Farbstoff auf Wolle — 10% Farbstoff auf der Faser nachchromiert

15

Alizaringelb 2 G
(S. 149)

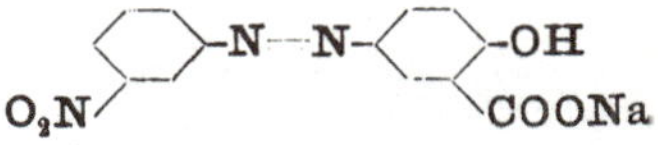

0,4% Farbstoff in Pulver auf Wolle (Chrombeize)

16

Naphtol-
blauschwarz
(S. 153)

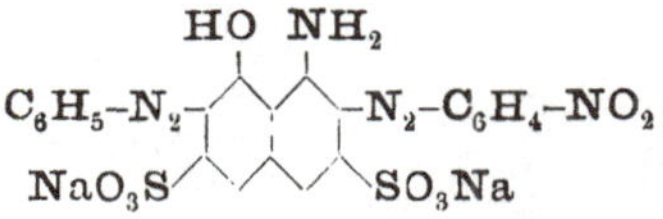

6% Farbstoff auf Wolle

Verlag von Walter de Gruyter & Co., Berlin und Leipzig

17	Kongorot (S. 159)	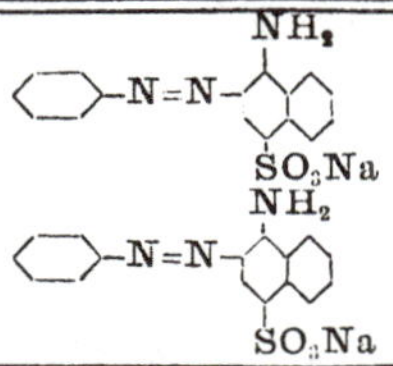	 5 % Farbstoff auf Baumwolle. Bad nicht erschöpft
18	Diaminschwarz RO (S. 162)	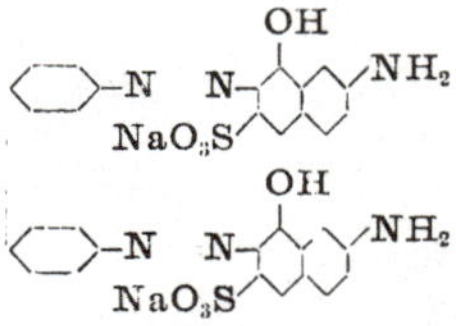	 5 % Farbstoff auf Baumwolle. Bad nicht erschöpft
19	Diaminviolett N (S. 162)	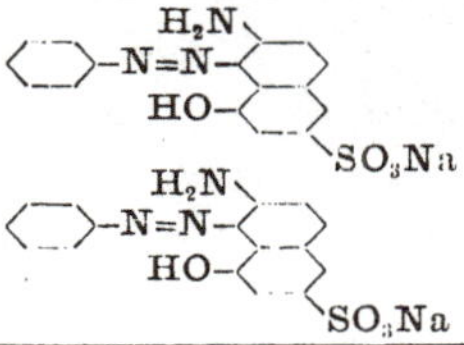	 5 % Farbstoff auf Baumwolle. Bad nicht erschöpft
20	Biebricher Scharlach (S. 165)	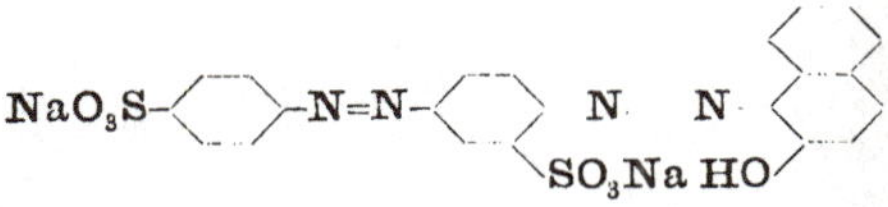	 2 % Farbstoff auf Wolle
21	Naphtol-Schwarz B (S. 166)	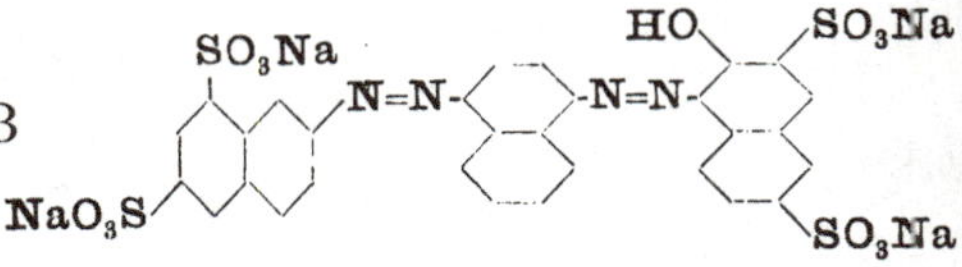	 6 % Farbstoff auf Wolle
22	Tartrazin (S. 170)	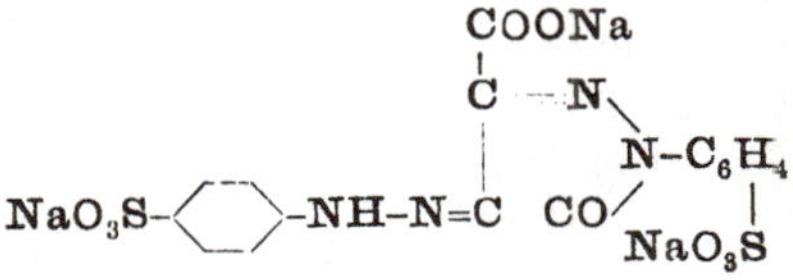	 1 % Farbstoff auf Wolle
23	Auramin O (S. 173)	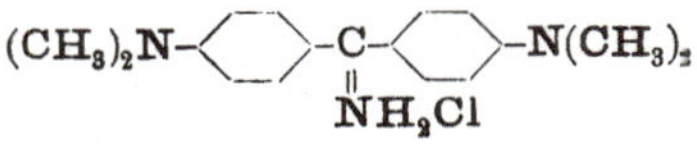	 1 % Farbstoff auf gebeizter Baumwolle
24	Malachitgrün (S. 178)	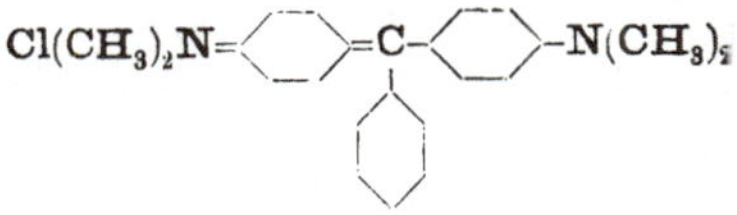	 ½ % Farbstoff auf gebeizter Baumwolle

Verlag von Walter de Gruyter & Co., Berlin und Leipzig

25

Parafuchsin
(S. 187)

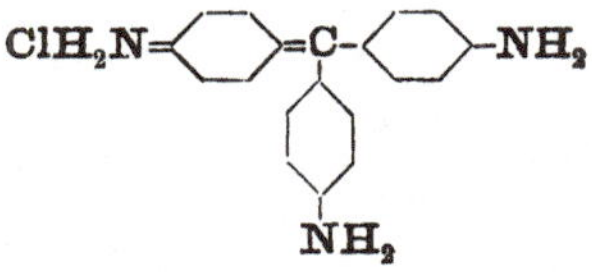

$^1/_2$ % Farbst. auf Wolle — $^1/_2$ % Farbst. auf gebeizter Baumwolle

26

Kristallviolett
(S. 188)

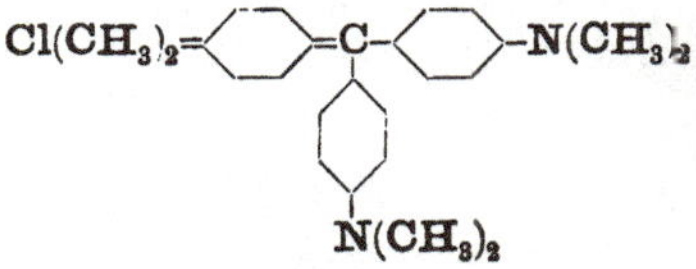

$^3/_4$ % Farbst. auf Wolle — 1 % Farbst. auf gebeizter Baumwolle

27

Anilinblau
(S. 190)

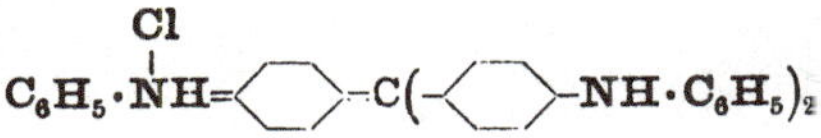

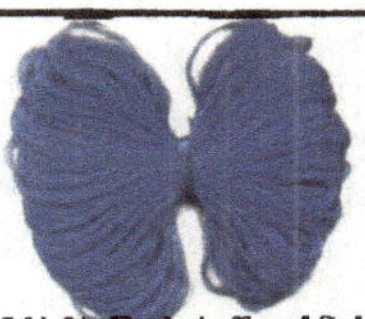

1 $^1/_2$ % Farbstoff auf Seide

28

Pyronin G
(S. 196)

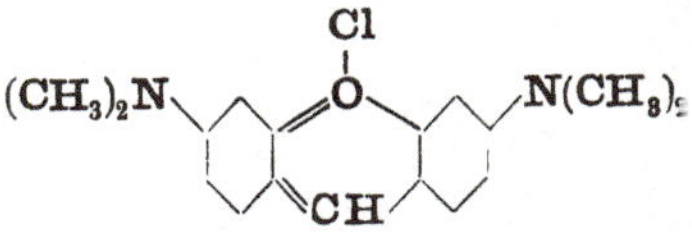

3 % Farbstoff auf gebeizter Baumwolle

29

Rhodamin B
(S. 200)

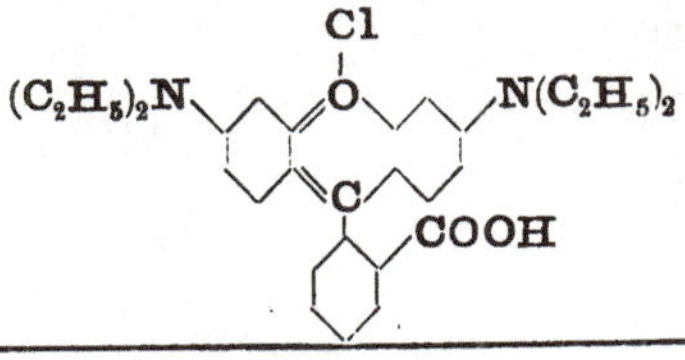

0,4 % Farbstoff auf Wolle

30

Fluoresceïn
(S. 209)

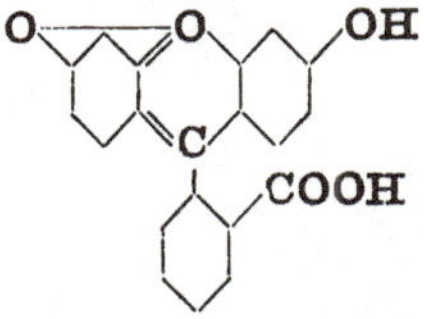

2 % Farbstoff auf Seide

31

Eosin A
(S. 210)

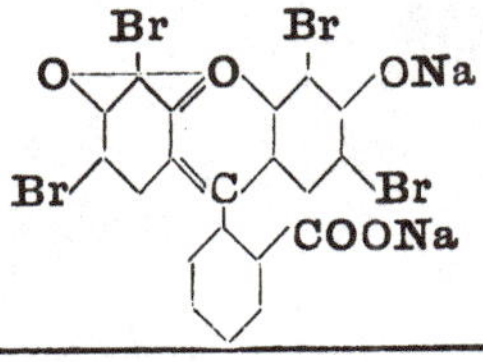

$^1/_2$ % Eosin A auf Wolle

32

Alizarin
(S. 216)

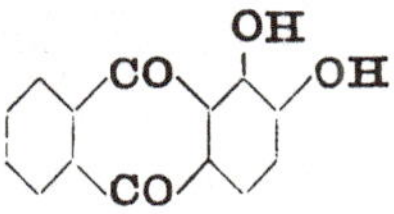

12 % Farbst. in Teig auf Al-Beize — 12 % Farbst. in Teig auf Cr-Beize

Verlag von Walter de Gruyter & Co., Berlin und Leipzig

33 Anthragallol (S. 217)	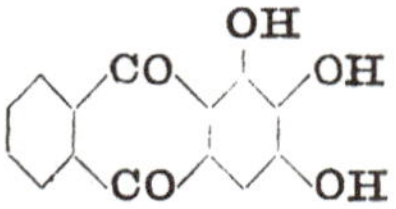	 Wolle, 5% Farbstoff in Teig auf Cr-Beize
34 Purpurin (S. 218)	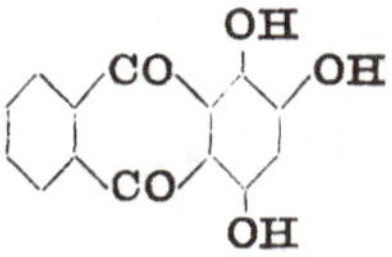	 1% Farbstoff auf Baumwolle (Al-Beize)
35 Anthracenblau WR (S. 222)	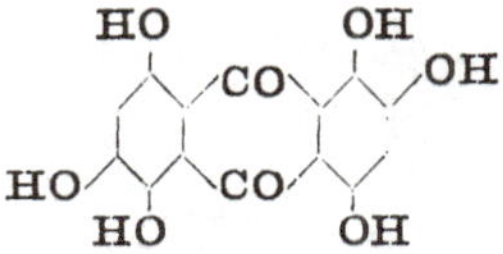	 13% Farbstoff in Teig auf Cr-gebeizter Wolle
36 3-Nitroalizarin (S. 224)	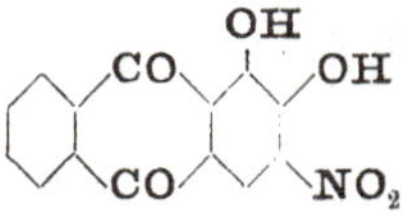	 Wolle, 18% Farbstoff in Teig auf Tonerdebeize
37 3-Amino-Alizarin (S. 225)	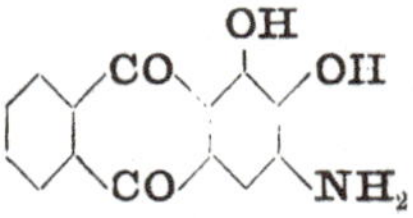	 2% Farbstoff auf Al-Beize · 2% Farbstoff auf Cr-Beize
38 Alizarinblau (S. 227)	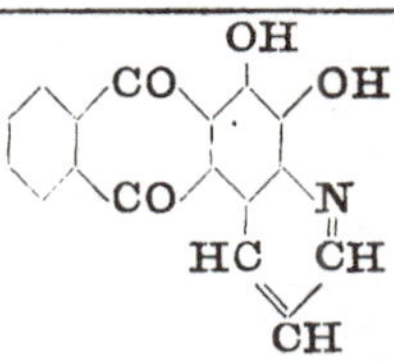	 Wolle, 8% Farbstoff in Teig auf Chrombeize
39 Naphtazarin = Alizarinschwarz (S. 233)	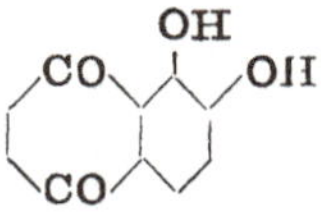	 Wolle, 20% Farbstoff in Teig auf Cr-Beize
40 α-Naphtolblau (S. 241)	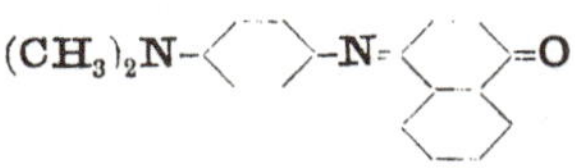	 Farbstoff auf Baumwolle

Verlag von Walter de Gruyter & Co., Berlin und Leipzig

41

Flavindulin
(S. 249)

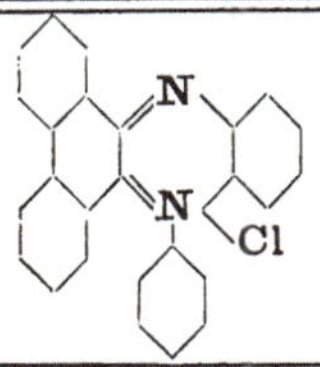

2 % Flavindulin
auf gebeizter Baumwolle

42

Safranin T
(S. 249)

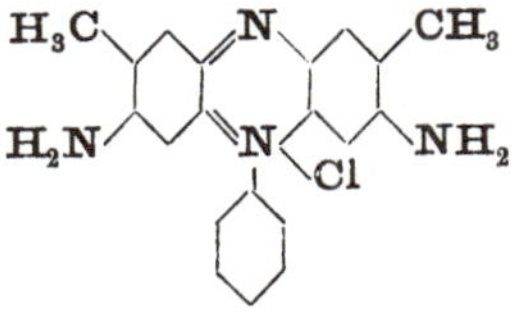

2 % Safranin
auf gebeizter Baumwolle

43

Meldolablau
(S. 256)

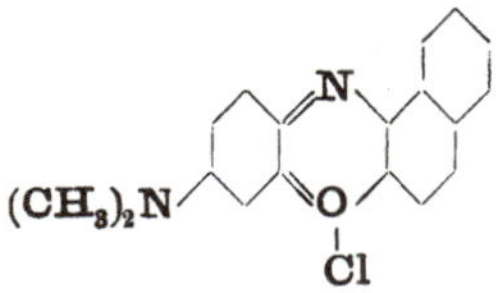

1 1/2 % Farbstoff
auf gebeizter Baumwolle

44

Methylenblau
(S. 265)

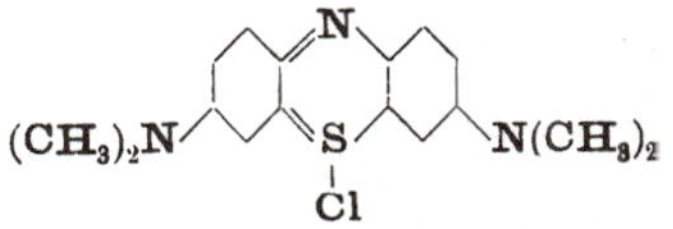

1 1/2 % Farbstoff
auf gebeizter Baumwolle

45

Primulin
(S. 269)

Sulfonsäure von

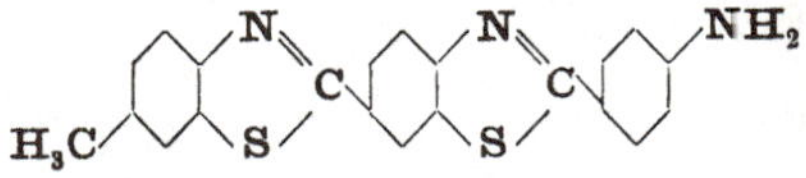

u. höhermolekularer p-Toluidin-Derivate

5 % Farbstoff auf Baumwolle

46

Immedialschwarz
F F extra
(S. 274)

Konstitution unbekannt

11 % Farbstoff auf Baumwolle

47

Schwefelschwarz T
(S. 274)

Konstitution unbekannt

8 % Farbstoff auf Baumwolle

48

Chinolingelb S
(S. 280)

Sulfonsäure der Verbindung:

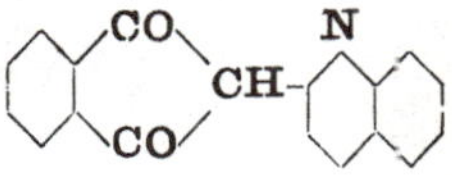

1 1/2 % Farbstoff auf Wolle

Verlag von Walter de Gruyter & Co., Berlin und Leipzig

49

Akridingelb
(S. 281)

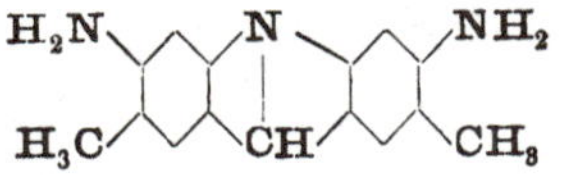

2 % Farbstoff
auf gebeizter Baumwolle

50

Benzoflavin
(S. 283)

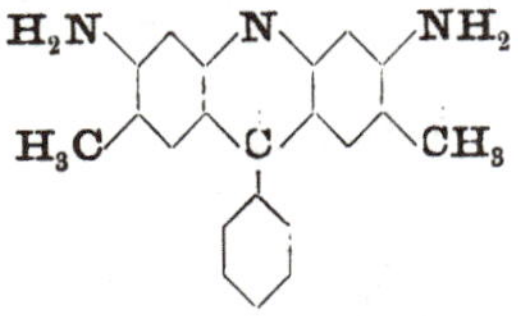

2 % Farbstoff auf gebeizter Baumwolle

51

Indigo
(S. 293)

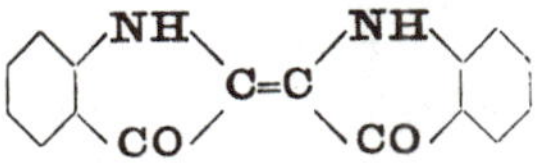

Indigo
auf Wolle auf Baumwolle

52

Thioindigo-
scharlach R
(S. 295)

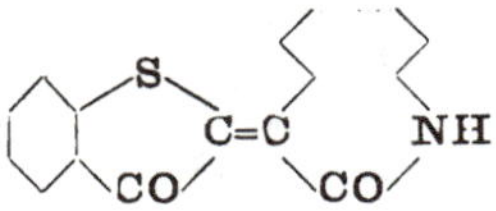

Thioindigoscharlach
auf Wolle auf Baumwolle

53

Thioindigorot B
(S. 298)

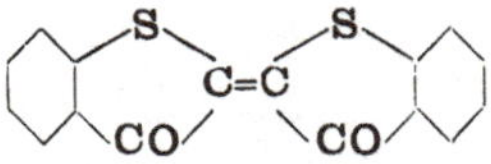

Thioindigorot
auf Wolle auf Baumwolle

54

Indanthren-
blau R
(S. 301)

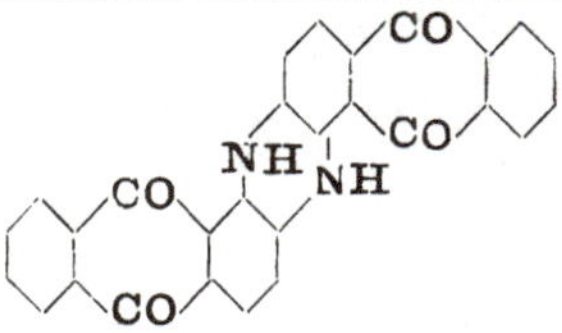

10 % Farbstoff in Teig
auf Baumwolle

Druckfehlerberichtigung.

Die Formel für Kristallviolett (Nr. 26) muß lauten:

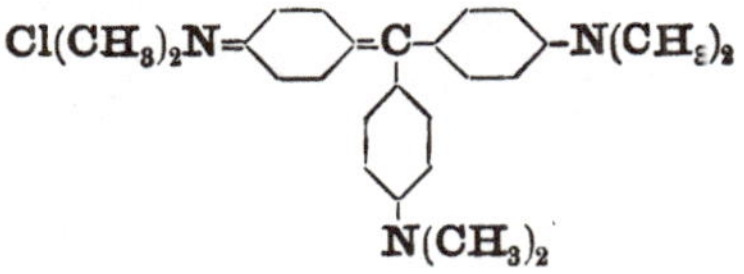

Die Erläuterung zur Ausfärbung von 3-Nitroalizarin (Nr. 36) muß lauten:
Wolle, 18 % Farbstoff in Teig auf Cr-Beize

Verlag von Walter de Gruyter & Co., Berlin und Leipzig

FSC
www.fsc.org
MIX
Papier | Fördert gute Waldnutzung
FSC® C083411

Kolibri 360 GmbH
Ferdinand-Jühlke-Straße 7
99095 Erfurt, Deutschland
produktsicherheit@kolibri360.de